西南区耕地

农业农村部耕地质量监测保护中心　编著

中国农业出版社

北　京

编　委　会

前　　言

　　按照耕地质量等级调查评价工作总体安排部署，为全面掌握西南区耕地质量状况，查清影响耕地生产的主要障碍因素，提出加强耕地质量保护与提升的对策措施与建议，2018—2020年，农业农村部耕地质量监测保护中心（以下简称"耕地质量中心"）依据《耕地质量调查监测与评价办法》，应用《耕地质量等级》国家标准，组织湖北、湖南、广西、重庆、四川、贵州、云南、甘肃和陕西9省（直辖市、自治区）开展了西南区耕地质量区域评价工作。

　　为全面总结西南区耕地质量区域评价成果，推动评价成果为农业生产服务，耕地质量中心组织编写了《西南区耕地》一书。本书分为六章：第一章西南区概况。介绍了地理位置、行政区划、农业区划等基本概况，地形地貌、气候条件、植被状况、水文状况、成土母质等自然环境概况，耕地利用情况、区域主要农作物种植情况、农作物施肥情况、农作物灌溉情况、农作物病虫害发生与防治、农作物机械化应用情况等农业生产概况，耕地主要土壤类型、分布与基本特性等耕地土壤资源概况，并对耕地质量保护与提升相关制度和基础性建设工作做了介绍。第二章耕地质量评价方法与步骤。系统地对耕地质量区域评价的每一个技术环节进行了详细介绍，具体包括资料收集与整理、评价指标体系建立、数据库建立、耕地质量评价方法、专题图件编制等。第三章耕地质量等级分析。详细阐述了西南区耕地质量等级面积与分布、耕地质量等级特征，并有针对性地提出了耕地质量提升改良措施。第四章耕地土壤有机质及主要营养元素。重点分析了土壤有机质、全氮、有效磷、速效钾、缓效钾、有效硫、有效铁、有效锰、有效硼、有效锌、有效铜、有效钼、有效硅13个耕地质量主要性状指标及变化趋势。第五章耕地其他指标。详细阐述了土壤灌溉能力、有效土层厚度、耕层土壤质地、剖面质地构型、容重、障碍因素等其他指标分布情况。第六章耕地土壤酸碱度及酸化特征。详细阐述了土壤pH分布状况、pH分级与区域空间分布、土壤酸化的影响因素以及土壤酸化的治理措施与对策等。

　　本书编写过程中得到了农业农村部计划财务司、农田建设管理司的大力支持。湖北省耕地质量与肥料工作总站、湖南省土壤肥料工作站、广西壮族自治区土壤肥料工作站、重庆市农业技术推广总站、四川省耕地质量与肥料工作总站、贵州省土壤肥料工作总站、云南省土壤肥料工作站、甘肃省耕地质量建设保护总站和陕西省耕地质量与农业环境保护工作站参与了数据资料整理与分析工作，四川农业大学承担了数据汇总、专题图件制作工作，在此一并表示感谢！

　　由于编者水平有限，书中不足之处在所难免，敬请广大读者批评指正。

编　者

2021年10月

目　　录

第一章　西南区概况

西南区地处亚热带,位于秦岭以南,百色—新平—盈江一线以北,宜昌—溆浦一线以西,川西高原以东,土地面积约 100.80 万 km²,耕地面积 2 101.79 万 hm²,是我国重要的粮食、油料(菜籽油、花生)、甘蔗、烟叶、柑橘、蚕丝产区,也是我国主要用柴林、经济林生产基地。为掌握西南区耕地质量现状及变化趋势,查清耕地利用中存在的主要问题,可以为耕地质量保护提升和耕地资源的合理利用提供科学依据,2017—2019 年,农业农村部耕地质量监测保护中心组织四川、重庆、甘肃、陕西、湖北、湖南、云南、贵州、广西 9 省(直辖市、自治区),依据《耕地质量等级》(GB/T 33469—2016)国家标准,以耕地土壤图、土地利用现状图、行政区划图叠加形成的图斑为评价单元,从立地条件、剖面性状、耕层理化性状、养分状况、土壤健康状况和土壤管理 6 个方面综合评价了区域耕地质量,并对西南区耕地质量等级进行了划分。

第一节　地理位置与行政区划

一、地理位置

西南区位于秦岭以南,滇南、桂西山地以北,西依青藏高原,东邻长江中游丘陵、平原,地理坐标介于北纬 23°05′~34°45′、东经 98°05′~112°09′之间。其最东端在湖北省南漳县,最西端在云南省腾冲市,与缅甸交界,最南端在云南省文山市,最北端在甘肃省岷县,紧靠定西、宝鸡、商洛一线。

二、行政区划

西南区主要包含重庆、贵州全部,四川、云南大部,陕西南部,甘肃东南角,湖北、湖南西部及广西北部 9 省(直辖市、自治区),涉及 62 个市(州),466 个县(市、区)。其中,四川省包括成都等 20 个市(州)及其所辖的 154 个县(市、区),重庆市包括 38 个县(区)(其中渝中区属城区,未纳入西南区统计),贵州省包括贵阳市等 9 个市(州)及其所辖的 88 个县(市、区),云南省包括昆明市等 12 个市(州)及其所辖的 77 个县(市、区),广西壮族自治区包括南宁市等 3 个市及其所辖的 15 个县(区),湖南省包括常德市等 5 个市(州)及其所辖的 27 个县(市、区),湖北省包括宜昌市等 5 个市(州)及其所辖的 26 个县(市、区)和 1 个神农架林区,陕西省包括汉中等 4 个市及其所辖的 30 个县(区),甘肃省包括定西市等 3 个市(州)及其所辖的 11 个县(区)。西南区行政区划具体情况见表 1-1。

表 1-1　西南区行政区划

省(直辖市、自治区)名称	市(州)名称	所辖县(区、县级市)数量	所辖县(区、县级市)名称
四川省	巴中市	5	南江县、通江县、巴州区、恩阳区、平昌县

（续）

省（直辖市、自治区）名称	市（州）名称	所辖县（区、县级市）数量	所辖县（区、县级市）名称
	成都市	22	成华区、崇州市、大邑县、都江堰市、四川天府新区、成都高新区、金牛区、金堂县、锦江区、龙泉驿区、彭州市、郫都区、蒲江县、青白江区、青羊区、邛崃市、双流区、温江区、武侯区、新都区、新津区、简阳市
	达州市	7	达川区、大竹县、开江县、渠县、通川区、宣汉县、万源市
	德阳市	6	广汉市、旌阳区、罗江区、绵竹市、什邡市、中江县
	甘孜藏族自治州	1	泸定县
	广安市	6	广安区、华蓥市、邻水县、前锋区、武胜县、岳池县
	广元市	7	苍溪县、剑阁县、利州区、昭化区、朝天区、青川县、旺苍县
	乐山市	11	峨眉山市、夹江县、犍为县、井研县、市中区、沐川县、沙湾区、五通桥区、峨边彝族自治县、金口河区、马边彝族自治县
	凉山彝族自治州	16	布拖县、德昌县、甘洛县、会东县、会理市、金阳县、雷波县、美姑县、冕宁县、宁南县、普格县、西昌市、喜德县、盐源县、越西县、昭觉县
	泸州市	7	合江县、江阳区、龙马潭区、泸县、纳溪区、古蔺县、叙永县
	眉山市	6	丹棱县、东坡区、洪雅县、彭山区、青神县、仁寿县
	绵阳市	9	安州区、涪城区、江油市、三台县、盐亭县、游仙区、梓潼县、北川羌族自治县、平武县
	南充市	9	高坪区、嘉陵区、阆中市、南部县、蓬安县、顺庆区、西充县、仪陇县、营山县
	内江市	5	东兴区、隆昌市、市中区、威远县、资中县
	攀枝花市	5	东区、米易县、仁和区、西区、盐边县
	遂宁市	5	安居区、船山区、大英县、蓬溪县、射洪市
	雅安市	8	宝兴县、芦山县、名山区、天全县、荥经县、雨城区、汉源县、石棉县
	宜宾市	10	翠屏区、高县、江安县、南溪区、叙州区、长宁县、屏山县、珙县、筠连县、兴文县
	资阳市	3	安岳县、乐至县、雁江区
	自贡市	6	大安区、富顺县、贡井区、荣县、沿滩区、自流井区
重庆市	重庆市	38	巴南区、北碚区、璧山区、大渡口区、大足区、垫江县、丰都县、涪陵区、合川区、江北区、江津区、九龙坡区、开州区、梁平区、南岸区、南川区、綦江区、荣昌区、沙坪坝区、铜梁区、潼南区、渝中区、万州区、永川区、渝北区、长寿区、忠县、城口县、巫溪县、奉节县、彭水苗族土家族自治县、黔江区、石柱土家族自治县、巫山县、武隆区、秀山土家族苗族自治县、酉阳土家族苗族自治县、云阳县

（续）

省（直辖市、自治区）名称	市（州）名称	所辖县（区、县级市）数量	所辖县（区、县级市）名称
贵州省	安顺市	6	关岭县、平坝区、普定县、西秀区、镇宁县、紫云县
	毕节市	8	大方县、金沙县、纳雍县、七星关区、黔西县、织金县、赫章县、威宁县
	贵阳市	10	白云区、观山湖区、花溪区、开阳县、南明区、清镇市、乌当区、息烽县、修文县、云岩区
	六盘水市	4	六枝特区、盘州市、水城区、钟山区
	黔东南苗族侗族自治州	16	岑巩县、从江县、丹寨县、剑河县、锦屏县、凯里市、雷山县、黎平县、榕江县、三穗县、施秉县、台江县、天柱县、镇远县、黄平县、麻江县
	黔南布依族苗族自治州	12	都匀市、独山县、福泉市、贵定县、惠水县、荔波县、龙里县、罗甸县、平塘县、瓮安县、长顺县、三都县
	黔西南布依族苗族自治州	8	安龙县、册亨县、普安县、晴隆县、望谟县、兴仁市、兴义市、贞丰县
	铜仁市	10	碧江区、德江县、江口县、石阡县、思南县、松桃县、万山区、沿河县、印江县、玉屏县
	遵义市	14	播州区、赤水市、凤冈县、红花岗区、汇川区、湄潭县、仁怀市、绥阳县、桐梓县、习水县、余庆县、道真县、务川县、正安县
云南省	保山市	1	腾冲市
	楚雄州	10	楚雄市、大姚县、禄丰市、牟定县、南华县、双柏县、武定县、姚安县、永仁县、元谋县
	大理白族自治州	12	宾川县、大理市、洱源县、鹤庆县、剑川县、弥渡县、南涧彝族自治县、巍山彝族回族自治县、祥云县、漾濞彝族自治县、永平县、云龙县
	红河州	2	泸西县、弥勒市
	昆明市	14	安宁市、呈贡区、东川区、富民县、官渡区、晋宁区、禄劝彝族苗族自治县、盘龙区、石林彝族自治县、嵩明县、五华区、西山区、寻甸回族彝族自治县、宜良县
	丽江市	5	古城区、华坪县、宁蒗彝族自治县、永胜县、玉龙纳西族自治县
	怒江州	2	兰坪白族普米族自治县、泸水市
	普洱市	1	景东彝族自治县
	曲靖市	9	富源县、会泽县、陆良县、罗平县、马龙区、麒麟区、师宗县、宣威市、沾益区
	文山壮族苗族自治州	3	丘北县、文山市、砚山县
	玉溪市	7	澄江县、峨山彝族自治县、红塔区、华宁县、江川区、通海县、易门县
	昭通市	11	大关县、鲁甸县、巧家县、水富市、绥江县、威信县、盐津县、彝良县、永善县、昭阳区、镇雄县

（续）

省（直辖市、自治区）名称	市（州）名称	所辖县（区、县级市）数量	所辖县（区、县级市）名称
广西壮族自治区	百色市	5	乐业县、凌云县、隆林各族自治县、田林县、西林县
	河池市	9	巴马瑶族自治县、大化瑶族自治县、东兰县、都安瑶族自治县、凤山县、环江毛南族自治县、金城江区、南丹县、天峨县
	南宁市	1	马山县
湖南省	常德市	1	石门县
	怀化市	12	辰溪县、鹤城区、洪江市、会同县、靖州苗族侗族自治县、麻阳苗族自治县、通道侗族自治县、新晃侗族自治县、溆浦县、沅陵县、芷江侗族自治县、中方县
	邵阳市	2	城步苗族自治县、绥宁县
	湘西土家族苗族自治州	8	保靖县、凤凰县、古丈县、花垣县、吉首市、龙山县、泸溪县、永顺县
	张家界市	4	慈利县、桑植县、武陵源区、永定区
湖北省	恩施土家族苗族自治州	8	巴东县、恩施市、鹤峰县、建始县、来凤县、利川市、咸丰县、宣恩县
	神农架林区	1	神农架林区
	十堰市	7	丹江口市、房县、十堰市直、郧西县、郧阳区、竹山县、竹溪县
	襄阳市	3	保康县、谷城县、南漳县
	宜昌市	8	五峰土家族自治县、兴山县、夷陵区、宜昌市郊区、宜都市、远安县、长阳土家族自治县、秭归县
陕西省	安康市	10	白河县、汉滨区、汉阴县、岚皋县、宁陕县、平利县、石泉县、旬阳市、镇坪县、紫阳县
	宝鸡市	2	凤县、太白县
	汉中市	11	城固县、佛坪县、汉台区、留坝县、略阳县、勉县、南郑区、宁强县、西乡县、洋县、镇巴县
	商洛市	7	丹凤县、洛南县、山阳县、商南县、商州区、柞水县、镇安县
甘肃省	定西市	1	岷县
	甘南藏族自治州	1	舟曲县
	陇南市	9	成县、宕昌县、徽县、康县、礼县、两当县、文县、武都区、西和县

三、农业区划

西南区全区属亚热带范围，水热条件一般较好但光照条件较差。由于秦岭大巴山阻挡寒潮侵袭，冬季温和，生长季长，除少数高山外，普遍稻麦两熟，低海拔平原谷地有发展双季稻的条件，亚热带多年生植物可广泛种植。但黔西及云南高原海拔较高，夏季高温不足，不适于双季稻种植。川黔地区则多云雾阴雨，日照时数全国最低。按照农业生产地域分异规律，根据发展农业的自然条件和社会经济条件相对一致、农业生产基本特征与进一步发展方向相对一致、农业生产关键问题与建设途径相对一致以及保持县级行政区界完整性等原则，西南区共分为秦岭大巴山林农区、四川盆地农林区、渝鄂湘黔边境山地林农牧区、黔桂高原山地林农牧区和川滇高原山地林农牧区 5 个二级农业区。

（一）秦岭大巴山林农区

秦岭大巴山林农区包括秦岭、大巴山地及其间的汉水上游谷底，分属陕西南部、湖北西北部、甘肃东南部及四川盆地北部边缘，涉及甘肃、湖北、陕西、四川和重庆 5 省（直辖市）的 15 个市（州），62 个县（市、区），耕地面积 246.1 万 hm²，是一个自然条件复杂多样的地区。本区山地占总土地面积的 90％以上，山间盆地和河谷不足 10％，其中最大的为陕南汉中盆地和鄂西北谷城均县盆地，其余为沿汉江、丹江、嘉陵江等河流分布的小块平原。由于山地坡陡谷深，可耕地少且分布零散，现有耕地以旱地为主。本区处在暖温带向北亚热带过渡地带，天然植物种属丰富，其中海拔 900m 以下低山、丘陵热量资源充沛，全年 ≥10℃积温 4 300～5 000℃，年降水量 800～1 200mm。

（二）四川盆地农林区

四川盆地农林区包括四川盆地底部及西部边缘山地，涵盖四川省大部和重庆市大半部，涉及 18 个市，139 个县（市、区），耕地面积 679.6 万 hm²，是一个水热条件优越、农业生产基础较好的地区。本区四周被一系列山脉环绕，内部地势相对较低，海拔一般只有 200～700m，丘陵占土地总面积的 62％，大部集中分布于盆地中部，主要由紫色砂、页岩组成，其风化所成的紫色土，富含磷钾，自然肥力较高。平坝约占土地总面积的 8％，绝大部分集中于盆地西部，主要为岷江、沱江、涪江的扇形冲积平原，地形平坦，土壤肥沃，易灌易排，是水田集中分布的区域。山地占土地总面积的 30％，主要分布于西部边缘地区和盆地东部、北部一带，海拔多在 1 500m 以下。本区地处中亚热带，全年 ≥10℃积温 5 000～5 500℃，无霜期 280～320d，年降水量 1 000mm 左右。由于封闭的地形和秦岭、大巴山能够阻挡寒潮，冬季温和，冰雪少见，极利于小麦、油菜等越冬作物和亚热带多年生植物的生长。南部的长江河谷和岷江、沱江、嘉陵江等下游地带，温度条件适合双季稻的栽培，四川省泸州市一带可种植热带水果龙眼、荔枝等。

（三）渝鄂湘黔边境山地林农牧区

渝鄂湘黔边境山地林农牧区包括长江三峡北岸以南，广西边界以北，宜昌—溆浦—城步一线以西，云阳—道真—三都一线以东地区，分属重庆东部、湖北西南部、湖南西部和贵州东部，共涉及贵州、湖北、湖南和重庆 4 省（直辖市）的 12 个市（州），80 个县（市、区），耕地面积 316.9 万 hm²，是长江中游平原丘陵向云贵高原山地过渡的地带。区内山峦重叠，岭谷交错，巫山、武陵山、雪峰山、梵净山、雷公山错落分布，长江三峡及支流沅江、乌江、醴水、清江穿流其间，大部分地区地面切割较深，丘陵山地占全区总面积的 95％以上。大片的耕地少，分散的坡地、梯田多，除黔东部水田相对较多外，其余地区均是田少地多，且旱地大部分为陡坡地。本区属于中亚热带湿润气候，冬无严寒，1 月平均温度 2～6℃，雨量充沛，年降水量 1 100～1 600mm，日照百分率 25％～35％，年平均相对湿度 80％以上。土壤多为黄壤及黄红壤，由于岩性和土壤条件的差异，湘西北、黔东北、鄂西南及重庆东南地区，石灰岩分布广，土壤受碳酸钙影响，中性偏碱反应；黔东南及湘西南地区，大部分为砂页岩及变质岩风化的土石山地，土壤呈微酸性反应。

（四）黔桂高原山地林农牧区

黔桂高原山地林农牧区位于云贵高原东侧，包括贵州大部、广西西北部和四川盆地南部边缘，涉及广西、贵州和四川3省（自治区）的13个市（州），共78个县（市、区），耕地面积383.2万hm²，是茶树原产地之一，也是我国烤烟和油菜的重要产区之一。该区属高原山地，地形复杂，境内地势自中西部向东、南、北三面倾斜，海拔一般为800~1500m，山地约占总面积的90%，岩溶地貌约占2/3，除黔中有稍多的山间盆地和浅丘外，大部分地面崎岖破碎，河谷深切，坡陡土薄，农业生态系统较脆弱，水土流失严重。土壤以黄壤为主，红壤、石灰（岩）土和紫色土次之。本区适于农作的土地有限，而宜林宜牧的土地面积相对较多。全年≥10℃积温一般为4000~6000℃，年降水量为1000~1500mm。南北两端海拔低于600m以下的河谷地带，无霜期超过300d，≥10℃积温可达5500℃。阴雨雾日多，日照少，湿度大，一般作物的生长发育受到影响。

（五）川滇高原山地林农牧区

川滇高原山地林农牧区包括四川省西南部盐源—泸定—屏山一线以南地区、云南省腾冲—峨山—文山一线以北和宁蒗以南地区及贵州省西北部威宁、赫章二县，涉及四川、云南和贵州3省的19个市（州），107个县（市、区），耕地面积476.1万hm²，是我国自然条件局部差异显著的高原山地，也是"立体农业"最发达的地区。本区是一个以云南高原为主体、各种地貌类型交错或叠置分布的区域，地形十分复杂。在南部的滇中、滇东一带，高原形态保存完整，海拔一般为1500~2500m，原面呈丘状起伏，山间盆地（坝子）星罗棋布；东北部一带海拔在1500~3000m之间，因金沙江、大渡河及其支流的强烈切割，一部分地区坡陡谷深，形成了中山峡谷地貌，但分水岭附近地面切割较轻，山原宽缓，并有大小不等的断陷盆地镶嵌其间；北部和西部的西昌、保山一带，是横断山脉中南段所在区域，数列平行的高、中山岭自北而南逐渐展开，谷地内形成了一些宽阔的冲积平坝；在东南部还有较大面积的石灰岩出露，岩溶地貌发育。本区河谷平坝区地平土沃，水利条件一般较好，其面积只占全区土地总面积的7%，但占到全区耕地的1/3和水田的2/3；高原上起伏和缓的山丘，海拔不高，土层较厚，宜林宜农；山原地势高亢，草场广阔；其他山地、峡谷等是发展林业的广阔场所。本区日照充足，年日照时数一般为2200h左右，年太阳辐射量可达502~628kJ/cm²，除少部分高寒山地外，最冷月平均气温7~15℃。从全区来看，大体可划分为3个层（带）：海拔2400m以上山地属高寒层，约占全区面积的20%，该层气候冷，霜期长，≥10℃积温大部分不足3000℃，只能一年一熟，作物以洋芋、荞麦、早熟玉米为主；海拔1400~2400m地带为中暖层，约占全区面积的64%，≥10℃积温一般为4000~5500℃，年降水量适中，800~1000mm，作物可一年二熟或二年三熟，主产粮、油、烟及各种经济作物；海拔1400m以下为低热层，约占全区面积的16%，≥10℃积温一般可达6000℃以上，作物可三熟。

第二节　自然环境概况

一、地形地貌

西南区占据了我国三大地形阶梯的各一部分，地势西北高东南低，地形起伏大，山脉走向复杂，有东北—西南走向的巫山、大娄山，也有西北—东南走向的大巴山，还有南北走向的横断山脉。喀斯特地貌广泛分布，以滇东地区、贵州和四川盆地南缘较为集中。

从地理位置上看，西南区北有秦巴山区，南有云贵高原，西有龙门山断裂带，东有武陵山区，四周均是高山峻岭。北部秦岭、大巴山及汉中、安康、商洛盆地构成的秦巴山地，主要包括秦岭、大巴山及其间的汉水上游谷底，并与川西岷山和川北大巴山相连，从而构成整个西南区北部屏障，其间有陕南汉中盆地和鄂西北谷城均县盆地，山地坡陡谷深，可耕地少而分布零散。中部的四川盆地，是我国四大盆地之一，海拔为 300～700m，地势自西北倾向东南；地貌分异显著，西为平原，北有低山、丘陵，东为平行岭谷，其间有号称"天府之国"的成都平原。东部有鄂西北及湘西山地丘陵与贵州高原山地，山峦重叠，岭谷交错，巫山、乌蒙山、武陵山、雪峰山、梵净山、雷公山错落分布，大部分地区地面切割较深，有著名的长江三峡。南部的云贵高原和桂北高原，是我国喀斯特地貌主要分布区，其中云贵高原，是我国四大高原之一，云南高原平均海拔 1 800～1 900m，大部地区高原面保存比较完好，为典型的红色高原，喀斯特地貌发育；贵州高原平均海拔 1 000m，碳酸盐岩分布广，普遍发育喀斯特地貌。西部边缘与青藏高原相接，有云南高原、滇西高山峡谷、川西南高山谷地，其间的横断山脉区域，是我国最大的南北向山地，也是我国第一、第二阶梯的分界线。数列平行的高、中山岭自北而南逐渐展开，长约 900km，东西最宽处约 700km，愈往南愈窄；山脉平均海拔 4 000～5 000m，古冰川遗迹甚多，现代冰川发育，谷底内形成了一些宽阔的冲积平坝。

西南区地貌类型复杂，山地、丘陵、高原、河谷平原和山间盆地（坝子）相间分布，其中以丘陵、山地、高原为主，约占全区 95% 的面积，大部分海拔在 500～2 500m，最高超过 4 000m。河谷平原和山间盆地只占全区约 5%，最大的成都平原不过 7 500km²，数千个小块的河谷平原和山间盆地（坝子）零星散布全区，成为区内的主要农业基地。丘陵主要分布在四川盆地盆中和渝鄂湘黔边境山地林农区，山地在各农业区均分布较广，高原主要分布在川滇高原山地林农牧区和黔桂高原山地林农牧区。秦岭大巴山林农区的地形地貌特征表现为山多坡陡，平地狭窄；四川盆地农林区则地势低缓，以丘陵为主，丘、坝、山兼备；渝鄂湘黔边境山地林农牧区山多平地少，黔桂高原山地林农牧区山地广阔，川滇高原山地林农牧区地貌条件复杂多样。

二、气候条件

西南区地处亚热带，气候具有亚热带高原盆地的特点，基本气候特征表现为热量资源较丰富、冬暖春早、雨水较充沛、雨季多暴雨、光照条件较差、年总辐射量少等。

（一）热量资源丰富

西南区气温较高，大部分地区年平均气温在 14～24℃ 之间，有 2 个高值区，即金沙江、雅砻江交汇带谷地 >20℃ 高值区和川南—重庆长江谷地 18～20℃ 高值区。各地月平均气温的最高值出现在 7 月，为 25～27℃，最低值出现在 1 月，为 5～8℃。冬季由于秦岭大巴山阻挡寒潮侵袭，冬季温和。黔西及云贵高原海拔较高，夏季高温不足。西南区积温整体上由南向北逐渐递减，除受纬度影响外，主要还受海拔高度控制。全区大部分地区 ≥10℃ 积温达5 000～6 000℃，无霜期在 280 以上。海拔较低的河谷平原、山间盆地（坝子）≥10℃ 积温可达到 7 500℃。

（二）降水丰沛，分配不均

西南区大部分雨量丰沛，降水量的空间分布明显呈自东南向西北和由南向北递减的趋势，海拔高度和地面坡向变化造成降水量的局部差异。降水集中在 5～10 月，季节分配不均，春旱、伏旱、秋旱可在不同地区出现。贵州大部（1 100～1 400 mm）和四川盆地（1 000～1 300 mm）是区内降水高值区。横断山区河谷是西南区干旱缺水的区域，近年云南中部的干旱比较突出。

（三）年总辐射量少，日照条件较差

西南区是全国年太阳总辐射量最低的一个区。峨眉山以 3 300 MJ/m² 成为全国最低。低辐射是短日照的必然结果。昆明以北地区年日照时数在 2 400～2 600 h 之间，这是西南区唯一的日照较丰富的地区。而四川盆地西部至东南的弧形地带仅有 1 000～1 200 h，盆地边缘及贵州大部不超过 1 400 h。

三、植被状况

西南区是北方暖温带落叶林与南方亚热带常绿阔叶林过渡地带，大部分地区属亚热带常绿阔叶林，以壳斗科的常绿树种为主。本区亚热带处在古北极和古热带植物区系的相交地带，受第四纪大陆冰川的影响较小，保留了许多第三纪以前的孑遗植物。区域内植物最为丰富，植被类型除不含青藏区腹地的高寒草原、高寒荒漠和西北区的温带、暖温带荒漠、荒漠草原外，几乎包容了东部季风区的所有地带性植被。从滇中到川北，或从桂北到渝陕边界，基本上是纬度因素导致亚热带内部植被的变化，而西南区西部山地高原植被的垂直变化却近似地再现了东部季风区植被类型从热带亚热带到寒温带的全部纬度变化。全区主要包括热带季雨林、亚热带常绿阔叶林、亚热带针叶林、热带亚热带常绿落叶阔叶灌丛、常绿落叶阔叶混交林、落叶阔叶林、针阔叶混交林、山地寒温性针叶林、高山亚高山灌丛、高山亚高山草甸以及竹林。

四、水文状况

西南区河网密集，河流众多，这些河流分属长江、黄河、怒江、澜沧江、珠江等水系，多数为过境河。长江、珠江两水系居于主导地位，贵州的苗岭是长江和珠江两流域的分水岭，长江主要的支流有雅砻江、岷江、沱江、嘉陵江、乌江等河流。

大部分河流雨水补给比重超过年径流量的 70%。地下水补给率以云贵高原诸河最高，一般占 30%，横断山地和四川盆地诸河分别为 20% 和 10%。冰雪融水补给只限于横断山地各河流。径流丰枯悬殊，季节分配与降水量一样不均匀，年际变化也较大。年径流总量约占全国年径流量的 30%。

主要湖泊集中分布于滇中、滇西和邛海，即金沙江、南盘江分水岭地区和横断山地东侧。多为断陷湖，水位季节变化明显。本区湖泊都是外流湖、淡水湖，且除程海等少数湖泊外没有突出的天然萎缩现象，人为因素如修渠排干、引水灌溉、发电、城镇供水、围垦、工业废水污染等，对湖泊的演变影响至深。

五、成土母质

西南区成土母质类型众多，根据物质来源和组成差异，可归纳为以下类型。

（一）冲积物

冲积物通常指河流沉积物质，主要分布在四川成都平原和安宁河流域的河谷平原，在西南区江河两岸的低阶地、山间盆地、小湖盆也有少量分布。

（二）洪积物

洪积物是由山洪携带的砂粒、石块等在山前谷口一带形成的堆积，一般出露于广大山地坡前地带，分布零星。在四川盆地多分布在山麓前沿的河流出口处，在甘肃陇南山地沟谷地带、湖北西北部十堰地区也有少量分布。

（三）湖积物

湖积物由湖泊的静水沉积而成，随着湖泊退缩，气候干旱，蒸发作用强烈而形成。在云南河谷盆地有少量分布，形成的土壤土层深厚，水热条件较好，绝大多数被开发利用，辟为农耕地或园地。

（四）冰水及古河床沉积物

冰水沉积物指由冰川搬运并为冰川融水的水流所分选、沉积的物质，主要分布在成都平原西南一带的高阶地，在四川安岳、重庆潼南、广西北部山区也有少量分布，其中在广西北部的冰碛物多发育成地带性土壤，土壤中多砾石。

（五）黄土

黄土是一种很特殊的第四纪大陆沉积物，距今约 $200\sim300$ 百万年的第四纪初开始，一直到现代尚未结束，主要分布在甘肃陇南的徽成盆地。

（六）红色黏土及第四纪红土层

红色黏土属早期更新统—第三系古风化物，主要分布在四川西南山地的河谷一带。第四纪红土是更新世形成的地层，一般带鲜艳的红色，不成岩，主要分布在广西百色第三、四阶地以及湖北境内长江流域一到四级阶地上。

（七）残积紫色岩风化物

残积紫色岩风化物包括侏罗系、白垩系以及第三系部分紫色岩层和三叠系飞仙关组紫色岩层的风化物，在四川盆地广泛分布，在贵州省遵义市毕节六盘水、云南省以楚雄州为中心的滇中红层区和邻近四川盆地的滇东北地区，以及湖南省阮陵—麻阳等区域也有分布。

（八）残积碳酸盐岩类风化物

碳酸盐岩以化学风化为主，碳酸钙风化为重碳酸钙后淋失，其他胶结物残留为风化层。碳酸盐类岩石风化后形成的土粒数量很少，需要漫长的时间才能形成一定厚度的土壤。该类风化物母质多发育为多种类型的石灰（岩）土，集中分布在黔桂高原山地中南部和渝鄂湘黔山地，在四川盆地盆周边缘山地呈条带状分布，在川滇高原呈块状分布。

（九）石英质岩类风化残积坡积物

坡积物指较高处的岩石风化后沿斜坡向下运移，滚落在坡脚和坡麓的堆积物。石英岩类包括普通砂岩、石英砂岩、硅质岩和变余砂岩以及砾岩，主要分布在贵州省遵义市、黔东南州，云南马龙县、永胜县，在湖南湘西地区和广西北部以及四川、重庆三叠系须家河组地层出露的区域也有分布。

（十）残坡积结晶岩类风化物

残坡积结晶岩类风化物分为浅色结晶岩类风化物和深色结晶岩类风化物。其中浅色结晶岩类风化物包括花岗岩、花岗斑岩、花岗闪长岩、长石花岗岩和片麻岩以及流纹岩、闪长岩、安山岩、正长岩等；深色结晶岩风化物包括辉长岩、辉绿岩、玄武岩和橄榄岩等基性和超基性结晶岩风化物。该类风化物在云南省分布广泛，在川陕甘交界米仓山地区、四川省凉山州山原和攀枝花，以及湖北省西北部也有分布。

（十一）泥质岩类风化物

泥质岩类风化物包括页岩、泥岩、板岩等泥质沉积岩及相应的变质岩类风化物，在云南省分布广泛，在四川西南山地、秦岭中低山区、巴山低山区、贵州省遵义市、湖南西北地区和广西西北地区也有分布。

（十二）砂、页岩互层风化物

砂、页岩种类较多，化学成分也不尽一致，形成的土壤矿物养分和理化性状有别，主要分布在贵州西南的南、北盘江及红水河流域。

（十三）老风化壳

老风化壳广泛分布于残存高原剥蚀夷平面上，在云南东部、中部较为集中。

第三节　农业生产概况

一、耕地利用情况

西南区因山高坡陡，山脉纵横交错，高原、盆地与山丘、平坝交叠分布，耕地比重小。现有耕地总面积为 2 101.79 万 hm²，约占全国耕地总面积的 16%。其中，水田面积约 736.42 万 hm²，主要分布在四川盆地农林区、渝鄂湘黔边境山地林农牧区和川滇高原山地林农牧区，黔桂高原山地林农牧区、秦岭大巴山林农区有少量分布。水浇地 10.8 万 hm²，主要分布在四川盆地农林区，川滇高原山地林农牧区、黔桂高原山地林农牧区、秦岭大巴山林农区有零星分布。旱地面积最大，约 1 354.6 万 hm²，在 5 个二级区均有分布，川滇高原山地林农牧区面积最大，渝鄂湘黔边境山地林农牧区面积最小。

二、区域主要农作物种植情况

西南区种植以粮食作物为主，油料作物和蔬菜的种植也有较大规模，粮食作物包括水稻、小麦和玉米，油料作物以油菜为代表。2008 年以来，西南区粮食种植面积稳定，总产量稳中有升，粮食亩[①]产从 2008 年的 296kg 增加到 2017 年的 312kg，增加了 6%。西南区 2008—2017 年粮食亩产、播种面积及粮食总产量见图 1-1、图 1-2 和图 1-3。

（一）水稻

西南区水稻种植主要分布四川盆地农林区、渝鄂湘黔边境山地林农牧区和川滇高原山地林农牧区 3 个二级农业区，黔桂高原山地林农牧区和秦岭大巴山林农区也有少量分布。2017 年水稻总播种面积 355.1 万 hm²，总产量 2 678 万 t，分别占全国水稻播种总面积和总产量的 12% 和 13%。水稻单产逐年增加，由 2008 年的 7 190kg/hm² 增加到 2017 年的 7 542kg/hm²。西南区 2008—2017 年水稻播种面积及产量、单产见图 1-4 和图 1-5。西南区水稻品种主要以 F 优 498、德香 4103、川优 6 203 等 20 个品种为主。

---

① 亩为非法定计量单位，1 亩=1/15hm²≈667m²。——编者注

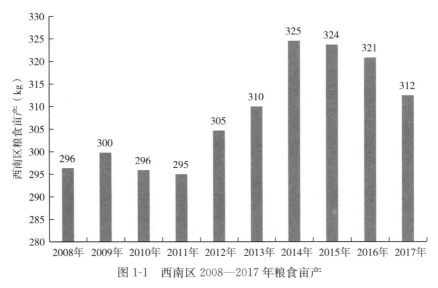

图 1-1　西南区 2008—2017 年粮食亩产

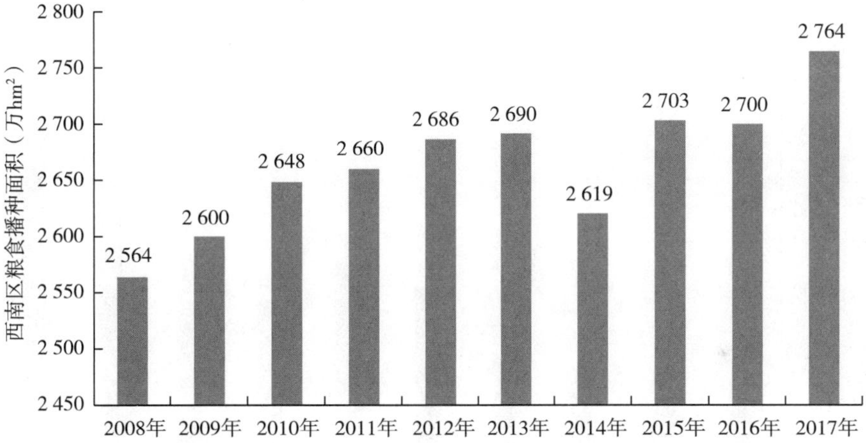

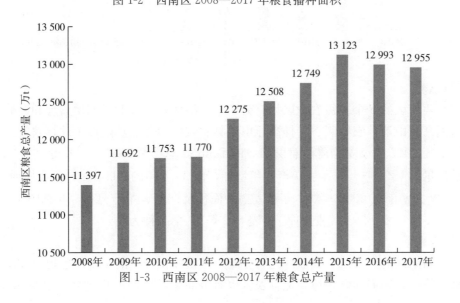

图 1-2　西南区 2008—2017 年粮食播种面积

图 1-3　西南区 2008—2017 年粮食总产量

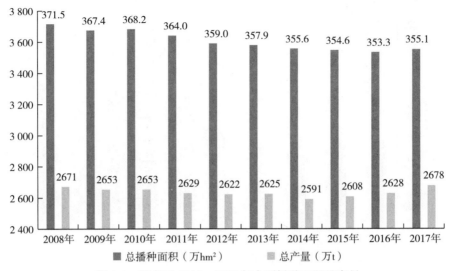

图 1-4 西南区 2008—2017 年水稻播种面积及产量

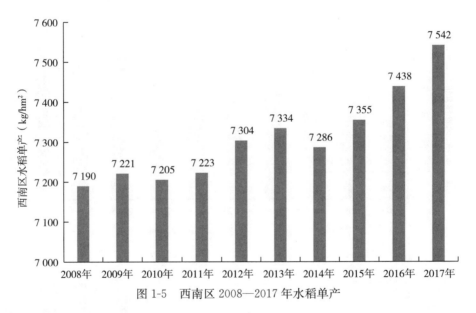

图 1-5 西南区 2008—2017 年水稻单产

（二）小麦

小麦在西南区的 5 个二级农业区均有分布，种植面积较大的是四川盆地和秦岭大巴山林牧区，川滇高原山地林农牧区、黔桂高原山地林农牧区和鄂湘黔边境山地林农牧区也有少量分布。西南区 2017 年小麦总播种面积 114.9 万 hm²，总产量 376 万 t，分别占全国小麦播种面积和总产量的 5% 和 4%。小麦单产逐年增加，由 2008 年的 3 110kg/hm² 增加到 2017 年的 3 272kg/hm²。西南区 2008—2017 年小麦播种面积及产量、单产见图 1-6 和图 1-7。西南区小麦品种主要以川麦 104、绵麦 367、南麦 618 等 17 个品种为主。

（三）玉米

玉米在西南区的 5 个二级农业区均有分布，种植面积较大的是四川盆地农林区和川滇高原山地林农牧区，渝鄂湘黔边境山地林农区也有分布，黔桂高原山地农林区种植面积最小。

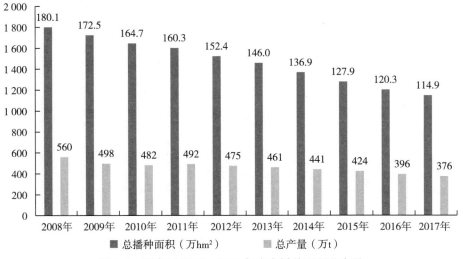

图 1-6　西南区 2008—2017 年小麦播种面积及产量

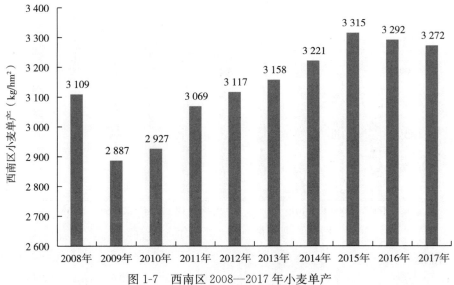

图 1-7　西南区 2008—2017 年小麦单产

西南区 2017 年玉米总播种面积 387.6 万 hm²，总产量 2 051 万 t，分别占全国玉米播种面积和总产量的 10% 和 9%。玉米单产逐年增加，从 2008 年的 4 528kg/hm² 增加到 2017 年的 5 290kg/hm²。西南区 2008—2017 年玉米播种面积及产量、单产见图 1-8 和图 1-9。西南区玉米品种主要以中单 808、正大 999、华凯 2 号等 20 个品种为主。

（四）油料作物

西南区油料作物种植面积最大的是四川盆地农林区，其次是渝鄂湘黔边境山地农林区，秦岭大巴山区林农区紧随其后，川滇高原山地、黔桂高原山地也有分布。西南区 2017 年油料作物总播种面积 252.1 万 hm²，总产量 548 万 t，单产从 2008 年的 1 948kg/hm² 增加到 2017 年的 2 175kg/hm²。西南区 2008—2017 年油料作物播种面积及产量、单产见图 1-10 和图 1-11。西南区油菜品种主要以绵油 15、川油 46、德新油 49 等 15 个品种为主。

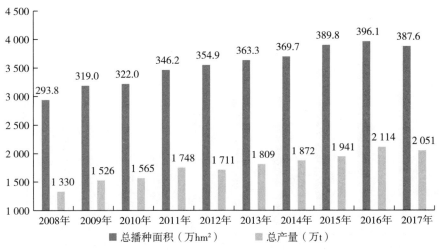

图 1-8 西南区 2008—2017 年玉米播种面积及产量

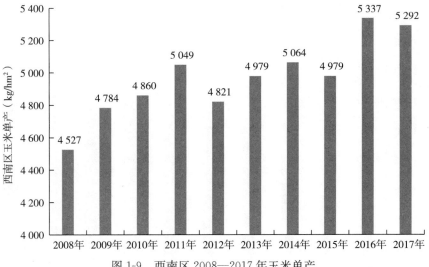

图 1-9 西南区 2008—2017 年玉米单产

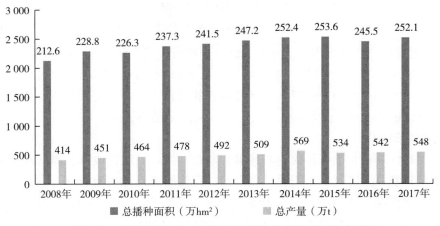

图 1-10 西南区 2008—2017 年油料作物播种面积及产量

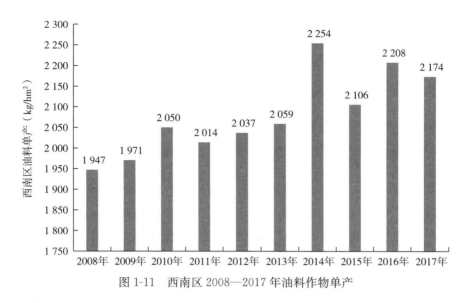

图 1-11　西南区 2008—2017 年油料作物单产

三、农作物施肥情况

据 2018 年统计年鉴，2017 年西南区农用化肥施用量（折纯）达到 1 307 万 t，占全国化肥施用量的 20%。西南区化肥施用总量近几年略有下降，2014—2016 年全区农用化肥施用量分别为 1 335 万 t、1 330 万 t、1 320 万 t，具体情况见图 1-12。

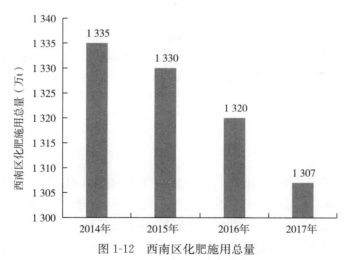

图 1-12　西南区化肥施用总量

肥料施用种类中，氮肥施用量最大，其次是磷肥和钾肥，但是钾肥增加速度较为明显。以四川省为例，氮肥用量大约占肥料总用量的 50%，磷肥其次，大约占肥料总用量的 20%，而钾肥用量最少，大约占肥料总用量的 7%。从肥料氮磷钾比例看，氮磷比例比较合适，钾肥投入仍然偏低。但由于近年来复混（合）肥的大量施用，钾肥用量呈大幅增加趋势，钾肥投入比例有所增加。

四、农作物灌溉情况

西南区水资源总量丰富，多年水资源总量约为 6 300 亿 m³，占全国总量的 22%，但开发利用难度大，且降水量时空分布不均，易发生季节性干旱灾害。由于受山区地貌限制，大部分河道下切很深，水低田高，就地利用十分困难，并且因地势崎岖，渠道工程艰巨，建设成本高，因此区域内农田水利设施薄弱。

（一）水源类型

西南区农作物灌溉水源类型主要有地表水、地下水，地表水＋地下水 3 种类型。其中，90％的农作物灌溉水源类型为地表水，8％的农作物灌溉水源类型为地下水，2％的农作物灌溉水源类型为地表水＋地下水。

（二）灌溉能力

西南区耕地灌溉能力总体不足，灌溉能力达到充分满足的面积约为243 万 hm^2，仅占西南区耕地总面积的 12％；满足的面积为 352 万 hm^2，占西南区耕地总面积的 17％；基本满足的面积为 580 万 hm^2，占西南区耕地总面积的 28％；不满足的面积为 920 万 hm^2，占西南区耕地总面积的 43％。

（三）灌溉方式

西南区农作物灌溉方式主要有滴灌、沟灌、漫灌、喷灌和畦灌 5 种。在有灌溉设施的耕地中，约 1％的灌溉方式为滴灌，12％的灌溉方式为沟灌，85％的灌溉方式为漫灌，1％的灌溉方式为喷灌，1％的灌溉方式为畦灌。

五、农作物病虫害发生和防治

（一）水稻

水稻病虫害主要有稻瘟病、白叶枯病、纹枯病、水稻恶苗病、稻纵卷叶螟和稻飞虱。以稻纵卷叶螟为例，主要防治措施为：一是每亩用18％杀虫双水剂 0.2kg 或杀虫双水剂 0.1kg 加 Bt 乳剂 0.1kg，对水 60kg 喷雾防治；二是每亩用 90％晶体敌百虫 0.1kg，对水 60kg 喷雾；三是每亩用 50％辛太磷乳油 60～70ml，对水 60kg 喷雾，对高龄幼虫有较好的防治效果，或 48％乐斯本（毒死蜱）300 倍液喷雾，6％艾绿士（乙基多杀菌素）1 000 倍液喷雾。

（二）小麦

小麦病虫害主要有白粉病、条锈病、纹枯病、粒线虫病和蚜虫等。小麦病虫害防治按照"预防为主、综合防治"的植保方针，在重视物理防治和生物防治的基础上，重点以化学防治为主。小麦蚜虫主要以拟除虫菊酯类和新烟碱类杀虫剂为主；小麦条锈病主要以三唑酮（粉锈宁）、烯唑醇、戊唑醇等杀菌剂防治；小麦白粉病主要以三唑酮、甲基托布津等杀菌剂喷雾防治。农药使用品种在向低毒、低残留、生物农药等方面发展，机防、飞防等统防统治措施加强，防治效果显著提高。

（三）玉米

玉米病虫害主要有大小斑病、圆斑病、干腐病、镰刀菌穗粒腐病、丝核菌穗腐病、锈病和灰斑病等。以大小斑病为例，防治措施为：一是综合防治。选用抗病杂交种，加强田间管理，增施有机肥料，间作套种，合理密植，改善通风透光条件；二是药剂防治。在植株发病初期用 40％克瘟散乳剂 500 倍液，或用 50％敌菌灵 500～800 倍液防治，每亩喷足 80～90kg 药液；三是摘除底部病叶。

(四) 油菜

油菜病虫害主要有菌核病、霜霉病、病毒病、猝倒病、软腐病 (根腐病) 等。以霜霉病为例，其防治方法为：一是选用抗病良种；二是加强栽培管理，适当稀植，采用高畦栽培，浇小水，严禁大水漫灌，有条件的地区采用滴灌技术可较好地控制病害；三是收获后彻底清除病残落叶；四是药剂防治。

六、农业机械化应用情况

截至 2017 年底，西南区农机总动力发展到 7 459 万 kW。受益于农机购置补贴政策，大中型拖拉机、联合收获机等先进机械快速增长。西南区大中型拖拉机、联合收获机分别发展到 34 万台、13 万台。主要粮食作物耕种收机械化水平得到较大提高，农业机械化水平持续提高。

第四节　耕地土壤资源

一、耕地主要土壤类型

西南区耕地土壤类型共分 9 个土纲、19 个亚纲、32 个土类、86 个亚类，如表 1-2 所示。其中，紫色土、水稻土和黄壤三大土类面积占西南区耕地总面积的 63.94%。因其他土类面积较小，本书仅对紫色土、水稻土、黄壤、石灰 (岩) 土、红壤、黄棕壤、棕壤、粗骨土、褐土、灰褐土、黄褐土、新积土、潮土、燥红土、暗棕壤、石质土、赤红壤、砖红壤、黑土和山地草甸土 20 个分布面积较大的土类进行介绍，其余土类就不作赘述。

表 1-2　西南区耕地土壤分类及其面积

土纲	面积 (万 hm²)	亚纲	面积 (万 hm²)	土类	面积 (万 hm²)	亚类	面积 (万 hm²)	土属
初育土	778.96	石质初育土	770.29	紫色土	538.94	石灰性紫色土	226.13	灰紫泥土
								灰紫壤土
								灰紫砾泥土
								灰紫砂土
						中性紫色土	190.46	紫壤土
								紫砂土
								紫泥土
								紫砾泥土
						酸性紫色土	122.35	酸紫砂土
								酸紫壤土
								酸紫黏土
								酸紫砾泥土
				石灰 (岩) 土	193.61	黄色石灰土	120.09	黄色石灰土
						黑色石灰土	32.01	黑色石灰土
						棕色石灰土	29.39	棕色石灰土
						红色石灰土	12.12	红色石灰土

（续）

土纲	面积 （万 hm²）	亚纲	面积 （万 hm²）	土类	面积 （万 hm²）	亚类	面积 （万 hm²）	土属
				粗骨土	33.42	酸性粗骨土	18.01	泥质酸性粗骨土
						钙质粗骨土	6.51	灰泥质钙质粗骨土
						中性粗骨土	5.70	灰黄粗骨土
						硅质岩粗骨土	3.20	泥质酸性粗骨土
				石质土	4.03	酸性石质土	3.04	灰泥质酸性石质土
						中性石质土	0.73	硅质中性石质土
						钙质石质土	0.26	灰泥质钙质石质土
				火山灰土	0.29	典型火山灰土	0.29	典型火山灰土
				新积土	7.40	冲积土	7.07	冲积砾泥土
								冲积砾砂土
								冲积壤土
								石灰性冲积壤土
								石灰性冲积砂土
		土质初育土	8.67			典型新积土	0.33	堆垫土
								漫淤土
								山洪土
								石灰性山洪土
				红黏土	0.98	典型红黏土	0.98	典型红黏土
						积钙红黏土	0.00	积钙红黏土
				黄绵土	0.29	黄绵土	0.29	黄墡土
				风沙土	0.00	草甸风沙土	0.00	草甸半固定风沙土
铁铝土	511.53	湿暖铁铝土	313.74	黄壤	313.74	典型黄壤	279.44	暗泥质黄壤
								硅质黄壤
								红泥质黄壤
								灰泥质黄壤
								麻砂质黄壤
								泥质黄壤
								砂泥质黄壤
								紫土质黄壤
						黄壤性土	32.96	硅质漂洗黄壤
								泥质漂洗黄壤
								灰泥质漂洗黄壤
						漂洗黄壤	1.34	硅质黄壤性土
								麻砂质黄壤性土
								泥质黄壤性土
								砂泥质黄壤性土

（续）

土纲	面积 （万 hm²）	亚纲	面积 （万 hm²）	土类	面积 （万 hm²）	亚类	面积 （万 hm²）	土属
湿热铁铝土	197.78			红壤	190.89	山原红壤	80.16	暗泥质山原红壤
								红泥质山原红壤
								泥质山原红壤
								砂泥质山原红壤
						黄红壤	70.49	暗泥质黄红壤
								硅质黄红壤
								红泥质黄红壤
								麻砂质黄红壤
								泥质黄红壤
								砂泥质黄红壤
						典型红壤	32.07	暗泥质红壤
								硅质红壤
								红泥质红壤
								红砂质红壤
								灰泥质红壤
								麻砂质红壤
								泥质红壤
								砂泥质红壤
								紫土质红壤
						红壤性土	8.17	暗泥质红壤性土
								红泥质红壤性土
								麻砂质红壤性土
								砂泥质红壤性土
					赤红壤	3.76	典型赤红壤	2.67	暗泥质赤红壤
								硅质赤红壤
								红泥质赤红壤
								灰泥质赤红壤
								麻砂质赤红壤
								泥质赤红壤
								紫土质赤红壤
						黄色赤红壤	0.89	麻砂质黄色赤红壤
								泥质黄色赤红壤
						赤红壤性土	0.20	砂泥质赤红壤性土
					砖红壤	3.13	典型砖红壤	3.13	红泥质砖红壤

（续）

土纲	面积 （万 hm²）	亚纲	面积 （万 hm²）	土类	面积 （万 hm²）	亚类	面积 （万 hm²）	土属
人为土	491.16	人为水成土	491.16	水稻土	491.16	潴育水稻土	188.64	潮泥砂田
								潮泥田
								红泥田
								红砂泥田
								湖泥田
								黄泥田
								灰泥田
								麻砂泥田
								马肝泥田
								红砂泥田
								鳝泥田
								涂泥田
								紫泥田
							渗育水稻土	166.92	紫潮砂田
								渗潮泥田
								渗红泥田
								渗灰泥田
								渗马肝泥田
								渗煤锈田
								渗砂泥田
								渗鳝泥田
								渗紫泥田
							淹育水稻土	112.23	浅暗泥田
								浅白粉泥田
								浅潮白土田
								浅潮泥砂田
								浅潮泥田
								浅红泥田
								浅红砂泥田
								浅黄泥田
								浅灰泥田
								浅麻砂泥田
								浅马肝泥田
								浅砂泥田
								浅鳝泥田
								浅紫泥田

（续）

土纲	面积 （万 hm²）	亚纲	面积 （万 hm²）	土类	面积 （万 hm²）	亚类	面积 （万 hm²）	土属
						潜育水稻土	16.13	烂泥田
								泥炭土田
								青潮泥田
								青红泥田
								青红砂泥田
								青灰泥田
								青麻砂泥田
								青砂泥田
								青鳝泥田
								青紫泥田
								锈水田
						漂洗水稻土	3.26	漂红泥田
								漂黄泥田
								漂鳝泥田
						脱潜水稻土	3.98	黄斑泥田
								黄斑黏田
淋溶土	247.23	湿暖淋溶土	201.21	黄棕壤	186.89	典型黄棕壤	88.95	黄土质黄棕壤
								麻砂质黄棕壤
								泥砂质黄棕壤
								泥质黄棕壤
								砂泥质黄棕壤
						暗黄棕壤	62.65	暗泥质暗黄棕壤
								灰泥质暗黄棕壤
								麻砂质暗黄棕壤
								泥质暗黄棕壤
								砂泥质暗黄棕壤
								紫土质暗黄棕壤
						黄棕壤性土	35.29	硅质黄棕壤性土
								泥质黄棕壤性土
					黄褐土	14.32	典型黄褐土	8.31	黄土质黄褐土
								泥砂质黄褐土
						黄褐土性土	6.01	黄土质黄褐土性土
			湿暖温淋溶土	41.71	棕壤	41.71	典型棕壤	33.14	暗泥质棕壤
								硅质棕壤
								红泥质棕壤
								黄土质棕壤

（续）

土纲	面积 （万 hm²）	亚纲	面积 （万 hm²）	土类	面积 （万 hm²）	亚类	面积 （万 hm²）	土属
								灰泥质棕壤
								麻砂质棕壤
								泥质棕壤
								砂泥质棕壤
								紫土质棕壤
						潮棕壤	4.34	泥砂质潮棕壤
						棕壤性土	3.81	硅质棕壤性土
								灰泥质棕壤性土
								麻砂质棕壤性土
								砂泥质棕壤性土
						白浆化棕壤	0.42	泥质白浆化棕壤
						典型暗棕壤	3.56	暗泥质暗棕壤
								硅质暗棕壤
								灰泥质暗棕壤
		湿温淋溶土	4.15	暗棕壤	4.15			泥质暗棕壤
								紫土质暗棕壤
						暗棕壤性土	0.46	暗泥质暗棕壤
								麻砂质暗棕壤
						草甸暗棕壤	0.09	黄土质草甸暗棕壤
						白浆化暗棕壤	0.03	暗泥质白浆化暗棕壤
						灰化暗棕壤	0.01	麻砂质灰化暗棕壤
		湿寒温淋溶土	0.16	棕色针叶林土	0.16	典型棕色针叶林土	0.14	麻砂质棕色针叶林土
						灰化棕色针叶林土	0.02	麻砂质灰化棕色针叶林土
								紫土质灰化棕色针叶林土
						褐土性土	10.02	黄土质褐土性土
								泥砂质褐土性土
						典型褐土	10.01	黄土质褐土
								泥砂质褐土
半淋溶土	58.83	半湿暖温半淋溶土	32.61	褐土	32.61	石灰性褐土	9.60	红土质石灰性褐土
								黄土质石灰性褐土
								泥砂质石灰性褐土
								砂泥质石灰性褐土
						淋溶褐土	2.95	硅质淋溶褐土
								黄土质淋溶褐土
						燥褐土	0.03	硅质燥褐土
								泥砂质燥褐土

（续）

土纲	面积 （万 hm²）	亚纲	面积 （万 hm²）	土类	面积 （万 hm²）	亚类	面积 （万 hm²）	土属
						堘土	0.00	油填土
								垆填土
		半湿温半 淋溶土	19.00	黑土	3.02	典型黑土	3.00	黄土质黑土
						草甸黑土	0.02	黄土质草甸黑土
				灰褐土	15.98	石灰性灰褐土	13.88	黄土质石灰性灰褐土
						淋溶灰褐土	1.67	砂泥质淋溶灰褐土
						典型灰褐土	0.43	黄土质灰褐土
		半湿热半 淋溶土	7.22	燥红土	7.22	褐红土	7.22	暗泥质褐红土
								麻砂质褐红土
								泥砂质褐红土
半水成土	9.64	淡半水成土	9.42	潮土	6.87	灰潮土	5.34	灰潮壤土
								灰潮砂土
								石灰性灰潮壤土
								石灰性灰潮黏土
						典型潮土	1.05	潮壤土
								潮砂土
								潮黏土
								石灰性潮壤土
								石灰性潮砂土
								石灰性潮黏土
						湿潮土	0.39	湿潮砂土
								湿潮黏土
						脱潮土	0.10	湿潮砂土
								湿潮黏土
				山地草甸土	2.55	典型山地草甸土	1.56	山地草甸壤土
						山地草原草甸土	0.98	山地草原草甸土
						山地灌丛草甸土	0.01	山地灌丛草甸壤土
		暗半水成土	0.22	草甸土	0.22	典型草甸土	0.22	草甸壤土
钙层土	2.64	半干暖温 钙层土	1.76	黑垆土	1.76	黑麻土	1.75	黑麻土
						典型黑垆土	0.01	黑垆土
						黏化黑垆土	0.00	黏化黑垆土
		半湿温钙层土	0.88	黑钙土	0.88	淡黑钙土	0.46	暗泥质淡黑钙土
						典型黑钙土	0.42	黄土质黑钙土
水成土	1.00	矿质水成土	0.86	沼泽土	0.86	典型沼泽土	0.53	典型沼泽土
						泥炭沼泽土	0.29	泥炭沼泽土

（续）

土纲	面积 （万 hm²）	亚纲	面积 （万 hm²）	土类	面积 （万 hm²）	亚类	面积 （万 hm²）	土属
						草甸沼泽土	0.02	草甸沼泽土
						腐泥沼泽土	0.02	腐泥沼泽土
		有机水成土	0.14	泥炭土	0.14	低位泥炭土	0.14	草炭土
高山土	0.82	湿寒高山土	0.82	黑毡土	0.78	典型黑毡土	0.68	黑毡壤土
						棕黑毡土	0.09	棕黑毡砾泥土
				草毡土	0.04	典型草毡土	0.04	草毡砂土
						薄草毡土	0.00	薄草毡砂土
—	2 101.79	—	2 101.79	—	2 101.79	—	2 101.79	

二、主要土类分述

（一）紫色土

1. 紫色土的分布与主要特征 紫色土是西南区面积最大、分布最广的土类，主要分布在四川和重庆全境，以盆中丘陵和川东平行峡谷最为集中，面积538.94万 hm²，占西南区耕地面积的25.64%。紫色土的母岩主要是紫色砂岩和紫色页岩，紫色土的成土过程主要表现为母岩崩解成碎块和细粒，成土时间一般都较短暂，化学风化和有机质积累作用比较微弱，紫色土的许多性状与母岩的性质关系密切。紫色土土层相对较薄，尤其是在丘陵顶部或坡面上部，有机质含量低，磷、钾丰富，是西南区重要旱作土壤之一。

2. 亚类分述 紫色土包括石灰性紫色土、中性紫色土和酸性紫色土3个亚类。

（1）**石灰性紫色土** 石灰性紫色土分布广泛，主要分布在四川盆地的腹心丘陵地带，集中在四川南充、内江、绵阳、遂宁、广元等市以及重庆各地，面积226.13万 hm²，占西南区紫色土耕地面积的41.96%。

石灰性紫色土土壤剖面发育程度很浅，无明显层次分异，岩石物理风化强烈，风化、侵蚀交替进行，土壤多含母质碎屑。黏土矿物为母岩沉积时期形成，以伊利石和蒙脱石为主。

石灰性紫色土典型剖面一般分为耕作层、心土层、底土层。其基本特征如下：

耕作层 0～20cm，棕紫色，粒状夹小块状结构，松，无新生体，强石灰反应。

心土层 20～40cm，棕紫色，小块状结构，紧，无新生体，强石灰反应。

底土层 40～90cm，红棕紫色，棱块状结构，紧，无新生体，强石灰反应。

据2017年西南区耕地质量等级调查结果，石灰性紫色土耕层土壤各理化指标分别为：有机质19.8g/kg，全氮1.30g/kg，有效磷18.6mg/kg，速效钾120mg/kg，缓效钾484mg/kg，有效铁66.3mg/kg，有效锰23.9mg/kg，有效硼0.43mg/kg，有效铜2.45mg/kg，有效锌1.68mg/kg，有效钼0.36mg/kg，有效硅207.8mg/kg，pH7.2。

石灰性紫色土包括灰紫泥土、灰紫壤土、灰紫砾泥土和灰紫砂土4个土属。

（2）**中性紫色土** 中性紫色土集中在四川盆地的两大区域：盆地中南部以重庆的江津、合川为中心的丘陵区和盆地东北部以万州、达州为中心的平行岭谷区。另外，贵州的毕节、遵义，云南的楚雄等地也有分布。全区中性紫色土面积190.46万 hm²，占西南区紫色土耕地面积的35.34%。

中性紫色土是紫色土中肥力水平较高的亚类。土壤发育不深，胶体品质良好，黏土矿物以伊利石、蒙脱石为主，土体膨胀性中度。土壤剖面分化不明显，土壤质地适中，多为黏质壤土。

中性紫色土剖面一般分为耕作层、心土层、底土层。其基本特征如下：

耕作层　0～20cm，棕紫色，壤质黏土，团粒状结构，疏松，根系较多，无石灰反应。

心土层　20～45cm，灰棕色，壤质黏土，块状结构，较紧实，作物根系少，无石灰反应。

母质层　45～100cm，紫色，壤质黏土，小块状结构，紧实，作物根系少，无石灰反应。

据2017年西南区耕地质量等级调查结果，中性紫色土耕层土壤各理化指标分别为：有机质17.9g/kg，全氮1.09g/kg，有效磷31.2mg/kg，速效钾119mg/kg，缓效钾427mg/kg，有效铁134.4mg/kg，有效锰32.2mg/kg，有效硼0.41mg/kg，有效铜5.42mg/kg，有效锌1.83mg/kg，有效钼0.69mg/kg，有效硅225.3mg/kg，pH6.4。

中性紫色土包括紫壤土、紫砂土、紫泥土和紫砾泥土4个土属。

（3）酸性紫色土　酸性紫色土主要分布于四川盆地西南丘陵及盆周山地，其中在四川的乐山、宜宾、泸州、雅安等地集中连片分布，重庆的武隆、江津、綦江、万州也分布较广。另外，贵州的毕节、六盘水、遵义，云南的楚雄、大理，湖北的恩施等地也分布较多。全区酸性紫色土面积122.35万hm²，占西南区紫色土耕地面积的22.70%。

酸性紫色土成土母质主要由酸性砂岩风化物、紫色砂页岩风化物、紫色古风化物母质构成，土壤母质先天发育程度在紫色土母质中相对较深。

酸性紫色土剖面一般分为耕作层、心土层、底土层。其基本特征如下：

耕作层　0～20cm，灰棕紫色，砂质壤土，粒状结构，疏松，根系多，无石灰反应。

心土层　20～50cm，紫棕色，砂质黏壤土，块状结构，紧实，作物根系少，无石灰反应。

母质层　50～100cm，紫色，砂质黏土，块状结构，紧实，作物根系少，无石灰反应。

据2017年西南区耕地质量等级调查结果，酸性紫色土耕层土壤各理化指标分别为：有机质26.4g/kg，全氮1.44g/kg，有效磷31.8mg/kg，速效钾132mg/kg，缓效钾299mg/kg，有效铁181.3mg/kg，有效锰36.3mg/kg，有效硼0.51mg/kg，有效铜8.58mg/kg，有效锌2.48mg/kg，有效钼1.04mg/kg，有效硅243.6mg/kg，pH5.9。

酸性紫色土包括酸紫砂土、酸紫壤土、酸紫黏土和酸紫砾泥土4个土属。

（二）水稻土

1. 水稻土的分布与主要特征　水稻土主要分布在河谷阶地、平坝、丘陵低山等地势较平缓的地区，在四川、重庆、湖北、湖南、贵州、云南和广西7个省（直辖市、自治区）分布较广，陕西部分区域也有少量分布。其中，四川、重庆主要分布在海拔800m以下区域，贵州和云南在海拔超过2 000m区域也有分布。全区水稻土面积491.16万hm²，占西南区耕地面积的23.37%。水稻土是耕种活动的产物，由各种地带性土壤、半水成土和水成土经水耕熟化培育而成。淹育水稻土发育层段浅薄，属初期发育的水稻土，底土仍见母土特性；潴育水稻土发育完整，具有完整的剖面结构；潜育水稻土由潜育土或沼泽土发育而成。

2. 亚类分述　依据水稻土发生的类型、成土过程及主要形态，水稻土分为潴育水稻土、渗育水稻土、淹育水稻土、潜育水稻土、脱潜水稻土和漂洗水稻土 6 个亚类。

（1）潴育水稻土　潴育水稻土是水稻土的主要类型之一，面积 188.64 万 hm²，占西南区水稻土耕地面积的 38.41％。潴育水稻土的母质主要有冲洪积物、紫色岩残坡积物、第四系黄红黏土等。潴育水稻土分布地形平缓开阔，地下水位较高，成土过程受地表水和地下水的双重影响，土层深厚，多数大于 75cm，耕层 16～20cm。由于耕层主要受地表水的影响，铁、锰以淋溶为主，土壤颜色略有分化，出现锈纹锈斑。犁底层发育厚（8～10cm），潴育层铁、锰沉积明显，颜色斑杂，并有软铁子或硬铁子出现，一般为大棱柱状结构。

据 2017 年西南区耕地质量等级调查结果，潴育水稻土耕层土壤各理化指标分别为：有机质 26.2g/kg，全氮 1.50g/kg，有效磷 22.0mg/kg，速效钾 114mg/kg，缓效钾 418mg/kg，有效铁 57.7mg/kg，有效锰 27.0mg/kg，有效硼 0.56mg/kg，有效铜 2.59mg/kg，有效锌 1.82mg/kg，有效钼 0.40mg/kg，有效硅 190.6mg/kg，pH6.3。

潴育水稻土包括潮泥砂田、潮泥田、红泥田、红砂泥田、湖泥田、黄泥田、灰泥田、麻砂泥田、马肝泥田、红砂泥田、鳝泥田、涂泥田和紫泥田 13 个土属。

（2）渗育水稻土　渗育水稻土分布于山地、丘陵以及河谷两侧阶地，位置多在丘陵中下部、沟谷中上部、阶地中部，面积 166.92 万 hm²，占西南区水稻土耕地面积的 33.98％。渗育水稻土成土母质主要为紫色砂泥岩、岩类风化物以及近代河流沉积物、第四系黄色黏土。渗育水稻土水利条件好，地下水位较低，对成土过程影响较小，主要受季节性下渗水的作用，其作用时间比淹育水稻土长，强度比淹育水稻土大，处于淹育水稻土向潴育水稻土发育的过渡阶段。

渗育水稻土的土壤剖面发育较完整，土层较深厚，具有明显的犁底层和初期潴育层。犁底层较紧实，成板状或扁平结构，氧化还原交替作用较弱。犁底层以下的初期潴育层土体较紧实，经犁底层下渗的水分较少，淋溶淀积不明显，只有少量的铁、锰淀积，颜色较均一或有分化，呈棱柱状结构。

据 2017 年西南区耕地质量等级调查结果，渗育水稻土耕层土壤各理化指标分别为：有机质 28.0g/kg，全氮 1.58g/kg，有效磷 18.9mg/kg，速效钾 119mg/kg，缓效钾 380mg/kg，有效铁 115.9mg/kg，有效锰 25.5mg/kg，有效硼 0.46mg/kg，有效铜 3.46mg/kg，有效锌 2.35mg/kg，有效钼 0.22mg/kg，有效硅 154.7mg/kg，pH6.5。

渗育水稻土包括紫潮砂田、渗潮泥田、渗红泥田、渗灰泥田、渗马肝泥田、渗煤锈田、渗砂泥田、渗鳝泥田和渗紫泥田 9 个土属。

（3）淹育水稻土　淹育水稻土是山丘梯田上的雨养水田，或种植水稻年限较短，水耕耕作层和犁底层发育明显，下部土层中锈纹锈斑不明显或很少的弱度发育水稻土，面积 112.23 万 hm²，占西南区水稻土耕地面积的 22.85％。

淹育水稻土的成土母质主要为砂泥岩、砂泥岩残坡积物。淹育水稻土耕作层比较疏松，孔隙较为发达，并有少量锈纹，耕层与底土相比有较大的变化，主要表现在有机质含量、盐基总量、阳离子交换量、盐基饱和度等有所提高。淹育水稻土的土壤剖面发育不完整，一般只有耕作层、犁底层和母质层。淹育水稻土耕层平均厚度约 18～20cm，比其余水稻土亚类的耕作层都要浅薄，土壤颜色的基本色调与母土相似。犁底层平均厚度一般为 6～8cm，淀积物质数量较少；20～30cm 以下为母质层，颜色与母岩基本相同。

据 2017 年西南区耕地质量等级调查结果，淹育水稻土耕层土壤各理化指标分别为：有机质 28.1g/kg，全氮 1.60g/kg，有效磷 21.3mg/kg，速效钾 119mg/kg，缓效钾 367mg/kg，有效铁 123.3mg/kg，有效锰 30.1mg/kg，有效硼 0.44mg/kg，有效铜 4.78mg/kg，有效锌 1.92mg/kg，有效钼 0.48mg/kg，有效硅 180.8mg/kg，pH6.3。

淹育水稻土包括浅暗泥田、浅白粉泥田、浅潮白土田、浅潮泥砂田、浅潮泥田、浅红泥田、浅红砂泥田、浅黄泥田、浅灰泥田、浅麻砂泥田、浅马肝泥田、浅砂泥田、浅鳝泥田和浅紫泥田 14 个土属。

（4）潜育水稻土 潜育水稻土所处地形部位较低，一般位于地下水位高，排水不畅的沿江一级阶地低洼处或古河道以及丘陵山地的冲沟槽谷，面积 16.13 万 hm²，占西南区水稻土耕地面积的 3.28%。

潜育水稻土长期被水分饱和，土体中下部甚至上部处于嫌气状况，形成潜育层，铁、锰还原是潜育过程的基本内容，潜育水稻土的有机质含量高于潴育水稻土，而且上下层的变化较小。

据 2017 年西南区耕地质量等级调查结果，潜育水稻土耕层土壤各理化指标分别为：有机质 33.8g/kg，全氮 2.00g/kg，有效磷 18.2mg/kg，速效钾 116mg/kg，缓效钾 319mg/kg，有效铁 126.6mg/kg，有效锰 29.2mg/kg，有效硼 0.41mg/kg，有效铜 3.79mg/kg，有效锌 2.04mg/kg，有效钼 0.30mg/kg，有效硅 162.6mg/kg，pH6.3。

潜育水稻土包括烂泥田、泥炭土田、青潮泥田、青红泥田、青红砂泥田、青灰泥田、青麻砂泥田、青砂泥田、青鳝泥田、青紫泥田和锈水田 11 个土属。

（5）脱潜水稻土 脱潜水稻土主要分布于河湖平原及丘陵河谷下部地段，面积 3.26 万 hm²，占西南区水稻土耕地面积的 0.66%。

脱潜水稻土是潜育水稻土经人工改良后，潜育层段部位下移或潜育层从还原状态开始向氧化方向发展的土壤。脱潜水稻土犁底层以下的潜育层具有潴育型层的特征。

据 2017 年西南区耕地质量等级调查结果，脱潜水稻土耕层土壤各理化指标分别为：有机质 37.5g/kg，全氮 2.17g/kg，有效磷 19.5mg/kg，速效钾 120mg/kg，缓效钾 386mg/kg，有效铁 90.6mg/kg，有效锰 33.6mg/kg，有效硼 0.39mg/kg，有效铜 4.12mg/kg，有效锌 1.58mg/kg，有效钼 0.30mg/kg，有效硅 188.5mg/kg，pH6.5。

脱潜水稻土包括黄斑泥田和黄斑黏田 2 个土属。

（6）漂洗水稻土 漂洗水稻土主要分布于沿河两岸二三级阶地、浅丘台地冲沟的中上部、中低山槽谷平缓区，面积 3.98 万 hm²，占西南区水稻土耕地面积的 0.81%。

漂洗水稻土主要成土母质有第四系黄红黏土、黄色砂泥岩和紫色砂页岩残坡积物及近代河流冲积物等。由于所处地形部位既能滞水，又具有水分缓慢下渗和侧渗的条件，使土壤在渍水条件下产生的铁、锰还原物质不断被下渗和侧渗带走，土体和黏粒的铁、锰氧化物含量降低。漂洗水稻土土体较厚，耕层较薄，漂洗层多呈灰白色或黄白色，棱柱状结构。漂洗水稻土漂洗层阳离子交换量较低，质地较黏，多壤质黏土。

据 2017 年西南区耕地质量等级调查结果，漂洗水稻土耕层土壤各理化指标分别为：有机质 33.4g/kg，全氮 1.88g/kg，有效磷 26.9mg/kg，速效钾 122mg/kg，缓效钾 255mg/kg，有效铁 109.4mg/kg，有效锰 23.0mg/kg，有效硼 0.45mg/kg，有效铜 3.62mg/kg，有效锌 2.00mg/kg，有效钼 0.26mg/kg，有效硅 154.8mg/kg，pH5.8。

漂洗水稻土包括漂红泥田、漂黄泥田和漂鳝泥田 3 个土属。

（三）黄壤

1. 黄壤的分布与主要特征　黄壤是亚热带常年湿润的生物气候条件下形成的地带性土壤，主要分布在贵州全境、重庆东南部和湖北的恩施、宜昌，以及云南的昭通、曲靖、宝山等地，面积 313.74 万 hm²，占西南区耕地面积的 14.93%。

黄壤发育于各种母质之上，以花岗岩、砂页岩为主，此外还有第四纪红色黏土及石灰岩风化物，发育于不同母质上的黄壤，其特点各异。黄壤的交换性盐基含量很低，呈酸性，黏土矿物以蛭石为主。

2. 亚类分述　根据黄壤的形成条件和理化性质，黄壤分为典型黄壤、黄壤性土和漂洗黄壤 3 个亚类，其中漂洗黄壤在西南区的面积很小。

（1）**典型黄壤**　典型黄壤主要分布在贵州、四川和重庆海拔 1 300m 以下的低、中山区和深丘地段，以及湖北的恩施、宜昌等地。另外，湖南、云南部分地区也有分布。全区典型黄壤面积 279.44 万 hm²，占西南区黄壤耕地面积的 89.07%。典型黄壤土层较厚，土壤发育较深，剖面完整，层次分化比较明显，全剖面呈黄色或黄棕色，酸度较高，呈酸性或微酸性反应。典型黄壤剖面一般分为耕作层、心土层、底土层。其基本特征如下：

耕作层　0～20cm，暗灰黄色，轻砾质砂质壤土，粒状结构，稍紧，湿润，根系多。

心土层　20～60cm，淡黄棕色，轻砾质黏壤土，块状结构，紧实，湿润，根系较多。

底土层　60～100cm，黄色，大块状结构，紧实，湿润，根系极少。

据 2017 年西南区耕地质量等级调查结果，典型黄壤耕层土壤各理化指标分别为：有机质 31.9g/kg，全氮 1.74g/kg，有效磷 25.0mg/kg，速效钾 145mg/kg，缓效钾 318mg/kg，有效铁 103.4mg/kg，有效锰 35.9mg/kg，有效硼 0.50mg/kg，有效铜 4.50mg/kg，有效锌 2.51mg/kg，有效钼 0.76mg/kg，有效硅 211.2mg/kg，pH5.9。

典型黄壤包括暗泥质黄壤、硅质黄壤、红泥质黄壤、灰泥质黄壤、麻砂质黄壤、泥质黄壤、砂泥质黄壤和紫土质黄壤 8 个土属。

（2）**黄壤性土**　黄壤性土主要分布在贵州的铜仁、黔东南，四川的广元、绵阳、达州，重庆东南部，以及湖北的恩施、宜昌等地，面积 32.96 万 hm²，占西南区黄壤耕地面积的 10.51%。黄壤性土土壤侵蚀严重，更新和堆积覆盖频繁，土层一般较薄，岩石风化不彻底，发育浅，土壤粗骨性强，土体中夹有大量半风化的岩石碎块，多为砾石土。土壤剖面一般分为耕作层、心土层、底土层。其基本特征如下：

耕作层　0～20cm，灰黄色，中砾石土，细土部分质地为砂质黏壤土，粒状结构，土壤潮湿，疏松，根系多，无石灰反应。

底土层　20～80cm，黄色，轻砾石土，细土部分质地为砂质黏壤土，块状结构，有少量的铁锰胶膜淀积，潮湿，紧实，根系少。

据 2017 年西南区耕地质量等级调查结果，黄壤性土耕层土壤各理化指标分别为：有机质 27.3g/kg，全氮 1.57g/kg，有效磷 27.3mg/kg，速效钾 121mg/kg，缓效钾 375mg/kg，有效铁 91.30mg/kg，有效锰 34.26mg/kg，有效硼 0.46mg/kg，有效铜 3.70mg/kg，有效锌 2.32mg/kg，有效钼 0.80mg/kg，有效硅 182.8mg/kg，pH6.0。

黄壤性土包括硅质黄壤性土、麻砂质黄壤性土、泥质黄壤性土和砂泥质黄壤性土 4 个土属。

（四）石灰（岩）土

1. 石灰（岩）土的分布与主要特征　石灰（岩）土主要分布在四川盆地四周山地和云贵高原东部地区，陕西的安康、汉中，湖北的恩施、宜昌等地也有分布，面积 193.61 万 hm^2，占西南区耕地面积的 9.21%。

石灰（岩）土发育于亚热带湿润地区石灰岩母质上，岩石风化淋溶和土壤侵蚀交叠发生，土壤淋溶不充分，钙离子较多，土层薄，岩石碎屑多。土壤的矿物组成和化学特性，在很大程度上受母岩的风化残留物质的制约。

2. 亚类分述　根据其盐基淋溶程度划分为黄色石灰土、黑色石灰土、棕色石灰土和红色石灰土 4 个亚类。

（1）黄色石灰土　黄色石灰土是西南区石灰（岩）土中面积最大、分布最广的土壤亚类，大部分集中在四川盆地四周中低山区的火山岩裸露地带，以及贵州的遵义、安顺、毕节和黔南等地，面积 120.09 万 hm^2，占西南区石灰（岩）土耕地面积的 62.03%，所处地形多为低山槽谷、山麓、平缓坡地和峰丛洼地。

黄色石灰土的淋溶作用进行得比较缓慢，剖面中保持有一定数量的碳酸盐。黄色石灰土剖面呈黄色或黄棕色，层次分化比较明显。黄色石灰土质地比较黏重，多为壤质黏土，黏粒含量较高，一般都大于 35%，剖面一般分为耕作层、心土层、底土层。其基本特征如下：

耕作层　0～20cm，暗黄棕色，重砾质黏土，小块状夹粒状结构，稍紧，根系密集，无石灰反应。

心土层　20～50cm，黄棕色，重砾质重黏土，小块状结构，结构面有铁锰胶膜淀积，紧实，根系中量，无石灰反应。

底土层　50～100cm，浅黄棕色，多砾质重黏土，团块状结构，极紧，湿润，根系稀少，强石灰反应。

据 2017 年西南区耕地质量等级调查结果，黄色石灰土耕层土壤各理化指标分别为：有机质 32.2g/kg，全氮 1.69g/kg，有效磷 23.4mg/kg，速效钾 151mg/kg，缓效钾 360mg/kg，有效铁 120.0mg/kg，有效锰 38.4mg/kg，有效硼 0.42mg/kg，有效铜 6.46mg/kg，有效锌 2.29mg/kg，有效钼 0.97mg/kg，有效硅 291.4mg/kg，pH7.1。

黄色石灰土包括黄色石灰土 1 个土属。

（2）黑色石灰土　黑色石灰土分布比较零散，较为集中的有四川盆地西部和东南部边缘的中低山区、川西高山峡谷地区、云贵高原的北部和东部地区，面积 32.01 万 hm^2，占西南区石灰（岩）土耕地面积的 16.53%。

黑色石灰土是富含碳酸钙和腐殖质的土壤，黑色石灰土的剖面形态特征是：腐殖质层明显，呈暗灰棕色，有机质含量高，质地较黏重。土层厚度深浅不一，土壤所含碳酸钙的多少取决于母岩的组成和土壤发育状况，土壤呈中性至微碱性反应。黑色石灰土剖面一般分为耕作层、心土层、底土层。其基本特征如下：

耕作层　0～25cm，暗棕紫色，润，砾石土，石砾含量 40% 左右，强石灰反应。

心土层　25～60cm，淡灰色，干，砾石土，石砾含量 70% 左右，强石灰反应。

底土层　60～120cm，灰白色，干，砾石土，石砾含量 80% 左右，强石灰反应。

据 2017 年西南区耕地质量等级调查结果，黑色石灰土耕层土壤各理化指标平均值分别为：有机质 33.0g/kg，全氮 1.86g/kg，有效磷 30.7mg/kg，速效钾 154mg/kg，缓效钾

284mg/kg，有效铁 142.8mg/kg，有效锰 35.8mg/kg，有效硼 0.52mg/kg，有效铜 6.41mg/kg，有效锌 2.44mg/kg，有效钼 1.03mg/kg，有效硅 233.3mg/kg，pH6.9。

黑色石灰土包括黑色石灰土 1 个土属。

（3）棕色石灰土 棕色石灰土主要分布在四川的雅安和成都，陕西的安康和汉中，以及湖北的恩施、宜昌、十堰和襄阳等地，面积 29.39 万 hm²，占西南区石灰（岩）土耕地面积的 15.18%。

棕色石灰土的化学风化和土壤的淋溶作用较黑色石灰土明显，土体中游离碳酸钙的含量高，心土层常有钙盐胶膜出现。棕色石灰土土层厚薄不一，剖面层次分化不很明显，腐殖质层不及黑色石灰土厚，呈暗棕色，下层颜色稍浅，呈淡黄棕色，剖面中石砾含量较高，为中砾质到砾石土。棕色石灰土剖面一般分为耕作层、心土层、底土层。其基本特征如下：

耕作层 0～25cm，棕色，轻砾石土，粒状结构，疏松，根系多，强石灰反应。

心土层 25～60cm，淡黄色，中砾石土，小块状结构，稍紧，强石灰反应。

底土层 60～100cm，浅黄棕色，极紧。

据 2017 年西南区耕地质量等级调查结果，棕色石灰土耕层土壤各理化指标分别为：有机质 27.2g/kg，全氮 1.60g/kg，有效磷 25.9mg/kg，速效钾 150mg/kg，缓效钾 460mg/kg，有效铁 44.52mg/kg，有效锰 27.5mg/kg，有效硼 0.5mg/kg，有效铜 1.85mg/kg，有效锌 2.22mg/kg，有效钼 0.31mg/kg，有效硅 190.8mg/kg，pH7.1。

棕色石灰土包括棕色石灰土 1 个土属。

（4）红色石灰土 红色石灰土主要分布在四川西南部的岩溶中低山地区和湖南的湘西土家族苗族自治州，面积 12.12 万 hm²，占西南区石灰（岩）土耕地面积的 6.26%。

红色石灰土处于红壤地带，富铝化特征比较明显，有机质积累一般较差。红色石灰土土层较厚，剖面上下层次过渡比较明显，质地较黏，一般为壤质黏土，全剖面中性至微碱性反应，含有 10% 左右的砾石。红色石灰土剖面一般分为耕作层、心土层、底土层。其基本特征如下：

耕作层 0～20cm，红棕色，小块状夹粒状结构，多砾质壤质黏土，稍紧，弱石灰反应。

心土层 20～60cm，暗红棕色，多砾质黏土，小棱柱结构，较紧，中量黏粒淀积，弱石灰反应。

底土层 60～100cm，暗红棕色，大棱柱状结构，紧实。

据 2017 年西南区耕地质量等级调查结果，红色石灰土耕层土壤各理化指标分别为：有机质 27.6g/kg，全氮 1.46g/kg，有效磷 25.3mg/kg，速效钾 148mg/kg，缓效钾 376mg/kg，有效铁 109.9mg/kg，有效锰 27.7mg/kg，有效硼 0.38mg/kg，有效铜 4.60mg/kg，有效锌 1.58mg/kg，有效钼 0.48mg/kg，有效硅 213.3mg/kg，pH7.3。

红色石灰土包括红色石灰土 1 个土属。

（五）红壤

1. 红壤的分布与主要特征 红壤是西南山地广泛分布的地带性土壤，集中分布在云南全境、四川西南部，此外重庆的秀山盆地，广西的百色、河池，贵州的铜仁、黔南地区，湖南的怀化、张家界也有红壤分布，面积 190.89 万 hm²，占西南区耕地面积的 9.08%。

红壤的成土母质以残坡积物为主，其次是洪积物或老冲积物。由不同母质形成的红壤，其理化性状不尽相同。红壤以均匀的红色为其主要特征，有一定的淋溶作用，酸性或微酸性反应。

2. 亚类分述　根据红壤成土条件、附加成土过程、属性及利用特点划分为山原红壤、黄红壤、典型红壤和红壤性土4个亚类。

（1）山原红壤　山原红壤主要分布于云南高原的中部，在四川西南部也有零星分布，面积80.16万 hm²，占西南区红壤耕地面积的42.00%。山原红壤质地为壤质黏土，酸性至微酸性反应。山原红壤土体深厚，土层分化明显。山原红壤剖面一般分为耕作层、心土层、底土层。其基本特征如下：

耕作层　0～20cm，呈暗红棕色，碎块状或屑粒状结构，疏松，植物根系较多。

心土层　20～70cm，颜色变动于红、红棕、橙色之间，脱硅富铝化明显。

母质层　母质层或红色风化壳。

据2017年西南区耕地质量等级调查结果，山原红壤耕层土壤各理化指标分别为：有机质34.4g/kg，全氮1.76g/kg，有效磷26.8mg/kg，速效钾159mg/kg，缓效钾250mg/kg，有效铁215.0mg/kg，有效锰36.5mg/kg，有效硼0.42mg/kg，有效铜11.00mg/kg，有效锌3.19mg/kg，有效钼1.10mg/kg，有效硅286.8mg/kg，pH6.2。

山原红壤包括暗泥质山原红壤、红泥质山原红壤、泥质山原红壤和砂泥质山原红壤4个土属。

（2）黄红壤　黄红壤是红壤向黄壤过渡的一类土壤，分布海拔一般在400～800m之间，由北向南其分布海拔高度呈逐步上升的趋势，主要分布在云南全境，四川的雅安、攀枝花，贵州的铜仁、黔南，湖南的湘西、张家界、怀化，广西的百色、河池，湖北的恩施，重庆的秀山等地，面积70.49万 hm²，占西南区红壤耕地面积的36.93%。

黄红壤的成土过程以脱硅富铝化作用为主，有黄化附加过程，黄红壤的成土母质主要有砂岩、板岩、泥岩、页岩、凝灰岩和花岗岩风化物。黄红壤剖面一般分为耕作层、心土层、底土层。其基本特征如下：

耕作层　0～25cm，壤质黏土，柱状结构，结构面有少量胶膜，湿润，较紧，根系较多。

心土层　25～90cm，红棕色，黏土，块状结构，湿润，紧实，根系较少。

母质层　＞90cm，黄色间黄棕色，小块状结构，湿润，紧实，无根系分布。

据2017年西南区耕地质量等级调查结果，黄红壤耕层土壤各理化指标分别为：有机质32.7g/kg，全氮1.78g/kg，有效磷27.0mg/kg，速效钾144mg/kg，缓效钾279mg/kg，有效铁198.9mg/kg，有效锰42.6mg/kg，有效硼0.39mg/kg，有效铜9.31mg/kg，有效锌2.30mg/kg，有效钼0.97mg/kg，有效硅243.2mg/kg，pH6.0。

黄红壤包括暗泥质黄红壤、硅质黄红壤、红泥质黄红壤、麻砂质黄红壤、泥质黄红壤和砂泥质黄红壤6个土属。

（3）典型红壤　典型红壤主要分布在云南的大理、红河、文山，贵州的铜仁、黔南，湖南的常德、怀化，广西的河池等地，面积32.07万 hm²，占西南区红壤耕地面积的16.80%。

典型红壤具有红壤的中心概念及其特性，不同母质发育的典型红壤土层厚度不一，剖面一般分为耕作层、心土层、底土层。其基本特征如下：

耕作层　0～25cm，红棕，壤质黏土，柱状结构，结构面有少量胶膜，湿润，较紧，根系较多。

心土层　25～100cm，红棕色，黏土，块状结构，湿润，紧实，根系较少。

底土层　100～150cm，黄色间黄棕色，小块状结构，湿润，紧实，无根系分布。

据 2017 年西南区耕地质量等级调查结果，典型红壤耕层土壤各理化指标分别为：有机质 23.1g/kg，全氮 1.54g/kg，有效磷 35.1mg/kg，速效钾 82mg/kg，缓效钾 132mg/kg，有效铁 81.8mg/kg，有效锰 34.1mg/kg，有效硼 0.34mg/kg，有效铜 3.62mg/kg，有效锌 2.16mg/kg，有效钼 0.14mg/kg，有效硅 126.8mg/kg，pH6.2。

典型红壤包括暗泥质红壤、硅质红壤、红泥质红壤、红砂质红壤、灰泥质红壤、麻砂质红壤、泥质红壤、砂泥质红壤和紫土质红壤 9 个土属。

（4）红壤性土　红壤性土一般分布在侵蚀较重的河谷谷坡和中山山地，与山原红壤呈嵌状分布，主要分布在云南的曲靖、丽江、昆明，四川的攀枝花，贵州的黔西南等地，面积 8.17 万 hm²，占西南区红壤耕地面积的 4.28%。

红壤性土侵蚀严重，红土层被部分或全部侵蚀，成土过程不时中断，土壤处于相对幼年阶段，含有较多的砾石，具有粗骨性，土层较薄，耕层浅等特征。红壤性土土壤剖面一般分为耕作层、心土层、底土层。其基本特征如下：

耕作层　0～15cm，红黄色，少砾质砂质壤土，粒状结构，湿润，紧实，含少量母质碎屑，根系多。

心土层　15～75cm，淡红色，中砾质黏土，块状结构，湿润，极紧实，含少量母质碎屑，有树根，无石灰反应。

底土层　75～100cm，紫红色，多砾质黏土，间有黄棕色砂岩风化体，无结构，湿润，极紧实，根系少，无石灰反应。

据 2017 年西南区耕地质量等级调查结果，红壤性土耕层土壤各理化指标分别为：有机质 19.2g/kg，全氮 1.26g/kg，有效磷 58.9mg/kg，速效钾 62mg/kg，缓效钾 156mg/kg，有效铁 149.3mg/kg，有效锰 31.2mg/kg，有效硼 0.41mg/kg，有效铜 2.78mg/kg，有效锌 1.82mg/kg，有效钼 0.21mg/kg，有效硅 81.4mg/kg，pH5.4。

红壤性土包括暗泥质红壤性土、红泥质红壤性土、麻砂质红壤性土和砂泥质红壤性土 4 个土属。

（六）黄棕壤

1. 黄棕壤的分布与主要特征　黄棕壤是亚热带湿润常绿与落叶阔叶林下的淋溶土壤，广泛分布于四川、云南、贵州、广西等省（自治区）的中山垂直地带，面积 186.89 万 hm²，占西南区耕地面积的 8.89%。

黄棕壤具有明显的淋溶作用，碳酸钙已经淋失，盐基饱和度低，土壤呈酸性反应，土体常见黏粒下移和累积，但铁锰的淀积在土壤中则少见和难见。黄棕壤具有明显的发生层次，一般有 10～20cm 的腐殖质层，其下为 30～40cm 的腐殖质浸染层。

2. 亚类分述　黄棕壤包含典型黄棕壤、暗黄棕壤和黄棕壤性土 3 个亚类。

（1）典型黄棕壤　典型黄棕壤主要分布在陕西的汉中、安康、商洛，湖北的十堰、宜昌、襄阳，云南全境，四川的凉山、雅安、攀枝花、绵阳，重庆和甘肃的部分地区，面积

88.95 万 hm²，占西南区黄棕壤耕地面积的 47.60%。

典型黄棕壤成土母质多为变质岩、花岗岩、片麻岩等残积、坡积物或黄土沉积、冲积物，土体层次分异较明显，表层腐殖质有一定的积聚，质地多为壤土，较疏松。典型黄棕壤剖面一般分为耕作层、犁底层、淀积层。其基本特征如下：

耕作层 0～20cm，黄棕色，少砾质壤土，粒状结构。

犁底层 20～45cm，淡棕色，少砾质壤质黏土，粒状结构。

淀积层 45～80cm，浅红棕色，少砾质壤质黏土。

据 2017 年西南区耕地质量等级调查结果，典型黄棕壤耕层土壤各理化指标分别为：有机质 25.6g/kg，全氮 1.53g/kg，有效磷 30.6mg/kg，速效钾 129mg/kg，缓效钾 507mg/kg，有效铁 53.2mg/kg，有效锰 27.5mg/kg，有效硼 0.55mg/kg，有效铜 2.13mg/kg，有效锌 1.69mg/kg，有效钼 0.18mg/kg，有效硅 182.7mg/kg，pH6.1。

典型黄棕壤包括黄土质黄棕壤、麻砂质黄棕壤、泥砂质黄棕壤、泥质黄棕壤和砂泥质黄棕壤 5 个土属。

（2）暗黄棕壤 暗黄棕壤多与典型黄棕壤呈复区分布，主要分布在湖北的恩施、宜昌、襄阳、十堰，贵州的毕节、六盘水、黔南，云南的昆明、丽江、大理，另外，四川的凉山，湖南的张家界也有部分分布。全区暗黄棕壤面积 62.65 万 hm²，占西南区黄棕壤耕地面积的 33.52%。

暗黄棕壤枯枝落叶层较厚，腐殖质层厚度一般为 10～20cm，淀积层发育明显，多为棱块状结构，淋溶淀积作用强，一般可见明显的棕色黏土层。暗黄棕壤土土壤 pH 呈酸性至微酸性，土体较薄，表层暗灰黄或黑棕色，质地偏轻。

据 2017 年西南区耕地质量等级调查结果，暗黄棕壤耕层土壤各理化指标分别为：有机质 35.2g/kg，全氮 1.87g/kg，有效磷 22.3mg/kg，速效钾 164mg/kg，缓效钾 366mg/kg，有效铁 138.0mg/kg，有效锰 30.1mg/kg，有效硼 0.49mg/kg，有效铜 6.18mg/kg，有效锌 3.42mg/kg，有效钼 0.35mg/kg，有效硅 227.4mg/kg，pH6.1。

暗黄棕壤包括暗泥质暗黄棕壤、灰泥质暗黄棕壤、麻砂质暗黄棕壤、泥质暗黄棕壤、砂泥质暗黄棕壤和紫土质暗黄棕壤 6 个土属。

（3）黄棕壤性土 黄棕壤性土是黄棕壤分布区土壤发育程度处于初级阶段的幼年性土壤，主要发育在石质或易侵蚀山地的陡坡地段，常与典型黄棕壤镶嵌分布，主要分布在陕西的安康、汉中、商洛，湖北的十堰、恩施、襄阳、宜昌等地，面积 35.29 万 hm²，占西南区黄棕壤耕地面积的 18.88%。

黄棕壤性土成土母质主要为千枚岩、黑色板岩和硅质页岩的残坡积物。黄棕壤性土受强烈侵蚀，淀积层发育不明显，土体中普遍含有较多的岩石碎片，粗骨性强，土层薄，土壤呈微酸性至中性反应，并以微酸性为主。

据 2017 年西南区耕地质量等级调查结果，黄棕壤性土耕层土壤各理化指标分别为：有机质 23.5g/kg，全氮 1.36g/kg，有效磷 21.4mg/kg，速效钾 124mg/kg，缓效钾 575mg/kg，有效铁 46.6mg/kg，有效锰 26.2mg/kg，有效硼 0.52mg/kg，有效铜 1.87mg/kg，有效锌 1.64mg/kg，有效钼 0.13mg/kg，有效硅 187.8mg/kg，pH6.3。

黄棕壤性土包括硅质黄棕壤性土和泥质黄棕壤性土 2 个土属。

（七）棕壤

1. 棕壤的分布与主要特征　棕壤土主要分布在中山、高山和高原等地形上，集中在陕西的商洛、安康、汉中、宝鸡，甘肃的陇南、甘南，云南的丽江、怒江、大理、昆明，湖北的恩施、十堰、宜昌，四川的凉山、雅安等地，面积 41.71 万 hm²，占西南区耕地面积的 1.98%。

棕壤的成土母质以变质岩、砂板岩类为主，其次为灰岩、泥页岩、花岗岩等残坡积物，在沟谷地带有零星的冲洪积母质。砂岩、泥页岩发育的棕壤土层较厚。棕壤分布地势高，除生物气候因素外，土壤属性受地形、母质影响十分明显。

2. 亚类分述　在西南区，棕壤包含典型棕壤、潮棕壤、棕壤性土和白浆化棕壤 4 个亚类。

典型棕壤是棕壤土类的代表性亚类，分布范围与土类基本相同，面积 33.14 万 hm²，占西南区棕壤耕地面积的 79.46%。典型棕壤剖面有明显的枯枝落叶层，心土层厚度随地形变化较大，土壤全剖面以棕色为主，上下层次之间变化不明显，上层颜色略暗，微酸性至中性。

据 2017 年西南区耕地质量等级调查结果，典型棕壤耕层土壤各理化指标分别为：有机质 37.0g/kg，全氮 1.93g/kg，有效磷 28.0mg/kg，速效钾 165mg/kg，缓效钾 369mg/kg，有效铁 144.0mg/kg，有效锰 30.1mg/kg，有效硼 0.61mg/kg，有效铜 6.71mg/kg，有效锌 2.56mg/kg，有效钼 0.18mg/kg，有效硅 219.1mg/kg，pH6.2。

典型棕壤包括暗泥质棕壤、硅质棕壤、红泥质棕壤、黄土质棕壤、灰泥质棕壤、麻砂质棕壤、泥质棕壤、砂泥质棕壤和紫土质棕壤 9 个土属。

（八）粗骨土

1. 粗骨土的分布与主要特征　粗骨土分布零散，在广大的盆周山区、陕西的南部山区和贵州的西南高原山区均有分布，面积 33.42 万 hm²，占西南区耕地面积的 1.59%。

粗骨土侵蚀严重，土层浅薄，富含岩石碎屑，表土以下为不同厚度的风化岩层。粗骨土始终处于发育的初期阶段，土壤的许多属性明显承袭了母质的性质。粗骨土母质类型复杂，并常呈多相母质，既有残坡积物，又有冲洪积物。

2. 亚类分述　按土壤碳酸钙含量和酸碱度，粗骨土划分为酸性粗骨土、钙质粗骨土、中性粗骨土和硅质岩粗骨土 4 个亚类，其中硅质岩粗骨土面积很小。

（1）酸性粗骨土　酸性粗骨土多位于山体下部，与黄壤、黄棕壤、棕壤复区，主要分布在贵州的贵阳、毕节、遵义、黔南等地，面积 18.01 万 hm²，占西南区粗骨土耕地面积的 53.90%。

酸性粗骨土由沙页岩、千枚岩、花岗岩等残坡积物发育而成，土层浅薄，夹有大量大小不等的角砾，含量在 40% 以上，无石灰反应，多微酸性。酸性粗骨土剖面一般分为表土层、母质层。其基本特征如下：

表土层　0~20cm，黄棕色，团粒结构，疏松，含砾石 40% 左右，为轻砾石土，根系密集。

母质层　20~60cm，黄棕色，粒状结构，石砾含量 40% 左右，轻砾石土，根系少。

据 2017 年西南区耕地质量等级调查结果，酸性粗骨土耕层土壤各理化指标分别为：有机质 32.2g/kg，全氮 1.75g/kg，有效磷 26.2mg/kg，速效钾 147mg/kg，缓效钾 238mg/kg，有效铁 68.0mg/kg，有效锰 36.3mg/kg，有效硼 0.38mg/kg，有效铜 2.71mg/kg，有效锌 1.62mg/kg，有效钼 0.12mg/kg，有效硅 130.2mg/kg，pH5.4。

酸性粗骨土包括泥质酸性粗骨土 1 个土属。

（2）钙质粗骨土　钙质粗骨土主要分布在秦岭大巴山岩溶山地，面积 6.51 万 hm²，占西南区粗骨土耕地面积的 19.48%。

钙质粗骨土常与石灰（岩）土呈复区分布。钙质粗骨土由各种灰岩、白云岩残坡积物发育而成。土壤遭受冲刷严重，更新堆积频繁，土层浅薄，砾石含量高，一般在 30%～50%，通体石灰反应强烈。钙质粗骨土剖面一般分为表土层、母质层。其基本特征如下：

表土层　厚 0～25cm，灰黄棕色，块状结构，轻砾石土，疏松，石灰反应强烈。

母质层　厚 25～75cm，淡棕色，块状结构，轻砾石土，紧实，石灰反应强烈。

据 2017 年西南区耕地质量等级调查结果，钙质粗骨土耕层土壤各理化指标分别为：有机质 38.2g/kg，全氮 1.89g/kg，有效磷 20.0mg/kg，速效钾 141mg/kg，缓效钾 382mg/kg，有效铁 51.3mg/kg，有效锰 46.8mg/kg，有效硼 0.41mg/kg，有效铜 3.11mg/kg，有效锌 2.66mg/kg，有效钼 0.11mg/kg，有效硅 282.8mg/kg，pH7.6。

钙质粗骨土包括灰泥质钙质粗骨土 1 个土属。

（3）中性粗骨土　中性粗骨土一般位于山体中下部，主要分布在陕西的安康、汉中、商洛和宝鸡等地，面积 5.70 万 hm²，占西南区粗骨土耕地面积的 17.05%。

中性粗骨土由中性结晶岩与中性页岩、板岩、砂岩、千枚岩等残坡积物发育而成，局部地方为洪坡积混合母质。中性粗骨土土层薄、石砾多，砾石含量大于 50%，多为中砾石土。中性粗骨土剖面一般分为表土层、母质层。

据 2017 年西南区耕地质量等级调查结果，中性粗骨土耕层土壤各理化指标分别为：有机质 20.1g/kg，全氮 1.28g/kg，有效磷 25.6mg/kg，速效钾 120mg/kg，缓效钾 931mg/kg，有效铁 40.5mg/kg，有效锰 40.8mg/kg，有效硼 0.31mg/kg，有效铜 3.01mg/kg，有效锌 2.46mg/kg，有效钼 0.31mg/kg，有效硅 272.8mg/kg，pH6.9。

中性粗骨土包括灰黄粗骨土 1 个土属。

（九）褐土

1. 褐土的分布与主要特征　褐土主要分布在甘肃的甘南、陇南，陕西的商洛、宝鸡等地，面积 32.61 万 hm²，占西南区耕地面积的 1.55%。褐土成土母质主要为残积物、坡积物，少部分为黄土状堆积物以及洪积物和冲积物，共同特点是石砾含量高。褐土成土过程包括弱的腐殖质积累，碳酸盐淋溶和淀积，黏粒的形成和淀积及耕作熟化过程。

2. 亚类分述　褐土包括褐土性土、典型褐土、石灰性褐土、淋溶褐土、燥褐土和塿土 6 个亚类，其中淋溶褐土、燥褐土和塿土面积很小。

（1）褐土性土　褐土性土面积 10.02 万 hm²，占西南区褐土耕地面积的 30.72%。褐土性土是褐土中的初育类型，成土年龄短，剖面中碳酸钙已开始分化脱钙，但尚未形成明显的黏化特征。褐土性土典型剖面一般分为耕作层、犁底层、淀积层。

据 2017 年西南区耕地质量等级调查结果，褐土性土耕层土壤各理化指标分别为：有机质 15.8g/kg，全氮 1.20g/kg，有效磷 19.7mg/kg，速效钾 146mg/kg，缓效钾 269mg/kg，有效铁 27.2mg/kg，有效锰 10.0mg/kg，有效硼 0.64mg/kg，有效铜 1.61mg/kg，有效锌 1.15mg/kg，有效钼 0.10mg/kg，有效硅 261.1mg/kg，pH7.0。

褐土性土包括黄土质褐土性土和泥砂质褐土性土2个土属。

（2）典型褐土　典型褐土面积10.01万 hm²，占西南地区褐土耕地面积的30.68%。

典型褐土的主要发育层次是淡色腐殖质层及弱黏化土层，碳酸盐在剖面中发生淋移和积累。典型褐土的成土母质以黄土为主，也有岩石风化物等其他岩类所发育的褐土，在剖面形态与理化性质上均有一定差别。

据2017年西南区耕地质量等级调查结果，典型褐土耕层土壤各理化指标分别为：有机质18.5g/kg，全氮1.10g/kg，有效磷23.2mg/kg，速效钾205mg/kg，缓效钾796mg/kg，有效铁8.2mg/kg，有效锰8.0mg/kg，有效硼0.51mg/kg，有效铜0.82mg/kg，有效锌0.84mg/kg，有效钼0.16mg/kg，有效硅127.4mg/kg，pH8.0。

典型褐土包括黄土质褐土和泥砂质褐土2个土属。

（3）石灰性褐土　石灰性褐土面积9.60万 hm²，占西南地区褐土耕地面积的29.44%。

石灰性褐土主要形成于较新的黄土层中，所处地区气候相对干燥，土体中的石灰无明显淋移，腐殖化程度较弱，表层有机质含量低，淋溶作用和黏化过程弱，黏化层位高，剖面中碳酸钙分异不明显，全剖面呈较强石灰反应，是褐土中发育最弱的一个亚类。

据2017年西南区耕地质量等级调查结果，石灰性褐土耕层土壤各理化指标分别为：有机质19.3g/kg，全氮1.03g/kg，有效磷21.8mg/kg，速效钾179mg/kg，缓效钾1 000mg/kg，有效铁9.5mg/kg，有效锰9.8mg/kg，有效硼0.44mg/kg，有效铜0.97mg/kg，有效锌1.04mg/kg，有效钼0.14mg/kg，有效硅147.8mg/kg，pH8.0。

石灰性褐土包括红土质石灰性褐土、黄土质石灰性褐土、泥砂质石灰性褐土和砂泥质石灰性褐土4个土属。

（十）灰褐土

1. 灰褐土的分布与主要特征　灰褐土分布在半干旱、干旱地区，主要分布在甘肃的陇南、定西、甘南等地中高海拔的山地、丘陵盆地等区域，面积15.98万 hm²，占西南区耕地面积的0.76%。灰褐土的成土过程包括碳酸盐淋溶、有机物分解下移、腐殖质积累和下层土壤黏化。

2. 亚类分述　灰褐土依据其成土过程的变异情况，划分为石灰性灰褐土、淋溶灰褐土和典型灰褐土3个亚类。

石灰性灰褐土是灰褐土向栗钙土或黑钙土演变的过渡类型，分布在相对比较干旱的山地、丘陵地区，主要集中在甘肃的陇南、定西、甘南地区，面积13.88万 hm²，占西南区灰褐土耕地面积的86.86%。石灰性灰褐土土壤剖面由腐殖质层、淀积层和母质层组成。

据2017年西南区耕地质量等级调查结果，石灰性灰褐土耕层土壤各理化指标分别为：有机质27.0g/kg，全氮1.57g/kg，有效磷31.6mg/kg，速效钾201mg/kg，缓效钾934mg/kg，有效铁7.6mg/kg，有效锰8.2mg/kg，有效硼0.57mg/kg，有效铜0.88mg/kg，有效锌1.32mg/kg，有效钼0.39mg/kg，有效硅112.8mg/kg，pH7.1。

石灰性灰褐土只有黄土质石灰性灰褐土1个土属。

（十一）黄褐土

1. 黄褐土的分布与主要特征　黄褐土处于黄壤和黄棕壤分布地带，主要分布在陕西的安康、汉中、商洛，湖北的十堰、襄阳，四川的广元、绵阳、成都、巴中等地，面积14.32万 hm²，占西南地区耕地面积的0.68%。

黄褐土剖面中硅、铁、铝没有明显的移动现象，富铝化特征不明显，土壤盐基交换量较高，土壤呈中性至微酸性。

2. 亚类分述　西南区黄褐土包含典型黄褐土和黄褐土性土2个亚类。

（1）典型黄褐土　典型黄褐土主要分布在陕西的安康、汉中、商洛，湖北的十堰、襄阳等地，面积8.31万 hm²，占西南区黄褐土耕地面积的58.03%。

典型黄褐土由第四系富钙的黄色黏土母质发育而成，母质层深厚，土壤一般呈黄棕色、褐黄色，质地黏重，多为壤质黏土或黏土，通体呈中性至微碱性反应。

据2017年西南区耕地质量等级调查结果，典型黄褐土耕层土壤各理化指标分别为：有机质20.5g/kg，全氮1.17g/kg，有效磷21.3mg/kg，速效钾149mg/kg，缓效钾930mg/kg，有效铁42.0mg/kg，有效锰23.1mg/kg，有效硼0.43mg/kg，有效铜1.68mg/kg，有效锌1.50mg/kg，有效钼0.23mg/kg，有效硅238.9mg/kg，pH7.0。

典型黄褐土包括黄土质黄褐土和泥砂质黄褐土2个土属。

（2）黄褐土性土　黄褐土性土主要分布在四川的广元、绵阳、巴中、成都等地，面积8.31万 hm²，占西南区黄褐土耕地面积的58.03%。

黄褐土性土主要由泥页岩、板岩、砂岩以及少数千枚岩、花岗岩坡洪积物发育而成，土层浅薄，粗骨性强，土壤质地较黄褐土轻，多为砾质壤土质地，土壤有石灰反应，呈中性至微碱性反应。

据2017年西南区耕地质量等级调查结果，黄褐土性土耕层土壤各理化指标分别为：有机质17.5g/kg，全氮1.24g/kg，有效磷21.6mg/kg，速效钾142mg/kg，缓效钾504mg/kg，有效铁27.2mg/kg，有效锰20.0mg/kg，有效硼0.21mg/kg，有效铜2.18mg/kg，有效锌2.11mg/kg，有效钼0.14mg/kg，有效硅274.6mg/kg，pH7.1。

黄褐土性土只包括黄土质黄褐土性土1个土属。

（十二）新积土

1. 新积土的分布与主要特征　新积土是由河流流水沉积物或山丘、河谷低处的洪积物和堆积物发育而成，分布范围十分广泛，主要分布在陕西的商洛，四川的乐山、遂宁、眉山等地，重庆、云南也有分布，面积7.40万 hm²，占西南区耕地面积的0.35%。新积土绝大部分已开辟为耕地，是肥力水平较高的农耕地。

2. 亚类分述　根据成土条件和理化性质，新积土包含冲积土和典型新积土2个亚类，其中冲积土面积7.07万 hm²，占西南区新积土耕地面积的95.51%。

冲积土母质来源于河流沿岸不同的土壤母质，不同类型的沉积物发育不同的土壤。冲积土一般土层深厚，为轻壤至中壤，土壤剖面多为 A-C 型剖面，颜色多为灰棕、紫棕色和黄色，养分较为丰富。

据2017年西南区耕地质量等级调查结果，冲积土耕层土壤各理化指标分别为：有机质21.1g/kg，全氮1.27g/kg，有效磷33.4mg/kg，速效钾135mg/kg，缓效钾591mg/kg，有效铁103.6mg/kg，有效锰20.0mg/kg，有效硼0.59mg/kg，有效铜5.62mg/kg，有效锌2.73mg/kg，有效钼0.51mg/kg，有效硅171.3mg/kg，pH7.0。

冲积土包括冲积砾泥土、冲积砾砂土、冲积壤土、石灰性冲积壤土和石灰性冲积砂土5个土属。

（十三）潮土

1. 潮土的分布与主要特征　潮土是河流沉积物受地下水运动和耕作活动影响而形成的土壤，部分区域地势平坦，土层深厚，在西南各省均有少量分布，比较零散，面积 6.88 万 hm²，占西南区耕地面积的 0.33%。

潮土不同沉积物母质形成的土壤性状各异，砂质沉积物发育的潮土，肥力偏低，保水保肥能力差；黏质沉积物发育的潮土通透性差，有机质及其养分含量较高，潜在肥力较高；壤质沉积物发育的潮土，其理化性状良好，质地适中，结构良好，有机质含量高，易培育成良好的菜园土壤。潮土一般由耕种熟化层、犁底层、心土层和母质层构成。

2. 亚类分述　潮土按主要成土过程、发育阶段和附加成土过程，分为灰潮土、典型潮土、湿潮土和脱潮土 4 个亚类。

（1）灰潮土　灰潮土主要分布在湿润亚热带地区，在重庆、四川、湖北等地面积较大，面积 5.34 万 hm²，占西南区潮土耕地面积的 77.73%。

灰潮土大多由漫流沉积物发育，剖面质地土层层间级差小，多以均质土体构型为主，堆积物的颗粒较细。近河道及古沙洲上的灰潮土，以砂质壤土为主；远河道及低河漫滩上的灰潮土，以黏壤土为主。

据 2017 年西南区耕地质量等级调查结果，灰潮土耕层土壤各理化指标分别为：有机质 21.2g/kg，全氮 1.25g/kg，有效磷 32.5mg/kg，速效钾 115mg/kg，缓效钾 388mg/kg，有效铁 76.5mg/kg，有效锰 29.9mg/kg，有效硼 0.36mg/kg，有效铜 2.23mg/kg，有效锌 1.80mg/kg，有效钼 0.22mg/kg，有效硅 180.6mg/kg，pH6.9。

灰潮土包括灰潮壤土、灰潮砂土、石灰性灰潮壤土和石灰性灰潮黏土 4 个土属。

（2）典型潮土　典型潮土在西南区以陕西、甘肃、贵州等地较多，面积 1.05 万 hm²，占西南区潮土耕地面积的 15.22%。典型潮土的理化性状与沉积物类型密切相关，古河流沉积物发育的潮土，黏粒和粉砂粒含量高，以壤质黏土为主。

据 2017 年西南区耕地质量等级调查结果，典型潮土耕层土壤各理化指标分别为：有机质 24.1g/kg，全氮 1.50g/kg，有效磷 34.2mg/kg，速效钾 146mg/kg，缓效钾 532mg/kg，有效铁 82.6mg/kg，有效锰 25.0mg/kg，有效硼 0.42mg/kg，有效铜 2.28mg/kg，有效锌 1.63mg/kg，有效钼 0.21mg/kg，有效硅 149.2mg/kg，pH6.6。

典型潮土包括潮壤土、潮砂土、潮黏土、石灰性潮壤土、石灰性潮砂土和石灰性潮黏土 6 个土属。

（十四）燥红土

1. 燥红土的分布与主要特征　燥红土一般分布于南亚热带相对干旱的河谷地区，主要分布在四川和云南两地，面积 7.22 万 hm²，占西南区耕地面积的 0.34%。

燥红土的主要特点是水分不足，致使土壤具有富铝化程度弱、土壤盐基物质有表聚现象、有机质累积少等干燥特征，土壤呈褐红色。与同纬度的砖红壤、赤红壤等铁铝土类相比，燥红土由于受干热生物气候条件的影响，成土过程相对较弱，矿物风化程度较低，脱硅富铝化作用不明显。

2. 亚类分述　西南区燥红土只有褐红土 1 个亚类。

褐红土淋溶作用弱，剖面发育浅，盐基物质有表聚现象，腐殖质组成显示出干旱环境的某些发生特征。

据 2017 年西南区耕地质量等级调查结果，褐红土耕层土壤各理化指标分别为：有机质 25.4g/kg，全氮 1.38g/kg，有效磷 23.2mg/kg，速效钾 142mg/kg，缓效钾 425mg/kg，有效铁 242.1mg/kg，有效锰 31.2mg/kg，有效硼 0.47mg/kg，有效铜 12.60mg/kg，有效锌 2.14mg/kg，有效钼 0.98mg/kg，有效硅 279.3mg/kg，pH7.3。

褐红土包括暗泥质褐红土、麻砂质褐红土和泥砂质褐红土 3 个土属。

（十五）暗棕壤

1. 暗棕壤的分布与主要特征　暗棕壤主要分布在甘肃的陇南、甘南、定西，四川的凉山、雅安等地，在云南也有零星分布，面积 4.15 万 hm²，占西南区耕地面积的 0.20%。暗棕壤表层腐殖质积聚，全剖面呈中性至微酸性反应。

2. 亚类分述　暗棕壤包含典型暗棕壤、暗棕壤性土、草甸暗棕壤、白浆化暗棕壤和灰化暗棕壤 5 个亚类。

典型暗棕壤面积 3.56 万 hm²，占西南区暗棕壤耕地面积的 85.86%。典型暗棕壤土层深厚，一般都在 50cm 以上，土壤有机质丰富，表层土为暗棕色或黑棕色，团粒状结构。典型暗棕壤淀积层发育明显，有黏粒和胶膜淀积，质地稍黏重，土体通透呈酸性或微酸性反应。

据 2017 年西南区耕地质量等级调查结果，典型暗棕壤耕层土壤各理化指标分别为：有机质 29.3g/kg，全氮 1.25g/kg，有效磷 24.6mg/kg，速效钾 154mg/kg，缓效钾 486mg/kg，有效铁 155.7mg/kg，有效锰 25.6mg/kg，有效硼 0.61mg/kg，有效铜 6.71mg/kg，有效锌 2.58mg/kg，有效钼 0.82mg/kg，有效硅 216.1mg/kg，pH6.4。

典型暗棕壤包括暗泥质暗棕壤、硅质暗棕壤、灰泥质暗棕壤、泥质暗棕壤和紫土质暗棕壤 5 个土属。

（十六）石质土

1. 石质土的分布与主要特征　石质土是裸露岩层新风化物直接发育成富含砾石的土壤，主要分布在贵州的安顺、贵阳、六盘水，陕西的汉中、商洛等地，面积 4.03 万 hm²，占西南区耕地面积的 0.19%。

2. 亚类分述　按照石质土的成土条件和理化性质，石质土包括酸性石质土、中性石质土和钙质石质土 3 个亚类，其中酸性石质土在西南区分布相对较多，面积 3.04 万 hm²，占西南区石质土耕地面积的 75.30%。

酸性石质土多发育于抗风化力较强的母质上，成土作用不明显，质地偏砂，含砾石多，土壤剖面由腐殖质层和基岩层组成。

据 2017 年西南区耕地质量等级调查结果，酸性石质土耕层土壤各理化指标分别为：有机质 15.3g/kg，全氮 1.18g/kg，有效磷 15.6mg/kg，速效钾 220mg/kg，缓效钾 621mg/kg，有效铁 8.5mg/kg，有效锰 8.8mg/kg，有效硼 0.61mg/kg，有效铜 0.77mg/kg，有效锌 0.89mg/kg，有效钼 0.36mg/kg，有效硅 120.0mg/kg，pH6.2。

（十七）赤红壤

1. 赤红壤的分布与主要特征　赤红壤亦名砖红壤性红壤，是砖红壤与红壤间的过渡性土类，主要分布于云南的普洱、红河、曲靖，四川的攀枝花，广西的河池、南宁等地，面积 3.76 万 hm²，占西南区耕地面积的 0.18%。

赤红壤母质类型多样，土壤发育和肥力特性受母质影响深刻，土壤剖面有明显的淀积层，黏粒含量高，黏粒矿物以高岭石为主，阳离子交换量较低，有机质含量低。

2. 亚类分述　根据成土条件和理化特征，赤红壤土类包括典型赤红壤、黄色赤红壤和赤红壤性土3个亚类。

典型赤红壤分布区域与赤红壤土类一致，主要集中在云南、四川、广西等地，面积2.67万 hm²，占西南区赤红壤耕地面积的70.94%。典型赤红壤发育在多种母岩与母质上，土壤剖面层次分异明显，耕作层呈棕至棕红色，土壤质地多壤质黏土，由耕作层、淀积层、母质层构成。

据2017年西南区耕地质量等级调查结果，典型赤红壤耕层土壤各理化指标分别为：有机质23.0g/kg，全氮1.36g/kg，有效磷22.7mg/kg，速效钾105mg/kg，缓效钾203mg/kg，有效铁208.0mg/kg，有效锰44.9mg/kg，有效硼0.34mg/kg，有效铜9.00mg/kg，有效锌2.31mg/kg，有效钼0.90mg/kg，有效硅239.5mg/kg，pH6.1。

典型赤红壤包括暗泥质赤红壤、硅质赤红壤、红泥质赤红壤、灰泥质赤红壤、麻砂质赤红壤、泥质赤红壤和紫土质赤红壤7个土属。

（十八）砖红壤

1. 砖红壤的分布与主要特征　砖红壤是在热带雨林或季雨林下发生强烈，富铁铝化和生物富集过程的酸性铁铝土，主要分布在广西百色、河池、南宁等地的低山、丘陵和阶地等部位，面积3.13万 hm²，占西南区耕地面积的0.15%。砖红壤母质为各种火成岩、沉积岩的风化物和老的沉积物，土体棕红色，在湿热气候作用下，富铝化作用强烈，盐基成分大量流失，但生物积累作用旺盛。

2. 亚类分述　砖红壤包括典型砖红壤1个亚类。

典型砖红壤剖面发育层次完整，土地深厚，质地受母质影响差异较大，多为中壤、重壤及轻黏土，土壤酸性。

据2017年西南区耕地质量等级调查结果，典型砖红壤各理化指标分别为：有机质22.9g/kg，全氮1.60g/kg，有效磷26.1mg/kg，速效钾64mg/kg，缓效钾123mg/kg，有效铁248.0mg/kg，有效锰54.9mg/kg，有效硼0.24mg/kg，有效铜3.00mg/kg，有效锌2.11mg/kg，有效钼0.80mg/kg，有效硅129.5mg/kg，pH6.0。

典型砖红壤只包括红泥质砖红壤1个土属。

（十九）黑土

1. 黑土的分布与主要特征　黑土是在寒冷湿润气候条件下发育而形成的土壤，主要分布在甘肃陇南、定西等地的高海拔山地丘陵地区，面积3.02万 hm²，占西南区耕地面积的0.14%。

黑土成土母质多为黄土状沉积物和少量残坡积物，成土过程主要包括土壤腐殖质的积累、可溶性盐的淋溶和黑土耕后的耕种熟化3个过程。

2. 亚类分述　在西南区，黑土依据剖面形态发育和特征，划分为典型黑土和草甸黑土2个亚类。

典型黑土面积3.00万 hm²，占西南区黑土耕地面积的99.38%。典型黑土分布地形较高，地下水位深，腐殖质层厚，有机质含量高，土壤典型剖面一般分为耕作层、犁底层、心土层、过渡层和母质层，自上而下呈有序排列。

据2017年西南区耕地质量等级调查结果，典型黑土耕层土壤各理化指标分别为：有机质 34.4g/kg，全氮 1.89g/kg，有效磷 28.2mg/kg，速效钾 173mg/kg，缓效钾 727mg/kg，有效铁 13.5mg/kg，有效锰 11.5mg/kg，有效硼 0.80mg/kg，有效铜 1.01mg/kg，有效锌 1.00mg/kg，有效钼 0.78mg/kg，有效硅 223.6mg/kg，pH8.1。

典型黑土只有黄土质黑土 1 个土属。

（二十）山地草甸土

1. 山地草甸土的分布与主要特征　山地草甸土是发育于森林地带的草甸土，生长草甸或草灌植被，以甘肃面积最大，四川、贵州、湖北、陕西、重庆五省份也有少量分布，面积 2.55 万 hm²，占西南区耕地面积的 0.12%。

山地草甸土成土母质主要是残坡积物、洪积物，土壤有机质的积累过程十分明显，有较厚的草根盘结层和腐殖质层，风化度浅，氧化还原过程弱，剖面中有较多的石砾，粗骨性强。

2. 亚类分述　山地草甸土包括典型山地草甸土、山地草原草甸土和山地灌丛草甸土 3 个亚类。

据 2017 年西南区耕地质量等级调查结果，山地草甸土耕层土壤各理化指标分别为：有机质 27.2g/kg，全氮 1.37g/kg，有效磷 16.6mg/kg，速效钾 201mg/kg，缓效钾 655mg/kg，有效铁 8.5mg/kg，有效锰 5.7mg/kg，有效硼 0.52mg/kg，有效铜 0.63mg/kg，有效锌 0.67mg/kg，有效钼 0.15mg/kg，有效硅 94.7mg/kg，pH7.7。

第五节　耕地质量保护与提升

一、耕地质量保护与提升制度建设

（一）耕地质量监测调查评价

西南区各省（直辖市、自治区）高度重视耕地质量监测调查评价工作，如湖南省制定了《湖南省耕地质量等级变更调查评价与统计实施方案》，四川省下发了《四川省耕地质量调查监测与评价技术方案》，甘肃省 2018 年制定了《甘肃省耕地质量等级变更调查评价实施方案》，重庆市发布了《重庆土壤分类与代码》地方标准，广西壮族自治区和四川省分别制定了土壤监测技术规程（试行）。

（二）耕地质量保护与提升

为强力推进耕地质量保护与提升工作，各省（直辖市、自治区）出台了一系列政策法规。如湖南省 1997 年出台了《湖南省耕地保养管理办法》、2007 年出台了《湖南省耕地质量管理条例》，广西壮族自治区 2009 年出台了《广西壮族自治区耕地保护责任目标考核实施暂行办法》，甘肃省 2011 年制定了《甘肃省耕地质量管理办法》，湖北省 2013 年出台了《湖北省耕地质量保护条例》，陕西省 2015 出台了《陕西省耕地质量保护办法》，广西壮族自治区 2015 年出台了《广西壮族自治区耕地保护责任目标考核实施暂行办法（修订）》。

（三）高标准农田建设

西南区各省（直辖市、自治区）制定了一系列高标准农田建设方面的方案，如湖北省印发了《湖北省高标准农田建设推进方案》，确定了分区建设任务与进度安排、建设的标准等内容，重庆市印发了《高标准农田建设规范》；四川省人民政府建立了以农业部门牵头的高标准农田建设联席会议制度，并出台了一系列高标准农田建设规划和地方标准。

（四）补充耕地质量评定

为加强耕地质量建设与管理，确保耕地占补平衡，在补充耕地质量验收评定方面，制定了一系列的实施细则，如甘肃省制定了《甘肃省补充耕地质量验收评定实施细则》，湖北省制定了《补充耕地质量验收评定工作规范实施细则》，四川省发布了《补充耕地质量验收评价技术规程》地方标准，重庆市编制了《新增耕地质量评价技术规程》地方标准，湖南省形成了《湖南省非农建设占用耕地耕作层土壤剥离与利用研究报告》。

二、耕地质量保护与提升状况

（一）耕地质量调查评价

西南区的县域耕地质量评价工作从 2006 年开始，并于 2013 年完成全区所有农业县（466 个县）的县域耕地质量评价工作。各县均建立了县域耕地资源管理信息系统，编写了工作报告、技术报告和专题报告，并绘制了耕地质量评价成果图集。2017 年，《耕地质量等级》（GB/T 33469—2016）国家标准发布后，西南区又建立了统一的耕地质量等级评价指标体系，明确了耕地质量等级划分指数，固化了耕地质量等级评价各指标权重赋值、隶属度和隶属函数等指标体系。通过评价，摸清了耕地质量等级分布、土壤养分状况、农田基础设施状况、存在的主要障碍因素、利用中存在的问题等，提出了耕地合理利用、耕地质量提高的对策措施与建议，为有针对性开展耕地质量建设与管理工作打下了坚实基础。

（二）耕地质量长期定位监测

西南区共有 224 个国家级耕地质量长期定位监测点，3 068 个省级监测点，100 个市级监测点，858 个县级监测点。各省（直辖市、自治区）土肥技术推广部门严格按照《耕地质量监测技术规程》要求开展监测，并形成耕地质量监测年度报告。如甘肃省截止 2019 年已建了 34 个国家级、500 个省级耕地质量长期定位监测点；同时，建设了甘肃省耕地质量大数据平台，甘肃省省级、县域耕地资源管理信息系统，定期发布耕地质量监测数据。通过多年努力，基本建立了"四个一"的省级耕地质量监测体系，即一个耕地质量监测体系、一个耕地质量监测网络、一个耕地质量数据平台、一套耕地质量信息发布制度。

（三）高标准农田建设

高标准农田是巩固和提升粮食综合生产能力、保障国家粮食安全的根本举措，西南区各省（直辖市、自治区）高度重视高标准农田建设工作，如四川省已建成高标准农田 226 万 hm²，占耕地总面积的 33.7%，新增粮食生产能力 271 万 t。2011 年以来，四川省已累计投入 595.7 亿元用于高标准农田建设，2016—2018 年，平均每年用于高标准农田建设的中央和省级财政资金达 74.19 亿元。

（四）轮作休耕

2016 年 5 月 20 日，中央全面深化改革领导小组第二十四次会议审议通过了《探索实行耕地轮作休耕制度试点方案》，在全国范围内开展了轮作休耕试点工作，西南区各省（直辖市、自治区）高度重视轮作休耕工作。湖南省 2016 年率先在全国启动了重金属污染耕地区域休耕试点，探索制度化的休耕组织方式、技术模式和政策框架，初步形成了"休治培三融合"休耕模式。休耕田块每年落实了深翻耕、绿肥种植等培肥治理措施，开展了"植物移除＋耕地培肥"模式探索，开展高粱、油葵、青贮玉米等 1 500 多 hm² 植物移除重金属镉技术的示范。

（五）基本农田划定

基本农田的划定与保护，对保障粮食生产能力、社会经济可持续发展起到了积极的作用。西南区各省（直辖市、自治区）在基本农田划定方面不同程度上都做了相应的工作。如重庆市 2020 年划定永久基本农田保护区面积 162 万 hm^2。

（六）有机质提升

西南区各省（直辖市、自治区）注重耕地土壤有机质的提升工作，如重庆市 2018 年围绕水稻、玉米、油菜、蔬菜、果树等，在万州、开州、奉节、忠县、巫山和永川等区县，建成有机肥替代化肥示范片面积 6 267hm^2，示范片有机质含量提升 5% 以上，集成了"配方肥＋秸秆还田"、"配方肥＋有机肥"、"配方肥＋绿肥"、"配方肥＋新型肥料"等技术模式。项目中央财政补贴资金 6 000 万元，项目县均组织了乡镇和县级验收。

参考文献

全国农业区划委员会《中国综合农业区划》编写组.1981.中国综合农业区划［M］.北京：农业出版社.

赵济，陈传康.1999.中国地理［M］.北京：高等教育出版社.

杨改河.2007.农业资源与区划［M］.北京：中国农业出版社.

谢俊奇.2005.中国坡耕地［M］.北京：中国大地出版社.

程纯枢.1991.中国的气候与农业［M］.北京：气象出版社.

第二章 耕地质量评价方法与步骤

西南区耕地质量评价按照《耕地质量调查监测与评价办法》（农业部令 2016 第 2 号）和《农业部办公厅关于做好耕地质量等级调查评价工作的通知》（农办农〔2017〕18 号）等相关文件的要求，依据《耕地质量等级》（GB/T 33469—2016）国家标准，综合考虑西南区耕地的立地条件、剖面性状、耕层理化性质、土壤养分状况、土壤健康情况、土壤管理等因素，利用层次分析和模糊数学等方法建立西南区耕地质量等级评价指标体系，运用 GIS 空间分析方法形成西南区耕地质量等级评价单元，采用综合指数法进行耕地质量综合指数的计算，再利用等距法进行等级划分，完成西南区耕地质量等级评价，同时编制西南区耕地质量等级、养分分级等相关图件。

西南区耕地质量等级评价主要按以下工作步骤进行：资料收集与整理、基础数据库建立、评价指标体系构建、耕地质量综合指数计算与等级划分、评价结果验证等。评价过程中严格按照《耕地质量等级》（GB/T 33469—2016）国家标准，组织专业技术人员，建立质量控制体系，并邀请各省份专家进行指导，开展评价结果验证，以保证评价结果的准确性和科学性。

第一节 资料收集与整理

耕地质量等级评价所需资料涉及耕地地力、土壤健康状况、田间基础设施等方面的图件、野外调查资料、室内化验分析及相关统计数据等。西南区耕地质量评价过程中，对所收集的资料进行严格的数据筛选、整理与审核，确保数据的准确性和合理性。

一、软硬件及资料准备

（一）硬件、软件

硬件：计算机、GPS、扫描仪、数字化仪、彩色喷墨绘图仪等。

软件：主要包括 WINDOWS 操作系统软件，ACCESS 数据库管理软件，SPSS 数据统计分析应用软件，ArcGIS、Office 以及全国耕地资源管理信息系统等专业技术软件。

（二）资料准备

耕地质量等级评价涉及的资料主要包括野外调查资料及分析化验数据、各类基础图件、相关统计数据等自然和社会经济因素资料。

1. 野外调查资料 野外调查资料主要包括采样地块的位置、地形部位、土壤类型、成土母质、有效土层厚度、耕层厚度、质地构型、耕层土壤质地、障碍因素、灌排条件、主要作物产量等内容。耕地质量等级野外调查具体内容见表 2-1，野外调查时填写表 2-1。填表时需按规范填写，不能留空项，且数据项内容应符合表格填写要求。其中，土类、亚类、土属和土种等土壤类型名称应按《中国土壤分类与代码》（GB/T 17296—2009）的规范要求进行描述，其他耕地质量调查指标的属性划分见表 2-2。

表 2-1 耕地质量等级野外调查内容

统一编号		采样年份		—	
地理位置	省(直辖市、自治区)名称	地(市)名称		县(区、市、农场)名称	
	乡（镇）名称	村组名称		海拔高度（m）	
	纬度（°）	经度（°）		—	
自然条件	地貌类型	地形部位		田面坡度（°）	
生产条件	水源类型	灌溉方式		灌溉能力	
	排水能力	地下水埋深（m）		常年耕作制度	
	熟制	生物多样性		农田林网化程度	
	主栽作物名称	亩产（kg）		—	
土壤情况	土类	亚类		土属	
	土种	成土母质		质地构型	
	耕层质地	障碍因素		障碍层类型	
	障碍层深度（cm）	障碍层厚度（cm）		有效土层厚度（cm）	
	耕层厚度（cm）	—		—	

表 2-2 耕地质量调查指标属性划分

调查指标	属性划分
成土母质	第四纪老冲积物、第四纪黏土、河湖冲（沉）积物、红砂岩类风化物、黄土母质、结晶岩类风化物、泥质岩类风化物、砂泥质岩类风化物、砂岩类风化物、碳酸盐类风化物、紫色岩类风化物
地貌类型	山地、盆地、丘陵、平原、高原
地形部位	山间盆地、宽谷盆地、平原低阶、平原中阶、平原高阶、丘陵上部、丘陵中部、丘陵下部、山地坡上、山地坡中、山地坡下
耕层质地	砂土、砂壤、轻壤、中壤、重壤、黏土
质地构型	薄层型、松散型、紧实型、夹层型、上紧下松型、上松下紧型、海绵型
熟制	一年一熟、一年二熟、一年三熟
生物多样性	丰富、一般、不丰富
农田林网化程度	高、中、低
障碍因素	瘠薄、酸化、渍潜、障碍层次、盐碱、无
障碍层类型	无、黏盘型、铁盘型、潜育型、白土层、砂姜层、盐积层、砂砾层
灌溉能力	充分满足、满足、基本满足、不满足
排水能力	充分满足、满足、基本满足、不满足
灌溉方式	漫灌、沟灌、畦灌、喷灌、滴灌、无灌溉条件
水源类型	地表水、地下水、地表水＋地下水、无

2. 分析化验资料 按照《农业部办公厅关于做好耕地质量等级调查评价工作的通知》（农办农〔2017〕18号）中对耕地质量等级调查内容的要求，土壤样品检测项目主要包括耕层土壤容重、质地等物理性状、土壤 pH、有机质、全氮、有效磷、速效钾、缓效钾常规6项数据，以及土壤有效铜、有效锌、有效硼、有效硅等中、微量元素数据和土壤铬、镉、汞、砷、铅5项重金属全量数据。土壤样品检测项目与方法见表 2-3。

表 2-3　土壤样品检测项目与方法

项目	检测方法	方法来源
土壤 pH	土壤检测第 2 部分：土壤 pH 的测定	NY/T 1121.2
土壤容重	土壤检测第 4 部分：土壤容重的测定	NY/T 1121.4
土壤有机质	土壤检测第 6 部分：土壤有机质的测定	NY/T 1121.6
土壤有效磷	土壤检测第 7 部分：土壤有效磷的测定	NY/T 1121.7
土壤有效硼	土壤检测第 8 部分：土壤有效硼的测定	NY/T 1121.8
土壤有效钼	土壤检测第 9 部分：土壤有效钼的测定	NY/T 1121.9
土壤交换性钙和镁	中性土壤阳离子交换量和交换性盐基的测定（适用于中性和酸性土壤）	NY/T 295
土壤有效硫	土壤检测第 14 部分：土壤有效硫的测定	NY/T 1121.14
土壤有效硅	土壤检测第 15 部分：土壤有效硅的测定	NY/T 1121.15
土壤速效钾、缓效钾	土壤速效钾和缓效钾含量的测定	NY/T 889
土壤有效锌、锰、铁、铜	土壤有效态锌、锰、铁、铜含量的测定	NY/T 890
土壤全氮	土壤检测第 24 部分：土壤全氮的测定　自动定氮仪法	NY/T 1121.24
	土壤全氮测定法半微量开氏法	NY/T 53
土壤总汞	土壤检测第 10 部分：土壤总汞的测定	NY/T 1121.10
	土壤质量总汞、总砷、总铅的测定　原子荧光法第一部分：土壤中总汞的测定	GB/T 22105.1
土壤总砷	土壤检测第 11 部分：土壤总砷的测定	NY/T 1121.11
	土壤质量总汞、总砷、总铅的测定　原子荧光法第一部分：土壤中总砷的测定	GB/T 22105.2
土壤总铅、总镉	土壤质量铅、镉的测定　石墨炉原子吸收分光光度法	GB/T 17141
土壤总铬	土壤总铬的测定　火焰原子吸收分光光度法	HJ 491
	土壤检测第 12 部分：土壤总铬的测定	NY/T 1121.12

注：方法来源中未注明日期的引用文件，均指其最新版本。

3. 基础及专题图件资料　西南区 9 省（直辖市、自治区）基础及专题图件资料包括评价区域的土地利用现状图、土壤图、行政区划图、DEM 栅格图、坡位图、地形地貌图、地名注记图、交通道路图等。其中，土地利用现状图用于提取耕地分布状况，与土壤图、行政区划图叠加生成评价单元图；地形地貌图、DEM 栅格图用于海拔高度的提取与地形部位的提取及修正；地名注记图、交通道路图等其他专题图件用于成果编制。

4. 统计资料　收集了西南区 9 省（直辖市、自治区）评价区域所涉及的近 3 年的相关统计资料，如土地面积、耕地面积、主要农作物播种面积、粮食单产与总产、肥料投入等数据。

5. 其他资料　西南区 9 省（直辖市、自治区）其他资料包括评价区域所涉及的省域耕地地力调查与质量评价成果资料；耕地质量调查与监测点数据及历年相关试验点土壤检测结果；第二次土壤普查成果资料，如各省土壤志、土种志及相关专题报告；近 3 年来各省（直辖市、自治区）评价区域农田基础设施建设、水利区划相关资料；耕地质量保护与提升相关制度和建设规划文本等。

二、调查样点的布设

调查样点布设时，综合考虑各评价区行政区划、耕地面积、土地利用方式、地形地貌、土壤类型、种植制度、主要农作物类型、产量水平、耕地质量、管理水平以及农业农村部"耕地保护与质量提升任务清单"下达的西南区各评价区采样数量等因素确定调查样点实地位置，并形成各评价区调查样点点位图。样点布设时主要遵循以下几个原则：

①大致按每 667hm² 布设 1 个样点的密度进度布点，并结合地形条件差异进行适当加密。

②具有广泛的代表性，兼顾各类耕地类型及土壤类型。

③兼顾均匀性原则，样点分布应覆盖辖区内所有农业镇（乡）。

④布点时也应结合耕地质量长期定位监测点和测土配方施肥样点数据，确保数据的延续性、完整性。

⑤样点布设时应综合考虑各种因素，合理布设的样点一经确定后随即固定，不得随意更改。

西南区 2017 年底耕地总面积 2 101.79 万 hm²，共布设调查样点35 332个，各二级农业区、评价区域以及各土类上调查样点布设情况如表2-4、表2-5所示。

表 2-4　二级农业区与评价区评价样点分布情况

	评价区域	耕地面积（万 hm²）	评价样点（个）
二级农业区	四川盆地农林区	679.60	11 155
	川滇高原山地农林牧区	476.08	6 338
	黔桂高原山地林农牧区	383.16	5 729
	渝鄂湘黔边境山地林农牧区	316.88	8 160
	秦岭大巴山林农区	246.07	3 950
	小计	2 101.79	35 332
评价区	四川评价区	654.34	8 803
	重庆评价区	243.05	5 848
	甘肃评价区	67.03	861
	陕西评价区	93.66	1 014
	湖北评价区	108.38	4 813
	湖南评价区	75.95	1 585
	云南评价区	364.73	4 951
	贵州评价区	453.41	6 835
	广西评价区	41.23	622
	小计	2 101.79	35 332

表 2-5　土类评价样点分布情况

土类	耕地面积（万 hm²）	评价样点（个）	土类	耕地面积（万 hm²）	评价样点（个）
紫色土	538.94	6 803	暗棕壤	4.15	16
水稻土	491.16	12 795	石质土	4.03	5

（续）

土类	耕地面积（万 hm²）	评价样点（个）	土类	耕地面积（万 hm²）	评价样点（个）
黄壤	313.74	5 629	赤红壤	3.76	66
石灰（岩）土	193.61	2 111	黑土	3.02	25
红壤	190.89	2 411	山地草甸土	2.55	6
黄棕壤	186.89	3 036	黑垆土	1.76	113
棕壤	41.71	395	红黏土	0.98	23
粗骨土	33.42	73	黑钙土	0.88	20
褐土	32.61	566	沼泽土	0.86	9
灰褐土	15.98	17	寒冻土	0.00	4
黄褐土	14.32	358	黄绵土	0.29	25
新积土	7.40	270	火山灰土	0.29	4
燥红土	7.22	79	草甸土	0.22	7
潮土	6.88	466	合计	2 097.56	35 328

三、数据资料审核处理

西南区耕地质量等级评价涉及的数据资料来源广，类型多，数据量大，并且涉及的调查人员多，致使数据内容复杂多样，数据质量很难把握，但数据的可靠性和有效性直接影响到耕地质量评价结果的合理性和科学性，因此，数据资料的审核及其质量控制显得尤为重要。在进行耕地质量等级评价之前应注意两方面数据资料的质量控制，其一是在土壤样品检测时应进行质量控制；其二是对所收集的基础数据资料进行审核和质量控制，基础数据资料审核处理主要包括空间数据和属性数据的审核。

1. 样品检测质量控制 土壤样品检测由耕地质量标准化验室或通过省级以上资质认定的检验检测机构，并通过省级筛选的实验室承担。实验室采用规定的方法开展检测，并进行实验室的内部质控和外部质控。实验室内部质控采用每批次样品带空白和待测元素含量高低的 2 组平行质控样，每批样品至少有 20% 的样品做平行双样等措施，平行质控样均值控制在质控样不确定度范围内，平行双样的误差符合检测方法要求。外部质控包括设置密码样、组织能力验证、组织实验室间比对、定期开展检测质量监督检查等措施，确保检测结果的准确性、科学性和可靠性。

2. 空间数据审核处理 以省级土地利用现状图为基准，对所收集的图件资料，如土壤图、行政区划图等图层边界进行吻合性的审查，同时对各基础数据图层进行拓扑关系审查。将调查点按经纬度生成调查样点分布图，审查调查点中行政信息与行政区划图的吻合程度以及调查点在整个西南区的分布情况，确保调查点在各评价区内位置的准确和分布的均匀。

3. 属性数据审核处理 属性数据资料审核是采用人工检查和计算机自动筛查相结合的方式，通过基本统计量、频数分布类型检验、异常值的判断与剔除等方法进行数据资料完整性、规范性、符合性、科学性、相关性等方面的审查。属性数据审核主要采用纵向对比和横向对比两种模式进行。纵向对比审查能快速发现缺失、无效和不一致的数据，横向对比审核能发现各相关数据项的逻辑错误，并进行修正。两种模式相结合的审核方式能保证评价所用数据的完整性、一致性和规范性。

第二节　评价指标体系建立

一、指标选取的原则

评价指标是指参与评价耕地质量等级的一种可度量或可测定的属性。选择正确、合理的评价指标是科学评价区域耕地质量等级的前提，它直接影响评价结果的准确性和科学性。西南区耕地质量等级评价指标选取以《耕地质量等级》（GB/T 33469—2016）国家标准为基础，综合考虑了评价指标的科学性、综合性、主导性、可比性及可操作性等原则。

1. 科学性原则　评价指标体系要能客观真实地反映区域耕地综合质量的本质及其复杂性和系统性。为了使评价结果能够真实地反映耕地质量状况，在选取指标时应充分考虑区域特点、评价尺度以及耕地质量的特点，指标应基本覆盖反映区域耕地质量的主要方面。本次西南区耕地质量等级评价在指标选取时，既选择了地形部位、农田林网化程度等大尺度影响因素，又选择了灌溉能力、排水能力等土壤管理类指标，还选择了土壤 pH、土壤有机质及养分等土壤自然属性类指标，体现出指标选取的科学性。

2. 综合性原则　构建的评价指标体系要能反映出各影响因素的主要属性及相互关系。评价因素的选择和评价标准的确定要考虑区域的自然地理特点和社会经济因素及其发展水平，既要反映出当前的局部和单项的特征，又要反映出长远的、全局的和综合的特征。西南区耕地质量等级评价中从立地条件、剖面性状、耕层理化性状、土壤养分状况、土壤健康状况、土壤管理 6 个方面构建了西南区耕地质量等级评价指标体系，形成了覆盖整个区域的综合性耕地质量等级评价指标体系。

3. 主导性原则　耕地系统是一个非常复杂的系统，要综合评价其质量状况，应把握其基本特征，选取的因素要对耕地质量有较大影响，选取的指标应是有代表性的起主导作用的指标，而且指标的概念应明确，简单易行，各指标之间涵义应有差异，没有重复。西南区耕地质量等级评价时选取了对区域耕地质量有较大影响的指标，如地形部位、海拔、质地构型、灌溉能力等。

4. 可比性原则　影响耕地质量的各个因素都具有很强的时空变异特征，因此所选取的评价指标在空间分布上应具有可比性，在评价区域内的变异较大，同时指标数据资料应具有较好的时效性。

5. 可获取性原则　各评价指标数据应具有稳定性及可获取性，易于调查、分析、查找或统计，有利于高效、准确地完成整个评价工作。

二、指标选取的方法及原因

根据评价区域指标选取原则，针对西南区耕地质量等级评价的要求和区域特点，以《耕地质量等级》（GB/T 33469—2016）为基准，按其规定的"N＋X"方法确定西南区耕地质量等级评价指标。首先，通过召开土壤农业化学、农作物栽培等方面专家及西南区 9 省（直辖市、自治区）土肥站业务人员参加的专题会，讨论西南区耕地质量等级评价拟选取的评价指标；然后在农业农村部耕地质量监测保护中心指导下，对所拟选取的评价指标进行会商，统一各方意见，综合考虑各因素对西南区耕地质量的影响，最终确定出西南区耕地质量等级评价指标。

西南区耕地质量等级评价指标由基础性指标和区域性补充指标组成，共计 16 个指标。其中，基础性指标（N）包括地形部位、有效土层厚度、有机质含量、耕层质地、土壤容重、质地构型、有效磷含量、速效钾含量、生物多样性、清洁程度、障碍因素、灌溉能力、排水能力、农田林网化程度 14 个，区域补充性指标（X）包括酸碱度、海拔 2 个。

对所选取的评价指标，运用层次分析法建立了由目标层、准则层和指标层组成的三级层次结构。其中，目标层即西南区耕地质量等级，准则层包括了立地条件、剖面性状、耕层理化性状、土壤养分状况、土壤健康状况和土壤管理 6 个方面。

立地条件：包括地形部位、海拔和农田林网化程度 3 个指标。西南区地形地貌复杂多样，全区约 95% 的面积是山地、丘陵和高原，河谷平原和山间盆地只占全区 5%。地形部位和海拔高度是重要的立地条件，对耕地质量有着重要的影响。地形部位是指耕地地块在地貌形态中所处的位置，包括平原低阶、平原中阶、平原高阶、丘陵上部、丘陵中部、丘陵下部、山间盆地、宽谷盆地、山地坡上、山地坡中、山地坡下等。地形部位丰富多样，不同地形部位的耕地在坡度、坡向、光温水热条件、灌排能力上差异明显，直接或间接地影响农作物的宜种性和生长发育；而不同海拔高度所造成的气候、土壤及水热条件的垂直地带性分布，对耕地质量也有较大的影响，影响着耕地耕种的难易程度；农田林网能够很好地防御灾害性气候对农业生产的危害，改善农牧业生产的微气候及土壤条件，维持农田生态系统的健康，对保证农业的稳产、高产有着较大的影响，同时还可以提高和改善农田生态系统的结构与功能，增加农田生态系统的抗干扰能力。

剖面性状：包括有效土层厚度、质地构型和障碍因素 3 个指标。有效土层厚度对耕地土壤水分、养分库容量和作物根系的发育及生长有很大影响。质地构型是指土体内不同质地土层的排列组合，它是土壤质量和土壤生产力的重要影响因子，质地构型的好坏对土壤水、肥、气、热诸肥力和水盐运移有着重要的制约和调解作用，良好的质地构型是土壤肥力的基础。障碍因素影响耕地土壤水分状况以及作物根系生长发育，对土壤保水、保肥和通气性以及作物水分和养分吸收、生长发育和生物量等均具有显著影响。

耕层理化性状：包括耕层质地、土壤容重和酸碱度 3 个指标。耕层质地是根据土壤中各种粒径土粒的组合比例关系划分的，它与耕层土壤通气、保肥、保水及耕作难易密切相关，也是制定土壤利用管理和改良措施的重要依据，是耕地土壤的重要物理性状指标，对耕地质量产生直接影响。土壤容重反映了耕地土壤的结构、透气性、透水性能以及保水能力的高低，是土壤最重要的物理性质之一，能反映土壤质量和土壤生产力水平。土壤酸碱度代表土壤溶液中氢离子活度的负对数，是土壤重要的化学性质之一，作物正常生长发育、土壤微生物活动、矿质养分存在形态及其有效性、土壤保持养分的能力等都与酸碱度密切相关。

土壤养分状况：包括有机质、有效磷和速效钾 3 个指标。土壤有机质是土壤肥力的综合反映，是评价耕地肥力状况的首选指标。有机质是土壤中形成的和外源输入的所有动植物残体不同阶段各种分解产物和合成产物的总称，包括高度腐解的腐殖物质、解剖结构尚可辨认的有机残体和各种微生物，是土壤肥力的重要表征指标，它不仅可以提高土壤保水、保肥和缓冲性能，改善土壤结构，还可以促进土壤养分有效化，对土壤水、肥、气、热的协调及其供应起支配作用，是微生物能量和植物矿质养分的重要来源。土壤养分状况也是耕地土壤肥力水平的重要反映，评价指标选取中应考虑影响作物生长的大量营养元素指标，用以分析养分对作物生产的直接有效性。因为土壤氮素营养与有机质含量具有较高的相关性，因此本次评价中仅选择了大量营养元素中的有效磷和速效钾，这两者对作物生长发育以及产量等均有显著影响。

土壤健康状况：包括清洁程度和生物多样性2个指标。清洁程度反映了土壤受重金属、农药和农膜残留等有毒有害物质影响的程度。生物多样性也反映了土壤生命力的丰富程度，是农田生态系统的具体反映。

土壤管理：包括灌溉能力和排水能力2个指标。灌溉能力直接关系到耕地对作物生长所需水分的满足程度，及时灌溉以及灌溉是否能保证是影响作物产量的重要因素。同时，西南区地形地貌复杂多样，有些地区的地势较低，为保证农作物正常生长，及时排除农田地表积水，有效控制和降低地下水位至关重要。

三、耕地质量主要性状分级标准确定

20世纪80年代，全国第二次土壤普查工作开展时对耕地土壤主要性状指标进行了分级（表2-6、表2-7）。但经过30多年的耕作，耕地土壤理化性质已发生了较大变化，以往对土壤pH、有机质、全氮、碱解氮、有效磷、速效钾、有效硼、有效钼、有效锰、有效锌、有效铜、有效铁等进行的部分分级标准与目前土壤现状不相符合。因此，本次西南区耕地质量等级评价时，在全国第二次土壤普查土壤理化性状分级标准的基础上，结合西南区土壤理化性状现状，对耕地质量主要性状分级标准进行了修改或重新制定。

表2-6 全国第二次土壤普查耕地土壤主要性状分级标准

项目	一级	二级	三级	四级	五级	六级
有机质（g/kg）	≥40	30~40	20~30	10~20	6~10	<6
全　氮（g/kg）	≥2	1.5~2	1.5~1.0	1~0.75	0.5~0.75	<0.5
碱解氮（mg/kg）	≥150	120~150	90~120	60~90	30~60	<30
有效磷（mg/kg）	≥40	20~40	10~20	5~10	3~5	<3
速效钾（mg/kg）	≥200	150~200	100~150	50~100	30~50	<30
有效硼（mg/kg）	≥2.0	1.0~2.0	0.5~1.0	0.2~0.5	<0.2	—
有效钼（mg/kg）	≥0.3	0.2~0.3	0.15~0.2	0.1~0.15	<0.1	—
有效锰（mg/kg）	≥30	15~30	5~15	1~5	<1	—
有效锌（mg/kg）	≥3.0	1.0~3.0	0.5~1.0	0.3~0.5	<0.3	—
有效铜（mg/kg）	≥1.8	1.0~1.8	0.5~1.0	0.1~0.2	<0.1	—
有效铁（mg/kg）	≥20	10~20	4.5~10	2.5~4.5	<2.5	—

表2-7 全国第二次土壤普查土壤酸碱度分级标准

项目	碱性	微碱性	中性	微酸性	酸性	强酸性
pH	≥8.5	7.5~8.5	6.5~7.5	5.5~6.5	4.5~5.5	<4.5

1. 制定原则 一是与全国第二土壤普查分级标准有机衔接，在保留原全国分级标准阈值基础上，可以在一个级别中进行细分，以便于资料纵向、横向对比。二是细分的阈值以及向上或向下延伸的阈值要有依据，应综合考虑作物需肥的关键值、养分丰缺指标等。三是各

级别的阈值幅度要考虑均衡，幅度大小基本一致。

2. 西南区耕地质量主要性状分级标准 对评价区域所有土壤养分及相关指标进行数理统计，计算各指标的平均值、中位数、众数、最大值、最小值、标准差和变异系数等统计参数。以此为依据，参考相关已有的相似区域的分级标准，并结合当前西南区土壤养分的实际状况、丰缺指标和生产需求，制定出科学、合理的耕地土壤主要性状分级标准（表 2-8）。

表 2-8 西南区耕地土壤主要性状分级标准

项目	单位	分级标准				
		一级	二级	三级	四级	五级
有机质	g/kg	>35	25～35	15～25	10～15	≤10
pH		6.0～7.0	5.5～6.0, 7.0～7.5	5.0～5.5, 7.5～8.0	4.5～5.0, 8.0～8.5	≤4.5, >8.5
全氮	g/kg	>2.0	1.5～2.0	1.0～1.5	0.5～1.0	≤0.5
有效磷	mg/kg	>40	25～40	15～25	5～15	≤5
速效钾	mg/kg	>150	100～150	75～100	50～75	≤50
缓效钾	mg/kg	>500	300～500	200～300	150～200	≤150
交换性钙	mg/kg	>1 500	1 000～1 500	500～1 000	200～500	≤200
交换性镁	mg/kg	>200	150～200	100～150	50～100	≤50
有效硫	mg/kg	>40	30～40	20～30	10～20	≤20
有效铁	mg/kg	>20	10～20	5～10	3～5	≤3
有效锰	mg/kg	>30	15～30	5～15	1～5	≤1
有效铜	mg/kg	>2.0	1.0～2.0	0.5～1.0	0.2～0.5	≤0.2
有效锌	mg/kg	>3.0	1.0～3.0	0.5～1.0	0.3～0.5	≤0.3
有效硼	mg/kg	>1.0	0.8～1.0	0.5～0.8	0.2～0.5	≤0.2
有效钼	mg/kg	>0.2	0.15～0.2	0.10～0.15	0.05～0.10	≤0.05
有效硅	mg/kg	>250	150～250	100～150	50～100	≤50
全磷	g/kg	>1.0	0.8～1.0	0.6～0.8	0.4～0.6	≤0.4
全钾	g/kg	>20	15～20	10～15	5～10	≤5

第三节　基础数据库建立

基础数据库是区域耕地质量评价的重要成果之一，它是实现区域评价成果资料统一化、标准化以及实现综合农业信息资料共享的重要基础。基础数据库的建立能够实现对数据的快速更新及有效检索，能够为各级决策部门提供信息支持，大大提高耕地资源管理及应用的信息化水平。

一、建库的工作流程

（一）数据库建立的内容
基础数据库的建立内容包括空间数据库和属性数据库。

1. 数据库建设标准　为满足西南区耕地质量等级评价基础数据库建设的需要，9省（直辖市、自治区）评价区域的空间数据库所用图件资料统一采用CGCS2000坐标系，1985年国家高程基准，1∶50万比例尺。属性数据库则参照"耕地资源管理信息系统"数据字典以及本次评价提出的数据规范要求，明确数据项的字段代码、字段名称、字段短名、英文名称、释义、数据类型、量纲、数据长度、小数位及取值范围等内容，属性数据库的数据内容全部按照相关要求录入，最后统一存储为DBASE的DBF数据格式。

2. 数据库内容　空间数据库包括土壤图、耕地分布图、行政区划图、耕地质量调查点位图、评价单元图、道路图、水系图等数据图层。西南区行政区划图是利用9省（直辖市、自治区）所提供的行政区划矢量数据进行边界拼接并拓扑纠错后得到。耕地分布图是利用9省（直辖市、自治区）所提供的土地利用现状图提取，并以行政区划界线为基准进行边界拼接和拓扑纠错后获得。土壤图则同样利用9省（直辖市、自治区）所提供的全国第二次土壤普查的土壤类型分布图，以行政区划界线为基准，通过边界拼接和拓扑纠错后获取。评价单元图则是利用拼接和拓扑纠错后的耕地分布图、行政区划图、土壤图叠加后经制图综合后生成。道路图、水系图是直接利用9省（直辖市、自治区）所提供的土地利用现状图提取。耕地质量调查点位图是利用耕地质量调查数据表中的经纬度坐标生成，辅以行政区划边界进行了空间位置校准。

属性数据库包括土壤属性数据表、行政编码表、耕地质量调查数据表、土地利用现状属性数据表等。通过分类整理后，以编码的形式进行管理。

（二）数据库建立工作流程

西南区耕地质量等级评价基础数据库建设工作按照资料收集、资料整理与预处理、属性数据录入、数据入库4个阶段进行。

1. 资料收集阶段　为满足评价工作中数据库建设的需要，收集了西南区9省（直辖市、自治区）的电子版1∶50万或1∶100万土地利用现状图、土壤图、行政区划图、地貌图等以及耕地质量等级调查点位数据，并从中国科学院计算机网络信息中心地理空间数据云平台（http：//www.gscloud.cn）上下载了分辨率为90m的数字高程数据产品和坡位数据产品。

2. 资料整理与预处理阶段　为提高基础数据库建设的质量，按照统一化和标准化的要求，对收集的资料进行规范化检查与处理。首先，对西南区9省（直辖市、自治区）所收集的数据资料按照区域汇总和数据库建设的要求进行投影变换和坐标配准。其次，对行政区划进行边界拼接及拓扑纠错。第三，以拼接后的西南区行政区划界线为基准，对所收集9省（直辖市、自治区）的土壤图和土地利用现状图进行边界拼接和拓扑纠错。第四，对9省（直辖市、自治区）耕地质量调查点位数据表中的属性数据，在各省各自系统甄别了养分异常值和其他指标特异值的数据基础上，对所有调查点的空间位置进行检查和处理，确保了调查点位置的准确性。最后，以耕地分布图、土壤图和行政区划图为基础进行叠加，并经制图综合后生成西南区耕地质量等级评价单元图。

3. 属性数据录入阶段　依照"耕地资源管理信息系统"数据字典，对所有预处理后的数据按相关技术要求建立属性数据库的字段。利用耕地质量调查点位中的经纬度信息生成西南区耕地质量监测点位图，并对其土壤有机质、pH和养分数据（全氮、有效磷、速效钾、缓效钾等）进行空间插值，插值结果栅格化后采用区域统计的方法赋值于评价单元，同时利用其他方法将其余各评价指标属性值赋值于评价单元。

4. 数据入库阶段 所有空间数据和属性数据经质量检查后，进行属性数据与空间数据链接处理，并按有关要求形成耕地质量等级评价的基础数据库。

具体建库工作流程如图 2-1 所示。

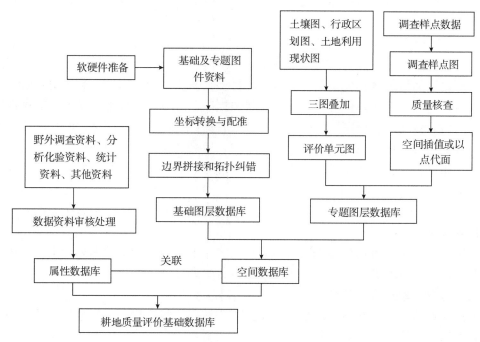

图 2-1 基础数据库建设工作流程

二、建库的依据及平台

数据库建设的主要依据为"耕地资源管理信息系统"数据字典、耕地质量调查与质量评价技术规程、耕地质量等级国家标准等。

建库工作平台有 ArcGIS 软件、耕地资源管理信息系统以及相应的办公处理软件。建库过程中主要利用 ArcGIS 软件对电子版资料进行点、线、面文件的规范化处理和编辑，并将空间数据库的成果表示为 ArcGIS 的点、线、面文件格式。属性数据库采用办公处理软件进行编辑处理。所有基础数据库最后均导入"耕地资源管理信息系统"软件平台进行存储、管理和检索。

三、建库的引用标准

数据库建设主要依据和参考西南区耕地质量等级评价有关技术要求以及相关的技术标准。涉及的具体标准如下：

（1）《耕地质量等级》（GB/T 33469—2016）

（2）《中国土壤分类与代码》（GB/T 17296—2009）

（3）《中华人民共和国行政区划代码》（GB/T 2260—2007）

（4）《分类编码通用术语》（GB/T 10113—2003）

（5）《县域耕地资源管理信息系统数据字典》（中国农业出版社）

（6）《国家基本比例尺地形图分幅和编号》（GB/T 13989—2012）

（7）《全球定位系统（GPS）测量规范》（GB/T 18314—2009）

（8）《国土资源信息核心元数据标准》（TD/T 1016—2003）

（9）《土地利用数据库标准》（TD/T 1016—2017）

（10）《基础地理信息要素分类与代码》（GB/T 13923—2006）

四、建库资料核查

为保证数据的正确性和完整性，数据入库前应进行质量核查。建库数据的质量核查包括空间数据核查和属性数据核查。

（一）空间数据核查

空间数据核查的重点是检查图件内容是否符合西南区耕地质量等级评价和数据库建设要求等。具体涉及以下 3 个方面：

1. 空间数据坐标系及空间位置核查 核查各省（直辖市、自治区）提供的各类矢量图件坐标系是否一致，比例尺是否统一，各省（直辖市、自治区）图形边界是否吻合。

2. 图形或图斑核查 核查图形的完整性，主要核查图形是否缺失，是否全覆盖西南区全域，若有不完整的则需要重新提供或者补充。核查图斑是否存在重叠、缝隙等拓扑错误，重叠图斑需要判断其归属，合并给出正确的图斑；缝隙错误如果细长，可能是由于图斑拼接不吻合、错位等因素造成，需要补齐缝隙，将其合并与接边最长的图斑；如果缝隙过大，应重新确认其所表示的图斑要素的归属，并赋予相应的值。

3. 图件内容核查 核查图件内容是否完整包含应表达的内容，数据项内容是否规范等。如土壤图，需要核查图件中是否建立了表示土壤类型的土类、亚类字段；土地利用现状图，则需核查是否包含地类名称字段；行政区划图则核查是否包含地市名称、县（市、区）名称字段。

（二）属性数据核查

属性数据核查主要对属性表中的数据结构、属性内容进行审查。如土壤图，核查其土类、亚类名称是否按国家标准命名，土壤代码是否与土壤图对应；土地利用现状图核查地类名称是否齐全、完整；行政区划图则核查地市名称、县（市、区）名称是否完整、规范；核查耕地质量监测数据是否表示规范、完整，化验数据的极值是否属于正常范围。通过核查修正，进一步提高数据资料质量。

五、空间数据库建立

利用 ArcGIS 软件平台处理 9 省（直辖市、自治区）提供的矢量图件，经拼接和拓扑纠错后形成西南区全域的空间数据。

（一）空间数据库内容

西南区耕地质量等级评价的空间数据库主要包括土地利用现状图、行政区划图、土壤图、地貌图、耕地质量等级评价调查点位图、耕地质量等级评价单元图、土壤养分系列图等。具体内容见表 2-9。

表 2-9 空间数据库内容

序号	图层名称	图层属性
1	土地利用现状图	多边形
2	土壤类型分布图	多边形
3	行政区划图	多边形
4	耕地质量调查点位图	点
5	评价单元图	多边形
6	DEM 图	栅格数据
7	坡位图	栅格数据
8	水系图	多边形
9	道路图	多边形
10	耕地分布图	多边形
11	地貌图	多边形

（二）地理要素图层的建立

地理要素图层包括水系图层、道路图层、行政界线图层、耕地分布图层、土壤类型分布图层、调查点位图层、文字注记图层等。

其中以县级行政区划、地市级行政区划、省级行政区划、二级农业区行政区划、水系、道路等要素形成制图的基础要素，构成西南区地理底图。土地利用、土壤类型、耕地土壤养分等形成专题要素。

（三）数据格式标准

图形数据以 ArcGIS 的 Shape 文件格式存储，栅格图像以 JPG 文件格式存储。空间数据坐标系为 CGCS2000 大地坐标系，高程系统采用 1985 年国家高程基准。投影方式为高斯—克吕格投影，6°分带。比例尺为 1∶50 万。

六、属性数据库建立

属性数据库的数据结构按照"耕地资源管理信息系统"数据字典建立，数据项内容依照西南区耕地质量等级评价的有关要求进行填写和表述。

（一）属性数据库内容

属性数据库内容是根据耕地质量等级评价的需求建立的，主要包括土壤类型及代码、行政区划名称及代码、土地利用类别及代码以及耕地质量调查信息及土壤样品化验结果等。按"耕地资源管理信息系统"数据字典和有关专业术语的标准，对属性数据库建立的要求进行了规定，具体包括字段代码、字段名称、字段短名、英文名称、释义、数据类型、数据来源、量纲、数据长度、小数位、值域范围、备注等内容。

（二）属性数据库格式

属性数据以 Excel、DBF、MDB 等表格或数据库形式存放。属性数据库除按照相关规范、标准建立数据项外，还应建立与空间数据库相链接的关键字段（唯一字段）。

（三）属性数据库导入

属性数据库导入主要采用外挂数据库的方法进行。在 ArcGIS 软件中通过唯一字段与空间数据相链接。存放在"耕地资源管理信息系统"中的属性数据库,可直接与对应的空间数据进行链接,也可通过链接外部数据的方法将空间数据与属性数据相链接。

第四节　耕地质量等级评价原理与方法

西南区耕地质量等级评价是依据《耕地质量调查监测与评价办法》(农业部令 2016 年 2 号)和《耕地质量等级》(GB/T 33469—2016)国家标准,以数字化的耕地资源管理单元(评价单元)为基础,选取影响耕地生产能力的主导因素,并采取不同的数据处理方法为管理单元(评价单元)赋值,采用特尔斐法、模糊数学、层次分析法等多种方法确定各指标隶属函数和权重,通过累加法计算每个耕地资源管理单元的综合指数,用等距法等方法划分出耕地质量等级,完成西南区耕地质量等级评价。

一、评价的原理

耕地质量是由耕地地力、土壤健康状况和田间基础设施构成的满足农产品持续产出和质量安全的能力。耕地质量等级评价是以耕地资源为评价对象,以耕地质量概念为基础,用耕地质量相关要素计算出的综合指数来表达。耕地质量等级评价是选取与区域耕地质量有关的主要影响因子,通过层次分析法给各影响因子赋予一定的权重,利用特尔斐法构建各影响因子隶属函数,应用综合指数法划分出耕地质量等级的过程。通过耕地质量等级评价,可以掌握区域耕地质量状况及分布,摸清影响区域耕地生产能力的主要障碍因素,提出有针对性的对策措施与建议,对进一步加强耕地质量建设与管理,保障国家粮食安全和农产品供给具有十分重要的意义。

二、评价的原则

为确保评价结果与区域实际情况相吻合,评价过程中应遵循以下原则:

(一)综合因素研究与主导因素分析相结合的原则

综合因素研究是指对耕地地力、土壤健康状况、农田基础设施等因素进行全面的研究、分析与评价,以全面地了解区域耕地质量等级状况。主导因素分析是指对耕地质量等级起决定性作用且相对稳定的因子进行研究分析,在评价过程中应赋予这些因素较大的权重。只有把综合因素与主导因素结合起来,才能合理地对区域耕地质量等级做出更加科学的评价。

(二)定量评价与定性评价相结合的原则

耕地系统是一个复杂的灰色系统,定量要素与定性要素共存,相互作用、相互影响。为确保评价结果的客观合理,评价中宜采用定量与定性相结合的方法。首先,为避免主观人为因素的影响,应尽量采用定量评价方法,对可定量化的评价指标如有机质、pH 及有效磷等养分含量按其数值参与计算;而对非数量化的定性指标如地形部位、耕层质地等则通过数学方法进行量化处理,确定其相应的指数。其次,在评价因子选取、指标权重确定、指标隶属函数建立、等级划分等评价过程中,也应尽量采用定量化的数学模型,在此基础上再结合专家知识与人工智能,做到定量与定性相结合,从而保证评价结果准确、合理。

（三）采用 GIS 支持的自动化评价方法原则

定量化、自动化评价技术方法是当前耕地质量评价的重要方向之一。近年来，随着现代科学技术的发展与应用，特别是 GIS 技术在耕地质量评价中的不断发展与应用，基于 GIS 技术进行自动化、定量化评价的方法不断成熟，在耕地质量评价中得到了广泛应用，使评价精度和效率大大提高。西南区耕地质量等级评价工作中采用 GPS 技术对调查点位置进行精确定位，利用 GIS 技术进行数据库建立，将评价模型与 GIS 空间叠加等分析模型相结合，实现了基于 GIS 技术评价流程的全程数字化、自动化。

（四）可行性与实用性原则

为提高评价工作效率，从可行性角度出发，西南区耕地质量等级评价在收集全区 9 省（直辖市、自治区）耕地地力省级汇总评价成果的基础上，最大程度利用原有数据与图件信息。为保证评价结果科学准确，从实用性角度出发，评价指标的选取应从大区域尺度出发，切实针对区域实际特点，体现评价的实用目标，使评价成果在耕地资源的利用管理和粮食作物生产中发挥切实指导作用。

（五）共性评价与专题研究相结合的原则

西南区耕地存在水田、旱地、水浇地等多种利用方式，且西南区涉及 9 个省（直辖市、自治区），区域范围广，现有耕地的地力水平、土壤健康状况和农田基础设施均不一，造成其耕地质量水平有较大差异。而考虑到区域内耕地质量的系统性、可比性，应在不同耕地利用方式下，选择统一的评价指标和标准进行评价，也就是说耕地质量的评价不针对某一特定的利用方式，也不针对特定的省份。同时，为了解不同利用类型耕地质量状况及其内部的差异，可对有代表性的主要类型耕地或特殊因素造成的耕地质量差异进行专题性的深入研究。通过共性评价与专题研究相结合，可使评价和研究结果具有更大的应用价值。

三、评价的流程

整个评价工作大致可以分为 4 个阶段，按工作的先后次序分别如下：

（一）资料工具准备阶段

根据评价的目的、任务、范围和方法，收集准备与评价有关的各类自然及社会经济资料，并进行资料的预处理与分析。同时选择适宜的计算机硬件和软件，做好工作准备。

（二）基础数据库建立阶段

对所收集到的 9 省（直辖市、自治区）基础图件资料和数字资料进行规范化、标准化处理，建立耕地质量等级评价的基础数据库。

（三）耕地质量等级评价阶段

划分评价单元，选择适宜的赋值方法，构建评价指标体系，计算耕地质量综合指数，制订等级划分标准，确定耕地质量等级。

（四）评价结果分析阶段

根据评价结果，统计各等级耕地面积，编制耕地质量等级评价成果，分析影响耕地生产的主要障碍因素，提出耕地资源可持续利用的对策措施与建议。

具体评价工作流程如图 2-2 所示。

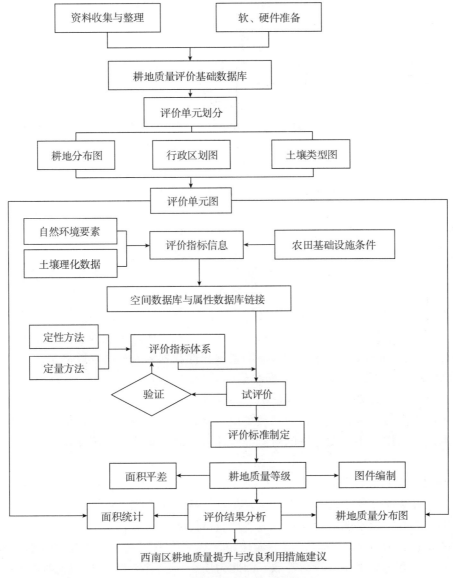

图 2-2 耕地质量等级评价工作流程

四、评价单元确定与赋值

(一)评价单元划分原则

评价单元是由对耕地质量具有关键影响作用的各要素所组成的空间实体,是耕地质量等级评价的最基本单位、对象和基础图斑。同一评价单元内的耕地其自然基础条件、个体属性、社会经济属性应基本一致,而不同评价单元间应既有差异,又有可比性。耕地质量等级评价就是通过对每个评价单元按所构建的评价指标体系,计算出其综合指数,并按划分标准确定出等级的过程。因此,评价单元划分的合理与否,直接关系到评价结果的实用性及工作量的大小。评价单元划分时应遵循以下原则:

1. 单元间因素差异性原则 影响耕地质量的因素很多,但各因素影响程度不尽相同。

有些因素对耕地质量起决定性影响，有些因素的影响则较小；有些因素区域内变异较大，有些因素变化不大。因此，应结合实际情况，选择在评价区域内分异明显的主导性因素作为评价单元划分的基础，如利用方式、土壤类型等。

2. 单元内因素相似性原则 评价单元内部影响耕地质量的决定性因素应相对均一，且单元内同一因素的差异特征应满足相似性统计检验。

3. 单元边界完整性原则 为便于评价结果的统计分析，耕地质量等级评价单元应保证其边界封闭，形成属性上均一、空间上完整的图斑。同时，考虑尺度对评价结果和工作效率的影响，对于面积过小的零碎图斑应按制图要求进行制图综合。

（二）评价单元建立方法

评价单元建立的常用方法有叠加法、网格法、地块法、图斑法等，不同方法适用情况不同。

1. 叠加法 叠加法就是依据评价目的和原则，将影响耕地质量相同尺度的相关基本图件进行叠加，并按制图规范处理破碎多边形，最终形成的封闭图形作为评价单元。该方法能够较好地满足单元划分的原则与要求，形成的封闭图斑与原始叠加图件吻合度高。

2. 网格法 选用一定大小的规则网格覆盖评价区域范围，将所选用的规则网格作为评价单元。该划分方法简单快捷，便于计算机操作，但不能体现单元地块间的差异性和图斑地块的完整性，并且网格大小由地域的分等因素差异性和划分人员的经验确定。

3. 地块法 以底图上明显的地物界线或权属界线为边界，将评价因素相对均一的地块作为评价单元，其单元划分符合实际情况。但这种方法的关键是底图的选择和对评价区域实际情况的了解，需深入实地，以镇、村为单位，调查当地农业生产、耕地的优劣状况，在底图上调绘形成，适用于小尺度范围的质量等级评价，而且实地调绘工作量非常大，专业知识要求高。

4. 图斑法 直接以原有的土地利用现状图作为工作底图，将从中提取的耕地图斑作为评价单元。该方法能够与土地利用现状结果很好衔接，便于统计计算，但其仅反映了影响耕地质量的单一因素，而不能综合反映影响耕地质量的诸多因素。

西南区地貌复杂多样，平原、山地、丘陵、盆地等地貌共存，土壤类型分布也复杂多样，耕地分布没有明显规律且较为零散，因此为便于评价结果的统计分析及应用，本次评价中选用叠加法建立评价单元。

（三）评价单元形成

以土地利用现状图为基础，从中提取耕地分布信息，将其与土壤图、行政区划图叠加后的图斑作为耕地质量等级评价单元。该方法生成的评价单元其土壤类型、耕地类型及权属坐落信息一致，既可以反映单元之间的空间差异性，又可以反映单元内性质的均一性。这种方法既使单元内耕地类型有土壤基本性质的均一性，又使土壤类型有确定的地域边界线，能使评价结果更具综合性、客观性，并且可以较容易地将评价结果落到实地。但由叠加法形成的图斑会产生许多破碎的小多边形，因此，应按照相关技术规范的要求，对众多小多边形进行处理。

本次西南区耕地质量等级评价中采用叠加法进行评价单元的建立，并经制图综合后形成的最终评价单元为209 754个（表2-10），涉及耕地面积 2 101.798 万 hm²。

表 2-10　西南区耕地质量等级评价单元数量

评价区域		耕地面积（万 hm²）	评价单元（个）
二级农业区	川滇高原山地林农牧区	476.08	22 985
	黔桂高原山地林农牧区	383.16	20 876
	秦岭大巴山林农区	246.07	59 586
	四川盆地农林区	679.60	60 036
	渝鄂湘黔边境山地林农牧区	316.88	46 271
	合计	2 101.79	209 754
评价区	甘肃评价区	67.03	11 821
	广西评价区	41.23	1 449
	贵州评价区	453.41	23 598
	湖北评价区	108.38	31 805
	湖南评价区	75.95	12 281
	陕西评价区	93.66	30 113
	四川评价区	654.34	43 596
	云南评价区	364.73	16 817
	重庆评价区	243.05	38 274
	合计	2 101.79	209 754

（四）评价单元赋值

西南区耕地质量等级评价过程中舍弃了人工输入参评因子值的传统方式，采取将评价单元与各专题图件叠加的方法采集各参评因素信息。具体做法如下：

①按唯一标识原则对评价单元进行编号。

②对各评价因子进行单项处理，生成评价因子专题信息数据库。对定性评价因子进行量化处理，对定量评价因子则采用不同空间插值方法进行空间插值，形成各评价因子专题图。

③将各参评因子的专题图分别与评价单元图进行叠加，以评价单元为目标，对叠加后形成的图形属性库进行"属性提取"。

本次西南区耕地质量等级评价构建了由地形部位、海拔、有效土层厚度、有机质含量、土壤酸碱度、耕层质地、土壤容重、质地构型、土壤养分状况（有效磷、速效钾）、土壤健康状况（生物多样性、清洁程度）、障碍因素、灌溉能力、排水能力、农田林网化程度 16 个参评因素组成的评价指标体系。在评价单元指标获取中，土壤 pH、有机质、有效磷、速效钾等定量因子采用空间插值法将点位数据转为栅格数据（100m×100m），再赋值于评价单元上；海拔是通过西南区的 DEM 与评价单元叠加提取；地形部位先以地貌图叠加提取地貌信息，再与栅格的坡位数据叠加提取坡位信息，最后综合修正得到。对于灌溉能力、排水能力、农田林网化程度等定性因子，采用"以点代面"方法，将调查点位中的属性链接入评价单元中，并辅助以相关资料进行修正。

五、评价指标权重确定

耕地质量等级评价过程中，为计算每个评价单元的综合指数，需对选定的耕地质量等级评价指标因子按其对耕地质量等级的贡献进行排序，即根据各指标因子相对于耕地质量等级的重要性确定其权重。权重确定的方法有很多，有定性方法和定量方法，如模糊综合评判法、多元回归分析法、主成分分析法、层次分析法、特尔斐法等。按照《耕地质量等级》（GB/T 33469—2016）国家标准规定，本次西南区耕地质量等级评价采用层次分析法（AHP）与特尔斐法（Delphi）相结合的方法确定各指标因子权重。层次分析法（AHP）同时融合了专家定性判读和定量方法特点，是在定性方法基础上发展起来的定量确定参评因素权重的一种系统分析方法，也是一种较为科学的权重确定方法。特尔斐法作为常用的预测方法，它能对大量非技术性、无法定量分析的因素作出概率估算。层次分析法的主要流程如下。

（一）建立层次结构

首先，以西南区耕地质量作为耕地质量等级评价的目标层。其次，按照指标间相关性、对耕地质量的影响程度及方式等因素，将 16 个指标划分为 6 组作为准则层，第一组为土壤立地条件，包括地形部位、农田林网化程度、海拔；第二组为土壤剖面性状，包括有效土层厚度、质地构型及障碍因素；第三组为耕层理化性状，包括质地、容重和土壤酸碱度；第四组为土壤养分状况，包括有机质、有效磷与速效钾；第五组为土壤健康状况，包括生物多样性和清洁程度；第六组为土壤管理，包括灌溉能力和排水能力。最后，以准则层中的指标项目为指标层，从而形成层次结构关系模型，具体见图 2-3 所示。

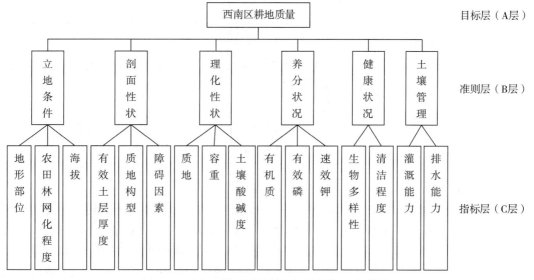

图 2-3　西南区耕地质量等级评价指标层次结构

（二）构造判断矩阵

根据专家经验，采用特尔斐法，确定 B 层（准则层）对 A 层（目标层），以及 C 层（指标层）对 B 层（准则层）的相对重要程度。具体做法如下：首先，由西南区 9 省（直辖市、自治区）土壤肥料、地理信息、作物栽培等相关领域的 20 余位专家分别按 5 个二级农业区就立地条件（B1）、剖面性状（B2）、耕层理化性状（B3）、土壤养分状况（B4）、土壤健康状况（B5）、土壤管理（B6）构成要素对西南区耕地质量（A 层）的重要程度做出判断，并按最重要的要素给 10 分，相对次要的要素分值相对减少，最不重要的要素给 1 分的原则，给出每个准则层的分值。然后，将各专家的经验分值取平均值，从而获得准则层（B层）对于目标层（A层）的判断矩阵。最后，也是通过专家对指标层（C层）相对于准则层（B层）的重要程度进行经验赋值，将各专家的经验赋值取平均值，即获得指标层（C层）对于准则层（B层）的判断矩阵。西南区每个二级农业区共构建A、B1、B2、B3、B4、B5、B6共7个判断矩阵，全区总共形成35个判断矩阵。

西南区耕地质量等级评价中5个二级农业区的6组准则层（立地条件、剖面性状、耕层理化性状、土壤养分状况、土壤健康状况、土壤管理）对目标层（西南区耕地质量）重要程度的判断矩阵如表2-11至表2-15所示，5个二级农业区中各指标层对准则层重要程度的判断矩阵如表2-16至表2-45所示。

1. 各二级农业区准则层对目标层的判断矩阵

表 2-11　川滇高原山地林农牧区耕地质量等级评价准则层判断矩阵

耕地质量	立地条件	剖面性状	理化性状	养分状况	健康状况	土壤管理	权重 Wi
立地条件	1.000 0	1.104 6	1.072 4	1.019 1	2.931 7	1.666 1	0.210 1
剖面性状	0.905 3	1.000 0	0.970 8	0.922 6	2.653 9	1.508 3	0.190 2
理化性状	0.932 5	1.030 1	1.000 0	0.950 2	2.733 7	1.553 8	0.195 9
养分状况	0.981 3	1.083 9	1.052 3	1.000 0	2.876 9	1.635 1	0.206 1
健康状况	0.341 1	0.376 8	0.365 8	0.347 6	1.000 0	0.568 2	0.071 7
土壤管理	0.600 2	0.663 0	0.643 6	0.611 6	1.759 5	1.000 0	0.126 1

表 2-12　黔桂高原山地林农牧区耕地质量等级评价准则层判断矩阵

耕地质量	立地条件	剖面性状	理化性状	养分状况	健康状况	土壤管理	权重 Wi
立地条件	1.000 0	0.901 4	0.846 0	0.838 6	2.908 7	1.141 3	0.175 3
剖面性状	1.109 4	1.000 0	0.938 6	0.930 4	3.226 8	1.266 1	0.194 5
理化性状	1.182 0	1.065 4	1.000 0	0.991 3	3.438 8	1.349 0	0.207 2
养分状况	1.192 4	1.074 8	1.008 8	1.000 0	3.468 0	1.360 9	0.209 1
健康状况	0.343 8	0.309 9	0.290 8	0.288 3	1.000 0	0.392 3	0.060 3
土壤管理	0.876 2	0.789 8	0.741 3	0.734 8	2.548 8	1.000 0	0.153 6

表 2-13　秦岭大巴山林农区耕地质量等级评价准则层判断矩阵

耕地质量	立地条件	剖面性状	理化性状	养分状况	健康状况	土壤管理	权重 Wi
立地条件	1.000 0	1.345 9	1.124 6	1.184 0	3.257 3	1.660 0	0.228 0
剖面性状	0.743 0	1.000 0	0.835 6	0.879 8	2.420 1	1.233 4	0.169 4
理化性状	0.889 2	1.196 7	1.000 0	1.052 9	2.896 0	1.476 0	0.202 7
养分状况	0.844 6	1.136 6	0.949 8	1.000 0	2.751 0	1.401 9	0.192 6
健康状况	0.307 0	0.413 2	0.345 3	0.363 5	1.000 0	0.509 6	0.070 0
土壤管理	0.602 4	0.810 8	0.677 5	0.713 3	1.962 3	1.000 0	0.137 3

表 2-14　四川盆地农林区耕地质量等级评价准则层判断矩阵

耕地质量	立地条件	剖面性状	理化性状	养分状况	健康状况	土壤管理	权重 Wi
立地条件	1.000 0	1.187 8	1.318 6	1.070 3	3.345 6	1.326 6	0.218 0
剖面性状	0.841 9	1.000 0	1.110 1	0.901 1	2.816 9	1.116 8	0.183 5
理化性状	0.758 4	0.900 8	1.000 0	0.811 8	2.537 4	1.006 0	0.165 3
养分状况	0.934 3	1.109 7	1.231 9	1.000 0	3.126 0	1.239 3	0.203 7
健康状况	0.298 9	0.355 0	0.394 1	0.319 9	1.000 0	0.396 4	0.065 2
土壤管理	0.753 8	0.895 4	0.994 0	0.806 9	2.522 4	1.000 0	0.164 3

表 2-15　渝鄂湘黔边境山地林农牧区耕地质量等级评价准则层判断矩阵

耕地质量	立地条件	剖面性状	理化性状	养分状况	健康状况	土壤管理	权重 Wi
立地条件	1.000 0	1.200 3	1.165 6	1.416 0	3.414 1	1.465 6	0.228 7
剖面性状	0.833 1	1.000 0	0.971 2	1.179 7	2.845 0	1.221 2	0.190 5
理化性状	0.857 9	1.029 7	1.000 0	1.214 8	2.929 1	1.257 4	0.196 2
养分状况	0.706 2	0.847 7	0.823 2	1.000 0	2.411 4	1.035 1	0.161 5
健康状况	0.292 9	0.351 5	0.341 4	0.414 7	1.000 0	0.429 3	0.067 0
土壤管理	0.682 3	0.818 9	0.795 3	0.966 1	2.329 6	1.000 0	0.156 0

2. 各二级农业区指标层对准则层的判断矩阵
（1）川滇高原山地林农牧区

表 2-16　川滇高原山地林农牧区立地条件层判断矩阵

立地条件	地形部位	农田林网化	海拔	权重 Wi
地形部位	1.000 0	3.534 8	1.055 6	0.448 4
农田林网化	0.282 9	1.000 0	0.298 7	0.126 9
海拔	0.947 3	3.348 2	1.000 0	0.424 8

表 2-17　川滇高原山地林农牧区剖面性状层判断矩阵

剖面性状	有效土层厚	质地构型	障碍因素	权重 Wi
有效土层厚	1.000 0	1.016 2	1.321 0	0.364 8
质地构型	0.984 1	1.000 0	1.299 9	0.359 0
障碍因素	0.757 0	0.769 3	1.000 0	0.276 2

表 2-18　川滇高原山地林农牧区理化性状层判断矩阵

理化性状	质地	容重	pH	权重 Wi
质地	1.000 0	1.709 1	1.351 9	0.430 1
容重	0.585 1	1.000 0	0.791 0	0.251 7
pH	0.739 7	1.264 2	1.000 0	0.318 2

表 2-19 川滇高原山地林农牧区养分状况层判断矩阵

养分状况	有机质	速效钾	有效磷	权重 Wi
有机质	1.000 0	1.206 7	1.627 1	0.409 3
速效钾	0.828 7	1.000 0	1.348 4	0.339 2
有效磷	0.614 6	0.741 6	1.000 0	0.251 5

表 2-20 川滇高原山地林农牧区健康状况层判断矩阵

健康状况	生物多样性	清洁程度	权重 Wi
生物多样性	1.000 0	1.017 6	0.504 4
清洁程度	0.982 7	1.000 0	0.495 6

表 2-21 川滇高原山地林农牧区土壤管理层判断矩阵

土壤管理	灌溉能力	排水能力	权重 Wi
灌溉能力	1.000 0	1.687 8	0.627 9
排水能力	0.592 5	1.000 0	0.372 1

（2）黔桂高原山地林农牧区

表 2-22 黔桂高原山地林农牧区立地条件层判断矩阵

立地条件	地形部位	农田林网化	海拔	权重 Wi
地形部位	1.000 0	3.539 8	2.122 2	0.570 2
农田林网化	0.282 5	1.000 0	0.599 7	0.161 1
海拔	0.471 2	1.667 6	1.000 0	0.268 7

表 2-23 黔桂高原山地林农牧区剖面性状层判断矩阵

剖面性状	有效土层厚	质地构型	障碍因素	权重 Wi
有效土层厚	1.000 0	1.882 2	1.654 5	0.468 2
质地构型	0.531 3	1.000 0	0.879 0	0.248 8
障碍因素	0.604 4	1.137 6	1.000 0	0.283 0

表 2-24 黔桂高原山地林农牧区理化性状层判断矩阵

理化性状	质地	容重	pH	权重 Wi
质地	1.000 0	1.431 8	1.399 6	0.414 4
容重	0.698 4	1.000 0	0.977 5	0.289 4
pH	0.714 5	1.023 0	1.000 0	0.296 1

表 2-25 黔桂高原山地林农牧区养分状况层判断矩阵

养分状况	有机质	速效钾	有效磷	权重 Wi
有机质	1.000 0	1.202 6	1.970 1	0.427 5

（续）

养分状况	有机质	速效钾	有效磷	权重 Wi
速效钾	0.831 5	1.000 0	1.638 0	0.355 5
有效磷	0.507 6	0.610 5	1.000 0	0.217 0

表 2-26　黔桂高原山地林农牧区健康状况层判断矩阵

健康状况	生物多样性	清洁程度	权重 Wi
生物多样性	1.000 0	1.216 7	0.548 9
清洁程度	0.821 9	1.000 0	0.451 1

表 2-27　黔桂高原山地林农牧区土壤管理层判断矩阵

土壤管理	灌溉能力	排水能力	权重 Wi
灌溉能力	1.000 0	1.836 5	0.647 5
排水能力	0.544 5	1.000 0	0.352 5

（3）秦岭大巴山林农区

表 2-28　秦岭大巴山林农区立地条件层判断矩阵

立地条件	地形部位	农田林网化	海拔	权重 Wi
地形部位	1.000 0	3.539 4	1.375 2	0.497 6
农田林网化	0.282 5	1.000 0	0.388 5	0.140 6
海拔	0.727 2	2.573 8	1.000 0	0.361 8

表 2-29　秦岭大巴山林农区剖面性状层判断矩阵

剖面性状	有效土层厚	质地构型	障碍因素	权重 Wi
有效土层厚	1.000 0	1.548 2	1.486 8	0.431 3
质地构型	0.645 9	1.000 0	0.960 4	0.278 6
障碍因素	0.672 6	1.041 2	1.000 0	0.290 1

表 2-30　秦岭大巴山林农区理化性状层判断矩阵

理化性状	质地	容重	pH	权重 Wi
质地	1.000 0	1.151 1	1.838 2	0.414 5
容重	0.868 7	1.000 0	1.596 9	0.360 1
pH	0.544 0	0.626 2	1.000 0	0.225 5

表 2-31　秦岭大巴山林农区养分状况层判断矩阵

养分状况	有机质	速效钾	有效磷	权重 Wi
有机质	1.000 0	1.085 4	1.411 2	0.380 2
速效钾	0.921 3	1.000 0	1.300 1	0.350 3
有效磷	0.708 6	0.769 2	1.000 0	0.269 4

表 2-32　秦岭大巴山林农区健康状况层判断矩阵

健康状况	生物多样性	清洁程度	权重 Wi
生物多样性	1.000 0	1.495 0	0.599 2
清洁程度	0.668 9	1.000 0	0.400 8

表 2-33　秦岭大巴山林农区土壤管理层判断矩阵

土壤管理	灌溉能力	排水能力	权重 Wi
灌溉能力	1.000 0	1.703 0	0.630 0
排水能力	0.587 2	1.000 0	0.370 0

（4）四川盆地农林区

表 2-34　四川盆地农林区立地条件层判断矩阵

立地条件	地形部位	农田林网化	海拔	权重 Wi
地形部位	1.000 0	3.335 6	2.098 2	0.562 9
农田林网化	0.299 8	1.000 0	0.629 0	0.168 8
海拔	0.476 6	1.589 8	1.000 0	0.268 3

表 2-35　四川盆地农林区剖面性状层判断矩阵

剖面性状	有效土层厚	质地构型	障碍因素	权重 Wi
有效土层厚	1.000 0	1.711 2	1.829 2	0.469 2
质地构型	0.584 4	1.000 0	1.068 8	0.274 2
障碍因素	0.546 7	0.935 6	1.000 0	0.256 5

表 2-36　四川盆地农林区理化性状层判断矩阵

理化性状	质地	容重	pH	权重 Wi
质地	1.000 0	1.912 4	1.412 8	0.448 3
容重	0.522 9	1.000 0	0.738 8	0.234 4
pH	0.707 8	1.353 5	1.000 0	0.317 3

表 2-37　四川盆地农林区养分状况层判断矩阵

养分状况	有机质	速效钾	有效磷	权重 Wi
有机质	1.000 0	1.785 1	1.663 3	0.462 7
速效钾	0.560 2	1.000 0	0.931 9	0.259 2
有效磷	0.601 2	1.073 1	1.000 0	0.278 1

表 2-38　四川盆地农林区健康状况层判断矩阵

健康状况	生物多样性	清洁程度	权重 Wi
生物多样性	1.000 0	1.359 4	0.576 2

（续）

健康状况	生物多样性	清洁程度	权重 Wi
清洁程度	0.735 6	1.000 0	0.423 8

表 2-39　四川盆地农林区土壤管理层判断矩阵

土壤管理	灌溉能力	排水能力	权重 Wi
灌溉能力	1.000 0	1.613 2	0.617 3
排水能力	0.619 9	1.000 0	0.382 7

（5）渝鄂湘黔边境山地林农牧区

表 2-40　渝鄂湘黔边境山地林农牧区立地条件层判断矩阵

立地条件	地形部位	农田林网化	海拔	权重 Wi
地形部位	1.000 0	3.060 0	1.672 2	0.519 5
农田林网化	0.326 8	1.000 0	0.546 4	0.169 8
海拔	0.598 0	1.830 2	1.000 0	0.310 7

表 2-41　渝鄂湘黔边境山地林农牧区剖面性状层判断矩阵

剖面性状	有效土层厚	质地构型	障碍因素	权重 Wi
有效土层厚	1.000 0	1.554 0	1.846 4	0.457 6
质地构型	0.643 5	1.000 0	1.188 2	0.294 5
障碍因素	0.541 6	0.841 8	1.000 0	0.247 9

表 2-42　渝鄂湘黔边境山地林农牧区理化性状层判断矩阵

理化性状	质地	容重	pH	权重 Wi
质地	1.000 0	1.297 5	0.816 9	0.333 9
容重	0.770 7	1.000 0	0.629 6	0.257 3
pH	1.224 1	1.588 3	1.000 0	0.408 7

表 2-43　渝鄂湘黔边境山地林农牧区养分状况层判断矩阵

养分状况	有机质	速效钾	有效磷	权重 Wi
有机质	1.000 0	1.200 0	1.603 3	0.407 0
速效钾	0.833 3	1.000 0	1.336 2	0.339 2
有效磷	0.623 7	0.748 4	1.000 0	0.253 8

表 2-44　渝鄂湘黔边境山地林农牧区健康状况层判断矩阵

健康状况	生物多样性	清洁程度	权重 Wi
生物多样性	1.000 0	1.335 5	0.571 8
清洁程度	0.748 8	1.000 0	0.428 2

表 2-45　渝鄂湘黔边境山地林农牧区土壤管理层判断矩阵

土壤管理	灌溉能力	排水能力	权重 Wi
灌溉能力	1.000 0	2.101 7	0.677 6
排水能力	0.475 8	1.000 0	0.322 4

（三）各因子权重确定

根据层次分析法的计算结果，同时结合专家经验进行适当修正，最终确定了西南区 5 个二级农业区耕地质量等级评价各参评因子的权重，如表 2-46 所示。

表 2-46　西南区各二级农业区耕地质量等级评价指标权重

川滇高原山地林农牧区		黔桂高原山地林农牧区		秦岭大巴山林农区		四川盆地农林区		渝鄂湘黔边境山地林农牧区	
指标名称	指标权重	指标名称	指标权重	指标名称	指标权重	指标名称	指标权重	指标名称	指标权重
地形部位	0.094 2	地形部位	0.100 0	地形部位	0.113 4	地形部位	0.122 7	地形部位	0.118 8
海拔	0.089 2	灌溉能力	0.099 5	灌溉能力	0.086 5	灌溉能力	0.101 4	灌溉能力	0.105 7
有机质	0.084 4	有效土层厚	0.091 1	质地	0.084 0	有机质	0.094 2	有效土层厚	0.087 2
质地	0.084 3	有机质	0.089 4	海拔	0.082 5	有效土层厚	0.086 1	pH	0.080 2
灌溉能力	0.079 2	质地	0.085 9	有机质	0.073 2	质地	0.074 1	海拔	0.071 1
速效钾	0.069 9	速效钾	0.074 3	有效土层厚	0.073 1	排水能力	0.062 9	有机质	0.065 7
有效土层厚	0.069 4	pH	0.061 4	容重	0.073 0	海拔	0.058 5	质地	0.065 5
质地构型	0.068 3	容重	0.060 0	速效钾	0.067 5	有效磷	0.056 6	质地构型	0.056 1
pH	0.062 3	障碍因素	0.055 0	有效磷	0.051 9	速效钾	0.052 8	速效钾	0.054 8
障碍因素	0.052 5	排水能力	0.054 2	排水能力	0.050 8	pH	0.052 5	容重	0.050 5
有效磷	0.051 9	质地构型	0.048 4	障碍因素	0.049 1	质地构型	0.050 3	排水能力	0.050 3
容重	0.049 3	海拔	0.047 1	质地构型	0.047 2	障碍因素	0.047 1	障碍因素	0.047 2
排水能力	0.046 9	有效磷	0.045 4	pH	0.045 7	容重	0.038 8	有效磷	0.041 0
生物多样性	0.036 1	生物多样性	0.033 1	生物多样性	0.041 9	生物多样性	0.037 5	农田林网化	0.038 8
清洁程度	0.035 5	农田林网化	0.028 2	农田林网化	0.032 1	农田林网化	0.036 8	生物多样性	0.038 3
农田林网化	0.026 6	清洁程度	0.027 2	清洁程度	0.028 1	清洁程度	0.027 6	清洁程度	0.028 7

六、评价指标隶属度确定

耕地质量等级评价指标包括定性和定量两大类指标，而各指标对耕地质量的影响具有模糊性，因此，对定性指标的隶属度或定量指标的隶属函数的确定是评价过程中的关键环节。

（一）隶属函数建立的方法

根据模糊数学的理论，任何一个模糊性的概念就是一个模糊子集。在一个模糊子集中取值范围在 0～1 之间，隶属度是在模糊子集概念中的隶属程度，即作用大小的反映，一般用隶属度值来表示；隶属函数是解释模糊子集即元素与隶属度之间的函数关系，隶属度可用隶属函数来表达，可采用特尔斐法和隶属函数法确定各评价指标的隶属函数。

因此，各评价指标与耕地质量的关系，可分为戒上型、戒下型、峰型、直线型以及概念型 5 种类型。

1. 戒上型函数模型 适合这种函数模型的评价因子，其数值越大，相应的耕地质量水平越高，但到了某一临界值后，其对耕地质量的正贡献效果也趋于恒定。其数学表达如式 2-1 所示，函数示意图形如图 2-4 所示。

$$y_i = \begin{cases} 0 & u_i \leqslant u_t \\ 1/[1+a_i(u_i-c_i)^2], & u_t < u_i < c_i \\ 1 & c_i \leqslant u_i \end{cases} \tag{2-1}$$

式中：y_i 为第 i 个因子的隶属度；u_i 为样品实测值；c_i 为标准指标；a_i 为系数；u_t 为指标下限值。

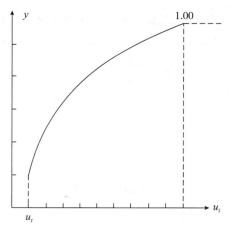

图 2-4 戒上型函数示意图

2. 戒下型函数模型 适合这种函数模型的评价因子，其数值越大，相应的耕地质量水平越低，但到了某一临界值后，其对耕地质量的负贡献效果也趋于恒定。其数学表达如式 2-2 所示，函数示意图形如图 2-5 所示。

$$y_i = \begin{cases} 0 & u_t \leqslant u_i \\ 1/[1+a_i(u_i-c_i)^2], & c_i < u_i < u_t \\ 1 & u_i \leqslant c_i \end{cases} \tag{2-2}$$

式中：u_t 为指标上限值。

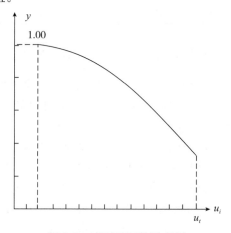

图 2-5 戒下型函数示意图

3. 峰型函数模型　适合这种函数模型的评价因子，其数值离一特定的范围距离越近，相应的耕地质量水平越高。其数学表达如式 2-3 所示，函数示意图形如图 2-6 所示。

$$y_i = \begin{cases} 0 & u_i > u_{t1} \ 或 \ u < u_{t2} \\ 1/[1 + a_i(u_i - c_i)^2], & u_{t1} < u_t < u_{t2} \\ 1 & u_i = c_i \end{cases} \tag{2-3}$$

式中：u_{t1}、u_{t2}分别为指标上、下限值。

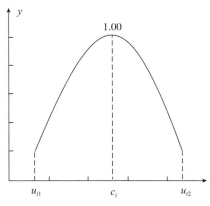

图 2-6　峰型函数示意图

4. 直线型函数模型　适合这种函数模型的评价因子，其数值的大小与耕地质量水平呈直线关系。其数学表达如式 2-4 所示，函数示意图形如图 2-7 所示。

$$y_i = b + a_i u_i \tag{2-4}$$

式中：a_i为系数；b为截距。

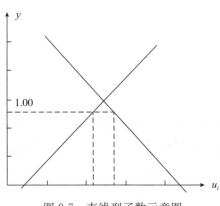

图 2-7　直线型函数示意图

5. 概念型指标　这类指标其性状是定性的、非数值性的，与耕地质量之间是一种非线性的关系。这类评价指标不需要建立隶属函数模型，采用特尔菲法直接给出隶属度。

对于前 4 种类型，可以用特尔斐法（Delphi）对一组实测值评估出相应的一组隶属度，并根据这两组数据拟合隶属函数，如海拔、pH、有效土层厚度、有机质、容重、速效钾、有效磷 7 项指标均属于前 4 种类型的数值型指标，可采用特尔斐法（Delphi）划分各参评因素的实测值，并根据各参评因素实测值对耕地质量及作物生长的影响进行评估，确定其相应的分值，即隶属度。概念型指标可以直接给出对应独立值的隶属度，如地形部位、农田林网化程度、质地构型、障碍因素、质地、生物多样性、清洁程度、灌溉能力、排水能力9项指标。

（二）概念型指标隶属度的确定

为了尽量减少人为因素的干扰，应对定性指标进行定量化处理，根据各评价指标对耕地质量影响的程度赋予其相应的分值或数值，即隶属度。西南区耕地质量等级评价在确定9项概念型指标隶属度时，首先对各评价指标描述类型进行归并、补充后，再通过特尔斐法对每个评价指标描述类型进行专家打分，最后按统计方法取其平均值作为评价指标描述类型的隶属度。评价指标及其描述类型的隶属度见表2-47至表2-55。

表2-47　西南区地形部位的隶属度

地形部位	山间盆地	宽谷盆地	平原低阶	平原中阶	平原高阶	丘陵上部	丘陵中部	丘陵下部	山地坡上	山地坡中	山地坡下
隶属度	0.85	0.9	1	0.9	0.8	0.6	0.75	0.85	0.45	0.65	0.75

表2-48　西南区质地的隶属度

耕层质地	砂土	砂壤	轻壤	中壤	重壤	黏土
隶属度	0.5	0.85	0.9	1	0.95	0.65

表2-49　西南区质地构型的隶属度

质地构型	薄层型	松散型	紧实型	夹层型	上紧下松型	上松下紧型	海绵型
隶属度	0.3	0.35	0.75	0.65	0.45	1	0.9

表2-50　西南区生物多样性的隶属度

生物多样性	丰富	一般	不丰富
隶属度	1	0.85	0.7

表2-51　西南区清洁程度的隶属度

清洁程度	清洁	尚清洁
隶属度	1	0.9

表2-52　西南区障碍因素的隶属度

障碍因素	瘠薄	酸化	渍潜	障碍层次	无
隶属度	0.3	0.5	0.75	0.65	1

表2-53　西南区农田林网化的隶属度

农田林网化程度	高	中	低
隶属度	1	0.85	0.7

表2-54　西南区灌溉能力的隶属度

灌溉能力	充分满足	满足	基本满足	不满足
隶属度	1	0.9	0.7	0.35

表 2-55 西南区排水能力的隶属度

排水能力	充分满足	满足	基本满足	不满足
隶属度	1	0.9	0.7	0.5

（三）函数型指标隶属函数的确定

本次西南区耕地质量等级评价中共有 7 项指标可用数值表示其指标状态，在建立其隶属函数模型前，也需要对指标值域范围内某些特定值进行专家经验赋值，评价指标及其描述类型的专家打分如表 2-56 至表 2-62 所示。

表 2-56 西南区海拔的隶属度

海拔（m）	300	500	800	1 000	1 300	1 600	2 000	2 500	3 000	备注
隶属度	1	0.9	0.8	0.7	0.6	0.5	0.4	0.3	0.2	秦岭大巴山林农区
隶属度	1	0.95	0.8	0.7	0.6	0.5	0.4	0.3	0.2	四川盆地农林区、川滇高原山地林农牧区、黔桂高原山地林农牧区

海拔（m）	100	200	300	400	500	600	800	1 000	1 200	备注
隶属度	1	0.95	0.9	0.85	0.8	0.7	0.6	0.5	0.3	渝鄂湘黔边境山地林农牧区

表 2-57 西南区土壤容重的隶属度

土壤容重（g/cm³）	1.00	1.10	1.20	1.30	1.40	1.50	1.60	1.80	2.00
隶属度	0.6	0.8	0.95	1	0.95	0.75	0.65	0.3	0.1

表 2-58 西南区有效土层厚度的隶属度

有效土层厚度（cm）	10	20	30	40	50	60	70	80	100	150
隶属度	0.1	0.25	0.4	0.65	0.7	0.85	0.9	0.95	1	1

表 2-59 西南区土壤 pH 的隶属度

pH	9.0	8.5	8.0	7.5	7.0	6.5	6.0	5.5	5.0	4.5	4.0	3.5
隶属度	0.4	0.75	0.9	0.98	1	0.98	0.95	0.8	0.75	0.5	0.3	0.1

表 2-60 西南区土壤有机质的隶属度

土壤有机质（g/kg）	2.0	5.0	10.0	15.0	20.0	25.0	30.0	35.0	40.0	45.0
隶属度	0.1	0.3	0.45	0.6	0.75	0.85	0.9	0.95	1	1

表 2-61 西南区土壤有效磷的隶属度

有效磷（mg/kg）	2.0	5.0	10.0	15.0	20.0	25.0	30.0	35.0	40.0	45.0	50.0	80.0	100.0
隶属度	0.15	0.3	0.5	0.7	0.8	0.85	0.9	0.95	1	1	0.98	0.96	0.94

表 2-62　西南区速效钾的隶属度

速效钾 (mg/kg)	10	20	40	60	80	100	120	140	160	180	200	220	250
隶属度	0.15	0.3	0.4	0.55	0.65	0.7	0.8	0.85	0.9	0.95	1	1	1

数值型指标在确定其值域范围内某些特定值的分值后，需进行隶属函数的拟合。本次西南区耕地质量等级评价中采用农业农村部种植业管理司、耕地质量监测保护中心开发的耕地资源管理信息系统中的拟合函数工具进行数值型指标隶属函数的拟合。其中，海拔采用负直线型函数，有效土层厚度、有机质和速效钾采用戒上型函数，有效磷、pH 和容重采用峰型函数。拟合结果如表 2-63 所示。

表 2-63　耕地质量等级评价函数型指标及其隶属函数

指标名称	函数类型	函数公式	a 值	b 值	c 值	u 的下限值	u 的上限值	备注
海拔	负直线型	$y=b-au$	0.000 302	1.042 457		300.0	3 446.5	川滇高原山地林农牧区、黔桂高原山地林农牧区、四川盆地农林区
海拔	负直线型	$y=b-au$	0.000 295	1.026 724		300.0	3 475.4	秦岭大巴山林农区
海拔	负直线型	$y=b-au$	0.000 618	1.083 636		135.3	1 752.9	渝鄂湘黔边境山地林农牧区
有效土层厚	戒上型	$y=1/[1+a\ (u-c)^2]$	0.000 155		112.542 550	5	113	
容重	峰型	$y=1/[1+a\ (u-c)^2]$	7.766 045		1.294 252	0.5	2.37	
pH	峰型	$y=1/[1+a\ (u-c)^2]$	0.192 480		6.854 550	3	9.5	
有机质	戒上型	$y=1/[1+a\ (u-c)^2]$	0.001 725		37.52	1	37.5	
速效钾	戒上型	$y=1/[1+a\ (u-c)^2]$	0.000 049		205.253 9	5	205	
有效磷	峰型	$y=1/[1+a\ (u-c)^2]$	0.000 253		63.712 849	0.1	252.3	

注：公式中 y 为隶属度；a 为系数；b 为截距；c 为标准指标；u 为实测值。当函数类型为负直线型时，$u \leqslant$ 下限值，y 为 1；$u \geqslant$ 上限值时，y 为 0；当函数类型为戒上型时，$u \leqslant$ 下限值，y 为 0；$u \geqslant$ 上限值时，y 为 1；当函数类型为峰型时，$u \leqslant$ 下限值或 $u \geqslant$ 上限值时，y 为 0。

七、耕地质量等级确定

（一）计算耕地质量综合指数

根据《耕地质量等级》（GB/T 33469—2016），采用累加法计算耕地质量综合指数，计算公式如式 2-5 所示。

$$P = \sum (F_i C_i) \tag{2-5}$$

式中：P 为耕地质量综合指数（Integrated Fertility Index）；F_i 为第 i 个评价指标的隶属度；C_i 为第 i 个评价指标的组合权重。

利用"耕地资源管理信息系统"，在"评价"菜单中选择"耕地质量评价"功能进行耕地质量综合指数的计算，得到每个评价单元的耕地质量综合指数。

（二）划分耕地质量等级

根据《耕地质量等级》（GB/T 33469—2016），将耕地质量划分为 10 个等级，耕地质量综合指数越大，耕地质量水平越高，一等地耕地质量最高，十等地耕地质量最低。西南区在耕地质量等级划分时，首先根据所有评价单元的综合指数，形成耕地质量综合指数曲线图，再根据综合指数频率骤降点及曲线斜率突变点，结合 5 个二级农业区综合指数分布情况，确定一等地和十等地划分线，将耕地质量最高等范围确定为综合指数≥0.855 0，最低等综合指数<0.664 6，中间二至九等地通过等距离法划分，综合指数间距为 0.023 8，最终确定西南区耕地质量等级划分方案，如表 2-64 所示。

表 2-64 西南区耕地质量等级划分方案

耕地质量等级	综合指数	耕地质量等级	综合指数
一等	≥0.855 0	六等	0.736 0~0.759 8
二等	0.831 2~0.855 0	七等	0.712 2~0.736 0
三等	0.807 4~0.831 2	八等	0.688 4~0.712 2
四等	0.783 6~0.807 4	九等	0.664 6~0.688 4
五等	0.759 8~0.783 6	十等	<0.664 6

八、耕地质量等级图编制

为增强耕地质量等级评价成果的可视化及实用性，采用 ArcGIS 软件对西南区耕地质量等级分布图及相关专题图件进行编制。其步骤如下：

1. 基础地理要素底图制作 基础地理要素是耕地质量系列图件制作的基础，主要作用是提高专题要素的可读性、美观性。基础地理要素的选择应与专题内容相协调，考虑到图面的负载量和清晰度，应选择评价区域内基本的、主要的地理要素。西南区耕地质量系列图件制作中选择的基础地理要素包括行政界线、水系、道路等及其相应的注记等，在统一坐标系下对所有要素进行编辑，生成与各专题图件相适应的基础地理要素底图。

2. 耕地质量等级图制作 以耕地质量评价单元为基础，将其与基础地理要素底图结合，并根据各评价单元的等级结果，对相同等级的赋予相同的颜色表达，再进行图名、图例、指北针、比例尺等图面辅助要素的设置，获得西南区耕地质量等级分布图。

九、评价结果验证

为确保评价结果的科学性、合理性与准确性，应对评价形成的耕地质量等级分布结果进行审核与验证，使其符合区域实际情况，以便更好地指导农业生产与管理。西南区耕地质量等级评价结果主要采用了以下方法进行验证。

1. 合理性验证 西南区主要按以下规则对评价结果进行合规性自查：一是不同等级耕地的面积比例应总体上呈正态分布；二是不同利用方式或土壤类型的耕地质量等级应具有一定的差异，但遵循一定的规律，如水田的耕地质量等级较旱地的耕地质量等级应相对高一些。

2. 专家验证 专家经验验证也是判定耕地质量等级评价结果科学性与合理性的重要方法。邀请西南区 9 省（直辖市、自治区）熟悉本区域耕地质量情况的专家及各省（直辖市、自治区）土壤肥料部门的技术骨干，会同参与评价的专业人员，共同从评价指标权重、隶属函数模型、评价过程中属性赋值、评价结果划分标准以及评价的结果进行系统的验证。

本次西南区耕地质量等级评价先后组织了多次专题会议，对评价指标体系及评价结果进行了验证，从宏观上把握耕地质量分布的规律性是否吻合。另外针对评价结果，多次通过专题会议及通讯审核的方式，审核评价等级与实地高产区、低产区有出入的地方，并查看评价相关属性，进行综合分析，找出原因，反馈地方进行核实或补充调查，通过反复细致的验证与修正，使评价结果更加科学合理。

3. 对比验证 不同的耕地质量等级应与其相应的评价指标值相对应。高等级的耕地应体现出较为优良的指标描述类型，而低等级的耕地则对应较劣的指标描述类型。因此，分析评价结果中不同质量等级的耕地对应的评价指标值，通过比较不同质量等级的指标差异，进而判定耕地质量等级的评价结果是否合理。

以灌溉能力为例，西南区耕地质量等级评价结果中，一、二、三等地的高等级地的灌溉能力主要以充分满足和满足为主，四、五、六等地的中等级地的灌溉能力主要以满足和基本满足为主，而七、八、九、十等地的低等级地的灌溉能力主要以基本满足和不满足为主，总体上看，评价结果与灌溉能力指标之间有较好的对应关系，说明评价结果较为合理，如表 2-65 所示。

表 2-65 西南区耕地质量等级对应的灌溉能力占比情况（％）

耕地质量等级	充分满足	满足	基本满足	不满足
一等地	35.32	54.37	10.30	
二等地	28.18	41.64	28.12	2.05
三等地	19.34	28.87	40.41	11.39
四等地	14.50	21.48	38.23	25.80
五等地	10.16	12.27	33.37	44.20
六等地	5.45	6.45	23.72	64.38
七等地	1.72	4.17	15.93	78.18
八等地	0.52	2.69	12.95	83.84
九等地	0.50	1.55	11.26	86.69
十等地		0.70	4.39	94.91

4. 产量验证 农作物产量的高低既受自然因素的影响，又受投入、管理水平等社会因素的影响。因此农作物产量也是耕地质量高低的直接体现。通常情况下，质量等级越高的耕地其农作物产量水平也较高，而质量等级越低的耕地因受限制性因素的影响，其农作物产量水平也相对较低。因此，可将评价结果中各质量等级的耕地对应的农作物调查产量进行统计性对比，分析不同质量等级耕地的产量水平差异，通过其产量水平的差异来判断评价结果是否科学合理。

从西南区耕地质量调查点中选择具有一定代表性的调查点，统计其所在评价单元的耕地质量等级情况以及各调查点的粮食（以水稻、小麦年亩产折和量计）产量水平，代表性点所在评价单元的耕地质量等级状况和调查点的粮食产量水平如表 2-66 所示。从表 2-66 中可以看出，耕地质量等级评价的结果与粮食产量水平具有较好的关联性。高等级的耕地对应较高的粮食产量，说明评价结果总体上较好地符合了西南区耕地的实际情况，具有较好的科学性和可靠性，能够较真实地反映西南区耕地的综合生产能力。

表 2-66　西南区耕地质量等级与粮食产量水平

耕地质量等级	一等地	二等地	三等地	四等地	五等地	六等地	七等地	八等地	九等地	十等地
年均亩产（kg）	938	878	820	742	661	566	470	406	344	270

5. 实地验证　以评价所得的耕地质量等级分布图为依据，随机或系统选取各质量等级耕地的验证单元，逐一到对应的评价单元所在实地进行调查分析，实地获取不同质量等级耕地的自然及社会经济信息指标数据，通过相应指标的差异，综合分析判定评价结果的科学合理性。

西南区耕地质量等级评价的实地验证工作由西南区 9 省（直辖市、自治区）土壤肥料部门分别组织人员开展。各省根据不同质量等级耕地的空间分布状况，选取具有代表性的典型地块进行实地验证。一般要求各省每一个质量等级耕地选取 10～15 个地块，进行实地调查并查验相关的立地条件、土壤理化性状指标及土壤管理信息，以验证评价结果是否符合实际情况。

以四川省为例，在不同质量等级耕地内各选取约 15 个地块进行实地验证。在收集典型地块的自然状况、物理性状及社会经济等方面资料的基础上，比较不同质量等级耕地的差异性及与评价结果的相符性。部分典型地块的实地调查信息对照情况如表 2-67 所示。从表 2-67 中可以看出，不同质量等级耕地在地形部位、耕层质地、灌溉能力及作物产量等方面均表现出明显的差异性，且与不同评价等级特征基本相符。质量等级较高的耕地其地形部位、有效土层厚度、耕层质地等指标描述类型均相对较好，且具有较强的灌溉能力。通过对不同质量等级耕地的立地条件、土壤性质、土壤管理等方面的对比，说明评价结果与实地调查结果一致，基本符合实际情况。

表 2-67　四川省不同质量等级耕地典型地块实地调查信息对照

编号	耕地质量等级	地点	地形部位	土类	质地	有效土层厚度（cm）	灌溉能力	排水能力	主栽作物	作物亩产（kg）
1	一等地	郫都区	平原中阶	水稻土	中壤	150	充分满足	满足	水稻	550
2	二等地	达川区	丘陵下部	水稻土	中壤	120	充分满足	满足	水稻	550
3	三等地	南溪区	丘陵下部	水稻土	重壤	80	充分满足	满足	水稻	540
4	四等地	广安区	丘陵下部	水稻土	重壤	60	满足	满足	水稻	530
5	五等地	宣汉县	丘陵下部	水稻土	重壤	60	满足	满足	水稻	520
6	六等地	高坪区	丘陵下部	水稻土	轻壤	60	满足	满足	水稻	515
7	七等地	简阳市	丘陵中部	紫色土	中壤	60	满足	基本满足	玉米	420
8	八等地	会理县	丘陵中部	紫色土	砂壤	50	基本满足	基本满足	玉米	380
9	九等地	古蔺县	山地坡中	黄壤	砂壤	45	不满足	不满足	玉米	350
10	十等地	冕宁县	山地坡中	黄棕壤	砂壤	40	不满足	不满足	玉米	280

第五节　耕地土壤养分等专题图件编制方法

一、图件编制步骤

耕地土壤养分含量专题图件是西南区耕地质量等级评价成果之一，其基础数据来源于耕地质量调查监测点位。对于耕地土壤养分含量专题图件的编制，具体操作步骤为：首先，对野外调查监测点进行整理，建立以调查监测点为记录，以各养分含量为数据项的数据表格。其次，依据调查监测点中的经纬度坐标信息，生成调查监测点位图，并进行坐标转换，使其与评价单元图坐标系一致。第三，核实点位的空间位置准确性，对漂移出行政区划的点位进行纠正。第四，对各养分含量进行空间插值，生成养分数据的栅格图。最后，按照相应的分级标准划分养分的含量等级，绘制土壤养分含量分布图。

二、图件插值处理

空间插值是将离散点的观测数据转换为连续的数据曲面的过程，它包括空间内插和外推两种算法。空间内插算法是通过已知点的观测数据推求同一区域的未知点数据。空间外推算法则是通过已知区域的数据，推求其他区域数据。

地统计分析法属于空间内插算法，是通过区域内不同位置采样点数据来生成一个连续的表面从而预测区域内未知样点。西南区耕地土壤养分含量的空间插值，利用地统计学模型，在 ArcGIS 软件中通过空间插值的方法生成各养分空间分布栅格图。具体操作步骤为：首先，利用 ArcGIS 中 Geostatistical Analyst 模块中的 Normal QQ plot 工具对数据进行正态分布分析，剔除异常值。其次，选择合适的空间插值方法，空间插值过程中分别利用了反距离权重法（Inverse Distance Weighting）和克里金法（Kriging）两种方法，其中 Kriging 插值时按各养分含量的数据分布特征，分别选取 Spherical、Exponential、Gaussian3 种不同模型进行插值结果精度比较，选择最优的模型进行空间插值。第三，因为生成的养分栅格图并未全域覆盖评价范围，需要用西南区行政界线对养分栅格图进行延展。第四，依据评价单元图与养分栅格图的空间对应关系，通过 Spatial Analyst 空间分析模块 Zonal statistics 工具进行空间叠加分析，将栅格数据中的养分值赋予评价单元。

三、专题图件制作

为提高专题要素的可读性、美观性，且便于与西南区耕地质量等级分布图进行对照分析，选取与西南区耕地质量等级分布图一致的基础地理要素作为耕地土壤养分含量专题图的地理底图。基础地理要素主要包括行政界线、水系、道路等及其相应的注记等，在统一坐标系下进行图面布局，并按照各养分的不同分级分别赋予相应的颜色，再进行图面辅助要素如图名、比例尺、指北针、图例等处理，生成各耕地土壤养分含量专题图件。

参考文献

张炳宁,彭世琪,张月平,2008. 县域耕地资源管理信息系统数据字典[M].第 2 版 . 北京:中国农业出版社 .

全国农业技术推广服务中心,2009. 耕地地力评价指南［M］. 北京：中国农业科学技术出版社 .

郭世乾，崔增团，2013. 耕地质量调查与评价技术［M］. 兰州：甘肃科学技术出版社 .

第三章　耕地质量等级分析

第一节　耕地质量等级面积与分布

一、耕地质量等级

根据《耕地质量等级》(GB/T 33469—2016)，采用累加法计算每个评价单元的耕地质量综合指数，生成耕地质量综合指数分布曲线图，再根据综合指数频率骤降点及曲线斜率突变点，确定评价区域内最高等级和最低等级的综合指数临界值，最后采用等距离法来划分其余的耕地质量等级，最终将西南区耕地按质量等级由高到低依次划分为一等至十等。各等级耕地面积与比例见表 3-1。

本次评价中，西南区耕地总面积 2 101.79 万 hm²。其中，一至三等地的高等级耕地面积 467.14 万 hm²，占西南区耕地总面积的 22.23%；四至六等地的中等级耕地面积 1 180.81hm²，占西南区耕地总面积的 56.18%；七至十等地的低等级耕地面积 453.84hm²，占西南区耕地总面积的 21.59%。总体看来，高等级耕地在西南区的占比明显偏低，而中、低等级耕地的占比较大。

表 3-1　西南区耕地质量等级面积与比例

级别	耕地质量等级	面积（万 hm²）	比例（%）
高等级	一等地	92.60	4.41
	二等地	124.96	5.95
	三等地	249.58	11.87
中等级	四等地	415.75	19.78
	五等地	415.06	19.75
	六等地	350.00	16.65
低等级	七等地	238.30	11.34
	八等地	122.37	5.82
	九等地	52.52	2.50
	十等地	40.64	1.93
合计		2 101.79	100

从空间分布上看，西南区高等级耕地在四川盆地农林区、川滇高原山地林农牧区、黔桂高原山地林农牧区、渝鄂湘黔边境山地林农牧区和秦岭大巴山林农区 5 个二级农业区中均有分布，分布的比例依次为 46.35%、20.09%、14.69%、11.46% 和 7.41%，其中四川盆地农林区的占比最大；主要分布在各二级农业区的平原、山间盆地和宽谷盆地等地形部位上，如成都平原、汉中平原、云贵高原山间坝子以及四川盆地浅（缓）丘等处高等级耕地分布较多。从各评价区上看，高等级耕地在四川评价区、云南评价区、重庆评价区和贵州评价区 4 个评价区分布较多，各评价区高等级耕地占西南区高等级耕地总面积的比例分别为 39.87%、18.16%、

14.63%和13.48%，共占到西南区高等级耕地总面积的86.13%。中等级耕地在四川盆地农林区、川滇高原山地林农牧区、黔桂高原山地林农牧区、渝鄂湘黔边境山地林农牧区和秦岭大巴山林农区5个二级农业区的占比依次为33.04%、21.77%、20.21%、14.05%和10.93%，其中也是在四川盆地农林区的占比相对较大；主要分布在各二级农业区的丘陵和山地的中下部，如四川盆地丘陵区，金沙江、牛栏江流域河谷地区，秦巴山低山丘陵区，黔中低山丘陵区等处中等级耕地分布较多。从各评价区上看，中等级耕地也是在四川评价区、贵州评价区、云南评价区和重庆评价区4个评价区分布的数量较多，各评价区中等级耕地占西南区中等级耕地总面积的比例依次为32.52%、22.04%、17.59%和11.43%，共占到西南区中等级耕地总面积的83.58%。低等级耕地在四川盆地农林区、川滇高原山地林农牧区、黔桂高原山地林农牧区、渝鄂湘黔边境山地林农牧区和秦岭大巴山林农区5个二级农业区也都有分布，占比依次为16.07%、27.57%、16.72%、21.48%和18.15%，其中在川滇高原山地林农牧区和渝鄂湘黔边境山地林农牧区的占比相对较大；主要散布于各二级农业区的山地中上部及丘陵上部等地形部位上，如滇东北黔西北乌蒙山区、湘鄂渝黔武陵山区以及陇南山地区等处低等级耕地分布较多。从各评价区上看，低等级耕地在贵州评价区、四川评价区和云南评价区3个评价区分布的数量相对较多，各评价区低等级耕地占西南区低等级耕地总面积的比例分别为28.69%、18.54%和15.89%，共占到西南区低等级耕地总面积的63.12%。

从地貌类型上看，评价区域包含平原、丘陵、山地及盆地4种地貌类型。根据评价单元统计，高等级耕地在这4种地貌类型上的占比依次为11.07%、42.16%、24.43%和22.35%，主要集中在丘陵地貌类型上；中等级耕地占比依次为0.35%、30.26%、60.00%和9.39%，主要分布在山地地貌类型上；低等级耕地占比依次为0.09%、15.23%、81.02%和3.65%，集中分布在山地地貌类型上。从不同地貌上各等级耕地的分布情况看，平原区耕地面积56.28万hm²，占西南区耕地总面积的2.68%，耕地质量等级以高等级为主，高等级地51.72万hm²、中等级地4.14万hm²、低等级地0.43万hm²，分别占平原区耕地面积的91.88%、7.35%和0.76%；丘陵区耕地面积623.30万hm²，占到西南区耕地总面积的29.66%，耕地质量等级以中、高等级为主，高等级耕地196.93万hm²、中等级耕地357.25万hm²、低等级耕地69.11万hm²，分别占丘陵区耕地总面积的31.60%、57.32%和11.09%；山地区耕地面积1 190.35万hm²，占到西南区耕地总面积的56.63%，耕地质量等级以中、低等级为主，高等级耕地114.11万hm²、中等级耕地708.52万hm²、低等级耕地367.71万hm²，分别占到山地区耕地总面积的9.59%、59.52%和30.89%；盆地区耕地面积231.87万hm²，占西南区耕地总面积的11.03%，耕地质量等级以中、高等级为主，高等级耕地104.39万hm²、中等级耕地110.90万hm²、低等级耕地16.58万hm²，分别占盆地区耕地总面积的45.02%、47.83%和7.15%。

从土壤类型上看，西南区主要耕地土壤的土类为紫色土、水稻土、黄壤、石灰（岩）土、红壤、黄棕壤、棕壤、粗骨土、褐土9种，这9个土类的耕地面积2 022.94万hm²，占西南区耕地总面积的96.25%。高等级耕地主要分布在水稻土和紫色土2个土类上，其分布的高等级耕地占西南区高等级耕地总面积的比例分别为44.91%和24.40%，共占西南区高等级耕地总面积的69.31%；中等级耕地主要分布在紫色土、水稻土、黄壤和石灰（岩）土4个土类上，各土类上分布的中等级耕地占西南区中等级耕地的比例分别为29.34%、19.55%、16.31%和10.96%，共占到西南区中等级耕地总面积的76.16%；低等级耕地主要分布在黄壤、紫色土、黄棕壤和水稻土4个土类上，各土类上低等级耕地占西南区低等级耕地的比例分别为19.01%、17.29%、16.38%和11.17%，共占西南区低等级耕地总面积的63.81%。从不同土类耕地土壤上各等级耕地分布的状况看，首先是紫色土，在西南区分布最多，面积为538.94万 hm²，占西南区耕地总面积的25.64%，耕地质量等级以中等级为主，高等级耕地113.98万 hm²、中等级耕地346.47万 hm²、低等级耕地78.48万 hm²，分别占西南区紫色土耕地总面积的21.15%、64.29%和14.56%。其次是水稻土，面积为491.15万 hm²，占西南区耕地总面积的23.37%，耕地质量等级以高、中等级为主，高等级耕地209.78万 hm²、中等级耕地230.83万 hm²、低等级耕地50.55万 hm²，分别占西南区水稻土耕地总面积的42.71%、47.00%和10.29%。第三为黄壤，面积为313.74万 hm²，占西南区耕地总面积的14.93%，耕地质量等级以中、低等级为主，高等级耕地34.89万 hm²、中等级耕地192.60万 hm²、低等级耕地86.26万 hm²，分别占西南区黄壤耕地总面积的11.12%、61.39%和27.49%。另外，石灰（岩）土耕地面积193.60万 hm²，占西南区耕地总面积的9.21%，耕地质量等级以中、低等级为主，高等级耕地22.78万 hm²、中等级耕地129.38万 hm²、低等级耕地41.44万 hm²，占西南区石灰（岩）土耕地总面积的比例分别为11.77%、66.83%和21.41%。红壤耕地面积190.89万 hm²，占西南区耕地的9.08%，耕地质量等级以中等级为主，高等级耕地45.26万 hm²、中等级耕地106.97万 hm²、低等级耕地38.65万 hm²，各占西南区红壤耕地总面积的23.71%、56.04%和20.25%。黄棕壤耕地面积186.88万 hm²，占西南区耕地总面积的8.89%，耕地质量等级以中、低等级为主，高等级耕地19.21万 hm²、中等级耕地93.55万 hm²、低等级耕地74.32万 hm²，各占西南区黄棕壤耕地总面积的10.28%、49.95%和39.77%。棕壤耕地面积41.70万 hm²，占西南区耕地总面积的1.98%，耕地质量等级以中、低等级为主，高等级耕地1.14万 hm²、中等级耕地17.00万 hm²、低等级耕地23.56万 hm²，各占西南区棕壤耕地总面积的2.73%、40.77%和56.50%。粗骨土耕地面积33.42万 hm²，占西南区耕地的1.59%，耕地质量等级以中、低等级为主，高等级耕地3.30万 hm²、中等级耕地12.84万 hm²、低等级耕地17.28万 hm²，各占西南区粗骨土耕地总面积的9.87%、38.43%和51.70%。褐土耕地面积32.62万 hm²，占西南区耕地总面积的1.55%，耕地质量等级以中、低等级为主，高等级耕地0.63万 hm²、中等级耕地13.36万 hm²、低等级耕地18.63万 hm²，各占西南区褐土耕地总面积的1.92%、40.95%和57.13%。

二、耕地质量等级在不同农业区划中的分布

根据中国综合农业区划和《耕地质量等级》（GB/T 33469—2016）国家标准，西南区共划分为秦岭大巴山林农区、四川盆地农林区、渝鄂湘黔边境山地林农牧区、黔桂高原山地林农牧区和川滇高原山地林农牧区5个二级农业区。各二级农业区不同质量等级耕地面积与比例见表3-2。

表3-2 西南区不同二级农业区耕地质量等级面积与比例（万 hm²，%）

耕地质量等级	面积及比例	秦岭大巴山林农区	四川盆地农林区	渝鄂湘黔边境山地林农牧区	黔桂高原山地林农牧区	川滇高原山地林农牧区
一等地	面积	9.15	60.84	6.40	4.32	11.89
	占二级区比例	3.72	8.95	2.02	1.13	2.50
	占各等级地比例	9.88	65.70	6.92	4.66	12.84

（续）

耕地质量等级	面积及比例	秦岭大巴山林农区	四川盆地农林区	渝鄂湘黔边境山地林农牧区	黔桂高原山地林农牧区	川滇高原山地林农牧区
二等地	面积	10.85	47.62	16.31	21.86	28.31
	占二级区比例	4.41	7.01	5.15	5.71	5.95
	占各等级地比例	8.68	38.11	13.05	17.50	22.66
三等地	面积	14.63	108.08	30.80	42.42	53.64
	占二级区比例	5.95	15.90	9.72	11.07	11.27
	占各等级地比例	5.86	43.31	12.34	17.00	21.49
四等地	面积	29.37	173.21	44.57	82.44	86.16
	占二级区比例	11.94	25.49	14.06	21.52	18.10
	占各等级地比例	7.06	41.66	10.72	19.83	20.72
五等地	面积	50.39	134.55	56.47	83.67	89.99
	占二级区比例	20.48	19.80	17.82	21.84	18.90
	占各等级地比例	12.14	32.42	13.61	20.16	21.68
六等地	面积	49.29	82.35	64.83	72.58	80.95
	占二级区比例	20.03	12.12	20.46	18.94	17.00
	占各等级地比例	14.08	23.53	18.52	20.74	23.13
七等地	面积	40.18	40.42	52.42	48.03	57.25
	占二级区比例	16.33	5.95	16.54	12.54	12.03
	占各等级地比例	16.86	16.96	22.00	20.16	24.02
八等地	面积	21.04	18.41	24.91	19.76	38.25
	占二级区比例	8.55	2.71	7.86	5.16	8.03
	占各等级地比例	17.19	15.05	20.35	16.15	31.26
九等地	面积	7.30	9.35	12.77	6.09	17.01
	占二级区比例	2.97	1.38	4.03	1.59	3.57
	占各等级地比例	13.91	17.81	24.31	11.59	32.38
十等地	面积	13.87	4.77	7.40	1.98	12.63
	占二级区比例	5.64	0.70	2.34	0.52	2.65
	占各等级地比例	34.12	11.73	18.21	4.88	31.06
总计	面积	246.07	679.60	316.88	383.16	476.08

（一）秦岭大巴山林农区耕地质量等级

秦岭大巴山林农区包括甘肃省东南部、陕西省南部、四川省与重庆市北部、湖北省西北部，该二级农业区耕地总面积 246.1 万 hm²，占西南区评价耕地总面积的 11.7%，是西南区中耕地面积最小的二级农业区。耕地质量等级以中等级地最多，低等级地次之，高等级地最少，高、中、低等级地的面积分别为 34.63 万 hm²、129.05 万 hm²、82.39 万 hm²，分别占秦岭大巴山林农区耕地面积的 14.07%、52.44% 和 33.48%，各占西南区高、中、低等级耕地总面积的 7.41%、10.93% 和 18.15%，是西南区高、中等级耕地分布最少的二级农业区。一至十等地在全区均有分布，一等地 9.15 万 hm²，占秦岭大巴山林农区耕地面积的 3.72%，占西南区一等地总面积的 9.88%，分布在陕西省汉中市、重庆市以及四川省广元市、达州市、绵阳市和湖北省襄阳市、十堰市，其中以陕西省汉中市分布的数量最多。二等地 10.85 万 hm²，占秦岭大巴山林农区耕地面积的 4.41%，占西南区二等地总面积的 8.68%，分布在除甘肃省定西市、甘南藏族自治州和湖北省神农架林区外的其余各市（州），其中在湖北省襄阳市、十堰市和陕西省汉中市分布较多。三等地 14.63 万 hm²，占秦岭大巴山林农区耕地面积的 5.95%，占西南区三等地总面积的 5.86%，分布在除甘肃省定西市和湖北省神农架林区外的其余各市（州），在湖北省襄阳市、十堰市和陕西省汉中市、安康市分布的数量较多。四等地 29.37 万 hm²，占秦岭大巴山林农区耕地面积的 11.94%，占西南区四等地总面积的 7.06%，遍布于 5 省（直辖市）各市（州），在陕西省安康市分布最多，甘肃省定西市分布最少。五等地 50.39 万 hm²，占秦岭大巴山林农区耕地面积的 20.48%，占西南区五等地总面积的 12.14%，同样在 5 省（直辖市）各市（州）均有分布，也是在陕西省安康市分布最多，而在甘肃省甘南藏族自治州分布最少。六等地 49.29 万 hm²，占秦岭大巴山林农区耕地面积的 20.03%，占西南区六等地总面积的 14.08%，同样是在 5 省（直辖市）各市（州）均有分布，以甘肃省陇南市和陕西省安康市分布的数量较多，四川省绵阳市和湖北省神农架林区分布的数量较少。七等地 40.18 万 hm²，占秦岭大巴山林农区耕地面积的 16.33%，占西南区七等地总面积的 16.86%，分布特征与六等地基本一致。八等地 21.04 万 hm²，占秦岭大巴山林农区耕地面积的 8.55%，占西南区八等地总面积的 17.19%，分布在除四川省绵阳市外的其余各市（州），在甘肃省陇南市分布的面积最大，而在陕西省宝鸡市和湖北省神农架林区分布的面积最小。九等地 7.30 万 hm²，占秦岭大巴山林农区耕地面积的 2.97%，占西南区九等地总面积的 13.91%，分布在除湖北省神农架林区和陕西省宝鸡市外的其余市（州），也是在甘肃省陇南市分布的面积最大，而在四川省巴中市分布的面积最小。十等地 13.87 万 hm²，占秦岭大巴山林农区耕地面积的 5.64%，占西南区十等地总面积的 34.12%，分布在除湖北省神农架林区和陕西省宝鸡市外的其余市（州），在甘肃省陇南市分布的数量最多，而在甘肃省定西市、湖北省襄阳市分布的数量最少，基本可忽略不计。

（二）四川盆地农林区耕地质量等级

四川盆地农林区包括四川省和重庆市大部，主要涉及四川盆地底部及西部边缘山地，耕地面积 679.6 万 hm²，占西南区评价耕地总面积的 32.3%，是西南区中耕地面积最多的二级农业区。耕地质量等级以中等级地最多，高等级地次之，低等级地较少，高、中、低等级地的面积分别有 216.54 万 hm²、390.11 万 hm²、72.95 万 hm²，分别占到四川盆地农林区的 31.86%、57.40% 和 10.73%，各占到西南区高、中、低等级耕地总面积的 46.35%、33.04% 和 16.07%，是西南区高、中等级耕地分布最多，低等级地耕地分布最少的二级农业区。一至十等地在全区均有分布，一等地 60.84 万 hm²，占四川盆地农林区耕地面积的 8.95%，占西南区一等地总面积的 65.70%，分布在除四川省广安市外的其余各地级市，在四川省成都市分布的面积最大，在四川省遂宁市分布的面积最小。二等地 47.62 万 hm²，占四川盆地农林区耕地面积的 7.01%，占西南区二等地总面积的 38.11%，分布在 2 省（直辖市）的所有地级市，而在重庆市分布最多，四川省巴中市分布最少。三等地 108.08 万 hm²，占四川盆地农林区耕地面积的 15.90%，占西南区三等地总面积的 43.31%，同样在 2 省（直辖市）各地级市均有分布，也是在重庆市分布的数量最大，在四川省巴中市分布的数量最小。四等地 173.21 万 hm²，占四川盆地农林区耕地面积的 25.49%，占西南区四等地总面积的 41.66%，在 2 省（直辖市）各地级市分布的数量都较多。五等地 134.55 万 hm²，占四川盆地农林区耕地面积的 19.80%，占西南区五等地总面积的 32.42%，分布特征与四等地基本一致。六等地 82.35 万 hm²，占四川盆地农林区耕地面积的 12.12%，占西南区六等地总面积的 23.53%，也是在该二级农业区的各地级市均有分布，其中在四川省德阳市分布的数量相对最少。七等地 40.42 万 hm²，占四川盆地农林区耕地面积的 5.95%，占西南区七等地总面积的 16.96%，同样在 2 省（直辖市）各地级市均有分布，其中在四川省眉山市分布的面积相对较小。八等地 18.41 万 hm²，占四川盆地农林区耕地面积的 2.71%，占西南区八等地总面积的 15.05%，在重庆市分布的数量较大，而在四川省成都市分布的数量最少。九等地 9.35 万 hm²，占四川盆地农林区耕地面积的 1.38%，占西南区九等地总面积的 17.81%，总体分布特征与八等地基本一致。十等地 4.77 万 hm²，占四川盆地农林区耕地面积的 0.70%，占西南区十等地总面积的 11.73%，零星分布在 2 省（直辖市）各地级市。

（三）渝鄂湘黔边境山地林农牧区耕地质量等级

渝鄂湘黔边境山地林农牧区包括贵州东部、湖北西南部、湖南西部以及重庆市东南部，该二级农业区耕地总面积 316.9 万 hm²，占西南区评价耕地总面积的 15.1%。耕地质量等级以中等级地最多，低等级地次之，高等级地最少，高、中、低等级的耕地面积分别有 53.52 万 hm²、165.87 万 hm²、97.49 万 hm²，各占到渝鄂湘黔边境山地林农牧区的 16.89%、52.34% 和 30.77%，分别占西南区高、中、低等级耕地总面积的 11.46%、14.05% 和 21.48%。一至十等地在全区均有分布，一等地 6.40 万 hm²，占渝鄂湘黔边境山地林农牧区耕地面积的 2.02%，占西南区一等地总面积的 6.92%，分布在除贵州省外的其余 3 省（直辖市），其中在湖南省怀化市和常德市分布的面积最大，而在湖南省邵阳市分布的面积最少。二等地 16.31 万 hm²，占渝鄂湘黔边境山地林农牧区耕地面积的 5.15%，占西南区二等地总面积的 13.05%，分布在除贵州省遵义市外的其他各市（州），其中在重庆市和湖南省怀化市分布的数量最多，而在湖南省常德市分布的数量最少。三等地 30.80 万 hm²，占渝鄂湘黔边境山地林农牧区耕地面积的 9.72%，占西南区三等地总面积的 12.34%，分布于 5 省（直辖市）各市（州），也是重庆市分布的数量最多，但在贵州省遵义市分布的数量最少。四等地 44.57 万 hm²，占渝鄂湘黔边境山地林农牧区耕地面积的 14.06%，占西南区四等地总面积的 10.72%，集中分布在重庆市，而在贵州省黔南布依族苗族自治州分布的最少。五等地 56.47 万 hm²，占渝鄂湘黔边境山地林农牧区耕地面积的 17.82%，占西南区五等地总面积的 13.61%，遍布于 5 省（直辖市）各市（州），在湖南省邵阳市分布最少。六等地 64.83 万 hm²，占渝鄂湘黔边境山地林农牧区耕地面积的 20.46%，占西南区六等地总面积的 18.52%，5 省（直辖市）各市（州）均有出现，其中在湖北省恩施土家族苗族自治州、贵州省铜仁市和黔东南苗族侗族自治州分布的数量较大。七等地 52.42 万 hm²，占渝鄂湘黔边境山地林农牧区耕地面积的 16.54%，占西南区七等地总面积的 22.00%，同样遍布于 5 省（直辖市）各市（州），其中在贵州省黔南布依族苗族自治州分布的面积最小。八等地 24.91 万 hm²，占渝鄂湘黔边境山地林农牧区耕地面积的 7.86%，占西南区八等地总面积的 20.35%，5 省（直辖市）各市（州）均有分布，其中在湖南省常德市分布的相对较少。九等地 12.77 万 hm²，占渝鄂湘黔边境山地林农牧区耕地面积的 4.03％，占西南区九等地总面积的 24.31％，散布于 5 省（直辖市）各市（州），其中在贵州省黔南布依族苗族自治州分布最少。十等地 7.40 万 hm²，占渝鄂湘黔边境山地林农牧区耕地面积的 2.34％，占西南区十等地总面积的 18.21％，零星分布于 5 省（直辖市）各市（州）。

(四) 黔桂高原山地林农牧区耕地质量等级

黔桂高原山地林农牧区包括贵州大部、广西西北部以及四川盆地南部边缘，耕地面积 383.2 万 hm²，占西南区评价耕地总面积的 18.2％。耕地质量等级以中等级地最多，低等级地次之，而高等级地较少，高、中、低等级耕地面积分别有 68.60 万 hm²、238.70 万 hm²、75.86 万 hm²，各占黔桂高原山地林农牧区耕地总面积的 17.90％、62.30％和 19.80％，分别占西南区高、中、低等耕地总面积的 14.69％、20.21％和 16.72％。一至十等地在全区均有分布，其中四、五等地所占比重较大。一等地面积 4.32 万 hm²，占黔桂高原山地林农牧区耕地面积的 1.13％，占西南区一等地总面积的 4.66％，零散分布在贵州省贵阳市、安顺市、遵义市、黔西南布依族苗族自治州、黔南布依族苗族自治州、毕节市、黔东南苗族侗族自治州，广西壮族自治区河池市、百色市，以及四川省宜宾市、泸州市。二等地面积 21.86 万 hm²，占黔桂高原山地林农牧区耕地面积的 5.71％，占西南区二等地总面积的 17.50％，分布于贵州省、四川省以及广西壮族自治区的各市（州），在贵州省黔南布依族苗族自治州分布的面积最大，在贵州省六盘水市分布的面积最小。三等地 42.42 万 hm²，占黔桂高原山地林农牧区耕地面积的 11.07％，占西南区三等地总面积的 17.00％，同样遍布于 3 省（自治区）各市（州），在贵州省遵义市分布的数量最多，在贵州省黔东南苗族侗族自治州分布的数量较少。四等地 82.44 万 hm²，占黔桂高原山地林农牧区耕地面积的 21.52％，占西南区四等地总面积的 19.83％，在 3 省（自治区）各市均有分布，在贵州省毕节市和遵义市分布的数量最多，在广西壮族自治区南宁市分布的数量最小。五等地 83.67 万 hm²，占黔桂高原山地林农牧区耕地面积的 21.84％，占西南区五等地总面积的 20.16％，遍布于 3 省（自治区）各市（州），在贵州省遵义市和毕节市分布的数量较多，在广西壮族自治区南宁市分布的数量较少。六等地 72.58 万 hm²，占黔桂高原山地林农牧区耕地面积的 18.94％，占西南区六等地总面积的 20.74％，遍布于 3 省（自治区）各市（州），在贵州省毕节市分布最多，在广西壮族自治区南宁市分布最少。七等地 48.03 万 hm²，占黔桂高原山地林农牧区耕地面积的 12.54％，占西南区七等地总面积的 20.16％，遍布于 3 省（自治区）各市（州），在贵州省黔西南布依族苗族自治州分布最多，在广西壮族自治区南宁市分布最少。八等地 19.76 万 hm²，占黔桂高原山地林农牧区耕地面积的 5.16％，占西南区八等地总面积的 16.15％，分布在除贵州省黔东南苗族侗族自治州和广西壮族自治区南宁市外的其余各市（州），在贵州省六盘水市分布最多，在贵州省贵阳市分布最少。九等地 6.09 万 hm²，占黔桂高原山地林农牧区耕地面积的 1.59％，占西南区九等地总面积的 11.59％，分布特征与八等地一致。十等地 1.98 万 hm²，占黔桂高原山地林农牧区耕地面积的 0.52％，占西南区十等地总面积的 4.88％，分布在贵州省黔西南布依族苗族自治州、六盘水市、黔南布依族苗族自治州、毕节市、遵义市、安顺市和四川省泸州市、宜宾市。

(五) 川滇高原山地林农牧区耕地质量等级

川滇高原山地林农牧区包括四川西南部，云南大部及贵州西北部，耕地面积 476.08 万 hm²，占西南区评价耕地总面积的 22.7％。耕地质量等级以中等级地为主，低等级地次之，高等级地最少，高、中、低等级耕地的面积分别有 93.85 万 hm²、257.09 万 hm²、125.13 万 hm²，占川滇高原山地林农牧区耕地面积的比例分别为 19.71%、54.00% 和 26.28%，分别占西南区高、中、低等级耕地总面积的 20.09%、21.77% 和 27.57%，是西南区低等级耕地分布最多的二级农业区。一至十等地在全区均有分布，一等地 11.89 万 hm²，占川滇高原山地林农牧区耕地面积的 2.50%，占西南区一等地总面积的 12.84%，主要分布在云南省曲靖市、大理白族自治州、昆明市、丽江市、昭通市以及四川省凉山彝族自治州。二等地 28.31 万 hm²，占川滇高原山地林农牧区耕地面积的 5.95%，占西南区二等地总面积的 22.66%，主要散布于云南省昆明市、曲靖市、大理白族自治州、丽江市、楚雄州、红河州、文山壮族苗族自治州、玉溪市和四川省凉山彝族自治州。三等地 53.64 万 hm²，占川滇高原山地林农牧区耕地面积的 11.27%，占西南区三等地总面积的 21.49%，集中分布在云南省曲靖市、昆明市、楚雄州、大理白族自治州、文山壮族苗族自治州、丽江市、玉溪市、红河州、昭通市和四川省凉山彝族自治州。四等地 86.16 万 hm²，占川滇高原山地林农牧区耕地面积的 18.10%，占西南区四等地总面积的 20.72%，主要分布在云南省曲靖市、大理白族自治州、昆明市、楚雄州、昭通市、文山壮族苗族自治州、红河州、玉溪市、丽江市、保山市和四川省凉山彝族自治州、乐山市、攀枝花市。五等地 89.99 万 hm²，占川滇高原山地林农牧区耕地面积的 18.90%，占西南区五等地总面积的 21.68%，除四川省甘孜藏族自治州外，其余市（州）均有较多分布。六等地 80.95 万 hm²，占川滇高原山地林农牧区耕地面积的 17.00%，占西南区六等地总面积的 23.13%，在云南省昭通市、曲靖市和四川省凉山彝族自治州分布的面积较大，数量都在 10 万 hm² 以上。七等地 57.25 万 hm²，占川滇高原山地林农牧区耕地面积的 12.03%，占西南区七等地总面积的 24.02%，主要分布在贵州省毕节市，四川省凉山彝族自治州和攀枝花市，云南省昭通市、曲靖市、楚雄州、昆明市、文山壮族苗族自治州、丽江市。八等地 38.25 万 hm²，占川滇高原山地林农牧区耕地面积的 8.03%，占西南区八等地总面积的 31.26%，主要分布在四川省凉山彝族自治州，贵州省毕节市和云南省昭通市、曲靖市、楚雄州、丽江市、文山壮族苗族自治州、普洱市、大理白族自治州、昆明市。九等地 17.01 万 hm²，占川滇高原山地林农牧区耕地面积的 3.57%，占西南区九等地总面积的 32.38%，除四川省乐山市外，其余市均有零散分布，其中贵州省毕节市分布的面积较大。十等地 12.63 万 hm²，占川滇高原山地林农牧区耕地面积的 2.65%，占西南区十等地总面积的 31.06%，除在四川省宜宾市、甘孜藏族自治州、雅安市，云南省红河州、玉溪市外，其余市（州）均有零星分布，在云南省昭通市分布的面积最大。

三、耕地质量等级在不同评价区中的分布

西南区各评价区的耕地质量等级具有明显的差异，9 省（直辖市、自治区）评价区不同质量等级耕地面积与比例见表 3-3。从西南区各省评价区耕地数量上看，甘肃评价区、广西评价区、湖南评价区和陕西评价区 4 省评价区在西南区的耕地分布较少，面积均在 100 万 hm² 以下，而四川评价区和贵州评价区在西南区分布的耕地较多，且贵州评价区全省耕地都分布在西南区。从各省评价区耕地面积占西南区耕地总面积的比重上看，四川评价区、贵州评价区、云南评价区和重庆评价区 4 省评价区所占比重较大，尤其是四川评价区，其耕地面积占到西南区耕地总面积的 31.13%，其次是贵州评价区，占比也有 21.57%。但从各评价区不同质量等级耕地分布的比例上看，四川评价区、重庆评价区和广西评价区中高等级地耕地占

比较大，而贵州评价区、甘肃评价区中高等级地耕地占比较小。

表 3-3 西南区耕地质量等级面积与比例（万 hm²，%）

耕地质量等级	面积及比例	甘肃评价区	广西评价区	贵州评价区	湖北评价区	湖南评价区	陕西评价区	四川评价区	云南评价区	重庆评价区
一等地	面积	0.00	0.56	2.61	1.38	4.47	8.69	57.79	10.36	6.74
	占评价区比例	0.00	1.36	0.58	1.28	5.89	9.28	8.83	2.84	2.77
	占各等级地比例	0.00	0.60	2.82	1.49	4.83	9.38	62.40	11.19	7.28
二等地	面积	0.01	2.80	21.30	7.36	5.98	3.75	41.73	26.19	15.85
	占评价区比例	0.02	6.78	4.70	6.79	7.87	4.00	6.38	7.18	6.52
	占各等级地比例	0.01	2.24	17.04	5.89	4.78	3.00	33.39	20.96	12.68
三等地	面积	0.97	7.53	39.05	9.60	6.12	5.56	86.73	48.29	45.73
	占评价区比例	1.45	18.25	8.61	8.85	8.06	5.93	13.25	13.24	18.82
	占各等级地比例	0.39	3.02	15.65	3.85	2.45	2.23	34.75	19.35	18.32
四等地	面积	3.51	7.64	78.41	16.56	9.98	8.71	161.12	72.36	57.47
	占评价区比例	5.23	18.52	17.29	15.28	13.14	9.30	24.62	19.84	23.65
	占各等级地比例	0.84	1.84	18.86	3.98	2.40	2.09	38.75	17.40	13.82
五等地	面积	8.03	9.05	87.73	24.60	11.11	20.84	130.32	75.07	48.31
	占评价区比例	11.98	21.96	19.35	22.70	14.62	22.25	19.92	20.58	19.88
	占各等级地比例	1.93	2.18	21.14	5.93	2.68	5.02	31.40	18.09	11.64
六等地	面积	14.63	5.69	94.10	23.26	13.30	16.99	92.52	60.33	29.18
	占评价区比例	21.83	13.81	20.75	21.46	17.51	18.14	14.14	16.54	12.00
	占各等级地比例	4.18	1.63	26.88	6.65	3.80	4.85	26.43	17.24	8.34
七等地	面积	16.02	5.38	78.99	15.50	11.07	15.81	47.21	25.92	22.40
	占评价区比例	23.89	13.06	17.42	14.30	14.57	16.88	7.21	7.11	9.22
	占各等级地比例	6.72	2.26	33.15	6.50	4.64	6.64	19.81	10.88	9.40
八等地	面积	7.70	2.06	30.95	6.17	6.51	9.80	21.58	27.73	9.86
	占评价区比例	11.49	5.01	6.83	5.69	8.57	10.46	3.30	7.60	4.06
	占各等级地比例	6.29	1.69	25.29	5.04	5.32	8.00	17.64	22.66	8.06
九等地	面积	3.55	0.52	14.44	2.88	4.80	2.73	9.83	9.72	4.05
	占评价区比例	5.29	1.26	3.18	2.66	6.32	2.92	1.50	2.66	1.67
	占各等级地比例	6.76	0.99	27.49	5.49	9.15	5.20	18.71	18.50	7.72
十等地	面积	12.61	0.00	5.84	1.06	2.62	0.80	5.51	8.74	3.46
	占评价区比例	18.82	0.00	1.29	0.98	3.45	0.85	0.84	2.40	1.42
	占各等级地比例	31.04	0.00	14.37	2.61	6.44	1.97	13.55	21.52	8.50
合计	面积	67.03	41.23	453.41	108.38	75.95	93.66	654.34	364.73	243.05

（一）甘肃评价区耕地质量等级

甘肃省参与西南区耕地质量等级评价的市（州）有定西市、甘南藏族自治州和陇南市 3 个市（州），文中所述甘肃评价区仅指甘肃省参与西南区评价的 11 个县（区）（下同）。甘肃评价区耕地面积 67.03 万 hm²，占西南区耕地总面积的 3.19%。耕地质量等级以低等级地为主，中等级地次之，高等级地最少，高、中、低等级地面积分别有 0.98 万 hm²、26.17 万 hm²、39.88 万 hm²，占甘肃评价区耕地总面积的 1.46%、39.04% 和 59.50%，占西南区高、中、低等级耕地总面积的 0.21%、2.22% 和 8.79%。甘肃评价区是西南区高等级耕地分布最少的评价区，整个评价区没有一等地分布，耕地质量等级从二等地到十等地。甘肃评价区各市（州）耕地质量等级情况见表 3-4。

表 3-4　甘肃评价区耕地质量等级面积与比例（万 hm²，%）

耕地质量等级	面积及比例	定西市	甘南藏族自治州	陇南市
一等地	面积	0.00	0.00	0.00
	占市（州）耕地比例	0.00	0.00	0.00
	占评价区耕地比例	0.00	0.00	0.00
二等地	面积	0.00	0.00	0.01
	占市（州）耕地比例	0.00	0.00	0.02
	占评价区耕地比例	0.00	0.00	0.02
三等地	面积	0.00	0.17	0.81
	占市（州）耕地比例	0.00	6.43	1.44
	占评价区耕地比例	0.00	0.25	1.20
四等地	面积	0.01	0.70	2.80
	占市（州）耕地比例	0.06	26.99	5.03
	占评价区耕地比例	0.01	1.04	4.18
五等地	面积	1.15	0.34	6.55
	占市（州）耕地比例	13.22	12.96	11.74
	占评价区耕地比例	1.71	0.50	9.76
六等地	面积	2.95	0.43	11.25
	占市（州）耕地比例	33.92	16.60	20.19
	占评价区耕地比例	4.40	0.64	16.79
七等地	面积	3.96	0.43	11.63
	占市（州）耕地比例	45.49	16.69	20.86
	占评价区耕地比例	5.90	0.64	17.35
八等地	面积	0.45	0.30	6.94
	占市（州）耕地比例	5.21	11.72	12.46
	占评价区耕地比例	0.68	0.45	10.36
九等地	面积	0.18	0.16	3.21
	占市（州）耕地比例	2.06	6.26	5.75
	占评价区耕地比例	0.27	0.24	4.78
十等地	面积	0.00	0.06	12.55
	占市（州）耕地比例	0.03	2.37	22.51
	占评价区耕地比例	0.00	0.09	18.72
总计	面积	8.70	2.59	55.75

　　高等级地分布在甘肃评价区的陇南市和甘南藏族自治州，定西市没有高等级地。陇南市高等级地 0.82 万 hm²，占该市耕地面积的 1.47%，占甘肃评价区高等级耕地总面积的 83.08%，虽然数量上比甘南藏族自治州多，但其占该市耕地面积的比例较小；甘南藏族自治州高等级地 0.17 万 hm²，占甘肃评价区高等级耕地总面积的 16.92%，占到该州耕地面积 6.43%。

　　中等级地在甘肃评价区 3 个市（州）均有分布。其中，在陇南市分布的数量最多，面积 20.60 万 hm²，占该市耕地面积的 36.95%，占到甘肃评价区中等级耕地总面积的 78.72%；甘南藏族自治州中等级地面积 1.47 万 hm²，占该州耕地总面积的 56.55%，占到甘肃评价区中等级耕地总面积的 5.59%；定西市中等级地 4.11 万 hm²，占该市耕地总面积的 47.20%，占到甘肃评价区中等级耕地总面积的 15.68%。

　　低等级地在甘肃评价区 3 个市（州）都有分布。其中，在陇南市分布的低等级地数量最多，面积为 34.33 万 hm²，占该市耕地总面积的 61.58%，占到甘肃评价区低等级耕地面积的 86.08%，也就是说陇南市以低等级地为主，且甘肃评价区的低等级地也主要分布在陇南市；定西市低等级地 4.59 万 hm²，占该市耕地总面积的 52.80%，占到甘肃评价区低等级耕地面积的 11.52%；而甘南藏族自治州低等级地 0.95 万 hm²，占该州耕地总面积的 37.03%，占到甘肃评价区低等级耕地面积的 2.40%。

（二）广西评价区耕地质量等级

　　广西壮族自治区参与西南区耕地质量等级评价的市有百色市、河池市和南宁市 3 个市，文中所述广西评价区仅指广西壮族自治区参与西南区评价的 15 个县（区）（下同）。广西评价区耕地面积 41.23 万 hm²，占西南区耕地总面积的 1.96%，在西南区 9 省（直辖市、自治区）评价区中耕地占比最小。耕地质量等级以中等级地为主，高等级地次之，低等级地最少，高、中、低等级地的面积分别有 10.88 万 hm²、22.38 万 hm²、7.97 万 hm²，各占广西评价区耕地面积的 26.39%、54.28% 和 19.32%，分别占西南区高、中、低等级耕地总面积的 2.33%、1.90% 和 1.76%。广西评价区是西南区中、低等级耕地分布最少的评价区，整个评价区中没有十等地分布，耕地质量等级从一等地到九等地。广西评价区各市耕地质量等级面积与比例见表 3-5。

　　高等级地在广西评价区 3 个市均有分布。其中，在河池市的数量最多，百色市和南宁市分布的数量相对较少。南宁市高等级地 2.78 万 hm²，占该市耕地面积的 60.39%，占广西评价区高等级耕地总面积的 25.54%；百色市高等级地 2.93 万 hm²，占该市耕地面积的 21.47%，占广西评价区高等级耕地总面积的 26.83%；河池市高等级地 5.18 万 hm²，占该市耕地面积的 22.51%，占广西评价区高等级耕地总面积的 47.63%。

　　中等级地在广西评价区 3 个市也都有分布。其中，在南宁市分布的数量最少，有 1.80 万 hm²，占该市耕地面积的 39.18%，占广西评价区中等级耕地总面积的 8.06%；其余两个市分布的中等级地都较多，河池市中等级地 13.49 万 hm²，占该市耕地面积的 58.60%，占广西中等级耕地总面积的 60.29%，是广西评价区中等级耕地分布最多的市；百色市中等级地 7.08 万 hm²，占该市耕地面积的 52.09%，占广西评价区中等级耕地总面积的 31.65%。

表 3-5　广西评价区耕地质量等级面积与比例（万 hm²，%）

耕地质量等级	面积及比例	百色市	河池市	南宁市
一等地	面积	0.34	0.22	0.00

（续）

耕地质量等级	面积及比例	百色市	河池市	南宁市
	占市耕地比例	2.47	0.97	0.00
	占评价区耕地比例	0.82	0.54	0.00
	面积	0.41	2.18	0.21
二等地	占市耕地比例	3.00	9.47	4.48
	占评价区耕地比例	0.99	5.29	0.50
	面积	2.18	2.78	2.57
三等地	占市耕地比例	16.00	12.06	55.90
	占评价区耕地比例	5.28	6.74	6.24
	面积	2.67	4.32	0.64
四等地	占市耕地比例	19.66	18.77	13.89
	占评价区耕地比例	6.48	10.49	1.55
	面积	2.28	5.89	0.88
五等地	占市耕地比例	16.79	25.57	19.17
	占评价区耕地比例	5.54	14.28	2.14
	面积	2.13	3.28	0.28
六等地	占市耕地比例	15.64	14.26	6.12
	占评价区耕地比例	5.16	7.96	0.68
	面积	2.67	2.69	0.02
七等地	占市耕地比例	19.63	11.70	0.44
	占评价区耕地比例	6.47	6.53	0.05
	面积	0.81	1.26	0.00
八等地	占市耕地比例	5.95	5.45	0.00
	占评价区耕地比例	1.96	3.04	0.00
	面积	0.12	0.40	0.00
九等地	占市耕地比例	0.87	1.75	0.00
	占评价区耕地比例	0.29	0.98	0.00
	面积	0.00	0.00	0.00
十等地	占市耕地比例	0.00	0.00	0.00
	占评价区耕地比例	0.00	0.00	0.00
总计	面积	13.60	23.03	4.60

　　低等级地同样在广西评价区 3 个市均有分布。其中，在南宁市分布的数量最少，面积 0.02 万 hm²，占该市耕地面积的 0.44%，占广西评价区低等级耕地总面积的 0.25%；河池市低等级地 4.35 万 hm²，占该市耕地面积的 18.90%，占广西评价区低等级耕地总面积的 54.62%；百色市低等级地 3.60 万 hm²，占该市耕地面积的 26.44%，占广西评价区低等级耕地总面积的 45.13%。

（三）贵州评价区耕地质量等级

贵州省全部都参与西南区耕地质量等级评价工作，文中所述贵州评价区是指贵州省全部89个县（县级市、区）（下同）。贵州评价区耕地面积453.41万 hm²，占西南区耕地总面积的21.57%。耕地质量等级以中等级地为主，低等级地次之，高等级地最小，高、中、低等级地的面积分别为62.96万 hm²、260.23万 hm²和130.22万 hm²，各占贵州评价区耕地总面积的13.89%、57.39%和28.72%，分别占西南区高、中、低等级耕地总面积的13.48%、22.04%和28.69%。贵州评价区是西南区低等级耕地分布最多的评价区，整个评价区一至十等地均有分布，贵州评价区各市（州）耕地质量等级面积与比例见表3-6。

高等级地在贵州评价区各市（州）均有分布。首先在遵义市、黔南布依族苗族自治州和贵阳市分布的数量较多，面积都在10万 hm²以上，在六盘水市分布的数量最少。从高等级耕地占各市（州）耕地总面积的比例看，贵阳市高等级耕地的占比最大，面积11.33万 hm²，占该市耕地总面积的42.22%，占贵州评价区高等级耕地总面积的17.99%；毕节市分布的比重最小，面积2.26万 hm²，占该市耕地总面积的2.28%，占贵州评价区高等级耕地总面积的3.59%；其次是六盘水市，高等级耕地占比也较小，面积0.74万 hm²，占该市耕地总面积的2.40%，占贵州评价区高等级耕地总面积的比例为1.18%，且在该市无一等地分布。另外，铜仁市也没有一等地分布，该市高等级地6.63万 hm²，占该市耕地面积的13.74%，占贵州评价区高等级耕地总面积的10.53%。安顺市、遵义市、黔东南苗族侗族自治州、黔南布依族苗族自治州和黔西南布依族苗族自治州等5市（州）高等级地面积分别为6.03万 hm²、13.96万 hm²、5.86万 hm²、11.62万 hm²和4.53万 hm²，分别占各市（州）耕地总面积的20.51%、16.61%、13.84%、24.30%和10.17%，各占贵州评价区高等级耕地总面积的9.57%、22.18%、9.31%、18.46%和7.19%。

表 3-6　贵州评价区耕地质量等级面积与比例（万 hm²，%）

耕地质量等级	面积及比例	安顺市	毕节市	贵阳市	六盘水市	黔东南苗族侗族自治州	黔南布依族苗族自治州	黔西南布依族苗族自治州	铜仁市	遵义市
一等地	面积	0.53	0.18	0.91	0.00	0.03	0.28	0.34	0.00	0.35
	占市（州）耕地比例	1.80	0.18	3.39	0.00	0.07	0.58	0.77	0.00	0.42
	占评价区耕地比例	0.12	0.04	0.20	0.00	0.01	0.06	0.08	0.00	0.08
二等地	面积	2.25	0.78	3.43	0.20	2.67	6.12	1.00	2.24	2.60
	占市（州）耕地比例	7.67	0.78	12.80	0.66	6.31	12.79	2.25	4.63	3.10
	占评价区耕地比例	0.50	0.17	0.76	0.05	0.59	1.35	0.22	0.49	0.57
三等地	面积	3.24	1.31	6.99	0.54	3.16	5.23	3.18	4.40	11.01
	占市（州）耕地比例	11.03	1.32	26.03	1.74	7.46	10.93	7.16	9.10	13.10
	占评价区耕地比例	0.71	0.29	1.54	0.12	0.70	1.15	0.70	0.97	2.43
四等地	面积	7.45	17.94	9.09	3.11	5.16	5.62	7.59	4.99	17.46
	占市（州）耕地比例	25.35	18.07	33.87	10.07	12.18	11.75	17.05	10.34	20.77
	占评价区耕地比例	1.64	3.96	2.00	0.69	1.14	1.24	1.67	1.10	3.85
五等地	面积	8.38	16.02	4.06	2.34	8.28	10.00	8.60	9.88	20.16
	占市（州）耕地比例	28.51	16.14	15.14	7.58	19.56	20.91	19.34	20.46	23.98
	占评价区耕地比例	1.85	3.53	0.90	0.52	1.83	2.21	1.90	2.18	4.45

（续）

耕地质量等级	面积及比例	安顺市	毕节市	贵阳市	六盘水市	黔东南苗族侗族自治州	黔南布依族苗族自治州	黔西南布依族苗族自治州	铜仁市	遵义市
六等地	面积	4.40	21.14	1.96	8.35	12.01	10.21	8.16	11.50	16.36
	占市（州）耕地比例	14.99	21.29	7.32	27.00	28.38	21.34	18.33	23.83	19.46
	占评价区耕地比例	0.97	4.66	0.43	1.84	2.65	2.25	1.80	2.54	3.61
七等地	面积	1.61	26.69	0.35	7.80	6.41	6.56	10.88	9.41	9.28
	占市（州）耕地比例	5.48	26.88	1.32	25.25	15.13	13.72	24.45	19.48	11.04
	占评价区耕地比例	0.35	5.89	0.08	1.72	1.41	1.45	2.40	2.07	2.05
八等地	面积	1.41	7.49	0.03	5.48	2.97	2.60	2.86	4.44	3.69
	占市（州）耕地比例	4.79	7.54	0.04	17.72	7.02	5.43	6.43	9.20	4.39
	占评价区耕地比例	0.31	1.65	0.00	1.21	0.66	0.57	0.63	0.98	0.81
九等地	面积	0.10	5.48	0.03	2.37	1.15	0.93	1.02	1.21	2.15
	占市（州）耕地比例	0.34	5.52	0.10	7.67	2.71	1.95	2.29	2.51	2.55
	占评价区耕地比例	0.02	1.21	0.01	0.52	0.25	0.21	0.22	0.27	0.47
十等地	面积	0.01	2.26	0.00	0.71	0.50	0.28	0.86	0.21	0.99
	占市（州）耕地比例	0.04	2.27	0.00	2.31	1.18	0.60	1.94	0.44	1.18
	占评价区耕地比例	0.00	0.50	0.00	0.16	0.11	0.06	0.19	0.05	0.22
总计	面积	29.38	99.29	26.83	30.91	42.33	47.83	44.49	48.28	84.06

中等级地在贵州评价区各市（州）也都有分布。从数量上看，毕节市和遵义市分布的数量较多，而六盘水市分布的数量最少。从中等级耕地占各市（州）耕地总面积的比例上看，整个评价区各市（州）中等级耕地所占的比例都较大，其中，所占比重最小的为六盘水市，中等级地面积 13.80 万 hm²，占全市耕地面积的 44.65%，占贵州评价区中等级耕地总面积的 5.30%；占比最大的是安顺市，中等级耕地面积 20.23 万 hm²，占全市耕地面积的 68.84%，占贵州评价区中等级耕地总面积的 7.77%。其余的市（州）中，毕节市 55.11 万 hm²，占全市耕地面积的 55.50%，占贵州评价区中等级耕地总面积的 21.18%；贵阳市 15.11 万 hm²，占全市耕地面积的 56.32%，占贵州评价区中等级耕地总面积的 5.81%；黔东南苗族侗族自治州 25.45 万 hm²，占全州耕地面积的 60.12%，占贵州评价区中等级耕地总面积的 9.78%；黔南布依族苗族自治州 25.83 万 hm²，占全州耕地面积的 54.00%，占贵州评价区中等级耕地总面积的 9.92%；黔西南布依族苗族自治州 24.34 万 hm²，占全州耕地面积的 54.72%，占贵州评价区中等级耕地总面积的 9.35%；铜仁市 26.37 万 hm²，占全市耕地面积的 54.63%，占贵州评价区中等级耕地总面积的 10.14%；遵义市 53.98 万 hm²，占全市耕地面积的 64.22%，占贵州评价区中等级耕地总面积的 20.74%。

低等级地在贵州评价区各市（州）也均有分布。从数量上看，毕节市分布的低等级耕地数量最大，有 41.92 万 hm²，占到全市耕地面积的 42.22%，占贵州评价区低等级耕地总面积的 32.19%；贵阳市分布的低等级耕地最少，面积 0.39 万 hm²，占到全市耕地总面积的 1.46%，占贵州评价区低等级耕地总面积的 0.30%，且贵阳市无十等地分布；其次，安顺市分布的低等级耕地也较少，面积 3.13 万 hm²，占全市耕地面积的 10.65%，占贵州评价区低等级耕地总面积的 2.40%。从低等级耕地占各市（州）耕地总面积的比例上看，六盘水市低等级耕地比重最大，低等级耕地面积有 16.36 万 hm²，占到全市耕地面积的 52.94%，占贵州评价区低等级耕地总面积的 12.57%；贵阳市低等级耕地占比最小。黔东南苗族侗族自治州、黔南布依族苗族自治州、黔西南布依族苗族自治州、铜仁市和遵义市 5 个市（州）低等级地的面积分别有 11.02 万 hm²、10.38 万 hm²、15.62 万 hm²、15.28 万 hm² 和 16.11 万 hm²，各占全市（州）耕地面积的 26.04%、21.70%、35.11%、31.64% 和 19.17%，分别占贵州评价区低等级耕地总面积的 8.47%、7.97%、12.00%、11.73% 和 12.37%。

（四）湖北评价区耕地质量等级

湖北省参与西南区耕地质量等级评价的区域有 5 个市（州），分别是恩施土家族苗族自治州、十堰市、襄阳市、宜昌市以及省直辖的神农架林区，文中所述湖北评价区仅指湖北省参与西南区评价的 28 个县（市、区）（下同）。湖北评价区耕地面积 108.38 万 hm²，占西南区耕地总面积的 5.16%，耕地质量等级以中等级地为主，低等级地次之，高等地级最少，高、中、低等级地的耕地面积分别为 18.35 万 hm²、64.42 万 hm²、25.61 万 hm²，分别占到湖北评价区耕地总面积的 16.93%、59.44% 和 23.63%，各占到西南区高、中、低等级耕地总面积的 3.93%、5.46% 和 5.64%。一至十等地在湖北评价区均有分布，各市（州）耕地质量等级面积与比例见表 3-7。

高等级地分布在除省直辖的神农架林区外的其余 4 个市（州）。从数量上看，襄阳市分布的高等级耕地最多，十堰市和宜昌市分布的较少。从高等级耕地占各市（州）耕地总面积的比例看，襄阳市高等级地耕地的占比最大，全市高等级耕地面积 8.02 万 hm²，占全市耕地面积的 48.09%，占湖北评价区高等级耕地总面积的 43.75%；恩施土家族苗族自治州分布的高等级地虽数量相对较多，面积 4.98 万 hm²，占全州耕地总面积的 11.01%，占湖北评价区高等级耕地总面积的 27.16%，但其高等级耕地在各市（州）分布的比重是湖北评价区各市（州）中最小的。十堰市和宜昌市两个市高等级地的数量大致相当，分别为 2.68 万 hm² 和 2.66 万 hm²，各占所在市耕地总面积的 11.17% 和 12.25%，分别占湖北评价区高等级耕地总面积的 14.61% 和 14.48%。

中等级地在湖北评价区各市（州）均有分布。从数量上看，恩施土家族苗族自治州分布的中等级耕地最多，省直辖的神农架林区分布的最少。从中等级耕地占各市（州）耕地总面积的比例看，省直辖的神农架林区中等级耕地所占的比重最大，达到 89.17%，面积 0.66 万 hm²，占湖北评价区中等级耕地总面积的 1.02%；襄阳市中等级耕地的占比相对较小，中等级地占全市耕地总面积的比例为 41.76%，面积为 6.97 万 hm²，占湖北评价区中等级耕地总面积的 10.82%。其余 3 个市（州）（恩施土家族苗族自治州、十堰市和宜昌市）中等级面积分别为 27.93 万 hm²、16.15 万 hm² 和 12.71 万 hm²，各占各市（州）耕地面积的比例分别为 61.71%、67.29% 和 59.61%，分别占湖北评价区中等级耕地总面积的 43.36%、25.07% 和 19.73%。

低等级地同样在湖北评价区各市（州）均有分布。从数量上看，省直辖的神农架林区和襄阳市分布的低等级地最少，面积分别为 0.08 万 hm² 和 1.69 万 hm²，各占全市（区）耕地面积的比例为 10.83% 和 16.69%，分别占湖北评价区低等级耕地面积的 0.31% 和 6.61%；而在恩施土家族苗族自治州分布的低等级地较多，面积 12.35 万 hm²，占该州耕地面积的比例为 27.28%，占湖北评价区低等级耕地总面积的 48.21%。另外，十堰市和宜昌市分布的低等级地面积分别有 5.17 万 hm² 和 6.32 万 hm²，各占全市耕地面积的比例分别为 21.54％和 29.14％，分别占湖北评价区低等级耕地总面积的 20.19％和 24.68％。

表 3-7　湖北评价区耕地质量等级面积与比例（万 hm²，％）

耕地质量等级	面积及比例	恩施土家族苗族自治州	省直辖（神农架林区）	十堰市	襄阳市	宜昌市
一等地	面积	0.95	0.00	0.02	0.05	0.36
	占市（州）耕地比例	2.10	0.00	0.08	0.32	1.67
	占评价区耕地比例	0.88	0.00	0.02	0.05	0.33
二等地	面积	1.31	0.00	1.03	4.23	0.79
	占市（州）耕地比例	2.89	0.00	4.28	25.37	3.65
	占评价区耕地比例	1.21	0.00	0.95	3.91	0.73
三等地	面积	2.72	0.00	1.63	3.74	1.50
	占市（州）耕地比例	6.01	0.00	6.81	22.40	6.93
	占评价区耕地比例	2.51	0.00	1.51	3.45	1.39
四等地	面积	5.25	0.06	3.63	2.59	5.04
	占市（州）耕地比例	11.59	8.24	15.11	15.51	23.24
	占评价区耕地比例	4.84	0.06	3.35	2.39	4.65
五等地	面积	10.42	0.37	7.47	2.20	4.13
	占市（州）耕地比例	23.03	50.35	31.13	13.18	19.06
	占评价区耕地比例	9.62	0.34	6.89	2.03	3.81
六等地	面积	12.26	0.23	5.05	2.18	3.54
	占市（州）耕地比例	27.09	30.57	21.04	13.08	16.31
	占评价区耕地比例	11.32	0.21	4.66	2.01	3.27
七等地	面积	7.75	0.06	3.54	1.13	3.03
	占市（州）耕地比例	17.11	8.38	14.75	6.75	13.95
	占评价区耕地比例	7.15	0.06	3.27	1.04	2.79
八等地	面积	3.08	0.02	1.17	0.48	1.42
	占市（州）耕地比例	6.80	2.45	4.87	2.90	6.56
	占评价区耕地比例	2.84	0.02	1.08	0.45	1.31
九等地	面积	1.19	0.00	0.34	0.08	1.28
	占市（州）耕地比例	2.62	0.00	1.41	0.47	5.89
	占评价区耕地比例	1.09	0.00	0.31	0.07	1.18
十等地	面积	0.34	0.00	0.12	0.00	0.60
	占市（州）耕地比例	0.75	0.00	0.51	0.03	2.74
	占评价区耕地比例	0.31	0.00	0.11	0.00	0.55
总计	面积	45.26	0.74	24.00	16.69	21.69

（五）湖南评价区耕地质量等级

湖南省参与西南区耕地质量等级评价的区域涉及常德市、怀化市、邵阳市、湘西土家族苗族自治州和张家界市 5 个市（州），文中所述湖南评价区仅指湖南省参与西南区评价的 27 个县（市、区）（下同）。湖南评价区耕地面积 75.96 万 hm²，占西南区耕地总面积的 3.61%，耕地质量等级以中、低等级地为主，高等级地分布较少。高、中、低等级地的面积分别有 16.57 万 hm²、34.39 万 hm²、25.00 万 hm²，各占湖南评价区耕地面积的 21.81%、45.28% 和 32.91%，分别占西南区高、中、低等级耕地总面积的 3.55%、2.91% 和 5.51%。一至十等地在评价区各市（州）均有分布，各市（州）耕地质量等级面积与比例见表 3-8。

表 3-8　湖南评价区耕地质量等级面积与比例（万 hm²，%）

耕地质量等级	面积及比例	常德市	怀化市	邵阳市	湘西土家族苗族自治州	张家界市
一等地	面积	1.33	1.66	0.06	0.92	0.49
	占市（州）耕地比例	27.54	4.84	1.30	4.62	4.11
	占评价区耕地比例	1.76	2.18	0.09	1.21	0.64
二等地	面积	0.18	3.43	0.48	1.17	0.73
	占市（州）耕地比例	3.62	10.01	9.58	5.85	6.10
	占评价区耕地比例	0.23	4.51	0.63	1.54	0.96
三等地	面积	0.64	2.72	0.91	1.22	0.63
	占市（州）耕地比例	13.28	7.96	18.32	6.10	5.25
	占评价区耕地比例	0.85	3.59	1.20	1.60	0.82
四等地	面积	0.50	5.26	0.55	2.08	1.59
	占市（州）耕地比例	10.35	15.35	11.14	10.40	13.33
	占评价区耕地比例	0.66	6.92	0.73	2.74	2.09
五等地	面积	0.48	5.24	0.40	2.40	2.59
	占市（州）耕地比例	9.81	15.30	8.08	12.03	21.72
	占评价区耕地比例	0.63	6.90	0.53	3.16	3.41
六等地	面积	0.47	7.56	0.62	2.95	1.71
	占市（州）耕地比例	9.74	22.07	12.45	14.75	14.32
	占评价区耕地比例	0.62	9.95	0.81	3.88	2.25
七等地	面积	0.59	4.62	0.94	3.11	1.80
	占市（州）耕地比例	12.23	13.50	18.99	15.54	15.10
	占评价区耕地比例	0.78	6.09	1.24	4.09	2.37
八等地	面积	0.25	2.32	0.57	2.46	0.91
	占市（州）耕地比例	5.09	6.77	11.41	12.33	7.65
	占评价区耕地比例	0.33	3.05	0.75	3.24	1.20
九等地	面积	0.22	1.16	0.32	2.16	0.94
	占市（州）耕地比例	4.57	3.38	6.43	10.82	7.91
	占评价区耕地比例	0.29	1.52	0.42	2.85	1.24
十等地	面积	0.18	0.28	0.11	1.51	0.54
	占市（州）耕地比例	3.77	0.81	2.31	7.54	4.51
	占评价区耕地比例	0.24	0.37	0.15	1.98	0.71
总计	面积	4.85	34.24	4.97	19.98	11.92

高等级地在湖南评价区 5 个市（州）均有分布。其中，在邵阳市和张家界市分布的数量较少，面积分别为 1.45 万 hm^2 和 1.85 万 hm^2，各占全市耕地面积的比例为 29.19％和 15.46％，分别占湖南评价区高等级耕地总面积的 8.76％和 11.12％；在怀化市分布的高等级地较多，面积 7.81 万 hm^2，占全市耕地面积的 22.81％，占湖南评价区高等级耕地总面积的 47.14％。另外，从高等级耕地占各市（州）耕地总面积的比例看，常德市高等级地所占的比重最大，达到 44.44％，面积为 2.15 万 hm^2，占湖南评价区高等级耕地总面积的 13.00％；而在湘西土家族苗族自治州分布的高等级地占比相对较小，面积 3.31 万 hm^2，占全州耕地总面积的 16.57％，占湖南评价区高等级耕地总面积的 19.99％。

中等级地在常德市和邵阳市分布的数量相对较少，面积分别有 1.45 万 hm^2 和 1.57 万 hm^2，占各市耕地面积的比例分别为 29.90％和 31.66％，分别占湖南评价区中等级耕地总面积的 4.21％和 4.58％。怀化市分布的中等级地相对较多，面积分别为 18.06 万 hm^2，占全市耕地面积的比例为 52.72％，占湖南评价区中等级耕地总面积的 52.50％。湘西土家族苗族自治州和张家界市也有一定数量的中等级耕地分布，面积分别为 7.43 万 hm^2 和 5.88 万 hm^2，占各市（州）耕地总面积的比例分别为 37.18％和 49.37％，分别占湖南评价区中等级耕地总面积的 21.60％和 17.11％。

低等级地在湘西土家族苗族自治州和怀化市分布的数量较多，在邵阳市和常德市分布的数量相对较少。从低等级耕地占各市（州）耕地总面积的比例看，湘西土家族苗族自治州低等级耕地所占的比重最大，达到 46.24％，面积 9.24 万 hm^2，占湖南评价区低等级耕地总面积的 36.96％；而常德和怀化市低等级地占比大致相当，面积分别为 1.24 万 hm^2 和 8.38 万 hm^2，占各市耕地面积的比例分别为 25.67％和 24.46％，分别占湖南评价区低等级耕地总面积的 4.98％和 33.51％。另外，低等级地在邵阳市和张家界市 2 个市的面积分别为 1.95 万 hm^2 和 4.19 万 hm^2，占各市耕地总面积的比例分别为 39.14％和 35.17％，分别占湖南评价区低等级耕地总面积的 7.78％和 16.77％。

（六）陕西评价区耕地质量等级

陕西省参与西南区耕地质量等级评价的区域涉及安康市、宝鸡市、汉中市和商洛市 4 个市，文中所述陕西评价区仅指陕西省参与西南区评价的 30 个县（区）（下同）。陕西评价区耕地面积 93.66 万 hm^2，占西南区耕地总面积的 4.46％，耕地质量等级以中、低等地为主，高等地最少。高、中、低等级地的面积分别有 17.99 万 hm^2、46.53 万 hm^2 和 29.14 万 hm^2，各占陕西评价区耕地面积的比例为 19.21％、49.68％和 31.11％，分别占西南区高、中、低等级耕地总面积的 3.85％、3.94％和 6.42％。评价区中一等地分布在汉中市，其余 3 个市没有一等地分布，宝鸡市也没有九、十等地分布。陕西省评价区各市耕地质量等级面积与比例见表 3-9。

表 3-9　陕西评价区耕地质量等级面积与比例（万 hm^2，％）

耕地质量等级	面积及比例	安康市	宝鸡市	汉中市	商洛市
	面积	0.00	0.00	8.69	0.00
一等地	占市（州）耕地比例	0.00	0.00	25.57	0.00
	占评价区耕地比例	0.00	0.00	9.28	0.00

（续）

耕地质量等级	面积及比例	安康市	宝鸡市	汉中市	商洛市
二等地	面积	0.36	0.00	3.38	0.00
	占市（州）耕地比例	0.95	0.23	9.94	0.02
	占评价区耕地比例	0.39	0.00	3.61	0.00
三等地	面积	2.00	0.07	3.45	0.03
	占市（州）耕地比例	5.27	3.75	10.17	0.14
	占评价区耕地比例	2.14	0.08	3.69	0.03
四等地	面积	4.28	0.54	3.43	0.45
	占市（州）耕地比例	11.27	27.86	10.11	2.28
	占评价区耕地比例	4.57	0.58	3.67	0.48
五等地	面积	11.77	0.71	6.09	2.26
	占市（州）耕地比例	30.99	36.61	17.92	11.45
	占评价区耕地比例	12.57	0.76	6.50	2.41
六等地	面积	7.97	0.49	3.69	4.84
	占市（州）耕地比例	20.97	25.37	10.85	24.51
	占评价区耕地比例	8.51	0.53	3.93	5.17
七等地	面积	6.84	0.11	2.15	6.70
	占市（州）耕地比例	18.01	5.88	6.33	33.94
	占评价区耕地比例	7.31	0.12	2.30	7.16
八等地	面积	3.71	0.01	2.36	3.72
	占市（州）耕地比例	9.76	0.30	6.95	18.82
	占评价区耕地比例	3.96	0.01	2.52	3.97
九等地	面积	0.90	0.00	0.64	1.19
	占市（州）耕地比例	2.38	0.00	1.89	6.00
	占评价区耕地比例	0.96	0.00	0.69	1.27
十等地	面积	0.14	0.00	0.09	0.56
	占市（州）耕地比例	0.38	0.00	0.27	2.85
	占评价区耕地比例	0.15	0.00	0.10	0.60
总计	面积	37.98	1.94	33.98	19.75

高等级地总体上在陕西评价区 4 个市均有分布，但一等地仅在汉中市出现，汉中市高等级地面积 15.52 万 hm²，占全市耕地面积的比例达到 45.68%，也占到陕西评价区高等级耕地总面积的 86.27%；而在商洛市分布的高等级地极少，面积 0.03 万 hm²，占全市耕地面积的比例为 0.15%，占陕西评价区高等级耕地总面积的 0.17%。另外，安康市和宝鸡市分布的高等级地面积分别为 2.36 万 hm² 和 0.07 万 hm²，各占全市耕地面积的比例为 6.22% 和 3.98%，分别占陕西评价区高等级耕地总面积的 13.14% 和 0.14%。

中等级地在陕西评价区 4 个市均有分布。从数量上看，安康市分布最多，宝鸡市分布最少。从中等级耕地占各市耕地总面积的比例看，宝鸡市中等级耕地占比最大，达到

89.83%，面积 1.74 万 hm²，占陕西评价区中等级耕地总面积的 3.75%；其次，安康市中等级耕地占比也相对较大，达到 63.24%，面积 24.02 万 hm²，占陕西评价区中等级耕地总面积的 51.63%。汉中市和商洛市中等级耕地占比大致相当，面积分别为 13.21 万 hm² 和 7.55 万 hm²，占全市耕地面积的比例分别为 38.88% 和 38.23%，分别占陕西评价区中等级耕地总面积的 28.39% 和 16.23%。

低等级地同样在陕西评价区 4 个市均有分布。从数量上看，商洛市和安康市分布较多，宝鸡市分布最少。从低等级耕地占各市耕地总面积的比例看，商洛市低等级耕地占比较大，也就是说商洛市的耕地质量等级主要以低等级地为主，其面积有 12.17 万 hm²，占商洛市耕地总面积的 61.61%，占陕西评价区低等级耕地总面积的 41.77%；而宝鸡市低等级地分布的数量和低等级耕地占比都较小，面积 0.12 万 hm²，占全市耕地面积的比例为 6.18%，占陕西评价区低等级耕地总面积的 0.41%。另外，安康市和汉中市低等级地面积分别为 11.60 万 hm² 和 5.25 万 hm²，各占全市耕地面积的比例为 30.54% 和 15.44%，分别占陕西评价区低等级耕地总面积的 39.81% 和 18.01%。

（七）四川评价区耕地质量等级

四川省参与西南区耕地质量等级评价的区域涉及除阿坝藏族羌族自治州外的其余 20 个市（州），而甘孜藏族自治州仅涉及泸定县 1 个县，文中所述四川评价区仅指四川省参与西南区评价的 153 个县（市、区）（下同）。四川评价区耕地面积 654.34 万 hm²，占西南区耕地面积的 31.13%，是西南区中耕地数量最多的评价区，耕地质量等级以中等级地为主，高等级地次之，低等级地最少，高、中、低等级地面积分别为 186.24 万 hm²、383.96 万 hm² 和 84.13 万 hm²，各占四川评价区耕地总面积的 28.46%、58.68% 和 12.86%，分别占西南区高、中、低等级耕地总面积的 39.87%、32.52% 和 18.54%。四川评价区是西南区高、中等级地分布最多的二级农业区，一等地在广安市、攀枝花市和甘孜藏族自治州 3 个市（州）没有分布，且甘孜藏族自治州也没有二等地和十等地分布，而四川评价区其余各市（州）均分布有一至十等地。四川评价区各市（州）耕地质量等级面积与比例见表 3-10。

高等级地在四川评价区各市（州）均有分布。从数量上看，成都市分布最多，其次是绵阳市，甘孜藏族自治州分布最少。从高等级耕地占各市（州）耕地总面积的比例看，巴中市高等级耕地占比最小，有 4.73%，面积 1.54 万 hm²，占四川评价区高等级耕地总面积的 0.83%；其次，甘孜藏族自治州和攀枝花市的高等级耕地占比也相对较小，面积分别为 0.03 万 hm² 和 0.48 万 hm²，占各市（州）耕地面积的比例分别为 5.06% 和 6.40%，分别占四川省评价区高等级耕地总面积的 0.01% 和 0.26%。成都市分布的高等级耕地在面积和占比上均最大，面积 33.64 万 hm²，占全市耕地面积的比例达到 79.65%，占四川评价区高等级耕地总面积的 18.07%。其余各市（州）中，达州市高等级地面积 12.54 万 hm²，占全市耕地面积的比例达到 22.80%，占四川评价区高等级耕地总面积的 6.74%；德阳市高等级地面积 16.06 万 hm²，占全市耕地面积的比例达到 64.19%，占四川评价区高等级耕地总面积的 8.62%；广安市高等级地面积 8.23 万 hm²，占全市耕地面积的比例达到 26.72%，占四川评价区高等级耕地总面积的 4.42%；广元市高等级地面积 3.87 万 hm²，占全市耕地面积的比例达到 10.96%，占四川评价区高等级耕地总面积的 2.08%；乐山市高等级地面积 10.92 万 hm²，占全市耕地面积的比例达到 39.97%，占四川评价区高等级耕地总面积的 5.86%；凉山彝族自治州高等级地面积 6.66 万 hm²，占全州耕地面积的比例达到 11.79%，

表3-10 四川评价区耕地质量等级面积与比例（万 hm², %）

耕地质量等级	面积及比例	巴中市	成都市	达州市	德阳市	甘孜藏族自治州	广安市	广元市	乐山市	凉山彝族自治州	泸州市	眉山市	绵阳市	南充市	内江市	攀枝花市	遂宁市	雅安市	宜宾市	资阳市	自贡市
一等地	面积	0.11	22.99	0.18	11.29	0.00	0.00	0.15	5.02	1.53	1.03	1.62	12.48	0.18	0.05	0.00	0.03	0.05	0.59	0.05	0.42
	占市（州）耕地比例	0.34	54.42	0.33	45.14	0.00	0.00	0.44	18.36	2.71	2.52	6.70	28.05	0.33	0.18	0.00	0.12	0.46	1.22	0.12	1.94
	占评价区耕地比例	0.02	3.51	0.03	1.73	0.00	0.00	0.02	0.77	0.23	0.16	0.25	1.91	0.03	0.01	0.00	0.01	0.01	0.09	0.01	0.06
二等地	面积	0.11	6.70	3.68	2.47	0.00	1.90	1.03	2.22	1.97	1.78	5.43	5.34	1.40	0.98	0.06	0.75	0.18	2.99	0.74	2.01
	占市（州）耕地比例	0.34	15.86	6.68	9.88	0.00	6.17	2.92	8.14	3.48	4.33	22.40	12.00	2.62	3.56	0.85	2.75	1.76	6.12	1.71	9.27
	占评价区耕地比例	0.02	1.02	0.56	0.38	0.00	0.29	0.16	0.34	0.30	0.27	0.83	0.82	0.21	0.15	0.01	0.11	0.03	0.46	0.11	0.31
三等地	面积	1.32	3.96	8.69	2.30	0.03	6.33	2.69	3.68	3.16	8.38	4.66	5.95	7.06	4.81	0.42	5.33	1.58	7.40	5.67	3.33
	占市（州）耕地比例	4.05	9.37	15.78	9.17	5.06	20.54	7.60	13.46	5.60	20.39	19.23	13.37	13.19	17.52	5.55	19.66	15.62	15.16	13.16	15.38
	占评价区耕地比例	0.20	0.61	1.33	0.35	0.00	0.97	0.41	0.56	0.48	1.28	0.71	0.91	1.08	0.74	0.06	0.81	0.24	1.13	0.87	0.51
四等地	面积	8.54	3.94	13.75	3.55	0.06	7.51	7.19	5.37	8.65	9.28	7.19	9.50	13.87	13.28	1.53	9.28	2.79	10.44	17.85	7.56
	占市（州）耕地比例	26.26	9.33	24.99	14.21	10.76	24.38	20.34	19.67	15.34	22.58	29.69	21.34	25.92	48.34	20.38	34.21	27.49	21.38	41.43	34.87
	占评价区耕地比例	1.30	0.60	2.10	0.54	0.01	1.15	1.10	0.82	1.32	1.42	1.10	1.45	2.12	2.03	0.23	1.42	0.43	1.59	2.73	1.16
五等地	面积	10.57	3.01	10.93	1.54	0.10	7.15	10.00	4.13	8.38	9.54	3.14	5.31	14.31	4.63	1.57	7.18	2.26	9.41	12.04	5.11
	占市（州）耕地比例	32.52	7.13	19.86	6.16	18.30	23.21	28.31	15.11	14.85	23.22	12.96	11.94	26.74	16.87	20.88	26.46	22.33	19.28	27.96	23.58
	占评价区耕地比例	1.62	0.46	1.67	0.24	0.01	1.09	1.53	0.63	1.28	1.46	0.48	0.81	2.19	0.71	0.24	1.10	0.35	1.44	1.84	0.78
六等地	面积	8.48	1.02	6.23	1.02	0.21	4.75	9.22	3.82	12.76	6.48	1.38	3.92	9.03	2.02	1.25	3.10	1.63	10.00	4.53	1.67
	占市（州）耕地比例	26.08	2.42	11.33	4.08	39.95	15.41	26.09	13.99	22.62	15.77	5.71	8.81	16.87	7.36	16.66	11.42	16.07	20.48	10.51	7.71
	占评价区耕地比例	1.30	0.16	0.95	0.16	0.03	0.73	1.41	0.58	1.95	0.99	0.21	0.60	1.38	0.31	0.19	0.47	0.25	1.53	0.69	0.26

（续）

耕地质量等级	面积及比例	巴中市	成都市	达州市	德阳市	甘孜藏族自治州	广安市	广元市	乐山市	凉山彝族自治州	泸州市	眉山市	绵阳市	南充市	内江市	攀枝花市	遂宁市	雅安市	宜宾市	资阳市	自贡市
七等地	面积	1.87	0.54	5.26	0.86	0.02	1.45	3.90	2.31	10.38	2.84	0.52	0.86	4.55	0.72	1.68	1.15	1.22	5.04	1.47	0.57
	占市（州）耕地比例	5.75	1.29	9.57	3.45	2.83	4.71	11.03	8.45	18.40	6.91	2.14	1.93	8.50	2.63	22.37	4.24	12.05	10.33	3.42	2.62
	占评价区耕地比例	0.29	0.08	0.80	0.13	0.00	0.22	0.60	0.35	1.59	0.43	0.08	0.13	0.69	0.11	0.26	0.18	0.19	0.77	0.23	0.09
八等地	面积	0.76	0.03	3.91	0.77	0.10	1.26	0.54	0.53	5.54	1.00	0.16	0.46	1.90	0.62	0.78	0.26	0.36	1.55	0.30	0.77
	占市（州）耕地比例	2.34	0.06	7.10	3.07	18.55	4.09	1.52	1.93	9.82	2.43	0.66	1.03	3.56	2.27	10.44	0.94	3.56	3.18	0.69	3.55
	占评价区耕地比例	0.12	0.00	0.60	0.12	0.02	0.19	0.08	0.08	0.85	0.15	0.02	0.07	0.29	0.10	0.12	0.04	0.06	0.24	0.05	0.12
九等地	面积	0.36	0.03	1.59	1.05	0.02	0.44	0.45	0.08	2.37	0.53	0.10	0.33	0.64	0.21	0.14	0.04	0.06	1.01	0.23	0.13
	占市（州）耕地比例	1.12	0.06	2.90	4.18	4.55	1.44	1.29	0.29	4.21	1.28	0.40	0.74	1.19	0.75	1.91	0.16	0.62	2.07	0.54	0.61
	占评价区耕地比例	0.06	0.00	0.24	0.16	0.00	0.07	0.07	0.01	0.36	0.08	0.01	0.05	0.10	0.03	0.02	0.01	0.01	0.15	0.04	0.02
十等地	面积	0.39	0.02	0.81	0.16	0.00	0.02	0.16	0.16	1.67	0.24	0.02	0.36	0.58	0.14	0.07	0.01	0.00	0.38	0.20	0.10
	占市（州）耕地比例	1.19	0.05	1.47	0.65	0.00	0.05	0.47	0.59	2.96	0.58	0.10	0.80	1.09	0.52	0.95	0.04	0.04	0.78	0.46	0.48
	占评价区耕地比例	0.06	0.00	0.12	0.02	0.00	0.00	0.03	0.02	0.25	0.04	0.00	0.05	0.09	0.02	0.01	0.00	0.00	0.06	0.03	0.02
总计	面积	32.51	42.24	55.03	25.02	0.53	30.81	35.34	27.32	56.40	41.09	24.23	44.50	53.52	27.46	7.50	27.12	10.14	48.82	43.07	21.68

占四川评价区高等级耕地总面积的 3.57%；泸州市高等级地面积 11.19 万 hm²，占全市耕地面积的比例达到 27.23%，占四川评价区高等级耕地总面积的 6.01%；眉山市高等级地面积 11.71 万 hm²，占全市耕地面积的比例达到 48.33%，占四川评价区高等级耕地总面积的 6.29%；绵阳市高等级地面积 23.77 万 hm²，占全市耕地面积的比例达到 53.42%，占四川评价区高等级耕地总面积的 12.76%；南充市高等级地面积 8.64 万 hm²，占全市耕地面积的比例达到 16.14%，占四川评价区高等级耕地总面积的 4.64%；内江市高等级地面积 5.84 万 hm²，占全市耕地面积的比例达到 21.26%，占四川评价区高等级耕地总面积的 3.13%；遂宁市高等级地面积 6.11 万 hm²，占全市耕地面积的比例达到 22.53%，占四川评价区高等级耕地总面积的 3.28%；雅安市高等级地面积 1.81 万 hm²，占全市耕地面积的比例达到 17.84%，占四川评价区高等级耕地总面积的 0.97%；宜宾市高等级地面积 10.98 万 hm²，占全市耕地面积的比例达到 22.50%，占四川评价区高等级耕地总面积的 5.90%；资阳市高等级地面积 6.46 万 hm²，占全市耕地面积的比例达到 14.99%，占四川评价区高等级耕地总面积的 3.47%；自贡市高等级地面积 5.76 万 hm²，占全市耕地面积的比例达到 26.59%，占四川评价区高等级耕地总面积的 3.10%。

中等级耕地同样在四川评价区各市（州）均有分布。从数量上看，南充市分布的中等级最多，面积 37.21 万 hm²，占全市耕地面积的比例为 69.53%，占四川评价区中等级耕地总面积的 9.69%；甘孜藏族自治州分布最少，面积 0.37 万 hm²，占全州（仅泸定县）耕地总面积的 69.01%，占四川评价区中等级耕地总面积的 0.10%；德阳市、攀枝花市和雅安市分布的中等级地也相对较少，其面积均在 10 万 hm² 以下，分别为 6.12 万 hm²、4.34 万 hm² 和 6.68 万 hm²，占各市（州）耕地面积的比例分别为 24.45%、57.92% 和 65.89%，各占四川评价区中等级耕地总面积的 1.59%、1.13% 和 1.74%。从中等级耕地占各市（州）耕地总面积的比例看，巴中市中等级地占比最大，达到 84.86%，面积 27.59 万 hm²，占四川评价区中等级耕地总面积的 7.19%；而成都市中等级耕地占比最小，为 18.89%，面积 7.98 万 hm²，占四川评价区中等级耕地总面积的 2.08%。其余各市（州）中，达州市中等级地面积 30.91 万 hm²，占全市耕地面积的比例为 56.17%，占四川评价区中等级耕地总面积的 8.05%；广安市中等级地面积 19.41 万 hm²，占全市耕地面积的比例为 63.00%，占四川评价区中等级耕地总面积的 5.05%；广元市中等级地面积 26.41 万 hm²，占全市耕地面积的比例为 74.74%，占四川评价区中等级耕地总面积的 6.88%；乐山市中等级地面积 13.32 万 hm²，占全市耕地面积的比例为 48.77%，占四川评价区中等级耕地总面积的 3.47%；凉山彝族自治州中等级地面积 29.79 万 hm²，占全州耕地面积的比例为 52.82%，占四川评价区中等级耕地总面积的 7.76%；泸州市中等级地面积 25.30 万 hm²，占全市耕地面积的比例为 61.56%，占四川评价区中等级耕地总面积的 6.59%；眉山市中等级地面积 11.71 万 hm²，占全市耕地面积的比例为 48.36%，占四川评价区中等级耕地总面积的 3.05%；绵阳市中等级地面积 18.73 万 hm²，占全市耕地面积的比例为 42.08%，占四川评价区中等级耕地总面积的 4.88%；内江市中等级地面积 19.93 万 hm²，占全市耕地面积的比例为 72.58%，占四川评价区中等级耕地总面积的 5.19%；遂宁市中等级地面积 19.55 万 hm²，占全市耕地面积的比例为 72.09%，占四川评价区中等级耕地总面积的 5.09%；宜宾市中等级地面积 29.85 万 hm²，占全市耕地面积的比例为 61.14%，占四川评价区中等级耕地总面积的 7.77%；资阳市中等级地面积 34.42 万 hm²，占全市耕地面积的比例为 79.90%，占四川评价区中等级耕地总面积的 8.96%；自贡市中等级地面积 14.34 万 hm²，占全市耕地面积的比例为 66.15%，占四川评价区中等级耕地总面积的 3.74%。

低等级耕地数量上在达州市和凉山彝族自治州分布最多，面积分别为 11.57 万 hm² 和 19.96 万 hm²，分别占到各市（州）耕地面积的 21.03% 和 35.38%，各占到四川评价区低等级耕地总面积的 13.75% 和 23.73%；而在成都市、甘孜藏族自治州和眉山市 3 个市（州）分布的最少，其面积均在 1 万 hm² 以下，面积分别为 0.62 万 hm²、0.14 万 hm² 和 0.80 万 hm²，占各市（州）耕地面积的比例分别为 1.47%、25.93% 和 3.31%，分别占四川评价区低等级耕地总面积的 0.74%、0.16% 和 0.95%。其余各市低等级地分布情况如下：巴中市低等级地面积 3.38 万 hm²，占全市耕地面积的比例为 10.41%，占四川评价区低等级耕地总面积的 4.02%；德阳市低等级地面积 2.84 万 hm²，占全市耕地面积的比例为 11.36%，占四川评价区低等级耕地总面积的 3.38%；广安市低等级地面积 3.17 万 hm²，占全市耕地面积的比例为 10.29%，占四川评价区低等级耕地总面积的 3.77%；广元市低等级地面积 5.06 万 hm²，占全市耕地面积的比例为 14.30%，占四川评价区低等级耕地总面积的 6.01%；乐山市低等级地面积 3.08 万 hm²，占全市耕地面积的比例为 11.26%，占四川评价区低等级耕地总面积的 3.66%；泸州市低等级地面积 4.60 万 hm²，占全市耕地面积的比例为 11.20%，占四川评价区低等级耕地总面积的 5.47%；绵阳市低等级地面积 2.00 万 hm²，占全市耕地面积的比例为 4.50%，占四川评价区低等级耕地总面积的 2.38%；南充市低等级地面积 7.67 万 hm²，占全市耕地面积的比例为 14.33%，占四川评价区低等级耕地总面积的 9.11%；内江市低等级地面积 1.69 万 hm²，占全市耕地面积的比例为 6.17%，占四川评价区低等级耕地总面积的 2.01%；攀枝花市低等级地面积 2.68 万 hm²，占全市耕地面积的比例为 35.68%，占四川评价区低等级耕地总面积的 3.18%；遂宁市低等级地面积 1.46 万 hm²，占全市耕地面积的比例为 5.38%，占四川评价区低等级耕地总面积的 1.73%；雅安市低等级地面积 1.65 万 hm²，占全市耕地面积的比例为 6.27%，占四川评价区低等级耕地总面积的 1.96%；宜宾市低等级地面积 7.99 万 hm²，占全市耕地面积的比例为 16.36%，占四川评价区低等级耕地总面积的 9.49%；资阳市低等级地面积 2.20 万 hm²，占全市耕地面积的比例为 5.11%，占四川评价区低等级耕地总面积的 2.62%；自贡市低等级地面积 1.57 万 hm²，占全市耕地面积的比例为 7.26%，占四川评价区低等级耕地总面积的 1.87%。

（八）云南评价区耕地质量等级

云南省参与西南区耕地质量等级评价的区域共有 12 个市（州），分别是保山市、楚雄州、大理白族自治州、红河州、昆明市、丽江市、怒江州、普洱市、曲靖市、文山壮族苗族自治州、玉溪市、昭通市，文中所述云南评价区仅指云南省参与西南区评价的 77 个县（市、区）（下同）。云南评价区耕地面积 364.73 万 hm²，占西南区耕地总面积的 17.35%，耕地质量等级以中等级地为主，高等级地次之，低等级地最少，高、中、低等级地面积分别为 84.85 万 hm²、207.76 万 hm² 和 72.11 万 hm²，各占到云南评价区耕地总面积的比例分别为 23.26%、56.96% 和 19.77%，分别占到西南区高、中、低等级耕地总面积的 18.16%、17.59% 和 15.89%。除十等地在红河州和玉溪市没有分布，其余各市（州）均分布有一至十等地，云南评价区各市（州）耕地质量等级面积与比例见表 3-11。

表 3-11 云南评价区耕地质量等级面积与比例（万 hm², %）

耕地质量等级	面积比例	保山市	楚雄州	大理白族自治州	红河州	昆明市	丽江市	怒江州	普洱市	曲靖市	文山壮族苗族自治州	玉溪市	昭通市
一等地	面积	0.13	0.35	2.09	0.18	1.88	1.21	0.30	0.01	2.21	0.17	0.74	1.10
	占市（州）耕地比例	1.64	0.95	5.63	1.11	4.39	5.91	5.39	0.27	2.67	0.53	4.86	1.79
	占评价区耕地比例	0.04	0.10	0.57	0.05	0.51	0.33	0.08	0.00	0.60	0.05	0.20	0.30
二等地	面积	0.46	1.67	4.72	1.34	6.30	2.07	0.69	0.07	5.72	1.20	1.06	0.90
	占市（州）耕地比例	5.82	4.57	12.74	8.15	14.73	10.15	12.58	1.24	6.92	3.62	6.90	1.46
	占评价区耕地比例	0.13	0.46	1.29	0.37	1.73	0.57	0.19	0.02	1.57	0.33	0.29	0.25
三等地	面积	0.89	6.38	5.88	2.75	8.59	3.51	0.67	0.31	10.11	4.33	3.07	1.82
	占市（州）耕地比例	11.29	17.40	15.87	16.66	20.10	17.21	12.08	5.64	12.23	13.08	20.07	2.96
	占评价区耕地比例	0.24	1.75	1.61	0.75	2.36	0.96	0.18	0.09	2.77	1.19	0.84	0.50
四等地	面积	1.99	8.39	11.54	5.60	9.14	2.68	0.83	0.95	14.94	6.28	3.54	6.47
	占市（州）耕地比例	25.26	22.88	31.15	33.98	21.39	13.15	15.12	17.16	18.07	18.99	23.15	10.53
	占评价区耕地比例	0.55	2.30	3.16	1.54	2.51	0.73	0.23	0.26	4.10	1.72	0.97	1.77
五等地	面积	1.92	9.34	7.05	3.75	7.28	3.42	0.74	0.95	19.01	9.70	3.31	8.58
	占市（州）耕地比例	24.43	25.50	19.04	22.76	17.03	16.78	13.44	17.22	23.00	29.31	21.64	13.97
	占评价区耕地比例	0.53	2.56	1.93	1.03	2.00	0.94	0.20	0.26	5.21	2.66	0.91	2.35
六等地	面积	1.13	6.04	3.63	1.68	5.66	2.05	0.86	0.82	13.48	7.03	2.64	15.31
	占市（州）耕地比例	14.38	16.48	9.79	10.19	13.25	10.08	15.60	14.83	16.31	21.24	17.23	24.92
	占评价区耕地比例	0.31	1.66	0.99	0.46	1.55	0.56	0.24	0.23	3.70	1.93	0.72	4.20
七等地	面积	0.74	2.28	0.85	0.36	2.18	1.56	0.54	0.66	6.41	2.02	0.60	7.74
	占市（州）耕地比例	9.43	6.21	2.28	2.20	5.09	7.65	9.72	11.85	7.75	6.11	3.89	12.59
	占评价区耕地比例	0.20	0.62	0.23	0.10	0.60	0.43	0.15	0.18	1.76	0.55	0.16	2.12
八等地	面积	0.43	1.42	1.14	0.60	1.00	1.42	0.59	1.32	6.06	1.33	0.33	12.11
	占市（州）耕地比例	5.45	3.88	3.08	3.64	2.35	6.94	10.63	23.83	7.33	4.01	2.13	19.71
	占评价区耕地比例	0.12	0.39	0.31	0.16	0.27	0.39	0.16	0.36	1.66	0.36	0.09	3.32
九等地	面积	0.15	0.52	0.02	0.21	0.26	1.31	0.18	0.40	3.08	0.42	0.02	3.03
	占市（州）耕地比例	1.86	1.41	0.04	1.30	0.61	6.45	3.30	7.16	3.72	1.27	0.13	4.94
	占评价区耕地比例	0.04	0.14	0.04	0.06	0.07	0.36	0.05	0.11	0.84	0.11	0.01	0.83
十等地	面积	0.03	0.27	0.02	0.00	0.46	1.16	0.12	0.04	1.65	0.61	0.00	4.38
	占市（州）耕地比例	0.43	0.74	0.04	0.00	1.08	5.67	2.15	0.78	2.00	1.84	0.00	7.13
	占评价区耕地比例	0.01	0.07	0.04	0.00	0.13	0.32	0.03	0.01	0.45	0.17	0.00	1.20
总计	面积	7.87	36.65	37.05	16.48	42.75	20.38	5.51	5.54	82.65	33.09	15.30	61.45

高等级地在云南评价区 12 个市（州）均有分布。从数量上看，普洱市分布的高等级地最少，面积 0.39 万 hm²，占全市耕地面积的 7.15%，占云南评价区高等级耕地总面积的 0.47%；曲靖市分布的高等级地最多，面积 18.04 万 hm²，占到全市耕地面积的 21.81%，占云南评价区高等级耕地总面积的 21.26%。从高等级耕地占各市（州）耕地总面积的比例看，昆明市分布的高等级地比重最大，达到 39.22%，面积也有 16.77 万 hm²，占云南评价区高等级耕地总面积的 19.76%；昭通市高等级地耕地分布的比例最小，面积 3.82 万 hm²，占全市耕地面积的 6.21%，占云南评价区高等级耕地总面积的 4.50%。其余各市（州）高

等级地分布情况如下：保山市高等级地耕地面积 1.48 万 hm²，占全市耕地面积的 18.75%，占云南评价区高等级耕地总面积的 1.74%；楚雄州高等级地耕地面积 8.40 万 hm²，占全州耕地面积的 22.91%，占云南评价区高等级耕地总面积的 9.89%；大理白族自治州高等级地耕地面积 12.69 万 hm²，占全州耕地面积的 34.25%，占云南评价区高等级耕地总面积的 14.96%；红河州高等级地耕地面积 4.27 万 hm²，占全州耕地面积的 25.92%，占云南评价区高等级耕地总面积的 5.03%；丽江市高等级地耕地面积 6.78 万 hm²，占全州耕地面积的 33.28%，占云南评价区高等级耕地总面积的 7.99%；怒江州高等级地耕地面积 1.66 万 hm²，占全州耕地面积的 30.05%，占云南评价区高等级耕地总面积的 1.95%；文山壮族苗族自治州高等级地耕地面积 5.70 万 hm²，占全州耕地面积的 17.23%，占云南评价区高等级耕地总面积的 6.72%；玉溪市高等级地耕地面积 4.87 万 hm²，占全市耕地面积的 31.83%，占云南评价区高等级耕地总面积的 5.74%。

中等级耕地在云南评价区各市（州）均有分布。从数量上看，曲靖市分布的面积最大，面积 47.43 万 hm²，占到全市耕地面积的 57.38%，占云南评价区中等级耕地总面积的 22.83%；而在怒江州分布的数量最少，面积 2.43 万 hm²，占全州耕地面积的 44.16%，占云南评价区中等级耕地总面积的 1.17%。从中等级耕地占各市（州）耕地总面积的比例看，文山壮族苗族自治州中等级耕地的占比最大，达到 69.54%，面积有 23.01 万 hm²，占云南评价区中等级耕地总面积的 11.08%；而丽江市中等级耕地的占比最小，为 40.00%，面积 8.15 万 hm²，占云南评价区中等级耕地总面积的 3.92%。其余各市（州）中等级地分布情况如下：保山市中等级地面积 5.04 万 hm²，占全市耕地面积的 64.08%，占云南评价区中等级耕地总面积的 2.43%；楚雄州中等级地面积 23.77 万 hm²，占全州耕地面积的 64.85%，占云南评价区中等级耕地总面积的 11.44%；大理白族自治州中等级地面积 22.22 万 hm²，占全州耕地面积的 59.97%，占云南评价区中等级耕地总面积的 10.70%；红河州中等级地面积 11.03 万 hm²，占全州耕地面积的 66.94%，占云南评价区中等级耕地总面积的 5.31%；昆明市中等级地面积 22.09 万 hm²，占全市耕地面积的 51.66%，占云南评价区中等级耕地总面积的 10.63%；普洱市中等级地面积 2.73 万 hm²，占全市耕地面积的 49.22%，占云南评价区中等级耕地总面积的 1.31%；玉溪市中等级地面积 9.49 万 hm²，占全市耕地面积的 62.03%，占云南评价区中等级耕地总面积的 4.57%；昭通市中等级地面积 30.37 万 hm²，占全市耕地面积的 49.42%，占云南评价区中等级耕地总面积的 14.62%。

低等级地同样在云南评价区各市（州）均有分布。从数量上看，在昭通市和曲靖市分布的低等级耕地数量较多，面积分别有 27.27 万 hm² 和 17.19 万 hm²，各占全市耕地面积的比例为 44.37% 和 20.80%，分别占云南评价区低等级耕地总面积的 37.81% 和 23.84%；玉溪市分布的低等级地数量最少，面积 0.94 万 hm²，占全市耕地面积的比例为 6.15%，占云南评价区低等级耕地总面积的 1.30%。从低等级地占各市（州）耕地总面积的比例看，昭通市低等级地的占比最大，大理白族自治州低等级地的占比最小，面积 2.14 万 hm²，占全州耕地面积的比例为 5.78%，占云南评价区低等级耕地总面积的 2.97%。其余市（州）低等级地的分布情况：保山市低等级地面积 1.35 万 hm²，占全市耕地面积的比例为 17.17%，占云南评价区低等级耕地总面积的 1.87%；楚雄州低等级地面积 4.48 万 hm²，占全州耕地面积的比例为 12.24%，占云南评价区低等级耕地总面积的 6.22%；红河州低等级地面积 1.18 万 hm²，占全州耕地面积的比例为 7.14%，占云南评价区低等级耕地总面积的 1.63%；昆明市低等级地面积 3.90 万

hm²，占全市耕地面积的比例为 9.12%，占云南评价区低等级耕地总面积的 5.41%；丽江市低等级地面积 5.45 万 hm²，占全市耕地面积的比例为 26.72%，占云南评价区低等级耕地总面积的 7.55%；怒江州低等级地面积 1.42 万 hm²，占全州耕地面积的比例为 25.79%，占云南评价区低等级耕地总面积的 1.97%；普洱市低等级地面积 2.42 万 hm²，占全市耕地面积的比例为 43.63%，占云南评价区低等级耕地总面积的 3.35%；文山壮族苗族自治州低等级地面积 4.38 万 hm²，占全州耕地面积的比例为 13.23%，占云南评价区低等级耕地总面积的 6.07%。

（九）重庆评价区耕地质量等级

重庆市全部都参与西南区耕地质量等级评价工作，文中所述重庆评价区是指重庆市全部 39 个县（区）（下同）。重庆评价区耕地面积 243.05 万 hm²，占到西南区耕地面积的 11.56%，耕地质量等级以中等级地为主，高等级地次之，低等级地最少，高、中、低等级地面积分别为 68.32 万 hm²、134.96 万 hm² 和 39.77 万 hm²，各占到重庆评价区耕地总面积的 28.11%、55.53% 和 16.36%，分别占到西南区高、中、低等级耕地总面积的 14.63%、11.43% 和 8.76%。重庆评价区大部分县（区）均分布有一至十等地，各县（区）耕地质量等级面积与比例见表 3-12。

高等级耕地在重庆评价区各县（区）均有分布。从数量上看，大渡口区分布的高等级地数量最少，面积 0.05 万 hm²，占全区耕地面积的 47.81%，占重庆评价区高等级耕地总面积的 0.07%；其次，巴南区、城口县、奉节县、江北区、九龙坡区、开州区、南岸区、南川区、彭水苗族土家族自治县、綦江区、黔江区、沙坪坝区、石柱土家族自治县、万盛区、万州区、渝北区、云阳县和长寿区 18 个县（区）分布的高等级地数量上也相对较少，其面积都在 1 万 hm² 以下；而在酉阳土家族苗族自治县分布的高等级耕地数量较多，面积 6.19 万 hm²，占到全县耕地面积的 55.62%，占重庆评价区高等级耕地总面积的 9.06%。另外，从高等级地占各县（区）耕地的比例上看，璧山区高等级地所占的比重最大，面积 3.89 万 hm²，占全区耕地总面积的 89.39%，占重庆评价区高等级耕地总面积的 5.70%；彭水苗族土家族自治县高等级地所占的比重最小，为 0.82%，面积 0.09 万 hm²，占重庆评价区高等级耕地总面积的 0.13%；巴南区、开州区、綦江区、黔江区、万盛区、万州区、云阳县和长寿区 8 个县（区）高等级地所占比重也不大，其值也都在 10% 以下。

中等级地同样在重庆评价区各县（区）也均有分布。其中，万州区的中等级地数量相对较多，面积 7.91 万 hm²，占全区耕地面积的 78.66%，占重庆评价区中等级耕地总面积的 5.86%；而北碚区、璧山区、大渡口区、江北区、南岸区、沙坪坝区以及万盛区 7 个区分布的中等级地较少，面积也都在 1 万 hm² 以下。从中等级耕地占各县（区）耕地总面积的比例上看，长寿区中等级地占比最大，面积 5.12 万 hm²，占全区耕地面积的 90.50%，占重庆评价区中等级耕地总面积的 3.80%；而璧山区的中等级地占比最小，为 8.56%，面积 0.37 万 hm²，占重庆评价区中等级耕地总面积的 0.28%。

低等级地分布在重庆评价区除大渡口区外的其余各县（区）。其中，从数量上看，彭水苗族土家族自治县和云阳县分布的低等级地数量较多，面积分别为 5.70 万 hm² 和 5.07 万 hm²，各占全县耕地面积的 52.54% 和 53.46%，分别占重庆评价区低等级耕地总面积的 14.33% 和 12.75%；璧山区、江北区、九龙坡区、南岸区、荣昌区、沙坪坝区和潼南区 7 个区分布的低等级面积也较小，面积也都在 0.1 万 hm² 以下。另外，从低等级耕地占各县（区）耕地总面积的比例上看，荣昌区和潼南区中低等级地占比较低，其值都在 1% 以下。

表3-12 重庆市评价区耕地质量等级面积与比例（万hm²，%）

耕地质量等级	面积及比例	巴南区	北碚区	璧山区	城口县	大渡口区	大足区	垫江县	丰都县	奉节县	涪陵区	合川区	江北区	江津区	九龙坡区	开州区	梁平区	南岸区	南川区	彭水苗族土家族自治县
一等地	面积	0.00	0.05	0.81	0.00	0.00	2.36	0.08	0.01	0.00	0.00	0.00	0.00	0.07	0.05	0.03	0.00	0.00	0.04	0.00
	占县（区）耕地比例	0.00	2.13	18.64	0.00	4.65	31.39	1.03	0.16	0.00	0.00	0.00	0.00	0.60	6.20	0.31	0.00	0.00	0.57	0.00
	占评价区耕地比例	0.00	0.02	0.33	0.00	0.00	0.97	0.03	0.01	0.00	0.00	0.00	0.00	0.03	0.02	0.01	0.00	0.00	0.02	0.00
二等地	面积	0.15	0.35	2.44	0.28	0.03	1.56	0.60	0.11	0.03	0.06	0.03	0.03	0.58	0.33	0.09	0.34	0.01	0.08	0.00
	占县（区）耕地比例	2.67	16.19	56.02	11.30	25.62	20.70	7.36	1.33	0.46	0.63	3.80	10.14	5.11	41.19	0.88	4.07	2.35	1.10	0.00
	占评价区耕地比例	0.06	0.15	1.00	0.12	0.01	0.64	0.25	0.05	0.01	0.03	0.19	0.01	0.24	0.13	0.04	0.14	0.00	0.03	0.00
三等地	面积	0.25	0.66	0.64	0.12	0.02	1.23	2.69	1.38	0.84	1.35	4.12	0.06	2.72	0.23	0.29	2.06	0.12	0.67	0.09
	占县（区）耕地比例	4.41	30.41	14.73	4.98	17.54	16.34	32.78	16.75	11.01	13.13	34.27	22.08	23.83	28.80	2.90	24.76	36.82	9.45	0.82
	占评价区耕地比例	0.10	0.27	0.26	0.05	0.01	0.51	1.11	0.57	0.34	0.56	1.69	0.03	1.12	0.09	0.12	0.85	0.05	0.27	0.04
四等地	面积	1.26	0.46	0.18	0.82	0.03	1.39	1.86	2.90	3.56	1.68	3.03	0.00	3.45	0.10	2.19	2.21	0.11	2.41	0.73
	占县（区）耕地比例	21.89	21.09	4.03	32.87	28.05	18.47	22.64	35.15	46.72	16.29	25.24	1.48	30.30	12.42	21.83	26.59	34.38	34.13	6.76
	占评价区耕地比例	0.52	0.19	0.07	0.34	0.01	0.57	0.77	1.19	1.46	0.69	1.25	0.00	1.42	0.04	0.90	0.91	0.05	0.99	0.30
五等地	面积	2.05	0.29	0.11	0.87	0.03	0.43	1.06	1.77	1.45	2.70	2.66	0.03	1.77	0.02	1.51	1.65	0.07	2.10	1.77
	占县（区）耕地比例	35.61	13.15	2.47	35.09	24.15	5.67	12.89	21.48	19.03	26.15	22.16	10.31	15.49	2.27	15.04	19.82	20.85	29.75	16.31
	占评价区耕地比例	0.84	0.12	0.04	0.36	0.01	0.18	0.44	0.73	0.60	1.11	1.10	0.01	0.73	0.01	0.62	0.68	0.03	0.86	0.73
六等地	面积	1.28	0.18	0.09	0.22	0.00	0.45	0.91	1.00	1.03	2.11	1.30	0.09	1.54	0.05	1.44	1.03	0.00	0.70	2.56
	占县（区）耕地比例	22.13	8.48	2.07	8.96	0.00	5.93	11.06	12.16	13.57	20.47	10.81	30.39	13.47	6.08	14.33	12.41	0.97	9.88	23.56
	占评价区耕地比例	0.52	0.08	0.04	0.09	0.00	0.18	0.37	0.41	0.42	0.87	0.53	0.04	0.63	0.02	0.59	0.43	0.00	0.29	1.05
七等地	面积	0.28	0.07	0.03	0.08	0.00	0.11	0.70	0.62	0.39	1.13	0.24	0.00	0.73	0.02	2.11	0.61	0.01	0.68	3.98
	占县（区）耕地比例	4.93	3.43	0.63	3.15	0.00	1.40	8.53	7.52	5.12	10.94	1.97	0.44	6.38	3.05	20.97	7.34	4.45	9.64	36.66
	占评价区耕地比例	0.12	0.03	0.01	0.03	0.00	0.04	0.29	0.26	0.16	0.46	0.10	0.00	0.30	0.01	0.87	0.25	0.01	0.28	1.64
八等地	面积	0.30	0.08	0.02	0.02	0.00	0.01	0.29	0.39	0.25	0.74	0.19	0.02	0.31	0.00	1.32	0.20	0.01	0.25	0.85
	占县（区）耕地比例	5.29	3.61	0.35	0.68	0.00	0.10	3.31	4.70	3.31	7.13	1.60	5.85	2.71	0.00	13.12	2.46	0.19	3.58	7.87
	占评价区耕地比例	0.13	0.03	0.01	0.01	0.00	0.02	0.12	0.16	0.12	0.30	0.08	0.01	0.13	0.00	0.54	0.08	0.00	0.10	0.35

（续）

耕地质量等级	面积及比例	巴南区	北碚区	璧山区	城口县	大渡口区	大足区	垫江县	丰都县	奉节县	涪陵区	合川区	江北区	江津区	九龙坡区	开州区	梁平区	南岸区	南川区	彭水苗族土家族自治县
九等地	面积	0.17	0.03	0.05	0.07	0.00	0.00	0.01	0.06	0.04	0.44	0.02	0.05	0.15	0.00	0.83	0.13	0.00	0.09	0.24
	占县（区）耕地比例	2.90	1.47	1.06	2.97	0.00	0.00	0.09	0.74	0.54	4.22	0.16	18.28	1.29	0.00	8.29	1.51	0.00	1.33	2.25
	占评价区耕地比例	0.07	0.01	0.02	0.03	0.00	0.00	0.00	0.03	0.02	0.18	0.01	0.02	0.06	0.00	0.34	0.05	0.00	0.04	0.10
十等地	面积	0.01	0.00	0.00	0.00	0.00	0.00	0.01	0.00	0.02	0.11	0.00	0.00	0.09	0.00	0.23	0.09	0.00	0.04	0.62
	占县（区）耕地比例	0.18	0.05	0.00	0.00	0.00	0.00	0.14	0.00	0.23	1.04	0.00	1.02	0.82	0.00	2.33	1.05	0.00	0.58	5.76
	占评价区耕地比例	0.00	0.00	0.00	0.00	0.00	0.00	0.00	0.00	0.01	0.04	0.00	0.00	0.04	0.00	0.10	0.04	0.00	0.02	0.26
总计	面积	5.77	2.18	4.36	2.49	0.11	7.52	8.21	8.25	7.61	10.32	12.01	0.29	11.40	0.79	10.05	8.33	0.33	7.07	10.85

耕地质量等级	面积及比例	綦江区	黔江区	荣昌区	沙坪坝区	铜梁区	潼南区	万盛区	万州区	巫山县	巫溪县	武隆区	秀山土家族苗族自治县	永川区	酉阳土家族苗族自治县	渝北区	云阳县	长寿区	忠县
一等地	面积	0.00	0.04	1.39	0.03	0.61	0.00	0.00	0.00	0.00	0.25	0.18	0.38	0.30	0.00	0.02	0.01	0.00	0.00
	占县（区）耕地比例	0.00	0.69	23.61	3.56	9.16	0.03	0.00	0.00	0.02	4.71	2.85	5.72	4.43	0.04	0.58	0.11	0.00	0.00
	占评价区耕地比例	0.00	0.02	0.57	0.01	0.25	0.00	0.00	0.00	0.00	0.10	0.08	0.16	0.12	0.00	0.01	0.00	0.00	0.00
二等地	面积	0.17	0.08	0.68	0.26	0.64	0.86	0.00	0.01	0.16	0.28	0.85	1.41	1.53	1.07	0.15	0.03	0.02	0.08
	占县（区）耕地比例	1.89	1.36	11.49	30.00	9.55	8.86	0.06	0.15	3.22	5.31	13.06	21.20	22.67	9.63	3.65	0.34	0.29	0.95
	占评价区耕地比例	0.07	0.03	0.28	0.11	0.26	0.35	0.00	0.01	0.07	0.12	0.35	0.58	0.63	0.44	0.06	0.01	0.01	0.03
三等地	面积	0.35	0.26	1.90	0.16	3.64	2.81	0.07	0.58	0.84	0.52	2.02	2.34	1.90	5.11	0.68	0.44	0.27	1.66
	占县（区）耕地比例	3.78	4.24	32.39	19.07	54.18	28.85	5.67	5.75	16.82	9.91	31.25	35.29	28.10	45.95	16.29	4.66	4.76	18.52
	占评价区耕地比例	0.14	0.11	0.78	0.07	1.50	1.15	0.03	0.24	0.34	0.22	0.83	0.96	0.78	2.10	0.28	0.18	0.11	0.68
四等地	面积	1.97	0.91	1.41	0.08	1.12	2.82	0.41	2.98	1.46	1.24	1.28	1.43	0.59	3.60	0.44	1.09	1.36	3.51
	占县（区）耕地比例	21.24	15.11	24.06	9.50	16.64	28.96	32.56	29.64	29.24	23.56	19.79	21.53	8.79	32.39	10.56	11.54	23.97	39.20
	占评价区耕地比例	0.81	0.38	0.58	0.03	0.46	1.16	0.17	1.23	0.60	0.51	0.53	0.59	0.24	1.48	0.18	0.45	0.56	1.45

（续）

耕地质量等级	面积及比例	巴南区	北碚区	璧山区	城口县	大渡口区	大足区	垫江县	丰都县	奉节县	涪陵区	合川区	江北区	江津区	九龙坡区	开州区	梁平区	南岸区	南川区	彭水苗族土家族自治县
五等地	面积	1.62	2.06	0.33	0.19	2.15	0.35	2.82	0.25	4.01	1.06	1.07	0.82	0.51	1.61	0.62	0.60	1.48	2.69	1.75
	占县（区）耕地比例	17.48	34.02	5.56	22.11	37.44	5.21	29.02	19.93	39.91	21.30	20.19	12.60	7.73	23.84	5.55	14.25	15.57	47.46	19.53
	占评价区耕地比例	0.67	0.85	0.13	0.08	0.89	0.14	1.16	0.10	1.65	0.44	0.44	0.34	0.21	0.66	0.25	0.61	1.11	0.72
六等地	面积	2.02	0.95	0.11	0.10	0.67	0.13	0.32	0.18	0.92	0.59	0.98	0.69	0.22	0.57	0.32	1.00	1.36	1.08	0.99
	占县（区）耕地比例	21.82	15.65	1.91	11.26	11.63	1.94	3.31	14.27	9.12	11.93	18.65	10.58	3.27	8.44	2.86	23.87	14.33	19.07	11.07
	占评价区耕地比例	0.83	0.39	0.05	0.04	0.27	0.05	0.13	0.07	0.38	0.24	0.41	0.28	0.09	0.23	0.13	0.41	0.56	0.44	0.41
七等地	面积	1.77	1.12	0.05	0.04	0.64	0.11	0.02	0.23	0.94	0.44	0.64	0.41	0.22	0.15	0.22	0.50	2.15	0.11	0.84
	占县（区）耕地比例	19.06	18.52	0.90	4.49	11.14	1.68	0.22	18.29	9.34	8.84	12.14	6.40	3.31	2.23	1.98	11.95	22.70	1.89	9.37
	占评价区耕地比例	0.73	0.46	0.02	0.02	0.26	0.05	0.01	0.10	0.39	0.18	0.26	0.17	0.09	0.06	0.09	0.21	0.89	0.04	0.35
八等地	面积	0.72	0.21	0.00	0.00	0.23	0.00	0.07	0.07	0.36	0.32	0.24	0.16	0.09	0.04	0.14	0.46	1.36	0.08	0.08
	占县（区）耕地比例	7.72	3.47	0.00	0.00	4.03	0.04	0.74	5.74	3.61	6.37	4.58	2.43	1.31	0.63	1.22	10.91	14.37	1.33	0.93
	占评价区耕地比例	0.29	0.09	0.00	0.00	0.10	0.00	0.03	0.03	0.15	0.13	0.10	0.06	0.04	0.02	0.06	0.19	0.56	0.03	0.03
九等地	面积	0.35	0.09	0.00	0.00	0.05	0.00	0.00	0.04	0.19	0.02	0.04	0.07	0.04	0.05	0.01	0.10	0.55	0.05	0.04
	占县（区）耕地比例	3.76	1.50	0.00	0.00	0.87	0.00	0.00	3.40	1.85	0.33	0.81	1.04	0.62	0.68	0.05	2.45	5.77	0.80	0.43
	占评价区耕地比例	0.14	0.04	0.00	0.00	0.02	0.00	0.00	0.02	0.08	0.01	0.02	0.03	0.02	0.02	0.00	0.04	0.23	0.02	0.02
十等地	面积	0.30	0.33	0.00	0.00	0.00	0.11	0.00	0.00	0.06	0.10	0.01	0.00	0.00	0.01	0.04	0.23	1.01	0.02	0.00
	占县（区）耕地比例	3.26	5.44	0.06	0.00	0.00	1.60	0.00	0.07	0.64	1.93	0.14	0.00	0.02	0.20	0.32	5.49	10.62	0.43	0.00
	占评价区耕地比例	0.12	0.14	0.00	0.00	0.00	0.04	0.00	0.00	0.03	0.04	0.00	0.00	0.00	0.01	0.01	0.09	0.41	0.01	0.00
总计	面积	9.27	6.05	5.87	0.85	5.75	6.71	9.73	1.27	10.06	4.98	5.28	6.48	6.63	6.75	11.13	4.19	9.49	5.66	8.96

四、主要土壤类型的耕地质量状况

(一)总体情况

西南区 96.25%的耕地土壤为紫色土、水稻土、黄壤、石灰(岩)土、红壤、黄棕壤、棕壤、粗骨土和褐土 9 个土类,西南区主要土类的质量等级面积与比例见表 3-13。

紫色土在西南区分布最多,面积 538.94 万 hm²,占到西南区耕地面积的 25.64%。耕地质量等级以中等级地为主,高等级地次之,低等级地最少,高、中、低等级地面积分别为 113.98 万 hm²、346.47 万 hm² 和 78.48 万 hm²,分别占紫色土耕地面积的 21.15%、64.29% 和 14.56%,各占西南区高、中、低等级耕地总面积的 24.40%、29.34%和 17.29%。紫色土中一至十等地均有分布,其中以三、四、五、六等地所占的比重较大,面积分别有 75.16 万 hm²、142.94 万 hm²、120.20 万 hm² 和 83.33 万 hm²,分别占紫色土耕地面积的 13.95%、26.52%、22.30%和 15.46%,共占到紫色土耕地面积的 78.23%。紫色土中九等地和十等地的分布相对较少,分别占西南区紫色土耕地面积的 1.62%和 1.01%,面积分别有 8.73 万 hm²、5.47 万 hm²。

水稻土面积在西南区分布也相对较多,面积 491.15 万 hm²,占西南区耕地总面积的 23.37%。耕地质量等级以中、高等级地为主,低等级地最少,高、中、低等级地面积分别为 209.78 万 hm²、230.83 万 hm² 和 50.55 万 hm²,各占水稻土耕地总面积的 42.71%、47.00%和 10.29%,分别占西南区高、中、低等级耕地总面积的 44.91%、19.55%和 11.14%。水稻土中一至十等地也都有分布,其中,一至六等地相对较多,面积分别为:一等地 59.81 万 hm²,占水稻土耕地面积的 12.18%,占西南区一等地总面积的 64.59%;二等地 62.41 万 hm²,占水稻土耕地面积的 12.71%,占西南区二等地总面积的 49.95%;三等地 87.55 万 hm²,占水稻土耕地面积的 17.83%,占西南区三等地总面积的 35.08%;四等地 90.50 万 hm²,占水稻土耕地面积的 19.85%,占西南区四等地总面积的 23.45%;五等地 80.04 万 hm²,占水稻土耕地面积的 16.30%,占西南区五等地总面积的 19.28%;六等地 53.29 万 hm²,占水稻土耕地面积的 10.85%,占西南区六等地总面积的 15.23%。这 6 个等级的水稻土耕地面积共有 433.60 万 hm²,共占西南区水稻土耕地面积的 88.28%。水稻土中九等地、十等地的数量相对较少,面积分别为 6.02 万 hm²、2.45 万 hm²,分别占水稻土耕地面积的 1.23%和 0.50%。

表 3-13 西南区主要土壤类型耕地质量等级面积与比例 (万 hm²,%)

耕地质量等级	面积及比例	紫色土	水稻土	黄壤	石灰(岩)土	红壤	黄棕壤	棕壤	粗骨土	褐土
一等地	面积	12.87	59.81	3.66	1.50	5.42	3.82	0.02	0.21	0.00
	占同土类面积比例	2.39	12.18	1.17	0.77	2.84	2.05	0.04	0.63	0.00
	占同等级耕地比例	13.90	64.59	3.95	1.62	5.85	4.13	0.02	0.23	0.00
二等地	面积	25.95	62.41	8.62	3.98	13.61	4.85	0.19	0.43	0.00
	占同土类面积比例	4.82	12.71	2.75	2.06	7.13	2.60	0.45	1.28	0.00
	占同等级耕地比例	20.77	49.95	6.90	3.18	10.89	3.88	0.15	0.34	0.00
三等地	面积	75.16	87.55	22.61	17.30	26.23	10.53	0.93	2.66	0.62
	占同土类面积比例	13.95	17.83	7.21	8.94	13.74	5.64	2.24	7.96	1.92
	占同等级耕地比例	30.11	35.08	9.06	6.93	10.51	4.22	0.37	1.07	0.25

（续）

耕地质量等级	面积及比例	紫色土	水稻土	黄壤	石灰（岩）土	红壤	黄棕壤	棕壤	粗骨土	褐土
四等地	面积	142.94	97.50	58.06	42.09	36.58	20.24	2.95	3.35	2.05
	占同土类面积比例	26.52	19.85	18.51	21.74	19.16	10.83	7.08	10.02	6.28
	占同等级耕地比例	34.38	23.45	13.97	10.12	8.80	4.87	0.71	0.81	0.49
五等地	面积	120.20	80.04	63.67	46.15	40.35	35.94	5.56	5.82	3.80
	占同土类面积比例	22.30	16.30	20.29	23.84	21.14	19.23	13.33	17.40	11.65
	占同等级耕地比例	28.96	19.28	15.34	11.12	9.72	8.66	1.34	1.40	0.92
六等地	面积	83.33	53.29	70.87	41.14	30.04	37.17	8.49	3.68	7.51
	占同土类面积比例	15.46	10.85	22.59	21.25	15.74	19.89	20.35	11.01	23.02
	占同等级耕地比例	23.81	15.23	20.25	11.75	8.58	10.62	2.43	1.05	2.15
七等地	面积	44.16	28.41	48.12	25.14	19.11	40.72	8.41	4.87	5.91
	占同土类面积比例	8.19	5.78	15.34	12.99	10.01	21.79	20.18	14.57	18.12
	占同等级耕地比例	18.53	11.92	20.19	10.55	8.02	17.09	3.53	2.04	2.48
八等地	面积	20.13	13.68	23.65	11.70	10.17	20.89	7.52	5.67	3.67
	占同土类面积比例	3.74	2.78	7.54	6.04	5.33	11.18	18.04	16.98	11.24
	占同等级耕地比例	16.45	11.18	19.33	9.56	8.31	17.07	6.15	4.64	3.00
九等地	面积	8.73	6.02	7.99	2.92	5.81	8.67	3.70	4.50	1.51
	占同土类面积比例	1.62	1.22	2.55	1.51	3.04	4.64	8.88	13.46	4.64
	占同等级耕地比例	16.62	11.45	15.21	5.55	11.07	16.52	7.05	8.57	2.88
十等地	面积	5.47	2.45	6.50	1.68	3.56	4.03	3.93	2.23	7.54
	占同土类面积比例	1.01	0.50	2.07	0.87	1.86	2.16	9.41	6.69	23.13
	占同等级耕地比例	13.45	6.02	16.00	4.13	8.75	9.93	9.66	5.50	18.56
总计	面积	538.94	491.15	313.74	193.60	190.89	186.88	41.70	33.42	32.62

　　黄壤在西南区分布的数量排在全区第三位，面积 313.74 万 hm²，占到西南区耕地总面积的 14.93%。耕地质量等级以中等级地为主，低等级地次之，高等级地最少，高、中、低等级地面积分别为 34.89 万 hm²、192.60 万 hm² 和 86.26 万 hm²，各占黄壤耕地面积的 11.12%、61.39% 和 27.49%，分别占西南区高、中、低等级耕地总面积的 7.47%、16.31% 和 19.01%。黄壤中也是一至十等地均有分布，其中四、五、六、七等地所占比重较大，面积分别为 58.06 万 hm²、63.67 万 hm²、70.87 万 hm²、48.12 万 hm²，分别占黄壤耕地面积的 18.51%、20.29%、22.59% 和 15.34%，共占到西南区黄壤耕地面积的 76.73%。黄壤中一等地的数量最少，面积 3.66 万 hm²，占黄壤耕地面积的 1.17%。

　　石灰（岩）土在西南区分布的耕地面积为 193.60 万 hm²，占到西南区耕地总面积的 9.21%。耕地质量等级以中等级地为主，低等级地次之，高等级地最少，高、中、低等级地的面积分别为 22.78 万 hm²、129.38 万 hm² 和 41.44 万 hm²，各占石灰（岩）土耕地总面积的 11.77%、66.83% 和 21.40%，分别占西南区高、中、低等级耕地总面积的 4.88%、10.96% 和 9.13%。石灰（岩）土同样一至十等地均有分布，其中四、五、六、七等相对较多，面积分别为 42.09 万 hm²、46.15 万 hm²、41.14 万 hm² 和 25.14 万 hm²，各占石灰

（岩）土耕地面积的 21.74%、23.84%、21.25% 和 12.99%，共占西南区石灰（岩）土耕地面积的 79.81%。石灰（岩）土中一等地和十等地都分别较少，面积分别有 1.50 万 hm²、1.68 万 hm²，分别占石灰（岩）土耕地面积的 0.77% 和 0.87%。

红壤在西南区分布的耕地面积为 190.89 万 hm²，占到西南区耕地总面积的 9.08%。耕地质量等级以中等级地为主，高等级地略高于低等级地，高、中、低等级地的面积分别为 45.26 万 hm²、106.97 万 hm²、38.65 万 hm²，分别占红壤耕地总面积的 23.71%、56.04% 和 20.25%，各占西南区高、中、低等级耕地总面积的 9.69%、9.06% 和 8.52%。红壤中一至十等地均有分布，其中三至七等地相对较多，其面积和比例分别为：三等地 26.23 万 hm²，占红壤耕地面积的 13.74%，占西南区三等地总面积的 10.51%；四等地 36.58 万 hm²，占红壤耕地面积的 19.16%，占西南区四等地总面积的 8.80%；五等地 40.35 万 hm²，占红壤耕地面积的 21.14%，占西南区五等地总面积的 9.72%；六等地 30.04 万 hm²，占红壤耕地面积的 15.74%，占西南区六等地总面积的 8.58%；七等地 19.11 万 hm²，占红壤耕地面积的 10.01%，占西南区七等地总面积的 8.02%。这 5 个等级耕地共占到红壤耕地面积的 79.79%。红壤中十等地的数量最少，面积 3.56 万 hm²，占红壤耕地面积的 1.86%。

黄棕壤在西南区分布的耕地面积 186.88 万 hm²，占西南区耕地面积的 8.89%。耕地质量等级以中、低等级地为主，高等级地较少，高、中、低等地耕地面积 19.21 万 hm²、93.35 万 hm²、74.32 万 hm²，各占黄棕壤耕地总面积的 10.28%、49.95% 和 39.77%，分别占西南区高、中、低等级耕地总面积的 4.11%、7.91% 和 16.38%。黄棕壤上一至十等地均有分布，其中四至八等地相对较多，其面积和比例分别为四等地 20.24 万 hm²，占黄棕壤耕地面积的 10.83%，占西南区四等地总面积的 4.87%；五等地 35.94 万 hm²，占黄棕壤耕地面积的 19.23%，占西南区五等地总面积的 8.66%；六等地 37.17 万 hm²，占黄棕壤耕地面积的 19.89%，占西南区六等地总面积的 10.62%；七等地 40.72 万 hm²，占黄棕壤耕地面积的 21.79%，占西南区七等地总面积的 17.09%；八等地 20.89 万 hm²，占黄棕壤耕地面积的 11.18%，占西南区八等地总面积的 17.07%。这 5 个等级耕地共占黄棕壤耕地面积的 82.92%。黄棕壤上一等地分布最少，面积 3.82 万 hm²，占黄棕壤耕地面积的 2.05%。

棕壤在西南区分布的耕地面积 41.70 万 hm²，占西南区耕地面积的 1.98%。耕地质量等级以低、中等级地为主，高等级地很少，高、中、低等级地的面积分别为 1.14 万 hm²、17.00 万 hm²、23.56 万 hm²，分别占到棕壤耕地总面积的 2.73%、40.77% 和 56.50%，各占西南区高、中、低等级耕地总面积的 0.24%、1.44% 和 5.19%。棕壤中也是一至十等地都有分布，其中一至三等地较少，面积都在 1 万 hm² 以下，占棕壤耕地面积的比例都较小，一、二等地占棕壤耕地面积的比例都在 1% 以下。棕壤中五至八等地分布较多，其面积和比例分别为：五等地 5.56 万 hm²，占棕壤耕地面积的 13.33%，占西南区五等地总面积的 1.34%；六等地 8.49 万 hm²，占棕壤耕地面积的 20.35%，占西南区六等地总面积的 2.43%；七等地 8.41 万 hm²，占棕壤耕地面积的 20.18%，占西南区七等地总面积的 3.53%；八等地 7.52 万 hm²，占棕壤耕地面积的 18.04%，占西南区八等地总面积的 6.15%。这 4 个等级耕地共占棕壤耕地面积的 71.90%。

粗骨土在西南区分布的耕地面积为 33.42hm²，占西南区耕地面积的 1.59%。耕地质量等级以低等级地为主，中等级地次之，而高等级地最少，高、中、低等级地的面积分别为 3.30hm²、12.84hm²、17.28hm²，各占粗骨土耕地总面积的 9.87%、38.43% 和 51.70%，分别占西南区高、中、低等级耕地总面积的0.71%、1.09% 和 3.81%。粗骨土中一至十等地均有分布，其中一、二等分布较少，面积分别为 0.21 万 hm²、0.43 万 hm²，各占粗骨土耕地面积的 0.63% 和 1.28%。粗骨土中四至九等地分布较多，其面积和比例分别为：四等地 3.35 万 hm²，占粗骨土耕地面积的 10.02%，占西南区四等地总面积的 0.81%；五等地 5.82 万 hm²，占粗骨土耕地面积的 17.40%，占西南区五等地总面积的 1.40%；六等地 3.68 万 hm²，占粗骨土耕地面积的 11.01%，占西南区六等地总面积的 1.05%；七等地 4.87 万 hm²，占粗骨土耕地面积的 14.57%，占西南区七等地总面积的 2.04%；八等地 5.67 万 hm²，占粗骨土耕地面积的 16.98%，占西南区八等地总面积的 4.64%；九等地 4.50 万 hm²，占粗骨土耕地面积的 13.46%，占西南区九等地总面积的 8.57%。这 6 个等级耕地共占粗骨土耕地面积的 83.44%。

褐土在西南区分布的耕地面积为 32.62 万 hm²，占西南区耕地总面积的 1.55%。耕地质量等级以低等级地为主，中等级地次之，高等级地最少，高、中、低等级地的耕地面积分别为 0.63 万 hm²、13.36 万 hm²、18.63 万 hm²，各占褐土耕地总面积的 1.92%、40.95%、57.13%，分别占西南区高、中、低等级耕地总面积的 0.13%、1.13% 和 4.11%。褐土中没有一、二等级地分布，其余三至十等地均有分布。其中六等地和十等地的面积较大，分别为 7.51 万 hm²、7.54 万 hm²，各占褐土耕地面积的 23.02% 和 23.13%；其次是七等地，面积 5.91 万 hm²，占褐土耕地面积的 18.12%。另外，五等地和八等地也相对较多，面积分别有 3.80 万 hm²、3.67 万 hm²，各占褐土耕地面积的 11.65% 和 11.24%。

（二）不同土壤类型的耕地质量等级情况

1. 紫色土 紫色土有 3 个亚类，分别是石灰性紫色土、酸性紫色土和中性紫色土。一至十等地在所有紫色土亚类上均有分布，紫色土各亚类耕地质量等级面积与比例见表 3-14。

石灰性紫色土的耕地面积为 226.13 万 hm²，占紫色土土类耕地面积的 41.96%，耕地质量等级各等级均有分布，以中等级地为主，高等级地次之，而低等级地最少，高、中、低等级地的面积分别为 47.88 万 hm²、151.99 万 hm² 和 26.25 万 hm²，分别占石灰性紫色土耕地面积的 21.18%、67.21%、1.61%，各占紫色土土类耕地面积的比例为 8.88%、28.20% 和 4.87%。石灰性紫色土亚类上四等地的数量最多，面积 65.72 万 hm²，占石灰性紫色土耕地面积的 29.06%；其次是五等地，面积 50.74 万 hm²，占石灰性紫色土耕地面积的 22.44%；十等地的数量最少，占石灰性紫色土耕地面积的 0.77%。

表 3-14 西南区紫色土耕地质量等级面积与比例（万 hm²，%）

耕地质量等级	面积及比例	石灰性紫色土	酸性紫色土	中性紫色土
一等地	面积	7.64	2.37	2.86
	占同亚类面积比例	3.38	1.94	1.50
	占同土类面积比例	1.42	0.44	0.53
二等地	面积	10.35	4.94	10.66
	占同亚类面积比例	4.58	4.04	5.60
	占同土类面积比例	1.92	0.92	1.98
三等地	面积	29.89	11.78	33.49
	占同亚类面积比例	13.22	9.63	17.58
	占同土类面积比例	5.55	2.19	6.21

（续）

耕地质量等级	面积及比例	石灰性紫色土	酸性紫色土	中性紫色土
	面积	65.72	26.05	51.18
四等地	占同亚类面积比例	29.06	21.29	26.87
	占同土类面积比例	12.19	4.83	9.50
	面积	50.74	27.68	41.78
五等地	占同亚类面积比例	22.44	22.62	21.94
	占同土类面积比例	9.41	5.14	7.75
	面积	35.53	23.81	23.98
六等地	占同亚类面积比例	15.71	19.46	12.59
	占同土类面积比例	6.59	4.42	4.45
	面积	15.87	14.14	14.15
七等地	占同亚类面积比例	7.02	11.56	7.43
	占同土类面积比例	2.94	2.62	2.63
	面积	5.66	6.80	7.67
八等地	占同亚类面积比例	2.51	5.56	4.03
	占同土类面积比例	1.05	1.26	1.42
	面积	2.97	2.90	2.85
九等地	占同亚类面积比例	1.32	2.37	1.50
	占同土类面积比例	0.55	0.54	0.53
	面积	1.74	1.88	1.84
十等地	占同亚类面积比例	0.77	1.54	0.97
	占同土类面积比例	0.32	0.35	0.34
	面积	226.13	122.35	190.46
合计	占同亚类面积比例	100	100	100
	占同土类面积比例	41.96	22.70	35.34

　　酸性紫色土的耕地面积为122.35万 hm²，占紫色土土类耕地面积的22.70%，耕地质量等级以中等级地为主，低等级地次之，高等级地最少，高、中、低等级地的面积分别为19.09万 hm²、77.54万 hm²和25.72万 hm²，占酸性紫色土耕地面积的比例分别为15.61%、63.37%、21.02%，各占紫色土土类耕地面积的比例分别为3.54%、14.39%和4.77%。酸性紫色土亚类上五等地的数量最多，面积27.68万 hm²，占酸性紫色土耕地面积的22.62%；其次是四等地，面积26.05万 hm²，占酸性紫色土耕地面积的21.29%；十等地的数量最少，占酸性紫色土耕地面积的1.54%。

　　中性紫色土的耕地面积为190.46万 hm²，占紫色土土类耕地面积的35.34%，一至十等地也均有分布，耕地质量等级以中等级地为主，高等级地次之，而低等级地最少，高、中、低等级地的面积分别为47.01万 hm²、116.94万 hm²和26.51万 hm²，占中性紫色土耕地面积的比例分别为24.68%、61.40%和13.92%，各占紫色土土类耕地面积的比例为8.72%、21.70%和4.92%。中性紫色土亚类上四、五等地的数量较多，面积分别为51.18

万 hm² 和 41.78 万 hm²，共占中性紫色土耕地面积的 48.81%；十等地的数量最少，占中性紫色土耕地面积的 0.97%。

2. 水稻土 水稻土共有 6 个亚类，分别为漂洗水稻土、潜育水稻土、渗育水稻土、脱潜水稻土、淹育水稻土和潴育水稻土。一至十等地在所有水稻土亚类上均有分布，水稻土各亚类耕地质量等级面积与比例见表 3-15。

漂洗水稻土的耕地面积为 3.26 万 hm²，占水稻土土类耕地面积的 0.66%，耕地质量等级以中、低等级地为主，高等级地最少，高、中、低等级地的面积分别为 0.84 万 hm²、1.44 万 hm² 和 0.98 万 hm²，占漂洗水稻土耕地面积的比例分别为 25.69%、44.28% 和 30.03%，各占水稻土土类耕地面积的比例分别为 0.17%、0.29% 和 0.20%。漂洗水稻土亚类上七等地和六等地的数量较多，面积分别为 0.72 万 hm² 和 0.68 万 hm²，共占到漂洗水稻土耕地面积的 42.82%；十等地的数量最少，占漂洗水稻土耕地面积的 0.30%。

潜育水稻土的耕地面积为 16.13 万 hm²，占水稻土土类耕地面积的 3.28%，耕地质量等级以高、中等级地为主，低等级地最少，高、中、低等级地的面积分别为 7.48 万 hm²、6.98 万 hm² 和 1.67 万 hm²，占潜育水稻土耕地面积的比例分别为 46.39%、43.28% 和 10.32%，各占水稻土土类耕地面积的比例分别为 1.52%、1.42% 和 0.34%。潜育水稻土亚类上二等地的数量最多，面积 3.34 万 hm²，占潜育水稻土耕地面积的 20.69%；其次是五等地，面积 2.90 万 hm²，占潜育水稻土耕地面积的 17.99%；十等地的数量最少，占潜育水稻土耕地面积的 0.27%。

渗育水稻土的耕地面积为 166.92 万 hm²，占水稻土土类耕地面积的 33.98%，耕地质量等级以中、高等级地为主，低等级地最少，高、中、低等级地的面积分别为 68.92 万 hm²、84.44 万 hm² 和 13.55 万 hm²，占渗育水稻土耕地面积的比例分别为 41.29%、50.59% 和 8.12%，各占水稻土土类耕地面积的比例分别为 14.03%、17.19% 和 2.76%。渗育水稻土亚类上四等地的数量最多，面积 37.70 万 hm²，占渗育水稻土耕地面积的 22.59%；十等地的数量最少，占渗育水稻土耕地面积的 0.44%。

表 3-15 西南区水稻土耕地质量等级面积与比例（万 hm²，%）

耕地质量等级	面积及比例	漂洗水稻土	潜育水稻土	渗育水稻土	脱潜水稻土	淹育水稻土	潴育水稻土
一等地	面积	0.13	2.27	27.42	0.59	7.86	21.54
	占同亚类面积比例	3.94	14.10	16.43	14.83	7.00	11.42
	占同土类面积比例	0.03	0.46	5.58	0.12	1.60	4.39
二等地	面积	0.55	3.34	12.15	1.01	9.78	35.59
	占同亚类面积比例	16.96	20.69	7.28	25.37	8.71	18.86
	占同土类面积比例	0.11	0.68	2.47	0.21	1.99	7.25
三等地	面积	0.16	1.87	29.35	0.70	21.12	34.35
	占同亚类面积比例	4.79	11.60	17.59	17.69	18.81	18.21
	占同土类面积比例	0.03	0.38	5.98	0.14	4.30	6.99
四等地	面积	0.23	2.68	37.70	0.67	23.54	32.68
	占同亚类面积比例	7.02	16.60	22.59	16.85	20.98	17.33
	占同土类面积比例	0.05	0.55	7.68	0.14	4.79	6.65

（续）

耕地质量等级	面积及比例	漂洗水稻土	潜育水稻土	渗育水稻土	脱潜水稻土	淹育水稻土	潴育水稻土
五等地	面积	0.54	2.90	28.94	0.64	22.79	24.23
	占同亚类面积比例	16.44	17.99	17.34	16.02	20.30	12.85
	占同土类面积比例	0.11	0.59	5.89	0.13	4.64	4.93
六等地	面积	0.68	1.40	17.80	0.14	13.79	19.48
	占同亚类面积比例	20.82	8.69	10.66	3.46	12.29	10.33
	占同土类面积比例	0.14	0.29	3.62	0.03	2.81	3.97
七等地	面积	0.72	1.07	7.98	0.16	7.17	11.30
	占同亚类面积比例	22.00	6.63	4.78	4.03	6.39	5.99
	占同土类面积比例	0.15	0.22	1.63	0.03	1.46	2.30
八等地	面积	0.17	0.40	3.37	0.05	3.62	6.06
	占同亚类面积比例	5.35	2.47	2.02	1.21	3.23	3.21
	占同土类面积比例	0.04	0.08	0.69	0.01	0.74	1.23
九等地	面积	0.08	0.15	1.46	0.01	1.81	2.50
	占同亚类面积比例	2.38	0.95	0.87	0.35	1.61	1.33
	占同土类面积比例	0.01	0.02	0.14	0.00	0.15	0.25
十等地	面积	0.01	0.04	0.74	0.01	0.76	0.89
	占同亚类面积比例	0.30	0.27	0.44	0.19	0.67	0.47
	占同土类面积比例	0.00	0.01	0.15	0.00	0.15	0.18
合计	面积	3.26	16.13	166.92	3.98	112.23	188.64
	占同亚类面积比例	100	100	100	100	100	100
	占同土类面积比例	0.66	3.28	33.98	0.81	22.85	38.41

　　脱潜水稻土的耕地面积为 3.98 万 hm²，占水稻土土类耕地面积的 0.81%，耕地质量等级以高等级地为主，中等级地次之，低等级地最少，高、中、低等级地的面积分别为 2.30 万 hm²、1.44 万 hm² 和 0.23 万 hm²，占脱潜水稻土耕地面积的比例分别为 57.89%、36.33% 和 5.78%，各占水稻土土类耕地面积的比例分别为 0.47%、0.29% 和 0.05%。脱潜水稻土亚类上二等地的数量最多，面积 1.01 万 hm²，占脱潜水稻土耕地面积的 25.37%；十等地的数量最少，占脱潜水稻土耕地面积的 0.19%。

　　淹育水稻土的耕地面积为 112.23 万 hm²，占水稻土土类耕地面积的 22.85%，耕地质量等级以中、高等级地为主，低等级较少，高、中、低等级地的面积分别为 38..75 万 hm²、60.12 万 hm² 和 13.36 万 hm²，占淹育水稻土耕地面积的比例分别为 34.53%、53.56% 和 11.90%，各占水稻土土类耕地面积的比例分别为 7.89%、12.24% 和 2.72%。淹育水稻土亚类上四、五等地的数量较多，面积分别为 23.54 万 hm² 和 22.79 万 hm²，共占到淹育水稻土耕地面积的 41.28%；十等地的数量最少，占淹育水稻土耕地面积的 0.67%。

　　潴育水稻土的耕地面积为 188.64 万 hm²，占水稻土土类耕地面积的 38.41%，耕地质量等级以高、中等级地为主，低等级地较少，高、中、低等级地的面积分别为 91.48 万 hm²、76.40 万 hm² 和 20.76 万 hm²，占潴育水稻土耕地面积的比例分别为 48.49%、

40.50%、11.01%，各占水稻土土类耕地面积的比例分别为 18.63%、15.56% 和 4.23%。潴育水稻土亚类上二、三等地的数量较多，面积分别为 35.59 万 hm² 和 34.35 万 hm²，共占到潴育水稻土耕地面积的 37.07%；十等地的数量最少，占潴育水稻土耕地面积的 0.47%。

3. 黄壤 黄壤有 3 个亚类，分别是典型黄壤、黄壤性土和漂洗黄壤。黄壤各亚类耕地质量等级面积与比例见表 3-16。

典型黄壤的耕地面积为 279.44 万 hm²，占黄壤土类耕地面积的 89.07%，耕地质量等级以中等级地为主，低等级地次之，高等级地最少，高、中、低等级地的面积分别为 28.51 万 hm²、175.64 万 hm² 和 75.29 万 hm²，占典型黄壤耕地面积的比例分别为 10.20%、62.85% 和 26.94%，各占黄壤土类耕地总面积的比例分别为 9.09%、55.98% 和 24.00%。典型黄壤亚类上一至十等地均有分布。其中，六等地和五等地的数量较多，面积分别为 65.19 万 hm² 和 57.82 万 hm²，共占到典型黄壤耕地面积的 44.02%；一等地的数量最少，占典型黄壤耕地面积的 1.06%。

黄壤性土的耕地面积为 32.96 万 hm²，占黄壤土类耕地面积的 10.51%，耕地质量等级以中、低等级地为主，高等级地最少，高、中、低等级地的面积分别为 6.14 万 hm²、16.00 万 hm² 和 10.82 万 hm²，占黄壤性土耕地面积的比例分别为 18.63%、48.55% 和 32.82%，各占黄壤土类耕地总面积的比例分别为 1.96%、5.10% 和 3.45%。黄壤性土亚类上一至十等地均有分布。其中，七等地、五等地、六等地和四等地的数量都较多，面积分别有 5.48 万 hm²、5.45 万 hm²、5.38 万 hm² 和 5.18 万 hm²，共占到黄壤性土耕地面积的 65.17%；十等地的数量最少，占黄壤性土耕地面积的 1.58%。

表 3-16　西南区黄壤耕地质量等级面积与比例（万 hm²，%）

耕地质量等级	面积及比例	典型黄壤	黄壤性土	漂洗黄壤
一等地	面积	2.97	0.69	0.00
	占同亚类面积比例	1.06	2.08	0.00
	占同土类面积比例	0.95	0.22	0.00
二等地	面积	7.57	1.06	0.00
	占同亚类面积比例	2.71	3.20	0.13
	占同土类面积比例	2.41	0.34	0.00
三等地	面积	17.97	4.40	0.23
	占同亚类面积比例	6.43	13.34	17.50
	占同土类面积比例	5.73	1.40	0.07
四等地	面积	52.63	5.18	0.26
	占同亚类面积比例	18.83	15.70	19.30
	占同土类面积比例	16.77	1.65	0.08
五等地	面积	57.82	5.45	0.39
	占同亚类面积比例	20.69	16.53	29.28
	占同土类面积比例	18.43	1.74	0.13

（续）

耕地质量等级	面积及比例	典型黄壤	黄壤性土	漂洗黄壤
六等地	面积	65.19	5.38	0.30
	占同亚类面积比例	23.33	16.33	22.38
	占同土类面积比例	20.78	1.72	0.10
七等地	面积	42.52	5.48	0.12
	占同亚类面积比例	15.22	16.61	9.05
	占同土类面积比例	13.55	1.75	0.04
八等地	面积	20.23	3.39	0.03
	占同亚类面积比例	7.24	10.28	2.37
	占同土类面积比例	6.45	1.08	0.01
九等地	面积	6.56	1.43	0.00
	占同亚类面积比例	2.35	4.34	0.00
	占同土类面积比例	2.09	0.46	0.00
十等地	面积	5.98	0.52	0.00
	占同亚类面积比例	2.14	1.58	0.00
	占同土类面积比例	1.91	0.17	0.00
合计	面积	279.44	32.96	1.34
	占同亚类面积比例	100	100	100
	占同土类面积比例	89.07	10.51	0.43

漂洗黄壤的耕地面积为 1.34 万 hm^2，占黄壤土类耕地面积的 0.43%，耕地质量等级以中等级地为主，高、低等级地较少，高、中、低等级地的面积分别为 0.24 万 hm^2、0.95 万 hm^2 和 0.15 万 hm^2，占漂洗黄壤耕地面积的比例分别为 17.62%、70.95% 和 11.42%，各占黄壤土类耕地总面积的比例分别为 0.08%、0.30% 和 0.05%。漂洗黄壤亚类上没有一、九、十等地分布。其中，五、六等地的数量较多，面积分别为 0.39 万 hm^2 和 0.30 万 hm^2，共占到漂洗黄壤耕地面积的 51.65%；二等地的数量极少，从数量上看基本可忽略不计。

4. 石灰（岩）土 石灰（岩）土有 4 个亚类，分别为黑色石灰土、红色石灰土、黄色石灰土和棕色石灰土，所有亚类均有一至十等地分布，各亚类耕地质量等级面积与比例见表 3-17。

黑色石灰土的耕地面积 32.01 万 hm^2，占石灰（岩）土土类耕地面积的 16.53%。耕地质量等级以中等级地为主，低等级地次之，高等级地最少，高、中、低等级地的面积分别为 1.86 万 hm^2、21.72 万 hm^2 和 8.49 万 hm^2，占黑色石灰土耕地面积的比例分别为 5.62%、67.86% 和 26.52%，各占石灰（岩）土土类耕地面积的比例分别为 0.93%、11.22% 和 4.38%。黑色石灰土亚类上六等地和五等地的数量较多，面积分别为 8.92 万 hm^2 和 6.89 万 hm^2，共占到黑色石灰土耕地面积的 49.40%；一等地的数量最少，占黑色石灰土耕地面积的 0.19%。

红色石灰土的耕地面积为 12.12 万 hm^2，占石灰（岩）土土类耕地面积的 6.26%。耕地质量等级以中等级地为主，低等级地次之，高等级地最少，高、中、低等级地的面积分别为 1.26 万 hm^2、6.15 万 hm^2 和 4.72 万 hm^2，占红色石灰土耕地面积的比例分别为 10.37%、50.72% 和 38.91%，各占石灰（岩）土土类耕地面积的比例分别为 0.65%、

3.18%和2.44%。红色石灰土亚类上六等地的数量最多，面积2.93万 hm^2，占红色石灰土耕地面积的24.14%；其次是七等地和五等地，面积分别为1.99万 hm^2 和1.98万 hm^2，各占红色石灰土耕地面积的16.41%和16.33%；一等地的数量最少，占红色石灰土耕地面积的0.80%。

黄色石灰土的耕地面积为120.09万 hm^2，占石灰（岩）土土类耕地面积的62.03%。耕地质量等级以中等级地为主，低、高等级地较少，高、中、低等级地的面积分别为15.00万 hm^2、84.34万 hm^2 和20.74万 hm^2，占黄色石灰土耕地面积的比例分别为12.49%、70.23%和17.27%，各占石灰（岩）土土类耕地面积的比例分别为7.75%、43.56%和10.72%。黄色石灰土亚类上五等地、四等地和六等地的数量较多，面积分别为30.45万 hm^2、29.44万 hm^2 和24.45万 hm^2，共占到黄色石灰土耕地面积的70.23%；十等地的数量最少，占黄色石灰土耕地面积的0.41%。

表 3-17　西南区石灰（岩）土耕地质量等级面积与比例（万 hm^2，%）

耕地质量等级	面积及比例	黑色石灰土	红色石灰土	黄色石灰土	棕色石灰土
一等地	面积	0.06	0.10	0.92	0.41
	占同亚类面积比例	0.19	0.80	0.77	1.41
	占同土类面积比例	0.03	0.05	0.48	0.21
二等地	面积	0.22	0.59	1.64	1.53
	占同亚类面积比例	0.70	4.84	1.37	5.20
	占同土类面积比例	0.12	0.30	0.85	0.79
三等地	面积	1.51	0.57	12.44	2.78
	占同亚类面积比例	4.72	4.72	10.36	9.45
	占同土类面积比例	0.78	0.30	6.43	1.43
四等地	面积	5.91	1.24	29.44	5.50
	占同亚类面积比例	18.46	10.25	24.51	18.72
	占同土类面积比例	3.05	0.64	15.20	2.84
五等地	面积	6.89	1.98	30.45	6.83
	占同亚类面积比例	21.53	16.33	25.36	23.24
	占同土类面积比例	3.56	1.02	15.73	3.53
六等地	面积	8.92	2.93	24.45	4.84
	占同亚类面积比例	27.87	24.14	20.36	16.48
	占同土类面积比例	4.61	1.51	12.63	2.50
七等地	面积	5.50	1.99	12.85	4.80
	占同亚类面积比例	17.19	16.41	10.70	16.33
	占同土类面积比例	2.84	1.03	6.64	2.48
八等地	面积	2.38	0.86	6.43	2.05
	占同亚类面积比例	7.42	7.06	5.35	6.96
	占同土类面积比例	1.23	0.44	3.32	1.06

（续）

耕地质量等级	面积及比例	黑色石灰土	红色石灰土	黄色石灰土	棕色石灰土
九等地	面积	0.50	0.94	0.98	0.50
	占同亚类面积比例	1.55	7.74	0.81	1.71
	占同土类面积比例	0.26	0.48	0.51	0.26
十等地	面积	0.11	0.93	0.49	0.14
	占同亚类面积比例	0.35	7.70	0.41	0.48
	占同土类面积比例	0.06	0.48	0.25	0.07
合计	面积	32.01	12.12	120.09	29.39
	占同亚类面积比例	100.00	100.00	100.00	100.00
	占同土类面积比例	16.53	6.26	62.03	15.18

棕色石灰土的耕地面积为 29.39 万 hm^2，占石灰（岩）土土类耕地面积的 15.18%。耕地质量等级以中等级地为主，低等级地次之，高等级地最少，高、中、低等级地的面积分别为 4.72 万 hm^2、17.17 万 hm^2 和 7.49 万 hm^2，占棕色石灰土耕地面积的比例分别为 16.06%、58.44% 和 25.49%，各占石灰（岩）土土类耕地面积的比例分别为 2.44%、8.87% 和 3.87%。棕色石灰土亚类上五等地的数量最多，面积 6.83 万 hm^2，占到棕色石灰土耕地面积的 23.24%；十等地的数量最少，占棕色石灰土耕地面积的 0.48%。

5. 红壤 红壤有 4 个亚类，分别为典型红壤、红壤性土、黄红壤和山原红壤。红壤所有亚类均有一至十等地分布，各亚类耕地质量等级面积与比例见表 3-18。

典型红壤的耕地面积 32.07 万 hm^2，占红壤土类耕地面积的 16.80%。耕地质量等级以中等级地为主，高、低等级地基本相当，高、中、低等级地的面积分别为 6.82 万 hm^2、18.49 万 hm^2 和 6.75 万 hm^2，占典型红壤耕地面积的比例分别为 21.27%、57.68%、21.06%，各占红壤土类耕地面积的比例分别为 3.57%、9.69%、3.54%。典型红壤亚类上五等地的数量最多，面积 8.03 万 hm^2，占典型红壤耕地面积的 25.05%；一等地的数量最少，面积 0.37 万 hm^2，占典型红壤耕地面积的 1.16%。

红壤性土的耕地面积为 8.17 万 hm^2，占红壤土类耕地面积的 4.28%。耕地质量等级以中等级地为主，低等级地次之，高等级地较少，高、中、低等级地的面积分别为 1.27 万 hm^2、5.25 万 hm^2 和 1.64 万 hm^2，占红壤性土耕地面积的比例分别为 15.59%、64.31% 和 20.10%，各占红壤土类耕地面积的比例分别为 0.67%、2.75%、0.86%。红壤性土亚类上四、五等地的数量最多，面积分别为 2.03 万 hm^2 和 1.85 万 hm^2，共占到红壤性土耕地面积的 47.44%；九、十等地的数量最少，从数量上看，面积都为 0.06 万 hm^2，占红壤性土耕地面积的 0.74% 和 0.76%。

黄红壤的耕地面积为 70.49 万 hm^2，占红壤土类耕地面积的 36.93%。耕地质量等级以中等级地为主，低等级地次之，高等级地较少，高、中、低等级地的面积分别为 11.72 万 hm^2、36.93 万 hm^2 和 21.84 万 hm^2，占黄红壤耕地面积的比例分别为 16.63%、52.39% 和 30.98%，各占红壤土类耕地面积的比例分别为 6.14%、19.35%、11.44%。黄红壤亚类上五等地的数量最多，面积 13.23 万 hm^2，占黄红壤耕地面积的 18.76%；其次是六等地，面积 12.53 万 hm^2，占黄红壤耕地面积的 17.78%；一等地的数量最少，占黄红壤耕地面积的 1.66%。

　　山原红壤的耕地面积为 80.16 万 hm²，占红壤土类耕地面积的 41.99%。耕地质量等级以中等级地为主，高等级地次之，低等级地最少，高、中、低等级地的面积分别为 25.44 万 hm²、46.29 万 hm² 和 8.42 万 hm²，占山原红壤耕地面积的比例分别为 31.74%、57.75% 和 10.51%，各占红壤土类耕地面积的比例分别为 13.33%、24.25%、4.41%。山原红壤亚类上四、五等地的数量较多，面积分别为 17.78 万 hm² 和 17.24 万 hm²，共占到山原红壤耕地面积的 43.69%；九等地的数量最少，占山原红壤耕地面积的 0.89%。

表 3-18　西南区红壤耕地质量等级面积与比例（万 hm²，%）

耕地质量等级	面积及比例	典型红壤	红壤性土	黄红壤	山原红壤
一等地	面积	0.37	0.11	1.17	3.77
	占同亚类面积比例	1.16	1.32	1.66	4.70
	占同土类面积比例	0.20	0.06	0.61	1.98
二等地	面积	1.77	0.40	3.23	8.20
	占同亚类面积比例	5.54	4.90	4.59	10.23
	占同土类面积比例	0.93	0.21	1.69	4.30
三等地	面积	4.67	0.77	7.32	13.47
	占同亚类面积比例	14.57	9.37	10.39	16.81
	占同土类面积比例	2.45	0.40	3.84	7.06
四等地	面积	5.60	2.03	11.17	17.78
	占同亚类面积比例	17.47	24.83	15.84	22.18
	占同土类面积比例	2.93	1.06	5.85	9.31
五等地	面积	8.03	1.85	13.23	17.24
	占同亚类面积比例	25.05	22.62	18.76	21.51
	占同土类面积比例	4.21	0.97	6.93	9.03
六等地	面积	4.86	1.38	12.53	11.27
	占同亚类面积比例	15.15	16.87	17.78	14.06
	占同土类面积比例	2.55	0.72	6.57	5.90
七等地	面积	4.02	0.98	9.86	4.25
	占同亚类面积比例	12.54	12.04	13.99	5.30
	占同土类面积比例	2.11	0.52	5.17	2.23
八等地	面积	1.54	0.53	5.43	2.66
	占同亚类面积比例	4.82	6.54	7.71	3.32
	占同土类面积比例	0.81	0.28	2.85	1.39
九等地	面积	0.77	0.06	4.28	0.71
	占同亚类面积比例	2.39	0.74	6.07	0.89
	占同土类面积比例	0.40	0.03	2.24	0.37
十等地	面积	0.42	0.06	2.27	0.80
	占同亚类面积比例	1.31	0.76	3.22	1.00
	占同土类面积比例	0.22	0.03	1.19	0.42

（续）

耕地质量等级	面积及比例	典型红壤	红壤性土	黄红壤	山原红壤
合计	面积	32.07	8.17	70.49	80.16
	占同亚类面积比例	100.00	100.00	100.00	100.00
	占同土类面积比例	16.80	4.28	36.93	41.99

6. 黄棕壤 黄棕壤有 3 个亚类，分别为暗黄棕壤、典型黄棕壤和黄棕壤性土。黄棕壤所有亚类均有一至十等地分布，各亚类耕地质量等级面积与比例见表 3-19。

暗黄棕壤的耕地面积 62.65 万 hm^2，占黄棕壤土类耕地面积的 33.52%。耕地质量等级以低等级地为主，中等级地次之，高等级地最少，高、中、低等级地的面积分别为 3.82 万 hm^2、22.99 万 hm^2 和 35.84 万 hm^2，占暗黄棕壤耕地面积的比例分别为 6.10%、36.69%、57.20%，各占黄棕壤土类耕地面积的比例分别为 2.05%、12.30% 和 19.18%。暗黄棕壤亚类上七等地的数量最多，面积 22.91 万 hm^2，占暗黄棕壤耕地面积的 36.58%；其次是六等地，面积 10.87 万 hm^2，占暗黄棕壤耕地面积的 17.34%；一等地的数量最少，占暗黄棕壤耕地面积的 0.80%。

表 3-19 西南区黄棕壤耕地质量等级面积与比例（万 hm^2，%）

耕地质量等级	面积及比例	暗黄棕壤	典型黄棕壤	黄棕壤性土
一等地	面积	0.50	1.62	1.70
	占同亚类面积比例	0.80	1.83	4.82
	占同土类面积比例	0.27	0.87	0.91
二等地	面积	0.88	2.49	1.48
	占同亚类面积比例	1.41	2.80	4.19
	占同土类面积比例	0.47	1.33	0.79
三等地	面积	2.44	5.25	2.84
	占同亚类面积比例	3.90	5.90	8.06
	占同土类面积比例	1.31	2.81	1.52
四等地	面积	3.79	12.31	4.15
	占同亚类面积比例	6.05	13.84	11.76
	占同土类面积比例	2.03	6.59	2.22
五等地	面积	8.33	19.71	7.90
	占同亚类面积比例	13.30	22.15	22.38
	占同土类面积比例	4.46	10.54	4.23
六等地	面积	10.87	18.87	7.43
	占同亚类面积比例	17.34	21.21	21.07
	占同土类面积比例	5.81	10.10	3.98
七等地	面积	22.91	12.10	5.70
	占同亚类面积比例	36.58	13.61	16.16
	占同土类面积比例	12.26	6.48	3.05

（续）

耕地质量等级	面积及比例	暗黄棕壤	典型黄棕壤	黄棕壤性土
八等地	面积	6.87	11.14	2.89
	占同亚类面积比例	10.96	12.52	8.18
	占同土类面积比例	3.68	5.96	1.54
九等地	面积	4.42	3.38	0.88
	占同亚类面积比例	7.05	3.80	2.49
	占同土类面积比例	2.36	1.81	0.47
十等地	面积	1.64	2.09	0.31
	占同亚类面积比例	2.61	2.35	0.88
	占同土类面积比例	0.88	1.12	0.17
合计	面积	62.65	88.95	35.29
	占同亚类面积比例	100.00	100.00	100.00
	占同土类面积比例	33.52	47.60	18.88

典型黄棕壤的耕地面积为 88.95 万 hm²，占黄棕壤土类耕地面积的 47.60%。耕地质量等级以中等级地为主，低等级地次之，高等级地最少，高、中、低等级地的面积分别为 9.36 万 hm²、50.88 万 hm² 和 28.71 万 hm²，占典型黄棕壤耕地面积的比例分别为 10.52%、57.20%、32.27%，各占黄棕壤土类耕地面积的比例分别为 5.01%、27.23% 和 15.36%。典型黄棕壤亚类上五、六等地的数量较多，面积分别为 19.71 万 hm² 和 18.87 万 hm²，共占到典型黄棕壤耕地面积的 43.37%；一等地的数量最少，占典型黄棕壤耕地面积的 1.83%。

黄棕壤性土的耕地面积为 35.29 万 hm²，占黄棕壤土类耕地面积的 18.88%。耕地质量等级以中等级地为主，低等级地次之，高等级地最少，高、中、低等级地的面积分别为 6.03 万 hm²、19.48 万 hm² 和 9.78 万 hm²，占黄棕壤性土耕地面积的比例分别为 17.08%、55.21% 和 27.71%，各占黄棕壤土类耕地面积的比例分别为 3.22%、10.42% 和 5.23%。黄棕壤性土亚类上五、六等地的数量最多，面积分别为 7.90 万 hm² 和 7.43 万 hm²，共占到黄棕壤性土耕地面积的 43.45%；十等地的数量最少，占黄棕壤性土耕地面积的 0.88%。

7. 棕壤 棕壤有 4 个亚类，分别为白浆化棕壤、潮棕壤、典型棕壤和棕壤性土。棕壤各亚类耕地质量等级面积与比例见表 3-20。

白浆化棕壤的耕地面积 0.42 万 hm²，占棕壤土类耕地面积的 1.00%。耕地质量等级以中、低等级地为主，高等级地最少，高、中、低等级地的面积分别为 0.05 万 hm²、0.19 万 hm² 和 0.18 万 hm²，占白浆化棕壤耕地面积的比例分别为 11.75%、44.74%、43.51%，各占棕壤土类耕地面积的比例分别为 0.12%、0.45%、0.43%。白浆化棕壤亚类上没有十等地分布。其中，七等地的数量最多，面积 0.13 万 hm²，占到白浆化棕壤耕地面积的 31.92%；九等地的数量最少，从数量上看基本可忽略不计。

潮棕壤的耕地面积 4.34 万 hm²，占棕壤土类耕地面积的 10.40%。耕地质量等级以低等级地为主，中等级地次之，高等级地最少，高、中、低等级地的面积分别为 0.07 万 hm²、1.66 万 hm² 和 2.61 万 hm²，占潮棕壤耕地面积的比例分别为 1.57%、38.35%、60.08%，各占棕壤土类耕地面积的比例分别为 0.16％、3.99％、6.25％。潮棕壤亚类上没有一等地分布。其中，七等地的数量最多，面积 1.46 万 hm²，占潮棕壤耕地面积的 33.68％；二、三等地的数量很少，各占潮棕壤耕地面积的 0.65％和 0.92％。

　　典型棕壤的耕地面积为 33.14 万 hm²，占棕壤土类耕地面积的 79.46％。耕地质量等级以低等级地为主，中等级地次之，高等级地最少，高、中、低等级地的面积分别为 1.01 万 hm²、13.69 万 hm² 和 18.44 万 hm²，占典型棕壤耕地面积的比例分别为 3.05％、41.32％、55.64％，各占棕壤土类耕地面积的比例分别为 2.42％、32.83％、44.21％。典型棕壤亚类上一至十等地均有分布。其中，六等地的数量最多，面积 6.61 万 hm²，占典型棕壤耕地面积的 19.94％；其次是八等地和七等地，面积分别为 5.91 万 hm² 和 5.81 万 hm²，各占典型棕壤耕地面积的 17.84％和 17.53％；一、二等地的数量很少，分别占典型棕壤耕地面积的 0.03％和 0.43％。

表 3-20　西南区棕壤耕地质量等级面积与比例（万 hm²，％）

耕地质量等级	面积及比例	白浆化棕壤	潮棕壤	典型棕壤	棕壤性土
一等地	面积	0.01	0.00	0.01	0.00
	占同亚类面积比例	1.75	0.00	0.03	0.00
	占同土类面积比例	0.02	0.00	0.02	0.00
二等地	面积	0.02	0.03	0.14	0.00
	占同亚类面积比例	4.15	0.65	0.43	0.00
	占同土类面积比例	0.04	0.07	0.34	0.00
三等地	面积	0.02	0.04	0.86	0.01
	占同亚类面积比例	5.86	0.92	2.59	0.31
	占同土类面积比例	0.06	0.10	2.06	0.03
四等地	面积	0.03	0.18	2.71	0.03
	占同亚类面积比例	6.39	4.17	8.18	0.87
	占同土类面积比例	0.06	0.43	6.50	0.08
五等地	面积	0.06	0.51	4.37	0.61
	占同亚类面积比例	15.35	11.84	13.19	16.04
	占同土类面积比例	0.15	1.23	10.48	1.47
六等地	面积	0.10	0.97	6.61	0.82
	占同亚类面积比例	23.00	22.34	19.94	21.41
	占同土类面积比例	0.23	2.32	15.84	1.96
七等地	面积	0.13	1.46	5.81	1.01
	占同亚类面积比例	31.92	33.68	17.53	26.51
	占同土类面积比例	0.32	3.50	13.93	2.43
八等地	面积	0.04	0.75	5.91	0.82
	占同亚类面积比例	10.47	17.35	17.84	21.37
	占同土类面积比例	0.10	1.80	14.17	1.95

（续）

耕地质量等级	面积及比例	白浆化棕壤	潮棕壤	典型棕壤	棕壤性土
九等地	面积	0.00	0.31	3.01	0.37
	占同亚类面积比例	1.12	7.15	9.09	9.82
	占同土类面积比例	0.01	0.74	7.22	0.90
十等地	面积	0.00	0.08	3.70	0.14
	占同亚类面积比例	0.00	1.89	11.18	3.68
	占同土类面积比例	0.00	0.20	8.88	0.34
合计	面积	0.42	4.34	33.14	3.81
	占同亚类面积比例	100.00	100.00	100.00	100.00
	占同土类面积比例	1.00	10.40	79.46	9.15

棕壤性土的耕地面积为 3.81 万 hm²，占棕壤土类耕地面积的 9.15%。耕地质量等级以低等级地为主，中等级地次之，高等级地最少，高、中、低等级地的面积分别为 0.01 万 hm²、1.46 万 hm² 和 2.34 万 hm²，占典型棕壤耕地面积的比例分别为 0.31%、38.32%、61.38%，各占棕壤土类耕地面积的比例分别为 0.03%、3.50%、5.61%。棕壤性土亚类上没有一、二等地分布。其中，七等地的数量最多，面积 1.01 万 hm²，占棕壤性土耕地面积的 26.51%；其次是六等地和八等地，从数量上看面积均约为 0.82 万 hm²，各占棕壤性土耕地面积的 21.41% 和 21.37%；三、四等地的数量很少，分别占棕壤性土耕地面积的 0.31% 和 0.87%。

8. 粗骨土 粗骨土有 4 个亚类，分别为钙质粗骨土、硅质岩粗骨土、中性粗骨土和酸性粗骨土。粗骨土各亚类耕地质量等级面积与比例见表 3-21。

钙质粗骨土的耕地面积为 6.51 万 hm²，占粗骨土土类耕地面积的 19.48%。耕地质量等级以中、低等级地为主，高等级地较少，高、中、低等级地的面积分别为 0.94 万 hm²、2.97 万 hm² 和 2.60 万 hm²，占钙质粗骨土耕地面积的比例分别为 14.46%、45.65%、39.90%，各占粗骨土土类耕地面积的比例分别为 2.82%、8.89%、7.77%。钙质粗骨土亚类上一至十等地均有分布。其中，五等地的数量最多，面积 1.36 万 hm²，占钙质粗骨土耕地面积的 20.90%；其次是八等地，面积 1.01 万 hm²，占钙质粗骨土耕地面积的 15.48%；一等地的数量最少，占钙质粗骨土耕地面积的 2.19%。

硅质岩粗骨土的耕地面积 3.20 万 hm²，占粗骨土土类耕地面积的 9.57%。耕地质量等级以中、高等级地为主，低等级地最少，高、中、低等级地的面积分别为 1.31 万 hm²、1.42 万 hm² 和 0.47 万 hm²，占硅质岩粗骨土耕地面积的比例分别为 40.97%、44.28%、14.75%，各占粗骨土土类耕地面积的比例分别为 3.92%、4.24%、1.14%。硅质岩粗骨土亚类上没有十等地分布。其余各等级中，三等地的数量最多，面积 1.26 万 hm²，占硅质岩粗骨土耕地面积的 39.44%；其次是五等地，面积 0.95 万 hm²，占硅质岩粗骨土耕地面积的 29.84%；一等地的数量最少，占硅质岩粗骨土耕地面积的 0.20%。

中性粗骨土的耕地面积为 5.70 万 hm²，占粗骨土土类耕地面积的 17.05%。耕地质量等级以低、中等级地为主，高等级地最少，高、中、低等级地的面积分别为 0.36 万 hm²、2.60 万 hm² 和 2.74 万 hm²，占中性粗骨土耕地面积的比例分别为 6.35%、45.65%、47.99%，各占粗骨土土类耕地面积的比例分别为 1.08%、7.79%、8.18%。中性粗骨土亚类上一至十等地均有分布。其中，七等地的数量最多，面积 1.43 万 hm^2，占中性粗骨土耕地面积的 25.13%；其次是五等地，面积 1.18 万 hm^2，占中性粗骨土耕地面积的 20.79%；一等地的数量最少，占中性粗骨土耕地面积的 1.03%。

表 3-21　西南区粗骨土耕地质量等级面积与比例（万 hm^2，%）

耕地质量等级	面积及比例	钙质粗骨土	硅质岩粗骨土	中性粗骨土	酸性粗骨土
一等地	面积	0.14	0.01	0.06	0.00
	占同亚类面积比例	2.19	0.20	1.03	0.02
	占同土类面积比例	0.43	0.02	0.17	0.01
二等地	面积	0.24	0.04	0.12	0.03
	占同亚类面积比例	3.63	1.33	2.09	0.17
	占同土类面积比例	0.71	0.13	0.36	0.09
三等地	面积	0.56	1.26	0.18	0.65
	占同亚类面积比例	8.63	39.44	3.24	3.61
	占同土类面积比例	1.68	3.78	0.55	1.95
四等地	面积	0.84	0.18	0.54	1.80
	占同亚类面积比例	12.83	5.64	9.40	9.97
	占同土类面积比例	2.50	0.54	1.60	5.37
五等地	面积	1.36	0.95	1.18	2.32
	占同亚类面积比例	20.90	29.84	20.79	12.86
	占同土类面积比例	4.07	2.86	3.54	6.93
六等地	面积	0.78	0.28	0.88	1.74
	占同亚类面积比例	11.91	8.79	15.46	9.67
	占同土类面积比例	2.32	0.84	2.64	5.21
七等地	面积	0.87	0.36	1.43	2.20
	占同亚类面积比例	13.44	11.21	25.13	12.23
	占同土类面积比例	2.62	1.07	4.29	6.59
八等地	面积	1.01	0.07	0.90	3.70
	占同亚类面积比例	15.48	2.24	15.71	20.54
	占同土类面积比例	3.02	0.21	2.68	11.07
九等地	面积	0.34	0.04	0.30	3.82
	占同亚类面积比例	5.20	1.31	5.22	21.22
	占同土类面积比例	1.01	0.13	0.89	11.44
十等地	面积	0.38	0.00	0.11	1.75
	占同亚类面积比例	5.78	0.00	1.93	9.71
	占同土类面积比例	1.12	0.00	0.33	5.23
合计	面积	6.51	3.20	5.70	18.01
	占同亚类面积比例	100.00	100.00	100.00	100.00
	占同土类面积比例	19.48	9.57	17.05	53.90

酸性粗骨土的耕地面积为 18.01 万 hm²，占粗骨土土类耕地面积的 53.90%。耕地质量等级以低等级地为主，中等级地次之，高等级地最少，高、中、低等级地的面积分别为 0.69 万 hm²、5.85 万 hm² 和 11.47 万 hm²，占酸性粗骨土耕地面积的比例分别为 3.81%、32.50%、63.69%，各占粗骨土土类耕地面积的比例分别为 2.05%、17.52%、34.33%。酸性粗骨土亚类上一至十等地均有分布，但从数量上看，一等地分布的面积基本可忽略不计。其余各等级中，九等地和八等地的数量相对较多，面积分别为 3.82 万 hm² 和 3.70 万 hm²，共占酸性粗骨土耕地面积的 41.76%；二等地的数量也很少，占酸性粗骨土耕地面积的 0.17%。

9. 褐土 褐土共有 6 个亚类，分别为典型褐土、褐土性土、淋溶褐土、塿土、石灰性褐土和燥褐土。褐土各亚类耕地质量等级面积与比例见表 3-22，其中塿土的面积很小，从数量上看基本可忽略不计。

典型褐土的耕地面积 10.01 万 hm²，占褐土土类耕地面积的 30.68%。耕地质量等级以中等级地为主，低等级地次之，高等级地最少，高、中、低等级地的面积分别为 0.39 万 hm²、5.37 万 hm² 和 4.24 万 hm²，占典型褐土耕地面积的比例分别为 3.90%、53.71%、42.39%，各占褐土土类耕地面积的比例分别为 1.20%、16.48%、13.01%。典型褐土亚类上没有一等地分布，并且二等地的面积很小，从数量上可忽略不计。其余各等级中，六等地的数量最多，面积 2.66 万 hm²，占典型褐土耕地面积的 26.62%；三等地的数量最少，占典型褐土耕地面积的 3.89%。

褐土性土的耕地面积 10.02 万 hm²，占褐土土类耕地面积的 30.72%。耕地质量等级以低等级地为主，中等级地次之，高等级地最少，高、中、低等级地的面积分别为 0.16 万 hm²、3.78 万 hm² 和 6.08 万 hm²，占褐土性土耕地面积的比例分别为 1.60%、37.74%、60.65%，各占褐土土类耕地面积的比例分别为 0.49%、11.60%、18.63%。褐土性土亚类上没有一、二等地分布。其余各等级中，十等地和六等地的数量较多，面积分别为 2.44 万 hm² 和 2.11 万 hm²，共占到褐土性土耕地面积的 45.36%；三等地的数量最少，占褐土性土耕地面积的 1.60%。

淋溶褐土的耕地面积为 2.95 万 hm²，占褐土土类耕地面积的 9.05%。耕地质量等级以低等级地为主，中等级地次之，高等级地最少，高、中、低等级地的面积分别为 0.00 万 hm²、1.17 万 hm² 和 1.78 万 hm²，占淋溶褐土耕地面积的比例分别为 0.06%、39.65%、60.29%，各占褐土土类耕地面积的比例分别为 0.01%、3.59%、5.46%，从数量上看高等级地基本可忽略不计。淋溶褐土亚类上没有一、二等地分布，并且三等地的面积极少，从数量上看可忽略不计。其余各等级中，八等地的数量最多，面积 0.88 万 hm²，占淋溶褐土耕地面积的 29.74%；其次是七等地和六等地，面积分别为 0.78 万 hm² 和 0.64 万 hm²，各占淋溶褐土耕地面积的 26.40% 和 21.66%；十等地的数量最少，占淋溶褐土耕地面积的 0.84%。

表 3-22　西南区褐土耕地质量等级面积与比例（万 hm²，%）

耕地质量等级	面积及比例	典型褐土	褐土性土	淋溶褐土	塿土	石灰性褐土	燥褐土
一等地	面积	0.00	0.00	0.00	0.00	0.00	0.00
	占同亚类面积比例	0.00	0.00	0.00	0.00	0.00	0.00
	占同土类面积比例	0.00	0.00	0.00	0.00	0.00	0.00

（续）

耕地质量等级	面积及比例	典型褐土	褐土性土	淋溶褐土	塿土	石灰性褐土	燥褐土
二等地	面积	0.00	0.00	0.00	0.00	0.00	0.00
	占同亚类面积比例	0.01	0.00	0.00	0.00	0.00	0.00
	占同土类面积比例	0.00	0.00	0.00	0.00	0.00	0.00
三等地	面积	0.39	0.16		0.00	0.07	0.00
	占同亚类面积比例	3.89	1.60	0.06	0.00	0.77	0.00
	占同土类面积比例	1.19	0.49	0.01	0.00	0.23	0.00
四等地	面积	1.18	0.50	0.14	0.00	0.21	0.00
	占同亚类面积比例	11.83	5.04	4.80	0.00	2.24	14.43
	占同土类面积比例	3.63	1.55	0.43	0.00	0.66	0.01
五等地	面积	1.53	1.17	0.39	0.00	0.71	0.00
	占同亚类面积比例	15.26	11.69	13.18	100.00	7.36	0.00
	占同土类面积比例	4.68	3.59	1.19	0.01	2.17	0.00
六等地	面积	2.66	2.11	0.64	0.00	2.08	0.02
	占同亚类面积比例	26.62	21.02	21.66	0.00	21.61	85.57
	占同土类面积比例	8.17	6.46	1.96	0.00	6.36	0.07
七等地	面积	1.85	1.80	0.78	0.00	1.48	0.00
	占同亚类面积比例	18.51	17.95	26.40	0.00	15.42	0.00
	占同土类面积比例	5.68	5.51	2.39	0.00	4.54	0.00
八等地	面积	0.69	1.26	0.88	0.00	0.84	0.00
	占同亚类面积比例	6.87	12.61	29.74	0.00	8.71	0.00
	占同土类面积比例	2.11	3.88	2.69	0.00	2.57	0.00
九等地	面积	0.41	0.58	0.10	0.00	0.43	0.00
	占同亚类面积比例	4.08	5.75	3.31	0.00	4.47	0.00
	占同土类面积比例	1.25	1.77	0.30	0.00	1.32	0.00
十等地	面积	1.29	2.44	0.02	0.00	3.79	0.00
	占同亚类面积比例	12.93	24.34	0.84	0.00	39.43	0.00
	占同土类面积比例	3.97	7.48	0.08	0.00	11.61	0.00
合计	面积	10.01	10.02	2.95	0.00	9.60	0.03
	占同亚类面积比例	100.00	100.00	100.00	100.00	100.00	100.00
	占同土类面积比例	0.31	0.31	0.09	0.00	0.29	0.00

石灰性褐土的耕地面积 9.60 万 hm²，占褐土土类耕地面积的 9.60%。耕地质量等级以低等级地为主，中等级地次之，高等级地最少，高、中、低等级地的面积分别为 0.07 万 hm²、3.00 万 hm² 和 6.53 万 hm²，占石灰性褐土耕地面积的比例分别为 0.77%、31.20%、68.03%，各占褐土土类耕地面积的比例分别为 0.23%、9.19%、20.03%。石灰性褐土亚类上没有一、二等地分布。其中，八等地的数量最多，面积 3.79 万 hm²，占石灰性褐土耕地面积的 39.43%；三等地的数量最少，占石灰性褐土耕地面积的 0.77%。

燥褐土的耕地面积 0.03 万 hm²，占褐土土类耕地面积的 0.08%。耕地质量等级均为中等级地，只有四等地和六等地两个等级，而且四等地的面积极小，基本可忽略不计。

第二节　一等地耕地质量等级特征

一、一等地分布特征

（一）区域分布

西南区一等地耕地面积 92.60 万 hm²，占西南区耕地面积的 4.41%。从二级农业区看，主要集中在四川盆地农林区，该二级农业区分布的一等地占到西南区一等地总面积的 65.70%；其次是川滇高原山地林农牧区，该二级农业区分布的一等地占到西南区一等地总面积的 12.84%。另外，秦岭大巴山林农区、渝鄂湘黔边境山地林农牧区和黔桂高原山地林农牧区分布的一等地分别占到西南区一等地总面积的 9.88%、6.92% 和 4.66%。

从评价区来看，甘肃评价区没有一等地分布，其余各评价区均有一等地分布。从数量上看，四川评价区一等地最多，面积 57.79 万 hm²，占四川评价区耕地总面积的 8.83%，也占到西南区一等地总面积的 62.40%；广西评价区一等地最少，面积 0.56 万 hm²，占广西评价区耕地总面积的 1.36%，占西南区一等地总面积的 0.60%。从一等地占各评价区耕地总面积的比例看，陕西评价区一等地分布的数量虽然相对较少，面积 8.69 万 hm²，但占陕西评价区耕地总面积的比例为 9.28%，是西南区各评价区中一等地占比最大的评价区，其一等地面积占西南区一等地总面积的 9.38%；贵州评价区一等地 2.61 万 hm²，占贵州评价区耕地总面积的 0.58%，是西南区各评价区中一等地占比最小的省份，其一等地面积占西南区一等地总面积的 2.82%。其他评价区中，湖北评价区一等地 1.38 万 hm²，占湖北评价区耕地总面积的 1.28%，占西南区一等地总面积的 1.49%；湖南评价区一等地 4.47 万 hm²，占湖南评价区耕地总面积的 5.89%，占西南区一等地总面积的 4.83%；云南评价区一等地 10.36 万 hm²，从数量上看，位列西南区第二，占云南评价区耕地总面积的 2.84%，占西南区一等地总面积的 11.19%；重庆评价区一等地 6.74 万 hm²，占重庆评价区耕地总面积的 2.77%，占西南区一等地总面积的 7.28%。

从市（州）情况来看，一等地在四川省成都市、绵阳市、德阳市、乐山市、凉山彝族自治州、泸州市、眉山市，湖北省常德市、怀化市，陕西省汉中市，云南省大理白族自治州、昆明市、丽江市、丽江市、昭通市，以及重庆市等市（州）分布较多（表 3-23）。

表 3-23　西南区一等地面积与比例（万 hm²，%）

评价区	市（州）名称	面积	比例
甘肃评价区		0.00	0.00
	定西市	0.00	0.00
	甘南藏族自治州	0.00	0.00
	陇南市	0.00	0.00
广西评价区		0.56	1.36
	百色市	0.34	2.47

（续）

评价区	市（州）名称	面积	比例
广西评价区	河池市	0.22	0.97
	南宁市	0.00	0.00
贵州评价区		2.61	0.58
	安顺市	0.53	1.80
	毕节市	0.18	0.18
	贵阳市	0.91	3.39
	六盘水市	0.00	0.00
	黔东南苗族侗族自治州	0.03	0.07
	黔南布依族苗族自治州	0.28	0.58
	黔西南布依族苗族自治	0.34	0.77
	铜仁市	0.00	0.00
	遵义市	0.35	0.42
湖北评价区		1.38	1.28
	恩施土家族苗族自治州	0.95	2.10
	省直辖	0.00	0.00
	十堰市	0.02	0.08
	襄阳市	0.05	0.32
	宜昌市	0.36	1.67
湖南评价区		4.47	5.89
	常德市	1.33	27.54
	怀化市	1.66	4.84
	邵阳市	0.06	1.30
	湘西土家族苗族自治州	0.92	4.62
	张家界市	0.49	4.11
陕西评价区		8.69	9.28
	安康市	0.00	0.00
	宝鸡市	0.00	0.00
	汉中市	8.69	25.57
	商洛市	0.00	0.00
四川评价区		57.79	8.83
	巴中市	0.11	0.34
	成都市	22.99	54.42
	达州市	0.18	0.33
	德阳市	11.29	45.14
	甘孜藏族自治州	0.00	0.00
	广安市	0.00	0.00

（续）

评价区	市（州）名称	面积	比例
四川评价区	广元市	0.15	0.44
	乐山市	5.02	18.36
	凉山彝族自治州	1.53	2.71
	泸州市	1.03	2.52
	眉山市	1.62	6.70
	绵阳市	12.48	28.05
	南充市	0.18	0.33
	内江市	0.05	0.18
	攀枝花市	0.00	0.00
	遂宁市	0.03	0.12
	雅安市	0.05	0.46
	宜宾市	0.59	1.22
	资阳市	0.05	0.12
	自贡市	0.42	1.94
云南评价区		10.36	2.84
	保山市	0.13	1.64
	楚雄州	0.35	0.95
	大理白族自治州	2.09	5.63
	红河州	0.18	1.11
	昆明市	1.88	4.39
	丽江市	1.21	5.91
	怒江州	0.30	5.39
	普洱市	0.01	0.27
	丽江市	2.21	2.67
	文山壮族苗族自治州	0.17	0.53
	玉溪市	0.74	4.86
	昭通市	1.10	1.79
重庆评价区		6.74	2.77
	重庆市	6.74	2.77

（二）土壤类型

紫色土、水稻土、黄壤、石灰（岩）土、红壤、黄棕壤、棕壤、粗骨土以及褐土西南区 9 种主要区域耕地土壤中共有 4.32% 的耕地为一等地。从一等地在 9 种主要土类上的分布情况看，一等地在水稻土上分布的数量最多，面积 59.81 万 hm^2，占到一等地总面积的 64.59%；其次是紫色土，面积 12.87 万 hm^2，占到一等地总面积的 13.90%。这两种土类上分布的一等地占到西南区一等地总面积的 78.49%。其余耕地土壤中，黄壤一等地面积 3.66 万 hm^2，占到一等地总面积的 3.95%；石灰（岩）土一等地面积 1.50 万 hm^2，占到一等地总面积的 1.62%；

红壤一等地面积 5.42 万 hm²，占到一等地总面积的 5.85%；黄棕壤一等地面积 3.82 万 hm²，占到一等地总面积的 4.13%；棕壤一等地面积 0.02 万 hm²，占到一等地总面积的 0.02%；粗骨土一等地面积 0.21 万 hm²，占到一等地总面积的 0.23%；褐土上没有一等地分布。

从 37 个主要亚类来看，一等地在渗育水稻土上分布最多，面积 27.42 万 hm²，占西南区一等地总面积的 29.61%；其次是潴育水稻土，面积 21.54 万 hm²，占到西南区一等地总面积的 23.26%；再次是淹育水稻土，面积 7.86 万 hm²，占到西南区一等地总面积的 8.49%。另外，除褐土的亚类外，还有部分亚类土壤上没有一等地分布。各土类及亚类中一等地的面积与比例如表 3-24 所示。

表 3-24　西南区各土类、亚类一等地面积与比例（万 hm²，%）

土类	亚类	面积	比例
粗骨土		0.21	0.23
	钙质粗骨土	0.14	0.15
	硅质岩粗骨土	0.01	0.01
	酸性粗骨土	0.00	0.00
	中性粗骨土	0.06	0.06
褐土		0.00	0.00
	典型褐土	0.00	0.00
	褐土性土	0.00	0.00
	淋溶褐土	0.00	0.00
	堘土	0.00	0.00
	石灰性褐土	0.00	0.00
	燥褐土	0.00	0.00
红壤		5.42	5.85
	典型红壤	0.37	0.40
	红壤性土	0.11	0.12
	黄红壤	1.17	1.26
	山原红壤	3.77	4.07
黄壤		3.66	3.95
	典型黄壤	2.97	3.21
	黄壤性土	0.69	0.74
	漂洗黄壤	0.00	0.00
黄棕壤		3.82	4.13
	暗黄棕壤	0.50	0.54
	典型黄棕壤	1.62	1.75
	黄棕壤性土	1.70	1.84
石灰（岩）土		1.50	1.62
	黑色石灰土	0.06	0.07

（续）

土类	亚类	面积	比例
	红色石灰土	0.10	0.10
	黄色石灰土	0.92	1.00
	棕色石灰土	0.41	0.45
水稻土		59.81	64.59
	漂洗水稻土	0.13	0.14
	潜育水稻土	2.27	2.46
	渗育水稻土	27.42	29.61
	脱潜水稻土	0.59	0.64
	淹育水稻土	7.86	8.49
	潴育水稻土	21.54	23.26
紫色土		12.87	13.90
	石灰性紫色土	7.64	8.25
	酸性紫色土	2.37	2.56
	中性紫色土	2.86	3.09
棕壤		0.02	0.02
	白浆化棕壤	0.01	0.01
	潮棕壤	0.00	0.00
	典型棕壤	0.01	0.01
	棕壤性土	0.00	0.00

二、一等地属性特征

（一）地形部位

西南区的耕地主要分布在 11 种地形部位上，对不同地形部位上一等地分布的面积及比例进行统计，结果如表 3-25 所示。从表 3-25 中可以发现，一等地主要分布在平原低阶、丘陵下部、宽谷盆地和山间盆地等地形部位上，这 4 种地形部位上分布的一等地共占到西南区一等地总面积的 85.72%。其中，平原低阶上的面积 38.79 万 hm²，占到西南区一等地面积的 41.89%；丘陵下部的面积 17.36% 万 hm²，占到西南区一等地面积的 18.74%；宽谷盆地的面积 14.06 万 hm²，占到西南区一等地面积的 15.19%；山间盆地的面积 9.17 万 hm²，占到西南区一等地面积的 9.90%。

表 3-25　一等地各地形部位的面积与比例

地形部位	面积（万 hm²）	占同地形部位耕地面积比例（%）	占一等地面积比例（%）
宽谷盆地	14.06	21.41	15.19
平原低阶	38.79	78.72	41.89
平原高阶	0.40	13.41	0.43

（续）

地形部位	面积（万 hm²）	占同地形部位耕地面积比例（%）	占一等地面积比例（%）
平原中阶	0.61	15.04	0.66
丘陵上部	0.16	0.33	0.17
丘陵下部	17.36	7.71	18.74
丘陵中部	6.96	1.99	7.51
山地坡上	0.00	0.00	0.00
山地坡下	2.88	1.50	3.11
山地坡中	2.22	0.27	2.40
山间盆地	9.17	5.52	9.90
合计	92.60	4.41	100.00

（二）海拔

西南区地形地貌复杂多样，海拔高度影响耕地的降水、积温等因素的变化，在本次西南区耕地质量等级评价中，将区域内的海拔高度分为≤300m、300～500m、500～800m、800～1 000m、1 000～1 300m、1 300～1 600m、1 600～2 000m、2 000～2 500m、2 500～3 000m，以及＞3 000m共10个级别。对一等地在不同海拔高度上的分布情况进行统计，结果如表3-26所示。从表3-26中可以看出，一等地在500～800m海拔高度区间内的占比最大，面积11.31万 hm²，占到西南区一等地总面积的46.85%，其次是海拔高度300～500m和≤300m区间内一等地的占比也较大，面积分别有27.10万 hm²和4.93万 hm²，分别占西南区一等地总面积的29.27%和5.32%。另外，因西南区地貌主要以山地为主，在海拔高度1 600～2 000m区间内也有一定数量的一等地分布，面积5.38万 hm²，占到西南区一等地总面积的5.81%，这可能与西南区耕地分布的特殊地形条件有关；一等地中没有海拔高度＞3 000m的耕地分布。

表3-26　一等地各海拔高度面积与比例

海拔分级（m）	面积（万 hm²）	占同类别耕地面积比例（%）	占一等地面积比例（%）
≤300	4.93	3.78	5.32
300～500	27.10	5.03	29.27
500～800	43.39	11.31	46.85
800～1 000	2.04	1.05	2.20
1 000～1 300	3.04	1.38	3.28
1 300～1 600	4.06	2.17	4.39
1 600～2 000	5.38	2.22	5.81
2 000～2 500	2.44	1.55	2.64
2 500～3 000	0.23	0.53	0.25
＞3 000	0.00	0.00	0.00
合计	92.60	4.41	4.76

（三）质地与质地构型

西南区耕地质量等级评价中将耕层的土壤质地分为砂土、砂壤、轻壤、中壤、重壤和黏土 6 种，而将质地构型分为薄层型、海绵型、夹层型、紧实型、上紧下松型、上松下紧型和松散型 7 类。一等地的耕层质地与质地构型如表 3-27 所示。一等地的耕层土壤质地主要为中壤。质地为中壤的一等地面积 49.26 万 hm²，占一等地面积的 53.19%，其次是重壤和轻壤，质地为重壤和轻壤的一等地面积分别有 18.56 万 hm² 和 10.53 万 hm²，各占一等地面积的 20.04% 和 11.38%，耕层质地为砂壤和黏土的一等地相对较少，而且没有质地为砂土的一等地。

一等地的质地构型以上松下紧型和紧实型为主。质地构型为上松下紧型的一等地面积 50.22 万 hm²，占到一等地面积的 54.23%；质地构型为紧实型的一等地面积 29.41 万 hm²，占一等地面积的 31.76%，这两种质地类型的一等地共占西南区一等地面积的 85.99%。其余各质地构型的一等地相对都较少。

表 3-27　一等地各耕层质地和质地构型的面积与比例

项目	类型	面积（万 hm²）	占同类型耕地面积比例（%）	占一等地面积比例（%）
耕层质地	黏土	6.76	1.70	7.29
	轻壤	10.53	4.28	11.38
	砂壤	7.49	2.22	8.09
	砂土	0.00	0.00	0.00
	中壤	49.26	7.33	53.19
	重壤	18.56	5.52	20.04
	合计	92.60	4.41	100.00
质地构型	薄层型	0.25	0.17	0.27
	海绵型	1.15	1.58	1.24
	夹层型	3.09	1.68	3.34
	紧实型	29.41	4.77	31.76
	上紧下松型	2.85	1.74	3.08
	上松下紧型	50.22	8.87	54.23
	松散型	5.64	1.58	6.09
	合计	92.60	4.41	100.00

（四）灌排条件

西南区耕地质量等级评价中将灌溉能力和排水能力分为充分满足、满足、基本满足和不满足 4 种类型。一等地不同灌溉能力和排水能力的耕地面积与比例如表 3-28 所示。西南区一等地中没有灌溉能力为不满足的耕地，一等地的灌溉能力主要以满足和充分满足为主。灌溉能力为满足的一等地面积 50.35 万 hm²，占到一等地面积的 54.37%；灌溉能力为充分满足的一等地面积 32.71 万 hm²，占一等地面积的 35.32%。这两种灌溉能力的一等地占到西南区一等地总面积的 89.69%。另外，灌溉能力为基本满足的一等地面积有 9.54 万 hm²，占一等地面积的 10.30%。

表 3-28　一等地各灌排条件的面积与比例

项目	类型	面积（万 hm²）	占同类型耕地面积比例（%）	占一等地面积比例（%）
灌溉能力	充分满足	32.71	13.48	35.32
	满足	50.35	14.32	54.37
	基本满足	9.54	1.62	10.30
	不满足	0.00	0.00	0.00
	合计	92.60	4.41	100.00
排水能力	充分满足	24.34	11.89	26.28
	满足	58.48	7.22	63.15
	基本满足	9.67	1.03	10.45
	不满足	0.12	0.08	0.13
	合计	92.60	4.41	100.00

一等地的排水能力同样以满足和充分满足为主。排水能力为满足的一等地面积 58.48 万 hm²，占一等地面积的 63.15%；排水能力为充分满足的一等地面积 24.34 万 hm²，占一等地面积的 26.28%。这两种排水能力的一等地占到一等地总面积的 89.43%。另外，排水能力为基本满足的一等地也有 9.67 万 hm²，占一等地面积的 10.45%；而且还有 0.12 万 hm²的一等地排水能力不满足。

（五）障碍因素

西南区耕地质量等级评价中将障碍因素分为无障碍因素、瘠薄、酸化、渍潜和障碍层次 5 种类型。通过对相同障碍因素下一等地面积占同类型障碍因素耕地面积比例以及一等地下不同障碍因素耕地面积与比例进行统计，结果如表 3-29 所示，可以看出，一等地以无障碍因素为主。无明显障碍的一等地面积 89.93 万 hm²，占到一等地总面积的 97.11%。但也应看到，一等地中存在着其余 4 种障碍因素，尤以障碍层次类型，面积有 1.81 万 hm²，占到一等地面积的 1.95%。

表 3-29　一等地各障碍因素面积与比例

类型	面积（万 hm²）	占同类型耕地面积比例（%）	占一等地面积比例（%）
无	89.93	5.57	97.11
瘠薄	0.17	0.13	0.18
酸化	0.52	0.65	0.56
障碍层次	1.81	0.72	1.95
渍潜	0.19	0.70	0.20
合计	92.60	4.41	100.00

（六）有效土层厚度

西南区耕地质量等级评价中将有效土层厚度按 100cm 以上为一级，80～100cm 为二级，60～80cm 为三级，40～60cm 为四级，40cm 以下为五级，共为 5 级。对一等地中各级有效土层厚度的面积与比例进行统计，结果如表 3-30 所示。从表 3-30 中可以看出，一等地的有效土层厚度以 60～80cm 和 80～100cm 两级为主，也就是说一等地的有效土层厚度主要在 60～100cm 间。有效土层厚度为 60～80cm 和 80～100cm 的一等地面积分别有 37.96 万 hm²、32.96 万 hm²，各占到一等地面积的 40.99% 和 35.60%。这两种有效土层厚度的一等地占到一等地总面积的 76.59%。一等地中有效土层厚度大于 100cm 的耕地面积有 12.88 万 hm²，占到一等地面积的 13.91%。另外，也有少部分一等地的有效土层厚度处于小于 40cm 和 40～60cm 间。

表 3-30　一等地各级有效土层厚度的面积与比例

有效土层厚度（cm）	面积（万 hm²）	占同级有效土层厚度耕地面积比例（%）	占一等地面积比例（%）
<40	0.87	0.55	0.94
40～60	7.92	1.28	8.56
60～80	37.96	4.81	40.99
80～100	32.96	6.80	35.60
≥100	12.88	24.69	13.91
合计	92.60	4.41	100.00

（七）土壤容重

西南区耕地质量等级评价中将耕层土壤容重分为≤0.90g/cm³、0.90～1.00g/cm³、1.00～1.10g/cm³、1.10～1.25g/cm³、1.25～1..35g/cm³、1.35～1.45g/cm³、1.45～1.55g/cm³，以及>1.55g/cm³ 8 个级别。对一等地中不同级别耕层土壤容重的耕地面积与比例进行统计，结果如表 3-31 所示。可以看出，一等地的耕层土壤容重主要集中在 1.10～1.25g/cm³、1.25～1..35g/cm³ 和 1.35～1.45g/cm³ 3 个级别，一等地在这 3 个级别中分布的耕地面积分别为 33.65 万 hm²、35.38 万 hm²、17.29 万 hm²，各占到一等地面积的 36.33%、38.21% 和 18.67%，共占一等地总面积的 93.21%。其余各级耕层土壤容重的一等地数量相对较少。

表 3-31　一等地土壤容重的面积与比例

土壤容重（g/cm³）	面积（万 hm²）	占同级耕层土壤容重面积比例（%）	占一等地面积比例（%）
≤0.90	0.04	1.65	0.04
0.90～1.00	0.14	1.92	0.16
1.00～1.10	2.74	4.02	2.96
1.10～1.25	33.65	5.07	36.33
1.25～1.35	35.38	4.20	38.21
1.35～1.45	17.29	4.78	18.67
1.45～1.55	2.89	2.45	3.12
>1.55	0.48	1.27	0.51
合计	92.60	4.41	100.00

（八）土壤酸碱度

西南区耕地质量等级评价中将土壤酸碱度分为一级（6.0～7.0）、二级（5.5～6.0，7.0～7.5）、三级（5.0～5.5，7.5～8.0）、四级（4.5～5.0，8.0～8.5）和五级（≤4.5，>

8.5）共 5 个级别。对一等地中不同土壤 pH 分级的耕地面积与比例进行统计，结果如表 3-32 所示。从统计中可以看出，一等地中没有土壤 pH 为五级（≤4.5，>8.5）的耕地，而以土壤 pH 为一级（6.0～7.0）的耕地为主。一等地中土壤 pH 为一级（6.0～7.0）的耕地面积 59.33 万 hm²，占到一等地面积的 64.06%；其次是土壤 pH 为二级（5.5～6.0，7.0～7.5）的耕地，面积 28.49 万 hm²，占一等地面积的 30.76%。这两个土壤 pH 分级的一等地占到西南区一等地总面积的 94.82%。

表 3-32　一等地各土壤 pH 分级的面积与比例

土壤 pH 分级	面积（万 hm²）	占同级土壤 pH 耕地面积比例（%）	占一等地面积比例（%）
一级（6.0～7.0）	59.33	6.08	64.06
二级（5.5～6.0，7.0～7.5）	28.49	4.08	30.76
三级（5.0～5.5，7.5～8.0）	4.38	1.38	4.73
四级（4.5～5.0，8.0～8.5）	0.41	0.37	0.44
五级（≤4.5，>8.5）	0.00	0.00	0.00
合计	92.60	4.41	100.00

（九）土壤养分含量

对一等地中各级土壤有机质及养分含量的耕地面积及比例进行统计，结果如表 3-33 所示。从表 3-33 中可以看出，一等地土壤有机质含量主要以二级（25～35g/kg）和一级（>35g/kg）水平为主，一等地中没有土壤有机含量处于五级（≤10g/kg）水平的耕地分布。有机质含量处于二级（25～35g/kg）水平的一等地面积 61.09 万 hm²，占一等地面积的 65.95%；土壤有机质含量处于一级（>35g/kg）水平的一等地 17.90 万 hm²，占一等地面积的 19.33%。这两种有机质含量水平的一等地占到一等地总面积的 85.27%。另外，有机质含量处于三级（15～25g/kg）水平的一等地也有 13.58 万 hm²，占一等地面积的 14.67%；有机质含量处于四级（10～15g/kg）水平的一等地 0.06 万 hm²，占一等地面积的 0.06%。

表 3-33　一等地各土壤有机质及养分含量的面积与比例（万 hm²，%）

分级	有机质		全氮		有效磷		速效钾	
	面积	比例	面积	比例	面积	比例	面积	比例
一级	17.90	19.33	11.73	12.67	11.41	12.32	17.43	18.83
二级	61.07	65.95	67.14	72.50	35.50	38.33	36.82	39.76
三级	13.58	14.67	12.84	13.87	37.77	40.78	22.73	24.55
四级	0.06	0.06	0.88	0.95	7.90	8.53	12.11	13.08
五级	0.00	0.00	0.01	0.01	0.02	0.03	3.51	3.79

一等地中各土壤全氮含量水平的耕地均存在，主要以二级（1.5～2.0g/kg）水平为主。全氮含量处于二级（1.5～2.0g/kg）水平的一等地有 67.14 万 hm²，占一等地面积的 72.50%。而全氮含量处于一级（>2.0g/kg）水平的一等地 11.73 万 hm²，占一等地面积的 12.67%；全氮含量处于三级（1.0～1.5g/kg）水平的一等地有 12.84 万 hm²，占一等地面积的 13.87%。这 3 个土壤全氮含量水平的一等地占到西南区一等地总面积的 99.03%。另外，全氮含量处于四级（0.5～1.0g/kg）和五级（≤0.5g/kg）水平的一等地较少，共占

一等地总面积的 0.97%。

一等地中土壤有效磷含量以三级（15～25mg/kg）、二级（25～40mg/kg）和一级（>40mg/kg）水平为主，面积分别有 37.77 万 hm²、35.50 万 hm²、11.41 万 hm²，各占到一等地面积的 40.78%、38.33% 和 12.32%。这 3 个有效磷含量水平的一等地共占到一等地总面积的 91.44%。土壤有效磷含量处于四级（5～15mg/kg）和五级（≤5mg/kg）水平的一等地相对较少，共占到一等地总面积的 8.56%。

一等地中土壤速效钾含量以二级（100～150mg/kg）、三级（75～100mg/kg）和一级（>150mg/kg）水平为主。土壤速效钾含量处于二级（100～150mg/kg）水平的一等地 36.82 万 hm²，占一等地总面积的 39.76%；速效钾含量处于三级（75～100mg/kg）水平的一等地占一等地总面积 24.55%；速效钾含量处于一级（>150mg/kg）水平的一等地占一等地总面积的 18.83%。这 3 个土壤速效钾含量水平的一等地占到一等地总面积的 83.13%。土壤速效钾含量处于四级（50～75mg/kg）和五级（≤50mg/kg）水平的一等地分别占一等地总面积的 13.08% 和 3.79%。

（十）生物多样性和农田林网化程度

西南区耕地质量评价中将生物多样性分为丰富、一般和不丰富 3 个水平，而将农田林网化程度分为高、中、低 3 个水平。对一等地中不同生物多样性和农田林网化程度的耕地面积及比例进行统计，结果如表 3-34 所示。从统计结果中可以看出，一等地的生物多样性以一般和丰富为主。生物多样性为一般的一等地面积 56.93 万 hm²，占到一等地面积的 61.48%；生物多样性为丰富的一等地面积 33.29 万 hm²，占到一等地面积的 35.95%。另外，一等地中生物多样性为不丰富的耕地面积 2.33 万 hm²，占到一等地面积的 2.57%。

一等地中农田林网化程度以中、高水平为主。农田林网化程度为高、中水平的一等地面积分别有 27.99 万 hm² 和 40.82 万 hm²，共占到一等地面积的 74.30%。

表 3-34　一等地各生物多样性和农田林网化程度面积与比例

项目	水平	面积（万 hm²）	占同类别耕地面积比例（%）	占一等地面积比例（%）
生物多样性	丰富	33.29	10.08	35.95
	一般	56.93	4.84	61.48
	不丰富	2.38	0.40	2.57
	合计	92.60	4.41	100.00
农田林网化程度	高	27.99	6.12	30.23
	中	40.82	5.67	44.08
	低	23.80	2.57	25.70
	合计	92.60	4.41	100.00

第三节　二等地耕地质量等级特征

一、二等地分布特征

（一）区域分布

西南区二等地面积 124.96 万 hm²，占西南区耕地总面积的 5.95%。从各二级农业区上看，二等地在四川盆地农林区分布的数量最多，面积 47.62 万 hm^2，占到西南区二等地总面积的 38.11%；其次是在川滇高原山地林农牧区，二等地面积 28.31 万 hm^2，占到西南区二等地总面积的 22.66%。其余 3 个二级农业区中，黔桂高原山地林农牧区二等地面积占西南区二等地总面积的 17.50%，渝鄂湘黔边境山地林农牧区二等地面积占西南区二等地总面积的 13.05%，秦岭大巴山林农区二等地面积占西南区二等地总面积的 8.68%。

从评价区来看，甘肃评价区二等地数量最少，面积 0.01 万 hm^2，占甘肃评价区耕地的 0.02%，占西南区二等地总面积的 0.01%；四川评价区二等地数量最多，面积 41.73 万 hm^2，占四川评价区耕地的 6.38%，占西南区二等地总面积的 33.39%。从二等地占各评价区耕地总面积的比例看，湖南评价区中二等地的占比较大，面积 5.98 万 hm^2，占到湖南评价区耕地的 7.87%，占西南区二等地总面积的 4.78%；甘肃评价区中二等地的占比最小。其他评价区中二等地的分布情况如下：广西评价区 2.80 万 hm^2，占广西评价区区耕地的 6.78%，占西南区二等地总面积的 2.24%；贵州评价区 21.30 万 hm^2，占贵州评价区耕地的 4.70%，占西南区二等地总面积的 17.04%；湖北评价区 7.36 万 hm^2，占湖北评价区耕地的 6.79%，占西南区二等地总面积的 5.89%；陕西评价区 3.75 万 hm^2，占陕西评价区耕地的 4.00%，占西南区二等地总面积的 3.00%；云南评价区 26.19 万 hm^2，占云南评价区耕地的 7.18%，占西南区二等地总面积的 20.96%；重庆评价区 15.85 万 hm^2，占重庆评价区耕地的 6.52%，占西南区二等地总面积的 12.68%。

从市（州）情况来看，二等地主要分布于重庆市、成都市、昆明市、黔南布依族苗族自治州、丽江市、眉山市、绵阳市、大理白族自治州、襄阳市、达州市、贵阳市、怀化市、汉中市、宜宾市、黔东南苗族侗族自治州、遵义市、德阳市、安顺市、铜仁市、乐山市、河池市、丽江市、自贡市、凉山彝族自治州、广安市、泸州市、楚雄州、南充市、红河州、恩施土家族苗族自治州、文山壮族苗族自治州、湘西土家族苗族自治州、玉溪市、广元市、十堰市、黔西南布依族苗族自治等市（州）。具体分布情况见表 3-35。

表 3-35 西南区二等地面积与比例（万 hm^2，%）

评价区	市（州）名称	面积	比例
甘肃评价区		0.01	0.02
	定西市	0.00	0.00
	甘南藏族自治州	0.00	0.00
	陇南市	0.01	0.02
广西评价区		2.80	6.78
	百色市	0.41	3.00
	河池市	2.18	9.47
	南宁市	0.21	4.48
贵州评价区		21.30	4.70
	安顺市	2.25	7.67
	毕节市	0.78	0.78
	贵阳市	3.43	12.80

（续）

评价区	市（州）名称	面积	比例
	六盘水市	0.20	0.66
	黔东南苗族侗族自治州	2.67	6.31
	黔南布依族苗族自治州	6.12	12.79
	黔西南布依族苗族自治	1.00	2.25
	铜仁市	2.24	4.63
	遵义市	2.60	3.10
湖北评价区		7.36	6.79
	恩施土家族苗族自治州	1.31	2.89
	省直辖	0.00	0.00
	十堰市	1.03	4.28
	襄阳市	4.23	25.37
	宜昌市	0.79	3.65
湖南评价区		5.98	7.87
	常德市	0.18	3.62
	怀化市	3.43	10.01
	邵阳市	0.48	9.58
	湘西土家族苗族自治州	1.17	5.85
	张家界市	0.73	6.10
陕西评价区		3.75	4.00
	安康市	0.36	0.95
	宝鸡市	0.00	0.23
	汉中市	3.38	9.94
	商洛市	0.00	0.02
四川评价区		41.73	6.38
	巴中市	0.11	0.34
	成都市	6.70	15.86
	达州市	3.68	6.68
	德阳市	2.47	9.88
	甘孜藏族自治州	0.00	0.00
	广安市	1.90	6.17
	广元市	1.03	2.92
	乐山市	2.22	8.14
	凉山彝族自治州	1.97	3.48
	泸州市	1.78	4.33
	眉山市	5.43	22.40
	绵阳市	5.34	12.00

（续）

评价区	市（州）名称	面积	比例
	南充市	1.40	2.62
	内江市	0.98	3.56
	攀枝花市	0.06	0.85
	遂宁市	0.75	2.75
	雅安市	0.18	1.76
	宜宾市	2.99	6.12
	资阳市	0.74	1.71
	自贡市	2.01	9.27
云南评价区		26.19	7.18
	保山市	0.46	5.82
	楚雄州	1.67	4.57
	大理白族自治州	4.72	12.74
	红河州	1.34	8.15
	昆明市	6.30	14.73
	丽江市	2.07	10.15
	怒江州	0.69	12.58
	普洱市	0.07	1.24
	丽江市	5.72	6.92
	文山壮族苗族自治州	1.20	3.62
	玉溪市	1.06	6.90
	昭通市	0.90	1.46
重庆评价区		15.85	6.52
	重庆市	15.85	6.52

（二）土壤类型

紫色土、水稻土、黄壤、石灰（岩）土、红壤、黄棕壤、棕壤、粗骨土以及褐土西南区 9 种主要区域耕地土壤中共有 5.93% 的耕地为二等地，褐土中无二等地分布。从其余 8 种主要土类上看，紫色土中二等地的面积 25.95 万 hm^2，占二等地总面积的 20.77%；水稻土中二等地的面积 62.41 万 hm^2，占二等地总面积的 49.95%；黄壤中二等地的面积 8.62 万 hm^2，占二等地总面积的 6.90%；石灰（岩）土中二等地的面积 3.98 万 hm^2，占二等地总面积的 3.18%；红壤中二等地的面积 13.61 万 hm^2，占二等地总面积的 10.89%；黄棕壤中二等地的面积 4.85 万 hm^2，占二等地总面积的 3.88%；棕壤中二等地的面积 0.19 万 hm^2，占二等地总面积的 0.15%；粗骨土中二等地的面积 0.43 万 hm^2，占二等地总面积的 0.34%。

从 37 个主要亚类来看，二等地在潴育水稻土上分布的数量最多，面积 35.59 万 hm^2，占二等地总面积的 28.48%；其次是渗育水稻土，面积 12.15 万 hm^2，占二等地总面积的 9.73%；中性紫色土和石灰性紫色土分列第三、四位，面积分别有 10.66 万 hm^2 和 10.35 万 hm^2，分别占二等地总面积的 8.53% 和 8.28%。另外，棕壤性土上没有二等地分布，漂洗黄壤亚类上分布的二等地极少，从数量上看，可忽略不计。各土类及亚类中二等地的面积与比例如表 3-36 所示。

表 3-36　各土类、亚类二等地面积与比例（万 hm², ％）

土类	亚类	面积	比例
粗骨土		0.43	0.34
	钙质粗骨土	0.24	0.19
	硅质岩粗骨土	0.04	0.03
	酸性粗骨土	0.03	0.02
	中性粗骨土	0.12	0.10
褐土		0.00	0.00
	典型褐土	0.00	0.00
	褐土性土	0.00	0.00
	淋溶褐土	0.00	0.00
	娄土	0.00	0.00
	石灰性褐土	0.00	0.00
	燥褐土	0.00	0.00
红壤		13.61	10.89
	典型红壤	1.77	1.42
	红壤性土	0.40	0.32
	黄红壤	3.23	2.59
	山原红壤	8.20	6.56
黄壤		8.62	6.90
	典型黄壤	7.57	6.06
	黄壤性土	1.06	0.84
	漂洗黄壤	0.00	0.00
黄棕壤		4.85	3.88
	暗黄棕壤	0.88	0.71
	典型黄棕壤	2.49	1.99
	黄棕壤性土	1.48	1.18
石灰（岩）土		3.98	3.18
	黑色石灰土	0.22	0.18
	红色石灰土	0.59	0.47
	黄色石灰土	1.64	1.31
	棕色石灰土	1.53	1.22
水稻土		62.41	49.95
	漂洗水稻土	0.55	0.44
	潜育水稻土	3.34	2.67
	渗育水稻土	12.15	9.73
	脱潜水稻土	1.01	0.81

（续）

土类	亚类	面积	比例
	淹育水稻土	9.78	7.82
	潴育水稻土	35.59	28.48
紫色土		25.95	20.77
	石灰性紫色土	10.35	8.28
	酸性紫色土	4.94	3.96
	中性紫色土	10.66	8.53
棕壤		0.19	0.15
	白浆化棕壤	0.02	0.01
	潮棕壤	0.03	0.02
	典型棕壤	0.14	0.11
	棕壤性土	0.00	0.00

二、二等地属性特征

（一）地形部位

对二等地分布的地形部位进行统计，结果如表 3-37 所示。从表 3-37 中可以看出，二等地的地形部位主要为丘陵下部、山间盆地、丘陵中部、山地坡中和宽谷盆地，这 5 个地形部位上分布的二等地面积占到西南区二等地总面积的 83.28%。其中，二等地在丘陵下部的面积 31.79 万 hm²，占二等地总面积的 25.44%；山间盆地的面积为 22.43 万 hm²，占二等地总面积的 17.95%；丘陵中部的面积为 20.13 万 hm²，占二等地总面积的 16.11%；山地坡中的面积为 16.35 万 hm²，占二等地总面积的 13.08%；宽谷盆地的面积为 13.38 万 hm²，占二等地总面积的 10.71%。二等地在其余地形部位上也有不等量的分布。

表 3-37　二等地各地形部位面积与比例

地形部位	面积（万 hm²）	占同地形部位耕地面积比例（%）	占二等地面积比例（%）
宽谷盆地	13.38	20.36	10.71
平原低阶	5.32	10.80	4.26
平原高阶	1.47	49.39	1.17
平原中阶	1.65	40.79	1.32
丘陵上部	1.40	2.84	1.12
丘陵下部	31.79	14.12	25.44
丘陵中部	20.13	5.77	16.11
山地坡上	0.27	0.16	0.22
山地坡下	10.78	5.63	8.63
山地坡中	16.35	1.98	13.08
山间盆地	22.43	13.50	17.95
总计	124.96	5.95	100.00

（二）海拔

对二等地中不同海拔高度的耕地面积与比例进行统计，结果如表 3-38 所示，从统计结果中可以看出，二等地中没有海拔高度大于 3 000m 的耕地分布。二等地在海拔高度 300～500m区间内分布的数量较多，面积 40.48 万 hm²，占二等地总面积的 32.39%；其次是海拔高度在500～800m 和≤300m 区间内二等地分布的数量也相对较多，面积分别有 20.41 万 hm² 和 15.38万 hm²，分别占二等地总面积的 16.34% 和 12.31%。另外，海拔在 1 600～2 000m 区间内的二等地占比也不小，面积 13.36 万 hm²，占二等地面积的 10.69%。其余各海拔高度区间内，除在 2 500～3 000m 区间二等地的占比最小外，其他各区间上二等地的占比相差不大。

表 3-38　二等地各海拔高度面积与比例

海拔分级（m）	面积（万 hm²）	占同类别耕地面积比例（%）	占二等地面积比例（%）
≤300	15.38	11.81	12.31
300～500	40.48	7.51	32.39
500～800	20.41	5.32	16.34
800～1 000	8.57	4.43	6.86
1 000～1 300	10.71	4.84	8.57
1 300～1 600	7.99	4.27	6.39
1 600～2 000	13.36	5.50	10.69
2 000～2 500	7.69	4.87	6.16
2 500～3 000	0.37	0.87	0.30
>3 000	0.00	0.00	0.00
合计	124.96	5.95	100.00

（三）质地与质地构型

对二等地中不同耕层土壤质地和质地构型的耕地面积与比例进行统计，结果如表 3-39所示。从表 3-39 中可以发现，二等地的耕层土壤质地也是以中壤为主，除砂土质地的二等地面积偏小外，其余几种质地类型的二等地面积差异不大。中壤质地的二等地面积为 52.75万 hm²，占二等地总面积的 42.21%；重壤质地的二等地面积为 21.79 万 hm²，占二等地总面积的 17.44%；黏土质地的二等地面积为 20.74 万 hm²，占二等地总面积的 16.60%；砂壤质地的二等地面积为 15.72 万 hm²，占二等地总面积的 12.58%；砂土质地的二等地面积为 0.85 万 hm²，占二等地总面积的 0.68%。

二等地的质地构型以紧实型和上松下紧型为主。质地构型为紧实型和上松下紧型的二等地面积分别为 49.14 万 hm²、46.37 万 hm²，各占二等地总面积的 39.32%、37.10%。这两种质地构型的二等地共占到二等地总面积的 76.42%。质地构型为薄层型的二等地较少，面积 0.85 万 hm²，占二等地面积的 0.68%；其余各质地构型的二等地不等量分布，且其占二等地面积的比例都在 10% 以下。

表 3-39　二等地各耕层质地和质地构型的面积与比例

项目	类型	面积（万 hm²）	占同类型耕地面积比例（%）	占二等地面积比例（%）
耕层质地	黏土	20.74	5.21	16.60

（续）

项目	类型	面积（万 hm²）	占同类型耕地面积比例（%）	占二等地面积比例（%）
	轻壤	13.11	5.33	10.49
	砂壤	15.72	4.65	12.58
	砂土	0.85	0.76	0.68
	中壤	52.75	7.85	42.21
	重壤	21.79	6.48	17.44
	合计	124.96	5.95	100.00
质地构型	薄层型	0.85	0.60	0.68
	海绵型	10.54	14.52	8.43
	夹层型	9.10	4.96	7.29
	紧实型	49.14	7.98	39.32
	上紧下松型	3.33	2.03	2.67
	上松下紧型	46.37	8.19	37.10
	松散型	5.64	1.58	4.51
	合计	124.96	5.95	100.00

（四）灌排条件

对二等地的灌排条件进行统计，结果如表 3-40 所示。从统计结果中可以看出，二等地的灌溉能力以满足为主。灌溉能力为满足的二等地面积 52.04 万 hm²，占二等地总面积的 41.64%。灌溉能力为充分满足和基本满足的二等地面积分别有 35.22 万 hm²、35.14 万 hm²，两者间相差不大，其占二等地的比例分布为 28.18% 和 28.12%。另外，还应看到，灌溉能力为不满足的二等地面积还有 2.56 万 hm²，占了二等地总面积的 2.05%。

二等地的排水能力以满足为主。排水能力为满足的二等地面积 62.99 万 hm²，占二等地总面积的 54.41%；其次是排水能力为基本满足的二等地，面积 44.12 万 hm²，占到二等地总面积的 35.31%。这两种排水能力的二等地共占到二等地总面积的 85.71%。另外，排水能力为充分满足的二等地 15.18 万 hm²，占二等地的 12.15%；排水能力为不满足的二等地有 2.68 万 hm²，占二等地总面积的 2.14%。

表 3-40　二等地灌排条件的面积与比例

项目	类型	面积（万 hm²）	占同类型耕地面积比例（%）	占二等地面积比例（%）
灌溉能力	充分满足	35.22	14.51	28.18
	满足	52.04	14.80	41.64
	基本满足	35.14	5.98	28.12
	不满足	2.56	0.28	2.05
	合计	124.96	5.95	100.00
排水能力	充分满足	15.18	7.42	12.15
	满足	62.99	7.78	50.41

(续)

项目	类型	面积（万 hm²）	占同类型耕地面积比例（%）	占二等地面积比例（%）
	基本满足	44.12	4.68	35.31
	不满足	2.68	1.86	2.14
	合计	124.96	5.95	100.00

（五）障碍因素

对二等地的障碍因素状况进行统计，结果如表 3-41 所示。从统计结果中发现，二等地也以无明显障碍为主。无明显障碍的二等地面积 112.39 万 hm²，占到二等地总面积的 89.94%。障碍层次、酸化两种障碍因素的二等地也分布不少，面积分别有 8.68 万 hm²、2.90 万 hm²，各占到二等地面积的 6.94% 和 2.32%。同时也有少量的瘠薄和渍潜障碍因素的二等地分布。

表 3-41　二等地障碍因素的面积与比例

类型	面积（万 hm²）	占同类型耕地面积比例（%）	占二等地面积比例（%）
无	112.39	6.96	89.94
瘠薄	0.80	0.62	0.64
酸化	2.90	3.63	2.32
障碍层次	8.68	3.46	6.94
渍潜	0.20	0.74	0.16
合计	124.96	5.95	100.00

（六）有效土层厚度

对二等地的有效土层厚度进行统计，结果如表 3-42 所示。从表 3-42 中可以看出，二等地的有效土层厚度也以 60～80cm 和 80～100cm 两级为主，其面积分别为 43.23 万 hm²、49.71 万 hm²，各占到二等地面积的 34.59% 和 39.78%，这两级的二等地占到二等地总面积的 74.37%。另外，有效土层厚度 40～60cm 的二等地也有 22.70 万 hm²，占二等地面积的 18.17%；有效土层厚度 <40cm 和 ≥100cm 的二等地也有少量分布，面积分别为 2.07 万 hm²、7.25 万 hm²，各占到二等地的 1.66% 和 5.80%。

表 3-42　二等地有效土层的厚度面积与比例

有效土层厚度（cm）	面积（万 hm²）	占同级有效土层厚度耕地面积比例（%）	占二等地面积比例（%）
<40	2.07	1.31	1.66
40～60	22.70	3.68	18.17
60～80	43.23	5.47	34.59
80～100	49.71	10.26	39.78
≥100	7.25	13.90	5.80
合计	124.96	5.95	100.00

（七）土壤容重

对二等地中不同耕层土壤容重的耕地面积进行统计，结果如表 3-43 所示。从统计结果中可以发现，二等地的耕层土壤容重也主要以 1.10～1.25g/cm³、1.25～1.35g/cm³ 和 1.35～1.45g/cm³ 3 个级别为主，面积分别为 47.18 万 hm²、48.89 万 hm² 和 16.21 万 hm²，各占到二等地面积的 37.76%、39.12% 和 12.97%，共占二等地总面积的 89.85%。其他容重级别的二等地也有不等量分布，占比在 0.07%～5.48% 之间。

表 3-43　二等地土壤容重的面积与比例

土壤容重（g/cm³）	面积（万 hm²）	占同级耕层土壤容重面积比例（%）	占二等地面积比例（%）
≤0.90	0.08	3.79	0.07
0.90～1.00	0.08	1.06	0.06
1.00～1.10	2.89	4.23	2.32
1.10～1.25	47.18	7.11	37.76
1.25～1.35	48.89	5.80	39.12
1.35～1.45	16.21	4.48	12.97
1.45～1.55	6.85	5.83	5.48
>1.55	2.77	7.40	2.22
合计	124.96	5.95	100.00

（八）土壤酸碱度

对二等地的土壤 pH 状况进行统计，结果如表 3-44 所示。从统计结果中可以发现，二等地的土壤 pH 也主要集中在一级（6.0～7.0）和二级（5.5～6.0，7.0～7.5）这两个级别上，面积分别为 72.09 万 hm²、38.38 万 hm²，分别占二等地面积的 57.69% 和 30.71%，共占二等地总面积的 88.40%。另外，二等地上也没有土壤 pH 为五级（≤4.5，>8.5）的耕地存在。

表 3-44　二等地各土壤 pH 分级面积与比例

土壤 pH 分级	面积（万 hm²）	占同级土壤 pH 耕地面积比例（%）	占二等地面积比例（%）
一级（6.0～7.0）	72.09	7.39	57.69
二级（5.5～6.0，7.0～7.5）	38.38	5.50	30.71
三级（5.0～5.5，7.5～8.0）	12.70	3.99	10.16
四级（4.5～5.0，8.0～8.5）	1.80	1.63	1.44
五级（≤4.5，>8.5）	0.00	0.00	0.00
合计	124.96	5.95	100.00

（九）土壤养分含量

对二等地中各级土壤有机质及养分含量状况的耕地面积及比例进行统计，结果如表 3-45 所示。从表 3-45 中可以看出，二等地土壤有机质含量主要以一级（>35g/kg）、二级（25～35g/kg）和三级（15～25g/kg）水平为主，二等地中没有有机质含量为五级（≤10g/kg）的耕地分布。有机质含量处于一级（>35g/kg）、二级（25～35g/kg）和三级（15～25g/kg）水平的二等地面积分别有 31.16 万 hm²、45.70 万 hm²、46.96 万 hm²，各占二等地面积的比例为 24.94%、36.57% 和 37.58%，共占到二等地总面积的 99.08%。二等地中有少量的四等地，其有机质含量处于四级（10～15g/kg）水平，面积 1.15 万 hm²，占二等地面积的 0.92%。

表 3-45　二等地土壤有机质及养分含量的面积与比例（万 hm²，%）

分级	有机质		全氮		有效磷		速效钾	
	面积	比例	面积	比例	面积	比例	面积	比例
一级	31.16	24.94	29.27	23.42	11.79	9.44	22.57	18.06
二级	45.70	36.57	55.31	44.26	35.28	28.24	68.42	54.75
三级	46.96	37.58	37.74	30.20	56.07	44.87	25.67	20.54
四级	1.15	0.92	2.37	1.90	21.63	17.31	8.16	6.53
五级	0.00	0.00	0.28	0.22	0.19	0.15	0.15	0.12

　　二等地土壤全氮含量以二级（1.5～2.0g/kg）、三级（1.0～1.5g/kg）和一级（>2.0g/kg）水平为主。全氮含量处于二级（1.5～2.0g/kg）水平的二等地数量最多，面积 55.31 万 hm²，占二等地面积的 44.26%；其次是全氮含量处于三级（1.0～1.5g/kg）水平的二等地，面积 37.74 万 hm²，占二等地总面积的 30.20%；全氮含量处于一级（>2.0g/kg）水平的二等地面积有 29.27 万 hm²，占二等地总面积的 23.42%。这三个全氮含量水平的二等地共占二等地总面积的 97.88%。全氮含量处于四级（0.5～1.0g/kg）和五级（≤0.5g/kg）水平的二等地相对较少，面积分别为 2.37 万 hm²、0.28 万 hm²，各占二等地的比例为 1.90% 和 0.22%。

　　二等地土壤有效磷含量以三级（15～25mg/kg）和二级（25～40mg/kg）水平为主。有效磷含量处于三级（15～25mg/kg）水平的二等地最多，面积 56.07 万 hm²，占二等地总面积的 44.87%；其次是有效磷含量处于二级（25～40mg/kg）水平的二等地，面积 35.28 万 hm²，占二等地总面积的 28.24%。这两个有效磷含量水平的二等地共占二等地总面积的 73.10%。另外，有效磷含量处于四级（5～15mg/kg）水平的二等地也有 21.63 万 hm²，占二等地总面积的 17.31%。有效磷含量处于五级（≤5mg/kg）水平的二等地较少，面积 0.19 万 hm²，占二等地面积的 0.15%。

　　二等地土壤速效钾含量以二级（100～150mg/kg）水平为主。速效钾含量处于二级（100～150mg/kg）水平的二等地有 68.42 万 hm²，占二等地总面积的 54.75%；其次是土壤速效钾含量处于三级（75～100mg/kg）和一级（>150mg/kg）水平的二等地，面积分别有 25.67 万 hm² 和 22.57 万 hm²，各占到二等地总面积的 20.54% 和 18.06%。速效钾含量处于四级（50～75mg/kg）和五级（≤50mg/kg）水平的二等地相对较少，占比分别为 6.53% 和 0.12%。

（十）生物多样性和农田林网化程度

　　对二等地中不同生物多样性和农田林网化程度的耕地进行统计，结果如表 3-46 所示。可以看出，二等地的生物多样性也主要以一般为主，丰富的次之，不丰富的最少。农田林网化程度以中等水平为主，高水平的次之，低水平的最少。

表 3-46　二等地各生物多样性和农田林网化程度的面积与比例

项目	水平	面积（万 hm²）	占同类别耕地面积比例（%）	占二等地面积比例（%）
生物多样性	丰富	35.71	10.81	28.58
	一般	73.40	6.23	58.74
	不丰富	15.85	2.67	12.68
	合计	124.96	5.95	100.00

（续）

项目	水平	面积（万 hm²）	占同类别耕地面积比例（%）	占二等地面积比例（%）
农田林网化程度	高	40.39	8.82	32.32
	中	56.46	7.85	45.18
	低	28.12	3.04	22.50
	合计	124.96	5.95	100.00

第四节 三等地耕地质量等级特征

一、三等地分布特征

（一）区域分布

西南区三等地面积 249.58 万 hm²，占到西南区耕地总面积的 11.87%。从各二级农业区上看，三等地在四川盆地农林区分布的数量最多，面积为 108.08 万 hm²，占西南区三等地总面积的 43.31%；其次是川滇高原山地林农牧区，该二级农业区分布的三等地面积53.64 万 hm²，占三等地面积的 21.49%；黔桂高原山地林农牧区和渝鄂湘黔边境山地林农牧区分布的三等地相对少一些，面积分别为 42.42 万 hm²、30.80 万 hm²，各占到三等地面积的 17.00% 和 12.34%。三等地在秦岭大巴山林农区分布最少，面积 14.63 万 hm²，占西南区三等地总面积的 5.86%。

从评价区来看，甘肃评价区分布的三等地数量最少，面积 0.97 万 hm²，占甘肃评价区耕地的 1.45%，占西南区三等地总面积的 0.39%；四川评价区分布的三等地数量最多，面积 86.73 万 hm²，占四川评价区耕地的 13.25%，占西南区三等地总面积的 34.75%。从三等地占各评价区耕地的比例上看，重庆评价区和广西评价区中三等地的占比较大，甘肃评价区中三等地的占比最小。重庆评价区三等地面积 45.73 万 hm²，占重庆评价区耕地的18.82%，占西南区三等地总面积的 18.32%；广西评价区三等地面积 7.53 万 hm²，占广西评价区耕地的 18.25%，占西南区三等地总面积的 3.02%。其余评价区中，贵州评价区三等地面积 39.05 万 hm²，占贵州评价区耕地的 8.61%，占西南区三等地总面积的 15.65%；湖北评价区 9.60 万 hm²，占湖北评价区耕地的 8.85%，占西南区三等地总面积的 3.85%；湖南评价区 6.12 万 hm²，占湖南评价区耕地的 8.06%，占西南区三等地总面积的 2.45%；陕西评价区 5.56 万 hm²，占陕西评价区耕地的 5.93%，占西南区三等地总面积的 2.23%；云南评价区 48.29 万 hm²，占云南评价区耕地的 13.24%，占西南区三等地总面积的 19.35%。

从市（州）情况上看，三等地主要分布在重庆市、遵义市、丽江市、达州市、昆明市、泸州市、宜宾市、南充市、贵阳市、楚雄州、广安市、绵阳市、大理白族自治州、资阳市、遂宁市、黔南布依族苗族自治州、内江市、眉山市、铜仁市、文山壮族苗族自治州、成都市、襄阳市、乐山市、丽江市、汉中市、自贡市、安顺市、黔西南布依族苗族自治、凉山彝族自治州、黔东南苗族侗族自治州、玉溪市、河池市、红河州、怀化市、恩施土家族苗族自治州、广元市、南宁市等地，这些市（州）分布的三等地面积都占到三等地总面积的 1% 以上。具体情况见表 3-47。

表 3-47 西南区三等地面积比例（万 hm², %）

评价区	市（州）名称	面积	比例
甘肃评价区		0.97	1.45
	定西市	0.00	0.00
	甘南藏族自治州	0.17	6.43
	陇南市	0.81	1.44
广西评价区		7.53	18.25
	百色市	2.18	16.00
	河池市	2.78	12.06
	南宁市	2.57	55.90
贵州评价区		39.05	8.61
	安顺市	3.24	11.03
	毕节市	1.31	1.32
	贵阳市	6.99	26.03
	六盘水市	0.54	1.74
	黔东南苗族侗族自治州	3.16	7.46
	黔南布依族苗族自治州	5.23	10.93
	黔西南布依族苗族自治州	3.18	7.16
	铜仁市	4.40	9.10
	遵义市	11.01	13.10
湖北评价区		9.60	8.85
	恩施土家族苗族自治州	2.72	6.01
	省直辖	0.00	0.00
	十堰市	1.63	6.81
	襄阳市	3.74	22.40
	宜昌市	1.50	6.93
湖南评价区		6.12	8.06
	常德市	0.64	13.28
	怀化市	2.72	7.96
	邵阳市	0.91	18.32
	湘西土家族苗族自治州	1.22	6.10
	张家界市	0.63	5.25
陕西评价区		5.56	5.93
	安康市	2.00	5.27
	宝鸡市	0.07	3.75
	汉中市	3.45	10.17
	商洛市	0.03	0.14

（续）

评价区	市（州）名称	面积	比例
四川评价区		86.73	13.25
	巴中市	1.32	4.05
	成都市	3.96	9.37
	达州市	8.69	15.78
	德阳市	2.30	9.17
	甘孜藏族自治州	0.03	5.06
	广安市	6.33	20.54
	广元市	2.69	7.60
	乐山市	3.68	13.46
	凉山彝族自治州	3.16	5.60
	泸州市	8.38	20.39
	眉山市	4.66	19.23
	绵阳市	5.95	13.37
	南充市	7.06	13.19
	内江市	4.81	17.52
	攀枝花市	0.42	5.55
	遂宁市	5.33	19.66
	雅安市	1.58	15.62
	宜宾市	7.40	15.16
	资阳市	5.67	13.16
	自贡市	3.33	15.38
云南评价区		48.29	13.24
	保山市	0.89	11.29
	楚雄州	6.38	17.40
	大理白族自治州	5.88	15.87
	红河州	2.75	16.66
	昆明市	8.59	20.10
	丽江市	3.51	17.21
	怒江州	0.67	12.08
	普洱市	0.31	5.64
	丽江市	10.11	12.23
	文山壮族苗族自治州	4.33	13.08
	玉溪市	3.07	20.07
	昭通市	1.82	2.96
重庆评价区		45.73	18.82
	重庆市	45.73	18.82

（二）土壤类型

紫色土、水稻土、黄壤、石灰（岩）土、红壤、黄棕壤、棕壤、粗骨土以及褐土西南区 9 种主要区域耕地土壤中有 12.04% 为三等地。从 9 种主要土类上看，三等地在水稻土上分布的数量最多，面积 87.55 万 hm²，占三等地面积的 35.08%；其次是紫色土，面积为 75.16 万 hm²，占三等地面积的 30.11%；红壤中三等地面积 26.23 万 hm²，占三等地面积的 10.51%；黄壤中三等地面积 22.61 万 hm²，占三等地面积的 9.06%；石灰（岩）土中三等地面积 17.30 万 hm²，占三等地面积的 6.93%；黄棕壤中三等地面积 10.53 万 hm²，占三等地面积的 4.22%；粗骨土中三等地面积 2.66 万 hm²，占三等地面积的 1.07%；棕壤中三等地面积 0.93 万 hm²，占三等地面积的 0.37%；褐土中三等地面积 0.62 万 hm²，占三等地面积的 0.25%。

从 37 个主要亚类上看，三等地在潴育水稻土和中性紫色土上分布最多，面积分别有 34.35 万 hm² 和 33.49 万 hm²，占三等地总面积的比例分别为 13.76% 和 13.42%；其次，三等地在石灰性紫色土和渗育水稻土上分布的数量也相对较多，面积分别有 29.89 万 hm² 和 29.35 万 hm²，分别占到三等地总面积的 11.98% 和 11.76%。这 4 种亚类耕地土壤上分布的三等地占到西南区三等地总面积的 50.92%。其余各亚类耕地土壤上，除棕壤性土、淋溶褐土、娄土和燥褐土 4 种亚类耕地土壤外，均有不同数量的三等地分布。各土类及亚类中三等地的面积与比例如表 3-48 所示。

表 3-48 各土类、亚类三等地面积与比例（万 hm²，%）

土类	亚类	面积	比例
粗骨土		2.66	1.07
	钙质粗骨土	0.56	0.23
	硅质岩粗骨土	1.26	0.51
	酸性粗骨土	0.65	0.26
	中性粗骨土	0.18	0.07
褐土		0.62	0.25
	典型褐土	0.39	0.16
	褐土性土	0.16	0.06
	淋溶褐土	0.00	0.00
	娄土	0.00	0.00
	石灰性褐土	0.07	0.03
	燥褐土	0.00	0.00
红壤		26.23	10.51
	典型红壤	4.67	1.87
	红壤性土	0.77	0.31
	黄红壤	7.32	2.93
	山原红壤	13.47	5.40
黄壤		22.61	9.06

（续）

土类	亚类	面积	比例
	典型黄壤	17.97	7.20
	黄壤性土	4.40	1.76
	漂洗黄壤	0.23	0.09
黄棕壤		10.53	4.22
	暗黄棕壤	2.44	0.98
	典型黄棕壤	5.25	2.10
	黄棕壤性土	2.84	1.14
石灰（岩）土		17.30	6.93
	黑色石灰土	1.51	0.61
	红色石灰土	0.57	0.23
	黄色石灰土	12.44	4.98
	棕色石灰土	2.78	1.11
水稻土		87.55	35.08
	漂洗水稻土	0.16	0.06
	潜育水稻土	1.87	0.75
	渗育水稻土	29.35	11.76
	脱潜水稻土	0.70	0.28
	淹育水稻土	21.12	8.46
	潴育水稻土	34.35	13.76
紫色土		75.16	30.11
	石灰性紫色土	29.89	11.98
	酸性紫色土	11.78	4.72
	中性紫色土	33.49	13.42
棕壤		0.93	0.37
	白浆化棕壤	0.02	0.01
	潮棕壤	0.04	0.02
	典型棕壤	0.86	0.34
	棕壤性土	0.01	0.00

二、三等地属性特征

（一）地形部位

对三等地分布的地形部位进行统计，结果如表3-49所示。从表3-49中可以发现，三等地在丘陵中部地形部位上分布的数量最多，面积65.08万 hm²，占三等地面积的26.07%；其次在丘陵下部、山地坡中两种地形部位上分布的三等地也相对较多，面积分别为52.30万 hm²和50.83万 hm²，各占三等地总面积的20.95%和20.36%。山间盆地、山地坡下两种地形部位上分布的三等地也不少，各占三等地面积的12.69%和11.70%。

表 3-49　三等地各地形部位面积与比例

地形部位	面积（万 hm²）	占同地形部位耕地面积比例（%）	占三等地面积比例（%）
宽谷盆地	13.69	20.84	5.48
平原低阶	2.71	5.50	1.09
平原高阶	0.30	10.18	0.12
平原中阶	0.47	11.54	0.19
丘陵上部	1.77	3.59	0.71
丘陵下部	52.30	23.23	20.95
丘陵中部	65.08	18.65	26.07
山地坡上	1.59	0.92	0.64
山地坡下	29.20	15.24	11.70
山地坡中	50.83	6.15	20.36
山间盆地	31.66	19.05	12.69
合计	249.58	11.87	100.00

（二）海拔

对三等地所处的海拔高度状况进行统计，结果如表 3-50 所示。可以发现，三等地在海拔高度 300～500m 区间内分布的数量最多，面积 91.62 万 hm²，占三等地总面积的36.71%；其次，在海拔高度 500～800m 和≤300m 两个区间内三等地分布的数量也相对较多，面积分别有 32.39 万 hm² 和 30.03 万 hm²，分别占三等地面积的 12.98% 和 12.03%。另外，海拔高度在 1 600～2 000m 区间内的三等地面积占比也达到 10.44%，而且海拔＞3 000m 的三等地也有少量出现，面积 0.19 万 hm²，占三等地面积的 0.08%。

表 3-50　三等地各海拔高度面积与比例

海拔分级（m）	面积（万 hm²）	占同类别耕地面积比例（%）	占三等地面积比例（%）
≤300	30.03	23.06	12.03
300～500	91.62	16.99	36.71
500～800	32.39	8.44	12.98
800～1 000	18.41	9.52	7.38
1 000～1 300	20.38	9.22	8.17
1 300～1 600	18.23	9.73	7.30
1 600～2 000	26.05	10.73	10.44
2 000～2 500	11.12	7.04	4.46
2 500～3 000	1.14	2.69	0.46
＞3 000	0.19	5.13	0.08
合计	249.58	11.87	100.00

（三）质地与质地构型

对三等地中不同质地和质地构型的耕地面积与比例进行统计，结果如表 3-51 所示。从

表 3-51 中可以发现，三等地的质地也主要以中壤为主。质地为中壤的三等地最多，面积 111.69 万 hm²，占到三等地总面积的 44.75%；质地为重壤的三等地面积有 44.14 万 hm²，占三等地总面积的比例为 17.69%；质地为黏土和砂壤的三等地面积占三等地的比例也分别为 15.14% 和 11.87%。质地为砂土的三等地数量最少，面积 1.92 万 hm²，占三等地总面积的 0.77%。

表 3-51　三等地各耕层质地和质地构型面积与比例

项目	类型	面积（万 hm²）	占同类型耕地面积比例（%）	占三等地面积比例（%）
耕层质地	黏土	37.78	9.49	15.14
	轻壤	24.42	9.93	9.78
	砂壤	29.62	8.77	11.87
	砂土	1.92	1.72	0.77
	中壤	111.69	16.61	44.75
	重壤	44.14	13.13	17.69
	合计	249.58	11.87	100.00
质地构型	薄层型	2.87	2.02	1.15
	海绵型	13.17	18.14	5.28
	夹层型	14.05	7.66	5.63
	紧实型	88.14	14.31	35.32
	上紧下松型	12.19	7.44	4.88
	上松下紧型	103.85	18.35	41.61
	松散型	15.31	4.28	6.13
	合计	249.58	11.87	100.00

三等地的质地构型也主要以上松下紧型和紧实型为主。质地构型为上松下紧型和紧实型的三等地面积较大，分别有 103.85 万 hm²、88.14 万 hm²，各占三等地面积的 41.61% 和 35.32%。这两种质地构型的三等地共占到三等地总面积的 76.99%。质地构型为薄层型的数量最少，面积 2.87 万 hm²，占三等地面积的 1.15%。

（四）灌排条件

对三等地的灌溉能力和排水能力情况进行统计，结果如表 3-52 所示。从表 3-52 中可以看出，三等地的灌溉能力主要以基本满足和满足为主。灌溉能力为基本满足和满足的三等地面积分别为 100.85 万 hm²、72.05 万 hm²，各占三等地面积的 40.41% 和 28.87%。这两种灌溉能力的三等地共占到三等地总面积的 69.28%。灌溉能力为充分满足的三等地面积 48.26 万 hm²，占三等地总面积的 19.34%。灌溉能力为不满足的三等地面积也有 28.43 万 hm²，占三等地总面积的 11.39%。

三等地的排水能力主要以满足和基本满足为主。排水能力为满足和基本满足的三等地面积分别有 115.78 万 hm²、103.64 万 hm²，各占三等地面积的 46.39% 和 41.53%。这两种排水能力的三等地共占到三等地总面积的 87.92%。另外，排水能力为充分满足的三等地占比 8.47%，而排水能力为不满足的三等地还有 3.61%。

表 3-52　三等地各灌排条件面积与比例

项目	类型	面积（万 hm²）	占同类型耕地面积比例（%）	占三等地面积比例（%）
灌溉能力	充分满足	48.26	19.88	19.34
	满足	72.05	20.49	28.87
	基本满足	100.85	17.17	40.41
	不满足	28.43	3.09	11.39
	合计	249.58	11.87	100.00
排水能力	充分满足	21.15	10.33	8.47
	满足	115.78	14.29	46.39
	基本满足	103.64	10.99	41.53
	不满足	9.01	6.27	3.61
	合计	249.58	11.87	100.00

（五）障碍因素

对三等地的障碍因素状况进行统计，结果如表 3-53 所示。从表 3-53 中可以看出，三等地也以无明显障碍为主，面积 222.05 万 hm²，占三等地面积的 88.97%。障碍因素为障碍层次的面积有 18.02 万 hm²，占三等地面积的 7.22%，同时也有不少的三等地存在瘠薄、酸化和渍潜等障碍因素。

表 3-53　三等地各障碍因素面积与比例

类型	面积（万 hm²）	占同类型耕地面积比例（%）	占三等地面积比例（%）
无	222.05	13.75	88.97
瘠薄	2.86	2.21	1.15
酸化	5.53	6.93	2.21
障碍层次	18.02	7.17	7.22
渍潜	1.13	4.25	0.45
合计	249.58	11.87	100.00

（六）有效土层厚度

对三等地的有效土层厚度状况进行统计，结果如表 3-54 所示。从统计结果中可以看出，三等地的有效土层厚度也主要处于 60～100cm 间。有效土层厚度在 60～80cm 和 80～100cm 的三等地分别有 100.54 万 hm² 和 74.85 万 hm²，分别占三等地总面积的 40.28% 和 29.99%。这两个有效土层厚度层次的三等地共占三等地总面积的 70.27%。另外，有效土层厚度在 40～60cm 的三等地有 58.54 万 hm²，占三等地总面积的 23.46%；而有效土层厚度 ≥100cm 的三等地占比仅有 3.85%，而且有效土层厚度 <40cm 的三等地还有 2.42%。

表 3-54　三等地各级有效土层厚度面积与比例

有效土层厚度（cm）	面积（万 hm²）	占同级有效土层厚度耕地面积比例（%）	占三等地面积比例（%）
<40	6.03	3.82	2.42

（续）

有效土层厚度（cm）	面积（万 hm²）	占同级有效土层厚度耕地面积比例（%）	占三等地面积比例（%）
40～60	58.54	9.48	23.46
60～80	100.54	12.73	40.28
80～100	74.85	15.45	29.99
≥100	9.61	18.43	3.85
合计	249.58	11.87	100.00

（七）耕层土壤容重

对三等地的耕层土壤容重状况进行统计，结果如表 3-55 所示，从统计结果中发现，三等地的耕层土壤容重主要集中在 1.25～1.35g/cm³、1.10～1.25g/cm³、1.35～1.45g/cm³ 3 个区间上，面积分别有 115.89 万 hm²、82.57 万 hm²、30.66 万 hm²，分别占到三等地面积的 46.43%、33.08% 和 12.29%，这 3 个区间上的三等地面积占到三等地总面积的 91.80%。

表 3-55　三等地各级耕层土壤容重面积与比例

土壤容重（g/cm³）	面积（万 hm²）	占同级耕层土壤容重面积比例（%）	占三等地面积比例（%）
≤0.90	0.17	8.00	0.07
0.90～1.00	0.44	5.83	0.18
1.00～1.10	3.67	5.37	1.47
1.10～1.25	82.57	12.44	33.08
1.25～1.35	115.89	13.74	46.43
1.35～1.45	30.66	8.47	12.29
1.45～1.55	14.17	12.05	5.68
>1.55	2.01	5.36	0.81
合计	249.58	11.87	100.00

（八）土壤酸碱度

对三等地的土壤 pH 情况进行统计，结果如表 3-56 所示。从表 3-56 中可以看出，三等地的土壤 pH 主要集中在一级（6.0～7.0）和二级（5.5～6.0，7.0～7.5）两个水平上，面积分别为 131.55 万 hm²、71.21 万 hm²，各占三等地面积的 52.71% 和 30.94%，共占到三等地总面积的 83.65%。另外，三等地中没有 pH 为五级（≤4.5，>8.5）的耕地存在，但也应看到，三等地中土壤 pH 为三级（5.0～5.5，7.5～8.0）的耕地还有 13.06%，土壤 pH 为四级（4.5～5.0，8.0～8.5）的三等地也有 3.29%。

表 3-56　三等地各土壤 pH 分级面积与比例

土壤 pH 分级	面积（万 hm²）	占同级土壤 pH 耕地面积比例（%）	占三等地面积比例（%）
一级（6.0～7.0）	131.55	13.49	52.71
二级（5.5～6.0，7.0～7.5）	77.21	11.06	30.94

(续)

土壤pH分级	面积（万hm²）	占同级土壤pH耕地面积比例（%）	占三等地面积比例（%）
三级（5.0~5.5，7.5~8.0）	32.60	10.25	13.06
四级（4.5~5.0，8.0~8.5）	8.21	7.47	3.29
五级（≤4.5，>8.5）	0.00	0.00	0.00
合计	249.58	11.87	100.00

（九）土壤有机质及养分含量

对三等地中不同土壤有机质及养分含量状况的耕地面积及比例进行统计，结果如表3-57所示。三等地土壤有机质含量主要以三级（15~25g/kg）和二级（25~35g/kg）水平为主。有机质含量处于三级（15~25g/kg）水平的三等地占三等地总面积的49.69%，有机质含量处于二级（25~35g/kg）水平的三等地占三等地总面积的29.64%。这两个有机质含量水平的三等地共占到三等地总面积的79.32%。有机质含量处于一级（>35g/kg）和四级（10~15g/kg）水平的三等地相对较少，占比分别为17.98%、2.69%。另外，三级地中无有机质含量处于五级（≤10g/kg）水平的耕地分布。

表3-57　三等地各土壤有机质及养分含量面积与比例（万hm²，%）

分级	有机质		全氮		有效磷		速效钾	
	面积	比例	面积	比例	面积	比例	面积	比例
一级	44.89	17.98	43.97	17.62	21.52	8.62	52.30	20.95
二级	73.97	29.64	89.20	35.74	59.99	24.04	131.82	52.82
三级	124.01	49.69	105.78	42.38	107.99	43.27	54.38	21.79
四级	6.72	2.69	9.17	3.67	59.91	24.00	10.67	4.28
五级	0.00	0.00	1.45	0.58	0.16	0.07	0.41	0.16

三等地的土壤全氮含量主要以三级（1.0~1.5g/kg）和二级（1.5~2.0g/kg）水平为主。全氮含量处于三级（1.0~1.5g/kg）和二级（1.5~2.0g/kg）水平的三等地占比分别为42.38%和35.74%，共占到三等地总面积的78.12%。全氮含量处于一级（>2.0g/kg）水平的三等地占比17.62%；而全氮含量处于四级（0.5~1.0g/kg）和五级（≤0.5g/kg）水平的三等地占比也分别有3.67%和0.58%。

三等地的土壤有效磷含量以三级（15~25mg/kg）、二级（25~40mg/kg）、四级（5~15mg/kg）水平为主，占比分别为43.27%、24.04%和24.00%，共占到三等地总面积的91.31%。有效磷含量处于一级（>40mg/kg）和五级（≤5mg/kg）水平的三等地比例都较小，分别为8.62%和0.07%。

三等地土壤速效钾含量以二级（100~150mg/kg）水平为主，面积54.75万hm²，占三等地总面积的52.82%。其次是土壤速效钾含量处于三级（75~100mg/kg）和一级（>150mg/kg）水平的三等地，占比分别有21.79%和20.95%。土壤速效钾含量处于四级（50~75mg/kg）和五级（≤50mg/kg）水平的三等地相对较少，共占到三等地总面积的4.44%。

（十）生物多样性和农田林网化程度

对三等地中不同生物多样性和农田林网化程度的耕地面积与比例进行统计，结果如

表 3-58 所示。从统计结果中可以看出，三等地的生物多样性主要以一般为主，占 62.98%；生物多样性为丰富和不丰富的比例大致相当，分别为 18.12% 和 18.89%。

三等地中农田林网化程度以中、低水平为主，各占三等地面积的 43.49% 和 31.78%，而农田林网化程度高的三等地面积 61.73 万 hm²，占三等地面积的 24.73%。

表 3-58　三等地各生物多样性和农田林网化程度面积与比例

项目	水平	面积（万 hm²）	占同类别耕地面积比例（%）	占三等地面积比例（%）
生物多样性	丰富	45.23	13.69	18.12
	一般	157.19	13.35	62.98
	不丰富	47.15	7.94	18.89
	合计	249.58	11.87	100.00
农田林网化程度	高	61.73	13.49	24.73
	中	108.53	15.09	43.49
	低	79.32	8.58	31.78
	合计	249.58	11.87	100.00

第五节　四等地耕地质量等级特征

一、四等地分布特征

（一）区域分布

西南区四等地面积 415.75 万 hm²，占西南区耕地总面积的 19.78%。从二级农业区上看，四等地在四川盆地农林区的数量最多，面积 173.21 万 hm²，占西南区四等地总面积的 41.66%；其次是川滇高原山地林农牧区，该二级农业区四等地面积 86.16 万 hm²，占西南区四等地总面积的 20.72%。另外，黔桂高原山地林农牧区四等地面积 82.44 万 hm²，占西南区四等地总面积的 19.83%；渝鄂湘黔边境山地林农牧区四等地面积 44.57 万 hm²，占西南区四等地总面积的 10.72%；秦岭大巴山林农区四等地面积 29.37 万 hm²，占西南区四等地总面积的 7.06%。

从评价区上看，四等地在甘肃评价区分布最少，面积 3.51 万 hm²，占甘肃评价区耕地的 5.23%，占西南区四等地总面积的 0.84%；四川省评价区分布最多，面积 161.12 万 hm²，占四川评价区耕地的 24.62%，占西南区四等地总面积的 38.75%。从四等地占各评价区耕地总面积的比例看，甘肃评价区中四等地的占比最小，四川评价区中四等地的占比最大。其余评价区中，广西评价区 7.64 万 hm²，占广西评价区耕地的 18.52%，占西南区四等地总面积的 1.84%；贵州评价区 78.41 万 hm²，占贵州评价区耕地的 17.29%，占西南区四等地总面积的 18.86%；湖北评价区 16.56 万 hm²，占湖北评价区耕地的 15.28%，占西南区四等地总面积的 3.98%；湖南评价区 9.98 万 hm²，占湖南评价区耕地的 13.14%，占西南区四等地总面积的 2.40%；陕西评价区 8.71 万 hm²，占陕西评价区耕地的 9.30%，占西南区四等地总面积的 2.09%；云南评价区 72.36 万 hm²，占云南评价区耕地的 19.84%，占西南区四等地总面积的 17.40%；重庆评价区 57.47 万 hm²，占重庆评价区耕地的 23.65%，占西南区四等地总面积的 13.82%。

从市（州）级情况来看，四等地主要集中在重庆市、毕节市、资阳市、遵义市、丽江市、南充市、达州市、内江市、大理白族自治州、宜宾市等地。具体情况见表 3-59。

表 3-59　西南区四等地面积与比例（万 hm²，%）

评价区	市（州）名称	面积	比例
甘肃评价区		3.51	5.23
	定西市	0.01	0.06
	甘南藏族自治州	0.70	26.99
	陇南市	2.80	5.03
广西评价区		7.64	18.52
	百色市	2.67	19.66
	河池市	4.32	18.77
	南宁市	0.64	13.89
贵州评价区		78.41	17.29
	安顺市	7.45	25.35
	毕节市	17.94	18.07
	贵阳市	9.09	33.87
	六盘水市	3.11	10.07
	黔东南苗族侗族自治州	5.16	12.18
	黔南布依族苗族自治州	5.62	11.75
	黔西南布依族苗族自治	7.59	17.05
	铜仁市	4.99	10.34
	遵义市	17.46	20.77
湖北评价区		16.56	15.28
	恩施土家族苗族自治州	5.25	11.59
	省直辖	0.06	8.24
	十堰市	3.63	15.11
	襄阳市	2.59	15.51
	宜昌市	5.04	23.24
湖南评价区		9.98	13.14
	常德市	0.50	10.35
	怀化市	5.26	15.35
	邵阳市	0.55	11.14
	湘西土家族苗族自治州	2.08	10.40
	张家界市	1.59	13.33
陕西评价区		8.71	9.30
	安康市	4.28	11.27

（续）

评价区	市（州）名称	面积	比例
	宝鸡市	0.54	27.86
	汉中市	3.43	10.11
	商洛市	0.45	2.28
四川评价区		161.12	24.62
	巴中市	8.54	26.26
	成都市	3.94	9.33
	达州市	13.75	24.99
	德阳市	3.55	14.21
	甘孜藏族自治州	0.06	10.76
	广安市	7.51	24.38
	广元市	7.19	20.34
	乐山市	5.37	19.67
	凉山彝族自治州	8.65	15.34
	泸州市	9.28	22.58
	眉山市	7.19	29.69
	绵阳市	9.50	21.34
	南充市	13.87	25.92
	内江市	13.28	48.34
	攀枝花市	1.53	20.38
	遂宁市	9.28	34.21
	雅安市	2.79	27.49
	宜宾市	10.44	21.38
	资阳市	17.85	41.43
	自贡市	7.56	34.87
云南评价区		72.36	19.84
	保山市	1.99	25.26
	楚雄州	8.39	22.88
	大理白族自治州	11.54	31.15
	红河州	5.60	33.98
	昆明市	9.14	21.39
	丽江市	2.68	13.15
	怒江州	0.83	15.12
	普洱市	0.95	17.16
	丽江市	14.94	18.07
	文山壮族苗族自治州	6.28	18.99

（续）

评价区	市（州）名称	面积	比例
	玉溪市	3.54	23.15
	昭通市	6.47	10.53
重庆评价区		57.47	23.65
	重庆市	57.47	23.65

（二）土壤类型

紫色土、水稻土、黄壤、石灰（岩）土、红壤、黄棕壤、棕壤、粗骨土以及褐土西南区9种主要区域耕地土壤中共有20.06%的耕地为四等地。从9种主要土类上看，四等地在紫色土上分布最多，面积142.94万 hm²，占四等地面积的34.38%；其次是水稻土，四等地面积97.50万 hm²，占四等地面积的23.45%。第三位是黄壤，四等地面积59.06万 hm²，占四等地面积的13.97%。石灰（岩）土上四等地面积42.09万 hm²，占四等地面积的10.12%；红壤上四等地面积36.58万 hm²，占四等地面积的8.80%；黄棕壤上四等地面积20.24万 hm²，占四等地面积的4.87%；棕壤上四等地面积2.95万 hm²，占四等地面积的0.71%；粗骨土上四等地面积3.35万 hm²，占四等地面积的0.81%；褐土上四等地面积2.05万 hm²，占四等地面积的0.49%。

从37个主要亚类来看，娄土上没有四等地分布，而燥褐土上分布的四等地极少，基本可忽略不计。四等地在石灰性紫色土上分布的数量最多，面积65.72万 hm²，占四等地总面积的15.81%；其次是典型黄壤和中性紫色土，这两种土壤上分布的四等地占西南区四等地总面积的比例分别有12.66%和12.31%。另外，渗育水稻土、潴育水稻土、黄色石灰土、酸性紫色土、淹育水稻土、山原红壤、典型黄棕壤、黄红壤8种亚类土壤上也有一定数量的四等地分布，其余各亚类耕地土壤上分布的四等地较少。各土类及亚类中四等地的面积与比例如表3-60所示。

表3-60　各土类、亚类四等地面积与比例（万 hm²,%）

土类	亚类	面积	比例
粗骨土		3.35	0.81
	钙质粗骨土	0.84	0.20
	硅质岩粗骨土	0.18	0.04
	酸性粗骨土	1.80	0.43
	中性粗骨土	0.54	0.13
褐土		2.05	0.49
	典型褐土	1.18	0.28
	褐土性土	0.50	0.12
	淋溶褐土	0.14	0.03
	娄土	0.00	0.00
	石灰性褐土	0.21	0.05

（续）

土类	亚类	面积	比例
	燥褐土	0.00	0.00
红壤		36.58	8.80
	典型红壤	5.60	1.35
	红壤性土	2.03	0.49
	黄红壤	11.17	2.69
	山原红壤	17.78	4.28
黄壤		58.06	13.97
	典型黄壤	52.63	12.66
	黄壤性土	5.18	1.24
	漂洗黄壤	0.26	0.06
黄棕壤		20.24	4.87
	暗黄棕壤	3.79	0.91
	典型黄棕壤	12.31	2.96
	黄棕壤性土	4.15	1.00
石灰（岩）土		42.09	10.12
	黑色石灰土	5.91	1.42
	红色石灰土	1.24	0.30
	黄色石灰土	29.44	7.08
	棕色石灰土	5.50	1.32
水稻土		97.50	23.45
	漂洗水稻土	0.23	0.05
	潜育水稻土	2.68	0.64
	渗育水稻土	37.70	9.07
	脱潜水稻土	0.67	0.16
	淹育水稻土	23.54	5.66
	潴育水稻土	32.68	7.86
紫色土		142.94	34.38
	石灰性紫色土	65.72	15.81
	酸性紫色土	26.05	6.26
	中性紫色土	51.18	12.31
棕壤		2.95	0.71
	白浆化棕壤	0.03	0.01
	潮棕壤	0.18	0.04
	典型棕壤	2.71	0.65
	棕壤性土	0.03	0.01

二、四等地属性特征

（一）地形部位

对四等地分布的地形部位进行统计，结果如表 3-61 所示。从表 3-61 中可以看出，四等地主要分布在山地坡中、丘陵中部、丘陵下部和山地坡下 4 种地形部位上。其中，山地坡中地形部位上的四等地面积为 146.45 万 hm²，占四等地面积的 35.23%；丘陵中部地形部位上的四等地面积为 90.93 万 hm²，占四等地面积的 21.87%；丘陵下部地形部位上的四等地面积为 62.75 万 hm²，占四等地面积的 15.09%；山地坡下地形部位上的四等地面积为 54.18 万 hm²，占四等地面积的 13.03%，这 4 种地形部位上的四等地共占到西南区四等地总面积的 85.22%。

表 3-61　四等地各地形部位面积与比例

地形部位	面积（万 hm²）	占同地形部位耕地面积比例（%）	占四等地面积比例（%）
宽谷盆地	11.69	17.79	2.81
平原低阶	1.92	3.89	0.46
平原高阶	0.44	14.75	0.11
平原中阶	0.78	19.22	0.19
丘陵上部	5.44	11.05	1.31
丘陵下部	62.75	27.87	15.09
丘陵中部	90.93	26.06	21.87
山地坡上	8.16	4.75	1.96
山地坡下	54.18	28.28	13.03
山地坡中	146.45	17.71	35.23
山间盆地	33.03	19.88	7.94
合计	415.75	19.78	100.00

（二）海拔

四等地在不同海拔高度范围内的面积与比例如表 3-62 所示。从表 3-62 中可以看出，四等地主要分布在海拔高度 300～500m、500～800m 和 1 000～1 300m 3 个区间内。其中，四等地在海拔高度 300～500m 区间内的面积有 145.63 万 hm²，占四等地面积的 35.03%；在海拔 500～800m 区间内的面积有 57.74 万 hm²，占四等地面积的 13.89%；在海拔 1 000～1 300m 区间内的面积有 43.80 万 hm²，占四等地面积的 10.54%。这 3 个区间内的四等地共占到西南区四等地总面积的 59.45%。另外，在海拔高度＞3 000m 的区间内也有少量四等地分布，面积 0.52 万 hm²，占四等地面积的 0.13%，四等地在其余海拔高度区间内也有不等量分布。

表 3-62　四等地各海拔高度面积与比例

海拔分级（m）	面积（万 hm²）	占同类别耕地面积比例（%）	占四等地面积比例（%）
≤300	29.65	22.77	7.13
300～500	145.63	27.00	35.03

（续）

海拔分级（m）	面积（万 hm²）	占同类别耕地面积比例（%）	占四等地面积比例（%）
500~800	57.74	15.05	13.89
800~1 000	33.26	17.20	8.00
1 000~1 300	43.80	19.82	10.54
1 300~1 600	38.71	20.67	9.31
1 600~2 000	36.92	15.21	8.88
2 000~2 500	25.27	16.00	6.08
2 500~3 000	4.24	9.97	1.02
>3 000	0.52	14.10	0.13
合计	415.75	19.78	100.00

（三）质地与质地构型

不同质地和质地构型的四等地面积与比例如表 3-63 所示。从表 3-63 中可以发现，四等地耕层土壤质地主要以中壤为主。耕层土壤质地为中壤的四等地最多，面积 153.12 万 hm²，占四等地总面积的 36.83%；质地为砂土的四等地最少，占四等地总面积的 0.78%。其余 4 种质地的四等地在数量上差异不大，占四等地的比例在 13.02%~17.59% 之间。

表 3-63　四等地各耕层质地和质地构型面积与比例

项目	类型	面积（万 hm²）	占同类型耕地面积比例（%）	占四等地面积比例（%）
耕层质地	黏土	71.05	17.85	17.09
	轻壤	54.11	22.00	13.02
	砂壤	61.08	18.08	14.69
	砂土	3.25	2.91	0.78
	中壤	153.12	22.78	36.83
	重壤	73.14	21.76	17.59
	合计	415.75	19.78	100.00
质地构型	薄层型	8.64	6.07	2.08
	海绵型	23.08	31.80	5.55
	夹层型	23.07	12.58	5.55
	紧实型	138.18	22.43	33.24
	上紧下松型	35.45	21.64	8.53
	上松下紧型	138.50	24.47	33.31
	松散型	48.83	13.65	11.75
	合计	415.75	19.78	100.00

四等地的质地构型以上松下紧型和紧实型为主。质地构型为上松下紧型的四等地有 138.50 万 hm²，占四等地总面积的 33.31%；质地构型为紧实型的四等地有 138.18 万 hm²，占四等地总面积的 33.24%。这两种质地构型的四等地共占到四等地总面积的 66.55%。另

外，质地构型为松散型的四等地也有 48.83 万 hm²，占四等地总面积的 11.75%，除质地构型为薄层型的四等地分布较少外，其余几种质地构型的四等地在数量上差异不大，占四等地的比例在 5.55%～8.53% 之间。

（四）灌排条件

对四等地中不同灌排情况的耕地面积与比例进行统计，结果如表 3-64 所示。从表 3-64 中可以看出，四等地的灌溉能力以基本满足和不满足为主。灌溉能力为基本满足的四等地最多，面积 158.94 万 hm²，占四等地总面积的 38.23%；灌溉能力为不满足的四等地占到四等地总面积的 25.80%。这两种灌溉能力的四等地共占到四等地总面积的 64.03%。而灌溉能力为满足和充分满足的四等地共占四等地总面积的 35.97%。

表 3-64　四等地各灌排条件面积与比例

项目	类型	面积（万 hm²）	占同类型耕地面积比例（%）	占四等地面积比例（%）
灌溉能力	充分满足	60.27	24.83	14.50
	满足	89.29	25.40	21.48
	基本满足	158.94	27.05	38.23
	不满足	107.25	11.66	25.80
	合计	415.75	19.78	100.00
排水能力	充分满足	31.40	15.34	7.55
	满足	169.09	20.87	40.67
	基本满足	195.24	20.69	46.96
	不满足	20.02	13.94	4.82
	合计	415.75	19.78	100.00

四等地的排水能力以基本满足和满足为主。排水能力为基本满足和满足的四等地分别有 195.24 万 hm² 和 169.09 万 hm²，分别占四等地总面积的 46.96% 和 40.67%。这两种排水能力的四等地共占到四等地总面积的 87.63%。而排水能力为充分满足的四等地占四等地总面积的比例为 7.55%，另外有 4.82% 的四等地其排水能力为不满足。

（五）障碍因素

对四等地中不同障碍因素的耕地面积与比例进行统计，结果如表 3-65 所示。从表 3-65 中可以看出，四等地主要以无明显障碍为主。但障碍层次的四等地面积有 36.85 万 hm²，占四等地面积的 8.86%；而酸化障碍因素的四等地面积也有 11.02 万 hm²，占四等地面积的 2.65%，另外，也存在瘠薄和渍潜障碍因素的四等地，占四等地总面积的比例分别为 1.65% 和 1.07%。

表 3-65　四等地各障碍因素面积与比例

类型	面积（万 hm²）	占同类型耕地面积比例（%）	占四等地面积比例（%）
无	356.56	22.08	85.76
瘠薄	6.87	5.31	1.65
酸化	11.02	13.83	2.65

（续）

类型	面积（万 hm²）	占同类型耕地面积比例（%）	占四等地面积比例（%）
障碍层次	36.85	14.67	8.86
溃潜	4.44	16.75	1.07
合计	415.75	19.78	100.00

（六）有效土层厚度

对四等地的有效土层厚度进行统计，结果如表 3-66 所示。从表 3-66 中可以看出，四等地的有效土层厚度主要在 40～100cm 之间。有效土层厚度在 60～80cm 的四等地占到四等地总面积的 39.01%，有效土层厚度在 40～60cm 间的四等地占 30.00%，有效土层厚度在 80～100cm 的四等地有 24.50%。这 3 个区间内的四等地占到四等地总面积的 93.51%。另外，有效土层厚度大于 100cm 的四等地只占 2.17%，并且还有 4.32% 的有效土层厚度在 40cm 以下的四等地分布。

表 3-66　四等地各级有效土层厚度面积与比例

有效土层厚度（cm）	面积（万 hm²）	占同级有效土层厚度耕地面积比例（%）	占四等地面积比例（%）
<40	17.95	11.38	4.32
40～60	124.73	20.20	30.00
60～80	162.18	20.53	39.01
80～100	101.86	21.03	24.50
≥100	9.03	17.30	2.17
合计	415.75	19.78	100.00

（七）土壤容重

对四等地中不同耕层土壤容重分级的耕地面积与比例进行统计，结果如表 3-67 所示。从统计结果中发现，四等地的耕地土壤容重主要集中在 1.25～1.35g/cm³、1.10～1.25g/cm³ 和 1.35～1.45g/cm³ 3 个区间内。耕地土壤容重在 1.25～1.35g/cm³、1.10～1.25g/cm³ 和 1.35～1.45g/cm³ 的四等地分别占四等地总面积的 43.99%、31.49% 和 16.37%，这 3 个区间内的四等地共占四等地总面积的 91.85%。耕层土壤容重小于 1.00g/cm³ 的四等地相对较少，占四等地总面积的比例为 0.44%。另外，耕层土壤容重大于 1.45g/cm³ 的四等地也有 5.96%。

表 3-67　四等地各级耕层土壤容重面积与比例

土壤容重（g/cm³）	面积（万 hm²）	占同级耕层土壤容重面积比例（%）	占四等地面积比例（%）
≤0.90	1.12	51.73	0.27
0.90～1.00	0.73	9.76	0.18
1.00～1.10	7.24	10.60	1.74
1.10～1.25	130.94	19.73	31.49
1.25～1.35	182.90	21.69	43.99
1.35～1.45	68.05	18.80	16.37

（续）

土壤容重（g/cm³）	面积（万 hm²）	占同级耕层土壤容重面积比例（%）	占四等地面积比例（%）
1.45~1.55	20.09	17.08	4.83
>1.55	4.69	12.52	1.13
合计	415.75	19.78	100.00

（八）土壤酸碱度

对四等地在不同土壤 pH 分级下的耕地面积与比例进行统计，结果如表 3-68 所示。从表 3-68 中可以看出，四等地中没有土壤 pH 为五级（≤4.5，>8.5）的耕地分布，四等地土壤 pH 主要以一级（6.0~7.0）和二级（5.5~6.0，7.0~7.5）为主。土壤 pH 为一级（6.0~7.0）的四等地面积 203.28 万 hm²，占到四等地总面积的 48.90%；土壤 pH 为二级（5.5~6.0，7.0~7.5）的四等地占四等地总面积的 30.40%。这两个土壤 pH 分级的四等地共占到四等地总面积的 79.30%。土壤 pH 为三级（5.0~5.5，7.5~8.0）和四级（4.5~5.0，8.0~8.5）的四等地分别占四等地总面积的 16.31% 和 4.39%，共占四等地总面积的 20.70%。

表 3-68　四等地各土壤 pH 分级面积与比例

土壤 pH 分级	面积（万 hm²）	占同级土壤 pH 耕地面积比例（%）	占四等地面积比例（%）
一级（6.0~7.0）	203.28	20.84	48.90
二级（5.5~6.0，7.0~7.5）	126.41	18.10	30.40
三级（5.0~5.5，7.5~8.0）	67.80	21.31	16.31
四级（4.5~5.0，8.0~8.5）	18.26	16.60	4.39
五级（≤4.5，>8.5）	0.00	0.00	0.00
合计	415.75	19.78	100.00

（九）土壤有机质及养分含量

对四等地中不同土壤有机质及养分含量分级的耕地面积与比例进行统计，结果如表 3-69 所示。从表 3-69 中可以看出，四等地有机质含量以三级（15~25g/kg）水平为主。有机质含量处于三级（15~25g/kg）水平的四等地占四等地总面积的 49.07%。而土壤有机质含量处于二级（25~35g/kg）和一级（>35g/kg）水平的四等地占四等地总面积的比例分别为 27.22% 和 19.63%。四等地中无有机质含量处于五级（≤10g/kg）水平的耕地分布，而有机质含量处于四级（10~15g/kg）水平的四等地还有 4.07%。

表 3-69　四等地各土壤有机质及养分含量面积与比例（万 hm²，%）

分级	有机质		全氮		有效磷		速效钾	
	面积	比例	面积	比例	面积	比例	面积	比例
一级	81.62	19.63	77.24	18.58	26.23	6.31	98.85	23.78
二级	113.18	27.22	130.30	31.34	92.24	22.19	210.38	50.60
三级	204.03	49.07	179.21	43.10	179.32	43.13	93.34	22.45
四级	16.92	4.07	24.70	5.94	117.66	28.30	12.09	2.91
五级	0.00	0.00	4.30	1.03	0.29	0.07	1.09	0.26

　　四等地的土壤全氮含量以三级（1.0～1.5g/kg）和二级（1.5～2.0g/kg）水平为主。土壤全氮含量处于三级（1.0～1.5g/kg）和二级（1.5～2.0g/kg）水平的四等地分别占四等地总面积的43.10%和31.34%，这两个全氮含量水平的四等地共占到四等地总面积的74.45%。土壤全氮含量处于一级（＞2.0g/kg）水平的四等地较少，占四等地总面积的18.58%。另外，还有少量的四等地全氮含量处于四级（0.5～1.0g/kg）和五级（≤0.5g/kg）水平，共占四等地总面积的6.98%。

　　四等地的土壤有效磷含量主要以三级（15～25mg/kg）水平为主。土壤有效磷含量处于三级（15～25mg/kg）水平的四等地占到四等地总面积的43.13%。有效磷含量处于四级（5～15mg/kg）和二级（25～40mg/kg）水平的四等地分别占四等地总面积的28.30%和22.19%，两者差异不大。有效磷含量处于一级（＞40mg/kg）水平的四等地只有6.31%，另外还有0.07%的四等地有效磷含量处于五级（≤5mg/kg）水平。

　　四等地的土壤速效钾含量主要以二级（100～150mg/kg）水平为主。速效钾含量处于二级（100～150mg/kg）水平的四等地占四等地总面积的50.60%。土壤速效钾含量处于一级（＞150mg/kg）和三级（75～100mg/kg）水平的四等地分别占四等地总面积的23.78%和22.45%，两者间的差异不明显。四等地中速效钾含量处于四级（50～75mg/kg）和五级（≤50mg/kg）水平的数量相对要少一些，共占四等地总面积的3.17%。

（十）生物多样性和农田林网化程度

　　对四等地中不同生物多样性和农田林网化程度的耕地面积与比例进行统计，结果如表3-70所示。从表3-70中发现，四等地的生物多样性主要以一般水平为主。生物多样性为一般水平的四等地占比为56.66%，其次是不丰富水平的，占比达到26.64%，丰富水平的占16.70%。

　　四等地的农田林网化程度以中、低水平为主。农田林网化程度为中、低水平的四等地占比分别为38.54%和37.83%；农田林网化程度为高水平的占比为23.63%。

表 3-70　四等地各生物多样性和农田林网化程度面积与比例

项目	水平	面积（万 hm²）	占同类别耕地面积比例（%）	占四等地面积比例（%）
生物多样性	丰富	69.43	21.02	16.70
	一般	235.58	20.01	56.66
	不丰富	110.74	18.64	26.64
	合计	415.75	19.78	100.00
农田林网化程度	高	98.22	21.46	23.63
	中	160.24	22.27	38.54
	低	157.28	17.01	37.83
	合计	415.75	19.78	100.00

第六节　五等地耕地质量等级特征

一、五等地分布特征

（一）区域分布

　　五等地耕地面积415.06万 hm²，占到西南区耕地总面积的19.75%。从二级农业区来看，五等地在四川盆地农林区分布最多，面积 134.55 万 hm²，占西南区五等地总面积的 32.42%；其次是川滇高原山地林农牧区，该二级农业区分布的五等地有 89.99 万 hm²，占 21.68%。这两个二级农业区分布的五等地占到西南区五等地总面积的 54.10%。在黔桂高原山地林农牧区的五等地面积有 83.67 万 hm²，占 20.16%；在渝鄂湘黔边境山地林农牧区的五等地面积有 56.47 万 hm²，占 13.61%；在秦岭大巴山林农区的五等地面积有 50.39 万 hm²，占 12.14%。

从评价区上看，甘肃评价区分布的五等地最少，面积 8.03 万 hm²，占甘肃评价区耕地的 11.98%，占西南区五等地总面积的 1.93%；四川评价区分布的五等地最多，面积 130.32 万 hm²，占四川评价区耕地的 19.92%，占西南区五等地总面积的 31.40%。从五等地占各评价区耕地总面积的比例看，甘肃评价区中五等地的占比也最小，湖北评价区中五等地的占比最大，面积 24.60 万 hm²，占湖北评价区耕地的 22.70%，占西南区五等地总面积的 5.93%。其余评价区中，广西评价区 9.05 万 hm²，占广西评价区耕地的 21.96%，占西南区五等地总面积的 2.18%；贵州评价区 87.73 万 hm²，占贵州评价区耕地的 19.35%，占西南区五等地总面积的 21.14%；湖南评价区 11.11 万 hm²，占湖南评价区耕地的 14.62%，占西南区五等地总面积的 2.68%；陕西评价区 20.84 万 hm²，占陕西评价区耕地的 22.25%，占西南区五等地总面积的 5.02%；云南评价区 75.07 万 hm²，占云南评价区耕地的 20.58%，占西南区五等地总面积的 18.09%；重庆评价区 48.31 万 hm²，占重庆评价区耕地的 19.88%，占西南区五等地总面积的 11.64%。

从市（州）情况来看，五等地主要分布于重庆市、遵义市、丽江市、毕节市、南充市、资阳市、安康市、达州市、巴中市、恩施土家族苗族自治州、广元市、黔南布依族苗族自治州等地。具体情况见表 3-71 所示。

表 3-71　西南区五等地面积与比例

评价区	市（州）名称	面积（万 hm²）	比例（%）
甘肃评价区		8.03	11.98
	定西市	1.15	13.22
	甘南藏族自治州	0.34	12.96
	陇南市	6.55	11.74
广西评价区		9.05	21.96
	百色市	2.28	16.79
	河池市	5.89	25.57
	南宁市	0.88	19.17
贵州评价区		87.73	19.35
	安顺市	8.38	28.51
	毕节市	16.02	16.14
	贵阳市	4.06	15.14
	六盘水市	2.34	7.58
	黔东南苗族侗族自治州	8.28	19.56

（续）

评价区	市（州）名称	面积（万 hm²）	比例（％）
	黔南布依族苗族自治州	10.00	20.91
	黔西南布依族苗族自治	8.60	19.34
	铜仁市	9.88	20.46
	遵义市	20.16	23.98
湖北评价区		24.60	22.70
	恩施土家族苗族自治州	10.42	23.03
	省直辖	0.37	50.35
	十堰市	7.47	31.13
	襄阳市	2.20	13.18
	宜昌市	4.13	19.06
湖南省评价区		11.11	14.62
	常德市	0.48	9.81
	怀化市	5.24	15.30
	邵阳市	0.40	8.08
	湘西土家族苗族自治州	2.40	12.03
	张家界市	2.59	21.72
陕西评价区		20.84	22.25
	安康市	11.77	30.99
	宝鸡市	0.71	36.61
	汉中市	6.09	17.92
	商洛市	2.26	11.45
四川评价区		130.32	19.92
	巴中市	10.57	32.52
	成都市	3.01	7.13
	达州市	10.93	19.86
	德阳市	1.54	6.16
	甘孜藏族自治州	0.10	18.30
	广安市	7.15	23.21
	广元市	10.00	28.31
	乐山市	4.13	15.11
	凉山彝族自治州	8.38	14.85
	泸州市	9.54	23.22
	眉山市	3.14	12.96
	绵阳市	5.31	11.94
	南充市	14.31	26.74
	内江市	4.63	16.87

（续）

评价区	市（州）名称	面积（万 hm²）	比例（%）
	攀枝花市	1.57	20.88
	遂宁市	7.18	26.46
	雅安市	2.26	22.33
	宜宾市	9.41	19.28
	资阳市	12.04	27.96
	自贡市	5.11	23.58
云南评价区		75.07	20.58
	保山市	1.92	24.43
	楚雄州	9.34	25.50
	大理白族自治州	7.05	19.04
	红河州	3.75	22.76
	昆明市	7.28	17.03
	丽江市	3.42	16.78
	怒江州	0.74	13.44
	普洱市	0.95	17.22
	丽江市	19.01	23.00
	文山壮族苗族自治州	9.70	29.31
	玉溪市	3.31	21.64
	昭通市	8.58	13.97
重庆评价区		48.31	19.88
	重庆市	48.31	19.88

（二）土壤类型

紫色土、水稻土、黄壤、石灰（岩）土、红壤、黄棕壤、棕壤、粗骨土以及褐土西南区9种主要区域耕地土壤中共有19.85%的耕地为五等地。从9种主要土类上看，五等地在紫色土上分布的数量最多，面积120.20万 hm²，占五等地面积的28.96%；其次是水稻土，该土壤上分布的五等地面积80.04万 hm²，占五等地面积的19.28%；第三是黄壤，黄壤上分布的五等地面积63.67万 hm²，占五等地面积的15.34%；石灰（岩）土也有一定数量的五等地分布，面积46.15万 hm²，占五等地面积的11.12%。这4种土壤上分布的五等地占到西南区五等地总面积的74.70%。其余5种土壤中，红壤上分布的五等地面积40.35万 hm²，占五等地面积的9.72%；黄棕壤上分布的五等地面积35.94万 hm²，占五等地面积的8.66%；棕壤上分布的五等地面积5.56万 hm²，占五等地面积的1.34%；粗骨土上分布的五等地面积5.82万 hm²，占五等地面积的1.40%；褐土上分布的五等地面积3.80万 hm²，占五等地面积的0.92%。

从37个主要亚类分布来看，燥褐土上无五等地分布，娄土上分布的五等地极少，可忽略不计。五等地在典型黄壤上分布的数量最多，面积57.82万 hm²，占五等地总面积的13.93%；其次是石灰性紫色土和中性紫色土，分布的五等地面积分别有50.74万 hm²和

41.78 万 hm²，分别占五等地总面积的 12.22% 和 10.07%。这 3 种土壤上分布的五等地占到西南区五等地总面积的 36.22%。黄色石灰土、渗育水稻土、酸性紫色土、潴育水稻土、淹育水稻土、典型黄棕壤、山原红壤、黄红壤 8 种亚类耕地土壤上也有一定数量的五等地分布，占五等地总面积的比例都高于平均水平，其余各亚类占五等地的比例很小（表 3-72。）

表 3-72　西南区各土类、亚类五等地面积与比例

土类	亚类	面积（万 hm²）	比例（%）
粗骨土		5.82	1.40
	钙质粗骨土	1.36	0.33
	硅质岩粗骨土	0.95	0.23
	酸性粗骨土	2.32	0.56
	中性粗骨土	1.18	0.29
褐土		3.80	0.92
	典型褐土	1.53	0.37
	褐土性土	1.17	0.28
	淋溶褐土	0.39	0.09
	娄土	0.00	0.00
	石灰性褐土	0.71	0.17
	燥褐土	0.00	0.00
红壤		40.35	9.72
	典型红壤	8.03	1.94
	红壤性土	1.85	0.45
	黄红壤	13.23	3.19
	山原红壤	17.24	4.15
黄壤		63.67	15.34
	典型黄壤	57.82	13.93
	黄壤性土	5.45	1.31
	漂洗黄壤	0.39	0.09
黄棕壤		35.94	8.66
	暗黄棕壤	8.33	2.01
	典型黄棕壤	19.71	4.75
	黄棕壤性土	7.90	1.90
石灰（岩）土		46.15	11.12
	黑色石灰土	6.89	1.66
	红色石灰土	1.98	0.48
	黄色石灰土	30.45	7.34
	棕色石灰土	6.83	1.65
水稻土		80.04	19.28
	漂洗水稻土	0.54	0.13

（续）

土类	亚类	面积（万 hm²）	比例（%）
	潜育水稻土	2.90	0.70
	渗育水稻土	28.94	6.97
	脱潜水稻土	0.64	0.15
	淹育水稻土	22.79	5.49
	潴育水稻土	24.23	5.84
紫色土		120.20	28.96
	石灰性紫色土	50.74	12.22
	酸性紫色土	27.68	6.67
	中性紫色土	41.78	10.07
棕壤		5.56	1.34
	白浆化棕壤	0.06	0.02
	潮棕壤	0.51	0.12
	典型棕壤	4.37	1.05
	棕壤性土	0.61	0.15

二、五等地属性特征

（一）地形部位

对五等地分布的地形部位进行统计，结果如表 3-73 所示。从表 3-73 中可以看出，五等地主要分布在山地坡中、丘陵中部和山地坡下 3 种地形部位上。其中，山地坡中地形部位上分布的五等地面积为 184.67 万 hm²，占 44.49%；丘陵中部地形部位上分布的五等地面积为 79.18 万 hm²，占 19.08%；山地坡下地形部位上分布的五等地面积为 45.98 万 hm²，占 11.08%。这 3 个地形部位上分布的五等地面积占到五等地总面积的 74.65%。平原高阶、平原中阶和平原低阶 3 种地形部位上分布的五等地很少，占五等地总面积的比例都不足 0.01%。

表 3-73　五等地各地形部位面积与比例

地形部位	面积（万 hm²）	占同地形部位耕地面积比例（%）	占五等地面积比例（%）
宽谷盆地	6.49	9.87	1.56
平原低阶	0.30	0.61	0.07
平原高阶	0.23	7.88	0.06
平原中阶	0.17	4.18	0.04
丘陵上部	9.82	19.94	2.37
丘陵下部	35.76	15.88	8.62
丘陵中部	79.18	22.70	19.08
山地坡上	21.56	12.55	5.19
山地坡下	45.98	23.99	11.08

（续）

地形部位	面积（万 hm²）	占同地形部位耕地面积比例（%）	占五等地面积比例（%）
山地坡中	184.67	22.33	44.49
山间盆地	30.90	18.60	7.45
合计	415.06	19.75	100.00

（二）海拔

对五等地在不同海拔高度范围内的面积与比例进行统计，五等地主要分布在海拔高度300～500m、500～800m、1 000～1 300m 和1 600～2 000m 4 个区间内。其中，海拔高度在300～500m 区间内的五等地面积110.23 万 hm²，占26.56%；海拔高度在500～800m 区间内的五等地面积77.20 万 hm²，占18.60%；海拔高度在1 000～1 300m 区间内的五等地面积46.89 万 hm²，占11.30%；海拔高度在1 600～2 000m 区间内的五等地面积41.70万 hm²，占10.05%。这4 个区间上分布的五等地占到五等地总面积的66.50%，五等地在其余海拔高度范围内的耕地相对要少一些（表3-74）。

表 3-74　五等地各海拔高度面积与比例

海拔分级（m）	面积（万 hm²）	占同类别耕地面积比例（%）	占五等地面积比例（%）
≤300	24.73	18.99	5.96
300～500	110.23	20.44	26.56
500～800	77.20	20.12	18.60
800～1 000	41.33	21.38	9.96
1 000～1 300	46.89	21.21	11.30
1 300～1 600	39.31	20.98	9.47
1 600～2 000	41.70	17.18	10.05
2 000～2 500	25.29	16.01	6.09
2 500～3 000	7.95	18.68	1.91
>3 000	0.46	12.35	0.11
合计	415.06	19.75	100.01

（三）质地构型与耕层质地

对不同质地和质地构型的五等地面积与比例进行统计，五等地的质地类型多样，除质地为砂土的五等地分布较少外，其余各质地类型的五等地都相对较多。其中，耕层土壤质地为中壤的五等地面积最大，面积129.79 万 hm²，占五等地总面积的31.27%；质地为砂土的五等地面积最小，面积7.76 万 hm²，占五等地总面积的1.87%。其余质地类型的五等地占五等地总面积的比例在12.67%～19.52%之间。

五等地的质地构型主要以紧实型、上松下紧型和松散型为主。质地构型为紧实型的五等地面积为129.12 万 hm²，占五等地总面积的31.11%；质地构型为上松下紧型的五等地面积为115.03 万 hm²，占五等地总面积的27.72%；质地构型为松散型的五等地面积72.16万 hm²，占五等地总面积的17.39%。这3 种质地构型的五等地占到五等地总面积的76.21%。五等地中其余各质地构型的耕地占比相对较小（表3-75）。

表 3-75　五等地各耕层质地和质地构型面积与比例

项目	类型	面积（万 hm²）	占同类型耕地面积比例（%）	占五等地面积比例（%）
耕层质地	黏土	81.03	20.36	19.52
	轻壤	52.57	21.38	12.67
	砂壤	66.83	19.78	16.10
	砂土	7.76	6.95	1.87
	中壤	129.79	19.30	31.27
	重壤	77.08	22.93	18.57
	合计	415.06	19.75	100.00
质地构型	薄层型	16.47	11.59	3.97
	海绵型	12.44	17.13	3.00
	夹层型	29.50	16.08	7.11
	紧实型	129.12	20.96	31.11
	上紧下松型	40.34	24.63	9.72
	上松下紧型	115.03	20.33	27.72
	松散型	72.16	20.17	17.39
	合计	415.06	19.75	100.00

（四）灌溉能力和排水能力

对五等地中不同灌排情况的耕地面积与比例进行统计，五等地的灌溉能力主要以不满足和基本满足为主。灌溉能力为不满足的五等地占比最高，达到 44.20%；灌溉能力为基本满足的五等地面积占比也有 33.37%，这两种灌溉能力的五等地共占五等地总面积的 77.57%。而灌溉能力为满足和充分满足的五等地占比分别为 10.16% 和 12.27%。

五等地的排水能力主要以基本满足和满足为主。排水能力为基本满足的五等地占比为47.90%，排水能力为满足的五等地占比为 37.85%，这两种排水能力的五等地共占到五等地总面积的 85.76%。另外，排水能力为充分满足和不满足的五等地占比分别为 8.22%、6.03%（表 3-76）。

表 3-76　五等地各灌溉能力和排水能力面积与比例

项目	类型	面积（万 hm²）	占同类型耕地面积比例（%）	占五等地面积比例（%）
灌溉能力	充分满足	42.18	17.38	10.16
	满足	50.93	14.49	12.27
	基本满足	138.50	23.57	33.37
	不满足	183.45	19.94	44.20
	合计	415.06	19.75	100.00
排水能力	充分满足	34.11	16.67	8.22
	满足	157.11	19.40	37.85
	基本满足	198.83	21.07	47.90

（续）

项目	类型	面积（万 hm²）	占同类型耕地面积比例（%）	占五等地面积比例（%）
	不满足	25.01	17.41	6.03
	合计	415.06	19.75	100.00

（五）障碍因素

对五等地中不同障碍因素的耕地面积与比例进行统计，五等地主要以无明显障碍为主。五等地中无明显障碍的耕地占比 80.38%；但障碍层次的五等地面积有 43.61 万 hm²，占五等地总面积的 10.51%；而酸化障碍因素的五等地面积也有 16.30 万 hm²，占 3.93%。另外，也存在瘠薄和渍潜障碍因素的五等地，占比分别为 3.87% 和 1.31%（表 3-27）。

表 3-77　五等地各障碍因素面积与比例

类型	面积（万 hm²）	占同类型耕地面积比例（%）	占五等地面积比例（%）
无	333.64	20.66	80.38
瘠薄	16.07	12.42	3.87
酸化	16.30	20.46	3.93
障碍层次	43.61	17.36	10.51
渍潜	5.44	20.53	1.31
合计	415.06	19.75	100.00

（六）有效土层厚度

对五等地的有效土层厚度进行统计，五等地的有效土层厚度主要集中在 40～100cm 之间。有效土层厚度在 60～80cm 区间的五等地占比最大，占到五等地总面积的 37.35%；其次是有效土层厚度在 40～60cm 区间的五等地，占到五等地总面积的 31.55%；有效土层厚度在 80～100cm 区间的五等地也有 23.12%。这 3 个区间内的五等地占到五等地总面积的 92.02%。另外，有效土层厚度大于 100cm 的五等地有 1.41%，并且还有 6.57% 的有效土层厚度在 40cm 以下的五等地分布（表 3-78）。

表 3-78　五等地有效土层厚度面积与比例

有效土层厚度（cm）	面积（万 hm²）	占同级有效土层厚度耕地面积比例（%）	占五等地面积比例（%）
<40	27.28	17.29	6.57
40～60	130.94	21.21	31.55
60～80	155.03	19.63	37.35
80～100	95.96	19.81	23.12
≥100	5.86	11.23	1.41
合计	415.06	19.75	100.00

（七）土壤容重

对五等地中不同耕层土壤容重分级的耕地面积与比例进行统计。五等地的耕地土壤容重主要集中在 1.25～1.35g/cm³、1.10～1.25g/cm³ 和 1.35～1.45g/cm³ 3 个区间内，其占比分别达到 42.10%、31.26% 和 17.39%，在这 3 个区间内的五等地占到五等地总面积的比例达到 90.75%。耕层土壤容重小于 1.00g/cm³ 的占比相对较小，为 0.19%（表 3-79）。

表 3-79　五等地土壤容重面积与比例

土壤容重（g/cm³）	面积（万 hm²）	占同级耕层土壤容重面积比例（%）	占五等地面积比例（%）
≤0.90	0.31	14.29	0.07
0.90～1.00	0.49	6.52	0.12
1.00～1.10	8.53	12.48	2.06
1.10～1.25	129.76	19.56	31.26
1.25～1.35	174.76	20.72	42.10
1.35～1.45	72.17	19.94	17.39
1.45～1.55	23.69	20.15	5.71
>1.55	5.36	14.30	1.29
合计	415.06	19.75	100.00

（八）土壤酸碱度

对五等地在不同土壤 pH 分级下的耕地面积与比例进行统计，五等地中没有土壤 pH 为五级（≤4.5，>8.5）的耕地分布，五等地土壤 pH 主要处于一级（6.0～7.0）和二级（5.5～6.0，7.0～7.5）两个水平上，分别占到五等地面积的 45.38% 和 33.43%，这两个水平上的耕地占五等地总面积的 78.81%。另外，土壤 pH 为三级（5.0～5.5，7.5～8.0）水平的五等地占比有 15.97%，而土壤 pH 为四级（4.5～5.0，8.0～8.5）水平的五等地占比有 5.21%（表 3-80）。

表 3-80　五等地土壤 pH 分级面积与比例

土壤 pH 分级	面积（万 hm²）	占同级土壤 pH 耕地面积比例（%）	占五等地面积比例（%）
一级（6.0～7.0）	188.37	19.32	45.38
二级（5.5～6.0，7.0～7.5）	138.76	19.87	33.43
三级（5.0～5.5，7.5～8.0）	66.30	20.83	15.97
四级（4.5～5.0，8.0～8.5）	21.64	19.68	5.21
五级（≤4.5，>8.5）	0.00	0.00	0.00
合计	415.06	19.75	100.00

（九）土壤有机质及养分含量

对五等地中不同土壤有机质及养分含量分级的耕地面积与比例进行统计，五等地土壤有机质含量以三级（15～25g/kg）为主，无有机质含量五级（≤10g/kg）水平的五等地。有机质含量处于三级（15～25g/kg）水平的五等地占比有 46.17%。有机质含量处于二级（25～35g/kg）和一级（>35g/kg）水平的五等地占比分别为 29.26% 和 19.35%。另外，土壤有机质含量处于四级（10～15g/kg）水平的五等地还有 5.22%（表 3-81）。

表 3-81　五等地土壤有机质及养分含量面积与比例（万 hm², %）

分级	有机质		全氮		有效磷		速效钾	
	面积	比例	面积	比例	面积	比例	面积	比例
一级	80.31	19.35	73.62	17.74	20.68	4.98	82.34	19.84
二级	121.43	29.26	144.93	34.92	93.21	22.46	209.99	50.59
三级	191.65	46.17	164.95	39.74	175.73	42.34	101.60	24.48
四级	21.67	5.22	26.89	6.48	124.10	29.90	20.33	4.90
五级	0.00	0.00	4.68	1.13	1.35	0.32	0.80	0.19

五等地的土壤全氮含量以三级（1.0～1.5g/kg）和二级（1.5～2.0g/kg）水平为主，占比分别为 39.74% 和 34.92%，共占到五等地总面积的 74.66%。土壤全氮含量处于一级（>2.0g/kg）水平的五等地占比不大，为 17.74%。另外，土壤全氮含量处于四级（0.5～1.0g/kg）和五级（≤0.5g/kg）水平的五等地分别还有 6.48% 和 1.13%。

五等地的土壤有效磷含量以三级（15～25mg/kg）、四级（5～15mg/kg）和二级（25～40mg/kg）为主。有效磷含量处于三级（15～25mg/kg）水平的五等地占比最高，为 42.34%；其次是处于四级（5～15mg/kg）和二级（25～40mg/kg）水平的五等地占比分别为 29.90% 和 22.46%。这 3 个有效磷含量水平的五等地共占到五等地总面积的 94.69%。有效磷含量处于一级（>40mg/kg）水平的五等地只有 4.98%。另外，有效磷含量处于五级（≤5mg/kg）水平的五等地还有 0.32%。

五等地的土壤速效钾含量以二级（100～150mg/kg）水平为主，占比为 50.59%。土壤速效钾含量处于三级（75～100mg/kg）和一级（>150mg/kg）水平的五等地占比分别为 24.48% 和 19.84%。五等地中速效钾含量处于四级（50～75mg/kg）和五级（≤50mg/kg）水平的占比相对要少一些，分别为 4.90% 和 0.19%。

（十）生物多样性和农田林网化程度

对五等地中不同生物多样性和农田林网化程度的耕地面积与比例进行统计，五等地的生物多样性主要以一般水平为主，占比为 57.92%，其次是不丰富水平的占比达 28.57%，丰富水平的占比为 13.51%（表 3-82）。

表 3-82　五等地生物多样性和农田林网化程度面积与比例

项目	水平	面积（万 hm²）	占同类别耕地面积比例（%）	占五等地面积比例（%）
生物多样性	丰富	56.08	16.98	13.51
	一般	240.40	20.42	57.92
	不丰富	118.59	19.96	28.57
	合计	415.06	19.75	100.00
农田林网化程度	高	91.50	19.99	22.04
	中	146.33	20.34	35.25
	低	177.23	19.17	42.70
	合计	415.06	19.75	100.00

五等地的农田林网化程度以低、中水平为主，占比分别为 42.70% 和 35.25%；农田林网化程度为高水平的占比为 22.04%。

第七节　六等地耕地质量等级特征

一、六等地分布特征

（一）区域分布

西南区六等地的耕地面积 350.00 万 hm²，占西南区耕地总面积的 16.65%。从二级农业区来看，六等地在四川盆地农林区和川滇高原山地林农牧区分布的数量较多，面积分别有82.35 万 hm² 和 80.95 万 hm²，各占到西南区六等地总面积的 23.53% 和 23.13%。其余二级农业区中，黔桂高原山地林农牧区分布的六等地面积 72.58 万 hm²，占到六等地总面积的20.74%；渝鄂湘黔边境山地林农牧区分布的六等地面积 64.83 万 hm²，占到六等地总面积的 18.52%；秦岭大巴山林农区分布的六等地面积 49.29 万 hm²，占到六等地总面积的 14.08%。

从评价区上看，六等地在广西评价区分布的数量最少，面积 5.69 万 hm²，占广西评价区耕地的 13.81%，占西南区六等地总面积的 1.63%；贵州评价区分布的六等地最多，面积94.10 万 hm²，占贵州评价区耕地的 20.75%，占西南区六等地总面积的 26.88%。从六等地占各评价区耕地总面积的比例看，重庆评价区中六等地的占比最小，面积 29.18 万 hm²，占重庆评价区耕地的 12.00%，占西南区六等地总面积的 8.34%；甘肃评价区中六等地的占比最大，面积 14.63 万 hm²，占甘肃评价区耕地的 21.83%，占西南区六等地总面积的4.18%。其余评价区中，湖北评价区 23.26 万 hm²，占湖北评价区耕地的 21.46%，占西南区六等地总面积的 6.65%；湖南评价区 13.30 万 hm²，占湖南评价区耕地的 17.51%，占西南区六等地总面积的 3.80%；陕西评价区 16.99 万 hm²，占陕西评价区耕地的 18.14%，占西南区六等地总面积的 4.85%；四川评价区 92.52 万 hm²，占四川评价区耕地的 14.14%，占西南区六等地总面积的 26.43%；云南评价区 60.33 万 hm²，占云南评价区耕地的16.54%，占西南区六等地总面积的 17.24%。

从市（州）情况来看，六等地主要分布于重庆市、毕节市、遵义市、昭通市、丽江市、凉山彝族自治州、恩施土家族苗族自治州、黔东南苗族侗族自治州、铜仁市、陇南市、黔南布依族苗族自治州、宜宾市等地（表 3-83）。

表 3-83　西南区六等地面积与比例

评价区	市（州）名称	面积（万 hm²）	比例（%）
甘肃评价区		14.63	21.83
	定西市	2.95	33.92
	甘南藏族自治州	0.43	16.60
	陇南市	11.25	20.19
广西评价区		5.69	13.81
	百色市	2.13	15.64
	河池市	3.28	14.26
	南宁市	0.28	6.12

（续）

评价区	市（州）名称	面积（万 hm²）	比例（%）
贵州评价区		94.10	20.75
	安顺市	4.40	14.99
	毕节市	21.14	21.29
	贵阳市	1.96	7.32
	六盘水市	8.35	27.00
	黔东南苗族侗族自治州	12.01	28.38
	黔南布依族苗族自治州	10.21	21.34
	黔西南布依族苗族自治	8.16	18.33
	铜仁市	11.50	23.83
	遵义市	16.36	19.46
湖北评价区		23.26	21.46
	恩施土家族苗族自治州	12.26	27.09
	省直辖	0.23	30.57
	十堰市	5.05	21.04
	襄阳市	2.18	13.08
	宜昌市	3.54	16.31
湖南评价区		13.30	17.51
	常德市	0.47	9.74
	怀化市	7.56	22.07
	邵阳市	0.62	12.45
	湘西土家族苗族自治州	2.95	14.75
	张家界市	1.71	14.32
陕西评价区		16.99	18.14
	安康市	7.97	20.97
	宝鸡市	0.49	25.37
	汉中市	3.69	10.85
	商洛市	4.84	24.51
四川评价区		92.52	14.14
	巴中市	8.48	26.08
	成都市	1.02	2.42
	达州市	6.23	11.33
	德阳市	1.02	4.08
	甘孜藏族自治州	0.21	39.95
	广安市	4.75	15.41
	广元市	9.22	26.09
	乐山市	3.82	13.99

（续）

评价区	市（州）名称	面积（万 hm²）	比例（%）
	凉山彝族自治州	12.76	22.62
	泸州市	6.48	15.77
	眉山市	1.38	5.71
	绵阳市	3.92	8.81
	南充市	9.03	16.87
	内江市	2.02	7.36
	攀枝花市	1.25	16.66
	遂宁市	3.10	11.42
	雅安市	1.63	16.07
	宜宾市	10.00	20.48
	资阳市	4.53	10.51
	自贡市	1.67	7.71
云南评价区		60.33	16.54
	保山市	1.13	14.38
	楚雄州	6.04	16.48
	大理白族自治州	3.63	9.79
	红河州	1.68	10.19
	昆明市	5.66	13.25
	丽江市	2.05	10.08
	怒江州	0.86	15.60
	普洱市	0.82	14.83
	丽江市	13.48	16.31
	文山壮族苗族自治州	7.03	21.24
	玉溪市	2.64	17.23
	昭通市	15.31	24.92
重庆评价区		29.18	12.00
	重庆市	29.18	12.00

（二）土壤类型

紫色土、水稻土、黄壤、石灰（岩）土、红壤、黄棕壤、棕壤、粗骨土以及褐土西南区
9 种主要区域耕地土壤中共有 16.59% 的耕地为六等地。从 9 种主要土类上看，六等地在紫
色土上分布的数量最多，面积 83.33 万 hm²，占六等地总面积的 23.81%；其次是黄壤，该
土壤上分布的六等地面积 70.87 万 hm²，占 20.25%；第三是水稻土，水稻土上分布的六等
地面积 53.29 万 hm²，占 15.23%。其余各土壤中，石灰（岩）土上分布的六等地面积
41.14 万 hm²，占 11.75%；红壤上分布的六等地面积 30.04 万 hm²，占 8.58%；黄棕壤上
分布的六等地面积 37.17 万 hm²，占 10.62%；棕壤上分布的六等地面积 8.49 万 hm²，占
2.43%；粗骨土上分布的六等地面积 3.68 万 hm²，占 1.05%；褐土上分布的六等地面积

7.51 万 hm²，占 2.15%。

从 37 个主要亚类分布来看，堘土中没有六等地分布，六等地在典型黄壤上分布的数量最多，面积 42.52 万 hm²，占六等地总面积的 18.63%；其次是石灰性紫色土，面积 35.53万 hm²，占六等地总面积的 10.15%。黄色石灰土、中性紫色土、酸性紫色土、潴育水稻土、典型黄棕壤、渗育水稻土、淹育水稻土、黄红壤、山原红壤、暗黄棕壤 10 个亚类耕地土壤上也有一定数量的六等地分布，占六等地总面积的比例都高于平均水平，其余各亚类上分布的六等地都较少。六等地中各土类及亚类耕地面积与比例如表 3-84 所示。

表 3-84　西南区各土类、亚类六等地面积与比例

土类	亚类	面积（万 hm²）	比例（%）
粗骨土		3.68	1.05
	钙质粗骨土	0.78	0.22
	硅质岩粗骨土	0.28	0.08
	酸性粗骨土	1.74	0.50
	中性粗骨土	0.88	0.25
褐土		7.51	2.15
	典型褐土	2.66	0.76
	褐土性土	2.11	0.60
	淋溶褐土	0.64	0.18
	堘土		0.00
	石灰性褐土	2.08	0.59
	燥褐土	0.02	0.01
红壤		30.04	8.58
	典型红壤	4.86	1.39
	红壤性土	1.38	0.39
	黄红壤	12.53	3.58
	山原红壤	11.27	3.22
黄壤		70.87	20.25
	典型黄壤	65.19	18.63
	黄壤性土	5.38	1.54
	漂洗黄壤	0.30	0.09
黄棕壤		37.17	10.62
	暗黄棕壤	10.87	3.10
	典型黄棕壤	18.87	5.39
	黄棕壤性土	7.43	2.12
石灰（岩）土		41.14	11.75
	黑色石灰土	8.92	2.55
	红色石灰土	2.93	0.84
	黄色石灰土	24.45	6.99
	棕色石灰土	4.84	1.38

（续）

土类	亚类	面积（万 hm²）	比例（%）
水稻土		53.29	15.23
	漂洗水稻土	0.68	0.19
	潜育水稻土	1.40	0.40
	渗育水稻土	17.80	5.09
	脱潜水稻土	0.14	0.04
	淹育水稻土	13.79	3.94
	潴育水稻土	19.48	5.57
紫色土		83.33	23.81
	石灰性紫色土	35.53	10.15
	酸性紫色土	23.81	6.80
	中性紫色土	23.98	6.85
棕壤		8.49	2.43
	白浆化棕壤	0.10	0.03
	潮棕壤	0.97	0.28
	典型棕壤	6.61	1.89
	棕壤性土	0.82	0.23

二、六等地属性特征

（一）地形部位

对六等地分布的地形部位进行统计，结果如表 3-85 所示。从表 3-85 中可以看出，六等地主要分布在山地坡中和丘陵中部两种地形部位上，其中山地坡中上分布的六等地面积为 188.36 万 hm²，占六等地总面积的 53.82%；丘陵中部上分布的六等地面积为 46.22 万 hm²，占六等地总面积的 13.21%。这 2 种地形部位的面积占到六等地总面积的 67.02%，其余各地形部位上也有一定数量的六等地分布，平原高阶、平原中阶和平原低阶 3 种地形部位上分布的六等地极少，占六等地总面积的比例都不足 0.1%。

表 3-85 六等地各地形部位面积与比例

地形部位	面积（万 hm²）	占同地形部位耕地面积比例（%）	占六等地面积比例（%）
宽谷盆地	4.20	6.39	1.20
平原低阶	0.04	0.08	0.01
平原高阶	0.06	1.86	0.02
平原中阶	0.21	5.12	0.06
丘陵上部	9.42	19.13	2.69
丘陵下部	17.73	7.87	5.07
丘陵中部	46.22	13.25	13.21
山地坡上	32.76	19.07	9.36

（续）

地形部位	面积（万 hm²）	占同地形部位耕地面积比例（%）	占六等地面积比例（%）
山地坡下	26.41	13.78	7.55
山地坡中	188.36	22.78	53.82
山间盆地	24.60	14.80	7.03
合计	350.00	16.65	100.00

（二）海拔

对六等地在不同海拔高度范围内的面积与比例进行统计，六等地较为均匀地分布在海拔高度 300～500m、500～800m、800～1 000m、1 000～1 300m、1 300～1 600m 和 1 600～2 000m 6 个区间内。其中，海拔高度在 300～500m 区间内的六等地面积 66.98 万 hm²，占六等地总面积的 19.14%；海拔高度在 500～800m 区间内的六等地面积 68.83 万 hm²，占六等地总面积的 19.67%；海拔高度在 800～1 000m 区间内的六等地面积 40.27 万 hm²，占六等地总面积的 11.50%；海拔高度在 1 000～1 300m 区间内的六等地面积 42.88 万 hm²，占六等地总面积的 12.25%；海拔高度在 1 300～1 600m 区间内的六等地面积 36.04 万 hm²，占六等地总面积的 10.30%；海拔高度在 1 600～2 000m 区间内的六等地面积 45.56 万 hm²，占六等地总面积的 13.02%。六等地在其余海拔高度区间内的数量相对要少一些，其中，海拔＞3 000m 的六等地有 0.15%（表 3-86）。

表 3-86　六等地各海拔高度面积与比例

海拔分级（m）	面积（万 hm²）	占同类别耕地面积比例（%）	占六等地面积比例（%）
≤300	14.16	10.88	4.05
300～500	66.98	12.42	19.14
500～800	68.83	17.94	19.67
800～1 000	40.27	20.83	11.50
1 000～1 300	42.88	19.40	12.25
1 300～1 600	36.04	19.24	10.30
1 600～2 000	45.56	18.77	13.02
2 000～2 500	26.16	16.56	7.47
2 500～3 000	8.61	20.23	2.46
＞3 000	0.51	13.81	0.15
合计	350.00	16.65	100.00

（三）质地构型和耕层质地

对不同质地和质地构型的六等地面积与比例进行统计，六等地的耕层土壤质地类型多样，除质地为砂土的六等地数量较少外，其余各质地类型的六等地数量差异不大。耕层土壤质地为中壤的六等地最多，面积 89.48 万 hm²，占六等地总面积的 25.56%；质地为砂土的六等地占六等地总面积的 4.33%。其余各质地类型的六等地占六等地的比例在 13.72%～22.20% 之间（表 3-87）。

六等地的质地构型主要为紧实型、松散型、上松下紧型和夹层型为主。质地构型为紧实型的六等地面积为 98.35 万 hm²，占六等地总面积的 28.10%；质地构型为松散型的六等地面积 75.44 万 hm²，占 21.55%；质地构型为上松下紧型的六等地面积为 67.15 万 hm²，占 19.18%；质地构型为夹层型的六等地面积 41.18 万 hm²，占 11.77%。这 4 种质地构型的六等地占到六等地总面积的 80.60%。六等地中其余各质地构型的耕地占比相对较小。

表 3-87　六等地各质地构型和耕层质地面积与比例

项目	类型	面积（万 hm²）	占同类型耕地面积比例（%）	占六等地面积比例（%）
耕层质地	黏土	77.70	19.53	22.20
	轻壤	48.00	19.52	13.72
	砂壤	65.79	19.47	18.80
	砂土	15.17	13.59	4.33
	中壤	89.48	13.31	25.56
	重壤	53.86	16.03	15.39
	合计	350.00	16.65	100.00
质地构型	薄层型	27.71	19.48	7.92
	海绵型	8.51	11.72	2.43
	夹层型	41.18	22.46	11.77
	紧实型	98.35	15.96	28.10
	上紧下松型	31.67	19.33	9.05
	上松下紧型	67.15	11.86	19.18
	松散型	75.44	21.09	21.55
	合计	350.00	16.65	100.00

（四）灌溉能力和排水能力

对六等地中不同灌排情况的耕地面积与比例进行统计，六等地的灌溉能力主要为不满足。灌溉能力为不满足的六等地占比最高，达到 64.38%；其次，灌溉能力为基本满足的六等地面积占比有 23.72%。这两种灌溉能力的六等地占到六等地总面积的 88.10%。而灌溉能力为充分满足和满足的六等地面积占比分别为 5.45% 和 6.45%。

六等地的排水能力主要以基本满足和满足为主。排水能力为基本满足的六等地占比为 49.53%，排水能力为满足的六等地占比为 32.62%。这两种排水能力的六等地占到六等地总面积的 72.14%。另外，排水能力为充分满足的六等地有 10.05%，而排水能力为不满足的六等地还有 7.80%（表 3-88）。

表 3-88　六等地各灌溉能力和排水能力面积与比例

项目	类型	面积（万 hm²）	占同类型耕地面积比例（%）	占六等地面积比例（%）
灌溉能力	充分满足	19.07	7.86	5.45
	满足	22.59	6.43	6.45
	基本满足	83.01	14.13	23.72
	不满足	225.33	24.49	64.38
	合计	350.00	16.65	100.00

（续）

项目	类型	面积（万 hm²）	占同类型耕地面积比例（%）	占六等地面积比例（%）
排水能力	充分满足	35.19	17.20	10.05
	满足	114.16	14.09	32.62
	基本满足	173.35	18.37	49.53
	不满足	27.30	19.01	7.80
	合计	350.00	16.65	100.00

（五）障碍因素

对六等地中不同障碍因素的耕地面积与比例进行统计，结果如表 3-89 所示。从表 3-89 中可以看出，六等地主要以无明显障碍为主，六等地中无明显障碍的耕地占比 72.74%。但障碍层次的六等地有 51.94 万 hm²，占六等地总面积的 14.84%；而酸化障碍因素的六等地也有 17.64 万 hm²，占六等地总面积的 5.04%，另外，也存在瘠薄和渍潜障碍因素的六等地，占比分别也有 6.14% 和 1.24%。

表 3-89　六等地各障碍因素面积与比例

类型	面积（万 hm²）	占同类型耕地面积比例（%）	占六等地面积比例（%）
无	254.60	15.76	72.74
瘠薄	21.48	16.60	6.14
酸化	17.64	22.13	5.04
障碍层次	51.94	20.68	14.84
渍潜	4.35	16.39	1.24
合计	350.00	16.65	100.00

（六）有效土层厚度

对六等地的有效土层厚度进行统计，六等地的有效土层厚度主要在 40～80cm 之间。有效土层厚度在 60～80cm 区间的六等地占到六等地总面积的 37.44%；有效土层厚度在 40～60cm 区间的六等地占到六等地总面积的 33.93%。也就是说有效土层厚度在 40～80cm 的六等地占到六等地总面积的 71.37%。而有效土层厚度在 80～100cm 的六等地有 18.91%，有效土层厚度大于 100cm 的六等地有 1.42%，同时还有 8.30% 的有效土层厚度在 40cm 以下的六等地分布（表 3-90）。

表 3-90　六等地有效土层厚度

有效土层厚度（cm）	面积（万 hm²）	占同级有效土层厚度耕地面积比例（%）	占六等地面积比例（%）
<40	29.06	18.42	8.30
40～60	118.76	19.23	33.93
60～80	131.03	16.59	37.44
80～100	66.19	13.66	18.91
≥100	4.96	9.51	1.42
合计	350.00	16.65	100.00

（七）土壤容重

对六等地中不同耕层土壤容重分级的耕地面积与比例进行统计，六等地的耕地土壤容重主要集中在 $1.25\sim1.35g/cm^3$、$1.10\sim1.25g/cm^3$ 和 $1.35\sim1.45g/cm^3$ 3 个区间内。耕地土壤容重在 $1.25\sim1.35g/cm^3$、$1.10\sim1.25g/cm^3$ 和 $1.35\sim1.45g/cm^3$ 的六等地分别占到六等地总面积的 38.60％、29.18％和 19.12％，在这 3 个区间内的六等地共占到六等地总面积的 86.90％。耕层土壤容重小于 $1.00g/cm^3$ 的六等地相对较少，占六等地总面积的 0.33％（表 3-91）。

表 3-91　六等地土壤容重面积与比例

土壤容重（g/cm³）	面积（万 hm²）	占同级耕层土壤容重面积比例（％）	占六等地面积比例（％）
≤0.90	0.06	2.57	0.02
0.90～1.00	1.11	14.87	0.32
1.00～1.10	13.46	19.70	3.85
1.10～1.25	102.14	15.39	29.18
1.25～1.35	135.12	16.02	38.60
1.35～1.45	66.92	18.49	19.12
1.45～1.55	23.19	19.72	6.63
＞1.55	8.01	21.38	2.29
合计	350.00	16.65	100.00

（八）酸碱度与土壤养分含量

对六等地在不同土壤 pH 分级下的耕地面积与比例进行统计，六等地中土壤 pH 为五级（≤4.5，＞8.5）水平的耕地分布极少，基本可忽略不计。六等地的土壤 pH 主要以一级（6.0～7.0）和二级（5.5～6.0，7.0～7.5）水平为主。土壤 pH 为一级（6.0～7.0）和二级（5.5～6.0，7.0～7.5）水平的六等地分别占到六等地总面积的 43.28％和 34.97％，共占六等地总面积的 78.25％。另外，土壤 pH 为三级（5.0～5.5，7.5～8.0）和四级（4.5～5.0，8.0～8.5）水平的六等地占比分别有 16.37％和 5.37％。

表 3-92　六等地各土壤 pH 分级面积与比例

土壤 pH 分级	面积（万 hm²）	占同级土壤 pH 耕地面积比例（％）	占六等地面积比例（％）
一级（6.0～7.0）	151.49	15.53	43.28
二级（5.5～6.0，7.0～7.5）	122.39	17.53	34.97
三级（5.0～5.5，7.5～8.0）	57.30	18.01	16.37
四级（4.5～5.0，8.0～8.5）	18.81	17.11	5.37
五级（≤4.5，＞8.5）	0.02	8.60	0.00
合计	350.00	16.65	100.00

对六等地中不同土壤有机质及养分含量分级的耕地面积与比例进行统计，六等地土壤有机质含量主要以三级（15～25g/kg）和二级（25～35g/kg）水平为主，无有机质含量处于五级（≤10g/kg）水平的耕地分布。土壤有机质含量处于三级（15～25g/kg）和二级（25～35g/kg）水平的六等地分别占六等地总面积的 43.08％、33.88％。这两个有机质含量

水平的六等地共占到六等地总面积的76.96%。土壤有机质含量处于一级（＞35g/kg）水平的六等地有19.44%。另外，土壤有机质含量处于四级（10~15g/kg）水平的六等地还有3.61%（表3-93）。

表3-93 六等地各不同土壤有机质及养分含量面积与比例（万 hm², %）

分级	有机质		全氮		有效磷		速效钾	
	面积	比例	面积	比例	面积	比例	面积	比例
一级	68.04	19.44	69.32	19.81	17.42	4.98	69.02	19.72
二级	118.57	33.88	133.05	38.01	77.81	22.23	176.92	50.55
三级	150.77	43.08	124.31	35.52	151.92	43.41	86.10	24.60
四级	12.62	3.61	20.65	5.90	102.48	29.28	17.82	5.09
五级	0.00	0.00	2.66	0.76	0.38	0.11	0.14	0.04

六等地的土壤全氮含量以二级（1.5~2.0g/kg）和三级（1.0~1.5g/kg）水平为主。土壤全氮含量处于二级（1.5~2.0g/kg）和三级（1.0~1.5g/kg）水平的六等地分别占六等地总面积的38.01%和35.52%。这两个全氮含量水平的六等地共占到六等地总面积的73.53%。而土壤全氮含量处于一级（＞2.0g/kg）水平的六等地相对较少，占六等地总面积的19.81%。另外，土壤全氮含量处于四级（0.5~1.0g/kg）和五级（≤0.5g/kg）水平的六等地分别有5.90%和0.76%。

六等地的土壤有效磷含量以三级（15~25mg/kg）、四级（5~15mg/kg）和二级（25~40mg/kg）水平为主。土壤有效磷含量处于三级（15~25mg/kg）、四级（5~15mg/kg）和二级（25~40mg/kg）水平的六等地分别占六等地总面积的43.41%、29.28%和22.23%。这3个有效磷含量水平的六等地共占到六等地总面积的94.91%。有效磷含量处于一级（＞40mg/kg）和五级（≤5mg/kg）水平的六等地分别有4.98%、0.11%。

六等地的土壤速效钾含量以二级（100~150mg/kg）水平为主。土壤速效钾含量处于二级（100~150mg/kg）水平的六等地占到六等地总面积的50.55%。速效钾含量处于三级（75~100mg/kg）和一级（＞150mg/kg）的六等地数量差异不大，面积分别有86.10万 hm²和69.02万 hm²，分别占六等地总面积的24.60%和19.72%。六等地中速效钾含量处于四级（50~75mg/kg）和五级（≤50mg/kg）水平的数量相对要少一些，分别有5.09%和0.04%。

（九）农田林网化程度

对六等地中不同生物多样性和农田林网化程度的耕地面积与比例进行统计，六等地的生物多样性以一般水平为主，占比为55.56%，其次是不丰富水平的占比达32.48%，丰富水平的占11.96%。

六等地的农田林网化程度以低水平为主，占比为52.47%。农田林网化程度为高、中水平的六等地分别有20.05%和27.48%（表3-94）。

表3-94 六等地各农田林网化程度和生物多样性面积与比例

项目	水平	面积（万 hm²）	占同类别耕地面积比例（%）	占六等地面积比例（%）
生物多样性	丰富	41.86	12.67	11.96

（续）

项目	水平	面积（万 hm²）	占同类别耕地面积比例（%）	占六等地面积比例（%）
	一般	194.47	16.52	55.56
	不丰富	113.67	19.14	32.48
	合计	350.00	16.65	100.00
农田林网化程度	高	70.19	15.34	20.05
	中	96.18	13.37	27.48
	低	183.63	19.86	52.47
	合计	350.00	16.65	100.00

第八节　七等地耕地质量等级特征

一、七等地分布特征

（一）区域分布

西南区七等地的耕地面积 238.30 万 hm²，占到西南区耕地总面积的 11.34%。从二级农业区上看，七等地在川滇高原山地林农牧区分布的数量最多，面积 57.25 万 hm²，占到七等地总面积的 24.02%；其次是渝鄂湘黔边境山地林农牧区，该二级农业区分布的七等地占七等地总面积的 22.00%。其余二级农业区中，黔桂高原山地林农牧区分布的七等地有 48.03 万 hm²，占到七等地总面积的 20.16%；四川盆地农林区分布的七等地有 40.42 万 hm²，占到七等地总面积的 16.96%；秦岭大巴山林农区分布的七等地有 40.18 万 hm²，占到七等地总面积的 16.86%，与四川盆地农林区大致相当。

从评价区上看，广西评价区分布的七等地最少，面积 5.38 万 hm²，占广西评价区耕地的 13.06%，占西南区七等地总面积的 2.26%；贵州评价区分布的七等地最多，面积 78.99 万 hm²，占贵州评价区耕地的 17.42%，占西南区七等地总面积的 33.15%。从七等地占各评价区耕地总面积的比例看，甘肃评价区七等地的占比较大，面积 16.02 万 hm²，占甘肃评价区耕地的 23.89%，占西南区七等地总面积的 6.72%；云南评价区七等地的占比最小，面积 25.92 万 hm²，占云南评价区耕地的 7.11%，占西南区七等地总面积的 10.88%。其余评价区中，湖北评价区 15.50 万 hm²，占湖北评价区耕地的 14.30%，占西南区七等地总面积的 6.50%；湖南评价区 11.07 万 hm²，占湖南评价区耕地的 14.57%，占西南区七等地总面积的 4.64%；陕西评价区 15.81 万 hm²，占陕西评价区耕地的 16.88%，占西南区七等地总面积的 6.64%；四川评价区 47.21 万 hm²，占四川评价区耕地的 7.21%，占西南区七等地总面积的 19.81%；重庆评价区 22.40 万 hm²，占重庆评价区耕地的 9.22%，占西南区七等地总面积的 9.40%。

从市（州）情况来看，七等地主要分布于毕节市、重庆市、陇南市、黔西南布依族苗族自治、凉山彝族自治州、铜仁市、遵义市、六盘水市、恩施土家族苗族自治州、昭通市、安康市、商洛市、黔南布依族苗族自治州、丽江市、黔东南苗族侗族自治州、达州市、宜宾市、怀化市、南充市、定西市、广元市等地。具体情况见表 3-95 所示。

表 3-95 西南区七等地面积与比例

评价区	市（州）名称	面积（万 hm²）	比例（%）
甘肃评价区		16.02	23.89
	定西市	3.96	45.49
	甘南藏族自治州	0.43	16.69
	陇南市	11.63	20.86
广西评价区		5.38	13.06
	百色市	2.67	19.63
	河池市	2.69	11.70
	南宁市	0.02	0.44
贵州评价区		78.99	17.42
	安顺市	1.61	5.48
	毕节市	26.69	26.88
	贵阳市	0.35	1.32
	六盘水市	7.80	25.25
	黔东南苗族侗族自治州	6.41	15.13
	黔南布依族苗族自治州	6.56	13.72
	黔西南布依族苗族自治	10.88	24.45
	铜仁市	9.41	19.48
	遵义市	9.28	11.04
湖北评价区		15.50	14.30
	恩施土家族苗族自治州	7.75	17.11
	省直辖	0.06	8.38
	十堰市	3.54	14.75
	襄阳市	1.13	6.75
	宜昌市	3.03	13.95
湖南评价区		11.07	14.57
	常德市	0.59	12.23
	怀化市	4.62	13.50
	邵阳市	0.94	18.99
	湘西土家族苗族自治州	3.11	15.54
	张家界市	1.80	15.10
陕西评价区		15.81	16.88
	安康市	6.84	18.01
	宝鸡市	0.11	5.88
	汉中市	2.15	6.33
	商洛市	6.70	33.94

（续）

评价区	市（州）名称	面积（万 hm²）	比例（%）
四川评价区		47.21	7.21
	巴中市	1.87	5.75
	成都市	0.54	1.29
	达州市	5.26	9.57
	德阳市	0.86	3.45
	甘孜藏族自治州	0.02	2.83
	广安市	1.45	4.71
	广元市	3.90	11.03
	乐山市	2.31	8.45
	凉山彝族自治州	10.38	18.40
	泸州市	2.84	6.91
	眉山市	0.52	2.14
	绵阳市	0.86	1.93
	南充市	4.55	8.50
	内江市	0.72	2.63
	攀枝花市	1.68	22.37
	遂宁市	1.15	4.24
	雅安市	1.22	12.05
	宜宾市	5.04	10.33
	资阳市	1.47	3.42
	自贡市	0.57	2.62
云南评价区		25.92	7.11
	保山市	0.74	9.43
	楚雄州	2.28	6.21
	大理白族自治州	0.85	2.28
	红河州	0.36	2.20
	昆明市	2.18	5.09
	丽江市	1.56	7.65
	怒江州	0.54	9.72
	普洱市	0.66	11.85
	丽江市	6.41	7.75
	文山壮族苗族自治州	2.02	6.11
	玉溪市	0.60	3.89
	昭通市	7.74	12.59
重庆评价区		22.40	9.22
	重庆市	22.40	9.22

（二）土壤类型

紫色土、水稻土、黄壤、石灰（岩）土、红壤、黄棕壤、棕壤、粗骨土以及褐土西南区9种主要区域耕地土壤中共有11.12％的耕地为七等地。从9种主要土类上看，七等地在黄壤上分布的数量最多，面积48.12万 hm²，占七等地总面积的20.19％；其次是紫色土，该土壤上分布的七等地有44.16万 hm²，占18.53％；第三是黄棕壤，该土壤上分布的七等地有70.72万 hm²，占17.09％。其余各土壤中，水稻土上分布的七等地面积28.41万 hm²，占11.92％；石灰（岩）土上分布的七等地面积25.14万 hm²，占10.55％；红壤上分布的七等地面积19.11万 hm²，占七等地总面积的8.02％；棕壤上分布的七等地面积8.41万 hm²，占3.53％；粗骨土上分布的七等地面积4.87万 hm²，占2.04％；褐土上分布的七等地面积5.91万 hm²，占2.48％。

从37个主要亚类分布来看，娄土和燥褐土没有七等地分布，七等地在典型黄壤上分布最多，面积42.52万 hm²，占七等地总面积的17.84％。暗黄棕壤、石灰性紫色土、中性紫色土、酸性紫色土、黄色石灰土、典型黄棕壤、潴育水稻土、黄红壤、渗育水稻土、淹育水稻土10个亚类耕地土壤上也有一定数量的七等地分布，占七等地总面积的比例都高于平均水平，其余各亚类耕地土壤上七等地的数量较少（表3-96）。

表3-96 各土类、亚类七等地面积与比例

土类	亚类	面积（万 hm²）	比例（％）
粗骨土		4.87	2.04
	钙质粗骨土	0.87	0.37
	硅质岩粗骨土	0.36	0.15
	酸性粗骨土	2.20	0.92
	中性粗骨土	1.43	0.60
褐土		5.91	2.48
	典型褐土	1.85	0.78
	褐土性土	1.80	0.75
	淋溶褐土	0.78	0.33
	娄土	0.00	0.00
	石灰性褐土	1.48	0.62
	燥褐土	0.00	0.00
红壤		19.11	8.02
	典型红壤	4.02	1.69
	红壤性土	0.98	0.41
	黄红壤	9.86	4.14
	山原红壤	4.25	1.78
黄壤		48.12	20.19
	典型黄壤	42.52	17.84

（续）

土类	亚类	面积（万 hm²）	比例（%）
	黄壤性土	5.48	2.30
	漂洗黄壤	0.12	0.05
黄棕壤		40.72	17.09
	暗黄棕壤	22.91	9.62
	典型黄棕壤	12.10	5.08
	黄棕壤性土	5.70	2.39
石灰（岩）土		25.14	10.55
	黑色石灰土	5.50	2.31
	红色石灰土	1.99	0.83
	黄色石灰土	12.85	5.39
	棕色石灰土	4.80	2.01
水稻土		28.41	11.92
	漂洗水稻土	0.72	0.30
	潜育水稻土	1.07	0.45
	渗育水稻土	7.98	3.35
	脱潜水稻土	0.16	0.07
	淹育水稻土	7.17	3.01
	潴育水稻土	11.30	4.74
紫色土		44.16	18.53
	石灰性紫色土	15.87	6.66
	酸性紫色土	14.14	5.93
	中性紫色土	14.15	5.94
棕壤		8.41	3.53
	白浆化棕壤	0.13	0.06
	潮棕壤	1.46	0.61
	典型棕壤	5.81	2.44
	棕壤性土	1.01	0.42

二、七等地属性特征

（一）地形部位

对七等地分布的地形部位进行统计，结果如表 3-97 所示。从表 3-97 中可以看出，七等地主要分布在山地坡中、山地坡上和丘陵中部 3 种地形部位上。其中，山地坡中地形部位上分布的七等地面积为 128.94 万 hm²，占七等地总面积的 54.11%；山地坡上地形部位上分布的七等地面积 41.57 万 hm²，占七等地总面积的 17.44%；丘陵中部地形部位上分布的七等地面积为 26.76 万 hm²，占七等地总面积的 11.23%。这 3 种地形部位上分布的七等地占到七等地总面积的 82.78%。

表 3-97　七等地各地形部位面积与比例

地形部位	面积（万 hm²）	占同地形部位耕地面积比例（％）	占七等地面积比例（％）
宽谷盆地	1.24	1.89	0.52
平原低阶	0.15	0.29	0.06
平原高阶	0.03	1.11	0.01
平原中阶	0.06	1.56	0.03
丘陵上部	10.52	21.35	4.41
丘陵下部	5.76	2.56	2.42
丘陵中部	26.76	7.67	11.23
山地坡上	41.57	24.20	17.44
山地坡下	12.74	6.65	5.35
山地坡中	128.94	15.59	54.11
山间盆地	10.54	6.34	4.42
合计	238.30	11.34	100.00

（二）海拔

对七等地在不同海拔高度范围内的面积与比例进行统计，结果如表 3-98 所示。从表 3-98 中可以看出，七等地除在海拔高度≤300m、2 500～3 000m 和＞3 000m 这 3 个区间内分布的数量相对较少以外，其余各区间上分布的七等地数量差异不大，占七等地总面积的比例在 10％～20％之间。其中，海拔高度在 500～800m 区间内分布的七等地最多，面积 46.65 万 hm²，占七等地总面积的 19.58％；海拔高度在1 300～1 600m 区间内分布的七等地面积有 23.89 万 hm²，占七等地总面积的 10.03％。

表 3-98　七等地各海拔高度面积与比例

海拔分级（m）	面积（万 hm²）	占同类别耕地面积比例（％）	占七等地面积比例（％）
≤300	7.47	5.74	3.13
300～500	33.78	6.26	14.18
500～800	46.65	12.16	19.58
800～1 000	27.57	14.26	11.57
1 000～1 300	28.34	12.82	11.89
1 300～1 600	23.89	12.75	10.03
1 600～2 000	32.55	13.41	13.66
2 000～2 500	28.84	18.26	12.10
2 500～3 000	8.68	20.41	3.64
＞3 000	0.53	14.43	0.22
合计	238.30	11.34	100.00

（三）质地构型与耕层质地

对不同质地和质地构型的七等地面积与比例进行统计，七等地除质地类型为砂土的数量较少外，其余各种质地类型的数量差异不大。其中，耕层土壤质地为中壤的七等地数量最多，面积 64.59 万 hm²，占七等地总面积的 27.10%；其次质地类型为砂壤的七等地数量稍多，占到七等地总面积的 20.12%。其余各种质地类型的七等地占比在 10.23%～18.74% 之间。

七等地的质地构型多样，以松散型、紧实型、夹层型、上松下紧型和薄层型为主。其中，质地构型为松散型的七等地有 59.41 万 hm²，占七等地总面积的 24.93%；质地构型为紧实型的七等地有 54.45 万 hm²，占七等地总面积的 22.85%；质地构型为夹层型的七等地有 43.11 万 hm²，占七等地总面积的 18.09%；质地构型为上松下紧型的七等地有 33.39 万 hm²，占七等地总面积的 14.01%；质地构型为薄层型的耕地面积为 29.51 万 hm²，占七等地总面积的 12.39%。这 5 种质地构型的七等地占七等地总面积的 92.27%（表 3-99）。

表 3-99　七等地各质地构型和耕层质地面积与比例

项目	类型	面积（万 hm²）	占同类型耕地面积比例（%）	占七等地面积比例（%）
耕层质地	黏土	44.65	11.22	18.74
	轻壤	24.38	9.91	10.23
	砂壤	47.95	14.19	20.12
	砂土	23.46	21.02	9.85
	中壤	64.59	9.61	27.10
	重壤	33.27	9.90	13.96
	合计	238.30	11.34	100.00
质地构型	薄层型	29.51	20.75	12.39
	海绵型	2.95	4.07	1.24
	夹层型	43.11	23.50	18.09
	紧实型	54.45	8.84	22.85
	上紧下松型	15.47	9.45	6.49
	上松下紧型	33.39	5.90	14.01
	松散型	59.41	16.61	24.93
	合计	238.30	11.34	100.00

（四）灌溉能力和排水能力

对七等地中不同灌排情况的耕地面积与比例进行统计，七等地的灌溉能力主要以不满足为主。灌溉能力为不满足的七等地面积 186.31 万 hm²，占七等地总面积的 78.18%。灌溉能力为基本满足的七等地占比为 15.93%，而灌溉能力为充分满足和满足的七等地共占到七等地总面积的 5.89%。

七等地的排水能力主要以基本满足和满足为主。排水能力为基本满足的七等地有 51.56%，排水能力为满足的七等地有 26.97%，这两种排水能力的七等地占到七等地总面积的 78.54%。另外，排水能力为充分满足的七等地有 9.31%，而排水能力为不满足的七等地还有 12.15%（表 3-100）。

表 3-100　七等地各灌溉能力和排水能力面积与比例

项目	类型	面积（万 hm²）	占同类型耕地面积比例（%）	占七等地面积比例（%）
灌溉能力	充分满足	4.10	1.69	1.72
	满足	9.93	2.82	4.17
	基本满足	37.97	6.46	15.93
	不满足	186.31	20.25	78.18
	合计	238.30	11.34	100.00
排水能力	充分满足	22.19	10.84	9.31
	满足	64.28	7.94	26.97
	基本满足	122.87	13.02	51.56
	不满足	28.96	20.16	12.15
	合计	238.30	11.34	100.00

（五）障碍因素

对七等地中不同障碍因素的耕地面积与比例进行统计，从数量上看，七等地主要以无明显障碍为主，无明显障碍的七等地占七等地总面积的 62.01%。但障碍层次的七等地有 41.56 万 hm²，占七等地总面积的 17.44%；酸化的七等地也有 12.44 万 hm²，占七等地总面积的 5.22%。这两种障碍因素的七等地共占到七等地总面积的 30.29%。另外，也有一定数量的瘠薄和渍潜障碍因素的七等地分布，分别也有 12.85% 和 2.48%（表 3-101）。

表 3-101　七等地各障碍因素面积与比例

类型	面积（万 hm²）	占同类型耕地面积比例（%）	占七等地面积比例（%）
无	147.78	9.15	62.01
瘠薄	30.61	23.66	12.85
酸化	12.44	15.60	5.22
障碍层次	41.56	16.55	17.44
渍潜	5.92	22.32	2.48
合计	238.30	11.34	100.00

（六）有效土层厚度

对七等地的有效土层厚度进行统计，七等地的有效土层厚度主要在 40～80cm 之间。有效土层厚度在 60～80cm 之间的七等地占到七等地总面积的 38.53%；有效土层厚度在 40～60 之间的七等地占七等地总面积的 32.98%。也就是说有效土层厚度在 40～80cm 的七等地共占到七等地总面积的 71.51%。有效土层厚度在 80～100cm 的七等有 14.46%，而有效土层厚度大于 100cm 的七等地占七等地总面积的 0.89%。另外，还有 13.14% 的有效土层厚度在 40cm 以下的七等地分布（表 3-102）。

表 3-102　七等地各级有效土层厚度

有效土层厚度（cm）	面积（万 hm²）	占同级有效土层厚度耕地面积比例（%）	占七等地面积比例（%）
<40	31.31	19.84	13.14
40～60	78.60	12.73	32.98

（续）

有效土层厚度（cm）	面积（万 hm²）	占同级有效土层厚度耕地面积比例（%）	占七等地面积比例（%）
60～80	91.83	11.62	38.53
80～100	34.46	7.11	14.46
≥100	2.11	4.05	0.89
合计	238.30	11.34	100.00

（七）土壤容重

对七等地中不同耕层土壤容重分级的耕地面积与比例进行统计，结果如表 3-103 所示。从表 3-103 中可以看出，七等地的耕地土壤容重主要集中在 1.25～1.35g/cm³、1.10～1.25g/cm³ 和 1.35～1.45g/cm³ 3 个区间内。耕地土壤容重在 1.25～1.35g/cm³、1.10～1.25g/cm³ 和 1.35～1.45g/cm³ 3 个区间上的七等地分别占七等地总面积的 36.67%、30.18%和 17.28%，在这 3 个区间内的七等地共占到七等地总面积的比例达到 84.13%。耕层土壤容重小于 1.00g/cm³ 的七等地较少，占七等地总面积的 0.81%。

表 3-103　七等地土壤容重面积与比例

土壤容重（g/cm³）	面积（万 hm²）	占同级耕层土壤容重面积比例（%）	占七等地面积比例（%）
≤0.90	0.18	8.15	0.07
0.90～1.00	1.75	23.39	0.74
1.00～1.10	14.67	21.47	6.16
1.10～1.25	71.91	10.84	30.18
1.25～1.35	87.39	10.36	36.67
1.35～1.45	41.19	11.38	17.28
1.45～1.55	12.50	10.63	5.24
>1.55	8.72	23.28	3.66
合计	238.30	11.34	100.00

（八）酸碱度和土壤养分含量

对七等地在不同土壤 pH 分级下的耕地面积与比例进行统计，结果如表 3-104 所示。从表 3-104 中可以发现，七等地中土壤 pH 为五级（≤4.5，>8.5）的耕地分布极少，从数量和占比上看，均可忽略不计。七等地的土壤 pH 主要以二级（5.5～6.0，7.0～7.5）和一级（6.0～7.0）为主。土壤 pH 为二级（5.5～6.0，7.0～7.5）的七等地分布较多，面积 94.80 万 hm²，占七等地总面积的 39.78%；土壤 pH 为一级（6.0～7.0）的七等地有 88.93 万 hm²，占七等地总面积的 37.32%。这两个土壤 pH 分级的七等地共占到七等地总面积的 77.10%。土壤 pH 为三级（5.0～5.5，7.5～8.0）的七等地有 39.74 万 hm²，占七等地总面积的 16.68%，而土壤 pH 为四级（4.5～5.0，8.0～8.5）的七等地还有 6.22%（表 3-104）。

表 3-104　七等地各土壤 pH 分级面积与比例

土壤 pH 分级	面积（万 hm²）	占同级土壤 pH 耕地面积比例（%）	占七等地面积比例（%）
一级（6.0～7.0）	88.93	9.12	37.32

（续）

土壤 pH 分级	面积（万 hm²）	占同级土壤 pH 耕地面积比例（%）	占七等地面积比例（%）
二级（5.5~6.0，7.0~7.5）	94.80	13.58	39.78
三级（5.0~5.5，7.5~8.0）	39.74	12.49	16.68
四级（4.5~5.0，8.0~8.5）	14.81	13.47	6.22
五级（≤4.5，>8.5）	0.02	12.13	0.01
合计	238.30	11.34	100.00

对七等地中不同土壤有机质及养分含量分级的耕地面积与比例进行统计，结果如表 3-105 所示。从表 3-105 中可以看出，七等地土壤有机质含量以三级（15~25g/kg）和二级（25~35g/kg）水平为主。土壤有机质含量处于三级（15~25g/kg）和二级（25~35g/kg）水平的七等地分别占到七等地总面积的 42.11%、31.00%。这两种土壤有机质含量水平的七等地共占到七等地总面积的 73.11%。土壤有机质处于一级（>35g/kg）水平的七等地有 22.82%。另外，七等地中有机质含量处于四级（10~15g/kg）水平和五级（≤10g/kg）水平的耕地共占到七等地总面积的 4.07%。

表 3-105　七等地各土壤有机质及养分含量面积与比例（万 hm²，%）

分级	有机质		全氮		有效磷		速效钾	
	面积	比例	面积	比例	面积	比例	面积	比例
一级	54.38	22.82	44.50	18.67	10.21	4.28	57.98	24.33
二级	73.88	31.00	97.19	40.79	46.61	19.56	108.85	45.68
三级	100.34	42.11	79.83	33.50	110.80	46.50	57.74	24.23
四级	9.68	4.06	15.15	6.36	70.64	29.64	13.38	5.61
五级	0.02	0.01	1.63	0.68	0.04	0.02	0.36	0.15

七等地的土壤全氮含量以二级（1.5~2.0g/kg）和三级（1.0~1.5g/kg）水平为主。土壤全氮含量处于二级（1.5~2.0g/kg）和三级（1.0~1.5g/kg）水平的七等地共占七等地总面积的 74.29%。土壤全氮含量处于一级（>2.0g/kg）水平的七等地数量不多，占到七等地总面积的 18.67%。另外，土壤全氮含量处于四级（0.5~1.0g/kg）和五级（≤0.5g/kg）水平的七等地共有 7.04%。

七等地的土壤有效磷含量以三级（15~25mg/kg）和四级（5~15mg/kg）水平为主，这两个有效磷含量水平的七等地共占七等地总面积的 76.14%。有效磷含量处于二级（25~40mg/kg）和一级（>40mg/kg）水平的七等地共有 23.84%。另外，有效磷含量处于五级（≤5mg/kg）水平的七等地有 0.02%，基本可忽略不计。

七等地的土壤速效钾含量以二级（100~150mg/kg）水平为主，占比为 45.68%。土壤速效钾含量处于一级（>150mg/kg）和三级（75~100mg/kg）水平的七等地数量差异不大，分别占七等地总面积的 24.33% 和 24.23%。七等地中土壤速效钾含量处于四级（50~75mg/kg）和五级（≤50mg/kg）水平的数量要少一些，共占到七等地总面积的 5.77%。

（九）农田林网化程度、生物多样性和清洁程度

对七等地中不同生物多样性和农田林网化程度的耕地面积与比例进行统计，七等地的生

物多样性以一般水平为主，占比为 50.95%，其次是不丰富水平的占比达 40.74%，丰富水平的占 8.31%。

七等地的农田林网化程度以低水平为主，占比为 59.84%；农田林网化程度为高、中水平的七等地分别有 13.96% 和 26.20%（表 3-106）。

表 3-106　七等地各农田林网化程度和生物多样性面积与比例

项目	水平	面积（万 hm²）	占同类别耕地面积比例（%）	占七等地面积比例（%）
生物多样性	丰富	19.81	6.00	8.31
	一般	121.41	10.31	50.95
	不丰富	97.09	16.34	40.74
	合计	238.30	11.34	100.00
农田林网化程度	高	33.27	7.27	13.96
	中	62.43	8.68	26.20
	低	142.61	15.42	59.84
	合计	238.30	11.34	100.00

第九节　八等地耕地质量等级特征

一、八等地分布特征

（一）区域分布

西南区八等地的耕地面积 122.37 万 hm²，占到西南区耕地总面积的 5.82%。从二级农业区上看，八等地在川滇高原山地林农牧区分布的数量最多，面积 38.25 万 hm²，占八等地总面积的 31.26%；其次是渝鄂湘黔边境山地林农牧区，该二级农业区分布的八等地也占到八等地总面积的 20.35%。其余各二级农业区中八等地分布的数量差异不大，秦岭大巴山林农区分布的八等地面积 21.04 万 hm²，占到八等地总面积的 17.19%；黔桂高原山地林农牧区分布的八等地面积 19.76 万 hm²，占到八等地总面积的 16.15%；四川盆地农林区分布的八等地面积 18.41 万 hm²，占到八等地总面积的 15.05%。

从评价区上看，八等地在贵州评价区分布的数量最多，面积 30.95 万 hm²，占贵州评价区耕地的 6.83%，占西南区八等地总面积的 25.29%；在广西评价区分布的数量最少，面积 2.06 万 hm²，占广西评价区耕地的 5.01%，占西南区八等地总面积的 1.69%。从八等地占各评价区耕地总面积的比例看，甘肃评价区中八等地的占比较大，面积 7.70 万 hm²，占甘肃评价区耕地的 11.49%，占西南区八等地总面积的 6.29%；四川评价区中八等地的占比较小，面积 21.58 万 hm²，占四川评价区耕地的 3.30%，占西南区八等地总面积的 17.64%。其余评价区中，湖北评价区 6.17 万 hm²，占湖北评价区耕地的 5.69%，占西南区八等地总面积的 5.04%；湖南评价区 6.51 万 hm²，占湖南评价区耕地的 8.57%，占西南区八等地总面积的 5.32%；陕西评价区 9.80 万 hm²，占陕西评价区耕地的 10.46%，占西南区八等地总面积的 8.00%；云南评价区 27.73 万 hm²，占云南评价区耕地的 7.60%，占西南区八等地总面积的 22.66%；重庆评价区 9.86 万 hm²，占重庆评价区耕地的 4.06%，占西南区八等地总面积的 8.06%。

从市（州）情况来看，八等地主要分布于昭通市、重庆市、毕节市、陇南市、丽江市、凉山彝族自治州、六盘水市、铜仁市、达州市、商洛市、安康市、遵义市、恩施土家族苗族自治州、黔东南苗族侗族自治州、黔西南布依族苗族自治、黔南布依族苗族自治州、湘西土家族苗族自治州、汉中市、怀化市等地（表 3-107）。

表 3-107　西南区八等地面积与比例

评价区	市（州）名称	面积（万 hm²）	比例（%）
甘肃评价区		7.70	11.49
	定西市	0.45	5.21
	甘南藏族自治州	0.30	11.72
	陇南市	6.94	12.46
广西评价区		2.06	5.01
	百色市	0.81	5.95
	河池市	1.26	5.45
	南宁市	0.00	0.00
贵州评价区		30.95	6.83
	安顺市	1.41	4.79
	毕节市	7.49	7.54
	贵阳市	0.01	0.04
	六盘水市	5.48	17.72
	黔东南苗族侗族自治州	2.97	7.02
	黔南布依族苗族自治州	2.60	5.43
	黔西南布依族苗族自治	2.86	6.43
	铜仁市	4.44	9.20
	遵义市	3.69	4.39
湖北评价区		6.17	5.69
	恩施土家族苗族自治州	3.08	6.80
	省直辖	0.02	2.45
	十堰市	1.17	4.87
	襄阳市	0.48	2.90
	宜昌市	1.42	6.56
湖南评价区		6.51	8.57
	常德市	0.25	5.09
	怀化市	2.32	6.77
	邵阳市	0.57	11.41
	湘西土家族苗族自治州	2.46	12.33
	张家界市	0.91	7.65

（续）

评价区	市（州）名称	面积（万 hm²）	比例（%）
陕西评价区		9.80	10.46
	安康市	3.71	9.76
	宝鸡市	0.01	0.30
	汉中市	2.36	6.95
	商洛市	3.72	18.82
四川评价区		21.58	3.30
	巴中市	0.76	2.34
	成都市	0.03	0.06
	达州市	3.91	7.10
	德阳市	0.77	3.07
	甘孜藏族自治州	0.10	18.55
	广安市	1.26	4.09
	广元市	0.54	1.52
	乐山市	0.53	1.93
	凉山彝族自治州	5.54	9.82
	泸州市	1.00	2.43
	眉山市	0.16	0.66
	绵阳市	0.46	1.03
	南充市	1.90	3.56
	内江市	0.62	2.27
	攀枝花市	0.78	10.44
	遂宁市	0.26	0.94
	雅安市	0.36	3.56
	宜宾市	1.55	3.18
	资阳市	0.30	0.69
	自贡市	0.77	3.55
云南评价区		27.73	7.60
	保山市	0.43	5.45
	楚雄州	1.42	3.88
	大理白族自治州	1.14	3.08
	红河州	0.60	3.64
	昆明市	1.00	2.35
	丽江市	1.42	6.94
	怒江州	0.59	10.63
	普洱市	1.32	23.83
	丽江市	6.06	7.33

（续）

评价区	市（州）名称	面积（万 hm²）	比例（%）
	文山壮族苗族自治州	1.33	4.01
	玉溪市	0.33	2.13
	昭通市	12.11	19.71
重庆评价区		9.86	4.06
	重庆市	9.86	4.06

（二）土壤类型

紫色土、水稻土、黄壤、石灰（岩）土、红壤、黄棕壤、棕壤、粗骨土以及褐土西南区 9 种主要区域耕地土壤中共有 5.79％的耕地为八等地。从 9 种主要土类上看，八等地在黄壤上分布最多，面积 23.65 万 hm²，占八等地总面积的 19.33％；其次是黄棕壤，该土壤上分布的八等地有 20.89 万 hm²，占 17.07％；第三是紫色土，紫色土分布的八等地有 20.13 万 hm²，占 16.45％。其余各土壤中，水稻土上分布的八等地面积 13.68 万 hm²，占 11.18％；石灰（岩）土上分布的八等地面积 11.70 万 hm²，占 9.56％；红壤上分布的八等地面积 10.17 万 hm²，占 8.31％；棕壤上分布的八等地面积 7.52 万 hm²，占 6.15％；粗骨土上分布的八等地面积 5.67 万 hm²，占 4.64％；褐土上分布的八等地面积 3.67 万 hm²，占 3.00％。

从 37 个主要亚类分布来看，塿土和燥褐土没有八等地分布，八等地在典型黄壤上分布最多，面积 20.23 万 hm²，占八等地总面积的 20.23％；其次是典型黄棕壤，面积 11.14 万 hm²，占八等地总面积的 9.10％。中性紫色土、暗黄棕壤、酸性紫色土、黄色石灰土、潴育水稻土、典型棕壤、石灰性紫色土、黄红壤、酸性粗骨土、淹育水稻土、黄壤性土 11 种亚类耕地土壤上也有一定数量的八等地分布，占八等地总面积的比例都高于平均水平，其余各亚类耕地土壤上八等地分布较少（表 3-108）。

表 3-108　西南区各土类、亚类八等地面积与比例

土类	亚类	面积（万 hm²）	比例（%）
粗骨土		5.67	4.64
	钙质粗骨土	1.01	0.82
	硅质岩粗骨土	0.07	0.06
	酸性粗骨土	3.70	3.02
	中性粗骨土	0.90	0.73
褐土		3.67	3.00
	典型褐土	0.69	0.56
	褐土性土	1.26	1.03
	淋溶褐土	0.88	0.72
	塿土	0.00	0.00
	石灰性褐土	0.84	0.68

（续）

土类	亚类	面积（万 hm²）	比例（%）
	燥褐土	0.00	0.00
红壤		10.17	8.31
	典型红壤	1.54	1.26
	红壤性土	0.53	0.44
	黄红壤	5.43	4.44
	山原红壤	2.66	2.17
黄壤		23.65	19.33
	典型黄壤	20.23	16.53
	黄壤性土	3.39	2.77
	漂洗黄壤	0.03	0.03
黄棕壤		20.89	17.07
	暗黄棕壤	6.87	5.61
	典型黄棕壤	11.14	9.10
	黄棕壤性土	2.89	2.36
石灰（岩）土		11.70	9.56
	黑色石灰土	2.38	1.94
	红色石灰土	0.86	0.70
	黄色石灰土	6.43	5.25
	棕色石灰土	2.05	1.67
水稻土		13.68	11.18
	漂洗水稻土	0.17	0.14
	潜育水稻土	0.40	0.33
	渗育水稻土	3.37	2.76
	脱潜水稻土	0.05	0.04
	淹育水稻土	3.62	2.96
	潴育水稻土	6.06	4.95
紫色土		20.13	16.45
	石灰性紫色土	5.66	4.63
	酸性紫色土	6.80	5.55
	中性紫色土	7.67	6.27
棕壤		7.52	6.15
	白浆化棕壤	0.04	0.04
	潮棕壤	0.75	0.62
	典型棕壤	5.91	4.83
	棕壤性土	0.82	0.67

二、八等地属性特征

(一) 地形部位

对八等地分布的地形部位进行统计，结果如表 3-109 所示。从表 3-109 中可以看出，八等地主要分布在山地坡中和山地坡上两种地形部位上。其中，山地坡中地形部位上分布的八等地有 63.40 万 hm²，占八等地总面积的 51.81%；山地坡上地形部位上分布的八等地面积 32.01 万 hm²，占八等地总面积的 26.16%。这 2 种地形部位的面积占到八等地总面积的 77.97%，平原高阶、平原中阶、平原低阶及宽谷盆地 4 种地形部位上的八等地极少。

表 3-109　八等地各地形部位面积与比例

地形部位	面积 (万 hm²)	占同地形部位耕地面积比例 (%)	占八等地面积比例 (%)
宽谷盆地	0.67	1.02	0.55
平原低阶	0.04	0.08	0.03
平原高阶	0.03	1.14	0.03
平原中阶	0.08	2.08	0.07
丘陵上部	5.78	11.73	4.72
丘陵下部	1.47	0.65	1.20
丘陵中部	9.56	2.74	7.81
山地坡上	32.01	18.63	26.16
山地坡下	6.40	3.34	5.23
山地坡中	63.40	7.67	51.81
山间盆地	2.93	1.76	2.39
合计	122.37	5.82	100.00

(二) 海拔

对八等地在不同海拔高度范围内的面积与比例进行统计，八等地除在海拔≤300m、2 500～3 000m 和＞3 000m 这 3 个区间上分布的数量相对较少以外，其余各区间上分布的八等地数量差异不大，其值在 10%～20% 之间。其中，海拔高度在 500～800m 区间内分布的八等地最多，面积 21.25 万 hm²，占八等地总面积的 17.37%；其次是海拔高度在 1 600～2 000m 区间内分布的八等地数量稍多，面积 19.44 万 hm²，占八等地总面积的 15.89%。另外，海拔高度＞3 000m 的八等地有 0.43%（表 3-110）。

表 3-110　八等地各海拔高度面积与比例

海拔分级 (m)	面积 (万 hm²)	占同类别耕地面积比例 (%)	占八等地面积比例 (%)
≤300	2.47	1.90	2.02
300～500	14.24	2.64	11.63
500～800	21.25	5.54	17.37
800～1 000	13.63	7.05	11.14
1 000～1 300	17.15	7.76	14.01

（续）

海拔分级（m）	面积（万 hm²）	占同类别耕地面积比例（%）	占八等地面积比例（%）
1 300～1 600	12.66	6.76	10.35
1 600～2 000	19.44	8.01	15.89
2 000～2 500	14.65	9.27	11.97
2 500～3 000	6.36	14.94	5.19
＞3 000	0.52	14.19	0.43
合计	122.37	5.82	100.00

（三）质地构型和耕层质地

对不同质地和质地构型的八等地面积与比例进行统计，八等地的耕层土壤质地主要以黏土和砂壤为主。耕层土壤质地为黏土的八等地最多，面积 34.90 万 hm²，占八等地总面积的28.52%；质地为砂壤的八等地也有 27.91 万 hm²，占 22.81%。这两种质地类型的八等地共占到八等地总面积的 51.34%。质地为轻壤和重壤的八等地数量较少，分别占 9.58% 和8.26%（表 3-111）。

表 3-111　八等地各耕层质地和质地构型面积与比例

项目	类型	面积（万 hm²）	占同类型耕地面积比例（%）	占八等地面积比例（%）
耕层质地	黏土	34.90	8.77	28.52
	轻壤	11.72	4.76	9.58
	砂壤	27.91	8.26	22.81
	砂土	21.67	19.41	17.71
	中壤	16.05	2.39	13.12
	重壤	10.11	3.01	8.26
	合计	122.37	5.82	100.00
质地构型	薄层型	27.81	19.55	22.72
	海绵型	0.56	0.77	0.46
	夹层型	13.29	7.25	10.86
	紧实型	20.16	3.27	16.47
	上紧下松型	12.01	7.33	9.81
	上松下紧型	9.95	1.76	8.13
	松散型	38.60	10.79	31.55
	合计	122.37	5.82	100.00

八等地的质地构型主要为松散型和薄层型为主。其中，质地构型为松散型的八等地有38.60 万 hm²，占八等地总面积的 31.55%；质地构型为薄层型的八等地有 27.81 万 hm²，占 22.72%，这两种质地构型的八等地占到八等地总面积的 54.27%。另外，质地构型为紧实型和夹层型的八等地也相对较多，面积分别有 20.16 万 hm²、13.29 万 hm²，各占16.47%、10.86%。八等地中其余 3 种质地构型的耕地相对较少。

（四）灌溉能力和排水能力

对八等地中不同灌排情况的耕地面积与比例进行统计，八等地的灌溉能力主要为不满足。灌溉能力为不满足的八等地面积 102.59 万 hm²，占到八等地总面积的 83.84%。另外，灌溉能力为基本满足的八等地占 12.95%，而灌溉能力为充分满足和满足的八等地共占 3.22%。

八等地的排水能力主要以基本满足和满足为主。排水能力为基本满足的八等地占到八等地总面积的 5.83%，排水能力为满足的八等地也有 31.07%，这两种排水能力的八等地共占到八等地总面积的 76.89%。另外，排水能力为充分满足的八等地有 10.37%，而排水能力为不满足的八等地还有 12.74%（表 3-112）。

表 3-112　八等地各灌溉能力和排水能力面积与比例

项目	类型	面积（万 hm²）	占同类型耕地面积比例（%）	占八等地面积比例（%）
灌溉能力	充分满足	0.64	0.26	0.52
	满足	3.30	0.94	2.69
	基本满足	15.84	2.70	12.95
	不满足	102.59	11.15	83.84
	合计	122.37	5.82	100.00
排水能力	充分满足	12.69	6.20	10.37
	满足	38.02	4.69	31.07
	基本满足	56.08	5.94	45.83
	不满足	15.59	10.85	12.74
	合计	122.37	5.82	100.00

（五）障碍因素

对八等地中不同障碍因素的耕地面积与比例进行统计，八等地中障碍层次和瘠薄两种障碍因素的耕地数量较多，而无明显障碍的八等地明显较少。无明显障碍的八等地只占到八等地总面积的 47.29%。障碍因素为障碍层次的八等地面积有 28.97 万 hm²，占八等地总面积的 23.67%；障碍因素为瘠薄的八等地也有 25.54 万 hm²，占 20.87%。这两种障碍因素的八等地共占八等地总面积的 44.55%。另外，障碍因素为酸化的八等地 7.32 万 hm²，占 5.98%，障碍因素为渍潜的耕地占比也有 2.18%（表 3-113）。

表 3-113　八等地各障碍因素面积与比例

类型	面积（万 hm²）	占同类型耕地面积比例（%）	占八等地面积比例（%）
无	57.87	3.58	47.29
瘠薄	25.54	19.74	20.87
酸化	7.32	9.19	5.98
障碍层次	28.97	11.53	23.67
渍潜	2.67	10.07	2.18
合计	122.37	5.82	100.00

（六）有效土层厚度

对八等地中不同有效土层厚度的耕地面积与比例进行统计，八等地的有效土层厚度主要在 40～80cm 之间。有效土层厚度在 60～80cm 之间的八等地占到八等地总面积的 34.97%；有效土层厚度在 40～60cm 之间的八等地占八等地总面积的 32.55%。进而表明，有效土层厚度在 40～80cm 的八等地占到八等地总面积的 67.52%。另外，有效土层厚度在 40cm 以下的八等地还有 17.59%。而有效土层厚度在 80～100cm 的八等地只有 14.54%，有效土层厚度大于 100cm 的八等地有 0.36%（表 3-114）。

表 3-114 八等地各级有效土层厚度面积与比例

有效土层厚度（cm）	面积（万 hm²）	占同级有效土层厚度耕地面积比例（%）	占八等地面积比例（%）
<40	21.53	13.64	17.59
40～60	39.83	6.45	32.55
60～80	42.79	5.42	34.97
80～100	17.79	3.67	14.54
≥100	0.44	0.84	0.36
合计	122.37	5.82	100.01

（七）土壤容重

对八等地中不同耕层土壤容重分级的耕地面积与比例进行统计，八等地的耕地土壤容重主要集中在 1.10～1.25g/cm³、1.25～1.35g/cm³ 和 1.35～1.45g/cm³ 3 个区间内。耕地土壤容重在 1.10～1.25g/cm³、1.25～1.35g/cm³ 和 1.35～1.45g/cm³ 3 个区间内的八等地分别有 32.56%、25.64% 和 24.80%，共占到八等地总面积的 83.00%。耕层土壤容重小于 1.00g/cm³ 的八等地相对较少，占八等地总面积的 1.54%（表 3-115）。

表 3-115 八等地各级耕层土壤容重面积与比例

土壤容重（g/cm³）	面积（万 hm²）	占同级耕层土壤容重面积比例（%）	占八等地面积比例（%）
≤0.90	0.11	5.30	0.09
0.90～1.00	1.77	23.60	1.45
1.00～1.10	8.26	12.09	6.75
1.10～1.25	31.37	4.73	25.64
1.25～1.35	39.84	4.72	32.56
1.35～1.45	30.35	8.38	24.80
1.45～1.55	7.71	6.56	6.30
>1.55	2.95	7.87	2.41
合计	122.37	5.82	100.00

（八）土壤酸碱度与土壤养分含量

对八等地在不同土壤 pH 分级下的耕地面积与比例进行统计，结果如表 3-116 所示。从表 3-116 中可以发现，八等地中土壤 pH 为五级（≤4.5，>8.5）水平的耕地分布极少，从面积和占比上看，基本可忽略不计。八等地的土壤 pH 主要以一级（6.0～7.0）、二级

（5.5～6.0，7.0～7.5）和三级（5.0～5.5，7.5～8.0）3个水平为主。土壤 pH 为一级（6.0～7.0）、二级（5.5～6.0，7.0～7.5）和三级（5.0～5.5，7.5～8.0）水平的八等地分别占到八等地面积的 42.90%、32.93% 和 17.02%，共占到八等地总面积的 92.85%。另外，土壤 pH 为四级（4.5～5.0，8.0～8.5）水平的耕地有 8.67 万 hm²，占八等地总面积的 7.89%（表 3-116）。

表 3-116　八等地各土壤 pH 分级面积与比例

土壤 pH 分级	面积（万 hm²）	占同级土壤 pH 耕地面积比例（%）	占八等地面积比例（%）
一级（6.0～7.0）	52.50	5.38	42.90
二级（5.5～6.0，7.0～7.5）	40.30	5.77	32.93
三级（5.0～5.5，7.5～8.0）	20.82	6.54	17.02
四级（4.5～5.0，8.0～8.5）	8.67	7.89	7.09
五级（≤4.5，>8.5）	0.08	42.55	0.07
合计	122.37	5.82	100.00

对八等地中不同土壤有机质及养分含量分级的耕地面积与比例进行统计，结果如表 3-117 所示。从表 3-117 中可以看出，八等地土壤有机质含量主要以三级（15～25g/kg）和二级（25～35g/kg）水平为主。土壤有机质含量处于三级（15～25g/kg）和二级（25～35g/kg）水平的八等地分别有 51.40 万 hm²、40.76 万 hm²，共占到八等地总面积的 75.31%。土壤有机质含量处于一级（>35g/kg）水平的八等地有 20.10%，而有机质含量处于四级（10～15g/kg）和五级（≤10g/kg）水平的八等地也有 4.58%。

表 3-117　八等地各土壤有机质及养分含量面积与比例（万 hm²，%）

分级	有机质		全氮		有效磷		速效钾	
	面积	比例	面积	比例	面积	比例	面积	比例
一级	24.60	20.10	25.15	20.56	4.01	3.28	24.07	19.67
二级	40.76	33.31	45.68	37.33	25.00	20.43	60.77	49.66
三级	51.40	42.01	40.25	32.89	57.92	47.33	30.38	24.83
四级	5.33	4.35	10.35	8.46	35.22	28.78	6.91	5.64
五级	0.28	0.23	0.93	0.76	0.22	0.18	0.24	0.20

八等地的土壤全氮含量以二级（1.5～2.0g/kg）和三级（1.0～1.5g/kg）水平为主。土壤全氮含量处于二级（1.5～2.0g/kg）和三级（1.0～1.5g/kg）水平的八等地分别有 45.68 万 hm² 和 40.25 万 hm²，占八等地总面积的 37.33% 和 32.89%。这两种全氮含量水平的八等地共占到八等地总面积的 70.22%。而土壤全氮含量处于一级（>2.0g/kg）水平的八等地相对较少，占八等地总面积的 20.56%。另外，土壤全氮含量处于四级（0.5～1.0g/kg）和五级（≤0.5g/kg）水平的八等地共有 9.22%。

八等地的土壤有效磷含量主要以三级（15～25mg/kg）和四级（5～15mg/kg）水平为主。土壤有效磷含量处于三级（15～25mg/kg）和四级（5～15mg/kg）水平的八等地分别有 57.92 万 hm² 和 35.22 万 hm²，各占八等地总面积的 47.33% 和 28.78%。这两种土壤有效磷含量水平的八等地共占到八等地总面积的 76.11%。而土壤有效磷含量处于二级（25～

40mg/kg）水平的八等地相对较少，占八等地总面积的20.43%。另外，有效磷含量处于一级（>40mg/kg）和五级（≤5mg/kg）水平的八等地都很少，分别占八等地总面积的3.28%、0.18%。

八等地的土壤速效含量主要以二级（100～150mg/kg）、三级（75～100mg/kg）和一级（>150mg/kg）水平为主。土壤速效钾含量处于二级（100～150mg/kg）、三级（75～100mg/kg）和一级（>150mg/kg）水平的八等地分别有49.66%、24.83%和19.67%。这3种速效钾含量水平的八等地共占到八等地总面积的94.16%。土壤速效钾含量处于四级（50～75mg/kg）和五级（≤50mg/kg）水平的八等地相对要少一些，分别为5.64%和0.20%。

（九）农田林网化程度、生物多样性和清洁程度

对八等地中不同生物多样性和农田林网化程度的耕地面积与比例进行统计，结果八等地的生物多样性以一般水平为主，占比为43.95%，其次是不丰富水平的占比达40.55%，丰富水平的占15.50%。

八等地的农田林网化程度以低水平为主，占比54.03%。农田林网化程度为中、高水平的八等地分别有24.89%和21.08%（表3-118）。

表3-118　八等地农田林网化程度和生物多样性面积与比例

项目	水平	面积（万 hm²）	占同类别耕地面积比例（%）	占八等地面积比例（%）
生物多样性	丰富	18.97	5.74	15.50
	一般	53.78	4.57	43.95
	不丰富	49.63	8.35	40.55
	合计	122.37	5.82	100.00
农田林网化程度	高	25.80	5.64	21.08
	中	30.46	4.23	24.89
	低	66.12	7.15	54.03
	合计	122.37	5.82	100.00

第十节　九等地耕地质量等级特征

一、九等地分布特征

（一）区域分布

西南区九等地的耕地面积52.52万 hm²，占到西南区耕地总面积的2.50%。从二级农业区上看，九等地在川滇高原山地林农牧区分布最多，面积17.01万 hm²，占九等地总面积的32.38%；其次是渝鄂湘黔边境山地林农牧区，该二级农业区分布的九等地有12.77万 hm²，占九等地总面积的24.31%。这两个二级农业区中分布的九等地占到西南区九等地总面积的56.69%。其余3个二级农业区中，九等地分布的数量差异不大，四川盆地农林区分布的九等地有9.35万 hm²，占到九等地总面积的17.81%；秦岭大巴山林农区分布的九等地有7.30万 hm²，占到九等地总面积的13.91%；黔桂高原山地林农牧区分布的九等地

有 6.09 万 hm²，占到九等地总面积的 11.59%。

　　从评价区上看，广西评价区分布的九等地数量最少，面积 0.52 万 hm²，占广西评价区耕地的 1.26%，占西南区九等地总面积的 0.99%；贵州评价区分布的九等地数量最多，面积 14.44 万 hm²，占贵州评价区耕地的 3.18%，占西南区九等地总面积的 27.49%。从九等地占各评价区耕地总面积的比例看，湖南评价区九等地的占比最大，面积 4.80 万 hm²，占湖南评价区耕地的 6.32%，占西南区九等地总面积的 9.15%；广西评价区九等地的占比最小。其余评价区中，甘肃评价区 3.55 万 hm²，占甘肃评价区耕地的 5.29%，占西南区九等地总面积的 6.76%；湖北评价区 2.88 万 hm²，占湖北评价区耕地的 2.66%，占西南区九等地总面积的 5.49%；陕西评价区 2.73 万 hm²，占陕西评价区耕地的 2.92%，占西南区九等地总面积的 5.20%；四川评价区 9.83 万 hm²，占四川评价区耕地的 1.50%，占西南区九等地总面积的 18.71%；云南评价区 9.72 万 hm²，占云南评价区耕地的 2.66%，占西南区九等地总面积的 18.50%；重庆评价区 4.05 万 hm²，占重庆评价区耕地的 1.67%，占西南区九等地总面积的 7.72%。

　　从市（州）情况来看，九等地主要分布于毕节市、重庆市、陇南市、丽江市、昭通市、凉山彝族自治州、六盘水市、湘西土家族苗族自治州、遵义市、达州市、丽江市、宜昌市、铜仁市、恩施土家族苗族自治州、商洛市、怀化市、黔东南苗族侗族自治州、德阳市、黔西南布依族苗族自治、宜宾市等地，南宁市、宝鸡市和神农架林区等 3 个市（区）没有九等地分布（表 3-119）。

表 3-119　西南区九等地面积与比例

评价区	市（州）名称	面积（万 hm²）	比例（%）
甘肃评价区		3.55	5.29
	定西市	0.18	2.06
	甘南藏族自治州	0.16	6.26
	陇南市	3.21	5.75
广西评价区		0.52	1.26
	百色市	0.12	0.87
	河池市	0.40	1.75
	南宁市	0.00	0.00
贵州评价区		14.44	3.18
	安顺市	0.10	0.34
	毕节市	5.48	5.52
	贵阳市	0.03	0.10
	六盘水市	2.37	7.67
	黔东南苗族侗族自治州	1.15	2.71
	黔南布依族苗族自治州	0.93	1.95
	黔西南布依族苗族自治	1.02	2.29
	铜仁市	1.21	2.51
	遵义市	2.15	2.55

（续）

评价区	市（州）名称	面积（万 hm²）	比例（%）
湖北评价区		2.88	2.66
	恩施土家族苗族自治州	1.19	2.62
	省直辖	0.00	0.00
	十堰市	0.34	1.41
	襄阳市	0.08	0.47
	宜昌市	1.28	5.89
湖南评价区		4.80	6.32
	常德市	0.22	4.57
	怀化市	1.16	3.38
	邵阳市	0.32	6.43
	湘西土家族苗族自治州	2.16	10.82
	张家界市	0.94	7.91
陕西评价区		2.73	2.92
	安康市	0.90	2.38
	宝鸡市	0.00	0.00
	汉中市	0.64	1.89
	商洛市	1.19	6.00
四川评价区		9.83	1.50
	巴中市	0.36	1.12
	成都市	0.03	0.06
	达州市	1.59	2.90
	德阳市	1.05	4.18
	甘孜藏族自治州	0.02	4.55
	广安市	0.44	1.44
	广元市	0.45	1.29
	乐山市	0.08	0.29
	凉山彝族自治州	2.37	4.21
	泸州市	0.53	1.28
	眉山市	0.10	0.40
	绵阳市	0.33	0.74
	南充市	0.64	1.19
	内江市	0.21	0.75
	攀枝花市	0.14	1.91
	遂宁市	0.04	0.16
	雅安市	0.06	0.62

（续）

评价区	市（州）名称	面积（万 hm²）	比例（%）
	宜宾市	1.01	2.07
	资阳市	0.23	0.54
	自贡市	0.13	0.61
云南评价区		9.72	2.66
	保山市	0.15	1.86
	楚雄州	0.52	1.41
	大理白族自治州	0.14	0.37
	红河州	0.21	1.30
	昆明市	0.26	0.61
	丽江市	1.31	6.45
	怒江州	0.18	3.30
	普洱市	0.40	7.16
	丽江市	3.08	3.72
	文山壮族苗族自治州	0.42	1.27
	玉溪市	0.02	0.13
	昭通市	3.03	4.94
重庆评价区		4.05	1.67
	重庆市	4.05	1.67

（二）土壤类型

紫色土、水稻土、黄壤、石灰（岩）土、红壤、黄棕壤、棕壤、粗骨土以及褐土西南区9种主要区域耕地土壤中共有2.46%的耕地为九等地。从9种主要土类上看，九等地在紫色土上分布最多，面积8.73万 hm²，占16.62%；其次是黄棕壤，黄棕壤上分布的九等地面积8.67万 hm²，占16.52%；第三是黄壤，黄壤上分布的九等地面积7.99万 hm²，占15.21%。另外，水稻土和红壤上也分布有一定数量的九等地，其余各土壤上分布的九等地相对较少。其中，水稻土上分布的九等地面积6.02万 hm²，占11.45%；红壤上分布的九等地面积5.81万 hm²，占11.07%；粗骨土上分布的九等地面积4.50万 hm²，占8.57%；棕壤上分布的九等地面积3.70万 hm²，占7.05%；石灰（岩）土上分布的九等地面积2.92万 hm²，占5.55%；褐土上分布的九等地面积1.51万 hm²，占2.88%。

从37个主要亚类分布来看，娄土、燥褐土和漂洗黄壤3种土壤上没有九等地分布，九等地在典型黄壤上分布最多，面积6.58万 hm²，占九等地总面积的12.48%；其次是暗黄棕壤，暗黄棕壤上分布的九等地占九等地总面积的8.41%。黄红壤、酸性粗骨土、典型黄棕壤、典型棕壤、石灰性紫色土、酸性紫色土、中性紫色土、潴育水稻土、淹育水稻土9种亚类耕地土壤上也有一定数量的九等地分布，占九等地总面积的比例都高于平均水平，其余亚类耕地土壤上分布的九等地较少。九等地中各土类及亚类耕地面积与比例如表3-120所示。

表 3-120 西南区各土类、亚类九等地面积与比例

土类	亚类	面积（万 hm²）	比例（%）
粗骨土		4.50	8.57
	钙质粗骨土	0.34	0.64
	硅质岩粗骨土	0.04	0.08
	酸性粗骨土	3.82	7.28
	中性粗骨土	0.30	0.57
褐土		1.51	2.88
	典型褐土	0.41	0.78
	褐土性土	0.58	1.10
	淋溶褐土	0.10	0.19
	娄土	0.00	0.00
	石灰性褐土	0.43	0.82
	燥褐土	0.00	0.00
红壤		5.81	11.07
	典型红壤	0.77	1.46
	红壤性土	0.06	0.12
	黄红壤	4.28	8.14
	山原红壤	0.71	1.35
黄壤		7.99	15.21
	典型黄壤	6.56	12.48
	黄壤性土	1.43	2.72
	漂洗黄壤	0.00	0.00
黄棕壤		8.67	16.52
	暗黄棕壤	4.42	8.41
	典型黄棕壤	3.38	6.43
	黄棕壤性土	0.88	1.67
石灰（岩）土		2.92	5.55
	黑色石灰土	0.50	0.95
	红色石灰土	0.94	1.79
	黄色石灰土	0.98	1.86
	棕色石灰土	0.50	0.96
水稻土		6.02	11.45
	漂洗水稻土	0.08	0.15
	潜育水稻土	0.15	0.29
	渗育水稻土	1.46	2.77
	脱潜水稻土	0.01	0.03

（续）

土类	亚类	面积（万 hm²）	比例（%）
	淹育水稻土	1.81	3.45
	潴育水稻土	2.50	4.77
紫色土		8.73	16.62
	石灰性紫色土	2.97	5.66
	酸性紫色土	2.90	5.52
	中性紫色土	2.85	5.43
棕壤		3.70	7.05
	白浆化棕壤	0.00	0.01
	潮棕壤	0.31	0.59
	典型棕壤	3.01	5.73
	棕壤性土	0.37	0.71

二、九等地属性特征

（一）地形部位

对九等地分布的地形部位进行统计，结果如表 3-121 所示。从表 3-121 中可以看出，九等地主要分布在山地坡中和山地坡上两种地形部位。其中，山地坡中地形部位上分布的九等地面积为 25.01 万 hm²，占九等地总面积的 47.62%；山地坡上地形部位上分布的九等地面积 17.65 万 hm²，占九等地总面积的 33.60%。这 2 种地形部位上分布的九等地占到九等地总面积的 81.22%。平原高阶、平原中阶、平原低阶、丘陵下部以及宽谷盆地 5 种地形部位上分布的九等地很少。

表 3-121　九等地各地形部位面积与比例

地形部位	面积（万 hm²）	占同地形部位耕地面积比例（%）	占九等地面积比例（%）
宽谷盆地	0.26	0.40	0.50
平原低阶	0.00	0.01	0.01
平原高阶	0.01	0.23	0.01
平原中阶	0.02	0.46	0.04
丘陵上部	3.29	6.68	6.27
丘陵下部	0.24	0.11	0.47
丘陵中部	3.25	0.93	6.19
山地坡上	17.65	10.27	33.60
山地坡下	2.05	1.07	3.90
山地坡中	25.01	3.02	47.62
山间盆地	0.74	0.44	1.40
合计	52.52	2.50	100.00

（二）海拔

对九等地在不同海拔高度范围内的面积与比例进行统计，九等地除在海拔≤300、1 300～1 600m、2 500～3 000m、＞3 000这4个区间分布的耕地数量相对较少以外，其余各区间上分布的九等地数量差异不大，在10%～20%之间。其中，海拔高度在500～800m区间内分布的九等地最多，面积9.93万 hm²，占九等地总面积的18.91%；其次是海拔高度在2 000～2 500m 区间内分布的九等地，面积 8.76 万 hm²，占九等地总面积的 16.69%（表 3-122）。

表 3-122　九等地各海拔高度面积与比例

海拔分级（m）	面积（万 hm²）	占同类别耕地面积比例（%）	占九等地面积比例（%）
≤300	1.12	0.86	2.14
300～500	6.50	1.21	12.38
500～800	9.93	2.59	18.91
800～1 000	5.35	2.77	10.19
1 000～1 300	5.31	2.40	10.10
1 300～1 600	3.83	2.04	7.28
1 600～2 000	8.02	3.30	15.27
2 000～2 500	8.76	5.55	16.69
2 500～3 000	3.39	7.96	6.45
＞3 000	0.31	8.48	0.60
合计	52.52	2.50	100.00

（三）质地构型和耕层质地

对不同质地和质地构型的九等地面积与比例进行统计，九等地的耕层土壤质地多样，除质地类型为中壤和重壤的九等地稍小外，其余各种质地类型的九等地数量差异不大。其中，耕层土壤质地为黏土的九等地最多，面积14.16 万 hm²，占九等地总面积的 26.96%；其次是质地类型为砂土的九等地，面积14.07 万 hm²，占 26.80%。另外，耕层土壤质地为砂壤和轻壤的九等地分别有 21.83% 和 10.25%，质地类型为中壤和重壤的九等地相对较少，占九等地总面积的比例都小于10%。

九等地的质地构型主要以松散型和薄层型为主。其中，质地构型为松散型的九等地有16.74 万 hm²，占 31.88%；质地构型为薄层型的九等地有 15.33 万 hm²，占 29.18%，这两个质地构型的耕地占比总共有 61.06%。其余各质地构型中，除上松下紧型和海绵型的九等地较少外，另外 3 种质地构型的九等地数量差异不大，占九等地总面积的比例在 10%～15% 之间（表 3-123）。

表 3-123　九等地各耕层质地和质地构型面积与比例

项目	类型	面积（万 hm²）	占同类型耕地面积比例（%）	占九等地面积比例（%）
耕层质地	黏土	14.16	3.56	26.96
	轻壤	5.38	2.19	10.25

（续）

项目	类型	面积（万 hm²）	占同类型耕地面积比例（%）	占九等地面积比例（%）
	砂壤	11.46	3.39	21.83
	砂土	14.07	12.61	26.80
	中壤	4.12	0.61	7.85
	重壤	3.32	0.99	6.31
	合计	52.52	2.50	100.00
质地构型	薄层型	15.33	10.78	29.18
	海绵型	0.19	0.27	0.37
	夹层型	5.43	2.96	10.35
	紧实型	7.39	1.20	14.06
	上紧下松型	6.11	3.73	11.63
	上松下紧型	1.33	0.24	2.53
	松散型	16.74	4.68	31.88
	合计	52.52	2.50	100.00

（四）灌溉能力和排水能力

对九等地中不同灌排情况的耕地面积与比例进行统计，九等地的灌溉能力以不满足为主。灌溉能力为不满足的九等地有 45.53 万 hm²，占九等地总面积的 86.69%。另外，灌溉能力为基本满足的九等地有 11.26%，而灌溉能力为充分满足和满足的九等地共有 2.05%。

九等地的排水能力主要以基本满足和满足为主。排水能力为基本满足的九等地有 23.32 万 hm²，占 44.41%；排水能力为满足的九等地有 14.06 万 hm²，占 26.77%，这两种排水能力的九等地占九等地总面积的 71.18%。另外，排水能力为充分满足的九等地有 10.33%，而排水能力为不满足的九等地有 18.49%。

表 3-124　九等地各灌溉能力和排水能力面积与比例

项目	类型	面积（万 hm²）	占同类型耕地面积比例（%）	占九等地面积比例（%）
灌溉能力	充分满足	0.26	0.11	0.50
	满足	0.81	0.23	1.55
	基本满足	5.91	1.01	11.26
	不满足	45.53	4.95	86.69
	合计	52.52	2.50	100.00
排水能力	充分满足	5.42	2.65	10.33
	满足	14.06	1.74	26.77
	基本满足	23.32	2.47	44.41
	不满足	9.71	6.76	18.49
	合计	52.52	2.50	100.00

（五）障碍因素

对九等地中不同障碍因素的耕地面积与比例进行统计，九等地主要有酸化和障碍层次两种障碍因素，无明显障碍的九等地明显偏少。无明显障碍的九等地占九等地总面积的40.69%。障碍因素为障碍层次的九等地有13.42万hm²，占九等地总面积的25.55%；障碍因素为瘠薄的九等地也有12.28万hm²，占九等地总面积的23.39%，这两种障碍因素的九等地占到九等地总面积的48.94%。另外，障碍因素为酸化和渍潜的九等地也不少，分别占九等地总面积的7.11%和3.26%（表3-125）。

表3-125　九等地各障碍因素面积与比例

类型	面积（万 hm²）	占同类型耕地面积比例（%）	占九等地面积比例（%）
无	21.37	1.32	40.69
瘠薄	12.28	9.49	23.39
酸化	3.74	4.69	7.11
障碍层次	13.42	5.34	25.55
渍潜	1.71	6.46	3.26
合计	52.52	2.50	100.00

（六）有效土层厚度

对九等地中不同有效土层厚度的耕地面积与比例进行统计，结果如表3-126。从表3-126中可以看出，九等地的有效土层厚度主要以40~80cm之间。有效土层厚度在60~80cm之间的九等地占九等地总面积的34.16%；有效土层厚度在40~60cm间的九等地占到九等地总面积的31.76%。也就是说有效土层厚度在40~80cm的九等地占到九等地总面积的65.92%。另外，有效土层厚度在40cm以下的九等地还有24.24%，而有效土层厚度在80cm以上的九等地只有9.84%。

表3-126　九等地各级有效土层厚度面积与比例

有效土层厚度（cm）	面积（万 hm²）	占同级有效土层厚度耕地面积比例（%）	占九等地面积比例（%）
<40	12.73	8.07	24.24
40~60	16.68	2.70	31.76
60~80	17.94	2.27	34.16
80~100	5.14	1.06	9.79
≥100	0.03	0.05	0.05
合计	52.52	2.50	100.00

（七）土壤容重

对九等地中不同耕层土壤容重分级的耕地面积与比例进行统计，九等地的耕地土壤容重主要集中在1.10~1.25g/cm³、1.25~1.35g/cm³和1.35~1.45g/cm³ 3个区间内，耕地土壤容重在1.10~1.25g/cm³、1.25~1.35g/cm³和1.35~1.45g/cm³ 3个区间内的九等地分别占九等地总面积的28.90%、26.03%和23.27%，在这3个区间内的九等地占九等地总面积的78.20%。另外，耕层土壤容重小于1.00g/cm³的九等地有1.53%，而耕层土壤容重>

1.55g/cm³的九等地有 2.91%（表 3-127）。

表 3-127　九等地各级土壤容重面积与比例

土壤容重（g/cm³）	面积（万 hm²）	占同级耕层土壤容重面积比例（%）	占九等地面积比例（%）
≤0.90	0.03	1.30	0.05
0.90～1.00	0.77	10.33	1.48
1.00～1.10	4.80	7.02	9.13
1.10～1.25	15.18	2.29	28.90
1.25～1.35	13.67	1.62	26.03
1.35～1.45	12.22	3.38	23.27
1.45～1.55	4.32	3.67	8.23
>1.55	1.53	4.08	2.91
合计	52.52	2.50	100.00

（八）土壤酸碱度

对九等地在不同土壤 pH 分级下的耕地面积与比例进行统计，结果如表 3-128 所示。从表 3-128 中可以发现，九等地中 pH 为五级（≤4.5，>8.5）水平的耕地分布极少，以二级（5.5～6.0，7.0～7.5）、一级（6.0～7.0）和三级（5.0～5.5，7.5～8.0）为主。土壤 pH 为二级（5.5～6.0，7.0～7.5）、一级（6.0～7.0）和三级（5.0～5.5，7.5～8.0）九等地分别占到九等地总面积的 39.84%、31.16% 和 20.49%，这 3 个水平上的九等地面积占九等地总面积的 91.48%。另外，土壤 pH 为四级（4.5～5.0，8.0～8.5）水平的九等地有8.48%（表 3-128）。

表 3-128　九等地各土壤 pH 分级面积与比例

土壤 pH 分级	面积（万 hm²）	占同级土壤 pH 耕地面积比例（%）	占九等地面积比例（%）
一级（6.0～7.0）	16.36	1.68	31.16
二级（5.5～6.0，7.0～7.5）	20.92	3.00	39.84
三级（5.0～5.5，7.5～8.0）	10.76	3.38	20.49
四级（4.5～5.0，8.0～8.5）	4.45	4.05	8.48
五级（≤4.5，>8.5）	0.02	10.96	0.04
合计	52.52	2.50	100.00

（九）土壤有机质及养分含量

对九等地中不同土壤有机质及养分含量分级的耕地面积与比例进行统计，结果如表 3-129所示。从表 3-129 中可以看出，九等地土壤有机质含量以三级（15～25g/kg）和二级（25～35g/kg）水平为主。土壤有机质含量处于三级（15～25g/kg）和二级（25～35g/kg）水平的九等地分别占到九等地总面积的 46.61% 和 29.23%，这两个土壤有机质含量水平的九等地共占到九等地总面积的 75.84%。土壤有机质含量处于一级（>35g/kg）水平的九等地有9.01 万 hm²，占九等地总面积的 17.16%。另外，土壤有机质含量处于四级（10～15g/kg）和五级（≤10g/kg）水平的九等地分布相对较少，共占九等地总面积的 7.00%（表 3-129）。

表 3-129   九等地各土壤有机质及养分含量面积与比例（万 hm²，%）

分级	有机质		全氮		有效磷		速效钾	
	面积	比例	面积	比例	面积	比例	面积	比例
一级	9.01	17.16	8.52	16.23	1.54	2.93	9.81	18.68
二级	15.35	29.23	20.14	38.35	9.57	18.22	25.10	47.80
三级	24.48	46.61	18.19	34.63	25.53	48.61	13.64	25.97
四级	3.60	6.86	5.11	9.72	15.88	30.24	3.93	7.49
五级	0.07	0.14	0.56	1.06	0.00	0.01	0.03	0.06

　　九等地的土壤全氮含量以二级（1.5～2.0g/kg）和三级（1.0～1.5g/kg）水平为主。土壤全氮含量处于二级（1.5～2.0g/kg）和三级（1.0～1.5g/kg）水平的九等地分别占到九等地总面积的38.35%和34.63%，这两个土壤全氮含量水平的九等地占到九等地总面积的72.98%。土壤全氮含量处于一级（>2.0g/kg）水平的九等地分布不多，占到九等地总面积的16.23%。另外，土壤全氮含量处于四级（0.5～1.0g/kg）和五级（≤0.5g/kg）水平的九等地共有10.79%。

　　九等地的土壤有效磷含量以三级（15～25mg/kg）水平为主。土壤有效磷含量处于三级（15～25mg/kg）水平的九等地有25.53万hm²，占九等地总面积的48.61%。另外，土壤有效磷含量处于四级（5～15mg/kg）和二级（25～40mg/kg）水平的九等地也分布较多，分别占九等地总面积的30.24%和18.22%；而有效磷含量处于一级（>40mg/kg）水平的九等地有2.93%，有效磷含量处于五级（≤5mg/kg）水平的九等地极少，基本可忽略不计。

　　九等地的土壤速效钾含量以二级（100～150mg/kg）水平为主。土壤速效钾含量处于二级（100～150mg/kg）水平的九等地有25.10万hm²，占九等地总面积的47.80%。另外，土壤速效钾含量处于三级（75～100mg/kg）和一级（>150mg/kg）水平的九等地分别占九等地总面积的25.97%和18.68%，土壤速效钾含量处于四级（50～75mg/kg）和五级（≤50mg/kg）水平的九等地相对较少，共占九等地总面积的7.55%。

（十）农田林网化程度、生物多样性和清洁程度

　　对九等地中不同生物多样性和农田林网化程度的耕地面积与比例进行统计，九等地的生物多样性以不丰富水平为主，占比为47.01%，其次是一般水平的，占比达到43.10%，而丰富水平的占9.89%（表3-130）。

表 3-130   九等地各农田林网化程度和生物多样性面积与比例

项目	水平	面积（万 hm²）	占同类别耕地面积比例（%）	占九等地面积比例（%）
生物多样性	丰富	5.19	1.57	9.89
	一般	22.63	1.92	43.10
	不丰富	24.69	4.16	47.01
	合计	52.52	2.50	100.00
农田林网化程度	高	5.68	1.24	10.82
	中	11.57	1.61	22.03
	低	35.26	3.81	67.14
	合计	52.52	2.50	100.00

九等地的农田林网化程度以低水平为主，占比 67.14%。农田林网化程度为中、高水平的九等地分别有 22.03% 和 10.82%。

第十一节　十等地耕地质量等级特征

一、十等地分布特征

（一）区域分布

西南区十等地的耕地面积 40.64 万 hm²，占到西南区耕地总面积的 1.93%。从二级农业区上看，十等地在秦岭大巴山林农区分布最多，面积 13.87 万 hm²，占十等地总面积的 34.12%；其次是川滇高原山地林农牧区，该二级农业区分布的十等地也有 12.63 万 hm²，占十等地总面积的 31.06%。这两个二级农业区分布的十等地占到西南区十等地总面积的 65.18%。其余二级农业区中分布的十等地相对较少，渝鄂湘黔边境山地林农牧区分布的十等地有 7.40 万 hm²，占到十等地总面积的 18.21%；四川盆地农林区分布的十等地有 4.77 万 hm²，占到十等地总面积的 11.73%；黔桂高原山地林农牧区分布的十等地有 1.98 万 hm²，占到十等地总面积的 4.88%。

从评价区上看，广西评价区没有十等地分布，甘肃评价区分布的十等地最多，面积 12.61 万 hm²，占甘肃评价区耕地的 18.82%，占西南区十等地总面积的 31.04%；陕西评价区分布的十等地最少，面积 0.80 万 hm²，占陕西评价区耕地的 0.85%，占西南区十等地总面积的 1.97%。从十等地占各评价区耕地面积的比例看，甘肃评价区十等地的占比最大，陕西评价区和四川评价区十等地的占比相对较小，四川评价区十等地面积 5.51 万 hm²，占四川评价区耕地的 0.84%，占西南区十等地总面积的 13.55%。另外，贵州评价区十等地面积 5.84 万 hm²，占贵州评价区耕地的 1.29%，占西南区十等地总面积的 14.37%；湖北评价区十等地面积 1.06 万 hm²，占湖北评价区耕地的 0.98%，占西南区十等地总面积的 2.61%；湖南评价区十等地面积 2.62 万 hm²，占湖南评价区耕地的 3.45%，占西南区十等地总面积的 6.44%；云南评价区十等地面积 8.74 万 hm²，占云南评价区耕地的 2.40%，占西南区十等地总面积的 21.52%；重庆评价区十等地面积 3.46 万 hm²，占重庆评价区耕地的 1.42%，占西南区十等地总面积的 8.50%。

从市（州）情况来看，十等地主要分布于陇南市、昭通市、重庆市、毕节市、凉山彝族自治州、丽江市、湘西土家族苗族自治州、丽江市等地。襄阳市、雅安市、定西市、百色市、河池市、贵阳市、甘孜藏族自治州、红河州、玉溪市、南宁市、宝鸡市和神农架林区等地基本没有或无十等地分布（表 3-131）。

表 3-131　西南区十等地面积与比例

评价区	市（州）名称	面积（万 hm²）	比例（%）
甘肃评价区		12.61	18.82
	定西市	0.00	0.03
	甘南藏族自治州	0.06	2.37
	陇南市	12.55	22.51

（续）

评价区	市（州）名称	面积（万 hm²）	比例（%）
广西评价区		0.00	0.00
	百色市	0.00	0.00
	河池市	0.00	0.00
	南宁市	0.00	0.00
贵州评价区		5.84	1.29
	安顺市	0.01	0.04
	毕节市	2.26	2.27
	贵阳市	0.00	0.00
	六盘水市	0.71	2.31
	黔东南苗族侗族自治州	0.50	1.18
	黔南布依族苗族自治州	0.28	0.60
	黔西南布依族苗族自治	0.86	1.94
	铜仁市	0.21	0.44
	遵义市	0.99	1.18
湖北评价区		1.06	0.98
	恩施土家族苗族自治州	0.34	0.75
	省直辖	0.00	0.00
	十堰市	0.12	0.51
	襄阳市	0.00	0.03
	宜昌市	0.60	2.74
湖南评价区		2.62	3.45
	常德市	0.18	3.77
	怀化市	0.28	0.81
	邵阳市	0.11	2.31
	湘西土家族苗族自治州	1.51	7.54
	张家界市	0.54	4.51
陕西评价区		0.80	0.85
	安康市	0.14	0.38
	宝鸡市	0.00	0.00
	汉中市	0.09	0.27
	商洛市	0.56	2.85
四川评价区		5.51	0.84
	巴中市	0.39	1.19
	成都市	0.02	0.05
	达州市	0.81	1.47
	德阳市	0.16	0.65

（续）

评价区	市（州）名称	面积（万 hm²）	比例（%）
	甘孜藏族自治州	0.00	0.00
	广安市	0.02	0.05
	广元市	0.16	0.47
	乐山市	0.16	0.59
	凉山彝族自治州	1.67	2.96
	泸州市	0.24	0.58
	眉山市	0.02	0.10
	绵阳市	0.36	0.80
	南充市	0.58	1.09
	内江市	0.14	0.52
	攀枝花市	0.07	0.95
	遂宁市	0.01	0.04
	雅安市	0.00	0.04
	宜宾市	0.38	0.78
	资阳市	0.20	0.46
	自贡市	0.10	0.48
云南评价区		8.74	2.40
	保山市	0.03	0.43
	楚雄州	0.27	0.74
	大理白族自治州	0.02	0.05
	红河州	0.00	0.00
	昆明市	0.46	1.08
	丽江市	1.16	5.67
	怒江州	0.12	2.15
	普洱市	0.04	0.78
	丽江市	1.65	2.00
	文山壮族苗族自治州	0.61	1.84
	玉溪市	0.00	0.00
	昭通市	4.38	7.13
重庆评价区		3.46	1.42
	重庆市	3.46	1.42

（二）土壤类型

紫色土、水稻土、黄壤、石灰（岩）土、红壤、黄棕壤、棕壤、粗骨土以及褐土西南区
9 种主要区域耕地土壤中共有 1.85% 的耕地为十等地。其中，十等地在褐土上分布最多，面
积 7.54 万 hm²，占十等地总面积的 18.56%；其次是黄壤，黄壤上分布的十等地有 6.50
万 hm²，占 16.00%；第三是紫色土，紫色土上分布的十等地有 5.47 万 hm²，占 13.45%。
这 3 种土壤上分布的十等地占到十等地总面积的 48.01%。其余各土壤上分布的十等地数量

差异不大。其中，黄棕壤上分布的十等地面积 4.03 万 hm²，占十等地总面积的 9.93%；棕壤上分布的十等地面积 3.93 万 hm²，占 9.66%；红壤上分布的十等地面积 3.56 万 hm²，占 8.75%；水稻土上分布的十等地面积 2.45 万 hm²，占 6.02%；粗骨土上分布的十等地面积 2.23 万 hm²，占 5.50%；石灰（岩）土上分布的十等地面积 1.68 万 hm²，占 4.13%。

从 37 个主要亚类分布来看，硅质岩粗骨土、塿土、燥褐土、漂洗黄壤和白浆化棕壤 5 种亚类耕地土壤上没有十等地分布，十等地在典型黄壤上分布最多，面积 5.98 万 hm²，占十等地总面积的 14.71%；其次是石灰性褐土，该土壤上分布的十等地占十等地总面积的 9.32%。典型棕壤、褐土性土、黄红壤、典型黄棕壤、酸性紫色土、中性紫色土、酸性粗骨土、石灰性紫色土、暗黄棕壤、典型褐土 10 种亚类耕地土壤上也有一定数量的十等地分布，占十等地面积的比例都高于平均水平，其余各亚类耕地土壤上分布的十等地相对较少（表 3-132）。

表 3-132　西南区各土类、亚类十等地面积与比例

土类	亚类	面积（万 hm²）	比例（%）
粗骨土		2.23	5.50
	钙质粗骨土	0.38	0.92
	硅质岩粗骨土	0.00	0.00
	酸性粗骨土	1.75	4.30
	中性粗骨土	0.11	0.27
褐土		7.54	18.56
	典型褐土	1.29	3.18
	褐土性土	2.44	6.00
	淋溶褐土	0.02	0.06
	塿土	0.00	0.00
	石灰性褐土	3.79	9.32
	燥褐土	0.00	0.00
红壤		3.56	8.75
	典型红壤	0.42	1.04
	红壤性土	0.06	0.15
	黄红壤	2.27	5.58
	山原红壤	0.80	1.98
黄壤		6.50	16.00
	典型黄壤	5.98	14.71
	黄壤性土	0.52	1.28
	漂洗黄壤	0.00	0.00
黄棕壤		4.03	9.93
	暗黄棕壤	1.64	4.03
	典型黄棕壤	2.09	5.14
	黄棕壤性土	0.31	0.76

（续）

土类	亚类	面积（万 hm²）	比例（%）
石灰（岩）土		1.68	4.13
	黑色石灰土	0.11	0.28
	红色石灰土	0.93	2.30
	黄色石灰土	0.49	1.21
	棕色石灰土	0.14	0.35
水稻土		2.45	6.02
	漂洗水稻土	0.01	0.02
	潜育水稻土	0.04	0.11
	渗育水稻土	0.74	1.82
	脱潜水稻土	0.01	0.02
	淹育水稻土	0.76	1.86
	潴育水稻土	0.89	2.19
紫色土		5.47	13.45
	石灰性紫色土	1.74	4.29
	酸性紫色土	1.88	4.62
	中性紫色土	1.84	4.54
棕壤		3.93	9.66
	白浆化棕壤	0.00	0.00
	潮棕壤	0.08	0.20
	典型棕壤	3.70	9.11
	棕壤性土	0.14	0.34

二、十等地属性特征

（一）地形部位

对十等地分布的地形部位进行统计，结果如表 3-133 所示。从表 3-133 中可以看出，十等地主要分布在山地坡中和山地坡上两种地形部位上。其中，山地坡中地形部位上分布的十等地有 20.73 万 hm²，占十等地总面积的 51.01%；山地坡上地形部位上分布的十等地有 16.23 万 hm²，占十等地总面积的 39.93%。这 2 种地形部位的面积占到十等地总面积的 90.94%。平原低阶和平原中阶两种地形部位上没有十等地分布，平原高阶、丘陵下部、宽谷盆地 3 种地形部位上分布的十等地极少，可忽略不计（表 3-133）。

表 3-133　十等地各地形部位面积与比例

地形部位	面积（万 hm²）	占同地形部位耕地面积比例（%）	占十等地面积比例（%）
宽谷盆地	0.02	0.04	0.06
平原低阶	0.00	0.00	0.00
平原高阶	0.00	0.04	0.00

（续）

地形部位	面积（万 hm²）	占同地形部位耕地面积比例（%）	占十等地面积比例（%）
平原中阶	0.00	0.00	0.00
丘陵上部	1.65	3.35	4.06
丘陵下部	0.01	0.00	0.02
丘陵中部	0.82	0.23	2.02
山地坡上	16.23	9.45	39.93
山地坡下	0.99	0.52	2.44
山地坡中	20.73	2.51	51.01
山间盆地	0.19	0.11	0.46
合计	40.64	1.93	100.00

（二）海拔

对十等地在不同海拔高度范围内的面积与比例进行统计，十等地主要集中在海拔高度 1 600~2 000m、2 000~2 500m 以及 500~800m 3 个区间内。海拔高度在 1 600~2 000m 区间内分布的十等地最多，面积 13.73 万 hm²，占到十等地总面积的 33.78%；海拔高度在 2 000~2 500m 区间内的十等地也有 7.70 万 hm²，占十等地总面积的 18.93%；海拔高度在 500~800m 区间内分布的十等地有 5.92 万 hm²，占十等地面积的 14.56%。这 3 个海拔高度区间内分布的十等地占到十等地总面积的 67.28%。另外，海拔高度>3 000m 区间内分布的十等地有 1.59%，而海拔高度≤300m 区间内的十等地有 0.65%（表 3-134）。

表 3-134　十等地各海拔高度面积与比例

海拔分级（m）	面积（万 hm²）	占同类别耕地面积比例（%）	占十等地面积比例（%）
≤300	0.26	0.20	0.65
300~500	2.74	0.51	6.74
500~800	5.92	1.54	14.56
800~1 000	2.91	1.51	7.17
1 000~1 300	2.55	1.15	6.26
1 300~1 600	2.61	1.39	6.41
1 600~2 000	13.73	5.66	33.78
2 000~2 500	7.70	4.87	18.93
2 500~3 000	1.58	3.72	3.89
>3 000	0.65	17.51	1.59
合计	40.64	1.93	100.00

（三）质地与质地构型

对不同质地和质地构型的十等地面积与比例进行统计，十等地的耕层土壤质地主要以砂土和黏土为主。耕层土壤质地为砂土的十等地最多，面积 23.49 万 hm²，占十等地总面积的 57.79%；质地为黏土的十等地也有 9.16 万 hm²，占 22.53%。这两种质地类型的十等地占到十等地总面积的 80.33%。另外，耕层土壤质地为砂壤的十等地有 9.89%；质地为轻壤的十等地有 4.19%；质地为中壤和重壤的十等地数量较少，分别占 3.60% 和 2.00%（表 3-135）。

表 3-135　十等地各耕层质地和质地构型面积与比例

项目	类型	面积（万 hm²）	占同类型耕地面积比例（%）	占十等地面积比例（%）
耕层质地	黏土	9.16	2.30	22.53
	轻壤	1.70	0.69	4.19
	砂壤	4.02	1.19	9.89
	砂土	23.49	21.04	57.79
	中壤	1.46	0.22	3.60
	重壤	0.81	0.24	2.00
	合计	40.64	1.93	100.00
质地构型	薄层型	12.77	8.98	31.43
	海绵型	0.00	0.00	0.00
	夹层型	1.57	0.86	3.86
	紧实型	1.75	0.28	4.30
	上紧下松型	4.39	2.68	10.79
	上松下紧型	0.18	0.03	0.44
	松散型	19.99	5.59	49.17
	合计	40.64	1.93	100.00

十等地的质地构型主要以松散型、薄层型和上紧下松型为主。质地构型为松散型的十等地地有 19.99 万 hm²，占十等地总面积的 49.17%；质地构型为薄层型的十等地有 12.77 万 hm²，占 31.43%；质地构型为上紧下松型的十等地有 4.39 万 hm²，占 10.79%。这 3 种质地构型的十等地占到十等地总面积的 91.39%。其余质地构型的十等地相对较少，尤其是海绵型，其数量基本可忽略不计。

（四）灌溉能力和耕作能力

对十等地中不同灌排情况的耕地面积与比例进行统计，十等地的灌溉能力主要为不满足。灌溉能力为不满足的十等地有 38.58 万 hm²，占到十等地总面积的 94.91%。另外，灌溉能力为基本满足和满足的十等地分别有 4.39%、0.70%。十等地中没有灌溉能力为充分满足的耕地分布。

十等地的排水能力主要以基本满足和满足为主。排水能力为基本满足的十等地占到十等地总面积的 40.18%，排水能力为满足的十等地占到十等地总面积的 39.57%，这两种排水能力的十等地占到十等地总面积的 79.74%。另外，排水能力为充分满足的十等地有 7.35%，而排水能力为不满足的十等地有 12.91%（表 3-136）。

表 3-136　十等地各灌溉能力和耕作能力面积与比例

项目	类型	面积（万 hm²）	占同类型耕地面积比例（%）	占十等地面积比例（%）
灌溉能力	充分满足	0.00	0.00	0.00
	满足	0.28	0.08	0.70

（续）

项目	类型	面积（万 hm²）	占同类型耕地面积比例（%）	占十等地面积比例（%）
	基本满足	1.79	0.30	4.39
	不满足	38.58	4.19	94.91
	合计	40.64	1.93	100.00
排水能力	充分满足	2.99	1.46	7.35
	满足	16.08	1.99	39.57
	基本满足	16.33	1.73	40.18
	不满足	5.25	3.65	12.91
	合计	40.64	1.93	100.00

（五）障碍因素

对十等地中不同障碍因素的耕地面积与比例进行统计，十等地的障碍因素主要以瘠薄和障碍层次为主，无明显障碍的十等地较少。无明显障碍的十等地占十等地总面积的46.40%。障碍因素为瘠薄的十等地有12.69万 hm²，占31.23%；障碍因素为障碍层次的十等地也有6.31万 hm²，占15.53%，这两种障碍因素的十等地共占十等地总面积的46.76%。另外，障碍因素为酸化的十等地也有2.31万 hm²，占5.67%，而障碍因素为渍潜的十等地还有1.16%（表3-137）。

表3-137　十等地各障碍因素面积与比例

类型	面积（万 hm²）	占同类型耕地面积比例（%）	占十等地面积比例（%）
无	18.86	1.17	46.40
瘠薄	12.69	9.81	31.23
酸化	2.31	2.89	5.67
障碍层次	6.31	2.51	15.53
渍潜	0.47	1.79	1.16
合计	40.64	1.93	100.00

（六）有效土层厚度

对十等地中不同有效土层厚度的耕地面积与比例进行统计，十等地的有效土层厚度主要在60cm以下。有效土层厚度在40~60cm之间的十等地占到十等地总面积的46.19%；有效土层厚度在40cm以下的十等地也有22.02%。也就是说有效土层厚度在60cm以下的十等地共占到十等地总面积的68.21%。另外，有效土层厚度在60~80cm之间的十等地有18.18%；有效土层厚度在80~100cm的十等地有13.61%。无有效土层厚度大于100cm的十等地分布（表3-138）。

表3-138　十等地有效土层厚度

有效土层厚度（cm）	面积（万 hm²）	占同级有效土层厚度耕地面积比例（%）	占十等地面积比例（%）
<40	8.95	5.67	22.02
40~60	18.77	3.04	46.19

（续）

有效土层厚度（cm）	面积（万 hm²）	占同级有效土层厚度耕地面积比例（%）	占十等地面积比例（%）
60～80	7.39	0.94	18.18
80～100	5.53	1.14	13.61
≥100	0.00	0.00	0.00
合计	40.64	1.93	100.00

（七）土壤容重

对十等地中不同耕层土壤容重分级的耕地面积与比例进行统计，十等地的耕地土壤容重主要集中在 1.10～1.25g/cm³、1.25～1.35g/cm³ 和 1.35～1.45g/cm³ 3 个区间内。耕地土壤容重在 1.10～1.25g/cm³、1.25～1.35g/cm³ 和 1.35～1.45g/cm³ 3 个区间内的十等地分别占十等地总面积的 46.28%、23.26% 和 17.01%，这 3 个区间内的十等地共占到十等地总面积的 86.55%。耕层土壤容重小于 1.00g/cm³ 的十等地相对较少，占十等地总面积的 0.67%；而耕层土壤容重>1.55g/cm³ 的十等地有 2.34%（表 3-139）。

表 3-139　十等地各级土壤容重面积与比例

土壤容重（g/cm³）	面积（万 hm²）	占同级耕层土壤容重面积比例（%）	占十等地面积比例（%）
≤0.90	0.07	3.24	0.17
0.90～1.00	0.20	2.72	0.50
1.00～1.10	2.05	3.01	5.05
1.10～1.25	18.81	2.83	46.28
1.25～1.35	9.45	1.12	23.26
1.35～1.45	6.91	1.91	17.01
1.45～1.55	2.19	1.86	5.39
>1.55	0.95	2.53	2.34
合计	40.64	1.93	100.00

（八）土壤酸碱度与土壤养分含量

对十等地在不同土壤 pH 分级下的耕地面积与比例进行统计，十等地的土壤 pH 以四级（4.5～5.0，8.0～8.5）、一级（6.0～7.0）和二级（5.5～6.0，7.0～7.5）水平为主。土壤 pH 为四级（4.5～5.0，8.0～8.5）水平的十等地最多，面积 12.89 万 hm²，占到十等地总面积的 31.72%；土壤 pH 为一级（6.0～7.0）和二级（5.5～6.0，7.0～7.5）的十等地也分别占十等地面积的 27.86% 和 25.99%。这 3 个土壤 pH 水平的十等地占到十等地总面积的 85.58%。土壤 pH 为五级（≤4.5，>8.5）水平的十等地较少，占十等地总面积的 0.12%。另外，土壤 pH 为三级（5.0～5.5，7.5～8.0）水平的十等地有 14.31%（表 3-140）。

表 3-140　十等地各土壤 pH 分级面积与比例

土壤 pH 分级	面积（万 hm²）	占同级土壤 pH 耕地面积比例（%）	占十等地面积比例（%）
一级（6.0～7.0）	11.32	1.16	27.86
二级（5.5～6.0，7.0～7.5）	10.56	1.51	25.99

（续）

土壤 pH 分级	面积（万 hm²）	占同级土壤 pH 耕地面积比例（%）	占十等地面积比例（%）
三级（5.0～5.5，7.5～8.0）	5.82	1.83	14.31
四级（4.5～5.0，8.0～8.5）	12.89	11.73	31.72
五级（≤4.5，>8.5）	0.05	25.76	0.12
合计	40.64	1.93	100

（九）土壤有机质及养分含量

对十等地中不同土壤有机质及养分含量分级的耕地面积与比例进行统计，十等地土壤有机质含量以三级（15～25g/kg）和四级（10～15g/kg）水平为主。土壤有机质含量处于三级（15～25g/kg）水平的十等地有 18.13 万 hm²，占 44.61%；土壤有机质含量处于四级（10～15g/kg）水平的十等地有 12.17 万 hm²，占十等地总面积的 29.94%。这两个土壤有机质含量水平的十等地共占到十等地总面积的 74.55%。另外，土壤有机质含量处于二级（25～35g/kg）和一级（>35g/kg）水平的十等地相对较少，分别占十等地总面积的 14.21%、11.09%；土壤有机质含量处于五级（≤10g/kg）水平的十等地很少，占十等地总面积的 0.15%（表 3-141）。

表 3-141　十等地各土壤有机质及养分含量面积与比例（万 hm²，%）

分级	有机质		全氮		有效磷		速效钾	
	面积	比例	面积	比例	面积	比例	面积	比例
一级	4.51	11.09	3.22	7.92	0.58	1.42	5.33	13.11
二级	5.77	14.21	12.51	30.78	4.71	11.58	23.15	56.95
三级	18.13	44.61	11.07	27.25	23.19	57.06	9.58	23.58
四级	12.17	29.94	13.69	33.68	12.17	29.94	2.32	5.71
五级	0.06	0.15	0.15	0.38	0.00	0.00	0.26	0.65

十等地的土壤全氮含量以四级（0.5～1.0g/kg）、二级（1.5～2.0g/kg）和三级（1.0～1.5g/kg）水平为主。土壤全氮含量处于四级（0.5～1.0g/kg）、二级（1.5～2.0g/kg）和三级（1.0～1.5g/kg）水平的十等地分别占到十等地总面积的 33.68%、30.78% 和 27.25%。这 3 个土壤全氮含量水平的十等地共占 91.71%。另外，土壤全氮含量处于一级（>2.0g/kg）和五级（≤0.5g/kg）的十等地相对较少，分别占 7.92%、0.38%。

十等地的土壤有效磷含量以三级（15～25mg/kg）和四级（5～15mg/kg）水平为主。土壤有效磷含量处于三级（15～25mg/kg）和四级（5～15mg/kg）的十等地分布有 23.19 万 hm² 和 12.17 万 hm²，分别占十等地总面积的 57.06% 和 29.94%。这两个土壤有效磷含量水平的十等地共占 87.00%。土壤有效磷含量处于二级（25～40mg/kg）和一级（>40mg/kg）水平的十等地相对较少，分别占十等地总面积的 11.58%、1.42%。无有效磷含量处于五级（≤5mg/kg）水平的十等地分布。

十等地的土壤速效钾含量以二级（100～150mg/kg）和三级（75～100mg/kg）水平为主。土壤速效钾含量处于二级（100～150mg/kg）和三级（75～100mg/kg）水平的十等地分别有 23.15 万 hm² 和 9.58 万 hm²，分别占 56.95% 和 23.58%。这两个土壤速效钾含量水平的十等地共占 80.53%。另外，土壤速效钾含量处于一级（＞150mg/kg）水平的十等地有 13.11%，土壤速效钾含量处于四级（50～75mg/kg）和五级（≤50mg/kg）水平的十等地共有 6.36%。

（十）生物多样性和农田林网化程度

对十等地中不同生物多样性和农田林网化程度的耕地面积与比例进行统计，十等地的生物多样性以一般水平为主，占比为 53.33%，其次是不丰富水平的占比达 35.02%，丰富水平的占 11.65%。

十等地的农田林网化程度以低水平为主，占比 77.07%。农田林网化程度为中、高水平的十等地分别有 15.81% 和 7.12%（表 3-142）。

表 3-142　十等地各生物多样性和农田林网化程度面积与比例

项目	水平	面积（万 hm²）	占同类别耕地面积比例（%）	占十等地面积比例（%）
生物多样性	丰富	4.73	1.43	11.65
	一般	21.68	1.84	53.33
	不丰富	14.23	2.40	35.02
	合计	40.64	1.93	100.00
农田林网化程度	高	2.89	0.63	7.12
	中	6.43	0.89	15.81
	低	31.33	3.39	77.07
	合计	40.64	1.93	100.00

第十二节　低等级耕地的提升改良措施

耕地质量评价的目的是可依据评价结果，发现耕地质量存在的主要问题，找出主要限制因素，从而有针对性地提出区域耕地质量提升和改良的措施，以逐步提高区域粮食生产能力，改良中低产田土。西南区的地形地貌复杂多样，耕地分布较为破碎，影响耕地质量的因素也不同。因此，根据评价指标的主要性状分析，因地制宜地确定改良利用方案，科学规划，合理配置，在保证耕地质量等级不下降的基础上，实现经济、社会、生态环境的共同发展，着力提升内在质量，为农业生产夯实基础。

一、耕地质量主要性状

（一）地形部位

对西南区不同地形部位上分布的耕地按高、中、低等级情况进行统计，高等级地在丘陵下部、丘陵中部、山地坡中、山间盆地及平原低阶 5 种地形部位上分布较多，这 5 种地形部位上分布的高等级地面积占到西南区高等级地总面积的 79.86%；从各地形部位上分布的高等级地占比看，平原低阶、平原高阶、平原中阶和宽谷盆地 4 种地形部位上高等级地的占比较大，这 4 种地形部位中均有 50% 以上的耕地为高等级地。中等级地在山地坡中、丘陵中部和山地坡下 3 种地形部位上分布的数量较多，这 3 种地形部位上分布的中等级地占到西南区中等级地总面积的 73.03%；从各地形部位上分布的中等级地占比看，山地坡下、山地坡中、丘陵中部、山间盆地、丘陵下部、丘陵上部 6 种地形部位上中等级地的占比较大，这 6 种地形部位上分布的中等级地也有 50% 以上。低等级地在山地坡中和山地坡上两种地形部位上分布的数量较多，这 2 种地形部位上分布的低等级地占到西南区低等级地总面积的 79.14%；从各地形部位上分布的低等级地占比看，山地坡上地形部位上有 62.55% 的耕地为低等级地，另外，丘陵上部和山地坡中也有占比较大的低等级，占比分别为 43.12% 和 28.79%（表 3-143）。

表 3-143　西南区不同等级耕地在地形部位上的分布情况

地形部位	高等级地（一至三等地）			中等级地（四至六等地）			低等级地（七至十等地）			面积合计（万 hm²）
	面积（万 hm²）	占同类型耕地面积比例（%）	占高等级地面积比例（%）	面积（万 hm²）	占同类型耕地面积比例（%）	占中等级地面积比例（%）	面积（万 hm²）	占同类型耕地面积比例（%）	占低等级地面积比例（%）	
宽谷盆地	41.13	62.60	8.80	22.37	34.05	1.89	2.20	3.34	0.48	65.70
平原低阶	46.83	95.03	10.02	2.26	4.59	0.19	0.19	0.38	0.04	49.28
平原高阶	2.17	72.98	0.46	0.73	24.50	0.06	0.07	2.52	0.02	2.97
平原中阶	2.72	67.37	0.58	1.15	28.53	0.10	0.17	4.10	0.04	4.04
丘陵上部	3.33	6.76	0.71	24.69	50.12	2.09	21.24	43.12	4.68	49.25
丘陵下部	101.44	45.05	21.72	116.24	51.62	9.84	7.49	3.33	1.65	225.17
丘陵中部	92.16	26.42	19.73	216.33	62.01	18.32	40.39	11.58	8.90	348.87
山地坡上	1.86	1.08	0.40	62.48	36.37	5.29	107.45	62.55	23.68	171.79
山地坡下	42.86	22.37	9.17	126.57	66.06	10.72	22.18	11.58	4.89	191.61
山地坡中	69.39	8.39	14.85	519.48	62.82	43.99	238.08	28.79	52.46	826.95
山间盆地	63.26	38.07	13.54	88.53	53.27	7.50	14.39	8.66	3.17	166.17
总计	467.14	22.23	100.00	1 180.81	56.18	100.00	453.84	21.59	100.00	2 101.79

（二）海拔

对西南区不同海拔高度范围内分布的耕地按高、中、低等级情况进行统计，西南区高等级地主要分布在海拔高度低于 800m 的区间内，海拔高度低于 800m 的高等级地占到西南区高等级地总面积的 65.45%。中等级地主要分布在海拔高度 2 000m 以下，海拔高度在 2 000m 以下的中等级地占到西南区中等级地总面积的 91.62%。低等级地在海拔高度 2 000m 以上的耕地上分布的比重相对较大（表 3-144）。

表 3-144　西南区不同等级耕地的海拔高度分布情况

海拔分级（m）	高等级地（一至三等地）			中等级地（四至六等地）			低等级地（七至十等地）			面积合计（万 hm²）
	面积（万 hm²）	占同类型耕地面积比例（%）	占高等级地面积比例（%）	面积（万 hm²）	占同类型耕地面积比例（%）	占中等级地面积比例（%）	面积（万 hm²）	占同类型耕地面积比例（%）	占低等级地面积比例（%）	
≤300	50.34	38.66	10.78	68.55	52.64	5.80	11.33	8.70	2.50	130.22
300～500	159.20	29.52	34.08	322.84	59.86	27.34	57.26	10.62	12.62	539.30

（续）

海拔分级 （m）	高等级地（一至三等地）			中等级地（四至六等地）			低等级地（七至十等地）			面积合计 （万 hm²）
	面积 （万 hm²）	占同类型 耕地面积 比例（%）	占高等级 地面积 比例（%）	面积 （万 hm²）	占同类型 耕地面积 比例（%）	占中等级 地面积 比例（%）	面积 （万 hm²）	占同类型 耕地面积 比例（%）	占低等级 地面积 比例（%）	
500～800	96.20	25.07	20.59	203.77	53.10	17.26	83.75	21.83	18.45	383.72
800～1 000	29.02	15.01	6.21	114.85	59.41	9.73	49.46	25.58	10.90	193.33
1 000～1 300	34.13	15.44	7.31	133.57	60.43	11.31	53.34	24.13	11.75	221.04
1 300～1 600	30.28	16.16	6.48	114.06	60.89	9.66	42.99	22.95	9.47	187.33
1 600～2 000	44.79	18.45	9.59	124.18	51.16	10.52	73.74	30.38	16.25	242.71
2 000～2 500	21.26	13.46	4.55	76.71	48.58	6.50	59.94	37.96	13.21	157.91
2 500～3 000	1.74	4.09	0.37	20.80	48.88	1.76	20.01	47.03	4.41	42.55
大于3 000	0.19	5.13	0.04	1.49	40.26	0.13	2.02	54.61	0.44	3.70
总计	467.14	22.23	100.00	1 180.81	56.18	100.00	453.84	21.59	100.00	2 101.79

（三）有效土层厚度

对西南区高、中、低等级耕地的有效土层厚度情况进行统计，高等级耕地的有效土层厚度主要在 60cm 以上，有效土层厚度在 60cm 以上的高等级地占到西南区高等级地总面积的78.99%。中等级地的有效土层厚度主要在 40～80cm 之间，有效土层厚度在 40～80cm 的中等级地占到西南区中等级地总面积的 69.67%。低等级地的有效土层厚度主要在 80cm 以下，有效土层厚度在 80cm 以下的低等级地占到西南区低等级地总面积的 85.57%（表 3-145）。

表 3-145　西南区不同等级耕地的有效土层厚度情况

有效土层厚度 （cm）	高等级地（一至三等地）			中等级地（四至六等地）			低等级地（七至十等地）			面积合计 （万 hm²）
	面积 （万 hm²）	占同类型 耕地面积 比例（%）	占高等级 地面积 比例（%）	面积 （万 hm²）	占同类型 耕地面积 比例（%）	占中等级 地面积 比例（%）	面积 （万 hm²）	占同类型 耕地面积 比例（%）	占低等级 地面积 比例（%）	
<40	8.98	5.69	1.92	74.29	47.08	6.29	74.51	47.22	16.42	157.79
40～60	89.17	14.44	19.09	374.43	60.64	31.71	153.88	24.92	33.91	617.48
60～80	181.72	23.01	38.90	448.23	56.75	37.96	159.95	20.25	35.24	789.91
80～100	157.52	32.52	33.72	264.01	54.50	22.36	62.92	12.99	13.86	484.45
≥100	29.75	57.02	6.37	19.85	38.04	1.68	2.58	4.94	0.57	52.17
总计	467.14	22.23	100.00	1 180.81	56.18	100.00	453.84	21.59	100.00	2 101.79

（四）耕地土壤容重

对西南区高、中、低等级耕地土壤容重情况进行统计，高等级地的耕层土壤容重主要在 1.10～1.35g/cm³ 之间，土壤容重在 1.10～1.35g/cm³ 之间的高等级地占到西南区高等级地总面积的 77.83%。中等级耕地的耕层土壤容重也主要在 1.10～1.55g/cm³ 之间，土壤容重在 1.10～1.55g/cm³ 之间的中等级地占到西南区中等级地总面积的 72.46%。低等级耕地在耕层土壤容重为 0.90～1.10g/cm³ 或 >1.55g/cm³ 的耕地上分布的比重相对较大（表 3-146）。

表 3-146　西南区不同等级耕地的耕层土壤容重情况

土壤容重 （g/cm³）	高等级地（一至三等地）			中等级地（四至六等地）			低等级地（七至十等地）			面积合计 （万 hm²）
	面积 （万 hm²）	占同类型 耕地面积 比例（%）	占高等级 地面积 比例（%）	面积 （万 hm²）	占同类型 耕地面积 比例（%）	占中等级 地面积 比例（%）	面积 （万 hm²）	占同类型 耕地面积 比例（%）	占低等级 地面积 比例（%）	
≤0.90	0.29	13.43	0.06	1.48	68.59	0.13	0.39	17.98	0.09	2.16
0.90~1.00	0.66	8.80	0.14	2.34	31.15	0.20	4.50	60.04	0.99	7.50
1.00~1.10	9.31	13.62	1.99	29.23	42.79	2.48	29.78	43.59	6.56	68.33
1.10~1.25	163.40	24.63	34.98	362.84	54.68	30.73	137.27	20.69	30.25	663.51
1.25~1.35	200.16	23.74	42.85	492.77	58.43	41.73	150.36	17.83	33.13	843.29
1.35~1.45	64.16	17.73	13.73	207.13	57.23	17.54	90.67	25.05	19.98	361.96
1.45~1.55	23.90	20.33	5.12	66.96	56.95	5.67	26.72	22.72	5.89	117.58
>1.55	5.26	14.04	1.13	18.06	48.20	1.53	14.15	37.77	3.12	37.47
总计	467.14	22.23	100.00	1 180.81	56.18	100.00	453.84	21.59	100.00	2 101.79

（五）质地与质地构型

对西南区不同质地与质地构型的耕地按高、中、低等级情况进行统计，高等级地的质地类型主要为中壤和重壤，这 2 种质地类型的高等级地占到西南区高等级地总面积的 63.83%。中等级地的质地类型主要为中壤、黏土和重壤，这 3 种质地类型的中等级地占到西南区中等级地总面积的 68.26%。低等级地的质地类型主要为黏土、砂壤、中壤和砂土，这 4 种质地的低等级地占到西南区低等级地总面积的 80.02%。

从质地构型上看，高等级地的质地构型主要为上松下紧型和紧实型，这 2 种质地构型的高等级地占到西南区高等级地总面积的 78.59%。中等级地的质地构型主要紧实型、上松下紧型和松散型，这 3 种质地构型的中等级地占到西南区中等级地总面积的 74.76%。低等级地的质地构型主要为松散型、薄层型、紧实型和夹层型，这 4 种质地构型的低等级地占到西南区低等级地总面积的 80.93%（表 3-147）。

表 3-147　西南区不同等级耕地的质地与质地构型情况

项目	类型	高等级地（一至三等地）			中等级地（四至六等地）			低等级地（七至十等地）			面积合计 （万 hm²）
		面积 （万 hm²）	占同类型 耕地面积 比例（%）	占高等级 地面积 比例（%）	面积 （万 hm²）	占同类型 耕地面积 比例（%）	占中等级 地面积 比例（%）	面积 （万 hm²）	占同类型 耕地面积 比例（%）	占低等级 地面积 比例（%）	
质地	黏土	65.28	16.40	13.97	229.79	57.74	19.46	102.88	25.85	22.67	397.94
	轻壤	48.06	19.54	10.29	154.68	62.90	13.10	43.18	17.56	9.51	245.93
	砂壤	52.83	15.64	11.31	193.70	57.33	16.40	91.35	27.04	20.13	337.88
	砂土	2.77	2.48	0.59	26.18	23.45	2.22	82.69	74.07	18.22	111.64
	中壤	213.70	31.79	45.75	372.38	55.39	31.54	86.23	12.83	19.00	672.31
	重壤	84.50	25.14	18.09	204.08	60.72	17.28	47.51	14.14	10.47	336.09
	合计	467.14	22.23	100.00	1 180.81	56.18	100.00	453.84	21.59	100.00	2 101.79
质地构型	薄层型	3.97	2.79	0.85	52.82	37.14	4.47	85.42	60.07	18.82	142.21

（续）

项目	类型	高等级地（一至三等地）			中等级地（四至六等地）			低等级地（七至十等地）			面积合计（万 hm²）
		面积（万 hm²）	占同类型耕地面积比例（%）	占高等级地面积比例（%）	面积（万 hm²）	占同类型耕地面积比例（%）	占中等级地面积比例（%）	面积（万 hm²）	占同类型耕地面积比例（%）	占低等级地面积比例（%）	
	海绵型	24.85	34.24	5.32	44.03	60.65	3.73	3.71	5.11	0.82	72.59
	夹层型	26.24	14.31	5.62	93.76	51.12	7.94	63.40	34.57	13.97	183.40
	紧实型	166.69	27.06	35.68	365.64	59.35	30.97	83.74	13.59	18.45	616.07
	上紧下松型	18.37	11.21	3.93	107.45	65.60	9.10	37.97	23.18	8.37	163.79
	上松下紧型	200.44	35.42	42.91	320.68	56.66	27.16	44.85	7.92	9.88	565.96
	松散型	26.59	7.43	5.69	196.43	54.91	16.64	134.75	37.66	29.69	357.77
	合计	467.14	22.23	100.00	1 180.81	56.18	100.00	453.84	21.59	100.00	2 101.79

（六）灌排条件

对西南区不同灌排条件的耕地按高、中、低等级情况进行统计，高等级地的灌溉能力主要以满足、基本满足和充分满足为主，这 3 种灌溉能力的高等级地占到西南区高等级地总面积的 93.37%。中等级地的灌溉能力以不满足和基本满足为主，这 2 种灌溉能力的中等级地占到西南区中等级地总面积的 75.92%。低等级地的灌溉能力以不满足为主，灌溉能力为不满足的低等级地占到西南区低等级地总面积的 82.19%。

从排水能力上看，高等级地的排水能力以满足、基本满足和充分满足为主，这 3 种排水能力的高等级地占到西南区高等级地总面积的 97.47%。中等级地的排水能力以基本满足和满足为主，这 2 种排水能力的中等级地占到西南区中等级地总面积的 85.35%。低等级地的排水能力以基本满足和不满足为主，这 2 种排水能力的低等级地占到西南区低等级地总面积的 61.28%（表 3-148）。

表 3-148　西南区不同等级耕地的灌排条件情况

项目	类型	高等级地（一至三等地）			中等级地（四至六等地）			低等级地（七至十等地）			面积合计（万 hm²）
		面积（万 hm²）	占同类型耕地面积比例（%）	占高等级地面积比例（%）	面积（万 hm²）	占同类型耕地面积比例（%）	占中等级地面积比例（%）	面积（万 hm²）	占同类型耕地面积比例（%）	占低等级地面积比例（%）	
灌溉能力	充分满足	116.18	47.87	24.87	121.52	50.07	10.29	5.00	2.06	1.10	242.70
	满足	174.43	49.62	37.34	162.81	46.31	13.79	14.32	4.07	3.15	351.56
	基本满足	145.54	24.77	31.15	380.45	64.76	32.22	61.51	10.47	13.55	587.50
	不满足	30.99	3.37	6.63	516.03	56.09	43.70	373.00	40.54	82.19	920.03
	合计	467.14	22.23	100.00	1 180.81	56.18	100.00	453.84	21.59	100.00	2 101.79
排水能力	充分满足	60.67	29.64	12.99	100.70	49.21	8.53	43.29	21.15	9.54	204.66
	满足	237.24	29.29	50.79	440.36	54.36	37.29	132.44	16.35	29.18	810.04
	基本满足	157.43	16.69	33.70	567.42	60.14	48.05	218.60	23.17	48.17	943.45
	不满足	11.80	8.21	2.53	72.34	50.36	6.13	59.51	41.43	13.11	143.64
	合计	467.14	22.23	100.00	1 180.81	56.18	100.00	453.84	21.59	100.00	2 101.79

（七）生物多样性与农田林网化程度

对西南区不同生物多样性和农田林网化程度的耕地按高、中、低等级情况进行统计，高等级地的生物多样性以一般和丰富为主，这2个水平的高等级地占到西南区高等级地总面积的86.00％。中、低等级地的生物多样性都以一般和不丰富为主，这2个水平的中、低等级地分别占到西南区中、低等级地总面积的85.83％和89.27％。

从农田林网化程度上看，高等级地的农田林网化程度以中、高水平为主，这2个水平的高等级地占到西南区高等级地总面积的71.91％。中、低等级地的农田林网化程度以低、中水平为主，这2个水平的中、低等级地分别占到西南区中、低等级地总面积的77.99％和85.10％（表3-149）。

表3-149　西南区不同等级耕地的生物多样性和农田林网化程度情况

| 项目 | 类型 | 高等级地（一至三等地） | | | 中等级地（四至六等地） | | | 低等级地（七至十等地） | | | 面积合计（万 hm²） |
		面积（万 hm²）	占同类型耕地面积比例（％）	占高等级地面积比例（％）	面积（万 hm²）	占同类型耕地面积比例（％）	占中等级地面积比例（％）	面积（万 hm²）	占同类型耕地面积比例（％）	占低等级地面积比例（％）	
生物多样性	丰富	114.24	34.59	24.45	167.37	50.67	14.17	48.70	14.74	10.73	330.30
	一般	287.53	24.42	61.55	670.45	56.94	56.78	219.50	18.64	48.36	1 177.47
	不丰富	65.38	11.01	14.00	343.00	57.74	29.05	185.64	31.25	40.90	594.02
	合计	467.14	22.23	100.00	1 180.81	56.18	100.00	453.84	21.59	100.00	2 101.79
农田林网化程度	高	130.11	28.43	27.85	259.91	56.79	22.01	67.64	14.78	14.90	457.66
	中	205.81	28.61	44.06	402.75	55.98	34.11	110.88	15.41	24.43	719.44
	低	131.23	14.19	28.09	518.15	56.03	43.88	275.31	29.77	60.66	924.69
	合计	467.14	22.23	100.00	1 180.81	56.18	100.00	453.84	21.59	100.00	2 101.79

（八）土壤 pH 与有机质

对西南区不同土壤 pH 和有机质的耕地按高、中、低等级情况进行统计，结果如表3-150所示。从表3-150中可以看出，高、中、低等级地的土壤 pH 都主要以一级（6.0～7.5）和二级（5.5～6.0，7.0～7.5）水平为主，这2个水平的高、中、低等级地分别占到西南区高、中、低等级地总面积的87.13％、78.82％和73.97％。从各级土壤 pH 的耕地占高、中、低等级地的比例变化上看，土壤 pH 为一级（6.0～7.5）水平的耕地占比呈下降趋势，而土壤 pH 为二级（5.5～6.0，7.0～7.5）、三级（5.0～5.5，7.5～8.0）、四级（4.5～5.0，8.0～8.5）和五级（≤4.5，>8.0）水平的耕地占比呈上升趋势。高等级耕地中没有土壤 pH 为五级（≤4.5，>8.0）水平的耕地分布。

从土壤有机质含量情况看，高、中、低等级地的土壤有机质含量都主要为三级（15～25g/kg）、二级（25～35g/kg）和一级（>35g/kg）水平为主，这3个有机质含量水平的高、中、低等级地分别占西南区高、中、低等级地总面积的98.30％、95.66％和93.12％。并且高、中等级地中无土壤有机质含量处于五级（≤10g/kg）水平的耕地分布。从各有机质含量水平的耕地占高、中、低等级耕地的比例变化上看，总体上土壤有机质处于一级（>35g/kg）和二级（25～35g/kg）水平的耕地占比呈下降趋势，而土壤有机质含量处于三级（15～25g/kg）、四级（10～15g/kg）和五级（≤10g/kg）水平的耕地占比呈上升趋势。

表 3-150 西南区不同等级耕地的土壤 pH 和有机质含量情况

项目	分级	高等级地(一至三等地)			中等级地(四至六等地)			低等级地(七至十等地)			面积合计(万 hm²)
		面积(万 hm²)	占同类型耕地面积比例(%)	占高等级地面积比例(%)	面积(万 hm²)	占同类型耕地面积比例(%)	占中等级地面积比例(%)	面积(万 hm²)	占同类型耕地面积比例(%)	占低等级地面积比例(%)	
土壤 pH	≤4.5	0.00	0.00	0.00	0.02	8.67	0.00	0.17	91.33	0.04	0.19
	4.5~5.0	2.24	9.26	0.48	11.93	49.41	1.01	9.98	41.33	2.20	24.16
	5.0~5.5	21.06	12.47	4.51	92.40	54.72	7.83	55.40	32.81	12.21	168.86
	5.5~6.0	96.30	18.85	20.61	278.63	54.53	23.60	136.04	26.62	29.98	510.97
	6.0~7.0	262.97	26.96	56.29	543.14	55.69	46.00	169.12	17.34	37.26	975.23
	7.0~7.5	47.77	25.51	10.23	108.94	58.18	9.23	30.54	16.31	6.73	187.25
	7.5~8.0	28.62	19.16	6.13	98.99	66.21	8.38	21.74	14.56	4.79	149.35
	8.0~8.5	8.18	9.54	1.75	46.76	54.51	3.96	30.85	35.95	6.80	85.79
	>8.5	0.00	0.00	0.00	0.00	0.00	0.00	0.002	100.00	0.000 3	0.002
	合计	467.14	22.23	100.00	1 180.81	56.18	100.00	453.84	21.59	100.00	2 101.79
有机质	一级	93.94	22.56	20.11	229.97	55.23	19.48	92.50	22.21	20.38	416.41
	二级	180.74	26.99	38.69	353.19	52.74	29.91	135.76	20.27	29.91	669.69
	三级	184.55	19.94	39.51	546.44	59.05	46.28	194.36	21.00	42.83	925.35
	四级	7.92	8.81	1.70	51.21	56.96	4.34	30.78	34.23	6.78	89.91
	五级	0.00	0.00	0.00	0.00	0.00	0.00	0.44	100.00	0.10	0.44
	合计	467.14	22.23	100.00	1 180.81	56.18	100.00	453.84	21.59	100.00	2 101.79

(九) 土壤养分含量

对西南区不同土壤养分含量的耕地按高、中、低等级情况进行统计,结果如表 3-151 所示。从表 3-151 中可以看出,高等级地的土壤全氮含量主要以二级(1.5~2.0g/kg)、三级(1.0~1.5g/kg)和一级(>2.0g/kg)水平为主,这 3 个全氮含量水平的高等级地占到西南区高等级地总面积的 96.97%。中等级地的土壤全氮含量主要以三级(1.0~1.5g/kg)、二级(1.5~2.0g/kg)和一级(>2.0g/kg)水平为主,这 3 个全氮含量水平的中等级地占到西南区中等级地总面积的 92.90%。低等级地的土壤全氮含量主要以二级(1.5~2.0g/kg)、三级(1.0~1.5g/kg)和一级(>2.0g/kg)水平为主,这 3 个全氮含量水平的低等级地占到西南区低等级地总面积的 89.52%。从各级土壤全氮含量的耕地占高、中、低等级耕地的比例变化上看,土壤全氮含量处于一级(>2.0g/kg)、二级(1.5~2.0g/kg)和三级(1.0~1.5g/kg)水平的耕地占比总体上呈下降趋势,土壤全氮含量处于四级(0.5~1.0g/kg)和五级(≤0.5g/kg)水平的耕地占比呈上升趋势。

从土壤有效磷含量状况看,高等级地的土壤有效磷主要以三级(15~25mg/kg)和二级(25~40mg/kg)水平为主,这 2 个有效磷含量水平的高等级地占到西南区高等级地总面积的 71.20%。中、低等级地的土壤有效磷含量主要以三级(15~25mg/kg)和四级(5~15mg/kg)水平为主,这 2 个有效磷含量水平的中、低等级地分别占到西南区中、低等级地总面积的 72.09%和 77.42%。从各级土壤有效磷含量的耕地占高、中、低等级耕地的比例变化上看,土壤有效磷含量处于一级(>40mg/kg)和二级(25~40mg/kg)水平的耕地占比总体上呈下降趋势，土壤有效磷含量处于三级（15～25mg/kg）、四级（5～15mg/kg）和五级（≤5mg/kg）水平的耕地占比总体上呈上升趋势。

从土壤速效钾含量状况看，高、中、低等级地的土壤速效钾含量都主要以二级（100～150mg/kg）、三级（75～100mg/kg）和一级（>150mg/kg）水平为主，这3个土壤速效钾含量水平的高、中、低等级地分别占到西南区高、中、低等级地总面积的92.51%、95.57%和93.95%。从各级土壤速效钾含量的耕地占高、中、低等级地的比例变化上看，总体上土壤速效钾含量处于一级（>150mg/kg）、二级（100～150mg/kg）和三级（75～100mg/kg）水平的耕地占比呈下降趋势，土壤速效钾含量处于四级（50～75mg/kg）和五级（≤50mg/kg）水平的耕地占比呈上升趋势。

表 3-151　西南区不同等级耕地的土壤养分含量情况

项目	分级	高等级地（一至三等地）			中等级地（四至六等地）			低等级地（七至十等地）			面积合计（万 hm²）
		面积（万 hm²）	占同类型耕地面积比例（%）	占高等级地面积比例（%）	面积（万 hm²）	占同类型耕地面积比例（%）	占中等级地面积比例（%）	面积（万 hm²）	占同类型耕地面积比例（%）	占低等级地面积比例（%）	
全氮	一级	84.97	21.98	18.19	220.18	56.96	18.65	81.39	21.06	17.93	386.54
	二级	211.65	26.61	45.31	408.28	51.33	34.58	175.52	22.07	38.68	795.46
	三级	156.36	20.20	33.47	468.47	60.51	39.67	149.35	19.29	32.91	774.17
	四级	12.42	9.63	2.66	72.23	56.01	6.12	44.31	34.36	9.76	128.96
	五级	1.75	10.48	0.37	11.65	69.90	0.99	3.27	19.62	0.72	16.66
	合计	467.14	22.23	100.00	1 180.81	56.18	100.00	453.84	21.59	100.00	2 101.79
有效磷	一级	44.73	35.67	9.57	64.32	51.30	5.45	16.33	13.03	3.60	125.39
	二级	130.77	27.25	27.99	263.25	54.85	22.29	85.89	17.90	18.92	479.91
	三级	201.83	21.79	43.20	506.98	54.73	42.93	217.44	23.48	47.91	926.24
	四级	89.44	15.76	19.15	344.23	60.65	29.15	133.91	23.59	29.51	567.59
	五级	0.38	14.13	0.08	2.02	75.97	0.17	0.26	9.90	0.06	2.66
	合计	467.14	22.23	100.00	1 180.81	56.18	100.00	453.84	21.59	100.00	2 101.79
速效钾	一级	92.30	20.99	19.76	250.20	56.90	21.19	97.19	22.10	21.41	439.69
	二级	237.06	22.53	50.75	597.29	56.77	50.58	217.86	20.71	48.01	1052.21
	三级	102.79	20.76	22.00	281.04	56.76	23.80	111.34	22.49	24.53	495.17
	四级	30.94	28.72	6.62	50.24	46.64	4.25	26.54	24.64	5.85	107.72
	五级	4.06	57.98	0.87	2.04	29.13	0.17	0.90	12.89	0.20	7.00
	合计	467.14	22.23	100.00	1 180.81	56.18	100.00	453.84	21.59	100.00	2 101.79

（十）障碍因素

对西南区高、中、低等级耕地的障碍因素状况进行统计，结果如表 3-152 所示。从表 3-152 中可以看出，高等级耕地以无明显障碍为主，中等级耕地的障碍因素主要以障碍层次、酸化和瘠薄为主，低等级耕地的障碍因素主要为障碍层次、瘠薄、酸化、和渍潜等，即低等级耕地中4种障碍因素都存在。

表 3-152 西南区不同等级耕地的障碍因素情况

障碍因素	高等级地(一至三等地)			中等级地(四至六等地)			低等级地(七至十等地)			面积合计
	面积 (万 hm²)	占同类型耕地面积比例(%)	占高等级地面积比例(%)	面积 (万 hm²)	占同类型耕地面积比例(%)	占中等级地面积比例(%)	面积 (万 hm²)	占同类型耕地面积比例(%)	占低等级地面积比例(%)	(万 hm²)
无	424.36	26.28	90.84	944.80	58.50	80.01	245.87	15.22	54.18	1 615.03
瘠薄	3.83	2.96	0.82	44.43	34.34	3.76	81.13	62.70	17.88	129.39
酸化	8.94	11.22	1.91	44.97	56.42	3.81	25.80	32.37	5.68	79.70
障碍层次	28.50	11.35	6.10	132.40	52.71	11.21	90.26	35.94	19.89	251.17
渍潜	1.51	5.70	0.32	14.23	53.67	1.20	10.77	40.64	2.37	26.51
总计	467.14	22.23	100.00	1 180.81	56.18	100.00	453.84	21.59	100.00	2 101.79

二、耕地质量提升与改良利用

本次评价将一、二、三等地划分为高等级地,相对而言,高等级地分布的地形部位平坦,土壤养分含量较丰富,限制因素相对较少。四、五、六等地划分为中等级地,其所处位置一般为海拔相对较高或地貌有起伏的地方,有一定的限制性因素。七、八、九、十等地划分为低等级地,其所处位置一般为海拔较高,地面起伏大,肥力退化严重的区域,具有较多的限制因素。因此,以地力培肥、土壤改良、养分平衡、质量修复为出发点,高等级耕地应以维持和保护现有耕地质量水平为主,中等级和低等级耕地应主要对障碍因素进行改善,做到因土用地、因土施策、因土改良。

(一)高等级耕地的保养措施

西南区高等级地主要分布在平原地貌上,集中分布于平原低阶、平原中阶和平原高阶,处于海拔 800m 以下,区域自然条件较好,有效土层深厚,质地以中壤、重壤为主,剖面质地构型以上松下紧型、海绵型为主,无明显障碍因素,土壤 pH 呈中性,土壤养分含量主要为一、二级水平,并且农田基础设施较好,灌溉能力强。总体上看,高等级地的各项评价指标均较好,但与其他区域相比,其耕地质量还有提升的空间。因此,高等级地在保养方面还需注意以下几个方面:

1. 加强施肥指导,改善养分平衡状况 高等级耕地虽然只占西南区耕地总面积的22.23%,但这些区域是西南区粮食产量水平较高的区域,长期以来,为取得粮食产量的提升,也存在着化肥施用过量、盲目施肥,导致区域养分不平衡等现象。因此,一是应继续推广测土配方施肥技术,建立完善的、科学的施肥管理与技术体系。二是调整化肥施用结构,增施有机肥,开展区域二级农业区农作物高产高效施肥技术研究,集成一批高产、高效、生态施肥技术模式,不断培肥地力,保持地力水平稳定或略有提升。三是改进施肥方式,实行机械施肥,推广水肥一体化,推广适期施肥技术。

2. 针对性改良利用,完善灌溉配套设施 西南区高等级地也存在着质地偏黏,土壤有效土层厚度偏浅、质地构型不合理等问题。因此,针对不同区域的不同问题,因地制宜地采取深耕,构建良好土体构型,改善土壤中水、肥、气、热状况。针对少量土壤酸化的问题,可适当施用化学改良剂,并增施有机肥或秸秆还田,或配合施用腐熟剂等措施,在改善土壤酸碱度的同时提高土壤肥力。

3. 提倡用养结合，保持生产能力 西南区的高等级耕地尽管目前具有一定的优势，但在农业生产中易受到多种因素的威胁。因此，在利用上除应尽可能使高等级地发挥作用外，还应注重耕地的养护。可采取套种复种绿肥、轮作休耕等形式，达到培肥地力、维持土壤养分平衡、保持生产能力的目的。

（二）中等级耕地的提升措施

西南区中等级地主要分布在山地坡下、山地坡中、山间盆地等地形部位以及丘陵地貌上，这些耕地分布范围广、面积大，土壤有效土层较厚，质地以壤质为主，海拔高度高低不等，一般在2 000m以下，灌溉能力基本满足，有机质及养分含量中等，主要存在酸化、渍潜和障碍层次的障碍因素。总体来说，中等级地各项评价指标情况一般，部分耕地质地偏黏，含有潜育型、砂砾层、砂姜层、白土层等障碍层次，灌溉不足，需从以下几个方面进行耕地质量的提升。

1. 针对突出问题，标本兼治综合改良 针对土壤质地偏黏的土壤可采用深翻地深施有机肥，增施有机肥，推行秸秆还田，改善土壤结构，增加土壤透气和透水性。针对部分耕地存在障碍层次的问题，可针对不同的障碍因素，采取不同措施以提升耕地质量。如针对砂姜层可增肥改土，增加土壤有机质，如增施有机肥和秸秆还田等；针对潜育层可采取深沟高圩等措施降低地下水位；针对砂砾层可采用引江灌淤、深耕深翻等措施。

2. 完善基础设施，改善田间灌排条件 对于水系条件差、排泄能力弱的部分耕地，可改善整体水系，提高排水能力。若灌溉条件差的，应以农田灌溉和坡面水系治理为主攻方向，加强农田水利设施建设，健全农田排灌渠系，改善灌溉条件。同时，大力发展节水农业。

3. 合理布局利用，提高耕地效益 西南区中等级耕地除少部分分布在山地坡下、丘陵下部等条件较好的区域外，大部分耕地易受到水土流失等的威胁。因此，在一些难以提升地力的耕地上可以通过减少对耕地的翻耕，发展果树等经济作物，这样既能发展经济，减少水土流失，又能保护基本农田，解决粮果争占优质耕地的矛盾。

4. 合理轮作休耕，推广应用农业新技术 中等级耕地尽管具有较高的生产潜力，但也不能过度利用，可以在一些地方试点轮作休耕制度，通过深翻后再休耕1~2年，实现用地养地结合；推广测土配方施肥技术，在增施农肥的基础上，精细整地，隔年轮翻加深耕等活化土壤。采取旱地聚土改土，增厚土层，改良土壤以及建设缓坡梯田等技术和工程措施，保护和提升地力，增强粮食和农业发展后劲。

（三）低等级耕地的改良措施

西南区低等级地占到西南区耕地总面积的21.59%，主要分布在山地中、上部以及丘陵上部，分布的海拔过高，一般在2 000m以上，坡度大，有效土层厚度主要在60cm以下，质地或偏砂或偏黏，质地构型以薄层型、松散型、夹层型和上紧下松型为主，灌溉能力和排水能力难以满足，有机质与土壤养分含量偏低，多种障碍因素存在，如瘠薄、渍潜、障碍层次和酸化。

低等级地的各项评价指标都较差，质地和质地构型欠佳，灌排条件不良，并且存在多种障碍因素。因此将西南区低等级耕地按照主要限制因素划分为障碍层次型、肥力贫瘠型、土壤酸化型、坡地改良型、缺水干旱型、渍水潜育型、瘠薄增厚型、质地改良型8个类型，并针对不同的类型提出相应的改良措施。

1. 障碍层次型　核心问题是在 1m 土体内出现黏磐层、白土层、砂姜层等障碍层次，导致土层结构不良，养分含量低，通透性差等情况，阻碍农作物生长发育。对于此类耕地的改良，可采取机械深耕深翻打破障碍层，也可增施有机肥改善土壤有机质及土壤养分含量状况。

2. 肥力贫瘠型　核心问题是土壤发育微弱，养分积累困难，土壤肥力水平低下，在农业生产中常常表现出营养元素缺乏，致使农作物生长不良。对于此类耕地的改良，可采取增施有机肥和平衡施肥，补充作物所需氮磷钾肥，同时注意秸秆还田的重要性，逐渐提高耕地地力。

3. 土壤酸化型　西南区少部分耕地土壤酸化明显，针对此类耕地，可采用化学改良剂等措施改良土壤。常用的化学改良剂有石灰类物质，如向土壤添加硅钙肥、硝石灰等土壤改良剂，同时要结合水利、农业等措施，才能取得较好的效果。除此之外，还可从施肥品种上着手，选用生理碱性肥料，避免施用生理酸性肥料加速土壤酸化。

4. 坡地改良型　西南区以山地地貌为主，坡耕地较多，因为坡度大，农业耕作粗放，水土流失十分严重，导致土体滑坡或重力垮踏。对于此类耕地，可从以下 3 个方面着手：一是坡面治理，采取坡改梯，降低土面坡度，增厚土层，或修建坡面蓄水工程和防流防冲工程；二是沟道治理，合理配置沟、凼、路、池等坡面水系；三是采取生物工程措施及耕作措施，通过建设山地水源林、沟坡护坡林等生物工程措施或横垄耕作等耕作措施，从而起到涵养水源、保持水土的作用。

5. 缺水干旱型　这类耕地主要分布在山地坡上、丘陵上部等地形部位上，农业生产中核心问题是缺水，灌溉设施差或几乎无灌排设施。对于此类耕地的改良，需通过建设灌溉设施，改善灌溉条件加以改良利用。而对于短期内无法改变灌溉条件的，可通过改变耕作方式、加强田间水肥管理、采取地膜覆盖等措施来提高水分利用率，或通过秸秆覆盖减少地面蒸发。

6. 渍水潜育型　西南区地形地貌复杂多变，沟壑纵横，地势低洼处因土体内部水分长期饱和，处于还原状态，土粒分散，呈稀糊状结构，水冷泥温低，养分供应速率慢，水、肥、气、热不协调，水稻坐蔸严重，产量低而不稳。对于此类耕地，可采取开沟排水，消除涝渍和有毒物质；或采用放水晒田及稻田垄作技术，提高土壤氧化势和地温。

7. 瘠薄增厚型　这类耕地主要分布在旱地中，土层厚度在 20cm 以下，大多分布在坡耕地上，旱、瘠、薄、粗，水土流失严重，抗旱能力弱，养分贫乏，粮食产量低而不稳。针对此类耕地，可采取聚土垄作或横坡耕作，以增厚土层；也可增施有机肥料，培肥地力；或者采取保持性耕作，减少水土流失。

8. 质地改良型　西南区低等级地的质地偏砂或偏黏，耕作困难，有效土壤养分供应缓慢，土壤通透性差或漏水漏肥，肥水稳定性差。对于此类耕地，可采用增施有机肥料或客土法加以改良，改变土壤环境，提高地力水平。

第四章　耕地土壤有机质及主要营养元素

土壤是作物生长的基质，能为作物提供其生长所必需的物理环境、化学环境、生物环境和养分环境。土壤也是农业生态系统的重要组成部分，在整个农业生态系统营养元素循环过程中，扮演着贮存、释放和调节这些元素在系统中转化、运行的重要角色。在农业利用条件下，土壤质量的提高与发展既是农业生态系统进步的结果，也是推进系统生产力发展的动力。

土壤有机质和主要营养元素是作物生长发育所必需的物质基础，其含量高低直接影响作物的生长发育及产量与品质。土壤有机质是土壤固相部分的重要组成成分，虽然有机质仅占土壤总量的很小一部分，但它是植物营养的主要来源之一，能促进植物的生长发育，改善土壤的物理性质，促进微生物和土壤生物的活动，促进土壤中营养元素的分解，提高土壤的保肥性和缓冲性。通常在其他条件相似的情况下，在一定含量范围内，有机质含量的多少，将反映耕地地力水平的高低。

植物和一切生物一样，也需要通过吸收必需的营养元素来满足其生长、发育和繁殖。这些必需营养元素参与植物的代谢过程，缺少这种元素植物无法完成其整个生长周期。营养元素供应不足时，会出现一定的外部症状，这些症状只有施入这种元素，才能得到纠正。在作物生长及其产量构成中，尽管施肥是必须的，但土壤对作物吸收养分的贡献率则起主要作用。例如，水稻所吸收的养分中，来自土壤的部分，氮占 45%～82%，磷占 37%～83%，钾占 55%～59%。宏大的土壤有效养分库对作物有着深广的营养空间，从而使作物根系在土壤耕层的任何部位都能获得充分的养分供给；而且，来自土壤养分库的养分供给具有更好的渐进性和更长的持续性，还可减少作物养分供给对当季施肥的依赖。

因此，农业生产上通常以耕层土壤有机质和养分含量作为衡量土壤质量高低的主要依据。通过对西南区耕层土壤有机质及主要营养元素的现状分析，可为该区域作物科学施肥、高产高效、环境安全和可持续发展提供技术支持。

根据西南区耕层土壤有机质及主要营养元素的现状、丰缺指标和生产需求，参照第二次土壤普查及各省（直辖市、自治区）分级标准，将土壤有机质、全氮、有效磷、速效钾、缓效钾、有效硫、有效铁、有效锰、有效硼、有效锌、有效铜、有效钼、有效硅 13 个指标分为 5 个级别，具体分级标准如表 2-7 所示。

第一节　土壤有机质

土壤有机质包括未分解和部分分解的动植物残体和微生物体，以及由它们所形成的腐殖质。土壤中有机质的来源十分广泛，比如动植物及微生物残体、排泄物和分泌物、废水废渣等。在自然植被下，土壤有机质含量的变化，受到气候条件、植被类型以及成土母质等诸多因素的影响。而农田土壤有机质的含量，一方面受到自然条件的制约，另一方面更受耕作、施肥以及灌溉等人为活动的影响。土壤有机质是土壤中最活跃的部分，它不但与土壤的发生演变、肥力水平和诸多属性密切相关，而且对于土壤结构的形成、熟化，改善土壤物理性质，调节土壤水肥气热状况也起着重要作用。因此，土壤有机质是土壤肥力的基础，是评价耕地质量的重要指标之一。

一、土壤有机质含量及其空间差异

对西南区35 332个耕地质量调查点中土壤有机质含量情况进行统计，结果如表4-1所示。从表4-1中可以看出，西南区耕地土壤有机质平均值为27.72g/kg，含量范围在6.72～75.30g/kg之间。从极值在各二级农业区的分布情况上看，最大值出现在川滇高原山地林农牧区及黔桂高原山地林农牧区，最小值分布于四川盆地农林区。从极值在评价区各市（州）的分布情况上看，最大值出现在贵州评价区六盘水市和云南评价区大理白族自治州，最小值出现在四川评价区遂宁市。

表 4-1　西南区耕地土壤有机质含量（个，g/kg,％）

区域	采样点数	最小值	最大值	平均值	标准差	变异系数
西南区	35 332	6.72	75.30	27.72	13.48	39.27

（一）不同二级农业区耕地土壤有机质含量差异

对不同二级农业区耕地土壤有机质含量情况进行统计，结果如表4-2所示。从表4-2中可以看出，四川盆地农林区耕地土壤有机质平均含量最低，其值仅为21.31g/kg，含量范围在6.72～74.92g/kg之间；黔桂高原山地林农牧区耕地土壤有机质平均含量最高，其值为37.59g/kg，含量范围在6.80～75.30g/kg之间。其他二级农业区耕地土壤有机质平均含量由高到低的顺序依次为川滇高原山地林农牧区、渝鄂湘黔边境山地林农牧区和秦岭大巴山林农区，其值分别为34.16g/kg、27.63g/kg和21.91g/kg。

表 4-2　西南区各二级农业区耕地土壤有机质含量（个，g/kg,％）

二级农业区	采样点数	平均值	最小值	最大值	标准差	变异系数
川滇高原山地林农牧区	6 338	34.16	6.85	75.30	14.91	43.65
黔桂高原山地林农牧区	5 729	37.59	6.80	75.30	14.47	38.51
秦岭大巴山林农区	3 950	21.91	6.75	69.50	9.43	43.05
四川盆地农林区	11 155	21.31	6.72	74.92	10.02	47.02
渝鄂湘黔边境山地林农牧区	8 160	27.63	6.87	75.23	10.85	39.27

（二）不同评价区耕地土壤有机质含量差异

对不同评价区耕地土壤有机质含量情况进行统计，结果如表4-3所示。从表4-3中可以看出，西南区9个评价区中，甘肃评价区耕地土壤有机质平均含量最低，其值仅有19.50g/kg，含量范围在6.79～64.93g/kg之间；贵州评价区耕地土壤有机质平均含量最高，其值达37.34g/kg，含量范围在6.80～75.30g/kg之间。其他评价区耕地土壤有机质平均含量由高到低的顺序依次为云南、广西、湖南、湖北、四川、陕西和重庆评价区，其值分别为34.31g/kg、31.15g/kg、29.64g/kg、24.84g/kg、23.52g/kg、22.07g/kg和21.28g/kg。

表 4-3　西南区各评价区耕地土壤有机质含量（个，g/kg，%）

评价区	采样点数	最小值	最大值	平均值	标准差	变异系数
甘肃评价区	861	6.79	64.93	19.50	9.23	47.34
广西评价区	622	8.50	75.20	31.15	12.88	41.35
贵州评价区	6 835	6.80	75.30	37.34	14.48	38.79
湖北评价区	4 813	6.75	68.56	24.84	9.76	39.30
湖南评价区	1 585	6.87	75.10	29.64	11.13	37.54
陕西评价区	1 014	6.79	65.40	22.07	9.39	42.56
四川评价区	8 803	6.72	75.17	23.52	11.45	48.70
云南评价区	4 951	6.85	75.30	34.31	14.75	42.98
重庆评价区	5 848	6.76	73.90	21.28	9.03	42.45

（三）不同评价区各市（州）耕地土壤有机质含量差异

对不同评价区各市（州）耕地土壤有机质含量情况进行统计，结果如表 4-4 所示。从表 4-4 中可以看出，贵州评价区六盘水市耕地土壤有机质平均含量最高，其值为 46.12g/kg，含量范围在 7.93～75.30g/kg；其次是湖南评价区邵阳市，耕地土壤有机质平均含量也有 46.06g/kg，含量范围在 10.16～73.82g/kg；贵州评价区安顺市、毕节市、贵阳市以及云南评价区保山市等市的耕地土壤有机质平均含量也较高。四川评价区遂宁市耕地土壤有机质平均含量最低，其值仅为 17.11g/kg，含量范围在 6.72～40.20g/kg。其余各市（州）耕地土壤有机质平均含量介于 17.90～39.49g/kg 之间，其中，甘肃评价区陇南市，湖北评价区神农架林区、十堰市，陕西评价区宝鸡市，四川评价区巴中市、广安市、南充市、内江市、遂宁市等市的耕地土壤有机质平均含量较低。

表 4-4　西南区不同评价区各市（州）耕地土壤有机质含量（个，g/kg，%）

评价区	市（州）名称	采样点数	最小值	最大值	平均值	标准差	变异系数
甘肃评价区		861	6.79	64.93	19.50	9.23	47.34
	定西市	130	10.20	55.24	27.29	9.97	36.54
	甘南藏族自治州	14	8.82	51.76	27.43	11.95	43.58
	陇南市	717	6.79	64.93	17.90	8.17	45.63
广西评价区		622	8.50	75.20	31.15	12.88	41.35
	百色市	207	12.40	75.20	31.39	11.65	37.11
	河池市	346	8.50	75.00	32.15	13.31	41.41
	南宁市	69	9.20	62.40	25.27	12.73	50.38
贵州评价区		6 835	6.80	75.30	37.34	14.48	38.79
	安顺市	444	12.19	74.66	44.88	13.74	30.63
	毕节市	1 498	7.20	75.21	40.70	15.57	38.25
	贵阳市	397	12.30	74.40	40.00	12.78	31.96
	六盘水市	467	7.93	75.30	46.12	14.94	32.40

（续）

评价区	市（州）名称	采样点数	最小值	最大值	平均值	标准差	变异系数
	黔东南苗族侗族自治州	638	7.65	74.68	38.08	13.60	35.72
	黔南布依族苗族自治州	721	9.27	75.23	36.38	12.64	34.75
	黔西南布依族苗族自治州	671	9.20	73.97	36.50	14.36	39.34
	铜仁市	728	8.90	75.23	29.19	10.92	37.39
	遵义市	1 271	6.80	75.06	32.80	12.95	39.47
湖北评价区		4 813	6.75	68.56	24.84	9.76	39.30
	恩施土家族苗族自治州	1 757	7.35	68.56	29.04	10.40	35.82
	神农架林区	100	7.10	32.90	19.88	5.40	27.18
	十堰市	701	6.75	53.22	18.14	7.64	42.14
	襄阳市	610	7.02	67.07	23.28	8.26	35.47
	宜昌市	1 645	6.87	65.50	23.94	8.37	34.96
湖南评价区		1 585	6.87	75.10	29.64	11.13	37.54
	常德市	100	10.40	72.20	28.62	11.29	39.44
	怀化市	730	6.87	69.00	30.45	9.53	31.29
	邵阳市	70	10.16	73.82	46.06	13.29	28.85
	湘西土家族苗族自治州	475	7.30	59.31	26.52	10.92	41.19
	张家界市	210	8.10	75.10	28.87	10.80	37.41
陕西评价区		1 014	6.79	65.40	22.07	9.39	42.56
	安康市	342	6.79	54.20	20.10	7.03	34.97
	宝鸡市	65	9.98	35.21	18.98	5.67	29.85
	汉中市	328	7.21	52.50	25.24	8.33	32.99
	商洛市	279	6.84	65.40	21.44	12.35	57.60
四川评价区		8 803	6.72	75.17	23.52	11.45	48.70
	巴中市	396	6.94	51.60	18.05	6.60	36.58
	成都市	721	6.80	73.50	25.91	11.39	43.96
	达州市	805	6.77	70.21	21.54	9.09	42.21
	德阳市	392	7.96	66.60	26.03	11.86	45.55
	甘孜藏族自治州	6	13.87	68.20	30.03	19.47	64.84
	广安市	501	7.04	51.50	17.99	5.89	32.74
	广元市	468	7.07	59.40	21.92	8.46	38.59
	乐山市	316	8.20	72.40	30.31	13.16	43.42
	凉山彝族自治州	610	7.65	75.17	32.32	14.72	45.54
	泸州市	577	6.90	70.80	23.45	12.14	51.76
	眉山市	416	6.87	60.27	23.84	10.17	42.65

（续）

评价区	市（州）名称	采样点数	最小值	最大值	平均值	标准差	变异系数
	绵阳市	551	7.73	72.80	26.06	9.21	35.33
	南充市	573	7.00	50.00	19.26	8.00	41.51
	内江市	283	6.81	63.30	18.88	8.37	44.35
	攀枝花市	53	11.20	62.30	25.13	12.21	48.57
	遂宁市	409	6.72	40.20	17.11	6.01	35.10
	雅安市	214	11.55	74.92	37.23	14.47	38.88
	宜宾市	737	7.16	73.52	24.20	11.70	48.34
	资阳市	463	7.03	59.30	21.26	11.51	54.13
	自贡市	312	6.79	62.00	21.51	11.76	54.68
云南评价区		4 951	6.85	75.30	34.31	14.75	42.98
	保山市	122	9.20	74.90	44.02	17.41	39.54
	楚雄彝族自治州	438	7.70	73.60	33.06	13.26	40.12
	大理白族自治州	447	7.00	75.30	39.43	17.43	44.21
	红河哈尼族彝族自治州	210	9.50	75.00	33.89	13.90	41.02
	昆明市	604	6.85	74.90	33.49	14.32	42.75
	丽江市	299	6.90	74.60	33.70	18.03	53.51
	怒江傈僳族自治州	79	10.40	67.10	38.57	14.62	37.91
	普洱市	115	7.30	67.40	27.32	13.89	50.86
	曲靖市	1 092	8.90	74.90	39.49	14.15	35.85
	文山壮族苗族自治州	422	8.60	75.10	29.97	10.65	35.55
	玉溪市	192	9.10	60.80	28.98	11.89	41.03
	昭通市	931	8.10	74.94	29.53	12.27	41.56
重庆评价区		5 848	6.76	73.90	21.28	9.03	42.45
	重庆市	5 848	6.76	73.90	21.28	9.03	42.45

二、土壤有机质含量及其影响因素

（一）土壤类型与土壤有机质含量

对西南区主要土壤类型耕地土壤有机质含量情况进行统计，结果如表4-5所示。从表4-5中可以看出，西南区主要土类中，火山灰土的土壤有机质平均含量最高，其值为54.88g/kg，含量范围在47.90～63.90g/kg之间；石质土的土壤有机质平均含量最低，其值仅有13.82g/kg，含量范围在13.10～14.50g/kg之间。其余各土类土壤有机质含量平均值介于16.62～45.49g/kg之间，其中，沼泽土的土壤有机质平均含量也相对较高，其平均值也有45.49g/kg，草甸土、粗骨土、寒冻土、黑钙土、黑土、红壤、黄壤、石灰（岩）土和棕壤的土壤有机质平均含量相对较高，褐土、黑垆土、红黏土、黄绵土、紫色土5个土类的土壤有机质平均含量较低。另外，在水稻土上的调查点数量最多，达到12 795个，其土壤有机质平均含量为29.80g/kg，在6.74～75.23g/kg之间变动。

表 4-5 西南区主要土壤类型耕地土壤有机质含量（个，g/kg，%）

土类	采样点数	最小值	最大值	平均值	标准差	变异系数
暗棕壤	16	8.20	58.60	29.27	17.16	58.65
草甸土	7	23.10	46.90	32.55	7.99	24.56
潮土	466	6.79	64.24	22.02	10.61	48.16
赤红壤	66	7.30	62.80	23.77	11.83	49.77
粗骨土	73	10.71	73.70	34.47	14.57	42.28
寒冻土	4	18.10	43.70	34.48	12.09	35.06
褐土	566	6.80	68.20	18.26	8.44	46.23
黑钙土	20	13.40	52.31	32.41	10.45	32.23
黑垆土	113	6.80	38.99	19.45	7.30	37.54
黑土	25	13.40	54.00	34.44	10.98	31.89
红壤	2 411	6.87	74.90	32.57	13.73	42.17
红黏土	23	9.50	37.12	18.09	6.46	35.73
黄褐土	358	7.01	57.46	20.29	9.20	45.33
黄绵土	25	10.30	27.27	16.62	3.69	22.20
黄壤	5 629	6.90	75.30	31.31	13.79	44.03
黄棕壤	3 036	6.75	75.17	28.60	13.80	48.25
灰褐土	17	8.82	51.76	28.27	10.55	37.32
火山灰土	4	47.90	63.90	54.88	6.79	12.37
山地草甸土	6	8.80	59.38	27.21	18.16	66.74
石灰（岩）土	2 111	6.80	75.10	30.50	12.93	42.40
石质土	5	13.10	14.50	13.82	0.54	3.94
水稻土	12 795	6.74	75.23	29.80	12.78	42.88
新积土	270	7.50	65.60	20.77	11.79	56.76
燥红土	79	8.40	72.10	25.36	14.18	55.90
沼泽土	9	17.00	64.40	45.49	16.19	35.60
紫色土	6 803	6.72	75.30	19.38	10.30	53.12
棕壤	395	7.30	74.94	35.72	16.81	47.06

对西南区主要土壤亚类耕地土壤有机质含量情况进行统计，结果如表 4-6 所示。从表 4-6 中可以看出，山地灌丛草甸土亚类的土壤有机质平均值最高，其值为 59.38g/kg；其次是赤红壤性土、泥炭沼泽土、典型灰褐土和典型火山灰土 4 个亚类的土壤有机质平均含量也较高，其值分别为 41.45g/kg、48.10g/kg、51.76g/kg 和 54.88g/kg；中性石质土亚类的土壤有机质含量平均值最低，其值仅有 13.82g/kg。其余各亚类土壤有机质平均含量介于14.05～38.18g/kg，其中，钙质粗骨土、脱潜水稻、漂洗黄壤、典型棕壤、暗黄棕壤、盐渍水稻土、寒冻土、典型黑土、山原红壤、潜育水稻土、漂洗水稻土、黑色石灰土、黄红壤、棕壤性土、典型草甸土、典型黑钙土、酸性粗骨土、黄色石灰土、典型黄壤、红壤性土和潴育水稻土等亚类的土壤有机质平均含量相对较高，典型黑垆土、褐土性土、淋溶褐土、

黄绵土、石灰性紫色土、黄褐土性土、中性紫色土、积钙红黏土、典型褐土、石灰性褐土、典型新积土、湿潮土等亚类的土壤有机质平均含量较低。

表 4-6　西南区主要土壤亚类耕地土壤有机质含量（个，g/kg，%）

亚类	采样点数	最小值	最大值	平均值	标准差	变异系数
暗黄棕壤	1 084	6.93	75.06	35.17	15.99	45.48
赤红壤性土	2	33.00	49.90	41.45	11.95	28.83
冲积土	222	7.50	65.60	21.08	12.29	58.28
典型暗棕壤	16	8.20	58.60	29.27	17.16	58.65
典型草甸土	7	23.10	46.90	32.55	7.99	24.56
典型潮土	148	6.79	59.67	24.05	10.78	44.83
典型赤红壤	50	7.30	62.80	23.00	11.86	51.55
典型褐土	255	7.03	52.71	18.54	8.92	48.15
典型黑钙土	20	13.40	52.31	32.41	10.45	32.23
典型黑垆土	22	6.80	23.80	14.05	4.38	31.14
典型黑土	25	13.40	54.00	34.44	10.98	31.89
典型红壤	441	7.30	74.80	29.88	13.70	45.85
典型黄褐土	329	7.01	57.46	20.54	9.43	45.92
典型黄壤	4 865	6.90	75.30	31.89	13.88	43.54
典型黄棕壤	1 478	6.75	75.17	25.55	10.79	42.24
典型灰褐土	1	51.76	51.76	51.76	—	—
典型火山灰土	4	47.90	63.90	54.88	6.79	12.37
典型山地草甸土	5	8.80	35.06	20.78	10.09	48.56
典型新积土	48	7.54	49.17	19.33	9.10	47.07
典型棕壤	369	7.30	74.94	35.95	17.09	47.54
腐泥沼泽土	1	24.59	24.59	24.59	—	—
钙质粗骨土	28	14.30	73.70	38.18	15.52	40.66
寒冻土	4	18.10	43.70	34.48	12.09	35.06
褐红土	79	8.40	72.10	25.36	14.18	55.90
褐土性土	12	9.98	22.86	15.85	4.29	27.08
黑麻土	91	7.60	38.99	20.76	7.28	35.09
黑色石灰土	119	10.20	68.70	33.02	13.56	41.07
红壤性土	153	9.90	71.80	31.75	12.45	39.20
红色石灰土	151	7.30	70.60	27.61	12.73	46.10
黄褐土性土	29	10.10	32.50	17.47	5.34	30.54
黄红壤	868	6.87	74.90	32.70	14.13	43.20
黄绵土	25	10.30	27.27	16.62	3.69	22.20
黄壤性土	735	7.61	75.20	27.31	12.24	44.82

（续）

亚类	采样点数	最小值	最大值	平均值	标准差	变异系数
黄色赤红壤	14	11.20	43.40	24.01	10.43	43.43
黄色石灰土	1 235	6.80	75.10	32.22	13.23	41.08
黄棕壤性土	474	6.78	72.30	23.54	11.30	48.01
灰潮土	299	6.80	64.24	21.19	10.66	50.31
积钙红黏土	23	9.50	37.12	18.09	6.46	35.73
淋溶褐土	101	6.80	68.20	15.88	8.71	54.87
淋溶灰褐土	3	19.39	30.69	25.99	5.89	22.64
泥炭沼泽土	8	17.00	64.40	48.10	15.15	31.50
漂洗黄壤	29	7.70	73.11	37.00	16.85	45.54
漂洗水稻土	151	7.54	71.44	33.36	13.93	41.77
潜育水稻土	621	7.36	74.68	33.78	13.17	39.00
山地灌丛草甸土	1	59.38	59.38	59.38	—	—
山原红壤	913	7.38	74.90	34.39	13.33	38.76
渗育水稻土	3 807	6.74	74.92	27.96	12.34	44.13
湿潮土	19	12.66	33.60	19.36	4.92	25.43
石灰性褐土	198	7.32	64.93	19.27	7.60	39.43
石灰性灰褐土	13	8.82	40.55	26.98	9.67	35.83
石灰性紫色土	2 376	6.72	75.06	17.46	7.79	44.61
酸性粗骨土	45	10.71	70.44	32.24	13.67	42.38
酸性紫色土	1 314	6.87	75.30	26.40	13.88	52.55
脱潜水稻土	49	12.30	74.80	37.45	12.62	33.70
淹育水稻土	2 164	6.85	75.10	28.07	12.29	43.77
盐渍水稻土	2	17.40	52.70	35.05	24.96	71.22
中性石质土	5	13.10	14.50	13.82	0.54	3.94
中性紫色土	3 113	6.76	73.80	17.86	8.82	49.38
潴育水稻土	6 001	6.78	75.23	31.03	12.88	41.50
棕红壤	36	8.39	37.70	20.48	7.23	35.27
棕壤性土	26	7.60	69.50	32.61	12.22	37.47
棕色石灰土	606	6.83	73.70	27.23	11.39	41.85

（二）地貌类型与土壤有机质含量

西南区不同地貌类型土壤有机质含量具有明显的差异，对不同地貌类型土壤有机质含量情况进行统计，结果如表4-7所示。从表4-7中可以看出，盆地地貌土壤有机质平均含量最高，其值为33.39g/kg；其次是平原、高原和山地，其土壤有机质平均含量分别为30.18g/kg、29.98g/kg和29.95g/kg；丘陵地貌土壤有机质平均含量最低，其值仅有22.35g/kg。

表 4-7　西南区不同地貌类型耕地土壤有机质含量（个，g/kg，%）

地貌类型	采样点数	最小值	最大值	平均值	标准差	变异系数
高原	142	8.62	66.22	29.98	9.20	30.69
盆地	5 236	6.85	75.20	33.39	14.34	42.95
平原	867	7.37	74.92	30.18	10.89	36.09
丘陵	12 719	6.72	75.23	22.35	10.49	46.91
山地	16 368	6.75	75.30	29.95	14.01	46.78

随着海拔升高，气温降低，有利于土壤有机质的积累，因而，在海拔高度的影响下，同地貌类型土壤有机质含量也具有明显的差异。结合海拔高度对不同地貌类型土壤有机质含量情况进行统计，结果如表 4-8 所示。从表 4-8 中可以发现，海拔 2 800m 以上的土壤有机质平均含量最高，其值为 37.46g/kg，含量范围在 12.00~75.17g/kg；海拔在 800m 以下的土壤有机质平均含量最低，其值仅为 23.43g/kg。结合不同海拔高度下各地貌类型来看，海拔 2 800m 以上的丘陵地貌土壤有机质平均含量最高，其值达到 46.70g/kg；其次是海拔 2 800m 以上的盆地，土壤有机质平均含量为 40.49g/kg，含量范围在 13.10~74.60g/kg。低于海拔高度 800m 的丘陵地貌，土壤有机质平均含量略高于海拔高度在 2 000~2 400m 的平原地貌，其值为 22.21g/kg，含量范围在 6.72~75.23g/kg。

表 4-8　西南区不同海拔高度各地貌类型耕地土壤有机质含量（个，g/kg，%）

海拔高度（m）/地貌类型	采样点数	最小值	最大值	平均值	标准差	变异系数
>2 800	95	12.00	75.17	37.46	16.32	43.57
盆地	45	13.10	74.60	40.49	16.00	39.51
丘陵	1	46.70	46.70	46.70	—	—
山地	49	12.00	75.17	34.29	16.34	47.64
2 400~2 800	469	6.93	75.05	35.94	17.58	48.93
盆地	223	6.93	74.94	37.14	19.45	52.37
平原	2	32.47	46.20	39.33	9.71	24.69
丘陵	4	9.22	48.12	31.81	16.92	53.20
山地	240	8.80	75.05	34.85	15.70	45.06
2 000~2 400	1 706	6.80	75.30	36.72	16.02	43.64
盆地	972	7.00	75.10	37.41	15.36	41.04
平原	1	13.26	13.26	13.26	—	—
丘陵	38	10.77	65.60	35.50	13.58	38.27
山地	695	6.80	75.30	35.83	17.03	47.52
1 700~2 000	2 760	6.85	75.21	34.56	15.17	43.90
高原	8	18.50	47.60	33.93	9.87	29.10
盆地	1 755	6.85	75.20	34.78	14.24	40.93
丘陵	85	9.18	73.30	29.47	13.99	47.46
山地	912	7.51	75.21	34.63	16.98	49.03

（续）

海拔高度（m）/地貌类型	采样点数	最小值	最大值	平均值	标准差	变异系数
1 400～1 700	2 428	6.80	75.00	33.71	14.91	44.23
高原	43	14.57	66.22	31.30	9.94	31.75
盆地	851	7.30	75.00	32.01	13.66	42.68
平原	44	12.57	51.73	28.96	9.81	33.87
丘陵	57	8.60	61.70	29.27	10.22	34.92
山地	1 433	6.80	74.90	35.16	15.86	45.12
800～1 400	7 574	6.79	75.30	32.34	13.67	42.27
高原	91	8.62	56.07	29.01	8.71	30.01
盆地	686	6.90	74.30	29.81	11.91	39.94
平原	16	14.76	62.70	38.47	14.75	38.36
丘陵	355	7.07	75.20	22.79	12.34	54.16
山地	6 426	6.79	75.30	33.17	13.73	41.41
≤800	20 300	6.72	75.23	23.43	10.67	45.55
盆地	704	7.12	75.00	27.99	11.15	39.84
平原	804	7.37	74.92	30.09	10.81	35.92
丘陵	12 179	6.72	75.23	22.21	10.33	46.51
山地	6 613	6.75	75.10	24.37	10.70	43.90

（三）成土母质与土壤有机质含量

对西南区不同成土母质发育土壤的土壤有机质含量情况进行统计，结果如表 4-9 所示。从表 4-9 中可以看出，土壤有机质平均含量最高的成土母质是砂泥质岩类风化物发育的土壤，其值为 37.03g/kg；其次是结晶岩类风化物和碳酸岩类风化物发育的土壤，其土壤有机质平均含量分别为 33.43g/kg、31.65g/kg；紫色岩类风化物发育的土壤其土壤有机质平均含量最低，其值仅有 22.03g/kg。

表 4-9　西南区不同成土母质耕地土壤有机质含量（个，g/kg，%）

成土母质	采样点数	最小值	最大值	平均值	标准差	变异系数
第四纪老冲积物	2 629	6.80	75.05	29.31	13.66	46.58
第四纪黏土	679	6.90	68.14	24.46	9.66	39.48
河湖冲（沉）积物	3 157	6.79	75.20	28.23	12.95	45.88
红砂岩类风化物	703	7.30	75.17	27.18	12.17	44.77
黄土母质	721	6.80	70.80	24.15	11.70	48.45
结晶岩类风化物	1 456	6.78	74.90	33.43	15.33	45.86
泥质岩类风化物	5 451	6.75	75.23	27.58	12.63	45.79
砂泥质岩类风化物	3 079	7.20	75.30	37.03	14.36	38.77
砂岩类风化物	348	7.90	68.23	26.65	10.47	39.29
碳酸盐类风化物	6 455	6.80	75.23	31.65	13.61	42.98
紫色岩类风化物	10 654	6.72	75.30	22.03	11.00	49.92

（四）土壤质地与土壤有机质含量

对西南区不同质地类型的土壤有机质含量情况进行统计，结果如表 4-10 所示。从表 4-10 中可以看出，土壤质地为黏土的土壤有机质平均含量最高，其值为 31.32g/kg；其次是砂壤、重壤、轻壤和中壤 4 种质地类型，其土壤有机质平均含量分别为 28.00g/kg、27.99g/kg、26.96g/kg、26.53g/kg；土壤质地为砂土的土壤有机质平均含量最低，其值仅为 24.21g/kg。

表 4-10　西南区不同土壤质地耕地土壤有机质含量（个，g/kg，%）

土壤质地	采样点数	最小值	最大值	平均值	标准差	变异系数
黏土	5 282	6.79	75.23	31.32	13.72	43.81
轻壤	5 276	6.74	75.30	26.96	13.85	51.37
砂壤	6 558	6.75	75.30	28.00	14.07	50.25
砂土	1 587	6.80	74.94	24.21	13.84	57.16
中壤	10 791	6.72	75.23	26.53	12.55	47.30
重壤	5 838	6.78	75.20	27.99	13.16	47.00

三、土壤有机质含量分级与分布特征

根据西南区土壤有机质含量状况，按照西南区耕地土壤主要性状分级标准，将土壤有机质含量划分为 5 级。对西南区不同土壤有机质含量水平的耕地面积及比例进行统计，结果如图 4-1 所示。

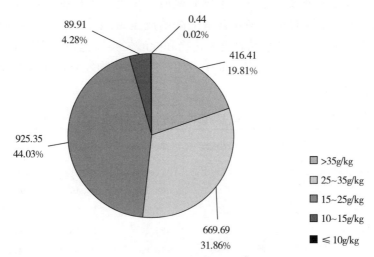

图 4-1　西南区不同土壤有机质含量水平的耕地面积与比例（万 hm²）

从图 4-1 中可以发现，西南区耕地土壤有机质含量以三级（15～25g/kg）和二级（25～35g/kg）水平为主，这两个含量水平的耕地面积共占西南区耕地总面积的 75.89%，土壤有机质含量处于五级（≤10g/kg）水平的耕地分布最少，仅占西南区耕地总面积的 0.02%，土壤有机质含量处于四级（10～15g/kg）水平的耕地分布也不多，占西南区耕地总面积的 4.28%。

对不同二级农业区耕地土壤有机质含量状况进行统计，结果如表 4-11 示。从表 4-11 中可以看出，土壤有机质含量处于一级（＞35g/kg）水平的耕地有 416.41 万 hm²，占西南区耕地总面积的 19.81%，主要集中在黔桂高原山地林农牧区，面积有 211.60 万 hm²，占西南区土壤有机质含量处于一级（＞35g/kg）水平耕地总面积的 50.82%；秦岭大巴山林农区土壤有机质含量处于一级（＞35g/kg）水平的耕地分布最少，其面积仅有 1.34 万 hm²，占西南区土壤有机质含量处于一级（＞35g/kg）水平耕地总面积的 0.32%。川滇高原山地林农牧区、渝鄂湘黔边境山地林农牧区和四川盆地农林区 3 个二级农业区土壤有机质含量处于一级（＞35g/kg）水平的耕地分别占到西南区土壤有机质含量处于一级（＞35g/kg）水平耕地总面积的 37.27%、7.77% 和 3.82%。土壤有机质含量处于二级（25～35g/kg）水平的耕地有 669.69 万 hm²，占西南区耕地总面积的 31.86%。其中，在川滇高原山地林农牧区分布最多，面积有 240.62 万 hm²，占西南区土壤有机质含量处于二级（25～35g/kg）水平耕地总面积的 35.93%；同样，秦岭大巴山林农区土壤有机质含量处于二级（25～35g/kg）水平的耕地分布也最少，面积 50.82 万 hm²，占西南区土壤有机质含量处于二级（25～35g/kg）水平耕地总面积的 7.59%；渝鄂湘黔边境山地林农牧区、黔桂高原山地林农牧区和四川盆地农林区 3 个二级农业区土壤有机质含量处于二级（25～35g/kg）水平的耕地分别占西南区土壤有机质含量处于二级（25～35g/kg）水平耕地总面积的 21.83%、21.11%、13.54%。土壤有机质含量处于三级（15～25g/kg）水平的耕地有 925.35 万 hm²，占西南区耕地总面积的 44.03%。其中，在四川盆地农林区分布的数量最多，面积 517.87 万 hm²，占西南区土壤有机质含量处于三级（15～25g/kg）水平耕地总面积的 55.96%；在黔桂高原山地林农牧区分布的数量最少，面积 29.78 万 hm²，占西南区土壤有机质含量处于三级（15～25g/kg）水平耕地总面积的 3.22%；秦岭大巴山林农区、渝鄂湘黔边境山地林农牧区和川滇高原山地林农牧区的占比依次为 17.68%、14.59% 和 8.55%。土壤有机质含量处于四级（10～15g/kg）水平的耕地面积 89.91 万 hm²，占西南区耕地总面积的 4.28%。其中，在四川盆地农林区分布的数量最多，面积 55.12 万 hm²，占西南区土壤有机质含量处于四级（10～15g/kg）水平耕地总面积的 61.31%；在黔桂高原山地林农牧区分布最少，面积仅有 0.42 万 hm²，占西南区土壤有机质含量处于四级（10～15g/kg）水平耕地总面积的 0.47%；秦岭大巴山林农区、渝鄂湘黔边境山地林农牧区和川滇高原山地林农牧区的占比依次为 33.43%、3.54%、1.26%。土壤有机质含量处于五级（≤10g/kg）水平的耕地较少，面积 0.44 万 hm²，占西南区耕地总面积的 0.02%。仅在秦岭大巴山林农区、渝鄂湘黔边境山地林农牧区、川滇高原山地林农牧区有分布，其占比依次为 59.09%、38.64% 和 2.27%。

表 4-11 西南区二级农业区不同土壤有机质含量水平的耕地面积和比例（万 hm²，%）

二级农业区	面积和比例	一级 ＞35g/kg	二级 25～35g/kg	三级 15～25g/kg	四级 10～15g/kg	五级 ≤10g/kg
川滇高原山地林农牧区	面积	155.20	240.62	79.12	1.13	0.01
	占同级面积比例	37.27	35.93	8.55	1.26	2.27
	占本二级区面积比例	32.60	50.54	16.62	0.24	0.002
黔桂高原山地林农牧区	面积	211.60	141.36	29.78	0.42	0.00
	占同级面积比例	50.82	21.11	3.22	0.47	0.00
	占本二级区面积比例	55.23	36.89	7.77	0.11	0.00

（续）

二级农业区	面积和比例	一级 ＞35g/kg	二级 25～35g/kg	三级 15～25g/kg	四级 10～15g/kg	五级 ≤10g/kg
秦岭大巴 山林农区	面积	1.34	50.82	163.59	30.06	0.26
	占同级面积比例	0.32	7.59	17.68	33.43	59.09
	占本二级区面积比例	0.55	20.65	66.48	12.22	0.10
四川盆地 农林区	面积	15.92	90.70	517.87	55.12	0.00
	占同级面积比例	3.82	13.54	55.96	61.31	0.00
	占本二级区面积比例	2.34	13.35	76.20	8.11	0.00
渝鄂湘黔边境 山地林农牧区	面积	32.35	146.19	134.99	3.18	0.17
	占同级面积比例	7.77	21.83	14.59	3.54	38.64
	占本二级区面积	10.21	46.13	42.60	1.00	0.05
	总计	416.41	669.69	925.35	89.91	0.44

对不同评价区耕地土壤有机质含量状况进行统计，结果如表4-12所示。从表4-12中可以发现，土壤有机质含量处于一级（＞35g/kg）水平的耕地在贵州评价区分布的数量最多，面积246.57万hm²，占西南区土壤有机质处于一级（＞35g/kg）水平耕地总面积的59.21%；其次是云南评价区，面积122.80万hm²，占西南区土壤有机质处于一级（＞35g/kg）水平耕地总面积的29.49%；土壤有机质处于一级（＞35g/kg）水平的耕地在甘肃评价区没有分布。土壤有机质含量处于二级（25～35g/kg）水平的耕地主要集中分布于云南评价区、贵州评价区和四川评价区3个评价区，其面积分别为186.97万hm²、175.96万hm²、150.05万hm²，分别占西南区土壤有机质含量处于二级（25～35g/kg）水平耕地总面积的27.92%、26.27%和22.41%；甘肃评价区分布面积最小，占比仅有1.18%；其余各评价区的占比也不大，其值均低于6%。土壤有机质含量处于三级（15～25g/kg）水平的耕地主要分布在四川评价区，其面积为433.62万hm²，占西南区土壤有机质含量处于三级（15～25g/kg）水平耕地总面积的46.86%；其次为重庆评价区，面积为197.29万hm²，其占比也有21.32%；广西评价区分布的面积最小，仅占0.53%。土壤有机质含量处于四级（10～15g/kg）水平的耕地主要分布于四川评价区，面积39.95万hm²，占西南区土壤有机质含量处于四级（10～15g/kg）水平耕地总面积的44.43%；贵州评价区占比最小，仅有0.47%。土壤有机质含量处于五级（≤10g/kg）水平的耕地仅在甘肃评价区、湖南评价区和云南评价区有分布，分别占西南区土壤有机质含量处于五级（≤10g/kg）水平耕地总面积的59.09%、38.64%和2.27%。

从各评价区不同土壤有机质含量水平的耕地分布情况上看，甘肃评价区没有土壤有机质含量处于一级（＞35g/kg）水平的耕地，而以土壤有机质含量处于三级（15～25g/kg）水平的耕地分布最多，面积41.42万hm²，占甘肃评价区耕地面积的61.78%；土壤有机质含量处于二级（25～35g/kg）水平的耕地有7.87万hm²，占甘肃评价区耕地面积的11.75%；土壤有机质含量处于四级（10～15g/kg）水平的耕地有17.48万hm²，占甘肃评价区耕地面积的26.08%；土壤有机质含量处于五级（≤10g/kg）水平的耕地分布最少，面积0.26万hm²，占甘肃评价区耕地面积的0.39%。广西评价区没有土壤有机质含量处于四级（10～15g/kg）、五级（≤10g/kg）水平的耕地分布；土壤有机质含量处于一级（＞35g/kg）水平的耕地面积 6.37 万 hm²，占广西评价区耕地面积的 15.44%；土壤有机质含量处于二级（25～35g/kg）水平的耕地分布最多，面积 23.67 万 hm²，占广西评价区耕地面积的 57.40%；土壤有机质含量处于三级（15～25g/kg）水平的耕地有 11.20 万 hm²，占广西评价区耕地面积的 27.16%。贵州评价区无土壤有机质含量处于五级（≤10g/kg）水平的耕地分布；土壤有机质含量处于一级（>35g/kg）水平的耕地分布最多，面积 246.57 万 hm²，占贵州评价区耕地面积的 54.38%；土壤有机质含量处于二级（25～35g/kg）水平的耕地分布仅次于一级（>35g/kg）水平的耕地，面积 175.96 万 hm²，占贵州评价区耕地面积的 38.81%；土壤有机质含量处于三级（15～25g/kg）水平的耕地面积 30.46 万 hm²，占贵州评价区耕地面积的 6.72%；土壤有机质含量处于四级（10～15g/kg）水平的耕地分布最少，面积 0.42 万 hm²，占贵州评价区耕地面积的 0.09%。湖北评价区也没有土壤有机质含量处于五级（≤10g/kg）水平的耕地分布；土壤有机质含量处于一级（>35g/kg）水平的耕地分布也较少，面积 3.27 万 hm²，占湖北评价区耕地面积的 3.01%；土壤有机质含量处于二级（25～35g/kg）水平的耕地有 38.58 万 hm²，占湖北评价区耕地面积的 35.60%；土壤有机质含量处于三级（15～25g/kg）水平的耕地在湖北评价区分布最多，面积 59.22 万 hm²，占湖北评价区耕地面积的 54.64%；土壤有机质含量处于四级（10～15g/kg）水平的耕地面积 7.31 万 hm²，占湖北评价区耕地面积的 6.75%。湖南评价区中各土壤有机质含量水平的耕地均有分布，其中土壤有机质含量处于一级（>35g/kg）水平的耕地有 5.75 万 hm²，占湖南评价区耕地面积的 7.57%；土壤有机质含量处于二级（25～35g/kg）水平的耕地在湖南评价区分布最多，面积 34.84 万 hm²，占湖南评价区耕地面积的 45.88%；土壤有机质含量处于三级（15～25g/kg）水平的耕地面积 32.43 万 hm²，占湖南评价区耕地面积的 42.69%；土壤有机质含量处于四级（10～15g/kg）水平的耕地有 2.76 万 hm²，占湖南评价区耕地面积的 3.63%；土壤有机质含量处于五级（≤10g/kg）水平的耕地在湖南评价区分布较少，面积 0.17 万 hm²，占湖南评价区耕地面积的 0.23%。陕西评价区中没有土壤有机质含量处于五级（≤10g/kg）水平的耕地分布；土壤有机质含量处于一级（>35g/kg）水平的耕地分布也较少，面积 0.46 万 hm²，占陕西评价区耕地面积的 0.49%；土壤有机质含量处于二级（25～35g/kg）水平的耕地有 21.96 万 hm²，占陕西评价区耕地面积的 23.45%；土壤有机质含量处于三级（15～25g/kg）水平的耕地在陕西评价区分布最多，面积 65.89 万 hm²，占陕西评价区耕地面积的 70.35%；土壤有机质含量处于四级（10～15g/kg）水平的耕地有 5.34 万 hm²，占陕西评价区耕地面积的 5.70%。四川评价区中也没有土壤有机质含量处于五级（≤10g/kg）水平的耕地分布；土壤有机质含量处于一级（>35g/kg）水平的耕地面积 30.71 万 hm²，占四川评价区耕地面积的 4.69%；土壤有机质含量处于二级（25～35g/kg）水平的耕地面积 150.05 万 hm²，占四川评价区耕地面积的 22.93%；土壤有机质含量处于三级（15～25g/kg）水平的耕地有 433.62 万 hm²，占四川评价区耕地面积的 66.27%；土壤有机质含量处于四级（10～15g/kg）水平的耕地面积 39.95 万 hm²，占四川评价区耕地面积的 6.11%。云南评价区中各土壤有机质含量水平的耕地均有分布，其中，土壤有机质含量处于一级（>35g/kg）水平的耕地有 122.80 万 hm²，占云南评价区耕地面积的 33.67%；土壤有机质含量处于二级（25～35g/kg）水平的耕地面积 186.97 万 hm²，占云南评价区耕地面积的 51.26%；土壤有机质含量处于三级（15～25g/kg）水平的面积有 53.83 万 hm²，占云南评价区耕地面积的 14.76%；土壤有机质含量处于四级（10～15g/kg）水平的耕地面

1.11 万 hm²，占云南评价区耕地面积的 0.31%；土壤有机质含量处于五级（≤10g/kg）水平的耕地分布很少，面积 0.01 万 hm²，占云南评价区耕地面积的比例基本可忽略不计。重庆评价区中也没有土壤有机质含量处于五级（≤10g/kg）水平的耕地分布；土壤有机质含量处于一级（＞35g/kg）水平的耕地分布较少，面积 0.48 万 hm²，占重庆评价区耕地面积的 0.20%；土壤有机质含量处于二级（25～35g/kg）水平的耕地分布也不多，面积 29.77 万 hm²，占重庆评价区耕地面积的 12.25%；土壤有机质含量处于三级（15～25g/kg）水平的耕地分布最多，面积 197.29 万 hm²，占重庆评价区耕地面积的 81.17%；土壤有机质含量处于四级（10～15g/kg）水平的耕地有 15.52 万 hm²，占重庆评价区耕地面积的 6.39%。

表 4-12　西南区评价区不同土壤有机质含量水平的耕地面积和比例（万 hm²，%）

评价区	面积和比例	一级 ＞35g/kg	二级 25～35g/kg	三级 15～25g/kg	四级 10～15g/kg	五级 ≤10g/kg
甘肃评价区	面积	0.00	7.87	41.42	17.48	0.26
	占同级面积比例	0.00	1.18	4.48	19.44	59.09
	占本评价区面积比例	0.00	11.75	61.78	26.08	0.39
广西评价区	面积	6.37	23.67	11.2	0.00	0.00
	占同级面积比例	0.3	1.13	0.53	0.00	0.00
	占本评价区面积比例	15.44	57.4	27.16	0.00	0.00
贵州评价区	面积	246.57	175.96	30.46	0.42	0.00
	占同级面积比例	59.21	26.27	3.29	0.47	0.00
	占本评价区面积比例	54.38	38.81	6.72	0.09	0.00
湖北评价区	面积	3.27	38.58	59.22	7.31	0.00
	占同级面积比例	0.79	5.76	6.40	8.13	0.00
	占本评价区面积比例	3.01	35.6	54.64	6.75	0.00
湖南评价区	面积	5.75	34.84	32.43	2.76	0.17
	占同级面积比例	1.38	5.20	3.50	3.07	38.64
	占本评价区面积比例	7.57	45.88	42.69	3.63	0.23
陕西评价区	面积	0.46	21.96	65.89	5.34	0.00
	占同级面积比例	0.11	3.28	7.12	5.94	0.00
	占本评价区面积比例	0.49	23.45	70.35	5.70	0.00
四川评价区	面积	30.71	150.05	433.62	39.95	0.00
	占同级面积比例	7.37	22.41	46.86	44.43	0.00
	占本评价区面积比例	4.69	22.93	66.27	6.11	0.00
云南评价区	面积	122.8	186.97	53.83	1.11	0.01
	占同级面积比例	29.49	27.92	5.82	1.23	2.27
	占本评价区面积比例	33.67	51.26	14.76	0.31	0.002
重庆评价区	面积	0.48	29.77	197.29	15.52	0.00
	占同级面积比例	0.12	4.45	21.32	17.26	0.00
	占本评价区面积比例	0.20	12.25	81.17	6.39	0.00
	总计	416.41	669.69	925.35	89.91	0.44

对不同土壤类型土壤有机质含量状况进行统计，结果如表 4-13 所示。从表 4-13 中可以发现，从不同土壤有机质含量水平的耕地在各土类上的分布情况来看，土壤有机质含量处于一级（>35g/kg）水平的耕地在黄壤上分布最多，面积 111.08 万 hm^2，占西南区土壤有机质含量处于一级（>35g/kg）水平耕地总面积的 26.68%，占该土类耕地面积的 35.40%；其次，全区有 17.37% 的土壤有机质含量处于一级（>35g/kg）水平耕地分布在水稻土上，面积 72.31 万 hm^2，占该土类耕地的 14.72%；有 15.87% 的土壤有机质含量处于一级（>35g/kg）水平耕地分布在石灰（岩）土上，面积 66.08 万 hm^2，占该土类耕地的 29.95%；有 13.73% 的土壤有机质含量处于一级（>35g/kg）水平耕地分布在红壤上，面积 57.17 万 hm^2，占该土类耕地的 34.13%；有 11.02% 的土壤有机质含量处于一级（>35g/kg）水平耕地分布在黄棕壤上，面积 45.89 万 hm^2，占该土类耕地的 24.56%；有 8.91% 的土壤有机质含量处于一级（>35g/kg）水平耕地分布在紫色土上，面积 37.12 万 hm^2，占该土类耕地 6.89%。此外，部分土类的耕地分布虽面积不大，但其土壤有机质含量处于一级（>35g/kg）水平的耕地占比较高，如火山灰土，其面积仅有 0.29 万 hm^2，仅占西南区土壤有机质含量处于一级（>35g/kg）水平耕地总面积的 0.07%，但全部为一级（>35g/kg）水平的耕地，占该土类耕地的 100%；同样，分布面积仅占西南区土壤有机质含量处于一级（>35g/kg）水平耕地总面积 0.17% 的沼泽土，其土壤有机质含量处于一级（>35g/kg）的耕地面积 0.69 万 hm^2，占该土类耕地的 79.60%；分布面积仅占西南区土壤有机质含量处于一级（>35g/kg）水平耕地总面积 0.17% 的石质土，其土壤有机质含量处于一级（>35g/kg）水平的耕地面积 2.92 万 hm^2，占该土类耕地的 72.24%；分布面积仅占西南区土壤有机质含量处于一级（>35g/kg）水平耕地 0.02% 的棕色针叶林土，其土壤有机质含量处于一级（>35g/kg）水平的耕地面积 0.09 万 hm^2，占该土类的 55.79%；其余土类分布的土壤有机质含量处于一级（>35g/kg）水平的耕地面积面积都较小，占西南区土壤有机质含量处于一级（>35g/kg）水平耕地面积的比例均低于 3%，且所占自身土类比大多低于 30%。土壤有机质含量处于二级（25~35g/kg）水平的耕地在水稻土上分布最多，面积 154.97 万 hm^2，占西南区土壤有机质含量处于二级（25~35g/kg）水平耕地总面积的 23.14%，占该土类耕地的 31.55%；其次，全区有 19.23% 的土壤有机质含量处于二级（25~35g/kg）水平的耕地分布在黄壤上，面积 128.81 万 hm^2，占该土类耕地的 41.06%；有 15.02% 的土壤有机质含量处于二级（25~35g/kg）水平的耕地分布在红壤，面积 100.61 万 hm^2，占该土类耕地的 52.71%；有 13.63% 的土壤有机质含量处于二级（25~35g/kg）水平的耕地分布在紫色土上，面积 91.25 万 hm^2，占该土类耕地的 16.93%；有 13.03% 的土壤有机质含量处于二级（25~35g/kg）水平的耕地分布在石灰（岩）土上，面积 87.26 万 hm^2，占该土类耕地的 45.07%；有 8.66% 的土壤有机质含量处于二级（25~35g/kg）水平的耕地分布在黄棕壤上，面积 57.99 万 hm^2，占该土类耕地的 31.03%；有 2.40% 的土壤有机质含量处于二级（25~35g/kg）水平的耕地分布在棕壤上，面积 16.09 万 hm^2，占该土类耕地的 38.59%。此外，还有一些土类，绝大多数分布于土壤有机质含量处于二级（25~35g/kg）水平的范围内，如分布面积仅占西南区土壤有机质含量处于二级（25~35g/kg）水平耕地面积 0.24% 的砖红壤，其土壤有机质含量处于二级（25~35g/kg）水平的耕地面积 1.58 万 hm^2，占该土类耕地的 50.38%；分布面积仅占西南区土壤有机质含量处于二级（25~35g/kg）水平耕地面积 0.01% 的泥炭土，其土壤有机质含量处于二级

（25～35g/kg）水平的耕地面积 0.09 万 hm²，占该土类耕地的 59.50%；分布面积仅占西南区土壤有机质含量处于二级（25～35g/kg）水平耕地面积 0.06% 的黑毡土，其土壤有机质含量处于二级（25～35g/kg）水平的耕地面积 0.40 万 hm²，占该土类耕地的 51.43%；分布面积仅占西南区土壤有机质含量处于二级（25～35g/kg）水平耕地 0.29% 的赤红壤，其土壤有机质含量处于二级（25～35g/kg）水平的耕地面积 1.94 万 hm²，占该土类耕地的 51.42%；分布面积仅占西南区土壤有机质含量处于二级（25～35g/kg）水平耕地面积 0.02% 的草甸土，其土壤有机质含量处于二级（25～35g/kg）水平的耕地面积 0.13 万 hm²，占该土类耕地的 60.75%，其余土类本身分布面积较小，且土壤有机质含量处于二级（25～35g/kg）水平的耕地占自身土类耕地面积的比例也较低。土壤有机质含量处于三级（15～25g/kg）水平的耕地在紫色土上分布最多，面积 371.93 万 hm²，占西南区土壤有机质含量处于三级（15～25g/kg）水平耕地总面积的 40.19%，占该土类耕地面积的 69.01%；其次，全区有 26.43% 的土壤有机质含量处于三级（15～25g/kg）水平的耕地分布在水稻土上，面积 244.59 万 hm²，占该土类耕地的 49.80%；有 8.08% 的土壤有机质含量处于三级（15～25g/kg）水平的耕地分布在黄棕壤上，面积 74.79 万 hm²，占该土类耕地的 40.02%；有 7.87% 的土壤有机质含量处于三级（15～25g/kg）水平的耕地分布在黄壤上，面积 72.84 万 hm²，占该土类耕地的 23.22%。此外，分布面积仅占西南区土壤有机质含量处于三级（15～25g/kg）水平耕地面积 0.0001% 的风沙土，其土壤有机质含量全部处于三级（15～25g/kg）水平范围内，占该土类耕地的 100%；而分布面积仅占西南区土壤有机质含量处于三级（15～25g/kg）水平耕地 0.003% 的草毡土，其土壤有机质含量处于三级（15～25g/kg）水平的耕地面积 0.03 万 hm²，大多分布于三级水平范围内，占该土类耕地的 73.73%；分布面积仅占西南区土壤有机质含量处于三级（15～25g/kg）水平耕地 0.09% 的红黏土，其土壤有机质含量处于三级（15～25g/kg）水平的耕地面积 0.84 万 hm²，占该土类耕地的 86.26%；分布面积仅占西南区土壤有机质含量处于三级（15～25g/kg）水平耕地面积 1.11% 的黄褐土，其土壤有机质含量处于三级（15～25g/kg）水平的耕地面积 10.30 万 hm²，占该土类耕地的 71.97%；分布面积仅占西南区土壤有机质含量处于三级（15～25g/kg）水平耕地 0.03% 的黄绵土，其土壤有机质含量处于三级（15～25g/kg）水平的耕地面积 0.28 万 hm²，占该土类耕地的 95.72%；分布面积仅占西南区土壤有机质含量处于三级（15～25g/kg）水平耕地 1.21% 的灰褐土，其土壤有机质含量处于三级（15～25g/kg）水平的耕地面积 11.19 万 hm²，占该土类耕地的 70.05%。土壤有机质含量处于四级（10～15g/kg）水平的耕地也是在紫色土上分布最多，面积 38.64 万 hm²，占西南区土壤有机质含量处于四级（10～15g/kg）水平耕地面积的 42.98%，占该土类耕地的 7.17%；其次，全区有 21.29% 的土壤有机质含量处于四级（10～15g/kg）水平的耕地分布在水稻土上，面积 19.14 万 hm²，占该土类耕地的 3.90%；有 13.72% 的土壤有机质含量处于四级（10～15g/kg）水平的耕地分布在褐土上，面积 12.34 万 hm²，占该土类耕地的 37.83%；有 9.11% 的土壤有机质含量处于四级（10～15g/kg）水平的耕地分布在黄棕壤上，面积 8.19 万 hm²，占该土类耕地的 4.38%，其余土类分布面积较小或没有分布。土壤有机质含量处于五级（≤10g/kg）水平的耕地主要分布在褐土上，面积 0.24 万 hm²，占西南区土壤有机质含量处于五级（≤10g/kg）水平耕地面积的 54.55%，占该土类耕地的 0.01%，其他土类分布面积较小或没有分布。

表 4-13 西南区各土壤类型不同土壤有机质含量水平的耕地面积和比例（万 hm²，%）

土类	一级>35g/kg			二级 25~35g/kg			三级 15~25g/kg			四级 10~15g/kg			五级≤10g/kg		
	面积	占土类面积比例	占同级面积比例	面积	占土类面积比例	占同级面积比例	面积	占土类面积比例	占同级面积比例	面积	占土类面积比例	占同级面积比例	面积	占土类面积比例	占同级面积比例
暗棕壤	0.66	15.98	0.16	1.66	40.13	0.25	1.65	39.87	0.18	0.16	3.89	0.18	0.01	0.13	2.27
草甸土	0.05	20.28	0.01	0.13	60.75	0.02	0.02	7.90	0.002	0.02	11.07	0.02	0.00	0.00	0.00
草毡土	0.01	26.27	0.002	0.00	0.00	0.00	0.03	73.73	0.003	0.00	0.00	0.00	0.00	0.00	0.00
潮土	1.20	17.45	0.29	1.99	28.99	0.30	2.82	41.04	0.30	0.86	12.52	0.96	0.00	0.00	0.00
赤红壤	0.31	8.34	0.07	1.94	51.42	0.29	1.52	40.24	0.16	0.00	0.00	0.00	0.00	0.00	0.00
粗骨土	10.15	30.38	2.44	9.74	29.13	1.45	12.43	37.20	1.34	1.10	3.29	1.22	0.00	0.00	0.00
风沙土	0.00	0.00	0.00	0.00	0.00	0.00	0.001	100.00	0.000 1	0.00	0.00	0.00	0.00	0.00	0.00
褐土	0.01	0.04	0.002	0.17	0.53	0.03	19.85	60.87	2.15	12.34	37.83	13.72	0.24	0.01	54.55
黑钙土	0.00	0.00	0.00	0.34	38.07	0.05	0.55	61.93	0.06	0.00	0.00	0.00	0.00	0.00	0.00
黑垆土	0.00	0.00	0.00	0.72	40.38	0.11	0.68	38.33	0.07	0.38	21.29	0.42	0.00	0.00	0.00
黑土	0.00	0.00	0.00	1.20	39.79	0.18	1.80	59.63	0.19	0.02	0.58	0.02	0.00	0.00	0.00
黑毡土	0.26	34.12	0.06	0.40	51.43	0.06	0.11	14.15	0.01	0.00	0.00	0.00	0.002	0.003	0.45
红壤	57.17	29.95	13.73	100.61	52.71	15.02	32.57	17.06	3.52	0.51	0.27	0.57	0.02	0.000	4.55
红黏土	0.00	0.00	0.00	0.00	0.00	0.00	0.84	86.26	0.09	0.13	13.63	0.14	0.001	0.001	0.23
黄褐土	0.01	0.06	0.002	3.08	21.50	0.46	10.30	71.97	1.11	0.93	6.47	1.03	0.00	0.00	0.00
黄绵土	0.00	0.00	0.00	0.003	0.91	0.000 4	0.28	95.72	0.03	0.01	3.37	0.01	0.00	0.00	0.00
黄壤	111.08	35.40	26.68	128.81	41.06	19.23	72.84	23.22	7.87	1.01	0.32	1.12	0.003	0.000 01	0.68
黄棕壤	45.89	24.56	11.02	57.99	31.03	8.66	74.79	40.02	8.08	8.19	4.38	9.11	0.01	0.000 04	2.27
灰褐土	0.00	0.00	0.00	2.67	16.69	0.40	11.19	70.05	1.21	2.11	13.23	2.35	0.01	0.000 4	2.27

（续）

土类	一级>35g/kg			二级25~35g/kg			三级15~25g/kg			四级10~15g/kg			五级≤10g/kg		
	面积	占土类面积比例	占同级面积比例	面积	占土类面积比例	占同级面积比例	面积	占土类面积比例	占同级面积比例	面积	占土类面积比例	占同级面积比例	面积	占土类面积比例	占同级面积比例
火山灰土	0.29	100.00	0.07	0.00	0.00	0.00	0.00	0.00	0.00	0.00	0.00	0.00	0.00	0.00	0.00
泥炭土	0.05	34.23	0.01	0.09	59.50	0.01	0.01	6.27	0.001	0.00	0.00	0.00	0.00	0.00	0.00
山地草甸土	0.08	3.13	0.02	1.09	42.78	0.16	1.22	48.07	0.13	0.15	6.02	0.17	0.00	0.00	0.00
石灰（岩）土	66.08	34.13	15.87	87.26	45.07	13.03	39.41	20.36	4.26	0.84	0.44	0.93	0.01	0.000 04	2.27
石质土	2.92	72.24	0.70	0.69	17.04	0.10	0.41	10.25	0.04	0.02	0.48	0.02	0.00	0.00	0.00
水稻土	72.31	14.72	17.37	154.97	31.55	23.14	244.59	49.80	26.43	19.14	3.90	21.29	0.15	0.000 3	34.09
新积土	1.04	13.99	0.25	1.71	23.11	0.26	3.93	53.18	0.42	0.72	9.72	0.80	0.00	0.00	0.00
燥红土	0.49	6.83	0.12	3.35	46.36	0.50	3.38	46.81	0.37	0.00	0.00	0.00	0.00	0.00	0.00
沼泽土	0.69	79.60	0.17	0.11	12.33	0.02	0.07	7.95	0.01	0.001	0.12	0.001	0.00	0.00	0.00
砖红壤	0.01	0.25	0.002	1.58	50.38	0.24	1.55	49.36	0.17	0.00	0.00	0.00	0.00	0.00	0.00
紫色土	37.12	6.89	8.91	91.25	16.93	13.63	371.93	69.01	40.19	38.64	7.17	42.98	0.00	0.00	0.00
棕壤	8.44	20.23	2.03	16.09	38.59	2.40	14.55	34.88	1.57	2.62	6.29	2.91	0.003	0.000 1	0.68
棕色针叶林土	0.09	55.79	0.02	0.06	36.07	0.01	0.01	8.14	0.001	0.00	0.00	0.00	0.00	0.000 2	0.00
总计	416.41	19.81	100.00	669.69	31.86	100.00	925.35	44.03	100.00	89.91	4.28	100.00	0.44	0.000 2	100.00

四、土壤有机质调控

土壤有机质是作物营养的主要来源之一，能促进作物的生长发育，改善土壤的物理性质，促进微生物和土壤生物的活动，促进土壤中营养元素的分解，提高土壤的保肥性和缓冲性。当土壤中有机质含量<10g/kg 时，作物根系衰弱，作物早衰，削弱防病抗逆机能，土壤板结，化肥的负面影响加剧。

西南区水热条件优越，复种指数高，致使许多土壤有机质含量降低，肥力下降。随着农业生产的发展，绿色高产创建，高品质的农产品需求越来越大，补充和提高土壤有机质含量显得俞加重要。西南区常年温度较高，微生物的活性高，有机质的分解也快，造成土壤有机质累积不易，因此即使高产耕地，也需不断补充有机质。西南区地表植物有大量的生物量，为土壤提供了丰富的有机质来源，因此可采取多种途径提升有机质含量。

（一）秸秆还田

秸秆直接还田是增加土壤有机质和提高作物产量的一项有效措施。西南区应以大宗作物秸秆为主，以机械化还田、粉碎后翻压还田、集约化规模化模式还田，也应因地制宜，积极采用秸秆—牲畜养殖—能源化利用—沼肥还田、秸秆—沼气—沼肥还田、秸秆—食用菌生产—菌棒还田、秸秆—商品有机肥—还田等种养结合方式还田。对于含氮较多的土壤，秸秆还田的效果较好；瘦田采用秸秆还田时，应适当施入速效性氮肥，调节碳氮比，利于秸秆腐熟。还田时配合使用秸秆腐熟剂，使秸秆快速腐熟分解，不仅可以增加土壤有机质和养分的含量，还可以改善土壤结构，使土壤疏松，孔隙度增加，容量减轻，促进微生物活力和作物根系的发育。

（二）增施有机肥

西南区有机肥资源丰富，种类多、数量多、来源广，如粪肥、厩肥、堆肥、青草、幼嫩枝叶、饼肥、蚕沙、鱼肥、糖厂滤泥、塘泥、作物类农业废弃物等，其中粪肥和厩肥是普遍使用的主要有机肥。传统有机肥在积制和使用上很不方便，市场上的不少商品有机肥、生物有机肥，使用上非常方便。有机肥料存在着养分含量低，不易分解，不能及时满足作物高产需求等问题，使用时应配合施用速效养分。有机肥的广泛使用，才能使得农业逐步开始向无公害农业、绿色农业转变，使更多的有机食品、水果、蔬菜走向大众。

（三）种植绿肥

绿肥是可用作肥料的绿色植物，是我国传统农业的精华，是提升耕地质量、减少化肥使用量的措施之一，是现代农业绿色增产的关键所在，还具有油用、粮用、菜用、花用、蜜用、饲用等方面的功能；西南区可种植夏季绿肥和冬季绿肥，常用的绿肥品种，专用绿肥种类有苕子、红花草、油菜、茹菜、田菁、细绿萍等，兼用绿肥有蚕豆、豌豆、黄豆、绿豆、黑麦草等。绿肥种植要与耕地质量提升等相关需求结合，种植时提倡推广"三花"混播技术，充分发挥绿肥的经济效益、社会效益和生态效益，形成农旅结合、种养结合的区域性特色产业。同时，对多年不种绿肥的地方或新开垦的地方种植豆科绿肥，要接种根瘤菌剂，使根系接上菌种产生根瘤，发挥固氮作用，确保绿肥种植成功，获得高产。

第二节　土壤全氮

氮是作物生长发育所必需的营养元素之一，也是农业生产中影响作物产量的最主要的养分限制因子。即使在施用大量氮肥的情况下，作物当季吸收积累的氮素 50% 以上来自土壤，在有的土壤上这个数字超过 70%，甚至 90% 以上。因此，土壤中全氮含量代表着土壤氮素的总贮量和供氮能力。

氮是构成蛋白质的主要成分，对茎叶的生长和果实的发育有重要作用，是与产量最密切的营养元素。氮素是合成绿叶素的组成部分，叶绿素 a 和叶绿素 b 中都有含氮化合物。土壤全氮，是指土壤中各种形态氮素含量之和。包括有机态氮和无机态氮，但不包括土壤空气中的分子态氮。

土壤全氮含量随土壤深度的增加而急剧降低。土壤全氮含量处于动态变化之中，取决于作物生长期间土壤有机态氮的矿化和积累，还有一部分来自黏土矿物固定态铵的释放和矿质氮的生物固持过程。而有机氮的矿化量又取决于有机氮的含量和生物分解性，以及矿化条件和时间。环境状况、土壤肥力水平、作物吸肥特性、土壤母质类型、利用方式、土壤酸度、施肥等都会影响土壤有机氮的矿化。如在淹水条件下，有机物的矿化与在旱地土壤的差异主要是在厌氧条件下，有机氮化物的分解速度比好气条件下慢得多，分解的产物也不同，在淹水条件下有机物分解时可以释放更多的 NH_4^+-N。酸性紫色土氮素矿化速率高于石灰性和中性紫色土。

一、土壤全氮含量及其空间差异

对西南区 35 332 个耕地质量调查点中土壤全氮含量情况进行统计，结果如表 4-14 所示。从表 4-14 中可以看出，西南区耕地土壤全氮含量平均值为 1.57g/kg，含量范围在 0.14~3.81g/kg 之间。从极值在各二级农业区的分布情况上看，最大值出现在黔桂高原山地林农牧区，最小值出现在四川盆地农林区。从极值在评价区各市（州）的分布情况上看，最大值出现在湖南评价区怀化市和贵州评价区毕节市，最小值出现在四川评价区达州市。

表 4-14　西南区耕地土壤全氮含量（个，g/kg，%）

区域	采样点数（个）	最小值	最大值	平均值	标准差	变异系数（%）
西南区	35 332	0.14	3.81	1.57	0.66	42.12

（一）不同二级农业区耕地土壤全氮含量差异

对不同二级农业区耕地土壤全氮含量情况进行统计，结果如表 4-15 所示。从表 4-15 中可以看出，四川盆地农林区耕地土壤全氮平均含量最低，其值仅为 1.27g/kg，含量范围在 0.14~3.73g/kg 之间；黔桂高原山地林农牧区耕地土壤全氮平均含量最高，其值为 1.99g/kg，含量范围在 0.15~3.81g/kg 之间。其他二级农业区耕地土壤全氮平均含量由高到低的顺序依次为川滇高原山地林农牧区、渝鄂湘黔边境山地林农牧区和秦岭大巴山林农区，其值分别为 1.77g/kg、1.67g/kg 和 1.30g/kg。

表 4-15　西南区各二级农业区耕地土壤全氮含量（个，g/kg，%）

二级农业区	采样点数	最小值	最大值	平均值	标准差	变异系数
川滇高原山地林农牧区	6 338	0.15	3.80	1.77	0.70	39.65
黔桂高原山地林农牧区	5 729	0.15	3.81	1.99	0.64	32.19

（续）

二级农业区	采样点数	最小值	最大值	平均值	标准差	变异系数
秦岭大巴山林农区	3 950	0.15	3.72	1.30	0.57	44.00
四川盆地农林区	11 155	0.14	3.73	1.27	0.50	39.71
渝鄂湘黔边境山地林农牧区	8 160	0.15	3.81	1.67	0.63	37.81

（二）评价区耕地土壤全氮含量差异

对不同评价区耕地土壤全氮含量情况进行统计，结果如表 4-16 所示。从表 4-16 中可以看出，甘肃评价区耕地土壤全氮平均含量最低，其值仅为 1.12g/kg，含量范围在 0.21～2.89g/kg 之间；贵州评价区耕地土壤全氮平均含量最高，其值为 1.99g/kg，含量范围在 0.29～3.81g/kg 之间。其他评价区耕地土壤全氮平均含量由高到低的顺序依次为广西、湖南、云南、湖北、四川、陕西和重庆，其值分别为 1.87g/kg、1.83g/kg、1.81g/kg、1.51g/kg、1.35g/kg、1.33g/kg 和 1.26g/kg。

表 4-16 西南区各评价区耕地土壤全氮含量（个，g/kg,%）

评价区	采样点数	最小值	最大值	平均值	标准差	变异系数
甘肃评价区	861	0.21	2.89	1.12	0.49	44.00
广西评价区	622	0.28	3.79	1.87	0.67	35.96
贵州评价区	6 835	0.29	3.81	1.99	0.63	31.51
湖北评价区	4 813	0.15	3.78	1.51	0.66	43.50
湖南评价区	1 585	0.36	3.81	1.83	0.58	31.39
陕西评价区	1 014	0.24	3.36	1.33	0.50	37.26
四川评价区	8 803	0.14	3.80	1.35	0.58	42.90
云南评价区	4 951	0.50	3.80	1.81	0.67	36.76
重庆评价区	5 848	0.15	3.67	1.26	0.49	38.58

（三）不同评价区各市（州）耕地土壤全氮含量差异

对不同评价区各市（州）耕地土壤全氮含量情况进行统计，结果如表 4-17 所示。从表 4-17 中可以看出，湖南评价区邵阳市耕地土壤全氮平均含量最高，其值为 2.72g/kg，含量范围在 0.65～3.77g/kg；其次是贵州评价区安顺市，耕地土壤全氮平均含量为 2.25g/kg，含量范围在 0.86～3.68g/kg；土壤全氮平均含量高于 2.00g/kg 的市（州）有贵州评价区六盘水市、黔东南苗族侗族自治州、贵阳市和黔西南布依族苗族自治州，云南评价区怒江傈僳族自治州、大理白族自治州和保山市，四川评价区雅安市、广西评价区河池市等；四川评价区攀枝花市耕地土壤全氮平均含量最低，其值仅为 0.71g/kg，含量范围在 0.15～1.39g/kg。其余各市（州）的土壤全氮平均含量介于 1.03～2.24g/kg 之间。

表 4-17 西南区不同评价区各市（州）耕地土壤全氮含量（个，g/kg,%）

评价区	市（州）名称	采样点数	最小值	最大值	平均值	标准差	变异系数
甘肃评价区		861	0.21	2.89	1.12	0.49	44.00

（续）

评价区	市（州）名称	采样点数	最小值	最大值	平均值	标准差	变异系数
	定西市	130	0.37	2.88	1.60	0.50	31.11
	甘南藏族自治州	14	0.63	2.53	1.41	0.51	35.96
	陇南市	717	0.21	2.89	1.03	0.43	42.42
广西评价区		622	0.28	3.79	1.87	0.67	35.96
	百色市	207	0.29	3.79	1.68	0.63	37.47
	河池市	346	0.58	3.76	2.03	0.64	31.61
	南宁市	69	0.28	3.67	1.68	0.76	45.53
贵州评价区		6 835	0.29	3.81	1.99	0.63	31.51
	安顺市	444	0.86	3.68	2.25	0.56	25.04
	毕节市	1 498	0.29	3.81	1.98	0.64	32.26
	贵阳市	397	0.32	3.70	2.21	0.57	25.66
	六盘水市	467	0.55	3.74	2.24	0.67	29.95
	黔东南苗族侗族自治州	638	0.63	3.77	2.22	0.68	30.40
	黔南布依族苗族自治州	721	0.41	3.70	1.96	0.61	30.90
	黔西南布依族苗族自治州	671	0.62	3.78	2.00	0.65	32.31
	铜仁市	728	0.55	3.64	1.72	0.49	28.79
	遵义市	1 271	0.41	3.67	1.79	0.53	29.76
湖北评价区		4 813	0.15	3.78	1.51	0.66	43.50
	恩施土家族苗族自治州	1 757	0.23	3.78	1.91	0.62	32.61
	神农架林区	100	0.40	3.45	1.71	0.56	32.64
	十堰市	701	0.15	3.72	1.12	0.55	49.01
	襄阳市	610	0.31	3.39	1.36	0.68	50.07
	宜昌市	1 645	0.24	3.58	1.29	0.49	37.73
湖南评价区		1 585	0.36	3.81	1.83	0.58	31.39
	常德市	100	0.69	3.30	1.66	0.49	29.74
	怀化市	730	0.49	3.81	1.95	0.53	27.27
	邵阳市	70	0.65	3.77	2.72	0.65	23.98
	湘西土家族苗族自治州	475	0.36	3.47	1.64	0.55	33.44
	张家界市	210	0.67	3.08	1.69	0.45	26.54
陕西评价区		1 014	0.24	3.36	1.33	0.50	37.26
	安康市	342	0.24	3.34	1.22	0.44	35.74
	宝鸡市	65	0.53	2.45	1.23	0.41	33.17
	汉中市	328	0.24	3.36	1.59	0.54	33.78
	商洛市	279	0.26	3.06	1.19	0.41	34.50

（续）

评价区	市（州）名称	采样点数	最小值	最大值	平均值	标准差	变异系数
四川评价区		8 803	0.14	3.80	1.35	0.58	42.90
	巴中市	396	0.30	2.37	1.17	0.34	29.22
	成都市	721	0.20	3.49	1.55	0.52	33.51
	达州市	805	0.14	3.26	1.10	0.52	47.31
	德阳市	392	0.51	3.55	1.51	0.53	35.47
	甘孜藏族自治州	6	1.03	2.22	1.49	0.46	30.61
	广安市	501	0.26	2.74	1.09	0.34	30.87
	广元市	468	0.15	3.03	1.39	0.52	37.19
	乐山市	316	0.15	3.33	1.56	0.64	41.01
	凉山彝族自治州	610	0.15	3.73	1.41	0.85	60.48
	泸州市	577	0.30	3.72	1.38	0.55	39.93
	眉山市	416	0.38	3.04	1.44	0.50	34.91
	绵阳市	551	0.24	3.62	1.70	0.47	27.34
	南充市	573	0.36	3.29	1.22	0.45	37.11
	内江市	283	0.44	2.58	1.13	0.39	34.69
	攀枝花市	53	0.15	1.39	0.71	0.44	61.48
	遂宁市	409	0.41	2.57	1.16	0.37	31.86
	雅安市	214	0.18	3.73	2.06	0.66	32.04
	宜宾市	737	0.15	3.80	1.32	0.60	45.25
	资阳市	463	0.15	3.00	1.25	0.62	49.55
	自贡市	312	0.15	2.71	1.17	0.52	44.57
云南评价区		4 951	0.50	3.80	1.81	0.67	36.76
	保山市	122	0.63	3.76	2.07	0.86	41.61
	楚雄彝族自治州	438	0.50	3.78	1.80	0.64	35.71
	大理白族自治州	447	0.53	3.78	2.00	0.79	39.36
	红河哈尼族彝族自治州	210	0.62	3.71	1.76	0.70	40.01
	昆明市	604	0.53	3.79	1.80	0.65	36.01
	丽江市	299	0.51	3.78	1.77	0.78	44.12
	怒江傈僳族自治州	79	0.60	3.80	2.20	0.76	34.72
	普洱市	115	0.52	3.22	1.47	0.58	39.46
	曲靖市	1 092	0.51	3.80	1.94	0.61	31.48
	文山壮族苗族自治州	422	0.50	3.74	1.78	0.56	31.68
	玉溪市	192	0.50	3.77	1.66	0.66	39.81
	昭通市	931	0.55	3.77	1.66	0.60	35.88
重庆评价区		5 848	0.15	3.67	1.26	0.49	38.58
	重庆市	5 848	0.15	3.67	1.26	0.49	38.58

二、土壤全氮含量及其影响因素

（一）土壤类型与土壤全氮含量

对西南区主要土壤类型耕地土壤全氮含量情况进行统计，结果如表 4-18 所示。从表 4-18 中可以看出，火山灰土的土壤全氮平均含量最高，其值为 2.54g/kg，含量范围在 2.30～2.72g/kg；褐土的土壤全氮平均含量最低，其值仅为 1.05g/kg，含量范围在 0.22～2.89g/kg 之间。另外，除火山灰土外，沼泽土的土壤全氮平均含量也达到 2.26g/kg，土壤全氮平均含量在 1.5g/kg 以上的有沼泽土、草甸土、棕壤、黑土、黑钙土、粗骨土、寒冻土、红壤、黄壤、水稻土、石灰（岩）土、黄棕壤和灰褐土；土壤全氮平均含量低于 1.2g/kg 的土类除褐土外，还有紫色土、黄褐土、红黏土和黄绵土等土类。水稻土上调查点数量最多，有 12 795 个，其土壤全氮含量平均值为 1.69g/kg，在 0.14～3.81g/kg 之间变动。

表 4-18　西南区主要土壤类型耕地土壤全氮含量（个，g/kg，%）

土类	采样点数	最小值	最大值	平均值	标准差	变异系数
暗棕壤	16	0.23	2.53	1.25	0.81	64.58
草甸土	7	1.43	2.89	2.14	0.56	26.02
潮土	466	0.16	3.77	1.33	0.60	44.79
赤红壤	66	0.21	3.16	1.39	0.59	42.66
粗骨土	73	0.73	3.52	1.81	0.57	31.70
寒冻土	4	1.01	2.08	1.76	0.50	28.69
褐土	566	0.22	2.89	1.05	0.43	40.85
黑钙土	20	0.31	2.82	1.89	0.62	32.97
黑垆土	113	0.44	2.28	1.21	0.43	35.70
黑土	25	0.99	2.88	1.89	0.48	25.47
红壤	2 411	0.15	3.80	1.73	0.65	37.48
红黏土	23	0.37	2.19	1.08	0.40	36.76
黄褐土	358	0.24	3.34	1.18	0.43	36.50
黄绵土	25	0.53	1.94	1.07	0.35	33.25
黄壤	5 629	0.15	3.81	1.72	0.63	36.45
黄棕壤	3 036	0.15	3.78	1.63	0.70	42.93
灰褐土	17	0.70	2.53	1.51	0.46	30.42
火山灰土	4	2.30	2.72	2.54	0.21	8.21
山地草甸土	6	0.56	2.03	1.37	0.57	41.66
石灰（岩）土	2 111	0.15	3.74	1.66	0.65	39.51
石质土	5	0.71	1.68	1.23	0.41	33.24
水稻土	12 795	0.14	3.81	1.69	0.66	38.94
新积土	270	0.19	3.56	1.25	0.58	46.13
燥红土	79	0.51	3.24	1.38	0.67	49.03

（续）

土类	采样点数	最小值	最大值	平均值	标准差	变异系数
沼泽土	9	1.14	3.15	2.26	0.53	23.38
紫色土	6 803	0.15	3.80	1.19	0.50	42.03
棕壤	395	0.15	3.79	1.93	0.82	42.80

对西南区主要土壤亚类耕地土壤全氮含量情况进行统计，结果如表 4-19 所示。从表 4-19 中可以看出，典型火山灰土的土壤全氮平均含量最高，其值有 2.54g/kg；其次是泥炭沼泽土、脱潜水稻土、典型草甸土、赤红壤性土、潜育水稻土、腐泥沼泽土等亚类，其土壤全氮平均含量分别为 2.30g/kg、2.17g/kg、2.14g/kg、2.13g/kg、2.00g/kg 和 2.00g/kg；典型黑垆土的土壤全氮平均含量最低，其值仅为 0.89g/kg。其余各亚类土壤全氮平均含量介于 0.96～2.17g/kg 之间，其中，上壤全氮平均含量在 1.8～2.0g/kg 之间的由高到低的亚类依次为山地灌丛草甸土、盐渍水稻土典型棕壤、典型黑土、钙质粗骨土、典型黑钙土、漂洗水稻土、暗黄棕壤、棕壤性土、黑色石灰土、漂洗黄壤等；土壤全氮平均含量低于 1.2g/kg 的亚类除典型黑垆土外，由低到高依次为典型灰褐土、淋溶褐土、石灰性褐土、黄绵土、积钙红黏土、中性紫色土、典型褐土、石灰性紫色土、典型黄褐土、典型新积土、褐土性土等亚类。

表 4-19　西南区主要土壤亚类耕地土壤全氮含量（个，g/kg，%）

亚类	采样点数	最小值	最大值	平均值	标准差	变异系数
暗黄棕壤	1 084	0.20	3.78	1.87	0.70	37.14
赤红壤性土	2	1.78	2.47	2.13	0.49	22.96
冲积土	222	0.19	3.56	1.27	0.60	47.42
典型暗棕壤	16	0.23	2.53	1.25	0.81	64.58
典型草甸土	7	1.43	2.89	2.14	0.56	26.02
典型潮土	148	0.37	3.77	1.50	0.67	44.71
典型赤红壤	50	0.21	3.16	1.36	0.63	46.23
典型褐土	255	0.22	2.89	1.10	0.49	44.73
典型黑钙土	20	0.31	2.82	1.89	0.62	32.97
典型黑垆土	22	0.44	1.52	0.89	0.27	30.60
典型黑土	25	0.99	2.88	1.89	0.48	25.47
典型红壤	441	0.49	3.78	1.63	0.61	37.73
典型黄褐土	329	0.22	3.34	1.17	0.44	37.58
典型黄壤	4 865	0.15	3.81	1.74	0.62	35.79
典型黄棕壤	1 478	0.15	3.75	1.53	0.67	43.47
典型灰褐土	1	0.96	0.96	0.96	—	—
典型火山灰土	4	2.30	2.72	2.54	0.21	8.21
典型山地草甸土	5	0.56	2.03	1.25	0.55	43.78
典型新积土	48	0.31	2.45	1.18	0.45	38.48

（续）

亚类	采样点数	最小值	最大值	平均值	标准差	变异系数
典型棕壤	369	0.15	3.79	1.93	0.83	43.19
腐泥沼泽土	1	2.00	2.00	2.00	—	—
钙质粗骨土	28	0.73	3.52	1.89	0.61	32.00
寒冻土	4	1.01	2.08	1.76	0.50	28.69
褐红土	79	0.51	3.24	1.38	0.67	49.03
褐土性土	12	0.60	2.12	1.19	0.44	36.81
黑麻土	91	0.49	2.28	1.29	0.43	33.34
黑色石灰土	119	0.41	3.73	1.86	0.66	35.53
红壤性土	153	0.43	3.51	1.68	0.59	35.47
红色石灰土	151	0.19	3.19	1.46	0.53	35.96
黄褐土性土	29	0.72	1.85	1.24	0.28	22.53
黄红壤	868	0.15	3.80	1.78	0.68	38.18
黄绵土	25	0.53	1.94	1.07	0.35	33.25
黄壤性土	735	0.15	3.80	1.57	0.63	40.23
黄色赤红壤	14	0.89	2.35	1.42	0.42	29.55
黄色石灰土	1 235	0.15	3.64	1.69	0.67	39.89
黄棕壤性土	474	0.15	3.31	1.37	0.63	46.18
灰潮土	299	0.16	3.10	1.25	0.55	44.23
积钙红黏土	23	0.37	2.19	1.08	0.40	36.76
淋溶褐土	101	0.36	2.62	0.97	0.37	38.48
淋溶灰褐土	3	1.15	1.67	1.47	0.28	18.90
泥炭沼泽土	8	1.14	3.15	2.30	0.56	24.20
漂洗黄壤	29	0.42	2.92	1.83	0.60	32.86
漂洗水稻土	151	0.70	3.76	1.88	0.71	38.00
潜育水稻土	621	0.23	3.77	2.00	0.70	34.78
山地灌丛草甸土	1	1.97	1.97	1.97	—	—
山原红壤	913	0.15	3.80	1.76	0.64	36.21
渗育水稻土	3 807	0.15	3.73	1.58	0.62	39.10
湿潮土	19	0.85	2.17	1.31	0.34	25.58
石灰性褐土	198	0.23	2.16	1.03	0.36	35.11
石灰性灰褐土	13	0.70	2.53	1.57	0.49	31.38
石灰性紫色土	2 376	0.15	3.62	1.17	0.42	35.57
酸性粗骨土	45	0.86	3.34	1.75	0.55	31.47
酸性紫色土	1 314	0.15	3.77	1.44	0.63	43.93
脱潜水稻土	49	0.86	3.54	2.17	0.64	29.41
淹育水稻土	2 164	0.14	3.76	1.60	0.62	38.91

（续）

亚类	采样点数	最小值	最大值	平均值	标准差	变异系数
盐渍水稻土	2	0.95	2.95	1.95	1.41	72.52
中性石质土	5	0.71	1.68	1.23	0.41	33.24
中性紫色土	3 113	0.15	3.80	1.09	0.45	41.45
潴育水稻土	6 001	0.14	3.81	1.76	0.67	38.15
棕红壤	36	0.50	2.14	1.25	0.40	32.43
棕壤性土	26	0.58	3.43	1.86	0.69	37.29
棕色石灰土	606	0.26	3.74	1.60	0.63	39.22

（二）地貌类型与土壤全氮含量

西南区不同地貌类型土壤全氮含量具有明显的差异，对不同地貌类型土壤全氮含量进行统计，结果如表 4-20 所示。从表 4-20 中可以看出，高原地貌土壤全氮平均含量最高，其值为 1.81g/kg；其次是盆地、山地和平原，其土壤全氮平均含量分别是 1.80g/kg、1.66g/kg、1.60g/kg；丘陵地貌土壤全氮平均含量最低，其值仅为 1.35g/kg。

表 4-20　西南区不同地貌类型耕地土壤全氮含量（个，g/kg，%）

地貌类型	采样点数	最小值	最大值	平均值	标准差	变异系数
高原	142	0.65	3.70	1.81	0.54	29.77
盆地	5 236	0.19	3.80	1.80	0.66	36.40
平原	867	0.31	3.55	1.60	0.59	37.06
丘陵	12 719	0.14	3.81	1.35	0.56	41.76
山地	16 368	0.15	3.81	1.66	0.69	41.32

（三）成土母质与土壤全氮含量

对西南区不同成土母质发育土壤的土壤全氮含量情况进行统计，结果如表 4-21 所示。从表 4-21 中可以看出，土壤全氮平均含量最高的是砂泥质岩类风化物发育的土壤，其平均值为 1.99g/kg；其次是结晶岩类风化物发育的土壤，其土壤全氮平均含量为 1.78g/kg；紫色岩类风化物发育的土壤全氮平均含量最低，其值仅为 1.30g/kg。

表 4-21　西南区不同成土母质耕地土壤全氮含量（个，g/kg，%）

成土母质	采样点数	最小值	最大值	平均值	标准差	变异系数
第四纪老冲积物	2 629	0.16	3.80	1.61	0.64	40.10
第四纪黏土	679	0.24	3.72	1.44	0.70	48.63
河湖冲（沉）积物	3 157	0.15	3.77	1.60	0.68	42.54
红砂岩类风化物	703	0.15	3.45	1.53	0.65	42.75
黄土母质	721	0.15	3.72	1.36	0.61	44.92
结晶岩类风化物	1 456	0.20	3.78	1.78	0.71	39.74

（续）

成土母质	采样点数	最小值	最大值	平均值	标准差	变异系数
泥质岩类风化物	5 451	0.14	3.80	1.58	0.67	42.61
砂泥质岩类风化物	3 079	0.29	3.81	1.99	0.62	31.07
砂岩类风化物	348	0.23	3.75	1.64	0.72	43.63
碳酸盐类风化物	6 455	0.15	3.80	1.76	0.65	36.82
紫色岩类风化物	10 654	0.15	3.81	1.30	0.54	41.22

（四）土壤质地与土壤全氮含量

对西南区不同质地类型的土壤全氮含量情况进行统计，结果如表 4-22 所示。从表 4-22 中可以看出，黏土质地的土壤全氮平均含量最高，其值为 1.72g/kg；其次是砂壤、重壤、轻壤和中壤等质地类型，其土壤全氮平均含量分别为 1.58g/kg、1.58g/kg、1.54g/kg、1.53g/kg；砂土质地的土壤全氮平均含量最低，其值为 1.33g/kg。

表 4-22　西南区不同土壤质地耕地土壤全氮含量（个，g/kg,%）

土壤质地	采样点数	最小值	最大值	平均值	标准差	变异系数
黏土	5 282	0.14	3.81	1.72	0.64	37.46
轻壤	5 276	0.15	3.78	1.54	0.68	44.39
砂壤	6 558	0.15	3.77	1.58	0.66	41.96
砂土	1 587	0.15	3.78	1.33	0.68	50.60
中壤	10 791	0.15	3.79	1.53	0.65	42.29
重壤	5 838	0.15	3.81	1.58	0.64	40.71

三、土壤全氮含量分级与分布特征

根据西南区土壤全氮含量状况，按照西南区耕地土壤主要性状分级标准，将土壤全氮含量划分为 5 级。对西南区不同土壤全氮含量水平的耕地面积及比例进行统计，结果如图 4-2 所示。

从图 4-2 中可以发现，西南区耕地土壤全氮以三级（1.0～1.5g/kg）和二级（1.5～2.0g/kg）水平为主，这两个含量水平的耕地共占西南区耕地总面积的 74.68%，土壤全氮含量处于五级（≤0.5g/kg）的耕地分布最少，仅占到西南区耕地总面积的 0.79%，土壤全氮含量处于四级（0.5～1.0g/kg）水平的耕地也较少，占到西南区耕地总面积的 6.14%。

对不同二级农业区耕地土壤全氮含量状况进行统计，结果如表 4-23 示。从表 4-23 中可以看出，土壤全氮含量处于一级（＞2.0g/kg）水平的耕地共有 386.54 万 hm²，占西南区耕地面积的 18.39%。主要集中在黔桂高原山地林农牧区，面积 191.25 万 hm²，占西南区耕地土壤全氮含量处于一级（＞2.0g/kg）水平耕地总面积的 49.48%；在秦岭大巴山林农牧区分布最少，面积 2.43 万 hm²，占西南区耕地土壤全氮含量处于一级（＞2.0g/kg）水平耕地面积的 0.63%；在川滇高原山地林农牧区、渝鄂湘黔边境山地林农牧区和四川盆地农

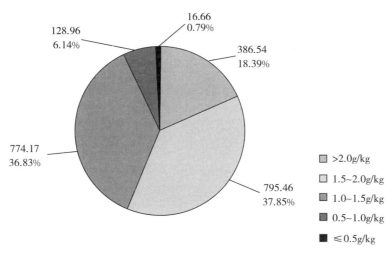

图 4-2 西南区不同土壤全氮含量水平的耕地面积与比例（万 hm²）

林区 3 个二级农业区的占比分别为 29.65%、17.79% 和 2.46%。土壤全氮含量处于二级
（1.5～2.0g/kg）水平的耕地面积 795.46 万 hm²，占西南区耕地面积的 37.85%。其中川滇
高原山地林农牧区分布的数量最多，面积 275.95 万 hm²，占西南区耕地土壤全氮含量处于
二级（1.5～2.0g/kg）水平耕地总面积的 34.69%；也是在秦岭大巴山林农区分布最少，面
积 60.30 万 hm²，占西南区耕地土壤全氮含量处于二级（1.5～2.0g/kg）水平耕地总面积
的 7.58%；在渝鄂湘黔边境山地林农牧区、黔桂高原山地林农牧区和四川盆地农林区 3 个
二级农业区的占比分别为 21.40%、20.92%、15.40%。土壤全氮含量处于三级（1.0～
1.5g/kg）水平的耕地面积 774.17 万 hm²，占西南区耕地面积的 36.83%。其中在四川盆地
农林区分布最多，面积 477.39 万 hm²，占西南区耕地土壤全氮含量处于三级（1.0～1.5g/
kg）水平耕地总面积的 61.66%；在黔桂高原山地林农牧区分布最少，面积 21.22 万 hm²，
占西南区耕地土壤全氮含量处于三级（1.0～1.5g/kg）水平耕地总面积的 2.74%；在秦岭
大巴山林农区、川滇高原山地林农牧区和渝鄂湘黔边境山地林农牧区 3 个二级农业区的占比
依次为 17.47%、9.30% 和 8.83%。土壤全氮含量处于四级（0.5～1.0g/kg）水平的耕地面
积 128.96 万 hm²，占西南区耕地面积的 6.14%。其中在四川盆地农林区分布的数量最
多，面积 64.21 万 hm²，占西南区耕地土壤全氮含量处于四级（0.5～1.0g/kg）水平耕地
总面积的 49.79%；在黔桂高原山地林农牧区分布最少，面积 3.37 万 hm²，占西南区耕层
土壤全氮含量处于四级（0.5～1.0g/kg）水平耕地总面积的 2.61%；在秦岭大巴山林农区、
渝鄂湘黔边境山地林农牧区和川滇高原山地林农牧区 3 个二级农业区的占比依次为
36.40%、5.80%、5.40%。土壤全氮含量处于五级（≤0.5g/kg）水平的耕地面积 128.96
万 hm²，占西南区耕地面积的 0.79%。其中在川滇高原山地林农牧区分布最多，面积有
6.60 万 hm²，占西南区耕地土壤全氮含量处于五级（≤0.5g/kg）水平耕地总面积的
39.58%；在黔桂高原山地林农牧区分布的面积最小，面积有 0.89 万 hm²，占西南区耕地土
壤全氮含量处于五级（≤0.5g/kg）水平耕地总面积的 5.34%；在四川盆地农林区、渝鄂湘
黔边境山地林农牧区和秦岭大巴山林农区 3 个二级农业区的占比依次为 35.95%、
12.30%、6.84%。

表 4-23　西南区二级农业区不同土壤全氮含量水平的耕地面积和比例（万 hm², %）

二级农业区	面积和比例	一级 ＞2.0g/kg	二级 1.5~2.0g/kg	三级 1.0~1.5g/kg	四级 0.5~1.0g/kg	五级 ≤0.5g/kg
川滇高原山 地林农牧区	面积	114.61	275.95	71.97	6.96	6.60
	占同级面积比例	29.65	34.69	9.30	5.40	39.62
	占本二级区面积比例	24.07	57.96	15.12	1.46	1.39
黔桂高原山 地林农牧区	面积	191.25	166.44	21.22	3.37	0.89
	占同级面积比例	49.48	20.92	2.74	2.61	5.34
	占本二级区面积比例	49.91	43.44	5.54	0.88	0.23
秦岭大巴 山林农区	面积	2.43	60.30	135.26	46.94	1.14
	占同级面积比例	0.63	7.58	17.47	36.40	6.84
	占本二级区面积比例	0.99	24.50	54.97	19.07	0.46
四川盆地 农林区	面积	9.49	122.51	477.39	64.21	5.99
	占同级面积比例	2.46	15.40	61.66	49.79	35.95
	占本二级区面积	1.40	18.03	70.25	9.45	0.88
渝鄂湘黔边境 山地林农牧区	面积	68.77	170.26	68.33	7.48	2.05
	占同级面积比例	17.79	21.40	8.83	5.80	12.30
	占本二级区面积比例	21.70	53.73	21.56	2.36	0.65
	总计	386.54	795.46	774.17	128.96	16.66

对不同评价区耕地土壤全氮含量状况进行统计，结果如表 4-24 所示。从表 4-24 可以看出，土壤全氮含量处于一级（＞2.0g/kg）水平的耕地在贵州评价区分布最多，面积 215.55 万 hm²，占西南区耕地土壤全氮含量处于一级（＞2.0g/kg）水平耕地总面积的 55.76%；其次是云南评价区，面积为 98.53 万 hm²，占西南区耕地土壤全氮含量处于一级（＞2.0g/kg）水平耕地总面积的 25.49%；土壤全氮含量处于一级（＞2.0g/kg）水平的耕地在甘肃评价区没有分布，而在重庆评价区分布最少，面积 0.54 万 hm²，占西南区耕地土壤全氮含量处于一级（＞2.0g/kg）水平耕地总面积的 0.14%。土壤全氮含量处于二级（1.5~2.0g/kg）水平的耕地主要集中分布于贵州、云南和四川 3 个评价区，其面积分别为 218.22 万 hm²、214.91 万 hm²、166.06 万 hm²，分别占西南区耕地土壤全氮含量处于二级（1.5~2.0g/kg）水平耕地总面积的 27.43%、27.02% 和 20.88%；在甘肃评价区分布最少，仅占西南区耕地土壤全氮含量处于二级（1.5~2.0g/kg）水平耕地总面积的 1.14%；其余各评价区的占比也都低于 10%。土壤全氮含量处于三级（1.0~1.5g/kg）水平的耕地主要分布在四川评价区，其面积为 392.76 万 hm²，占西南区耕地土壤全氮含量处于三级（1.0~1.5g/kg）水平耕地总面积的 50.73%；其次为重庆评价区，面积 169.80 万 hm²，其占比有 21.93%；在广西评价区分布最少，仅占西南区耕地土壤全氮含量处于三级（1.0~1.5g/kg）水平耕地总面积的 0.71%。土壤全氮含量处于四级（0.5~1.0g/kg）水平的耕地主要分布于四川评价区，面积有 57.89 万 hm²，占西南区耕地土壤全氮含量处于四级（0.5~1.0g/kg）水平耕地总面积的 44.89%；在贵州评价区分布最少，仅占西南区耕地土壤全氮含量处于四级（0.5~1.0g/kg）水平耕地总面

积的 0.15%。土壤全氮含量处于五级（≤0.5g/kg）水平的耕地仅在四川评价区、重庆评价区和湖北评价区 3 个二级农业区有分布，分别占西南区耕地土壤全氮含量处于五级（≤0.5g/kg）水平耕地总面积的 83.55%、13.09% 和 3.36%。

从各评价区不同耕地土壤全氮含量水平耕地分布情况来看，甘肃评价区没有土壤全氮含量处于一级（>2.0g/kg）、五级（≤0.5g/kg）水平的耕地分布，土壤全氮含量处于二级（1.5~2.0g/kg）水平的耕地也很少，面积 9.05 万 hm²，占甘肃评价区耕地面积的 13.50%；土壤全氮含量处于三级（1.0~1.5g/kg）水平的耕地分布最多，面积 33.43 万 hm²，占甘肃评价区耕地面积的 49.87%；土壤全氮含量处于四级（0.5~1.0g/kg）水平的耕地有 24.56 万 hm²，占甘肃评价区耕地面积的 36.63%。广西评价区没有土壤全氮含量处于四级（0.5~1.0g/kg）、五级（≤0.5g/kg）水平的耕地分布；土壤全氮含量处于一级（>2.0g/kg）水平的耕地有 14.25 万 hm²，占广西评价区耕地面积的 34.55%；土壤全氮含量处于二级（1.5~2.0g/kg）水平的耕地分布最多，面积 21.52 万 hm²，占广西评价区耕地面积的 52.19%；土壤全氮含量处于三级（1.0~1.5g/kg）水平的耕地有 5.47 万 hm²，占广西评价区耕地面积的 13.26%。贵州评价区无土壤全氮含量处于五级（≤0.5g/kg）水平的耕地分布；主要集中在一级（>2.0g/kg）、二级（1.5~2.0g/kg）两个水平上，其中，土壤全氮含量处于一级（>2.0g/kg）水平的耕地有 215.55 万 hm²，占贵州评价区耕地面积的 47.54%；土壤全氮含量处于二级（1.5~2.0g/kg）水平的耕地有 218.22 万 hm²，占贵州评价区耕地面积的 48.13%；土壤全氮含量处于三级（1.0~1.5g/kg）水平的耕地较少，面积 19.46 万 hm²，占贵州评价区耕地面积的 4.29%；土壤全氮含量处于四级（0.5~1.0g/kg）水平的耕地分布最少，面积 0.19 万 hm²，占贵州评价区耕地面积的 0.04%。湖北评价区中各土壤全氮含量水平的耕地均有分布，主要集中分布在二级（1.5~2.0g/kg）水平上；其中，土壤全氮含量处于一级（>2.0g/kg）水平的耕地有 12.41 万 hm²，占湖北评价区耕地面积的 11.45%；土壤全氮含量处于二级（1.5~2.0g/kg）水平的耕地有 45.09 万 hm²，占湖北评价区耕地面积的 41.60%；土壤全氮含量处于三级（1.0~1.5g/kg）水平的耕地面积 36.94 万 hm²，占湖北评价区耕地面积的 34.08%；土壤全氮含量处于四级（0.5~1.0g/kg）水平的耕地有 13.38 万 hm²，占湖北评价区耕地面积的 12.34%；土壤全氮含量处于五级（≤0.5g/kg）水平的耕地分布最少，面积 0.56 万 hm²，占湖北评价区耕地面积的 0.52%。湖南评价区中没有土壤全氮含量处于四级（0.5~1.0g/kg）、五级（≤0.5g/kg）水平的耕地分布；其中，土壤全氮含量处于二级（1.5~2.0g/kg）水平的耕地分布最多，面积 48.71 万 hm²，占湖南评价区耕地面积的 64.13%；土壤全氮含量处于一级（>2.0g/kg）水平的耕地有 19.95 万 hm²，占湖南评价区耕地面积的 26.27%%；土壤全氮含量处于三级（1.0~1.5g/kg）水平的耕地面积 7.29 万 hm²，占湖南评价区耕地面积的 9.60%。陕西评价区中没有土壤全氮处于五级（≤0.5g/kg）水平的耕地分布；其中，土壤全氮含量处于一级（>2.0g/kg）水平的耕地分布最少，面积 1.62 万 hm²，占陕西评价区耕地面积的 1.72%；土壤全氮含量处于二级（1.5~2.0g/kg）水平的耕地有 23.87 万 hm²，占陕西评价区耕地面积的 25.48%；土壤全氮含量处于三级（1.0~1.5g/kg）水平的耕地分布最多，面积 59.25 万 hm²，占陕西评价区耕地面积的 63.26%；土壤全氮含量处于四级（0.5~1.0g/kg）水平的耕地有 8.93 万 hm²，占陕西评价区耕地面积的 9.53%。四川评价区中各土壤全氮含量水平的耕地均有分布；其中，土壤全氮含量处于一级（>2.0g/kg）水平的耕地有 23.70 万 hm^2，占四川评价区耕地面积的 3.62%；土壤全氮含量处于二级（1.5～2.0g/kg）水平的耕地面积 166.06 万 hm^2，占四川评价区耕地面积的 25.38%；土壤全氮含量处于三级（1.0～1.5g/kg）水平的耕地分布最多，面积 392.76 万 hm^2，占四川评价区耕地面积的 60.02%；土壤全氮含量处于四级（0.5～1.0g/kg）水平的耕地有 57.89 万 hm^2，占四川评价区耕地面积的 8.85%；土壤全氮含量处于五级（≤0.5g/kg）水平的耕地较少，面积 13.92 万 hm^2，占四川评价区耕地面积的 2.13%。云南评价区中没有土壤全氮含量处于五级（≤0.5g/kg）水平的耕地分布，主要集中在二级（1.5～2.0g/kg）水平；其中，土壤全氮含量处于一级（>2.0g/kg）水平的耕地有 98.53 万 hm^2，占云南评价区耕地面积的 27.02%；土壤全氮含量处于二级（1.5～2.0g/kg）水平的耕地分布最多，面积 214.91 万 hm^2，占云南评价区耕地面积的 58.92%；土壤全氮含量处于三级（1.0～1.5g/kg）水平的耕地有 49.77 万 hm^2，占云南评价区耕地面积的 13.64%；土壤全氮含量处于四级（0.5～1.0g/kg）水平的耕地面积 1.51 万 hm^2，占云南评价区耕地面积的 0.42%。重庆评价区中各土壤全氮含量水平的耕地均有分布，其中，土壤全氮含量处于一级（>2.0g/kg）水平的耕地分布最少，面积 0.54 万 hm^2，占重庆评价区耕地面积的 0.22%；土壤全氮含量处于二级（1.5～2.0g/kg）水平的耕地有 48.03 万 hm^2，占重庆评价区耕地面积的 19.76%；土壤全氮含量处于三级（1.0～1.5g/kg）水平的耕地分布最多，面积 169.80 万 hm^2，占重庆评价区耕地面积的 69.86%；土壤全氮含量处于四级（0.5～1.0g/kg）水平的耕地面积 22.51 万 hm^2，占重庆评价区耕地面积的 9.26%；土壤全氮含量处于五级（≤0.5g/kg）水平的耕地较少，面积 2.18 万 hm^2，占重庆评价区耕地面积的 0.90%。

表 4-24　西南区评价区不同土壤全氮含量水平的耕地面积和比例（万 hm^2，%）

评价区	面积和比例	一级 >2.0g/kg	二级 1.5～2.0g/kg	三级 1.0～1.5g/kg	四级 0.5～1.0g/kg	五级 ≤0.5g/kg
甘肃评价区	面积	0.00	9.05	33.43	24.56	0.00
	占同级面积比例	0.00	1.14	4.32	19.04	0.00
	占本评价区面积比例	0.00	13.5	49.87	36.63	0.00
广西评价区	面积	14.25	21.52	5.47	0.00	0.00
	占同级面积比例	3.69	2.71	0.71	0.00	0.00
	占本评价区面积比例	34.55	52.19	13.26	0.00	0.00
贵州评价区	面积	215.55	218.22	19.46	0.19	0.00
	占同级面积比例	55.76	27.43	2.51	0.15	0.00
	占本评价区面积比例	47.54	48.13	4.29	0.04	0.00
湖北评价区	面积	12.41	45.09	36.94	13.38	0.56
	占同级面积比例	3.21	5.67	4.77	10.38	3.36
	占本评价区面积比例	11.45	41.60	34.08	12.34	0.52
湖南评价区	面积	19.95	48.71	7.29	0.00	0.00
	占同级面积比例	5.16	6.12	0.94	0.00	0.00
	占本评价区面积比例	26.27	64.13	9.60	0.00	0.00

（续）

评价区	面积和比例	一级 >2.0g/kg	二级 1.5～2.0g/kg	三级 1.0～1.5g/kg	四级 0.5～1.0g/kg	五级 ≤0.5g/kg
陕西评价区	面积	1.62	23.87	59.25	8.93	0.00
	占同级面积比例	0.42	3.00	7.65	6.92	0.00
	占本评价区面积比例	1.72	25.48	63.26	9.53	0.00
四川评价区	面积	23.70	166.06	392.76	57.89	13.92
	占同级面积比例	6.13	20.88	50.73	44.89	83.55
	占本评价区面积比例	3.62	25.38	60.02	8.85	2.13
云南评价区	面积	98.53	214.91	49.77	1.51	0.00
	占同级面积比例	25.49	27.02	6.43	1.17	0.00
	占本评价区面积比例	27.02	58.92	13.64	0.42	0.00
重庆评价区	面积	0.54	48.03	169.80	22.51	2.18
	占同级面积比例	0.14	6.04	21.93	17.45	13.09
	占本评价区面积比例	0.22	19.76	69.86	9.26	0.90
	总计	386.54	795.46	774.17	128.96	16.66

对不同土壤类型土壤全氮含量状况进行统计，结果如表4-25所示。从表4-25中可以看出，从不同土壤全氮含量水平耕地在各土类上的分布情况来看，土壤全氮含量处于一级（>2.0g/kg）水平的耕地在黄壤上分布最多，面积104.50万hm²，占西南区土壤全氮含量处于一级（>2.0g/kg）水平耕地总面积的27.03%，占该土类耕地的33.31%；其次，全区有20.81%的土壤全氮含量处于一级（>2.0g/kg）水平的耕地分布在水稻土上，面积80.45万hm²，占该土类耕地的16.38%；有16.07%的土壤全氮含量处于一级（>2.0g/kg）水平的耕地分布在石灰（岩）土上，面积62.11万hm²，占该土类耕地的32.08%；有9.35%的土壤全氮含量处于一级（>2.0g/kg）水平的耕地分布在黄棕壤上，面积36.14万hm²，占该土类耕地的19.34%；有7.80%的土壤全氮含量处于一级（>2.0g/kg）水平的耕地分布在紫色土上，面积30.14万hm²，占该土类耕地5.59%。此外，部分土类虽分布的面积不大，但其土壤全氮含量处于一级（>2.0g/kg）水平的耕地占土类耕地面积的比例较高，如火山灰土的耕地仅有0.29万hm²，仅占西南区土壤全氮含量处于一级（>2.0g/kg）水平耕地总面积的0.08%，但全部属于一级（>2.0g/kg）水平；分布面积仅占西南区土壤全氮含量处于一级（>2.0g/kg）水平耕地总面积0.16%的沼泽土，其土壤全氮含量处于一级（>2.0g/kg）水平的耕地面积0.63万hm²，占该土类耕地的73.16%；分布面积仅占西南区土壤全氮含量处于一级（>2.0g/kg）水平耕地总面积0.76%的石质土，其土壤全氮含量处于一级（>2.0g/kg）水平的耕地面积2.92万hm²，占该土类耕地的72.35%；分布面积仅占西南区土壤全氮含量处于一级（>2.0g/kg）水平耕地总面积0.02%的泥炭土，其土壤全氮含量处于一级（>2.0g/kg）水平的耕地面积0.09万hm²，占该土类的62.97%；其余土类分布的面积较小，且其土壤全氮含量处于一级（>2.0g/kg）水平的耕地占自身土类耕地总面积的比例也较低。土壤全氮含量处于二级（1.5～2.0g/kg）水平的耕地在水稻土

表4-25 西南区各土壤类型不同土壤全氮含量水平的耕地面积与比例（万·hm², %）

土类	一级>2.0g/kg			二级 1.5~2.0g/kg			三级 1.0~1.5g/kg			四级 0.5~1.0g/kg			五级≤0.5g/kg		
	面积	占土类面积比例	占同级面积比例	面积	占土类面积比例	占同级面积比例	面积	占土类面积比例	占同级面积比例	面积	占土类面积比例	占同级面积比例	面积	占土类面积比例	占同级面积比例
暗棕壤	0.73	17.57	0.19	1.58	38.07	0.20	1.32	31.86	0.17	0.48	11.56	0.37	0.04	0.94	0.24
草甸土	0.05	20.28	0.01	0.14	60.80	0.02	0.04	18.92	0.01	0.00	0.00	0.00	0.00	0.00	0.00
草毡土	0.01	26.27	0.003	0.00	0.00	0.00	0.03	73.73	0.004	0.00	0.00	0.00	0.00	0.00	0.00
潮土	0.81	11.76	0.21	2.37	34.48	0.30	2.38	34.63	0.31	0.94	13.75	0.73	0.37	5.38	2.22
赤红壤	0.77	20.37	0.20	1.09	29.02	0.14	1.73	45.91	0.22	0.11	3.02	0.09	0.06	1.67	0.36
粗骨土	9.24	27.64	2.39	13.67	40.92	1.72	8.6	25.73	1.11	1.91	5.70	1.48	0.00	0.00	0.00
风沙土	0.00	0.00	0.00	0.00	0.00	0.00	0.001	100.00	0.000 1	0.00	0.00	0.00	0.00	0.00	0.00
褐土	0.01	0.04	0.003	0.17	0.51	0.02	17.38	53.30	2.24	15.05	46.15	11.67	0.00	0.00	0.00
黑钙土	0.00	0.00	0.00	0.52	58.43	0.07	0.37	41.57	0.05	0.00	0.00	0.00	0.00	0.00	0.00
黑垆土	0.00	0.00	0.00	0.83	46.68	0.10	0.57	32.18	0.07	0.37	21.14	0.29	0.00	0.00	0.00
黑土	0.00	0.00	0.00	2.11	69.90	0.27	0.85	28.28	0.11	0.06	1.82	0.05	0.00	0.00	0.00
黑毡土	0.16	20.9	0.04	0.52	66.38	0.07	0.10	12.73	0.01	0.00	0.00	0.00	0.00	0.00	0.00
红壤	46.16	24.18	11.94	108.86	57.03	13.69	30.22	15.83	3.90	2.03	1.07	1.57	3.62	1.90	21.73
红黏土	0.00	0.00	0.00	0.01	0.81	0.00	0.31	32.14	0.04	0.66	67.05	0.51	0.00	0.00	0.00
黄褐土	0.10	0.67	0.03	4.90	34.23	0.62	6.68	46.64	0.86	2.51	17.52	1.95	0.13	0.94	0.78
黄绵土	0.00	0.00	0.00	0.01	3.72	0.001	0.04	12.99	0.01	0.24	83.29	0.19	0.00	0.00	0.00
黄壤	104.5	33.31	27.03	146.45	46.68	18.41	55.91	17.82	7.22	5.63	1.80	4.37	1.25	0.40	7.50
黄棕壤	36.14	19.34	9.35	73.18	39.16	9.20	62.04	33.20	8.01	13.96	7.47	10.83	1.55	0.83	9.30
灰褐土	0.00	0.00	0.00	2.53	15.81	0.32	9.58	59.97	1.24	3.87	24.23	3.00	0.00	0.00	0.00

（续）

土类	一级>2.0g/kg			二级 1.5~2.0g/kg			三级 1.0~1.5g/kg			四级 0.5~1.0g/kg			五级≤0.5g/kg		
	面积	占土类面积比例	占同级面积比例	面积	占土类面积比例	占同级面积比例	面积	占土类面积比例	占同级面积比例	面积	占土类面积比例	占同级面积比例	面积	占土类面积比例	占同级面积比例
火山灰土	0.29	100.00	0.08	0.00	0.00	0.00	0.00	0.00	0.00	0.00	0.00	0.00	0.00	0.00	0.00
泥炭土	0.09	62.97	0.02	0.05	37.03	0.01	0.00	0.00	0.00	0.00	0.00	0.00	0.00	0.00	0.00
山地草甸土	0.11	4.45	0.03	1.29	50.46	0.16	0.94	36.94	0.12	0.21	8.14	0.16	0.00	0.00	0.00
石灰（岩）土	62.11	32.08	16.07	101.09	52.22	12.71	24.61	12.71	3.18	4.49	2.32	3.48	1.30	0.67	7.80
石质土	2.92	72.35	0.76	0.75	18.51	0.09	0.35	8.55	0.05	0.02	0.59	0.02	0.00	0.00	0.00
水稻土	80.45	16.38	20.81	186.20	37.91	23.41	198.76	40.47	25.67	23.37	4.76	18.13	2.38	0.48	14.29
新积土	0.75	10.16	0.19	2.12	28.69	0.27	3.98	53.82	0.51	0.54	7.33	0.42	0.00	0.00	0.00
燥红土	0.67	9.31	0.17	2.87	39.73	0.36	3.16	43.76	0.41	0.51	7.04	0.40	0.01	0.16	0.06
沼泽土	0.63	73.16	0.16	0.16	18.76	0.02	0.07	7.83	0.01	0.002	0.24	0.002	0.00	0.00	0.00
砖红壤	0.56	17.81	0.14	1.55	49.38	0.19	1.03	32.81	0.13	0.00	0.00	0.00	0.00	0.00	0.00
紫色土	30.14	5.59	7.80	124.73	23.14	15.68	330.35	61.30	42.67	47.95	8.90	37.18	5.76	1.07	34.57
棕壤	9.07	21.74	2.35	15.68	37.60	1.97	12.73	30.52	1.64	4.04	9.68	3.13	0.19	0.47	1.14
棕色针叶林土	0.07	47.11	0.02	0.05	29.93	0.01	0.04	22.96	0.01	0.00	0.00	0.00	0.00	0.00	0.00
总计	386.54	18.39	100.00	795.46	37.85	100.00	774.17	36.83	100.00	128.96	6.14	100.00	16.66	0.79	100.00

上分布最多，面积 186.20 万 hm²，占西南区土壤全氮含量处于二级（1.5～2.0g/kg）水平的耕地总面积的 23.41%，占该土类耕地的 37.91%；其次，全区有 18.41% 的土壤全氮含量处于二级（1.5～2.0g/kg）水平的耕地分布在黄壤上，面积 146.45 万 hm²，占该土类耕地的 46.68%；有 15.68% 的土壤全氮含量处于二级（1.5～2.0g/kg）水平的耕地分布在紫色土上，面积 124.73 万 hm²，占该土类耕地的 23.14%；有 13.69% 的土壤全氮含量处于二级（1.5～2.0g/kg）水平的耕地分布在红壤上，面积 108.86 万 hm²，占该土类耕地的 57.03%；有 12.71% 的土壤全氮含量处于二级（1.5～2.0g/kg）水平的耕地分布在石灰（岩）土上，面积 101.09 万 hm²，占该土类耕地的 52.22%；有 9.20% 的土壤全氮含量处于二级（1.5～2.0g/kg）水平的耕地分布在黄棕壤上，面积 73.18 万 hm²，占该土类耕地的 39.16%。此外，还有一些土类，绝大多数耕地分布于土壤全氮含量处于二级（1.5～2.0g/kg）水平的范围内，如分布面积仅占西南区土壤全氮含量处于二级（1.5～2.0g/kg）水平耕地总面积 0.02% 的草甸土，其土壤全氮含量处于二级（1.5～2.0g/kg）水平的耕地面积 0.14 万 hm²，占该土类耕地的 60.80%；分布面积仅占西南区土壤全氮含量处于二级（1.5～2.0g/kg）水平耕地总面积 0.07% 的黑钙土，其土壤全氮含量处于二级（1.5～2.0g/kg）水平的耕地面积 0.52 万 hm²，占该土类耕地的 58.43%；分布面积仅占西南区土壤全氮含量处于二级（1.5～2.0g/kg）水平耕地总面积 0.27% 的黑土，其土壤全氮含量处于二级（1.5～2.0g/kg）水平的耕地面积 2.11 万 hm²，占该土类耕地的 69.90%；分布面积仅占西南区土壤全氮含量处于二级（1.5～2.0g/kg）水平耕地总面积 0.07% 的黑毡土，其土壤全氮含量处于二级（1.5～2.0g/kg）水平的耕地面积 0.52 万 hm²，占该土类耕地的 66.38%；分布面积仅占西南区土壤全氮含量处于二级（1.5～2.0g/kg）水平耕地总面积 0.16% 的山地草甸土，其土壤全氮含量处于二级（1.5～2.0g/kg）水平的耕地面积 1.29 万 hm²，占该土类耕地的 50.46%。土壤全氮含量处于三级（1.0～1.5g/kg）水平的耕地在紫色土上分布最多，面积 330.35 万 hm²，占西南区土壤全氮含量处于三级（1.0～1.5g/kg）水平耕地总面积的 42.67%，占该土类耕地的 61.30%；其次，全区有 25.67% 的土壤全氮含量处于三级（1.0～1.5g/kg）水平的耕地分布在水稻土上，面积 198.76 万 hm²，占该土类耕地的 40.47%；有 8.01% 的土壤全氮含量处于三级（1.0～1.5g/kg）水平的耕地分布在黄棕壤上，面积 62.04 万 hm²，占该土类耕地的 33.20%；有 7.22% 的土壤全氮含量处于三级（1.0～1.5g/kg）水平的耕地分布在黄壤上，面积 55.91 万 hm²，占该土类耕地的 17.82%。此外，分布面积仅占西南区土壤全氮含量处于三级（1.0～1.5g/kg）水平耕地总面积 0.0001% 的风沙土，其土壤全氮含量全部处于三级水平范围内；分布面积仅占西南区土壤全氮含量处于三级（1.0～1.5g/kg）水平耕地总面积 0.004% 的草毡土，其土壤全氮含量处于三级（1.0～1.5g/kg）水平的耕地面积 0.03 万 hm²，大多分布于三级（1.0～1.5g/kg）水平范围内，占该土类耕地的 73.73%；分布面积仅占西南区土壤全氮含量处于三级（1.0～1.5g/kg）水平耕地总面积 2.24% 的褐土，其土壤全氮含量处于三级（1.0～1.5g/kg）水平的耕地面积 17.38 万 hm²，占该土类耕地的 53.30%；分布面积仅占西南区土壤全氮含量处于三级（1.0～1.5g/kg）水平耕地总面积 1.24% 的灰褐土，其土壤全氮含量处于三级（1.0～1.5g/kg）水平的耕地面积 9.58 万 hm²，占该土类耕地的 59.97%；分布面积仅占西南区土壤全氮含量处于三级（1.0～1.5g/kg）水平耕地总面积 0.51% 的新积土，其土壤全氮含量处于三级（1.0～1.5g/kg）水平的耕地面积 3.98 万 hm²，占该土类耕地的 53.82%。土壤全氮含量处于四级（0.5～1.0g/kg）水平的耕地也是在紫色土上分布最多，面积 47.95 万 hm²，占西南区土壤全氮含量处于四级（0.5～1.0g/kg）水平耕地总面积的 37.18%，占该土类耕地的 8.90%；全区有 18.13% 的土壤全氮含量处于四级（0.5～1.0g/kg）水平的耕地分布在水稻土上，面积 23.37 万 hm²，占该土类耕地的 4.76%；有 11.67% 的土壤全氮含量处于四级（0.5～1.0g/kg）水平的耕地分布在褐土上，面积 15.05 万 hm²，占该土类耕地的 46.15%；有 10.83% 的土壤全氮含量处于四级（0.5～1.0g/kg）水平的耕地分布在黄棕壤上，面积 13.96 万 hm²，占该土类耕地的 7.47%；耕地面积分别是 0.19% 的黄绵土和 0.51% 的红黏土，其土壤全氮含量大多处于该水平范围内，占比高达 83.29%、67.05% 的耕地同样在紫色土上分布最多，面积 5.76 万 hm²，占西南区土壤全氮含量处于五级（≤0.5g/kg）水平耕地总面积的 34.57%，占该土类耕地的 1.07%；分布面积仅占西南区土壤全氮含量处于五级（≤0.5g/kg）水平耕地总面积 14.29% 的水稻土，其土壤全氮含量处于五级（≤0.5g/kg）水平的耕地面积 2.38 万 hm²，占该土类耕地的 0.48%；分布面积仅占西南区土壤全氮含量处于五级（≤0.5g/kg）水平耕地总面积 9.30% 的黄棕壤，其土壤全氮含量处于五级（≤0.5g/kg）水平的耕地面积 1.55 万 hm²，占该土类耕地的 0.83%，其他土类土壤全氮含量处于五级（≤0.5g/kg）水平的耕地分布较少或没有分布。

四、土壤氮素调控

氮是作物体内许多重要有机化合物的成分，在多方面影响着作物的代谢过程和生长发育。当土壤中全氮含量<0.75g/kg 时，作物从土壤中吸收的氮素不足，缺氮时作物长势弱，分蘖或分枝减少，较老的叶片先退绿变黄，叶色失绿，有时在茎、叶柄或老叶上出现紫色，严重缺氮时，叶片脱落，植株矮小，严重时下部叶片枯黄脱落；根系细长且稀小，花果少而种子小，产量下降且早熟。土壤供氮过多，则植株叶色浓绿，植株徒长，且贪青晚熟，易倒伏和病害侵袭；降低果蔬品质和耐贮存性。氮过量影响根系对钾、锌、硼、铁、铜、镁、钙的吸收和利用。过量的钾和磷元素会影响氮的吸收；缺硼也不利于氮的吸收。不同的环境、不同的土壤中氮素含量不同，要使作物在适宜的土壤氮素中生长，就需要调控土壤中的氮素。一般通过施用无机肥进行调控。

（一）选择合适的氮肥种类

氮肥是世界化肥生产和使用量最大的肥料品种。氮肥按含氮基团可分为氨态氮肥、铵态氮肥、硝态氮肥、硝铵态氮肥、氰氨态氮肥和酰胺态氮肥。常用的氮肥有：铵态氮肥：碳酸氢铵、硫酸铵、氯化铵；硝态氮肥：硝酸钠、硝酸钙、硝酸铵等；酰胺态氮肥主要是尿素；长效氮肥又称缓效或缓释氮肥、控效氮肥，难溶于水或难以被微生物分解，在土壤中缓慢释放养分的肥料。

（二）确定适宜的氮肥管理技术

调节土壤氮素，主要考虑土壤氮素含量、作物生长特性、肥料特点、施肥方法来确定施肥时期和施肥量。不同的肥料其含氮量以及氮素的释放速率和根系的吸收是有差别的。如碳酸氢铵速效但利用率很低，硝态肥料根系吸收快，在多雨季节易流失。因此，强化氮肥高效管理技术，是实现减氮增效的有力手段，如需要快速见效，滴灌或冲施的时候以硝态氮肥为主，作物施肥基肥以有机肥为主，辅以铵态氮肥，推广新型高效氮肥，有机无机配合等。肥料种类对氮素流失量的影响明显，土壤氮浓度过饱和是导致氮素大量流失的最根本原因，减少化学氮肥施用量，采用深施等技术，可以有效降低氮素的损失，提高氮素利用率。

（三）适时适量施用氮肥

土壤中氮素过量，一般都是由于过量地施用氮肥。氮素过量会使作物的产量和质量下降，还增加了肥料的投入成本。施用氮肥一定要适时、适量，要与其他营养元素配合施用。应控制氮肥用量，分次施用。增施有机肥，提高土壤的保肥能力。利用有机肥的吸附能力，增加土壤的缓冲性，减少肥害的发生。作物受害严重时，应立即采取：及时把未吸收的肥料从施肥沟或穴中移出，以防肥害进一步加重；用水淋洗残留在土壤中的肥料，待表土晾干后，松土挥发土壤中的有害气体；对受害作物可喷施 0.2％磷酸二氢钾，以促进根系和叶芽发育，恢复生机。

第三节 土壤有效磷

磷是植物生长发育的必需营养元素之一，能够促进各种代谢正常进行。土壤有效磷，是指土壤中可被植物吸收利用的磷的总称。它包括全部水溶性磷、部分吸附态磷、一部分微溶性的无机磷和易矿化的有机磷等，只是后二者需要经过一定的转化过程后方能被植物直接吸收。土壤中有效磷含量与全磷含量之间虽不是直线相关，但当土壤全磷含量低于 0.03％时，土壤往往表现缺少有效磷。土壤对磷的供应能力，一是取决于土壤溶液中磷的浓度，即强度因素；二是取决于土壤固相补充磷的能力，即缓冲能力，也有称之为容量因素。影响土壤供磷力的因素主要包括：土壤有效磷库、酸碱度、有机质、土壤黏粒及矿物组成、土壤氧化还原状况等。但决定土壤供磷力的根本因素是土壤有效磷库的容量。

一、土壤有效磷含量及其空间差异

对西南区 35 332 个耕地质量调查点中土壤有效磷含量情况进行统计，结果如表 4-26 所示。从表 4-26 中可以看出，西南区耕层土壤有效磷含量平均值为 24.48g/kg，含量范围在 0.80～204.00mg/kg 之间。从极值在各二级农业区的分布情况上看，耕地土壤有效磷含量最大值出现在四川盆地农林区，最小值出现在四川盆地农林区和黔桂高原山地林农牧区。从极值在评价区各市（州）的分布情况上看，耕地土壤有效磷含量最大值出现在重庆市，最小值出现在广西评价区河池市、贵州评价区毕节市和六盘水市以及四川评价区乐山市。

表 4-26 西南区耕层土壤有效磷含量（个，mg/kg，％）

区域	采样点数	最小值	最大值	平均值	标准差	变异系数
西南区	35 332	0.80	204.00	24.48	27.41	111.99

（一）不同二级农业区耕地土壤有效磷含量差异

对不同二级农业区耕地土壤有效磷含量情况进行统计，结果如表 4-27 所示。从表 4-27 中可以看出，秦岭大巴山林农区耕地土壤有效磷平均含量最低，平均值为 21.02mg/kg，含量范围在 0.81～202.00mg/kg 之间；渝鄂湘黔边境山地林农牧区耕地土壤有效磷平均含量最高，平均值为 27.46mg/kg，含量范围在 0.90～203.66mg/kg 之间。其他各二级农业区耕地土壤有效磷平均含量由高到低的顺序依次为川滇高原山地林农牧区、四川盆地农林区和黔桂高原山地林农牧区，其值分别为 25.24mg/kg、24.48mg/kg 和 21.76mg/kg。

表 4-27　西南区各二级农业区耕地土壤有效磷含量（个，mg/kg，%）

二级农业区	采样点数	最小值	最大值	平均值	标准差	变异系数
川滇高原山地林农牧区	6 338	0.90	202.80	25.24	23.62	93.56
黔桂高原山地林农牧区	5 729	0.80	201.00	21.76	25.75	118.37
秦岭大巴山林农区	3 950	0.81	202.00	21.02	18.90	89.93
四川盆地农林区	11 155	0.80	204.00	24.48	31.92	130.38
渝鄂湘黔边境山地林农牧区	8 160	0.90	203.66	27.46	27.81	101.26

（二）不同评价区耕地土壤有效磷含量差异

对不同评价区耕地土壤有效磷含量情况进行统计，结果如表 4-28 所示。从表 4-28 中可以看出，重庆评价区耕地土壤有效磷平均含量最高，平均值为 27.19mg/kg，含量范围在 0.9～204.00mg/kg 之间，湖南评价区耕地土壤有效磷平均含量最低，平均值仅为 22.08mg/kg，含量范围在 1.05～84.87mg/kg 之间。其他评价区耕地土壤有效磷平均含量由高到低的顺序依次为湖北、广西、云南、四川、陕西、贵州和甘肃评价区，其值分别为 26.31mg/kg、25.95mg/kg、24.31mg/kg、23.51mg/kg、23.13mg/kg、23.09mg/kg 和 22.66mg/kg。

表 4-28　西南区各评价区耕层土壤有效磷含量（个，mg/kg，%）

评价区	采样点数	最小值	最大值	平均值	标准差	变异系数
甘肃评价区	861	2.47	68.81	22.66	15.17	66.96
广西评价区	622	0.80	198.00	25.95	31.39	120.97
贵州评价区	6 835	0.80	201.30	23.09	27.19	117.77
湖北评价区	4 813	0.90	203.66	26.31	26.47	100.61
湖南评价区	1 585	1.05	84.87	22.08	19.78	89.60
陕西评价区	1 014	0.81	180.00	23.13	20.10	86.88
四川评价区	8 803	0.80	203.00	23.51	30.15	128.24
云南评价区	4 951	1.20	180.80	24.31	20.83	85.66
重庆评价区	5 848	0.90	204.00	27.19	32.26	118.67

（三）不同评价区各市（州）耕层土壤有效磷含量差异

对不同评价区各市（州）耕地土壤有效磷含量情况进行统计，结果如表 4-29 所示。从表 4-29 中可以看出，广西评价区南宁市的耕地土壤有效磷平均含量最高，平均值为 51.84mg/kg，含量范围在 2.10～156.80mg/kg；其次是湖北评价区恩施土家族苗族自治州、四川评价区雅安市、湖南评价区邵阳市、甘肃评价区定西市和云南评价区保山市，其耕地土壤有效磷平均含量分别为 37.36mg/kg、37.26mg/kg、36.53mg/kg、35.87mg/kg、35.19mg/kg；四川评价区资阳市的耕地土壤有效磷平均含量最低，平均值为 11.60mg/kg，含量范围在 1.60～98.40mg/kg。其余各市（州）的耕地土壤有效磷平均含量介于 12.00～

34.34mg/kg 之间。

表 4-29 西南区不同评价区各市（州）耕地土壤有效磷含量（个，mg/kg,%）

评价区	市（州）名称	采样点数	最小值	最大值	平均值	标准差	变异系数
甘肃评价区		861	2.47	68.81	22.66	15.17	66.96
	定西市	130	7.35	67.99	35.87	15.90	44.32
	甘南藏族自治州	14	21.62	56.27	31.69	10.72	33.82
	陇南市	717	2.47	68.81	20.09	13.75	68.44
广西评价区		622	0.80	198.00	25.95	31.39	120.97
	百色市	207	0.80	140.00	20.41	24.79	121.47
	河池市	346	0.80	198.00	24.10	31.05	128.86
	南宁市	69	2.10	156.80	51.84	38.07	73.44
贵州评价区		6 835	0.80	201.30	23.09	27.19	117.77
	安顺市	444	0.87	160.57	17.59	20.73	117.87
	毕节市	1 498	0.80	185.80	22.01	25.05	113.81
	贵阳市	397	1.20	190.90	29.50	29.17	98.88
	六盘水市	467	0.80	102.00	12.79	16.09	125.80
	黔东南苗族侗族自治州	638	1.10	201.30	33.68	35.53	105.50
	黔南布依族苗族自治州	721	0.91	184.10	21.10	26.70	126.55
	黔西南布依族苗族自治州	671	0.81	140.20	15.70	17.59	111.98
	铜仁市	728	0.90	199.20	24.72	30.03	121.47
	遵义市	1 271	0.81	201.00	26.84	29.10	108.44
湖北评价区		4 813	0.90	203.66	26.31	26.47	100.61
	恩施土家族苗族自治州	1 757	0.90	199.83	37.36	33.60	89.93
	神农架林区	100	4.30	30.50	16.01	6.57	41.00
	十堰市	701	0.91	146.04	14.32	14.96	104.46
	襄阳市	610	1.93	80.73	16.81	12.27	72.99
	宜昌市	1 645	0.98	203.66	23.91	21.46	89.73
湖南评价区		1 585	1.05	84.87	22.08	19.78	89.60
	常德市	100	2.00	81.20	19.54	16.35	83.71
	怀化市	730	1.10	84.75	21.38	19.85	92.87
	邵阳市	70	3.46	80.77	36.53	20.31	55.60
	湘西土家族苗族自治州	475	1.14	84.87	26.01	21.02	80.81
	张家界市	210	1.05	73.82	12.00	10.67	88.87
陕西评价区		1 014	0.81	180.00	23.13	20.10	86.88
	安康市	342	1.90	180.00	21.61	19.46	90.05
	宝鸡市	65	5.56	57.29	23.86	10.68	44.75
	汉中市	328	0.81	165.56	26.47	22.32	84.31
	商洛市	279	1.20	127.20	20.92	19.36	92.53

（续）

评价区	市（州）名称	采样点数	最小值	最大值	平均值	标准差	变异系数
四川评价区		8 803	0.80	203.00	23.51	30.15	128.24
	巴中市	396	1.10	196.90	22.33	28.97	129.76
	成都市	721	1.07	200.16	29.31	29.86	101.89
	达州市	805	0.92	192.10	23.10	29.67	128.44
	德阳市	392	1.40	195.11	21.36	22.80	106.77
	甘孜藏族自治州	6	5.80	65.87	29.96	20.62	68.82
	广安市	501	1.10	185.55	21.45	27.96	130.33
	广元市	468	0.87	202.00	18.71	25.20	134.67
	乐山市	316	0.80	167.80	25.76	31.11	120.78
	凉山彝族自治州	610	0.90	200.00	27.57	30.52	110.71
	泸州市	577	1.00	198.60	20.73	28.65	138.18
	眉山市	416	0.91	194.00	22.53	28.31	125.64
	绵阳市	551	1.30	203.00	25.64	33.02	128.79
	南充市	573	1.10	193.00	26.29	39.55	150.41
	内江市	283	1.10	180.50	21.20	26.65	125.71
	攀枝花市	53	7.30	65.90	25.01	12.32	49.26
	遂宁市	409	2.00	156.90	13.71	16.13	117.71
	雅安市	214	1.10	202.80	37.26	40.51	108.74
	宜宾市	737	0.81	197.88	29.34	37.21	126.81
	资阳市	463	1.60	98.40	11.60	11.12	95.81
	自贡市	312	0.90	166.70	23.82	31.76	133.36
云南评价区		4 951	1.20	180.80	24.31	20.83	85.66
	保山市	122	5.60	112.60	35.19	22.31	63.39
	楚雄彝族自治州	438	5.10	86.80	20.67	14.96	72.40
	大理白族自治州	447	1.20	160.50	29.74	22.92	77.07
	红河哈尼族彝族自治州	210	5.00	120.90	23.77	21.21	89.23
	昆明市	604	5.20	180.80	31.60	26.16	82.78
	丽江市	299	5.00	150.90	21.58	18.51	85.78
	怒江傈僳族自治州	79	5.50	151.80	27.69	28.95	104.55
	普洱市	115	5.00	61.40	14.89	10.13	68.08
	曲靖市	1 092	5.00	161.20	24.02	19.06	79.34
	文山壮族苗族自治州	422	5.00	155.00	23.52	21.45	91.18
	玉溪市	192	5.30	155.20	34.34	29.44	85.73
	昭通市	931	5.00	152.00	17.78	13.71	77.13
重庆评价区		5 848	0.90	204.00	27.19	32.26	118.67
	重庆市	5 848	0.90	204.00	27.19	32.26	118.67

二、土壤有效磷含量及其影响因素

(一) 土壤类型与土壤有效磷含量

对西南区主要土壤类型的耕地土壤有效磷含量情况进行统计，结果如表 4-30 所示。从表 4-30 中可以看出，寒冻土的土壤有效磷平均含量最高，平均值为 40.15mg/kg，含量范围在 19.60～67.20mg/kg；石质土的土壤有效磷平均含量最低，平均值为 14.11mg/kg，含量范围在 11.32～19.22mg/kg。其余土类土壤有效磷平均含量介于 16.57～35.05mg/kg 之间，其中，黑钙土、潮土、新积土、草甸土和灰褐土等土类的土壤有效磷平均含量也较高，而土壤有效磷平均含量低于 25g/kg 的土类除石质土外，还有石灰（岩）土、暗棕壤、粗骨土、燥红土、火山灰土、沼泽土、褐土、赤红壤、黄褐土、黄绵土、水稻土、红黏土和山地草甸土等土类。水稻土的调查点数量最多，有12 795个，土壤有效磷平均含量为 21.04mg/kg，在 0.80～203.80mg/kg 之间变动。

表 4-30　西南区主要土壤类型耕地土壤有效磷含量（个，mg/kg，%）

土类	采样点数	最小值	最大值	平均值	标准差	变异系数
暗棕壤	16	5.10	71.90	24.60	23.64	96.08
草甸土	7	7.80	90.20	30.76	27.59	89.70
潮土	466	1.19	185.36	32.73	33.35	101.89
赤红壤	66	4.50	80.70	21.55	18.44	85.54
粗骨土	73	2.90	185.68	23.79	29.51	124.05
寒冻土	4	19.60	67.20	40.15	21.54	53.64
褐土	566	3.10	93.96	21.56	15.03	69.72
黑钙土	20	8.62	67.99	35.05	16.08	45.89
黑垆土	113	6.60	67.37	28.81	18.07	62.71
黑土	25	8.27	64.46	28.22	16.75	59.35
红壤	2 411	0.90	202.80	27.11	24.11	88.92
红黏土	23	8.60	61.25	20.58	14.85	72.15
黄褐土	358	1.20	180.00	21.29	22.68	106.52
黄绵土	25	10.70	44.25	21.24	8.46	39.84
黄壤	5 629	0.80	203.66	25.34	28.13	111.02
黄棕壤	3 036	0.80	194.84	26.19	26.62	101.63
灰褐土	17	7.88	56.27	30.00	11.93	39.76
火山灰土	4	7.00	37.60	23.08	13.40	58.09
山地草甸土	6	8.00	32.08	16.57	10.17	61.36
石灰（岩）土	2 111	1.00	190.60	24.65	24.45	99.16
石质土	5	11.32	19.22	14.11	3.23	22.92
水稻土	12 795	0.80	203.80	21.04	25.37	120.61
新积土	270	1.40	170.00	32.41	34.67	106.97

（续）

土类	采样点数	最小值	最大值	平均值	标准差	变异系数
燥红土	79	2.50	135.80	23.17	19.44	83.88
沼泽土	9	5.60	60.90	22.06	16.46	74.65
紫色土	6 803	0.81	204.00	27.74	32.37	116.68
棕壤	395	1.28	178.90	28.14	25.92	92.10

对西南区主要土壤亚类耕地土壤有效磷含量情况进行统计，结果如表 4-31 所示。从表 4-31 中可以看出，腐泥沼泽土的土壤有效磷平均含量最高，平均值为 60.90mg/kg；其次是典型灰褐土、寒冻土和漂洗黄壤，其土壤有效磷平均含量分别为 43.89mg/kg、40.15mg/kg、40.07mg/kg；盐渍水稻土的土壤有效磷含量平均值最低，仅有 8.00mg/kg；其余亚类介于 10.76～35.05mg/kg 之间。其中，典型黑钙土、典型潮土、冲积土、黑麻土、灰潮土、酸性紫色土、石灰性灰褐土、中性紫色土、红壤性土、典型草甸土、黑色石灰土、棕壤性土和典型黄棕壤等亚类的土壤有效磷平均含量相对较高，典型黑垆土、山地灌丛草甸土、中性石质土、黄色赤红壤、泥炭沼泽土、典型山地草甸土、淋溶褐土、潜育水稻土、淋溶灰褐土、渗育水稻土、脱潜水稻土和褐土性土等亚类的土壤有效磷平均含量较低。

表 4-31　西南区主要土壤亚类耕地土壤有效磷含量（个，mg/kg，%）

亚类	采样点数	最小值	最大值	平均值	标准差	变异系数
暗黄棕壤	1 084	0.80	182.00	22.32	22.39	100.34
赤红壤性土	2	24.50	30.50	27.50	4.24	15.43
冲积土	222	1.40	165.00	33.41	35.20	105.34
典型暗棕壤	16	5.10	71.90	24.60	23.64	96.08
典型草甸土	7	7.80	90.20	30.76	27.59	89.70
典型潮土	148	1.60	185.36	34.22	32.41	94.70
典型赤红壤	50	4.50	80.70	22.74	20.38	89.62
典型褐土	255	3.10	79.90	23.16	16.08	69.41
典型黑钙土	20	8.62	67.99	35.05	16.08	45.89
典型黑垆土	22	6.60	19.10	10.76	3.23	30.01
典型黑土	25	8.27	64.46	28.22	16.75	59.35
典型红壤	441	1.10	201.30	27.16	26.59	97.91
典型黄褐土	329	1.20	180.00	21.26	22.79	107.18
典型黄壤	4 865	0.81	203.66	24.96	28.04	112.36
典型黄棕壤	1 478	0.91	194.84	30.60	29.43	96.17
典型灰褐土	1	43.89	43.89	43.89	—	—
典型火山灰土	4	7.00	37.60	23.08	13.40	58.09
典型山地草甸土	5	8.00	32.08	17.27	11.21	64.90
典型新积土	48	2.07	170.00	27.77	32.07	115.51

（续）

亚类	采样点数	最小值	最大值	平均值	标准差	变异系数
典型棕壤	369	1.28	178.90	27.96	25.97	92.90
腐泥沼泽土	1	60.90	60.90	60.90	—	—
钙质粗骨土	28	3.91	143.52	20.02	26.34	131.54
寒冻土	4	19.60	67.20	40.15	21.54	53.64
褐红土	79	2.50	135.80	23.17	19.44	83.88
褐土性土	12	5.56	39.69	19.74	9.81	49.69
黑麻土	91	6.80	67.37	33.17	17.46	52.64
黑色石灰土	119	2.20	148.12	30.74	27.02	87.91
红壤性土	153	1.00	141.20	30.88	26.49	85.80
红色石灰土	151	1.10	179.60	25.34	26.03	102.75
黄褐土性土	29	4.73	98.02	21.58	21.69	100.54
黄红壤	868	0.90	202.80	26.97	25.75	95.48
黄绵土	25	10.70	44.25	21.24	8.46	39.84
黄壤性土	735	0.80	190.90	27.30	27.68	101.38
黄色赤红壤	14	5.80	38.50	16.45	9.66	58.73
黄色石灰土	1 235	1.00	190.60	23.39	24.90	106.47
黄棕壤性土	474	0.90	168.13	21.41	24.09	112.54
灰潮土	299	1.19	183.80	32.45	34.61	106.66
积钙红黏土	23	8.60	61.25	20.58	14.85	72.15
淋溶褐土	101	3.37	93.96	17.33	14.12	81.52
淋溶灰褐土	3	7.88	34.51	18.67	14.02	75.07
泥炭沼泽土	8	5.60	27.10	17.20	8.20	47.69
漂洗黄壤	29	1.50	194.70	40.07	45.88	114.49
漂洗水稻土	151	0.94	200.16	26.86	40.61	151.19
潜育水稻土	621	0.90	201.00	18.15	21.81	120.17
山地灌丛草甸土	1	13.09	13.09	13.09	—	—
山原红壤	913	0.96	155.00	26.82	20.96	78.14
渗育水稻土	3 807	0.80	202.00	18.94	24.42	128.95
湿潮土	19	3.90	65.00	25.43	16.16	63.55
石灰性褐土	198	3.48	63.92	21.78	13.98	64.21
石灰性灰褐土	13	21.62	56.27	31.55	10.31	32.67
石灰性紫色土	2 376	0.93	197.80	21.05	27.06	128.55
酸性粗骨土	45	2.90	185.68	26.24	31.47	119.89
酸性紫色土	1 314	1.13	197.88	31.83	33.92	106.56
脱潜水稻土	49	2.50	68.75	19.47	13.77	70.76

（续）

亚类	采样点数	最小值	最大值	平均值	标准差	变异系数
淹育水稻土	2 164	0.80	198.00	21.34	26.43	123.87
盐渍水稻土	2	6.60	9.40	8.00	1.98	24.75
中性石质土	5	11.32	19.22	14.11	3.23	22.92
中性紫色土	3 113	0.81	204.00	31.18	34.57	110.86
潴育水稻土	6 001	0.80	203.80	22.42	25.38	113.18
棕红壤	36	0.90	43.20	21.26	11.54	54.28
棕壤性土	26	2.47	101.00	30.72	25.46	82.88
棕色石灰土	606	1.02	185.80	25.87	22.29	86.17

（二）地貌类型与土壤有效磷含量

西南区不同地貌类型土壤有效磷含量同样具有明显的差异，对不同地貌类型土壤有效磷含量情况进行统计，结果如表 4-32 所示。从表 4-32 中可以看出，高原地貌土壤有效磷平均含量最高，平均值为 45.88mg/kg；其次是平原、盆地和山地，其土壤有效磷平均含量分别为 28.89mg/kg、24.84mg/kg、24.68mg/kg；丘陵地貌土壤有效磷平均含量最低，平均值为 23.54mg/kg。

表 4-32　西南区不同地貌类型耕地土壤有效磷含量（个，mg/kg,%）

地貌类型	采样点数	最小值	最大值	平均值	标准差	变异系数
高原	142	1.20	198.60	45.88	45.39	98.94
盆地	5 236	0.81	198.00	24.84	22.99	92.54
平原	867	1.11	200.00	28.89	30.04	103.98
丘陵	12 719	0.80	204.00	23.54	29.84	126.77
山地	16 368	0.80	203.66	24.68	26.30	106.54

（三）成土母质与土壤有效磷含量

对西南区不同成土母质发育土壤的土壤有效磷含量情况进行统计，结果如表 4-33 所示。从表 4-33 中可以看出，土壤有效磷平均含量最高的是砂岩类风化物发育的土壤，平均值为 31.51mg/kg；其次是黄土母质、河湖冲（沉）积物和第四纪老冲积物发育的土壤，其土壤有效磷平均含量分别为 27.43mg/kg、26.92mg/kg、26.16mg/kg；紫色岩类风化物发育的土壤其土壤有效磷平均含量最低，平均值为 23.06mg/kg。

表 4-33　西南区不同成土母质耕地土壤有效磷含量（个，mg/kg,%）

成土母质	采样点数	最小值	最大值	平均值	标准差	变异系数
第四纪老冲积物	2 629	0.90	202.00	26.16	25.22	96.41
第四纪黏土	679	1.00	177.54	23.98	24.22	101.01
河湖冲（沉）积物	3 157	0.81	200.00	26.92	28.62	106.31
红砂岩类风化物	703	0.82	191.30	24.04	25.67	106.76

（续）

成土母质	采样点数	最小值	最大值	平均值	标准差	变异系数
黄土母质	721	1.00	180.00	27.43	24.45	89.13
结晶岩类风化物	1 456	0.90	202.80	23.67	20.92	88.35
泥质岩类风化物	5 451	0.80	203.66	23.39	27.08	115.80
砂泥质岩类风化物	3 079	0.80	201.30	24.01	28.97	120.68
砂岩类风化物	348	1.55	184.79	31.51	32.78	104.03
碳酸盐类风化物	6 455	0.81	202.30	25.65	26.30	102.52
紫色岩类风化物	10 654	0.81	204.00	23.06	28.86	125.14

（四）土壤质地与土壤有效磷含量

对西南不同各质地类型的土壤有效磷含量情况进行统计，结果如表 4-34 所示。从表 4-34 中可以看出，砂壤质地类型的土壤有效磷平均含量最高，其值为 26.87mg/kg；其次是砂土、轻壤、中壤和黏土，其土壤有效磷平均含量分别为 26.08mg/kg、25.51mg/kg、24.16mg/kg、22.83mg/kg；重壤质地类型的土壤有效磷平均含量最低，其值为 22.52mg/kg。

表 4-34　西南区不同土壤质地耕地土壤有效磷含量（个，mg/kg，%）

土壤质地	采样点数	最小值	最大值	平均值	标准差	变异系数
黏土	5 282	0.87	203.00	22.83	22.88	100.21
轻壤	5 276	0.80	204.00	25.51	28.91	113.33
砂壤	6 558	0.80	201.30	26.87	29.75	110.71
砂土	1 587	0.80	201.00	26.08	29.36	112.60
中壤	10 791	0.80	203.80	24.16	27.60	114.24
重壤	5 838	0.81	201.00	22.52	25.88	114.91

三、土壤有效磷含量分级与分布特征

根据西南区土壤有效磷含量状况，按照西南区耕地土壤主要性状分级标准，将土壤有效磷含量划分为 5 级。对西南区不同土壤有效磷含量水平的耕地面积及比例进行统计，结果如图 4-3 所示。

从图 4-3 中可以发现，西南区耕地土壤有效磷含量以三级（15～25mg/kg）水平为主，全区土壤有效磷含量处于三级（15～25mg/kg）水平的耕地占到西南区耕地总面积的 44.07%，土壤有效磷含量处于五级（≤5mg/kg）和一级（>40mg/kg）水平的耕地分布较少，分别占西南区耕地总面积的 0.13% 和 5.97%，土壤有效磷含量处于四级（5～15mg/kg）和二级（25～40mg/kg）水平的耕地分别占西南区耕地总面积的 27.01% 和 22.83%。

对不同二级农业区耕地土壤有效磷含量状况进行统计，结果如表 4-35 示。从表 4-35 中可以看出，土壤有效磷含量处于一级水平（>40mg/kg）的耕地面积 125.39 万 hm²，占西

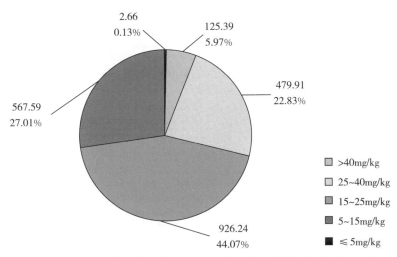

图 4-3　西南区不同土壤有效磷含量水平的耕地面积与比例（万 hm²）

南区耕地面积的 5.97％。主要集中在川滇高原山地林农牧区，面积 40.90 万 hm²，占西南区土壤有效磷含量处于一级（＞40mg/kg）水平耕地总面积的 32.62％；黔桂高原山地林农牧区分布的土壤有效磷含量处于一级（＞40mg/kg）水平的耕地最少，面积 11.70 万 hm²，占西南区土壤有效磷含量处于一级（＞40mg/kg）水平耕地总面积的 9.33％；在四川盆地农林区、渝鄂湘黔边境山地林农牧区和秦岭大巴山林农区 3 个二级农业区的占比分别有23.91％、20.82％和 13.33％。土壤有效磷含量处于二级（25～40mg/kg）水平的耕地面积479.91 万 hm²，占西南区耕地面积的 22.83％。其中也是在川滇高原山地林农牧区分布最多，面积 164.00 万 hm²，占西南区土壤有效磷含量处于二级（25～40mg/kg）水平耕地总面积的 34.17％；同样在黔桂高原山地林农牧区分布的面积最小，其值为 66.44 万 hm²，占西南区土壤有效磷含量处于二级（25～40mg/kg）水平耕地总面积的 13.84％；四川盆地农林区、渝鄂湘黔边境山地林农牧区和秦岭大巴山林农区分别占到西南区土壤有效磷含量处于二级（25～40mg/kg）水平耕地总面积的 21.04％、15.55％、15.39％。土壤有效磷含量处于三级水平（15～25mg/kg）的耕地有 926.24 万 hm²，占西南区耕地面积的 44.07％。其中在四川盆地农林区分布最多，面积 274.19 万 hm²，占西南区土壤有效磷含量处于三级（15～25mg/kg）水平耕地总面积的 29.60％；在秦岭大巴山林农区分布最少，面积 101.58万 hm²，占三级水平耕地的 10.97％；在川滇高原山地林农牧区、黔桂高原山地林农牧区和渝鄂湘黔边境山地林农牧区的占比依次为 25.52％、17.84％和 16.07％。土壤有效磷含量处于四级水平（5～15mg/kg）的耕地面积 567.59 万 hm²，占西南区耕地面积的 27.01％。其中在四川盆地农林区分布最多，面积 274.35 万 hm²，占西南区土壤有效磷含量处于四级（5～15mg/kg）水平耕地总面积的 48.34％；在川滇高原山地林农牧区分布最少，面积34.85 万 hm²，占西南区土壤有效磷含量处于四级（5～15mg/kg）水平耕地总面积的6.14％；在黔桂高原山地林农牧区、渝鄂湘黔边境山地林农牧区和秦岭大巴山林农区的占比依次为 24.17％、11.86％、9.50％。土壤有效磷含量处于五级水平（≤5mg/kg）的耕地有2.66 万 hm²，占西南区耕地面积的 0.13％。仅在黔桂高原山地林农牧区、四川盆地农林区2 个二级农业区有分布，其占比分别为 97.01％和 2.99％。

表 4-35　西南区各二级农业区不同土壤有效磷含量水平的耕地面积和比例（万 hm²，%）

二级农业区	面积和比例	一级 ＞40mg/kg	二级 25～40mg/kg	三级 15～25mg/kg	四级 5～15mg/kg	五级 ≤5mg/kg
川滇高原山 地林农牧区	面积	40.9	164.00	236.34	34.85	0.00
	占同级面积比例	32.62	34.17	25.52	6.14	0.00
	占本二级区面积比例	8.59	34.45	49.64	7.32	0.00
黔桂高原山 地林农牧区	面积	11.70	66.44	165.27	137.17	2.58
	占同级面积比例	9.33	13.84	17.84	24.17	96.99
	占本二级区面积比例	3.05	17.34	43.13	35.80	0.67
秦岭大巴 山林农区	面积	16.71	73.85	101.58	53.93	0.00
	占同级面积比例	13.33	15.39	10.97	9.50	0.00
	占本二级区面积比例	6.79	30.01	41.28	21.92	0.00
四川盆地 农林区	面积	29.98	100.99	274.19	274.35	0.08
	占同级面积比例	23.91	21.04	29.60	48.34	3.01
	占本二级区面积比例	4.41	14.86	40.35	40.37	0.01
渝鄂湘黔边境 山地林农牧区	面积	26.10	74.63	148.85	67.29	0.00
	占同级面积比例	20.82	15.55	16.07	11.86	0.00
	占本二级区面积比例	8.24	23.55	46.97	21.24	0.00
	总计	125.39	479.91	926.24	567.59	2.66

对不同评价区耕地土壤有效磷含量状况进行统计，结果如表 4-36 所示。从表 4-36 中可以看出，土壤有效磷含量处于一级（＞40mg/kg）水平的耕地在云南评价区分布的面积最大，其面积为 34.74 万 hm²，占西南区土壤有效磷含量处于一级（＞40mg/kg）水平耕地总面积的 27.71%；其次是四川评价区，面积为 30.72 万 hm²，占西南区土壤有效磷含量处于一级（＞40mg/kg）水平耕地总面积的 24.50%；在湖南评价区分布的面积最小，仅有 0.27 万 hm²，占西南区土壤有效磷含量处于一级（＞40mg/kg）水平耕地总面积的 0.22%。土壤有效磷含量处于二级（25～40mg/kg）水平的耕地主要集中分布于云南评价区、四川评价区和贵州评价区，其面积分别为 139.53 万 hm²、110.36 万 hm²、79.03 万 hm²，分别占西南区土壤有效磷含量处于二级（25～40mg/kg）水平耕地总面积的 29.07%、23.00% 和 16.47%；在湖南评价区分布的面积最小，仅占到 1.07%；其余各评价区的占比也都低于 10%。土壤有效磷含量处于三级（15～25mg/kg）水平的耕地主要分布在四川评价区，其面积为 256.13 万 hm²，占西南区土壤有效磷含量处于三级（15～25mg/kg）水平耕地总面积的 27.65%；其次为贵州评价区，面积为 213.81 万 hm²，其占比为 23.08%；在广西评价区分布的面积最小，仅占 1.82%。土壤有效磷含量处于四级（5～15mg/kg）水平的耕地也主要分布于四川评价区，面积有 256.94 万 hm²，占西南区土壤有效磷含量处于四级（5～15mg/kg）水平耕地总面积的 45.27%；在甘肃评价区的占比最小，仅有 1.20%。土壤有效磷含量处于五级（≤5mg/kg）水平的耕地仅在贵州评价区、广西评价区和四川评价区 3 个二级农业区有分布，分别占西南区土壤有效磷含量处于五级（≤5mg/kg）水平耕地总面积的 81.67%、11.12% 和 7.21%。

从各评价区不同土壤有效磷含量水平的耕地分布情况看，甘肃评价区的土壤有效磷含量主要以二级（25～40mg/kg）、三级（15～25mg/kg）水平为主，没有土壤有效磷含量处于五级（≤5mg/kg）水平的耕地分布。其中，土壤有效磷含量处于一级（>40mg/kg）水平的耕地有9.43万 hm²，占甘肃评价区耕地面积的14.07%；土壤有效磷含量处于二级（25～40mg/kg）水平的耕地面积24.99万 hm²，占甘肃评价区耕地面积的37.28%；土壤有效磷含量处于三级（15～25mg/kg）水平的耕地面积25.82万 hm²，占甘肃评价区耕地面积的38.52%；土壤有效磷含量处于四级（5～15mg/kg）水平的耕地有6.79万 hm²，占甘肃评价区耕地面积的10.13%。广西评价区的土壤有效磷含量集中分布于三级（15～25mg/kg）和四级（5～15mg/kg）水平，土壤有效磷含量处于一级（>40mg/kg）水平的耕地有4.06万 hm²，占广西评价区耕地面积的9.85%；土壤有效磷含量处于二级（25～40mg/kg）水平的耕地面积6.64万 hm²，占广西评价区耕地面积的16.11%；土壤有效磷含量处于三级（15～25mg/kg）水平的耕地面积16.82万 hm²，占广西评价区耕地面积的40.79%；土壤有效磷含量处于四级（5～15mg/kg）水平的耕地有13.41万 hm²，占广西评价区耕地面积的32.53%；土壤有效磷含量处于五级（≤5mg/kg）水平的耕地较少，面积0.30万 hm²，占广西评价区耕地面积的0.72%。贵州评价区中土壤有效磷含量处于一级（>40mg/kg）水平的耕地分布较少，仅有17.01万 hm²，占贵州评价区耕地面积的3.75%；土壤有效磷含量处于二级（25～40mg/kg）水平的耕地有79.03万 hm²，占贵州评价区耕地面积的17.43%；土壤有效磷含量处于三级（15～25mg/kg）水平的耕地分布最多，面积213.81万 hm²，占贵州评价区耕地面积的47.16%；土壤有效磷含量处于四级（5～15mg/kg）水平的耕地面积141.39万 hm²，占贵州评价区耕地面积的31.18%；土壤有效磷含量处于五级（≤5mg/kg）水平的耕地较少，面积2.18万 hm²，占贵州评价区耕地面积的0.48%。湖北评价区中土壤有效磷含量处于一级（>40mg/kg）水平的耕地有12.23万 hm²，占湖北评价区耕地面积的11.28%；土壤有效磷含量处于二级（25～40mg/kg）水平的耕地分布最多，面积35.41万 hm²，占湖北评价区耕地面积的32.67%；土壤有效磷含量处于三级（15～25mg/kg）水平的耕地有34.80万 hm²，占湖北评价区耕地面积的32.11%；土壤有效磷含量处于四级（5～15mg/kg）水平的耕地面积25.95万 hm²，占湖北评价区耕地面积的23.94%；湖北评价区没有土壤有效磷含量处于五级（≤5mg/kg）水平的耕地分布。湖南评价区中土壤有效磷含量处于一级（>40mg/kg）水平的耕地分布较少，面积0.22万 hm²，占湖南评价区耕地面积的0.35%；土壤有效磷含量处于二级（25～40mg/kg）水平的耕地有1.07万 hm²，占湖南评价区耕地面积的6.78%；土壤有效磷含量处于三级（15～25mg/kg）水平的耕地面积36.86万 hm²，占评价区耕地面积的48.53%；土壤有效磷含量处于四级（5～15mg/kg）水平的耕地分布最多，面积3.88万 hm²，占湖南评价区耕地面积的44.34%；湖南评价区中没有土壤有效磷含量处于五级（≤5mg/kg）水平的耕地分布。陕西评价区中土壤有效磷含量主要处于三级（15～25mg/kg）水平，土壤有效磷含量处于一级（>40mg/kg）水平的耕地有3.19万 hm²，占陕西评价区耕地面积的3.40%；土壤有效磷含量处于二级（25～40mg/kg）水平的耕地面积34.11万 hm²，占陕西评价区耕地面积的36.42%；土壤有效磷含量处于三级（15～25mg/kg）水平的耕地面积47.04万 hm²，占陕西评价区耕地面积的50.23%；土壤有效磷含量处于四级（5～15mg/kg）水平的耕地有9.32万 hm²，占陕西评价区耕地面积的9.95%；陕西评价区也没有土壤有效磷含量处于五级（≤5mg/kg）水平的耕地分布。四川评价区中土壤有效磷含量处于五级（≤5mg/kg）水平的耕地分布最少，仅0.19万hm²，占四川评价区耕地面积的0.03％；土壤有效磷含量处于一级（＞40mg/kg）水平的耕地分布也较少，仅30.72万hm²，占四川评价区耕地面积的4.69％；土壤有效磷含量处于二级（25～40mg/kg）水平的耕地有110.36万hm²，占四川评价区耕地面积的16.87％；土壤有效磷含量处于三级（15～25mg/kg）水平的耕地面积256.13万hm²，占四川评价区耕地面积的39.14％；土壤有效磷含量处于四级（5～15mg/kg）水平的耕地有256.94万hm²，占四川评价区耕地面积的39.27％。云南评价区中土壤有效磷含量处于一级（＞40mg/kg）水平的耕地有34.74万hm²，占云南评价区耕地面积的9.52％；土壤有效磷含量处于二级（25～40mg/kg）水平的耕地面积139.53万hm²，占云南评价区耕地面积的38.26％；土壤有效磷含量处于三级（15～25mg/kg）水平的耕地相对较多，面积171.48万hm²，占云南评价区耕地面积的47.02％；土壤有效磷含量处于四级（5～15mg/kg）水平的耕地有18.98万hm²，占云南评价区耕地面积的5.20％；云南评价区中也没有土壤有效磷含量处于五级（≤5mg/kg）水平的耕地分布。重庆评价区中土壤有效磷含量处于一级（＞40mg/kg）水平的耕地有13.74万hm²，占评价区耕地面积的5.65％；土壤有效磷含量处于二级（25～40mg/kg）水平的耕地面积44.68万hm²，占重庆评价区耕地面积的18.38％；土壤有效磷含量处于三级（15～25mg/kg）水平的耕地分布较多，面积123.48万hm²，占重庆评价区耕地面积的50.80％；土壤有效磷含量处于四级（5～15mg/kg）水平的耕地面积61.15万hm²，占重庆评价区耕地面积的25.16％；重庆评价区中没有土壤有效磷含量处于五级（≤5mg/kg）水平的耕地分布。

表4-36　西南区各评价区不同土壤有效磷含量水平的耕地面积和比例（万hm²，％）

评价区	面积和比例	一级 ＞40mg/kg	二级 25～40mg/kg	三级 15～25mg/kg	四级 5～15mg/kg	五级 ≤5mg/kg
甘肃评价区	面积	9.43	24.99	25.82	6.79	0.00
	占同级面积比例	7.52	5.21	2.79	1.20	0.00
	占本评价区面积比例	14.07	37.28	38.52	10.13	0.00
广西评价区	面积	4.06	6.64	16.82	13.41	0.30
	占同级面积比例	3.24	1.38	1.82	2.36	11.12
	占本评价区面积比例	9.85	16.11	40.79	32.53	0.72
贵州评价区	面积	17.01	79.03	213.81	141.39	2.18
	占同级面积比例	13.57	16.47	23.08	24.91	81.67
	占本评价区面积比例	3.75	17.43	47.16	31.18	0.48
湖北评价区	面积	12.23	35.41	34.80	25.95	0.00
	占同级面积比例	9.75	7.38	3.76	4.57	0.00
	占本评价区面积比例	11.28	32.67	32.11	23.94	0.00

（续）

评价区	面积和比例	一级 >40mg/kg	二级 25～40mg/kg	三级 15～25mg/kg	四级 5～15mg/kg	五级 ≤5mg/kg
湖南评价区	面积	0.22	1.07	3.98	5.93	0.00
	占同级面积比例	0.01	0.25	1.75	1.60	0.00
	占本评价区面积比例	0.35	6.78	48.53	44.34	0.00
陕西评价区	面积	3.19	34.11	47.04	9.32	0.00
	占同级面积比例	2.54	7.11	5.08	1.64	0.00
	占本评价区面积比例	3.40	36.42	50.23	9.95	0.00
四川评价区	面积	30.72	110.36	256.13	256.94	0.19
	占同级面积比例	24.50	23.00	27.65	45.27	7.21
	占本评价区面积比例	4.69	16.87	39.14	39.27	0.03
云南评价区	面积	34.74	139.53	171.48	18.98	0.00
	占同级面积比例	27.71	29.07	18.51	3.34	0.00
	占本评价区面积比例	9.52	38.26	47.02	5.20	0.00
重庆评价区	面积	13.74	44.68	123.48	61.15	0.00
	占同级面积比例	10.96	9.31	13.33	10.77	0.00
	占本评价区面积比例	5.65	18.38	50.80	25.16	0.00
	总计	125.39	479.91	926.24	567.59	2.66

对不同土壤类型土壤有效磷含量状况进行统计，结果如表 4-37 示。从表 4-37 中可以看出，从不同土壤有效磷含量水平耕地在各土类上的分布情况来看，土壤有效磷含量处于一级（>40mg/kg）水平的耕地在水稻土上分布最多，面积 29.84 万 hm²，占西南区土壤有效磷含量处于一级（>40mg/kg）水平耕地总面积的 23.80%，占该土类耕地的 6.08%；其次，全区有 16.20% 的土壤有效磷含量处于一级（>40mg/kg）水平的耕地分布在紫色土上，面积 20.31 万 hm²，占该土类耕地的 3.77%；有 14.99% 的土壤有效磷含量处于一级（>40mg/kg）水平的耕地分布在红壤上，面积 18.79 万 hm²，占该土类耕地的 9.84%；有 13.92% 的土壤有效磷含量处于一级（>40mg/kg）水平的耕地分布在黄壤上，面积 17.45 万 hm²，占该土类耕地的 5.56%。此外，部分土类虽分布的面积不大，但其土壤有效磷含量处于一级（>40mg/kg）水平的耕地占土类面积的比例较高，如火山灰土，其土壤有效磷含量处于一级（>40mg/kg）水平的耕地仅有 0.24 万 hm²，仅占西南区土壤有效磷含量处于一级（>40mg/kg）水平耕地总面积的 0.19%，但大多都处于一级（>40mg/kg）水平，占到该土类耕地的 84.53%；分布面积仅占西南区土壤有效磷含量处于一级（>40mg/kg）水平耕地总面积 0.12% 的草甸土，其土壤有效磷含量处于一级（>40mg/kg）水平的耕地面积 0.15 万 hm²，占该土类耕地的 68.03%；分布面积仅占西南区土壤有效磷含量处于一级（>40mg/kg）水平耕地总面积 0.86% 的黑垆土，其土壤有效磷含量处于一级（>40mg/kg）水平的耕地面积 1.08 万 hm²，占该土类耕地的 60.81%，其余土类上分布的土壤有效磷含量处于一级（>40mg/kg）水平的耕地面积较小，且所占自身土类也都较低。土壤有效磷含量处于二级（25～40mg/kg）水平的耕地也是在水稻土上分布最多，面积 105.75 万 hm²，

表 4-37　西南区各土壤类型不同土壤有效磷含量水平的耕地面积和比例　（万hm²，%）

土类	一级>40mg/kg			二级25~40mg/kg			三级15~25mg/kg			四级5~15mg/kg			五级≤5mg/kg		
	面积	占该土类面积比例	占同级面积比例	面积	占该土类面积比例	占同级面积比例	面积	占该土类面积比例	占同级面积比例	面积	占该土类面积比例	占同级面积比例	面积	占该土类面积比例	占同级面积比例
暗棕壤	0.84	20.21	0.67	1.41	33.93	0.29	1.56	37.69	0.17	0.34	8.17	0.06	0.00	0.00	0.00
草甸土	0.15	68.03	0.12	0.03	11.99	0.01	0.04	19.98	0.004	0.00	0.00	0.00	0.00	0.00	0.00
草毡土	0.00	0.00	0.00	0.002	3.6	0.0004	0.01	26.27	0.001	0.03	70.14	0.01	0.00	0.00	0.00
潮土	0.81	11.77	0.65	1.62	23.59	0.34	2.37	34.44	0.26	2.07	30.19	0.36	0.00	0.00	0.00
赤红壤	0.05	1.39	0.04	1.27	33.64	0.26	1.56	41.38	0.17	0.89	23.59	0.16	0.00	0.00	0.00
粗骨土	2.55	7.64	2.03	9.49	28.41	1.98	13.77	41.20	1.49	7.58	22.68	1.34	0.03	0.08	1.13
风沙土	0.00	0.00	0.00	0.00	0.00	0.00	0.001	100.00	0.0001	0.00	0.00	0.00	0.00	0.00	0.00
褐土	2.42	7.43	1.93	10.34	31.71	2.15	15.20	46.59	1.64	4.65	14.27	0.82	0.00	0.00	0.00
黑钙土	0.00	0.00	0.00	0.55	62.58	0.11	0.33	37.42	0.04	0.00	0.00	0.00	0.00	0.00	0.00
黑炉土	1.08	60.81	0.86	0.31	17.25	0.06	0.02	1.30	0.00	0.37	20.63	0.07	0.00	0.00	0.00
黑土	1.01	33.44	0.81	1.40	46.57	0.29	0.60	19.89	0.06	0.00	0.10	0.00	0.00	0.00	0.00
黑毡土	0.1	13.34	0.08	0.20	25.77	0.04	0.43	55.85	0.05	0.04	5.04	0.01	0.00	0.00	0.00
红壤	18.79	9.84	14.99	69.90	36.62	14.57	79.98	41.90	8.63	22.17	11.62	3.91	0.04	0.02	1.50
红黏土	0.003	0.31	0.002	0.52	52.86	0.11	0.34	34.29	0.04	0.12	12.55	0.02	0.00	0.00	0.00
黄褐土	0.43	2.99	0.34	2.87	20.02	0.60	6.97	48.71	0.75	4.05	28.29	0.71	0.00	0.00	0.00
黄绵土	0.003	1.15	0.003	0.21	71.93	0.04	0.08	26.92	0.01	0.00	0.00	0.00	0.00	0.00	0.00
黄壤	17.45	5.56	13.92	64.14	20.44	13.37	147.83	47.12	15.96	82.94	26.44	14.61	1.38	0.44	51.88
黄棕壤	13.07	7.00	10.42	52.29	27.98	10.90	88.10	47.14	9.51	33.42	17.88	5.89	0.00	0.00	0.00
灰褐土	3.86	24.14	3.08	6.74	42.18	1.40	4.94	30.93	0.53	0.44	2.75	0.08	0.00	0.00	0.00

（续）

土类	一级＞40mg/kg			二级 25～40mg/kg			三级 15～25mg/kg			四级 5～15mg/kg			五级≤5mg/kg		
	面积	占土类面积比例	占同级面积比例	面积	占土类面积比例	占同级面积比例	面积	占土类面积比例	占同级面积比例	面积	占土类面积比例	占同级面积比例	面积	占土类面积比例	占同级面积比例
火山灰土	0.24	84.53	0.19	0.04	15.47	0.01	0.00	0.00	0.00	0.00	0.00	0.00	0.00	0.00	0.00
泥炭土	0.04	28.74	0.03	0.00	0.00	0.00	0.04	30.76	0.004	0.06	40.50	0.01	0.00	0.00	0.00
山地草甸土	0.22	8.74	0.18	1.37	53.58	0.29	0.89	34.96	0.10	0.07	2.72	0.01	0.00	0.00	0.00
石灰（岩）土	6.30	3.26	5.02	41.34	21.36	8.61	98.76	51.01	10.66	46.45	23.99	8.18	0.74	0.38	27.82
石质土	0.01	0.22	0.01	0.72	17.86	0.15	1.42	35.13	0.15	1.89	46.79	0.33	0.00	0.00	0.00
水稻土	29.84	6.08	23.80	105.75	21.53	22.04	214.67	43.71	23.18	140.55	28.62	24.76	0.35	0.07	13.16
新积土	0.76	10.23	0.61	2.29	31.01	0.48	3.35	45.26	0.36	1.00	13.50	0.18	0.00	0.00	0.00
燥红土	0.58	7.99	0.46	3.47	48.12	0.72	2.61	36.12	0.28	0.56	7.77	0.10	0.00	0.00	0.00
沼泽土	0.05	5.34	0.04	0.67	77.72	0.14	0.13	14.53	0.01	0.021	2.41	0.00	0.00	0.00	0.00
砖红壤	0.44	14.10	0.35	0.24	7.58	0.05	1.05	33.56	0.11	1.40	44.76	0.25	0.00	0.00	0.00
紫色土	20.31	3.77	16.20	81.68	15.16	17.02	223.45	41.46	24.12	213.38	39.59	37.59	0.12	0.02	4.51
棕壤	3.96	9.50	3.16	18.92	45.36	3.94	15.73	37.71	1.70	3.10	7.43	0.55	0.00	0.00	0.00
棕色针叶林土	0.02	9.90	0.02	0.13	80.73	0.03	0.01	9.37	0.001	0.00	0.00	0.00	0.00	0.00	0.00
总计	125.39	5.97	100.00	479.91	22.83	100.00	926.24	44.07	100.00	567.59	27.00	100.00	2.66	0.13	100.00

占西南区土壤有效磷含量处于二级（25～40mg/kg）水平耕地总面积的 22.04％，占该土类耕地的 21.53％；其次，全区有 17.02％的土壤有效磷含量处于二级（25～40mg/kg）水平的耕地分布在紫色土上，面积 81.68 万 hm²，占该土类耕地的 15.16％；有 14.57％的土壤有效磷含量处于二级（25～40mg/kg）水平的耕地分布在红壤上，面积 69.90 万 hm²，占该土类耕地的 36.62％；有 13.37％的土壤有效磷含量处于二级（25～40mg/kg）水平的耕地分布在黄壤上，面积 64.14 万 hm²，占该土类耕地的 20.44％。此外，部分土类大多耕地的土壤有效磷含量处于二级（25～40mg/kg）水平的范围内，如分布面积仅占西南区土壤有效磷含量处于二级（25～40mg/kg）水平耕地总面积 0.03％的棕色针叶林土，其土壤有效磷含量处于二级（25～40mg/kg）水平的耕地面积 0.13 万 hm²，占该土类耕地的 80.73％；分布面积仅占西南区土壤有效磷含量处于二级（25～40mg/kg）水平耕地总面积 0.14％的沼泽土，其土壤有效磷含量处于二级（25～40mg/kg）水平的耕地面积 0.67 万 hm²，占该土类耕地的 77.72％；分布面积仅占西南区土壤有效磷含量处于二级（25～40mg/kg）水平耕地总面积 0.11％的黑钙土，其土壤有效磷含量处于二级（25～40mg/kg）水平的耕地面积 0.55 万 hm²，占该土类耕地的 62.58％；分布面积仅占西南区土壤有效磷含量处于二级（25～40mg/kg）水平耕地总面积 0.04％的黄绵土，其土壤有效磷含量处于二级（25～40mg/kg）水平的耕地面积 0.21 万 hm²，占该土类耕地的 71.93％；分布面积仅占西南区土壤有效磷含量处于二级（25～40mg/kg）水平耕地总面积 0.29％的山地草甸土，其土壤有效磷含量处于二级（25～40mg/kg）水平的耕地面积 1.37 万 hm²，占该土类耕地的 53.58％，其余各土类上分布的土壤有效磷含量处于二级（25～40mg/kg）水平的耕地面积较小，且所占自身土类也较低。土壤有效磷含量处于三级（15～25mg/kg）水平的耕地在紫色土上分布最多，面积 223.45 万 hm²，占西南区土壤有效磷含量处于三级（15～25mg/kg）水平耕地总面积的 24.12％，占该土类耕地的 41.46％；其次，全区有 23.18％的土壤有效磷含量处于三级（15～25mg/kg）水平的耕地分布在水稻土上，面积 214.67 万 hm²，占该土类耕地的 43.71％；有 15.96％的土壤有效磷含量处于三级（15～25mg/kg）水平的耕地分布在黄壤上，面积 147.83 万 hm²，占该土类耕地的 47.12％；有 10.66％的土壤有效磷含量处于三级（15～25mg/kg）水平的耕地分布在石灰（岩）土上，面积 98.76 万 hm²，占该土类耕地的 51.01％；有 9.51％的土壤有效磷含量处于三级（15～25mg/kg）水平的耕地分布在黄棕壤上，面积 88.10 万 hm²，占该土类耕地的 47.14％。此外，分布面积仅占西南区土壤有效磷含量处于三级（15～25mg/kg）水平耕地总面积 0.000 1％的风沙土，其土壤有效磷含量全部处于三级（15～25mg/kg）水平范围内；而分布面积仅占西南区土壤有效磷含量处于三级（15～25mg/kg）水平耕地总面积 0.05％的黑毡土，其土壤有效磷含量处于三级（15～25mg/kg）水平的耕地面积 0.43 万 hm²，占该土类耕地的 55.85％。土壤有效磷含量处于四级（5～15mg/kg）水平的耕地在紫色土上分布的数量最多，面积 213.38 万 hm²，占西南区土壤有效磷含量处于四级（5～15mg/kg）水平耕地总面积的 37.59％，占该土类耕地的 39.59％；其次，全区有 24.76％的土壤有效磷含量处于四级（5～15mg/kg）水平的耕地分布在水稻土上，面积 140.55 万 hm²，占该土类耕地的 28.62％；有 14.61％的土壤有效磷含量处于四级（5～15mg/kg）水平的耕地分布在黄壤上，面积 82.94 万 hm²，占该土类耕地的 26.44％；有 8.18％的土壤有效磷含量处于四级（5～15mg/kg）水平的耕地分布在石灰（岩）土上，面积 46.45 万 hm²，占该土类耕地的 23.99％，草毡土上分布的土壤有效磷含量处于四级（5～15mg/kg）水平的耕地面积小，仅有 0.03 万 hm²，占西南区土壤有效磷含量处于四级（5～15mg/kg）水平耕地总面积的 0.01%，但占本土类比高达 70.14%，表明大多数草毡土的土壤有效磷含量处于四级（5～15mg/kg）水平。土壤有效磷含量处于五级（≤5mg/kg）水平的耕地主要分布在黄壤上，面积 1.38 万 hm²，占西南区土壤有效磷含量处于五级水平（≤5mg/kg）耕地总面积的 51.88%，占该土类耕地的 0.44%，其他各土类土壤有效磷含量处于五级水平（≤5mg/kg）的耕地分布较少或没有分布。

四、土壤磷素调控

磷是核酸的主要组成部分，也是酶的主要成分之一。磷能提高细胞的黏度，促进根系发育，加强对土壤水分的利用，提高作物的抗旱性。当土壤中有效磷（P_2O_5）含量<10mg/kg 时，作物从土壤中吸收的磷素不足，缺磷时作物植株矮小，叶片暗绿。苗期缺磷作物生长停滞，导致碳水化合物不能转移，幼苗紫红。中后期缺磷，影响作物繁殖及发育，表现为开花和成熟延迟、灌浆过程受阻、籽粒干瘪。土壤供磷过量，作物呼吸作用过强，根系生长过旺，生殖生长过快，繁殖器官过早发育，茎叶生长受抑制，产量降低，同时影响作物品质。另外，磷过量供给，能阻碍作物对硅的吸收。磷过量影响根系对钾、锌、硼、铁、铜、镁的吸收利用。增施锌肥可以减少作物对磷的吸收，镁元素能够促进作物对磷的吸收。调控土壤磷素一般通过施用磷肥。

（一）选择适宜的磷肥种类

水溶性磷肥：如普通过磷酸钙、重过磷酸钙和磷酸铵（磷酸一铵、磷酸二铵），主要成分是磷酸一钙；枸溶性磷肥：如沉淀磷肥、钢渣磷肥、钙镁磷肥、脱氟磷肥、磷酸氢钙等，主要成分是磷酸二钙；难溶性磷肥：如骨粉和磷矿粉，主要成分是磷酸三钙；混溶性磷肥：一般有硝酸磷肥等，是一种氮磷二元复合肥料，最适宜在旱地施用，在水田和酸性土壤中施用易引起脱氮损失。

（二）确定适宜的磷肥管理技术

主要考虑土壤有效磷含量、作物生长特性、肥料特点、施肥方法来确定施肥时期和施肥量。不同的磷肥其含磷量以及磷素的形态和吸收程度不同。水溶性磷肥：易溶于水，肥效较快，适合于各种土壤、各种作物。枸溶性磷肥：不溶于水而溶于 2% 酸溶液，肥效较慢，在石灰性土壤中，与土壤中钙结合，向难溶性的磷酸盐方向转化，降低了磷的有效性，因此适用于酸性土壤。难溶性磷肥：溶于酸中，不溶于水，施入土壤后靠土壤中的酸使其慢慢溶解，才能变为作物能利用的形态，肥效很慢，但后效较长，适合于酸性土壤中作基肥使用。作物磷营养临界期一般都在生育早期，磷肥施用宜作基肥施入。

（三）确定合适的磷肥施用量

土壤中磷过量，一般都是由于过量地施用磷肥，会使作物的产量和质量下降，增加了肥料的投入成本。施用磷肥要适量，要与其他营养元素配合施用。土壤中磷肥过剩，对作物造成肥害，使植株吸磷过量，吸氮不足。解决办法是适量增施氮肥、钾肥、锌肥加以补救。

第四节　土壤速效钾

钾是作物生长发育过程中所必需的营养元素之一，与作物的生理代谢、抗逆及品质的改善密切相关，被认为是品质元素。钾是土壤中含量最高的矿质营养元素，土壤钾按植物营养有效性可分为无效钾、缓效钾和速效钾。速效钾是指土壤中易被作物吸收利用的钾素，包括土壤溶液中钾及土壤交换性钾。速效钾占土壤全钾量的 0.1%～2%。其中土壤溶液中钾占速效钾的 1%～2%，由于其所占比例很低，常将其计入交换性钾。速效钾含量是表征土壤钾素供应状况的重要指标之一。

一、土壤速效钾含量及其空间差异

对西南区35 332个耕地质量调查点中土壤速效钾含量情况进行统计，结果如表 4-38 所示。从表 4-38 中可以看出，西南区耕地土壤速效钾平均含量为 130mg/kg，含量范围在27～390mg/kg 之间。

表 4-38　西南区耕层土壤速效钾含量（个，mg/kg，%）

区域	样点数	最小值	最大值	平均含量	标准差	变异系数
西南区	35 332	27	390	130	74.33	57.18

（一）不同二级农业区耕地土壤速效钾含量差异

对不同二级农业区耕地土壤速效钾含量情况进行统计，结果如表 4-39 所示。从表 4-39 中可以看出，渝鄂湘黔边境山地林农牧区耕地土壤速效钾平均含量最低，其值为 118mg/kg，含量范围在 27～389mg/kg 之间；川滇高原山地林农牧区耕地土壤速效钾平均含量最高，其值为 147mg/kg，含量范围在 27～385mg/kg 之间。其他各二级农业区耕地土壤速效钾平均含量由高到低的顺序依次为黔桂高原山地林农牧区、秦岭大巴山林农区和四川盆地农林区，其值分别为 142mg/kg、141mg/kg 和 119mg/kg。

表 4-39　西南区各二级农业区耕地土壤速效钾含量（个，mg/kg，%）

二级农业区	样点数	最小值	最大值	平均含量	标准差	变异系数
川滇高原山地林农牧区	6 338	27	385	147	82.88	56.38
黔桂高原山地林农牧区	5 729	27	390	142	86.7	61.06
秦岭大巴山林农区	3 950	27	389	141	71.65	50.82
四川盆地农林区	11 155	27	388	119	63.99	53.77
渝鄂湘黔边境山地林农牧区	8 160	27	389	118	67.33	57.06

（二）不同评价区耕地土壤速效钾含量差异

对不同评价区耕地土壤速效钾含量情况进行统计，结果如表 4-40 所示。从表 4-40 中可以看出，广西评价区耕地土壤速效钾平均含量最低，平均值仅为 83mg/kg，含量范围在27～388mg/kg 之间；甘肃评价区耕地土壤速效钾平均含量最高，平均值为 186mg/kg，含量范围在 67～389mg/kg 之间。其他评价区耕地土壤速效钾平均含量由高到低的顺序依次为贵州、云南、陕西、湖北、四川、重庆和湖南评价区，其值分别为 147mg/kg、145mg/kg、134mg/kg、125mg/kg、122mg/kg、115mg/kg 和 108mg/kg。

表 4-40 西南区各评价区耕地土壤速效钾含量（个，mg/kg,%）

评价区	样点数（个）	最小值	最大值	平均含量	标准差	变异系数（%）
甘肃评价区	861	67	389	186	75.42	40.55
广西评价区	622	27	388	83	68.70	82.77
贵州评价区	6 835	27	390	147	84.57	57.53
湖北评价区	4 813	27	384	125	66.79	53.43
湖南评价区	1 585	31	389	108	66.98	62.02
陕西评价区	1 014	28	348	134	65.34	48.76
四川评价区	8 803	27	385	122	65.85	53.98
云南评价区	4 951	27	365	145	82.56	56.94
重庆评价区	5 848	27	388	115	63.68	55.37

（三）不同评价区各市（州）耕地土壤速效钾含量差异

对不同评价区各市（州）耕地土壤速效钾含量情况进行统计，结果如表 4-41 所示。从表 4-41 中可以看出，甘肃评价区甘南藏族自治州的耕地土壤速效钾平均含量最高，平均值为 227mg/kg，含量范围在 106～341mg/kg；其次是甘肃评价区陇南市，其耕地土壤速效钾平均含量为 188mg/kg，含量范围在 67～389mg/kg；广西评价区南宁市的耕地土壤速效钾平均含量最低，平均值为 61mg/kg，含量范围在 29～324mg/kg。其余各市（州）的耕地土壤速效钾平均含量介于 70～175mg/kg 之间。

表 4-41 西南区不同评价区各市（州）耕地土壤速效钾含量（个，mg/kg,%）

评价区	市（州）名称	样点数	最小值	最大值	平均含量	标准差	变异系数
甘肃评价区		861	67	389	186	75.42	40.55
	定西市	130	68	388	170	74.69	43.94
	甘南藏族自治州	14	106	341	227	72.64	32.00
	陇南市	717	67	389	188	75.13	39.96
广西评价区		622	27	388	83	68.70	82.77
	百色市	207	29	388	112	84.73	75.65
	河池市	346	27	344	70	54.75	78.21
	南宁市	69	29	324	61	47.73	78.25
贵州评价区		6 835	27	390	147	84.57	57.53
	安顺市	444	28	388	161	81.06	50.35
	毕节市	1 498	32	387	174	87.54	50.31
	贵阳市	397	30	384	175	83.34	47.62
	六盘水市	467	28	389	169	105.3	62.31
	黔东南苗族侗族自治州	638	28	382	111	68.79	61.97

（续）

评价区	市（州）名称	样点数	最小值	最大值	平均含量	标准差	变异系数
	黔南布依族苗族自治州	721	27	361	109	63.4	58.17
	黔西南布依族苗族自治州	671	38	390	141	89.18	63.25
	铜仁市	728	38	387	142	75.31	53.04
	遵义市	1 271	28	382	140	77.02	55.01
湖北评价区		4 813	27	384	125	66.79	53.43
	恩施土家族苗族自治州	1 757	27	384	111	63.77	57.45
	神农架林区	100	41	289	126	45.77	36.33
	十堰市	701	27	350	119	64.56	54.25
	襄阳市	610	28	349	154	68.02	44.17
	宜昌市	1 645	27	346	130	67.40	51.85
湖南评价区		1 585	31	389	108	66.98	62.02
	常德市	100	45	357	100	56.32	56.32
	怀化市	730	31	388	98	63.54	64.84
	邵阳市	70	48	233	107	45.88	42.88
	湘西土家族苗族自治州	475	32	389	125	77.09	61.67
	张家界市	210	33	351	111	57.12	51.46
陕西评价区		1 014	28	348	134	65.34	48.76
	安康市	342	28	348	118	60.18	51.00
	宝鸡市	65	38	346	141	74.90	53.12
	汉中市	328	35	344	156	67.55	43.30
	商洛市	279	32	347	128	59.28	46.31
四川评价区		8 803	27	385	122	65.85	53.98
	巴中市	396	35	369	126	57.32	45.49
	成都市	721	27	368	102	67.24	65.92
	达州市	805	29	351	110	50.08	45.53
	德阳市	392	27	374	116	72.44	62.45
	甘孜藏族自治州	6	62	304	117	105.01	89.75
	广安市	501	32	333	120	61.29	51.08
	广元市	468	28	365	121	65.10	53.80
	乐山市	316	30	368	140	77.56	55.40
	凉山彝族自治州	610	28	385	145	80.85	55.76
	泸州市	577	30	377	121	67.53	55.81
	眉山市	416	28	379	112	64.90	57.95
	绵阳市	551	28	379	100	52.43	52.43
	南充市	573	28	372	127	59.57	46.91

（续）

评价区	市（州）名称	样点数	最小值	最大值	平均含量	标准差	变异系数
	内江市	283	27	337	133	66.61	50.08
	攀枝花市	53	55	368	163	82.40	50.55
	遂宁市	409	29	358	151	59.57	39.45
	雅安市	214	30	369	112	69.88	62.39
	宜宾市	737	27	360	107	61.11	57.11
	资阳市	463	57	378	166	56.24	33.88
	自贡市	312	27	279	113	49.36	43.68
云南评价区		4 951	27	365	145	82.56	56.94
	保山市	122	53	349	164	85.87	52.36
	楚雄彝族自治州	438	30	365	141	83.69	59.35
	大理白族自治州	447	29	346	162	90.59	55.92
	红河哈尼族彝族自治州	210	30	346	135	75.18	55.69
	昆明市	604	28	347	152	86.00	56.58
	丽江市	299	27	341	131	86.92	66.35
	怒江傈僳族自治州	79	28	346	146	90.66	62.10
	普洱市	115	27	346	132	108.47	82.17
	曲靖市	1 092	33	365	167	82.71	49.53
	文山壮族苗族自治州	422	30	347	140	77.18	55.13
	玉溪市	192	27	346	157	85.64	54.55
	昭通市	931	27	347	114	57.99	50.87
重庆评价区		5 848	27	388	115	63.68	55.37
	重庆市	5 848	27	388	115	63.68	55.37

二、土壤速效钾含量及其影响因素

（一）土壤类型与土壤速效钾含量

对西南区主要土壤类型耕地土壤速效钾含量情况进行统计，结果如表 4-42 所示。从表 4-42 中可以看出，红黏土的土壤速效钾平均含量最高，平均值为 215mg/kg，含量范围在 71~324mg/kg 之间；赤红壤的土壤速效钾平均含量最低，平均值仅有 101mg/kg，含量范围在 28~346mg/kg 之间。其余各土类土壤速效钾平均含量介于 101~209mg/kg 之间，其中，除红黏土外，石质土、草甸土和山地草甸土的土壤速效钾平均含量也较高；灰褐土、褐土、黑土、黄绵土、黑钙土、沼泽土、黑垆土、棕壤、火山灰土和暗棕壤等土类的土壤速效钾含量次之；而土壤速效钾平均含量低于 150mg/kg 的土类，除赤红壤外，还有寒冻土、红壤、石灰（岩）土、黄褐土、燥红土、粗骨土、黄棕壤、黄壤、新积土、紫色土、潮土和水稻土等土类。水稻土的调查点数量最多，有 12 795 个，其土壤速效钾平均含量为 115mg/kg，含量范围在 27~389mg/kg 之间。

表 4-42　西南区主要土类耕层土壤速效钾含量（个，mg/kg，%）

土类	样点数	最小值	最大值	平均含量	标准差	变异系数
暗棕壤	16	56	342	154	84.89	55.12
草甸土	7	100	339	202	77.36	38.3
潮土	466	27	379	121	73.32	60.6
赤红壤	66	28	346	101	86.97	86.11
粗骨土	73	28	334	139	77.66	55.87
寒冻土	4	72	332	148	123.33	83.33
褐土	566	56	389	184	77.24	41.98
黑钙土	20	84	326	168	63.39	37.73
黑垆土	113	67	389	167	67.15	40.21
黑土	25	74	285	173	62.99	36.41
红壤	2 411	28	389	148	85.49	57.76
红黏土	23	71	324	215	68.14	31.69
黄褐土	358	28	350	146	67.78	46.42
黄绵土	25	83	300	172	46.43	26.99
黄壤	5 629	27	390	137	81.72	59.65
黄棕壤	3 036	27	387	138	76.35	55.33
灰褐土	17	91	341	196	84.79	43.26
火山灰土	4	134	193	158	28.32	17.92
山地草甸土	6	128	347	201	84.77	42.17
石灰（岩）土	2 111	27	388	147	77.38	52.64
石质土	5	83	344	209	102.77	49.17
水稻土	12 795	27	389	115	65.35	56.83
新积土	270	29	379	135	73.03	54.1
燥红土	79	36	338	140	79.3	56.64
沼泽土	9	82	326	167	105.76	63.33
紫色土	6 803	27	388	128	69.38	54.2
棕壤	395	28	384	160	86.71	54.19

　　对西南区主要土壤亚类耕地土壤速效钾含量情况进行统计，结果如表 4-43 所示。从表 4-43 中可以看出，山地灌丛草甸土的土壤速效钾平均含量最高，平均值为 347mg/kg；其次是典型灰褐土和赤红壤性土，其土壤速效钾平均含量分别为 333mg/kg 和 247mg/kg；腐泥沼泽土的土壤速效钾平均含量最低，平均值仅为 82mg/kg。其余亚类的土壤速效钾平均含量介于 83～215mg/kg 之间，其中，积钙红黏土、中性石质土、典型草甸土、典型褐土和石灰性灰褐土的土壤速效钾平均含量较高；石灰性褐土、泥炭沼泽土、典型黑土、典型山地草甸土、黄绵土、黑麻土、典型黑钙土、典型棕壤、暗黄棕壤、典型火山灰土、淋溶褐土、山原红壤、典型暗棕壤、典型黑垆土和黑色石灰土等土类的土壤速效钾含量次之；土壤速效钾平均含量低于 100mg/kg 的土壤亚类，除腐泥沼泽土外，由低到高依次为盐渍水稻土、黄色

赤红壤和典型赤红壤。

表 4-43　西南区主要土壤亚类耕地土壤速效钾含量（个，mg/kg,％）

亚类	样点数	最小值	最大值	平均含量	标准差	变异系数
暗黄棕壤	1 084	27	387	159	87.15	54.81
赤红壤性土	2	151	342	247	135.06	54.68
冲积土	222	30	350	133	68.77	51.71
典型暗棕壤	16	56	342	154	84.89	55.12
典型草甸土	7	100	339	202	77.36	38.3
典型潮土	148	38	379	141	82.16	58.27
典型赤红壤	50	28	346	98	88.97	90.79
典型褐土	255	60	389	201	80.3	39.95
典型黑钙土	20	84	326	168	63.39	37.73
典型黑垆土	22	67	225	152	47.01	30.93
典型黑土	25	74	285	173	62.99	36.41
典型红壤	441	30	375	149	83.04	55.73
典型黄褐土	329	28	348	146	68.25	46.75
典型黄壤	4 865	27	390	140	83.03	59.31
典型黄棕壤	1 478	27	358	128	67.12	52.44
典型灰褐土	1	333	333	333	—	—
典型火山灰土	4	134	193	158	28.32	17.92
典型山地草甸土	5	128	245	172	51.02	29.66
典型新积土	48	29	379	143	90.54	63.31
典型棕壤	369	28	384	161	88.31	54.85
腐泥沼泽土	1	82	82	82	—	—
钙质粗骨土	28	28	334	131	78.33	59.79
寒冻土	4	72	332	148	123.33	83.33
褐红土	79	36	338	140	79.3	56.64
褐土性土	12	83	308	122	88.17	72.27
黑麻土	91	67	389	171	70.88	41.45
黑色石灰土	119	27	348	151	83.81	55.5
红壤性土	153	31	347	144	88.29	61.31
红色石灰土	151	35	377	144	77.79	54.02
黄褐土性土	29	65	350	142	63.22	44.52
黄红壤	868	28	389	141	86.46	61.32
黄绵土	25	83	300	172	46.43	26.99
黄壤性土	735	27	371	119	69.43	58.34
黄色赤红壤	14	34	250	88	55.8	63.41

（续）

亚类	样点数	最小值	最大值	平均含量	标准差	变异系数
黄色石灰土	1 235	28	388	146	79.32	54.33
黄棕壤性土	474	27	350	122	66.47	54.48
灰潮土	299	27	361	113	67.41	59.65
积钙红黏土	23	71	324	215	68.14	31.69
淋溶褐土	101	56	388	158	69.98	44.29
淋溶灰褐土	3	113	161	130	27.15	20.88
泥炭沼泽土	8	94	326	178	107.76	60.54
漂洗黄壤	29	28	350	141	90.99	64.53
漂洗水稻土	151	29	345	120	67.62	56.35
潜育水稻土	621	28	389	113	65.37	57.85
山地灌丛草甸土	1	347	347	347	—	—
山原红壤	913	28	350	158	85.52	54.13
渗育水稻土	3 807	27	384	117	63.62	54.38
湿潮土	19	31	231	101	60.45	59.85
石灰性褐土	198	79	389	179	69.89	39.04
石灰性灰褐土	13	91	341	201	82.32	40.96
石灰性紫色土	2 376	27	388	141	67.59	47.94
酸性粗骨土	45	44	333	144	77.73	53.98
酸性紫色土	1 314	27	377	130	76.12	58.55
脱潜水稻土	49	29	251	122	67.38	55.23
淹育水稻土	2 164	27	374	116	67.08	57.83
盐渍水稻土	2	45	120	83	53.03	63.89
中性石质土	5	83	344	209	102.77	49.17
中性紫色土	3 113	27	385	118	65.9	55.85
潴育水稻土	6 001	27	388	113	65.69	58.13
棕红壤	36	50	232	112	44.37	39.62
棕壤性土	26	34	249	143	58.06	40.6
棕色石灰土	606	30	383	147	71.91	48.92

（二）地貌类型与土壤速效钾含量

对西南区不同地貌类型土壤速效钾含量情况进行统计，结果如表 4-44 所示。从表 4-44 中可以看出，不同地貌类型土壤速效钾含量具有明显的差异，其中高原地貌上土壤速效钾平均含量最高，平均值为 145mg/kg；其次是盆地、山地和丘陵，其土壤速效钾平均含量分别为 137mg/kg、137mg/kg 和 121mg/kg；平原地貌上土壤速效钾平均含量最低，平均值为 93mg/kg。

表 4-44　西南区不同地貌类型耕地土壤速效钾含量（个，mg/kg，%）

地貌类型	样点数	最小值	最大值	平均含量	标准差	变异系数
高原	142	42	373	145	71.54	49.34
盆地	5 236	27	369	137	79.52	58.04
平原	867	27	349	93	63.77	68.57
丘陵	12 719	27	389	121	65.06	53.77
山地	16 368	27	390	137	78.47	57.28

（三）成土母质与土壤速效钾含量

对不同成土母质发育土壤的土壤速效钾含量情况进行统计，结果如表 4-45 所示。从表 4-45 中可以看出，土壤速效钾平均含量最高的是黄土母质发育的土壤，平均值为 165mg/kg；其次是砂泥质岩类风化物和结晶岩类风化物发育的土壤，其土壤速效钾平均含量分别为 148mg/kg 和 141mg/kg；河湖冲（沉）积物发育的土壤其速效钾平均含量最低，平均值为 112mg/kg；其余成土母质发育的土壤其速效钾平均含量在 114~140mg/kg 之间。

表 4-45　西南区不同成土母质耕地土壤速效钾含量（个，mg/kg，%）

成土母质	样点数	最小值	最大值	平均含量	标准差	变异系数
第四纪老冲积物	2 629	27	389	140	80.81	57.72
第四纪黏土	679	27	378	114	65.05	57.06
河湖冲（沉）积物	3 157	27	389	112	67.37	60.15
红砂岩类风化物	703	27	389	120	74.48	62.07
黄土母质	721	29	389	165	80.16	48.58
结晶岩类风化物	1 456	27	381	141	80.99	57.44
泥质岩类风化物	5 451	27	389	119	69.40	58.32
砂泥质岩类风化物	3 079	28	390	148	86.29	58.30
砂岩类风化物	348	27	384	122	72.73	59.61
碳酸盐类风化物	6 455	27	388	140	76.91	54.94
紫色岩类风化物	10 654	27	388	125	67.50	54.00

（四）土壤质地与土壤速效钾含量

对西南区不同质地类型的土壤速效钾含量情况进行统计，结果如表 4-46 所示。从表 4-46 中可以看出，黏土质地类型的土壤速效钾平均含量最高，平均值为 141mg/kg；其次是砂土、中壤、重壤和轻壤，其土壤速效钾平均含量分别为 131mg/kg、131mg/kg、127mg/kg 和 126mg/kg；砂壤质地类型的土壤速效钾平均含量最低，平均值为 125mg/kg。

表 4-46　西南区不同土壤质地耕地土壤速效钾含量（个，mg/kg，%）

土壤质地	样点数	最小值	最大值	平均含量	标准差	变异系数
黏土	5 282	27	389	141	79.03	56.05

（续）

土壤质地	样点数	最小值	最大值	平均含量	标准差	变异系数
轻壤	5 276	27	388	126	73.72	58.51
砂壤	6 558	27	388	125	73.55	58.84
砂土	1 587	27	389	131	72.03	54.98
中壤	10 791	27	390	131	73.33	55.98
重壤	5 838	27	388	127	72.71	57.25

三、土壤速效钾含量分级与分布特征

根据西南区土壤速效钾含量状况，按照西南区耕地土壤主要性状分级标准，将土壤速效钾含量划分为 5 级。对西南区不同土壤速效钾含量水平的耕地面积及比例进行统计，结果如图 4-4 所示。

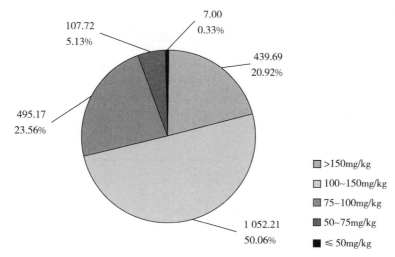

图 4-4　西南区不同土壤速效钾含量水平的耕地面积与比例（万 hm²）

从图 4-4 中可以发现，西南区耕地土壤速效钾含量主要以三级（75～100mg/kg）、二级（100～150mg/kg）和一级（>150mg/kg）水平为主，这 3 个含量水平的耕地占到西南区耕地总面积的 94.54%，土壤速效钾含量处于五级（≤50mg/kg）水平的耕地分布最少，仅占西南区耕地总面积的 0.33%，土壤速效钾含量处于四级（50～75mg/kg）水平的耕地也较少，占西南区耕地总面积的 5.13%。

对不同二级农业区土壤速效钾含量状况进行统计，结果如表 4-47 所示。从表 4-47 中可以看出，土壤速效钾含量处于一级水平（>150mg/kg）的耕地有 439.69 万 hm²，占西南区耕地面积的 20.92%。主要集中在黔桂高原山地林农牧区，面积为 148.72 万 hm²，占西南区土壤速效钾含量处于一级（>150mg/kg）水平耕地总面积的 33.82%；在渝鄂湘黔边境山地林农牧区分布的数量最少，面积 16.90 万 hm²，占西南区土壤速效钾含量处于一级（>150mg/kg）水平耕地总面积的 3.84%；川滇高原山地林农牧区、秦岭大巴山林农区和四川盆地农林区 3 个二级农业区的占比分别为 31.91%、16.18% 和 14.24%。土壤速效钾含量处于二级水平（100～150mg/kg）的耕地面积 1052.21 万 hm²，占西南区耕地面积的 50.06%。主要集中在四川盆地农林区，面积为 359.63 万 hm²，占西南区土壤速效钾含量处于二级（100～150mg/kg）水平耕地总面积的 34.18%；在秦岭大巴山林农区分布最少，面积 113.68 万 hm²，占西南区土壤速效钾含量处于二级（100～150mg/kg）水平耕地总面积的 10.80%；川滇高原山地林农牧区、渝鄂湘黔边境山地林农牧区和黔桂高原山地林农牧区 3 个二级农业区的占比分别为 25.11%、15.64% 和 14.27%。土壤速效钾含量处于三级水平（75～100mg/kg）的耕地有 495.17 万 hm²，占西南区耕地面积的 23.56%。主要集中在四川盆地农林区，面积为 221.70 万 hm²，占西南区土壤速效钾含量处于三级（75～100mg/kg）水平耕地总面积的 44.77%；在黔桂高原山地林农牧区分布的数量最少，面积 49.53 万 hm²，占西南区土壤速效钾含量处于三级（75～100mg/kg）水平耕地总面积的 10.00%；渝鄂湘黔边境山地林农牧区、川滇高原山地林农牧区和秦岭大巴山林农区 3 个二级农业区的占比分别为 21.17%、13.03% 和 11.02%。土壤速效钾含量处于四级水平（50～75mg/kg）的耕地面积 107.72 万 hm²，占西南区耕地面积的 5.13%。主要集中在黔桂高原山地林农牧区，面积为 32.40 万 hm²，占西南区土壤速效钾含量处于四级（50～75mg/kg）水平耕地总面积的 30.08%；在秦岭大巴山林农区分布的数量最少，面积 6.64 万 hm²，占西南区土壤速效钾含量处于四级（50～75mg/kg）水平耕地总面积的 6.16%；四川盆地农林区、渝鄂湘黔边境山地林农牧区和川滇高原山地林农牧区 3 个二级农业区的占比分别为 29.11%、28.07% 和 6.57%。土壤速效钾含量处于五级水平（≤50mg/kg）的耕地面积有 7.00 万 hm²，占西南区耕地面积的 0.33%。仅分布在四川盆地农林区、黔桂高原山地林农牧区和渝鄂湘黔边境山地林农牧区 3 个二级农业区，面积分别为 4.30 万 hm²、2.32 万 hm²、0.37 万 hm²，分别占西南区土壤速效钾含量处于五级（≤50mg/kg）水平耕地总面积的 61.50%、33.16% 和 5.34%。

表 4-47　西南区二级农业区不同土壤速效钾含量水平的耕地面积和比例（万 hm²，%）

二级农业区	面积和比例	一级 >150mg/kg	二级 100～150mg/kg	三级 75～100mg/kg	四级 50～75mg/kg	五级 ≤50mg/kg
川滇高原山地林农牧区	面积	140.31	264.16	64.53	7.08	0.00
	占同级面积比例	31.91	25.11	13.03	6.57	0.00
	占本二级区面积比例	29.47	55.49	13.55	1.49	0.00
黔桂高原山地林农牧区	面积	148.72	150.19	49.53	32.40	2.32
	占同级面积比例	33.82	14.27	10.00	30.08	33.16
	占本二级区面积比例	38.81	39.2	12.93	8.46	0.61
秦岭大巴山林农区	面积	71.16	113.68	54.59	6.64	0.00
	占同级面积比例	16.18	10.8	11.02	6.16	0.00
	占本二级区面积比例	28.92	46.2	22.18	2.70	0.00
四川盆地农林区	面积	62.60	359.63	221.70	31.36	4.30
	占同级面积比例	14.24	34.18	44.77	29.11	61.50
	占本二级区面积比例	9.21	52.92	32.62	4.61	0.63

（续）

二级农业区	面积和比例	一级 >150mg/kg	二级 100~150mg/kg	三级 75~100mg/kg	四级 50~75mg/kg	五级 ≤50mg/kg
渝鄂湘黔边境 山地林农牧区	面积	16.90	164.55	104.82	30.24	0.37
	占同级面积比例	3.84	15.64	21.17	28.07	5.34
	占本二级区面积比例	5.33	51.93	33.08	9.54	0.12
	总计	439.69	1 052.21	495.17	107.72	7.00

对不同评价区耕地土壤速效钾含量状况进行统计，结果如表4-48所示。从表4-48中可以看出，土壤速效钾含量处于一级（>150mg/kg）水平的耕地在贵州评价区分布的面积最大，其面积为184.93万hm²，占西南区土壤速效钾含量处于一级（>150mg/kg）水平耕地总面积的42.06%；其次是云南评价区，面积为98.49万hm²，占西南区土壤速效钾含量处于一级（>150mg/kg）水平耕地总面积的22.40%；在广西评价区分布的面积最小，面积为0.80万hm²，仅占西南区土壤速效钾含量处于一级（>150mg/kg）水平耕地总面积的0.18%。土壤速效钾含量处于二级（100~150mg/kg）水平的耕地主要集中分布于四川评价区、云南评价区和贵州评价区，其面积分别有343.71万hm²、211.39万hm²、204.81万hm²，分别占西南区土壤速效钾含量处于二级（100~150mg/kg）水平耕地总面积的32.67%、20.09%和19.46%；也是在广西评价区分布最少，仅占到西南区土壤速效钾含量处于二级（100~150mg/kg）水平耕地总面积的0.57%。土壤速效钾含量处于三级（75~100mg/kg）水平的耕地主要分布在四川评价区，其面积为201.42万hm²，占西南区土壤速效钾含量处于三级（75~100mg/kg）水平耕地总面积的40.68%；其次为重庆评价区，面积为98.16万hm²，其占比也有19.82%；在甘肃评价区分布的面积最小，仅占西南区土壤速效钾含量处于三级（75~100mg/kg）水平耕地总面积的0.004%。土壤速效钾含量处于四级（50~75mg/kg）水平的耕地主要分布于四川评价区，面积有33.11万hm²，占西南区土壤速效钾含量处于四级（50~75mg/kg）水平耕地总面积的30.74%；在贵州评价区占比最小，仅占西南区土壤速效钾含量处于四级（50~75mg/kg）水平耕地总面积的15.61%；土壤速效钾含量处于四级（50~75mg/kg）水平的耕地在甘肃评价区没有分布。土壤速效钾含量处于五级（≤50mg/kg）水平的耕地仅在四川评价区、广西评价区、湖南评价区、贵州评价区和湖北评价区有分布，分别占西南区土壤速效钾含量处于五级（≤50mg/kg）水平耕地总面积的61.43%、31.43%、4.86%、1.86%和0.43%。

从评价区不同土壤速效钾含量水平的耕地分布情况看，甘肃评价区中土壤速效钾含量处于一级（>150mg/kg）水平的耕地分布最多，面积46.50万hm²，占甘肃评价区耕地面积的69.37%；其次是土壤速效钾含量处于二级（100~150mg/kg）水平的耕地，面积为20.51万hm²，占甘肃评价区耕地面积的30.60%；土壤速效钾含量处于三级（75~100mg/kg）水平的耕地有0.02万hm²，占甘肃评价区耕地面积的0.03%；甘肃评价区没有土壤速效钾含量处于四级（50~75mg/kg）和五级（≤50mg/kg）水平的耕地分布。广西评价区中土壤速效钾含量处于四级（50~75mg/kg）水平的耕地分布最多，面积23.47万hm²，占广西评价区耕地面积的56.92%；其次是土壤速效钾含量处于三级（75~100mg/kg）水平的耕地，面积为8.71万hm²，占广西评价区耕地面积的21.13%；土壤速效钾含量处于一级（>150mg/kg）水平的耕地只有0.80万hm²，占广西评价区耕地面积的1.94%；土壤速效钾含量处于二级（100～150mg/kg）水平的耕地面积 6.05 万 hm²，占广西评价区耕地面积的 14.67％；土壤速效钾含量处于五级（≤50mg/kg）水平的耕地有 2.20 万 hm²，占广西评价区耕地面积的 5.34％。贵州评价区中土壤速效钾含量处于二级（100～150mg/kg）水平的耕地分布最多，面积 204.81 万 hm²，占贵州评价区耕地面积的 45.17％；其次是土壤速效钾含量处于一级（＞150mg/kg）水平的耕地，面积为 184.93 万 hm²，占贵州评价区耕地面积的 40.79％；土壤速效钾含量处于三级（75～100mg/kg）水平的耕地有 46.73 万 hm²，占贵州评价区耕地面积的 10.31％；土壤速效钾含量处于四级（50～75mg/kg）水平的耕地面积 16.81 万 hm²，占贵州评价区耕地面积的 3.71％；土壤速效钾含量处于五级（≤50mg/kg）水平的耕地面积 0.13 万 hm²，占贵州评价区耕地面积的 0.03％。湖北评价区中土壤速效钾含量处于二级（100～150mg/kg）水平的耕地分布最多，面积 55.95 万 hm²，占湖北评价区耕地面积的 51.62％；其次是土壤速效钾含量处于三级（75～100mg/kg）水平的耕地，面积 32.53 万 hm²，占湖北评价区耕地面积的 30.01％；土壤速效钾含量处于一级（＞150mg/kg）水平的耕地面积 10.60 万 hm²，占湖北评价区耕地面积的 9.78％；土壤速效钾含量处于四级（50～75mg/kg）水平的耕地有 9.27 万 hm²，占湖北评价区耕地面积的 8.55％；土壤速效钾含量处于五级（≤50mg/kg）水平的耕地面积 0.03 万 hm²，占湖北评价区耕地面积的 0.03％。湖南评价区中土壤速效钾含量处于三级（75～100mg/kg）水平的耕地分布最多，面积 37.49 万 hm²，占湖南评价区耕地面积的 49.36％；其次是土壤速效钾含量处于二级（100～150mg/kg）水平的耕地，面积为 28.82 万 hm²，占湖南评价区耕地面积的 37.95％；土壤速效钾含量处于一级（＞150mg/kg）水平的耕地有 1.42 万 hm²，占湖南评价区耕地面积的 1.87％；土壤速效钾含量处于四级（50～75mg/kg）水平的耕地面积 7.89 万 hm²，占湖南评价区耕地面积的 10.39％；土壤速效钾含量处于五级（≤50mg/kg）水平的耕地有 0.34 万 hm²，占湖南评价区耕地面积的 0.45％。陕西评价区中土壤速效钾含量处于二级（100～150mg/kg）水平的耕地分布最多，面积 54.62 万 hm²，占陕西评价区耕地面积的 58.32％；其次是土壤速效钾含量处于三级（75～100mg/kg）水平的耕地，面积为 21.08 万 hm²，占陕西评价区耕地面积的 22.51％；土壤速效钾含量处于一级（＞150mg/kg）水平的耕地有 17.53 万 hm²，占陕西评价区耕地面积的 18.72％；土壤速效钾含量处于四级（50～75mg/kg）水平的耕地面积 0.43 万 hm²，占陕西评价区耕地面积的 0.46％；陕西评价区中没有土壤速效钾含量处于五级（≤50mg/kg）水平的耕地分布。四川评价区中土壤速效钾含量处于二级（100～150mg/kg）水平的耕地面积最大，其值有 343.71 万 hm²，占四川评价区耕地面积的 52.53％；其次是土壤速效钾含量处于三级（75～100mg/kg）水平的耕地，面积为 201.42 万 hm²，占四川评价区耕地面积的 30.78％；土壤速效钾含量处于一级（＞150mg/kg）水平的耕地有 71.79 万 hm²，占四川评价区耕地面积的 10.97％；土壤速效钾含量处于四级（50～75mg/kg）水平的耕地面积 33.11 万 hm²，占四川评价区耕地面积的 5.06％；土壤速效钾含量处于五级（≤50mg/kg）水平的耕地有 4.30 万 hm²，占四川评价区耕地面积的 0.66％。云南评价区中土壤速效钾含量处于二级（100～150mg/kg）水平的耕地分布最多，面积 211.39 万 hm²，占云南评价区耕地面积的 57.96％；其次是土壤速效钾含量处于一级（＞150mg/kg）水平的耕地，面积为 98.49 万 hm²，占云南评价区耕地面积的 27.00％；土壤速效钾含量处于三级（75～100mg/kg）水平的耕地有 49.04 万 hm²，占云南评价区耕地面积的 13.45％；土壤速效钾含量处于四级（50～75mg/kg）水平的耕地面积 5.81 万 hm²，占云南评价区耕地面积的 1.59%；云南评价区中没有土壤速效钾含量处于五级（≤50mg/kg）水平的耕地分布。重庆评价区中也是土壤速效钾含量处于二级（100～150mg/kg）水平的耕地分布最多，面积 126.34 万 hm²，占重庆评价区耕地面积的 51.98%；其次是土壤速效钾含量处于三级（75～100mg/kg）水平的耕地，面积为 98.16 万 hm²，占重庆评价区耕地面积的 40.39%；土壤速效钾含量处于一级（＞150mg/kg）水平的耕地面积 7.62 万 hm²，占重庆评价区耕地面积的 3.14%；土壤速效钾含量处于四级（50～75mg/kg）水平的耕地有 10.93 万 hm²，占重庆评价区耕地面积的 4.50%；重庆评价区中没有土壤速效钾含量处于五级（≤50mg/kg）水平的耕地分布。

表 4-48　西南区评价区不同土壤速效钾含量水平的耕地面积和比例（万 hm²,%）

评价区	面积和比例	一级 ＞150mg/kg	二级 100～150mg/kg	三级 75～100mg/kg	四级 50～75mg/kg	五级 ≤50mg/kg
甘肃评价区	面积	46.50	20.51	0.02	0.00	0.00
	占同级面积比例	10.58	1.95	0.004	0.00	0.00
	占本评价区面积比例	69.37	30.60	0.03	0.00	0.00
广西评价区	面积	0.80	6.05	8.71	23.47	2.20
	占同级面积比例	0.18	0.57	1.76	21.79	31.43
	占本评价区面积比例	1.94	14.67	21.13	56.92	5.34
贵州评价区	面积	184.93	204.81	46.73	16.81	0.13
	占同级面积比例	42.06	19.46	9.44	15.61	1.86
	占本评价区面积比例	40.79	45.17	10.31	3.71	0.03
湖北评价区	面积	10.60	55.95	32.53	9.27	0.03
	占同级面积比例	2.41	5.32	6.57	8.61	0.43
	占本评价区面积比例	9.78	51.62	30.01	8.55	0.03
湖南评价区	面积	1.42	28.82	37.49	7.89	0.34
	占同级面积比例	0.32	2.74	7.57	7.32	4.86
	占本评价区面积比例	1.87	37.95	49.36	10.39	0.45
陕西评价区	面积	17.53	54.62	21.08	0.43	0.00
	占同级面积比例	3.99	5.19	4.26	0.40	0.00
	占本评价区面积比例	18.72	58.32	22.51	0.46	0.00
四川评价区	面积	71.79	343.71	201.42	33.11	4.30
	占同级面积比例	16.33	32.67	40.68	30.74	61.43
	占本评价区面积比例	10.97	52.53	30.78	5.06	0.66
云南评价区	面积	98.49	211.39	49.04	5.81	0.00
	占同级面积比例	22.40	20.09	9.90	5.39	0.00
	占本评价区面积比例	27	57.96	13.45	1.59	0.00

（续）

评价区	面积和比例	一级 >150mg/kg	二级 100～150mg/kg	三级 75～100mg/kg	四级 50～75mg/kg	五级 ≤50mg/kg
重庆评价区	面积	7.62	126.34	98.16	10.93	0.00
	占同级面积比例	1.73	12.01	19.82	10.15	0.00
	占本评价区面积比例	3.14	51.98	40.39	4.5	0.00
	总计	439.69	1 052.21	495.17	107.72	7.00

对不同土壤类型土壤速效钾含量状况进行统计，结果如表 4-49 所示。从表 4-49 中可以看出，土壤速效钾含量处于一级（>150mg/kg）水平的耕地主要在紫色土上分布较多，面积 80.57 万 hm²，占该土类耕地的 14.95%，占西南区土壤速效钾含量处于一级（>150mg/kg）水平耕地总面积的 18.32%；其次是黄壤，该土类上分布的土壤速效钾含量处于一级（>150mg/kg）水平的耕地面积 73.50 万 hm²，占该土类耕地的 23.43%，占西南区土壤速效钾含量处于一级（>150mg/kg）水平耕地总面积的 16.72%；水稻土上分布的土壤速效钾含量处于一级（>150mg/kg）水平的耕地面积 59.44 万 hm²，占该土类耕地的 12.10%，占西南区土壤速效钾含量处于一级（>150mg/kg）水平耕地总面积的 13.52%；石灰（岩）土上分布的土壤速效钾含量处于一级（>150mg/kg）水平的耕地面积 56.72 万 hm²，占该土类耕地的 29.30%，占西南区土壤速效钾含量处于一级（>150mg/kg）水平耕地总面积的 12.90%；黄棕壤上分布的土壤速效钾含量处于一级（>150mg/kg）水平的耕地面积 50.69 万 hm²，占该土类耕地的 27.12%，占西南区土壤速效钾含量处于一级（>150mg/kg）水平耕地总面积的 11.53%；红壤上分布的土壤速效钾含量处于一级（>150mg/kg）水平的耕地面积 44.26 万 hm²，占该土类耕地的 23.19%，占西南区土壤速效钾含量处于一级（>150mg/kg）水平耕地总面积的 10.07%；褐土上分布的土壤速效钾含量处于一级（>150mg/kg）水平的耕地面积 19.22 万 hm²，占该土类耕地的 58.92%；棕壤上分布的土壤速效钾含量处于一级（>150mg/kg）水平的耕地面积 12.83 万 hm²，占该土类耕地的 30.77%；灰褐土上分布的土壤速效钾含量处于一级（>150mg/kg）水平的耕地面积 12.06 万 hm²，占该土类耕地的 75.46%；草甸土、草毡土、泥炭土和砖红壤等土类上没有土壤速效钾含量处于一级（>150mg/kg）水平的耕地分布；其余各土类上土壤速效钾含量处于一级（>150mg/kg）水平的耕地分布面积都在 10 万 hm² 以下。土壤速效钾含量处于二级（100～150mg/kg）水平的耕地在紫色土上分布较高，面积 284.97 万 hm²，占该土类耕地的 52.88%，占西南区土壤速效钾含量处于二级（100～150mg/kg）水平耕地总面积的 27.08%；水稻土上分布的土壤速效钾含量处于二级（100～150mg/kg）水平的耕地面积 235.09 万 hm²，占该土类耕地的 47.87%，占西南区土壤速效钾含量处于二级（100～150mg/kg）水平耕地总面积的 22.34%；黄壤上分布的土壤速效钾含量处于二级（100～150mg/kg）水平的耕地面积 162.30 万 hm²，占该土类耕地的 51.73%，占西南区土壤速效钾含量处于二级（100～150mg/kg）水平耕地总面积的 15.42%；红壤上分布的土壤速效钾含量处于二级（100～150mg/kg）水平的耕地面积 102.56 万 hm²，占该土类耕地的 53.73%，占西南区土壤速效钾含量处于二级（100～150mg/kg）水平耕地总面积的 9.75%；石灰（岩）土上分布的土壤速效钾含量处于二级（100～150mg/kg）水平的耕地面

表4-49 西南区各土壤类型不同土壤速效钾含量水平的耕地面积和比例（万hm²，%）

土类	一级>150mg/kg 面积	占土类面积比例	占同级面积比例	二级100~150mg/kg 面积	占土类面积比例	占同级面积比例	三级75~100mg/kg 面积	占土类面积比例	占同级面积比例	四级50~75mg/kg 面积	占土类面积比例	占同级面积比例	五级≤50mg/kg 面积	占土类面积比例	占同级面积比例
暗棕壤	2.16	52.09	0.49	1.66	40.01	0.16	0.21	5.07	0.04	0.12	2.83	0.11	0.00	0.00	0.00
草甸土	0.00	0.00	0.00	0.07	32.47	0.01	0.15	67.53	0.03	0.00	0.00	0.00	0.00	0.00	0.00
草毡土	0.00	0.00	0.00	0.04	100.00	0.004	0.00	0.00	0.00	0.00	0.00	0.00	0.00	0.00	0.00
潮土	0.89	12.99	0.20	2.32	33.81	0.22	2.66	38.74	0.54	0.78	11.34	0.72	0.21	3.12	3.06
赤红壤	0.61	16.14	0.14	1.60	42.51	0.15	0.68	18.17	0.14	0.86	22.91	0.80	0.01	0.26	0.14
粗骨土	9.86	29.49	2.24	15.06	45.06	1.43	4.40	13.16	0.89	3.92	11.72	3.64	0.19	0.58	2.76
风沙土	0.001	100	0.0003	0.00	0.00	0.00	0.00	0.00	0.00	0.00	0.00	0.00	0.00	0.00	0.00
褐土	19.22	58.92	4.37	13.31	40.8	1.26	0.09	0.28	0.02	0.00	0.00	0.00	0.00	0.00	0.00
黑钙土	0.85	96.58	0.19	0.03	3.42	0.003	0.00	0.00	0.00	0.00	0.00	0.00	0.00	0.00	0.00
黑垆土	0.92	52.03	0.21	0.85	47.97	0.08	0.00	0.00	0.00	0.00	0.00	0.00	0.00	0.00	0.00
黑土	2.82	93.46	0.64	0.20	6.54	0.02	0.00	0.00	0.00	0.00	0.00	0.00	0.00	0.00	0.00
黑毡土	0.05	6.42	0.01	0.65	84.09	0.06	0.04	5.47	0.01	0.03	4.01	0.03	0.00	0.00	0.00
红壤	44.26	23.19	10.07	102.56	53.73	9.75	31.29	16.39	6.32	11.78	6.17	10.94	1.00	0.52	14.23
红黏土	0.88	90.26	0.20	0.10	9.74	0.01	0.00	0.00	0.00	0.00	0.00	0.00	0.00	0.00	0.00
黄褐土	1.67	11.69	0.38	9.16	63.98	0.87	2.92	20.43	0.59	0.56	3.90	0.52	0.00	0.00	0.00
黄绵土	0.26	89.77	0.06	0.03	10.23	0.003	0.00	0.00	0.00	0.00	0.00	0.00	0.00	0.00	0.00
黄壤	73.50	23.43	16.72	162.30	51.73	15.42	62.82	20.02	12.69	15.02	4.79	13.94	0.11	0.04	1.58
黄棕壤	50.69	27.12	11.53	88.80	47.52	8.44	41.66	22.29	8.41	5.73	3.07	5.32	0.00	0.00	0.00
灰褐土	12.06	75.46	2.74	3.92	24.54	0.37	0.00	0.00	0.00	0.00	0.00	0.00	0.00	0.00	0.00

（续）

土类	一级>150mg/kg			二级100~150mg/kg			三级75~100mg/kg			四级50~75mg/kg			五级≤50mg/kg		
	面积	占土类面积比例	占同级面积比例	面积	占土类面积比例	占同级面积比例	面积	占土类面积比例	占同级面积比例	面积	占土类面积比例	占同级面积比例	面积	占土类面积比例	占同级面积比例
火山灰土	0.24	84.85	0.06	0.04	15.15	0.004	0.00	0.00	0.00	0.00	0.00	0.00	0.00	0.00	0.00
泥炭土	0.00	0.00	0.00	0.13	93.73	0.01	0.00	0.00	0.00	0.01	6.27	0.01	0.00	0.00	0.00
山地草甸土	2.12	83.41	0.48	0.36	13.94	0.03	0.07	2.65	0.01	0.00	0.00	0.00	0.00	0.00	0.00
石灰（岩）土	56.72	29.3	12.90	98.34	50.8	9.35	27.33	14.11	5.52	10.52	5.43	9.76	0.70	0.36	10.00
石质土	2.89	71.59	0.66	1.09	26.91	0.10	0.06	1.50	0.01	0.00	0.00	0.00	0.00	0.00	0.00
水稻土	59.44	12.1	13.52	235.09	47.87	22.34	154.69	31.49	31.24	37.31	7.60	34.63	4.63	0.94	66.14
新积土	1.35	18.23	0.31	4.58	61.98	0.44	1.18	15.99	0.24	0.28	3.80	0.26	0.00	0.00	0.00
燥红土	2.38	33.02	0.54	4.26	59.08	0.41	0.57	7.90	0.12	0.00	0.00	0.00	0.00	0.00	0.00
沼泽土	0.43	49.82	0.10	0.26	29.65	0.02	0.18	20.53	0.04	0.00	0.00	0.00	0.00	0.00	0.00
砖红壤	0.00	0.00	0.00	0.00	0.00	0.00	0.43	13.63	0.09	2.59	82.73	2.40	0.11	3.65	1.63
紫色土	80.57	14.95	18.32	284.97	52.88	27.08	156.55	29.05	31.61	16.82	3.12	15.61	0.03	0.01	0.45
棕壤	12.83	30.77	2.92	20.28	48.64	1.93	7.19	17.24	1.45	1.40	3.36	1.30	0.00	0.00	0.00
棕色针叶林土	0.001	0.78	0.000 3	0.14	89.85	0.01	0.01	9.37	0.003	0.00	0.00	0.00	0.00	0.00	0.00
总计	439.69	—	—	1 052.21	—	—	495.17	—	—	107.72	—	—	7.00	—	—

积 98.34 万 hm²，占该土类耕地的 50.80％，占西南区土壤速效钾含量处于二级（100～150mg/kg）水平耕地总面积的 9.35％；黄棕壤上分布的土壤速效钾含量处于二级（100～150mg/kg）水平的耕地面积 88.80 万 hm²，占该土类耕地的 47.52％；棕壤上分布的土壤速效钾含量处于二级（100～150mg/kg）水平的耕地面积 20.28 万 hm²，占该土类耕地的 48.64％；粗骨土上分布的土壤速效钾含量处于二级（100～150mg/kg）水平的耕地面积 15.06 万 hm²，占该土类耕地的 45.06％；褐土上分布的土壤速效钾含量处于二级（100～150mg/kg）水平的耕地面积 13.31 万 hm²，占该土类耕地的 40.80％；风沙土和砖红壤没有土壤速效钾含量处于二级（100～150mg/kg）水平的耕地分布；其余各土类上土壤速效钾含量处于二级（100～150mg/kg）水平的耕地分布面积都在 10 万 hm² 以下。另外，部分土类虽分布的耕地面积不大，但所占土类比例较高，如草毡土仅有 0.04hm²，全部处于二级（100～150mg/kg）水平，占该土类耕地的 100％；泥炭土上土壤速效钾含量处于二级（100～150mg/kg）水平的耕地面积仅有 0.13hm²，占该土类耕地的 93.73％；棕色针叶林土上土壤速效钾含量处于二级（100～150mg/kg）水平的耕地面积仅有 0.14hm²，占该土类耕地的 89.85％；黑毡土上土壤速效钾含量处于二级（100～150mg/kg）水平的耕地面积仅有 0.65hm²，占该土类耕地的 84.09％。土壤速效钾含量处于三级（75～100mg/kg）水平的耕地在紫色土上分布最多，面积 156.55 万 hm²，占该土类耕地的 29.05％，占西南区土壤速效钾含量处于三级（75～100mg/kg）水平耕地总面积的 31.61％；水稻土上土壤速效钾含量处于三级（75～100mg/kg）水平的耕地面积 154.69 万 hm²，占该土类耕地的 31.49％，占西南区土壤速效钾含量处于三级（75～100mg/kg）水平耕地总面积的 31.24％；黄壤上土壤速效钾含量处于三级（75～100mg/kg）水平的耕地面积 62.82 万 hm²，占该土类耕地的 20.02％，占西南区土壤速效钾含量处于三级（75～100mg/kg）水平耕地总面积的 12.69％；黄棕壤上土壤速效钾含量处于三级（75～100mg/kg）水平的耕地面积 41.66 万 hm²，占该土类耕地的 22.29％，占西南区土壤速效钾含量处于三级（75～100mg/kg）水平耕地总面积的 8.41％；红壤上土壤速效钾含量处于三级（75～100mg/kg）水平的耕地面积 31.29 万 hm²，占该土类耕地的 16.39％；石灰（岩）土上土壤速效钾含量处于三级（75～100mg/kg）水平的耕地面积 27.33 万 hm²，占该土类耕地的 14.11％；棕壤上土壤速效钾含量处于三级（75～100mg/kg）水平的耕地面积 7.19 万 hm²，占该土类耕地的 17.24％；草毡土、风沙土、黑钙土、黑垆土、黑土、红黏土、黄绵土、灰褐土、火山灰土和泥炭土等土类上没有土壤速效钾含量处于三级（75～100mg/kg）水平的耕地分布；其余各土类上土壤速效钾含量处于三级（75～100mg/kg）水平的耕地分布面积都在 5 万 hm² 以下。土壤速效钾含量处于四级（50～75mg/kg）水平的耕地在水稻土上分布较多，面积 37.31 万 hm²，占该土类耕地的 7.60％，占西南区土壤速效钾含量处于四级（50～75mg/kg）水平耕地总面积的 34.63％；紫色土上土壤速效钾含量处于四级（50～75mg/kg）水平的耕地面积 16.82 万 hm²，占该土类耕地的 3.12％，占西南区土壤速效钾含量处于四级（50～75mg/kg）水平耕地总面积的 15.61％；黄壤上土壤速效钾含量处于四级（50～75mg/kg）水平的耕地面积 15.02 万 hm²，占该土类耕地的 4.79％，占西南区土壤速效钾含量处于四级（50～75mg/kg）水平耕地总面积的 13.94％；红壤上土壤速效钾含量处于四级（50～75mg/kg）水平的耕地面积 11.78 万 hm²，占该土类耕地的 6.17％，占西南区土壤速效钾含量处于四级（50～75mg/kg）水平耕地总面积的 10.94％；石灰（岩）土上土壤速效钾含量处于四级（50～75mg/kg）水平的耕地面积 10.52 万 hm²，占该土类耕地的 5.43％，占西南区土壤速效钾含量处于四级（50～75mg/kg）水平耕地总面积的 9.76％；黄棕壤上土壤速效钾含量处于四级（50～75mg/kg）水平的耕地面积 5.73 万 hm²，占该土类耕地的 3.07％；粗骨土上土壤速效钾含量处于四级（50～75mg/kg）水平的耕地面积 3.92 万 hm²，占该土类耕地的 11.72％；砖红壤上土壤速效钾含量处于四级（50～75mg/kg）水平的耕地面积 2.59 万 hm²，占该土类耕地的 82.73％；棕壤上土壤速效钾含量处于四级（50～75mg/kg）水平的耕地面积 1.40 万 hm²，占该土类耕地的 3.36％；赤红壤、潮土、黄褐土、新积土、暗棕壤、黑毡土和泥炭土等土类上土壤速效钾含量处于四级（50～75mg/kg）水平的耕地面积都在 1 万 hm² 以下；其余各土类上没有土壤速效钾含量处于四级（50～75mg/kg）水平的耕地分布。土壤速效钾含量处于五级（≤50mg/kg）水平的耕地在水稻土上分布较多，面积 4.63 万 hm²，占该土类耕地的 0.94％，占西南区土壤速效钾含量处于五级（≤50mg/kg）水平耕地总面积的 66.14％；红壤上土壤速效钾含量处于五级（≤50mg/kg）水平的耕地面积 1.00 万 hm²，占该土类耕地的 0.52％，占西南区土壤速效钾含量处于五级（≤50mg/kg）水平耕地总面积的 14.23％；石灰（岩）土上土壤速效钾含量处于五级（≤50mg/kg）水平的耕地面积 0.70 万 hm²，占该土类耕地的 0.36％；潮土上土壤速效钾含量处于五级（≤50mg/kg）水平的耕地面积 0.21 万 hm²，占该土类耕地的 3.12％；粗骨土上土壤速效钾含量处于五级（≤50mg/kg）水平的耕地面积 0.19 万 hm²，占该土类耕地的 0.58％；黄壤上土壤速效钾含量处于五级（≤50mg/kg）水平的耕地面积 0.11 万 hm²，占该土类耕地的 0.04％；砖红壤 0.11 万 hm²，占该土类耕地的 3.65％；紫色土上土壤速效钾含量处于五级（≤50mg/kg）水平的耕地面积 0.03 万 hm²，占该土类耕地的 0.01％；赤红壤上土壤速效钾含量处于五级（≤50mg/kg）水平的耕地面积 0.01 万 hm²，占该土类耕地的 0.26％；其余各土类上没有土壤速效钾含量处于五级（≤50mg/kg）水平的耕地分布。

四、土壤钾素调控

钾是酶的活化剂，能促进光合作用、提高叶绿素含量、促进碳水化合物的代谢和运转，有利于蛋白质的合成，提高作物抗寒性、抗逆性及抗病和抗倒伏能力。当土壤中速效钾（K_2O）含量<50mg/kg 时，作物从土壤中吸收的钾素不足，缺钾时作物老叶尖端和边缘发黄，进而变褐色，渐次枯萎，但叶脉两侧和中部仍为绿色；组织柔软易倒伏，根系少而短，易早衰。土壤供钾过量，会造成作物吸钾过量，由于钾离子不平衡，影响作物对其他阳离子尤其是钙、镁的吸收，钾过量也影响根系对氮、锌的吸收利用。调控土壤钾素一般通过施用钾肥。

土壤供钾能力的影响因素主要包括：

（1）土壤黏土类型、含量　土壤供钾能力主要决定于<50μm 部分的含钾矿物组成，0～10μm 部分的次生黏土矿物组成含量对整个土壤的供钾能力尤为重要。土壤中黏粒含量越多，吸附钾的能力越强。因此，土壤中不同黏土矿物所占的比例决定着土壤钾的行为。

（2）土壤水分　在非淹水土壤中，土壤溶液中的钾离子主要是通过扩散作用到达根系表面。黏质土壤可保持较多的水分，因此，它们通过扩散提供的钾比砂土多。在淹水土壤中钾运输到根表面供根吸收的主要机制是对流，扩散则是次要的。在土壤水分胁迫下，由于降低了钾从土壤到根的扩散速率，从而降低了土壤原有钾的有效性。

（3）土壤温度　温度可直接影响钾的有效性。土壤随温度的增加释放出的钾素增多，且钾素的释放因主要黏土矿物不同而异，以水云母或蒙脱石为主的土壤，经不同温度干燥后，释放出大量的钾，而以高岭石为主的土壤则释放很少。另一方面，提高土壤温度可使植物对钾的吸收有不同程度的增加。就多数作物而言，吸钾的最佳温度在 25℃～32℃之间，温度较低或较高，吸收速率都会降低。

（4）干湿交替　在干燥时，固定的钾释放转化为交换钾。但也有两种情况，干燥通常引起部分或完全膨胀了的黏土矿物晶格的收缩，从而以非交换态固定一些钾。另一方面，干燥可能引起黏土片的卷曲，从而使以前保持在晶片中的钾释放。淹水后溶液中钾浓度增加，因此，延长淹水时间能促进水稻土有效钾的释放，提高钾的有效性。在干湿交替情况下较之连续渍水时能释放更多的钾。

（5）pH 和施用石灰　在酸性较强的土壤上，通常无固钾作用或很低。在酸性土壤上施用石灰，可增强钾的吸附，降低钾的淋失。许多田间试验和室内培养试验结果都表明，无论施钾肥与否，施石灰都使土壤溶液中钾、水溶态钾和交换态钾显著降低。

（6）施肥条件　钾素固定与土壤施肥率呈明显的正相关，即钾素固定量随施肥量的增加而增加。随着钾肥用量的增加，交换性钾与固定钾的释放速度增加。施用钾肥对土壤的供钾强度、数量和供钾潜力有一定的后效应，而且这种后效应随着土壤施钾水平的提高而加强。土壤钾素调控可采用以下措施：

（一）选择适宜的钾肥种类

钾肥品种有氯化钾、硫酸钾、磷酸二氢钾、钾石盐、钾镁盐、光卤石、硝酸钾、草木灰、窑灰钾肥。常用的有氯化钾和硫酸钾。氯化钾含氧化钾为 50％～60％，易溶于水，是速效性肥料，可供作物直接吸收。硫酸钾含氧化钾为 50％～54％，物理性状良好，不易结块，便于施用。

（二）确定适宜的钾肥管理技术

土壤速效钾含量低时，施用钾肥效果显著。调节土壤速效钾应根据土壤速效钾含量、作物生长特性、肥料特点、施肥方法来确定施肥时期和施肥量。常用钾肥大都能溶于水，肥效较快，并能被土壤吸收，不易流失。钾肥施用适量时，能使作物茎秆长得健壮，防止倒伏，促进开花结实，增强抗旱、抗寒、抗病虫害能力。施用时期以基肥或早期追肥效果较好，因为作物的苗期往往是钾的临界期，对钾的反应十分敏感。喜钾作物如豆科作物、薯类作物和香蕉等经济作物增施钾肥，增产效果明显。对于忌氯作物如烟草、糖类作物、果树，应选用硫酸钾为好，对于纤维作物，氯化钾则比较适宜。由于硫酸钾成本偏高，在高效经济作物上可以选用硫酸钾，而对于一般的大田作物除少数对氯敏感的作物外，则宜用相对便宜的氯化钾。

（三）确定合适的钾肥施用量

过量施用钾肥，会使作物的产量和品质下降，还增加了肥料的投入成本。施用钾肥要适量，要与其他营养元素配合施用。土壤中钾肥过剩还会造成镁元素的缺乏或盐分中毒，影响新细胞的形成，使植株生长点发育不完全，近新叶的叶尖及叶缘枯死。

第五节　土壤缓效钾

缓效钾也叫非交换性钾，主要指 2∶1 型层状黏土矿物所固定的钾离子以及黑云母和部分水云母中的钾，占土壤全钾的 1％～10％，不同土类间缓效钾含量差异很大。缓效钾是不能被中性盐在短时间内浸提出的钾，一般来说，缓效钾与速效钾保持动态平衡，土壤速效钾含量是一个容易变动的数值，而缓效钾含量相对要稳定一些。当季土壤钾素供应是否充足，决定于速效钾水平，而要评定较长的一定时期内土壤的供钾能力，则要根据土壤缓效钾的储量及其转化速率来确定。

一、土壤缓效钾含量及其空间差异

对西南区35 332个耕地质量调查点中土壤缓效钾含量情况进行统计，结果如表 4-50 所示。从表 4-50 中可以看出，西南区耕地土壤缓效钾平均含量为 383mg/kg，含量范围在48～1 614mg/kg 之间。

表 4-50　西南区耕地土壤缓效钾含量（个，mg/kg,％）

区域	样点数	最小值	最大值	平均含量	标准差	变异系数
西南区	35 332	48	1 614	383	251.3	65.61

（一）不同二级农业区耕地土壤缓效钾含量差异

对不同二级农业区的耕地土壤缓效钾含量情况进行统计，结果如表 4-51 所示。从表 4-51 中可以看出，秦岭大巴山林农区耕地土壤缓效钾平均含量最高，平均值为 681mg/kg，含量范围在 50～1 614g/kg 之间；黔桂高原山地林农牧区耕地土壤缓效钾平均含量最低，平均值为 269mg/kg，含量范围在 48～1 587g/kg 之间。其他各二级农业区耕地土壤缓效钾平均含量由高到低的顺序依次为四川盆地农林区、渝鄂湘黔边境山地林农牧区和川滇高原山地林农牧区，其值分别为 429mg/kg、334mg/kg 和 285mg/kg。

表 4-51　西南区各二级农业区耕地土壤缓效钾含量（个，mg/kg,％）

二级农业区	样点数	最小值	最大值	平均含量	标准差	变异系数
川滇高原山地林农牧区	6 338	48	1 604	285	203.86	71.53
黔桂高原山地林农牧区	5 729	48	1 587	269	192.64	71.61
秦岭大巴山林农区	3 950	50	1 614	681	350.78	51.51
四川盆地农林区	11 155	50	1 511	429	198.35	46.24
渝鄂湘黔边境山地林农牧区	8 160	48	1 520	334	191.98	57.48

（二）不同评价区耕地土壤缓效钾含量差异

对不同评价区耕地土壤缓效钾含量情况进行统计，结果如表 4-52 所示。从表 4-52 中可以看出，陕西评价区耕地土壤缓效钾平均含量最高，平均值为 797mg/kg，含量范围在 79～1 614mg/kg 之间；广西评价区耕地土壤缓效钾平均含量最低，平均值为 129mg/kg，含量范围在 48～799mg/kg 之间。其他评价区耕地土壤缓效钾平均含量由高到低的顺序依次为甘肃、湖北、四川、重庆、贵州、云南和湖南评价区，其土壤缓效钾平均含量分别为 768mg/kg、461mg/kg、431mg/kg、396mg/kg、288mg/kg、261mg/kg 和 257mg/kg。

表 4-52　西南区各评价区耕地土壤缓效钾含量（个，mg/kg，%）

评价区	样点数	最小值	最大值	平均含量	标准差	变异系数
甘肃评价区	861	312	1 613	768	289.12	37.65
广西评价区	622	48	799	129	98.20	76.12
贵州评价区	6 835	48	1 587	288	197.08	68.43
湖北评价区	4 813	50	1 602	461	280.10	60.76
湖南评价区	1 585	51	1 452	257	162.48	63.22
陕西评价区	1 014	79	1 614	797	396.51	49.75
四川评价区	8 803	50	1 604	431	218.70	50.74
云南评价区	4 951	48	1 579	261	186.84	71.59
重庆评价区	5 848	52	1 398	396	166.59	42.07

（三）不同评价区各市（州）耕地土壤缓效钾含量差异

对不同评价区各市（州）耕地土壤缓效钾含量情况进行统计，结果如表 4-53 所示。从表 4-53 中可以看出，甘肃评价区甘南藏族自治州耕地土壤缓效钾平均含量最高，平均值达到 1 080mg/kg，含量范围在 579～1 487mg/kg；其次是陕西评价区宝鸡市，其耕地土壤缓效钾平均含量为 848mg/kg，含量范围在 527～1 565mg/kg；广西评价区河池市耕地土壤缓效钾平均含量最低，平均值为 108mg/kg，含量范围在 48～594mg/kg。其余各市（州）的耕层土壤缓效钾平均含量介于 112～829mg/kg 之间。

表 4-53　西南区不同评价区各市（州）耕地土壤缓效钾含量（个，mg/kg，%）

评价区	市（州）名称	样点数	最小值	最大值	平均含量	标准差	变异系数
甘肃评价区		861	312	1 613	768	289.12	37.65
	定西市	130	551	1 504	624	153.10	24.54
	甘南藏族自治州	14	579	1 487	1 080	283.07	26.21
	陇南市	717	312	1 613	787	297.78	37.84
广西评价区		622	48	799	129	98.20	76.12
	百色市	207	48	799	168	118.86	70.75
	河池市	346	48	594	108	80.02	74.09
	南宁市	69	48	317	112	75.53	67.44
贵州评价区		6 835	48	1 587	288	197.08	68.43
	安顺市	444	67	1 338	296	201.35	68.02
	毕节市	1 498	51	1 450	298	180.78	60.66
	贵阳市	397	63	1 133	292	145.98	49.99

（续）

评价区	市（州）名称	样点数	最小值	最大值	平均含量	标准差	变异系数
	六盘水市	467	49	1 369	334	227.40	68.08
	黔东南苗族侗族自治州	638	48	1 520	219	204.37	93.32
	黔南布依族苗族自治州	721	48	740	174	122.62	70.47
	黔西南布依族苗族自治州	671	50	1 587	325	266.20	81.91
	铜仁市	728	58	1 328	332	197.96	59.63
	遵义市	1 271	51	1 406	309	168.72	54.60
湖北评价区		4 813	50	1 602	461	280.10	60.76
	恩施土家族苗族自治州	1 757	52	1 186	297	141.77	47.73
	神农架林区	100	126	1 300	516	223.52	43.32
	十堰市	701	50	1 602	680	381.66	56.13
	襄阳市	610	123	1 587	675	285.91	42.36
	宜昌市	1 645	59	1 373	461	215.90	46.83
湖南评价区		1 585	51	1 452	257	162.48	63.22
	常德市	100	105	1 087	358	143.80	40.17
	怀化市	730	51	1 452	205	168.31	82.10
	邵阳市	70	56	1 155	268	257.24	95.99
	湘西土家族苗族自治州	475	51	995	286	126.54	44.24
	张家界市	210	99	908	323	111.63	34.56
陕西评价区		1 014	79	1 614	797	396.51	49.75
	安康市	342	79	1 612	829	400.83	48.35
	宝鸡市	65	527	1 565	848	560.57	66.10
	汉中市	328	93	1 512	728	276.56	37.99
	商洛市	279	402	1 614	827	452.94	54.77
四川评价区		8 803	50	1 604	431	218.70	50.74
	巴中市	396	73	1 511	624	313.27	50.20
	成都市	721	62	1 052	362	179.71	49.64
	达州市	805	111	1 426	533	195.36	36.65
	德阳市	392	107	954	372	134.27	36.09
	甘孜藏族自治州	6	423	1 116	732	311.36	42.54
	广安市	501	82	963	395	165.76	41.96
	广元市	468	93	1 509	523	212.23	40.58
	乐山市	316	50	1 243	319	209.61	65.71
	凉山彝族自治州	610	79	1 604	411	237.82	57.86
	泸州市	577	55	1 288	306	160.71	52.52
	眉山市	416	66	1 070	411	213.66	51.99
	绵阳市	551	52	1 243	444	190.51	42.91

（续）

评价区	市（州）名称	样点数	最小值	最大值	平均含量	标准差	变异系数
	南充市	573	74	1 270	472	175.90	37.27
	内江市	283	66	876	373	137.69	36.91
	攀枝花市	53	101	1 488	515	307.73	59.75
	遂宁市	409	170	1 107	505	168.03	33.27
	雅安市	214	54	1 507	344	276.55	80.39
	宜宾市	737	51	1 102	309	180.70	58.48
	资阳市	463	208	1 367	625	166.21	26.59
	自贡市	312	55	1 005	374	173.93	46.51
云南评价区		4 951	48	1 579	261	186.84	71.59
	保山市	122	51	1 220	442	193.97	43.88
	楚雄彝族自治州	438	50	1 542	337	227.19	67.42
	大理白族自治州	447	48	1 548	330	247.10	74.88
	红河哈尼族彝族自治州	210	48	977	252	155.60	61.75
	昆明市	604	48	1 164	249	142.07	57.06
	丽江市	299	48	1 526	358	274.67	76.72
	怒江傈僳族自治州	79	52	1 511	389	302.61	77.79
	普洱市	115	50	1 579	197	217.21	110.26
	曲靖市	1 092	48	1 273	227	122.54	53.98
	文山壮族苗族自治州	422	48	707	184	125.10	67.99
	玉溪市	192	54	1 426	298	160.51	53.86
	昭通市	931	48	1 256	210	141.16	67.22
重庆评价区		5 848	52	1 398	396	166.59	42.07
	重庆市	5 848	52	1 398	396	166.59	42.07

二、土壤缓效钾含量及其影响因素

（一）土壤类型与土壤缓效钾含量

对西南区主要土壤类型的耕地土壤缓效钾含量情况进行统计，结果如表4-54所示。从表4-54中可以看出，灰褐土的土壤缓效钾平均含量最高，平均值为896mg/kg，含量范围在560～1 351mg/kg之间变动；寒冻土的土壤缓效钾平均含量最低，平均值仅有105mg/kg，含量范围在82～135mg/kg之间。其余各土类的土壤缓效钾平均含量介于185～860mg/kg之间，其中，除灰褐土外，褐土、黄褐土、黑土、红黏土、山地草甸土、黑钙土、黑垆土、石质土、新积土和黄绵土的土壤缓效钾平均含量也达到500mg/kg以上；土壤缓效钾平均含量在300～500mg/kg之间的有暗棕壤、黄棕壤、潮土、紫色土、燥红土、草甸土、石灰（岩）土、火山灰土、棕壤、水稻土和黄壤等土类；土壤缓效钾平均含量低于300mg/kg的土类除寒冻土外，还有粗骨土、沼泽土、红壤和赤红壤等土类。水稻土的调查点数量最多，有12 795个，其土壤缓效钾平均含量为343mg/kg，含量范围在48～1 588mg/kg之间。

表 4-54　西南区主要土壤类型耕地土壤缓效钾含量（个，mg/kg,%）

土类	样点数	最小值	最大值	平均含量	标准差	变异系数
暗棕壤	16	126	1 218	486	341.56	70.28
草甸土	7	333	580	418	93.92	22.47
潮土	466	52	1 590	447	287.06	64.22
赤红壤	66	50	1 295	185	193.06	104.36
粗骨土	73	54	793	290	192.60	66.41
寒冻土	4	82	135	105	22.07	21.02
褐土	566	434	1 614	860	330.72	38.46
黑钙土	20	453	1 388	622	184.32	29.63
黑垆土	113	312	1 563	621	171.16	27.56
黑土	25	554	1 504	727	301.30	41.44
红壤	2 411	48	1 604	263	190.78	72.54
红黏土	23	450	1 239	692	233.77	33.78
黄褐土	358	50	1 609	792	416.49	52.59
黄绵土	25	464	1 206	523	348.70	66.67
黄壤	5 629	48	1 548	322	203.85	63.31
黄棕壤	3 036	48	1 612	457	314.14	68.74
灰褐土	17	560	1 351	896	314.48	35.10
火山灰土	4	346	424	383	32.34	8.44
山地草甸土	6	573	1 045	665	186.60	28.06
石灰（岩）土	2 111	48	1 603	394	247.80	62.89
石质土	5	450	846	621	153.96	24.79
水稻土	12 795	48	1 588	343	214.05	62.41
新积土	270	52	1 605	596	391.10	65.62
燥红土	79	52	1 076	425	249.09	58.61
沼泽土	9	115	775	270	199.08	73.73
紫色土	6 803	48	1 587	436	211.82	48.58
棕壤	395	48	1 428	380	250.27	65.86

对西南区主要土壤亚类耕地土壤缓效钾含量情况进行统计，结果如表 4-55 所示。典型灰褐土的土壤缓效钾平均含量最高，平均值为1 351mg/kg；其次是褐土性土、山地灌丛草甸土和石灰性褐土，其土壤速效钾平均含量分别为1 163mg/kg、1 045mg/kg 和1 000mg/kg；寒冻土的土壤缓效钾平均含量最低，平均值为 105mg/kg。其余各亚类的土壤速效钾平均含量介于 145～936mg/kg 之间，其中，石灰性灰褐土、湿潮土、典型黄褐土、典型褐土、淋溶褐土、典型黑土、典型新积土、积钙红黏土、黑麻土、典型黑钙土、中性石质土、典型山地草甸土、典型黑垆土、淋溶灰褐土、冲积土、棕壤性土、黄棕壤性土、黄绵土、石灰性紫色土、典型潮土和黄褐土性土的土壤缓效钾平均含量也达到 500mg/kg 以上；土壤缓效钾平均含量在 300～500mg/kg 之间的土壤亚类，由高到低依次为典型黄棕壤、棕色石灰土、

典型暗棕壤、中性紫色土、褐红土、典型草甸土、灰潮土、典型火山灰土、钙质粗骨土、渗育水稻土、脱潜水稻土、黄壤性土、红色石灰土、棕红壤、典型棕壤、暗黄棕壤、淹育水稻土、黄色石灰土、潴育水稻土、潜育水稻土和典型黄壤；土壤缓效钾平均含量低于500mg/kg的土壤亚类除寒冻土外，由低到高依次为赤红壤性土、盐渍水稻土、黄色赤红壤、腐泥沼泽土、典型赤红壤、红壤性土、酸性粗骨土、山原红壤、漂洗水稻土、典型红壤、黄红壤、泥炭沼泽土、黑色石灰土、酸性紫色土和漂洗黄壤。

表 4-55　西南区主要土壤亚类耕地土壤缓效钾含量（个，mg/kg，%）

亚类	样点数	最小值	最大值	平均含量	标准差	变异系数
暗黄棕壤	1 084	48	1 587	363	274.78	75.70
赤红壤性土	2	100	191	145	64.14	44.23
冲积土	222	52	1 605	569	348.6	61.27
典型暗棕壤	16	126	1 218	486	341.56	70.28
典型草甸土	7	333	580	418	93.92	22.47
典型潮土	148	71	1 590	506	360.94	71.33
典型赤红壤	50	54	1 295	195	213.52	109.5
典型褐土	255	435	1 613	787	309.91	39.38
典型黑钙土	20	453	1 388	622	184.32	29.63
典型黑垆土	22	528	642	584	25.70	4.40
典型黑土	25	554	1 504	727	301.3	41.44
典型红壤	441	48	1 459	267	185.59	69.51
典型黄褐土	329	50	1 609	817	422.26	51.68
典型黄壤	4 865	48	1 548	314	199.35	63.49
典型黄棕壤	1 478	58	1 612	495	317.73	64.19
典型灰褐土	1	1 351	1 351	1 351	—	—
典型火山灰土	4	346	424	383	32.34	8.44
典型山地草甸土	5	573	617	590	18.89	3.20
典型新积土	48	98	1 601	720	533.80	74.14
典型棕壤	369	48	1 428	368	243.57	66.19
腐泥沼泽土	1	158	158	158	—	—
钙质粗骨土	28	58	793	382	221.96	58.10
寒冻土	4	82	135	105	22.07	21.02
褐红土	79	52	1 076	425	249.09	58.61
褐土性土	12	814	1 575	1 163	418.15	35.95
黑麻土	91	312	1 563	630	189.44	30.07
黑色石灰土	119	51	1 538	284	218.15	76.81
红壤性土	153	51	1 178	225	150.99	67.11
红色石灰土	151	57	1 603	374	255.84	68.41

（续）

亚类	样点数	最小值	最大值	平均含量	标准差	变异系数
黄褐土性土	29	183	967	504	172.05	34.14
黄红壤	868	48	1 604	278	223.14	80.27
黄绵土	25	464	1 206	523	348.70	66.67
黄壤性土	735	50	1 509	375	225.90	60.24
黄色赤红壤	14	50	473	154	112.07	72.77
黄色石灰土	1 235	48	1 507	358	212.83	59.45
黄棕壤性土	474	56	1 588	557	332.39	59.68
灰潮土	299	52	1 369	387	195.67	50.56
积钙红黏土	23	450	1 239	692	233.77	33.78
淋溶褐土	101	434	1 614	736	333.56	45.32
淋溶灰褐土	3	568	586	574	10.05	1.75
泥炭沼泽土	8	115	775	284	208.04	73.25
漂洗黄壤	29	49	729	299	165.60	55.38
漂洗水稻土	151	52	1 240	250	180.84	72.34
潜育水稻土	621	48	1 576	315	225.36	71.54
山地灌丛草甸土	1	1 045	1 045	1 045	—	—
山原红壤	913	48	1 488	250	163.05	65.22
渗育水稻土	3 807	50	1 453	378	209.57	55.44
湿潮土	19	472	1 535	932	307.15	32.96
石灰性褐土	198	451	1 612	1 000	288.84	28.88
石灰性灰褐土	13	560	1 329	936	294.91	31.51
石灰性紫色土	2 376	50	1 587	523	210.15	40.18
酸性粗骨土	45	54	717	233	147.47	63.29
酸性紫色土	1 314	48	1 542	298	187.46	62.91
脱潜水稻土	49	91	1 203	378	265.65	70.28
淹育水稻土	2 164	48	1 585	362	230.74	63.74
盐渍水稻土	2	131	170	151	27.58	18.26
中性石质土	5	450	846	621	153.96	24.79
中性紫色土	3 113	52	1 432	427	188.61	44.17
潴育水稻土	6 001	48	1 588	318	205.39	64.59
棕红壤	36	95	741	372	140.22	37.69
棕壤性土	26	238	1 345	559	279.93	50.08
棕色石灰土	606	48	1 562	494	284.83	57.66

（二）地貌类型与土壤缓效钾含量

西南区不同地貌类型土壤缓效钾含量也具有明显的差异，对不同地貌类型土壤缓效钾含量情况进行统计，结果如表 4-56 所示。丘陵地貌土壤缓效钾平均含量最高，平均值为409mg/kg；其次是山地、平原和高原，其土壤缓效钾平均含量分别为 401mg/kg、340mg/kg、290mg/kg；盆地地貌土壤缓效钾平均含量最低，平均值为 276mg/kg。

表 4-56　西南区不同地貌类型耕地土壤缓效钾含量（个，mg/kg，%）

地貌类型	样点数	最小值	最大值	平均含量	标准差	变异系数
高原	142	75	536	290	92.22	31.80
盆地	5 236	48	1 579	276	205.44	74.43
平原	867	49	1 203	340	182.41	53.65
丘陵	12 719	48	1 605	409	223.11	54.55
山地	16 368	48	1 614	401	278.58	69.47

（三）成土母质与土壤缓效钾含量

对西南区不同成土母质发育土壤的土壤缓效钾含量情况进行统计，结果如表 4-57 所示。土壤缓效钾平均含量最高的是黄土母质发育的土壤，平均值为 637mg/kg；其次是砂岩类风化物和第四纪黏土发育的土壤，其土壤缓效钾平均含量分别为 429mg/kg 和 424mg/kg；砂泥质岩类风化物发育的土壤其缓效钾平均含量最低，平均值为 272mg/kg。其余成土母质发育的土壤其缓效钾平均含量在 354～418mg/kg 之间。

表 4-57　西南区不同成土母质耕地土壤缓效钾含量（个，mg/kg，%）

成土母质	样点数	最小值	最大值	平均含量	标准差	变异系数
第四纪老冲积物	2 629	48	1 613	385	286.00	74.29
第四纪黏土	679	50	1 602	424	290.82	68.59
河湖冲（沉）积物	3 157	48	1 605	403	295.15	73.24
红砂岩类风化物	703	48	1 604	376	251.51	66.89
黄土母质	721	57	1 614	637	390.08	61.24
结晶岩类风化物	1 456	48	1 588	398	310.05	77.90
泥质岩类风化物	5 451	48	1 612	357	267.39	74.90
砂泥质岩类风化物	3 079	48	1 587	272	198.40	72.94
砂岩类风化物	348	55	1 255	429	262.17	61.11
碳酸盐类风化物	6 455	48	1 603	354	217.24	61.37
紫色岩类风化物	10 654	48	1 587	418	203.54	48.69

（四）土壤质地与土壤缓效钾含量

对西南区不同质地类型的土壤缓效钾含量情况进行统计，结果如表 4-58 所示。中壤质地类型的土壤缓效钾平均含量最高，平均值为 434mg/kg；其次是砂土、轻壤、重壤和砂壤，其土壤缓效钾平均含量分别为 404mg/kg、381mg/kg、365mg/kg 和 363mg/kg；黏土质地类型的土壤缓效钾平均含量最低，平均值为 321mg/kg。

表 4-58　西南区不同土壤质地耕地土壤缓效钾含量（个，mg/kg,%）

土壤质地	样点数	最小值	最大值	平均含量	标准差	变异系数
黏土	5 282	48	1 605	321	224.26	69.86
轻壤	5 276	48	1 612	381	248.63	65.26
砂壤	6 558	48	1 604	363	257.82	71.02
砂土	1 587	48	1 590	404	223.88	55.42
中壤	10 791	48	1 614	434	262.85	60.56
重壤	5 838	48	1 602	365	235.79	64.60

三、土壤缓效钾含量分级与分布特征

根据西南区土壤缓效钾含量状况，按照西南区耕地土壤主要性状分级标准，将土壤缓效钾含量划分为 5 级。对西南区不同土壤缓效钾含量水平的耕地面积及比例进行统计，结果如图 4-5 所示。

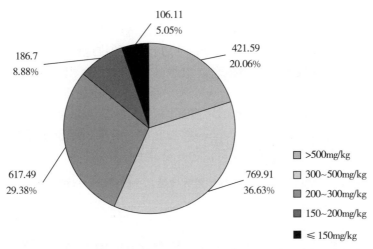

图 4-5　西南区不同土壤缓效钾含量水平的耕地面积与比例（万 hm²）

西南区耕地土壤缓效钾含量以三级（200～300mg/kg）和二级（300～500mg/kg）水平为主，这两个含量水平的耕地面积共占到西南区耕地总面积的 66.01%，土壤缓效钾含量处于五级（≤150mg/kg）水平的耕地较少，仅占西南区耕地总面积的 5.05%，土壤缓效钾含量处于四级（150～200mg/kg）水平的耕地也较少，占西南区耕地总面积的 8.88%。

对不同二级农业区耕地土壤缓效钾含量状况进行统计，结果如表 4-59 所示。土壤缓效钾含量处于一级水平（>500mg/kg）的耕地面积 421.59 万 hm²，占西南区耕地面积的 20.06%。主要集中在秦岭大巴山林农区，面积为 207.54 万 hm²，占西南区土壤缓效钾含量处于一级（>500mg/kg）水平耕地总面积的 49.23%；在黔桂高原山地林农牧区分布最少，面积 4.73 万 hm²，占西南区土壤缓效钾含量处于一级（>500mg/kg）水平耕地总面积的 1.12%；四川盆地农林区、川滇高原山地林农牧区和渝鄂湘黔边境山地林农牧区 3 个二级农业区占比分别为 44.42%、3.23% 和 2.00%。土壤缓效钾含量处于二级（300～500mg/kg）水平的耕地有 769.91 万 hm²，占西南区耕地面积的 36.63%。主要集中在四川盆地农林区，面积为 374.36 万 hm²，占西南区土壤缓效钾含量处于二级（300～500mg/kg）水平耕地总面积的 48.62%；在秦岭大巴山林农区分布最少，面积 33.08 万 hm²，占西南区土壤缓效钾含量处于二级（300～500mg/kg）水平耕地总面积的 4.30%；渝鄂湘黔边境山地林农牧区、川滇高原山地林农牧区和黔桂高原山地林农牧区 3 个二级农业区的占比分别为 19.64%、15.66% 和 11.78%。土壤缓效钾含量处于三级（200～300mg/kg）水平的耕地面积 617.49 万 hm²，占西南区耕地面积的 29.38%。主要集中在川滇高原山地林农牧区，面积为 212.72 万 hm²，占西南区土壤缓效钾含量处于三级（200～300mg/kg）水平耕地总面积的 34.45%；在秦岭大巴山林农区分布的面积最小，面积为 5.42 万 hm²，占西南区土壤缓效钾含量处于三级（200～300mg/kg）水平耕地总面积的 0.88%；黔桂高原山地林农牧区、渝鄂湘黔边境山地林农牧区和四川盆地农林区 3 个二级农业区的占比分别为 31.19%、17.58% 和 15.90%。土壤缓效钾含量处于四级（150～200mg/kg）水平的耕地有 186.70 万 hm²，占西南区耕地面积的 8.88%。主要集中在川滇高原山地林农牧区，面积为 103.81 万 hm²，占西南区土壤缓效钾含量处于四级（150～200mg/kg）水平耕地总面积的 55.60%；也是在秦岭大巴山林农区分布的面积最小，面积为 0.03 万 hm²，占西南区土壤缓效钾含量处于四级（150～200mg/kg）水平耕地总面积的 0.02%；黔桂高原山地林农牧区、渝鄂湘黔边境山地林农牧区和四川盆地农林区 3 个二级农业区的占比分别为 22.27%、12.44% 和 9.66%。土壤缓效钾含量处于五级（≤150mg/kg）水平的耕地面积 106.11 万 hm²，占西南区耕地面积的 5.05%。主要集中在黔桂高原山地林农牧区，面积为 53.58 万 hm²，占西南区土壤缓效钾含量处于五级（≤150mg/kg）水平耕地总面积的 50.49%；在四川盆地农林区分布的数量最少，面积为 1.73 万 hm²，占西南区土壤缓效钾含量处于五级（≤150mg/kg）水平耕地总面积的 1.63%；秦岭大巴山林农区没有分布；渝鄂湘黔边境山地林农牧区和黔桂高原山地林农牧区 2 个二级农业区的占比分别为 23.98% 和 23.91%。

表 4-59　西南区二级农业区不同土壤缓效钾含量水平的耕地面积和比例（万 hm²，%）

二级农业区	面积和比例	一级 >500mg/kg	二级 300～500mg/kg	三级 200～300mg/kg	四级 150～200mg/kg	五级 ≤150mg/kg
川滇高原山地林农牧区	面积	13.62	120.56	212.72	103.81	25.37
	占同级面积比例	3.23	15.66	34.45	55.60	23.91
	占本二级区面积比例	2.86	25.32	44.68	21.81	5.33
黔桂高原山地林农牧区	面积	4.73	90.68	192.59	41.58	53.58
	占同级面积比例	1.12	11.78	31.19	22.27	50.49
	占本二级区面积比例	1.24	23.67	50.26	10.85	13.98
秦岭大巴山林农区	面积	207.54	33.08	5.42	0.03	0.00
	占同级面积比例	49.23	4.30	0.88	0.03	0.00
	占本二级区面积比例	84.34	13.44	2.20	0.02	0.00
四川盆地农林区	面积	187.26	374.36	98.21	18.04	1.73
	占同级面积比例	44.42	48.62	15.90	9.66	1.63
	占本二级区面积比例	27.55	55.10	14.45	2.65	0.25

（续）

二级农业区	面积和比例	一级 >500mg/kg	二级 300~500mg/kg	三级 200~300mg/kg	四级 150~200mg/kg	五级 ≤150mg/kg
渝鄂湘黔边境 山地林农牧区	面积	8.43	151.23	108.55	23.23	25.44
	占同级面积比例	2.00	19.64	17.58	12.44	23.97
	占本二级区面积比例	2.66	47.72	34.26	7.33	8.03
	总计	421.59	769.91	617.49	186.70	106.11

对不同评价区耕地土壤缓效钾含量状况进行统计，结果如表 4-60 所示。土壤缓效钾含量处于一级（>500mg/kg）水平的耕地在四川评价区分布面积最大，其面积为 187.22 万 hm²，占西南区土壤缓效钾含量处于一级（>500mg/kg）水平耕地总面积的 44.41%；其次是陕西评价区，面积为 90.59 万 hm²，占西南区土壤缓效钾含量处于一级（>500mg/kg）水平耕地总面积的 21.49%；在湖南评价区分布的面积最小，仅 0.64 万 hm²，仅占西南区土壤缓效钾含量处于一级（>500mg/kg）水平耕地总面积的 0.15%；甘肃评价区所有耕地其土壤缓效钾含量全部处于一级（>500mg/kg）水平。土壤缓效钾含量处于二级（300~500mg/kg）水平的耕地主要集中分布于四川评价区、重庆评价区和贵州评价区，其面积分别为 319.70 万 hm²、184.60 万 hm² 和 133.42 万 hm²，分别占西南区土壤缓效钾含量处于二级（300~500mg/kg）水平耕地总面积的 41.52%、23.98% 和 17.33%；在广西评价区分布的面积最小，仅占到西南区土壤缓效钾含量处于二级（300~500mg/kg）水平耕地总面积的 0.04%；土壤缓效钾含量处于二级（300~500mg/kg）水平的耕地在甘肃评价区没有分布。土壤缓效钾含量处于三级（200~300mg/kg）水平的耕地主要分布在贵州、云南和四川 3 个评价区，面积分别为 234.47 万 hm²、168.63 万 hm² 和 121.89 万 hm²，分别占西南区土壤缓效钾含量处于三级（200~300mg/kg）水平耕地总面积的 37.97%、27.31% 和 19.74%；在陕西评价区分布的面积最小，仅占西南区土壤缓效钾含量处于三级（200~300mg/kg）水平耕地总面积的 0.02%；土壤缓效钾含量处于三级（200~300mg/kg）水平的耕地同样在甘肃评价区没有分布。土壤缓效钾含量处于四级（150~200mg/kg）水平的耕地主要分布于云南评价区，面积有 99.78 万 hm²，占西南区土壤缓效钾含量处于四级（150~200mg/kg）水平耕地总面积的 53.44%；在重庆评价区的占比最小，仅占西南区土壤缓效钾含量处于四级（150~200mg/kg）水平耕地总面积的 0.58%；土壤缓效钾含量处于四级（150~200mg/kg）水平的耕地在陕西和甘肃评价区没有分布。土壤缓效钾含量处于五级（≤150mg/kg）水平的耕地仅在贵州、四川、广西、云南、湖南、四川和湖北等评价区有分布，分别占西南区土壤缓效钾含量处于五级（≤150mg/kg）水平耕地总面积的 35.65%、30.02%、23.90%、8.47%、1.96% 和 0.01%。

从各评价区中不同土壤缓效钾含量水平耕地的分布情况看，甘肃评价区中土壤缓效钾含量全部处于一级（>500mg/kg）水平，面积为 67.03 万 hm²，占甘肃评价区耕地面积的 100.00%。广西评价区中土壤缓效钾含量处于五级（≤150mg/kg）水平的耕地最多，面积 31.85 万 hm²，占广西评价区耕地面积的 77.24%；其次是土壤缓效钾含量处于四级（150~200mg/kg）水平的耕地，面积为 4.88 万 hm²，占广西评价区耕地面积的 11.82%；土壤缓效钾含量处于三级（200~300mg/kg）水平的耕地有 4.19 万 hm²，占广西评价区耕地面积的 10.17%；土壤缓效钾含量处于二级（300~500mg/kg）水平的耕地面积 0.32 万

hm²，占广西评价区耕地面积的 0.76％；广西评价区中没有土壤缓效钾含量处于一级（＞500mg/kg）水平的耕地分布。贵州评价区中土壤缓效钾含量处于三级（200～300mg/kg）水平的耕地最多，面积 234.47 万 hm²，占贵州评价区耕地面积的 51.71％；其次是土壤缓效钾含量处于二级（300～500mg/kg）水平的耕地，面积为 133.42 万 hm²，占贵州评价区耕地面积的 29.43％；土壤缓效钾含量处于四级（150～200mg/kg）水平的耕地有 42.85 万 hm²，占贵州评价区耕地面积的 9.45％；土壤缓效钾含量处于五级（≤150mg/kg）水平的耕地面积 37.83 万 hm²，占贵州评价区耕地面积的 8.34％；土壤缓效钾含量处于一级（＞500mg/kg）水平的耕地只有 4.83 万 hm²，占贵州评价区耕地面积的 1.07％。湖北评价区中土壤缓效钾含量处于一级（＞500mg/kg）水平的耕地最多，面积 43.04 万 hm²，占湖北评价区耕地面积的 39.71％；其次是土壤缓效钾含量处于二级（300～500mg/kg）水平的耕地，面积为 41.55 万 hm²，占湖北评价区耕地面积的 38.33％；土壤缓效钾含量处于三级（200～300mg/kg）水平的耕地有 21.27 万 hm²，占湖北评价区耕地面积的 19.62％；土壤缓效钾含量处于四级（150～200mg/kg）水平的耕地面积 2.52 万 hm²，占湖北评价区耕地面积的 2.32％；土壤缓效钾含量处于五级（≤150mg/kg）水平的耕地很少，面积 0.01 万 hm²，占湖北评价区耕地面积的 0.01％。湖南评价区中土壤缓效钾含量处于三级（200～300mg/kg）水平的耕地较多，面积 31.65 万 hm²，占湖南评价区耕地面积的 41.67％；其次是土壤缓效钾含量处于二级（300～500mg/kg）水平的耕地，面积为 22.53 万 hm²，占湖南评价区耕地面积的 29.67％；土壤缓效钾含量处于四级（150～200mg/kg）水平的耕地有 12.15 万 hm²，占湖南评价区耕地面积的 15.99％；土壤缓效钾含量处于五级（≤150mg/kg）水平的耕地面积 8.99 万 hm²，占湖南评价区耕地面积的 11.83％；土壤缓效钾含量处于一级（＞500mg/kg）水平的耕地较少，面积 0.64 万 hm²，占湖南评价区耕地面积的 0.84％。陕西评价区中土壤缓效钾含量处于一级（＞500mg/kg）水平的耕地最多，面积 90.59 万 hm²，占陕西评价区耕地面积的 96.72％；土壤缓效钾含量处于二级（300～500mg/kg）水平的耕地有 2.95 万 hm²，占陕西评价区耕地面积的 3.15％；土壤缓效钾含量处于三级（200～300mg/kg）水平的耕地有 0.11 万 hm²，占陕西评价区耕地面积的 0.12％；陕西评价区中没有土壤缓效钾含量处于四级（150～200mg/kg）和五级（≤150mg/kg）水平的耕地分布。四川评价区中土壤缓效钾含量处于二级（300～500mg/kg）水平的耕地最多，面积 319.70 万 hm²，占四川评价区耕地面积的 48.86％；其次是土壤缓效钾含量处于一级（＞500mg/kg）水平的耕地，面积为 187.22 万 hm²，占四川评价区耕地面积的 28.61％；土壤缓效钾含量处于三级（200～300mg/kg）水平的耕地有 121.89 万 hm²，占四川评价区耕地面积的 18.63％；土壤缓效钾含量处于四级（150～200mg/kg）水平的耕地面积 23.45 万 hm²，占四川评价区耕地面积的 3.58％；土壤缓效钾含量处于五级（≤150mg/kg）水平的耕地有 2.08 万 hm²，占四川评价区耕地面积的 0.32％。云南评价区中土壤缓效钾含量处于三级（200～300mg/kg）水平的耕地最多，面积 168.63 万 hm²，占云南评价区耕地面积的 46.23％；其次是土壤缓效钾含量处于四级（150～200mg/kg）水平的耕地，面积为 99.78 万 hm²，占云南评价区耕地面积的 27.36％；土壤缓效钾含量处于二级（300～500mg/kg）水平的耕地有 64.83 万 hm²，占云南评价区耕地面积的 17.77％；土壤缓效钾含量处于五级（≤150mg/kg）水平的耕地面积 25.36 万 hm²，占云南评价区耕地面积的 6.95％；土壤缓效钾含量处于一级（＞500mg/kg）水平的耕地较少，面积 6.13 万

hm², 占云南评价区耕地面积的 1.68%。重庆评价区中土壤缓效钾含量处于二级（300～500mg/kg）水平的耕地最多, 面积 184.60 万 hm², 占重庆评价区耕地面积的 75.95%；其次是土壤缓效钾含量处于三级（200～300mg/kg）水平的耕地, 面积为 35.27 万 hm², 占重庆评价区耕地面积的 14.51%；土壤缓效钾含量处于一级（＞500mg/kg）水平的耕地有 22.10 万 hm², 占重庆评价区耕地面积的 9.09%；土壤缓效钾含量处于四级（150～200mg/kg）水平的耕地面积 1.08 万 hm², 占重庆评价区耕地面积的 0.45%；重庆评价区没有土壤缓效钾含量处于五级（≤150mg/kg）水平的耕地分布。

表 4-60　西南区评价区不同土壤缓效钾含量水平的耕地面积和比例（万 hm²,%）

评价区	面积和比例	一级 ＞500mg/kg	二级 300～500mg/kg	三级 200～300mg/kg	四级 150～200mg/kg	五级 ≤150mg/kg
甘肃评价区	面积	67.03	0.00	0.00	0.00	0.00
	占同级面积比例	15.90	0.00	0.00	0.00	0.00
	占本评价区面积比例	100.00	0.00	0.00	0.00	0.00
广西评价区	面积	0.00	0.32	4.19	4.88	31.85
	占同级面积比例	0.00	0.04	0.68	2.61	30.02
	占本评价区面积比例	0.00	0.76	10.17	11.82	77.24
贵州评价区	面积	4.83	133.42	234.47	42.85	37.83
	占同级面积比例	1.15	17.33	37.97	22.95	35.65
	占本评价区面积比例	1.07	29.43	51.71	9.45	8.34
湖北评价区	面积	43.04	41.55	21.27	2.52	0.01
	占同级面积比例	10.21	5.40	3.44	1.35	0.01
	占本评价区面积比例	39.71	38.33	19.62	2.32	0.01
湖南评价区	面积	0.64	22.53	31.65	12.15	8.99
	占同级面积比例	0.15	2.93	5.13	6.51	8.47
	占本评价区面积比例	0.84	29.67	41.67	15.99	11.83
陕西评价区	面积	90.59	2.95	0.11	0.00	0.00
	占同级面积比例	21.49	0.38	0.02	0.00	0.00
	占本评价区面积比例	96.72	3.15	0.12	0.00	0.00
四川评价区	面积	187.22	319.70	121.89	23.45	2.08
	占同级面积比例	44.41	41.52	19.74	12.56	1.96
	占本评价区面积比例	28.61	48.86	18.63	3.58	0.32
云南评价区	面积	6.13	64.83	168.63	99.78	25.36
	占同级面积比例	1.45	8.42	27.31	53.44	23.90
	占本评价区面积比例	1.68	17.77	46.23	27.36	6.95

（续）

评价区	面积和比例	一级 >500mg/kg	二级 300~500mg/kg	三级 200~300mg/kg	四级 150~200mg/kg	五级 ≤150mg/kg
重庆评价区	面积	22.10	184.60	35.27	1.08	0.00
	占同级面积比例	5.24	23.98	5.71	0.58	0.00
	占本评价区面积比例	9.09	75.95	14.51	0.45	0.00
	总计	421.59	769.91	617.49	186.70	106.11

对不同土壤类型土壤缓效钾含量状况进行统计，结果如表 4-61 所示。土壤缓效钾含量处于一级（>500mg/kg）水平的耕地在紫色土上分布最多，面积 144.63 万 hm²，占该土类耕地的 26.84%，占西南区土壤缓效钾含量处于一级（>500mg/kg）水平耕地总面积的 34.31%；黄棕壤上土壤缓效钾含量处于一级（>500mg/kg）水平的耕地面积 77.95 万 hm²，占该土类耕地的 41.71%，占西南区土壤缓效钾含量处于一级（>500mg/kg）水平耕地总面积的 18.49%；水稻土上土壤缓效钾含量处于一级（>500mg/kg）水平的耕地面积 63.64 万 hm²，占该土类耕地的 12.96%，占西南区土壤缓效钾含量处于一级（>500mg/kg）水平耕地总面积的 15.10%；褐土上土壤缓效钾含量处于一级（>500mg/kg）水平的耕地面积 32.60 万 hm²，占该土类耕地的 99.96%；火山灰土、泥炭土和砖红壤上没有土壤缓效钾含量处于一级（>500mg/kg）水平的耕地分布；其余土类上土壤缓效钾含量处于一级（>500mg/kg）水平的耕地面积都在 20 万 hm² 以下。另外，还有部分土类虽分布的面积不大，但土壤缓效钾含量处于一级（>500mg/kg）水平的耕地占各土类的耕地面积比例较高，如灰褐土、黑土、黑垆土、红黏土、黑钙土、黄绵土和风沙土等土类上所有耕地其土壤缓效钾含量均处于一级（>500mg/kg）水平。土壤缓效钾含量处于二级（300~500mg/kg）水平的耕地在紫色土上分布最多，面积 266.43 万 hm²，占该土类耕地的 49.44%，占西南区土壤缓效钾含量处于二级（300~500mg/kg）水平耕地总面积的 34.61%；水稻土上土壤缓效钾含量处于二级（300~500mg/kg）水平的耕地面积 218.22 万 hm²，占该土类耕地的 44.43%，占西南区土壤缓效钾含量处于二级（300~500mg/kg）水平耕地总面积的 28.34%；黄壤上土壤缓效钾含量处于二级（300~500mg/kg）水平的耕地面积 109.98 万 hm²，占该土类耕地的 35.05%，占西南区土壤缓效钾含量处于二级（300~500mg/kg）水平耕地总面积的 14.28%；石灰（岩）土上土壤缓效钾含量处于二级（300~500mg/kg）水平的耕地面积 65.11 万 hm²，占该土类耕地的 33.63%；黄棕壤上土壤缓效钾含量处于二级（300~500mg/kg）水平的耕地面积 44.98 万 hm²，占该土类耕地的 24.07%；红壤上土壤缓效钾含量处于二级（300~500mg/kg）水平的耕地面积 33.25 万 hm²，占该土类耕地的 17.42%；棕壤上土壤缓效钾含量处于二级（300~500mg/kg）水平的耕地面积 10.13 万 hm²，占该土类耕地的 24.29%；灰褐土、黑土、黑垆土、红黏土、黑钙土、黄绵土、风沙土和砖红壤等土类上没有土壤缓效钾含量处于二级（300~500mg/kg）水平的耕地分布；其余各土类上土壤缓效钾含量处于二级（300~500mg/kg）水平的耕地面积都在 10 万 hm² 以下。土壤缓效钾含量处于三级（200~300mg/kg）水平的耕地在水稻土上分布最多，面积 141.56 万 hm²，占该土类耕地的 28.82%，占西南区土壤缓效钾含量处于三级（200~300mg/kg）水平耕地总面积的 22.93%；黄壤上土壤缓效钾含量处于三级

（200～300mg/kg）水平的耕地面积 138.29 万 hm²，占该土类耕地的 44.08%，占西南区土壤缓效钾含量处于三级（200～300mg/kg）水平耕地总面积的 22.40%；紫色土上土壤缓效钾含量处于三级（200～300mg/kg）水平的耕地面积 102.72 万 hm²，占该土类耕地的 19.06%，占西南区土壤缓效钾含量处于三级（200～300mg/kg）水平耕地总面积的 16.64%；红壤上土壤缓效钾含量处于三级（200～300mg/kg）水平的耕地面积 81.50 万 hm²，占该土类耕地的 42.70%，占西南区土壤缓效钾含量处于三级（200～300mg/kg）水平耕地总面积的 13.20%；石灰（岩）土上土壤缓效钾含量处于三级（200～300mg/kg）水平的耕地面积 73.59 万 hm²，占该土类耕地的 38.01%，占西南区土壤缓效钾含量处于三级（200～300mg/kg）水平耕地总面积的 11.92%；黄棕壤上土壤缓效钾含量处于三级（200～300mg/kg）水平的耕地面积 49.22 万 hm²，占该土类耕地的 26.34%；棕壤上土壤缓效钾含量处于三级（200～300mg/kg）水平的耕地面积 11.39 万 hm²，占该土类耕地的 27.32%；粗骨土上土壤缓效钾含量处于三级（200～300mg/kg）水平的耕地面积 10.06 万 hm²，占该土类耕地的 30.09%；草甸土、黄褐土、火山灰土、褐土、灰褐土、黑土、黑垆土、红黏土、黑钙土、黄绵土、风沙土和砖红壤等土类上没有土壤缓效钾含量处于三级（200～300mg/kg）水平的耕地分布；其余各土类上土壤缓效钾含量处于三级（200～300mg/kg）水平的耕地面积都在 2 万 hm² 以下。土壤缓效钾含量处于四级（150～200mg/kg）水平的耕地在红壤上分布较多，面积 44.09 万 hm²，占该土类耕地的 23.10%，占西南区土壤缓效钾含量处于四级（150～200mg/kg）水平耕地总面积的 23.61%；黄壤上土壤缓效钾含量处于四级（150～200mg/kg）水平的耕地面积 40.17 万 hm²，占该土类耕地的 12.80%，占西南区土壤缓效钾含量处于四级（150～200mg/kg）水平耕地总面积的 21.52%；水稻土上土壤缓效钾含量处于四级（150～200mg/kg）水平的耕地面积 38.95 万 hm²，占该土类耕地的 7.93%，占西南区土壤缓效钾含量处于四级（150～200mg/kg）水平耕地总面积的 20.86%；紫色土上土壤缓效钾含量处于四级（150～200mg/kg）水平的耕地面积 22.93 万 hm²，占该土类耕地的 4.25%，占西南区土壤缓效钾含量处于四级（150～200mg/kg）水平耕地总面积的 12.28%；石灰（岩）土上土壤缓效钾含量处于四级（150～200mg/kg）水平的耕地面积 18.56 万 hm²，占该土类耕地的 9.59%；黄棕壤上土壤缓效钾含量处于四级（150～200mg/kg）水平的耕地面积 13.16 万 hm²，占该土类耕地的 7.04%；草甸土、草毡土、风沙土、褐土、黑钙土、黑垆土、黑土、红黏土、黄褐土、黄绵土、灰褐土、火山灰土、泥炭土和砖红壤等土类上没有土壤缓效钾含量处于四级（150～200mg/kg）水平的耕地分布；其余各土类上土壤缓效钾含量处于四级（150～200mg/kg）水平的耕地面积都在 4 万 hm² 以下。土壤缓效钾含量处于五级（≤150mg/kg）水平的耕地在水稻土上分布较多，面积 28.78 万 hm²，占该土类耕地的 5.86%，占西南区土壤缓效钾含量处于五级（≤150mg/kg）水平耕地总面积的 27.12%；红壤上土壤缓效钾含量处于五级（≤150mg/kg）水平的耕地面积 28.55 万 hm²，占该土类耕地的 14.96%，占西南区土壤缓效钾含量处于五级（≤150mg/kg）水平耕地总面积的 26.90%；石灰（岩）土上土壤缓效钾含量处于五级（≤150mg/kg）水平的耕地面积 19.47 万 hm²，占该土类耕地的 10.06%，占西南区土壤缓效钾含量处于五级（≤150mg/kg）水平耕地总面积的 18.35%；黄壤上土壤缓效钾含量处于五级（≤150mg/kg）水平的耕地面积 15.55 万 hm²，占该土类耕地的 4.96%，占西南区土壤缓效钾含量处于五级（≤150mg/kg）水平耕地总面积的 14.66%；粗

表4-61 西南区各土壤类型不同土壤缓效钾含量水平的耕地面积和比例（万hm², %）

土类	一级 >500mg/kg			二级 300~500mg/kg			三级 200~300mg/kg			四级 150~200mg/kg			五级 ≤150mg/kg		
	面积	占土类面积比例	占同级面积比例	面积	占土类面积比例	占同级面积比例	面积	占土类面积比例	占同级面积比例	面积	占土类面积比例	占同级面积比例	面积	占土类面积比例	占同级面积比例
暗棕壤	2.55	61.48	0.60	0.86	20.64	0.11	0.54	13.10	0.09	0.16	3.81	0.08	0.04	0.98	0.04
草甸土	0.01	4.55	0.002	0.21	95.45	0.03	0.00	0.00	0.00	0.00	0.00	0.00	0.00	0.00	0.00
草毡土	0.002	3.60	0.000 4	0.03	70.14	0.004	0.01	26.27	0.002	0.00	0.00	0.00	0.00	0.00	0.00
潮土	1.77	25.74	0.42	3.14	45.71	0.41	1.81	26.31	0.29	0.07	1.08	0.04	0.08	1.15	0.07
赤红壤	0.11	2.87	0.03	0.87	23.03	0.11	0.42	11.15	0.07	1.02	26.99	0.54	1.35	35.95	1.28
粗骨土	10.02	29.99	2.38	5.33	15.96	0.69	10.06	30.09	1.63	2.87	8.58	1.54	5.14	15.38	4.85
风沙土	0.001	100	0.000 3	0.00	0.04	0.001	0.00	0.00	0.00	0.00	0.00	0.00	0.00	0.00	0.00
褐土	32.6	99.96	7.73	0.01	0.04	0.001	0.00	0.00	0.00	0.00	0.00	0.00	0.00	0.00	0.00
黑钙土	0.88	100	0.21	0.00	0.00	0.00	0.00	0.00	0.00	0.00	0.00	0.00	0.00	0.00	0.00
黑垆土	1.77	100	0.42	0.00	0.00	0.00	0.00	0.00	0.00	0.00	0.00	0.00	0.00	0.00	0.00
黑土	3.01	100	0.71	0.00	0.00	0.00	0.00	0.00	0.00	0.00	0.00	0.00	0.00	0.00	0.00
黑毡土	0.04	4.84	0.01	0.20	25.46	0.03	0.42	54.36	0.07	0.12	15.35	0.06	0.00	0.00	0.00
红壤	3.50	1.83	0.83	33.25	17.42	4.32	81.5	42.70	13.20	44.09	23.10	23.61	28.55	14.96	26.90
红黏土	0.98	100	0.23	0.00	0.00	0.00	0.00	0.00	0.00	0.00	0.00	0.00	0.00	0.00	0.00
黄褐土	12.17	84.97	2.89	2.15	15.03	0.28	0.00	0.00	0.00	0.00	0.00	0.00	0.00	0.00	0.00
黄绵土	0.29	100	0.07	0.00	0.00	0.00	0.00	0.00	0.00	0.00	0.00	0.00	0.00	0.00	0.00
黄壤	9.75	3.11	2.31	109.98	35.05	14.28	138.29	44.08	22.4	40.17	12.80	21.52	15.55	4.96	14.66
黄棕壤	77.95	41.71	18.49	44.98	24.07	5.84	49.22	26.34	7.97	13.16	7.04	7.05	1.57	0.84	1.48
灰褐土	15.98	100	3.79	0.00	0.00	0.00	0.00	0.00	0.00	0.00	0.00	0.00	0.00	0.00	0.00

（续）

土类	一级>500mg/kg 面积	占土类面积比例	占同级面积比例	二级300~500mg/kg 面积	占土类面积比例	占同级面积比例	三级200~300mg/kg 面积	占土类面积比例	占同级面积比例	四级150~200mg/kg 面积	占土类面积比例	占同级面积比例	五级≤150mg/kg 面积	占土类面积比例	占同级面积比例
火山灰土	0.00	0.00	0.00	0.29	100	0.04	0.00	0.00	0.00	0.00	0.00	0.00	0.00	0.00	0.00
泥炭土	0.00	0.00	0.00	0.09	64.99	0.01	0.05	35.01	0.01	0.00	0.00	0.00	0.00	0.00	0.00
山地草甸土	2.17	85.3	0.52	0.27	10.65	0.04	0.09	3.61	0.01	0.01	0.44	0.01	0.00	0.00	0.00
石灰（岩）土	16.87	8.71	4.00	65.11	33.63	8.46	73.59	38.01	11.92	18.56	9.59	9.94	19.47	10.06	18.35
石质土	0.86	21.24	0.20	1.32	32.63	0.17	1.52	37.55	0.25	0.34	8.36	0.18	0.01	0.22	0.01
水稻土	63.64	12.96	15.10	218.22	44.43	28.34	141.56	28.82	22.93	38.95	7.93	20.86	28.78	5.86	27.12
新积土	3.09	41.80	0.73	1.91	25.78	0.25	1.95	26.36	0.32	0.38	5.18	0.21	0.06	0.88	0.06
燥红土	0.26	3.53	0.06	4.88	67.67	0.63	1.84	25.54	0.30	0.24	3.26	0.13	0.00	0.00	0.00
沼泽土	0.01	0.98	0.002	0.18	20.47	0.02	0.47	54.85	0.08	0.20	23.70	0.11	0.00	0.00	0.00
砖红壤	0.00	0.00	0.00	0.00	0.00	0.00	0.00	0.00	0.00	0.30	9.47	0.16	2.83	90.53	2.67
紫色土	144.63	26.84	34.31	266.43	49.44	34.61	102.72	19.06	16.64	22.93	4.25	12.28	2.23	0.41	2.10
棕壤	16.61	39.82	3.94	10.13	24.29	1.32	11.39	27.32	1.85	3.13	7.51	1.68	0.44	1.06	0.42
棕色针叶林土	0.07	41.77	0.02	0.06	40.10	0.01	0.03	18.13	0.005	0.00	0.00	0.00	0.00	0.00	0.00
总计	421.59	—	—	769.91	—	—	617.49	—	—	186.70	—	—	106.11	—	—

骨土、砖红壤、紫色土、黄棕壤、赤红壤、棕壤、潮土、新积土、暗棕和石质土等土类上分布的土壤缓效钾含量处于五级（≤150mg/kg）水平的耕地面积都在 6 万 hm² 以下；其余各土类上没有土壤缓效钾含量处于五级（≤150mg/kg）水平的耕地分布。

第六节　土壤有效硫

有效硫是指土壤中能被植物直接吸收利用的硫。通常包括易溶硫、吸附性硫和部分有机硫。有效硫主要是无机硫酸根（SCT），它以溶解状态存在于土壤溶液中，或被吸附在土壤胶体上，在浓度较大的土壤中则因过饱和而沉淀为硫酸盐固体，这些形态的硫酸盐大多是水溶性的、酸溶性的或代换性的，易于被植物吸收。其他无机形态的硫，如元素硫、硫化物等只有氧化成 SOT 以后，才能被植物利用。土壤有机硫每年有 1%～3% 经矿化作用转化为无机硫酸盐。

一、土壤有效硫含量及其空间差异

对西南区16 429个耕地质量调查样点中土壤有效硫含量情况进行统计，结果如表 4-62所示。西南区耕地土壤有效硫平均含量为 58.10mg/kg，含量范围在 4.00～403.74mg/kg之间。

表 4-62　西南区耕地土壤有效硫含量（个，mg/kg，%）

区域	样点数	最小值	最大值	平均含量	标准差	变异系数
西南区	16 429	4.00	403.74	58.10	64.89	111.69

（一）不同二级农业区耕地土壤有效硫含量差异

对不同二级农业区的耕地土壤有效硫含量情况进行统计，结果如表 4-63 所示。川滇高原山地林农牧区耕地土壤有效硫平均含量最高，其值为 87.15mg/kg，含量范围在 4.00～403.74mg/kg 之间；秦岭大巴山林农区耕地土壤有效硫平均含量最低，其值仅有 28.16mg/kg，含量范围在4.67～164.54mg/kg 之间。其他二级农业区耕地土壤有效硫平均含量由高到低的顺序依次为黔桂高原山地林农牧区、渝鄂湘黔边境山地林农牧区和四川盆地农林区，其值分别为 56.49mg/kg、49.41mg/kg 和 41.07mg/kg。

表 4-63　西南区各二级农业区耕地土壤有效硫含量（个，mg/kg，%）

二级农业区	样点数	最小值	最大值	平均含量	标准差	变异系数
川滇高原山地林农牧区	4 906	4.00	403.74	87.15	96.55	110.79
黔桂高原山地林农牧区	2 445	4.07	387.70	56.49	46.09	81.59
秦岭大巴山林农区	2 446	4.67	164.54	28.16	16.75	59.48
四川盆地农林区	916	4.14	403.40	41.07	55.00	133.92
渝鄂湘黔边境山地林农牧区	5 716	4.38	392.20	49.41	36.87	74.62

（二）不同评价区耕地土壤有效硫含量差异

对不同评价区耕地土壤有效硫含量情况进行统计，结果如表 4-64 所示。云南评价区耕地土壤有效硫平均含量最高，其值为 88.63mg/kg，含量范围在 4.00～403.74mg/kg 之间，这可能与当地烟草种植硫酸钾施用量大有关；甘肃评价区耕地土壤有效硫平均含量最低，其值仅有 19.33mg/kg，含量范围在 4.88～58.88mg/kg 之间。其他各评价区耕地土壤有效硫平均含量由高到低的顺序依次为贵州、湖北、湖南、广西、重庆、四川和陕西评价区，其土壤有效硫平均含量分别为 55.35mg/kg、47.97mg/kg、46.16mg/kg、39.61mg/kg、39.35mg/kg、38.57mg/kg 和 26.06mg/kg。

表 4-64　西南区各评价区耕地土壤有效硫含量（个，mg/kg，%）

评价区	样点数	最小值	最大值	平均含量	标准差	变异系数
甘肃评价区	861	4.88	58.88	19.33	8.36	43.25
广西评价区	607	4.07	214.79	39.61	30.09	75.97
贵州评价区	2 546	4.13	387.70	55.35	45.44	82.10
湖北评价区	4 813	12.28	185.69	47.97	33.91	70.69
湖南评价区	1 567	7.60	392.20	46.16	38.54	83.49
陕西评价区	149	5.50	164.54	26.06	21.34	81.89
四川评价区	973	4.14	403.40	38.57	52.16	135.23
云南评价区	4 769	4.00	403.74	88.63	97.37	109.86
重庆评价区	144	4.70	251.00	39.35	43.97	111.74

（三）不同评价区各市（州）耕地土壤有效硫含量差异

对不同评价区市（州）耕地土壤有效硫含量情况进行统计，结果如表 4-65 所示。云南评价区普洱市耕地土壤有效硫平均含量最高，其值为 215.77mg/kg，含量范围在 7.10～394.34mg/kg；其次是云南评价区保山市，其耕地土壤有效硫平均含量为 205.71mg/kg，含量范围在 7.04～401.57mg/kg；甘肃评价区甘南藏族自治州耕地土壤有效硫平均含量最低，其值为 13.98mg/kg，含量范围在 8.93～18.07mg/kg。其余各市（州）耕地土壤有效硫平均含量介于 14.47～205.50mg/kg 之间。

表 4-65　西南区不同评价区各市（州）耕地土壤有效硫含量（个，mg/kg，%）

评价区	市（州）名称	样点数	最小值	最大值	平均含量	标准差	变异系数
甘肃评价区		861	4.88	58.88	19.33	8.36	43.25
	定西市	130	5.21	32.00	17.86	6.98	39.08
	甘南藏族自治州	14	8.93	18.07	13.98	3.06	21.89
	陇南市	717	4.88	58.88	19.70	8.60	43.65
广西评价区		607	4.07	214.79	39.61	30.09	75.97
	百色市	206	5.55	214.79	50.87	32.69	64.26
	河池市	332	4.07	189.24	29.64	24.84	83.81
	南宁市	69	6.64	126.34	53.97	27.68	51.29
贵州评价区		2 546	4.13	387.70	55.35	45.44	82.10
	安顺市	433	6.48	387.70	83.86	63.21	75.38

（续）

评价区	市（州）名称	样点数	最小值	最大值	平均含量	标准差	变异系数
	毕节市	331	6.06	228.26	59.89	38.72	64.65
	贵阳市	164	4.13	286.30	78.03	56.44	72.33
	六盘水市	48	11.64	237.59	44.07	36.42	82.64
	黔东南苗族侗族自治州	210	4.38	260.38	35.03	39.22	111.96
	黔南布依族苗族自治州	358	7.90	266.94	51.63	36.17	70.06
	黔西南布依族苗族自治州	172	4.70	380.41	46.03	42.44	92.20
	铜仁市	316	5.26	160.97	35.91	22.39	62.35
	遵义市	514	4.63	211.03	48.19	31.11	64.56
湖北评价区		4 813	12.28	185.69	47.97	33.91	70.69
	恩施土家族苗族自治州	1 757	15.70	155.14	56.01	33.59	59.97
	神农架林区	100	20.01	92.24	36.26	16.08	44.35
	十堰市	701	12.28	132.16	34.22	19.24	56.22
	襄阳市	610	13.75	126.34	33.02	16.05	48.61
	宜昌市	1 645	17.56	185.69	51.50	40.47	78.58
湖南评价区		1 567	7.60	392.20	46.16	38.54	83.49
	常德市	99	9.40	168.80	45.45	33.55	73.82
	怀化市	721	7.60	392.20	45.28	36.29	80.15
	邵阳市	70	10.20	168.80	49.45	34.96	70.70
	湘西土家族苗族自治州	469	8.10	314.70	46.88	42.26	90.15
	张家界市	208	10.50	392.20	46.82	40.90	87.36
陕西评价区		149	5.50	164.54	26.06	21.34	81.89
	安康市	81	5.50	164.54	33.10	24.83	75.02
	宝鸡市	5	11.88	37.45	19.68	10.42	52.95
	汉中市	37	8.18	40.15	16.50	7.93	48.06
	商洛市	26	8.35	74.00	18.98	16.07	84.67
四川评价区		973	4.14	403.40	38.57	52.16	135.23
	巴中市	27	5.65	58.05	14.47	11.34	78.37
	成都市	83	4.23	331.87	46.83	60.01	128.14
	达州市	57	4.54	91.15	20.84	18.31	87.86
	德阳市	71	4.75	210.00	35.23	30.90	87.71
	甘孜藏族自治州	1	32.2	32.20	32.20	—	—
	广安市	40	7.42	195.00	43.62	49.41	113.27
	广元市	53	4.38	76.23	23.51	14.11	60.02
	乐山市	28	9.75	379.86	78.56	113.27	144.18
	凉山彝族自治州	50	4.94	61.59	22.57	11.52	51.04
	泸州市	61	7.40	232.25	49.61	53.08	106.99

（续）

评价区	市（州）名称	样点数	最小值	最大值	平均含量	标准差	变异系数
	眉山市	106	4.38	308.22	56.75	57.25	100.88
	绵阳市	112	4.29	294.19	35.37	38.22	108.06
	南充市	49	4.25	190.07	29.28	32.8	112.02
	内江市	30	5.22	109.94	28.95	27.09	93.58
	攀枝花市	27	14.04	44.73	22.01	6.83	31.03
	遂宁市	41	6.27	132.78	20.62	20.42	99.03
	雅安市	12	4.14	42.80	22.45	12.96	57.73
	宜宾市	55	7.05	379.53	55.95	84.94	151.81
	资阳市	43	4.81	282.81	37.90	59.03	155.75
	自贡市	27	9.07	403.40	55.21	105.35	190.82
云南评价区		4 769	4.00	403.74	88.63	97.37	109.86
	保山市	111	7.04	401.57	205.71	116.44	56.60
	楚雄彝族自治州	436	4.00	379.20	53.45	55.28	103.42
	大理白族自治州	436	4.00	399.09	51.42	62.05	120.67
	红河哈尼族彝族自治州	197	4.00	398.40	51.08	53.24	104.23
	昆明市	582	4.00	403.74	84.09	92.12	109.55
	丽江市	276	4.20	402.77	109.92	125.97	114.60
	怒江傈僳族自治州	72	10.25	402.87	205.5	116.87	56.87
	普洱市	108	7.10	394.34	215.77	111.34	51.60
	曲靖市	1 029	4.00	403.09	115.62	108.16	93.55
	文山壮族苗族自治州	412	6.30	403.60	104.9	112.26	107.02
	玉溪市	182	4.10	387.69	56.51	75.40	133.43
	昭通市	928	4.20	396.20	58.41	53.20	91.08
重庆评价区		144	4.70	251.00	39.35	43.97	111.74
	重庆市	144	4.70	251.00	39.35	43.97	111.74

二、土壤有效硫含量及其影响因素

（一）土壤类型土壤有效硫含量

对西南区主要土壤类型耕地土壤有效硫含量情况进行统计，结果如表4-66所示。火山灰土的土壤有效硫平均含量最高，其值为282.60mg/kg，含量范围在188.80～341.17mg/kg之间；石质土的土壤有效硫平均含量最低，其值仅为有14.06mg/kg，含量范围在9.27～17.79mg/kg之间。其余各土类土壤有效硫平均含量介于14.51～139.22mg/kg之间，其中，赤红壤、草甸土、红壤、燥红土、新积土、暗棕壤、黄壤、水稻土、紫色土、石灰（岩）土、棕壤、粗骨土、黄棕壤、潮土和沼泽土的土壤有效硫平均含量达到40.00mg/kg以上；土壤有效硫平均含量在20.00～40.00mg/kg之间的有黄褐土、寒冻土、红黏土、褐土和黑土等土类；土壤有效硫平均含量低于20.00mg/kg的土类由高到低依次为黑垆土、黑钙土、山地草甸土、灰褐土和黄绵土等。水稻土上的调查样点数量最多，有5 282个，其土壤有效硫平均含量为 55.91mg/kg，含量范围在 4.00～403.40mg/kg 之间。

表 4-66　西南区主要土壤类型耕地土壤有效硫含量（个，mg/kg，%）

土类	样点数	最小值	最大值	平均含量	标准差	变异系数
暗棕壤	13	4.20	381.67	65.85	101.51	154.15
草甸土	6	63.46	132.05	94.75	26.77	28.25
潮土	181	6.64	302.70	45.84	40.09	87.46
赤红壤	64	7.34	370.79	139.22	125.42	90.09
粗骨土	31	4.70	146.50	51.55	32.90	63.82
寒冻土	4	17.10	36.50	24.40	8.40	34.43
褐土	512	4.88	74.00	20.34	9.11	44.79
黑钙土	20	5.21	29.76	16.63	7.66	46.06
黑垆土	113	5.69	29.18	16.73	6.05	36.16
黑土	25	7.46	32.00	20.03	5.79	28.91
红壤	2 119	4.00	403.60	86.88	97.19	111.87
红黏土	23	7.53	32.55	20.59	6.71	32.59
黄褐土	94	4.75	110.69	25.78	19.74	76.57
黄绵土	19	5.96	24.73	14.51	4.89	33.70
黄壤	2 445	4.13	395.30	60.09	52.58	87.50
黄棕壤	2 283	4.00	399.22	49.26	46.05	93.48
灰褐土	17	7.24	28.32	14.81	5.57	37.61
火山灰土	4	188.80	341.17	282.60	65.74	23.26
山地草甸土	5	10.05	19.24	16.25	3.87	23.82
石灰（岩）土	1 192	4.07	395.52	55.15	59.46	107.82
石质土	5	9.27	17.79	14.06	3.39	24.11
水稻土	5 282	4.00	403.40	55.91	59.85	107.05
新积土	90	5.38	391.53	66.80	91.76	137.37
燥红土	69	5.20	334.27	81.64	90.96	111.42
沼泽土	4	10.70	115.51	43.30	48.75	112.59
紫色土	1 512	4.00	403.74	55.69	65.95	118.42
棕壤	297	4.70	402.77	53.39	60.76	113.80

对西南区主要土壤亚类耕地土壤有效硫含量情况进行统计，结果如表 4-67 所示。典型火山灰土的土壤有效硫平均含量最高，其值为 282.60mg/kg；其次是黄色赤红壤、典型赤红壤和赤红壤性土，其土壤有效硫平均含量分别为 176.03mg/kg、129.01mg/kg 和 126.61mg/kg；典型灰褐土的土壤有效硫平均含量最低，其值为 10.24mg/kg。其余各亚类的土壤有效硫平均含量介于 11.70～115.51mg/kg 之间，其中，腐泥沼泽土、山原红壤、黑色石灰土、典型草甸土、黄红壤、褐红土、冲积土、漂洗水稻土、典型暗棕壤、典型红壤、酸性紫色土、黄色石灰土、红色石灰土、典型黄壤、暗黄棕壤、潴育水稻土、酸性粗骨土、典型棕壤、淹育水稻土、典型潮土、潜育水稻土、中性紫色土、黄棕壤性土、脱潜水稻土、渗育水稻土、红壤性土、典型黄棕壤、钙质粗骨土、石灰性紫色土、棕壤性土和棕色石灰土

等亚类的土壤有效硫平均含量达到 40.00mg/kg 以上；土壤有效硫平均含量在 20.0～40.00mg/kg 之间的土壤亚类由高到低依次为灰潮土、棕红壤、黄棕壤性土、漂洗黄壤、盐渍水稻土、典型黄褐土、典型新积土、寒冻土、石灰性褐土、积钙红黏土和典型黑土；土壤有效硫平均含量低于 20.00mg/kg 的土壤亚类由低到高依次为褐土性土、中性石质土、黄绵土、典型黑垆土、石灰性灰褐土、淋溶灰褐土、黄褐土性土、典型山地草甸土、淋溶褐土、典型黑钙土、湿潮土、黑麻土、泥炭沼泽土和典型褐土。

表 4-67　西南区主要土壤亚类耕地土壤有效硫含量（个，mg/kg，%）

亚类	样点数	最小值	最大值	平均含量	标准差	变异系数
暗黄棕壤	693	4.00	399.22	61.38	67.19	109.47
赤红壤性土	2	28.20	225.01	126.61	139.17	109.92
冲积土	72	5.38	391.53	76.97	99.76	129.61
典型暗棕壤	13	4.20	381.67	65.85	101.51	154.15
典型草甸土	6	63.46	132.05	94.75	26.77	28.25
典型潮土	94	9.55	302.70	51.81	47.84	92.34
典型赤红壤	48	7.34	370.79	129.01	124.48	96.49
典型褐土	236	4.88	74.00	19.71	8.20	41.60
典型黑钙土	20	5.21	29.76	16.63	7.66	46.06
典型黑垆土	22	9.35	19.01	14.89	2.91	19.54
典型黑土	25	7.46	32.00	20.03	5.79	28.91
典型红壤	365	4.00	402.39	65.25	77.97	119.49
典型黄褐土	87	7.00	110.69	26.57	19.94	75.05
典型黄壤	2 198	4.13	394.77	61.39	53.38	86.95
典型黄棕壤	1 199	4.94	164.61	45.94	33.03	71.90
典型灰褐土	1	10.24	10.24	10.24	—	—
典型火山灰土	4	188.8	341.17	282.60	65.74	23.26
典型山地草甸土	5	10.05	19.24	16.25	3.87	23.82
典型新积土	18	9.33	82.54	26.13	18.10	69.27
典型棕壤	286	4.70	402.77	53.80	61.56	114.42
腐泥沼泽土	1	115.51	115.51	115.51	—	—
钙质粗骨土	9	4.70	118.60	44.09	33.88	76.84
寒冻土	4	17.10	36.50	24.40	8.40	34.43
褐红土	69	5.20	334.27	81.64	90.96	111.42
褐土性土	1	11.70	11.70	11.70	—	
黑麻土	91	5.69	29.18	17.18	6.52	37.95
黑色石灰土	84	5.60	386.17	95.89	100.12	104.41
红壤性土	124	4.00	311.08	47.50	60.06	126.44
红色石灰土	102	8.69	395.52	61.60	84.33	136.90
黄褐土性土	7	4.75	47.30	15.88	14.91	93.89
黄红壤	765	4.00	403.60	92.17	97.92	106.24

（续）

亚类	样点数	最小值	最大值	平均含量	标准差	变异系数
黄绵土	19	5.96	24.73	14.51	4.89	33.70
黄壤性土	238	7.50	395.30	48.96	43.75	89.36
黄色赤红壤	14	15.30	356.42	176.03	129.83	73.75
黄色石灰土	461	4.80	376.92	62.87	63.56	101.10
黄棕壤性土	391	4.14	151.40	37.97	24.97	65.76
灰潮土	86	6.64	180.00	39.66	28.49	71.84
积钙红黏土	23	7.53	32.55	20.59	6.71	32.59
淋溶褐土	77	9.67	32.96	16.52	5.19	31.42
淋溶灰褐土	3	7.24	28.32	15.28	11.39	74.54
泥炭沼泽土	3	10.70	29.40	19.23	9.46	49.19
漂洗黄壤	9	7.76	75.50	37.27	25.13	67.43
漂洗水稻土	55	13.70	380.41	70.34	67.67	96.20
潜育水稻土	380	4.07	293.52	50.32	44.91	89.25
山原红壤	829	4.00	403.09	99.51	106.60	107.12
渗育水稻土	686	4.23	379.86	47.75	49.58	103.83
湿潮土	1	16.70	16.70	16.70	—	—
石灰性褐土	198	5.00	58.88	22.63	10.61	46.88
石灰性灰褐土	13	8.93	25.10	15.06	4.22	28.02
石灰性紫色土	362	4.00	378.83	43.25	49.07	113.46
酸性粗骨土	22	12.46	146.50	54.61	32.79	60.04
酸性紫色土	769	4.70	403.74	64.39	73.00	113.37
脱潜水稻土	10	6.00	120.70	48.36	34.77	71.90
淹育水稻土	923	4.10	403.40	52.14	58.48	112.16
盐渍水稻土	1	35.98	35.98	35.98	—	—
中性石质土	5	9.27	17.79	14.06	3.39	24.11
中性紫色土	381	4.38	397.65	49.92	62.49	125.18
潴育水稻土	3 227	4.00	400.37	59.16	63.34	107.07
棕红壤	36	20.49	90.63	38.42	17.77	46.25
棕壤性土	11	13.78	118.96	42.68	33.77	79.12
棕色石灰土	545	4.07	162.27	41.13	31.05	75.49

（二）地貌类型与土壤有效硫含量

西南区不同地貌类型土壤有效硫含量差异较大，对不同地貌类型土壤有效硫含量情况进行统计，结果如表 4-68 所示。盆地地貌土壤有效硫平均含量最高，其值为 83.46mg/kg；其次是山地、丘陵和平原，其土壤有效硫平均含量分别为 49.66mg/kg、44.06mg/kg、41.64mg/kg；高原地貌土壤有效硫平均含量最低，其值为 35.20mg/kg。

表 4-68　西南区不同地貌类型耕地土壤有效硫含量（个，mg/kg,%）

地貌类型	样点数	最小值	最大值	平均含量	标准差	变异系数
高原	125	19.93	111.75	35.20	15.90	45.17
盆地	4 764	4.00	403.74	83.46	93.44	111.96
平原	218	4.23	199.00	41.64	34.79	83.55
丘陵	3 352	4.25	403.40	44.06	48.90	110.99
山地	7 970	4.00	402.87	49.66	43.19	86.97

（三）成土母质与土壤有效硫含量

对西南区不同成土母质发育土壤的土壤有效硫含量情况进行统计，结果如表 4-69 所示。土壤有效硫平均含量最高的是结晶岩类风化物发育的土壤，其值为 75.82mg/kg；其次是第四纪老冲积物和河湖冲（沉）积物发育的土壤，其土壤有效硫平均含量分别为 75.77mg/kg 和 59.15mg/kg；黄土母质发育的土壤其土壤有效硫平均含量最低，其值为 24.16mg/kg。其余成土母质发育的土壤其土壤有效硫平均含量在 40.52～58.15mg/kg 之间。

表 4-69　西南区不同成土母质耕地土壤有效硫含量（个，mg/kg,%）

成土母质	样点数	最小值	最大值	平均含量	标准差	变异系数
第四纪老冲积物	1 656	4.00	403.09	75.77	92.88	122.58
第四纪黏土	679	13.08	145.57	44.46	27.78	62.48
河湖冲（沉）积物	1 396	4.10	399.09	59.15	73.30	123.92
红砂岩类风化物	351	6.32	138.60	40.52	24.70	60.96
黄土母质	396	4.75	189.05	24.16	20.14	83.36
结晶岩类风化物	1 107	4.00	402.39	75.82	88.47	116.68
泥质岩类风化物	3 473	4.00	403.60	57.12	60.43	105.79
砂泥质岩类风化物	1 206	4.13	387.70	55.58	47.24	84.99
砂岩类风化物	342	15.84	185.69	56.46	33.84	59.94
碳酸盐类风化物	3 380	4.07	400.37	53.80	51.60	95.91
紫色岩类风化物	2 443	4.00	403.74	58.15	68.50	117.80

（四）土壤质地与土壤有效硫含量

对西南区不同质地类型的土壤有效硫含量情况进行统计，结果如表 4-70 所示。黏土质地类型的土壤有效硫平均含量最高，其值为 80.19mg/kg；其次是砂壤、重壤、轻壤和砂土，其土壤有效硫平均含量分别为 58.23mg/kg、58.07mg/kg、54.40mg/kg 和 46.34mg/kg；中壤质地类型的土壤有效硫平均含量最低，其值为 43.46mg/kg。

表 4-70　西南区不同土壤质地耕地土壤有效硫含量（个，mg/kg,%）

土壤质地	样点数	最小值	最大值	平均含量	标准差	变异系数
黏土	3 424	4.00	403.60	80.19	88.33	110.15
轻壤	2 423	4.10	393.56	54.40	53.73	98.77

(续)

土壤质地	样点数	最小值	最大值	平均含量	标准差	变异系数
砂壤	3 103	4.10	403.74	58.23	63.70	109.39
砂土	666	4.70	401.57	46.34	64.33	138.82
中壤	4 036	4.13	403.40	43.46	39.21	90.22
重壤	2 777	4.00	402.87	58.07	63.71	109.71

三、土壤有效硫调控

硫是植物体内含硫蛋白质的重要组成成分，约有 90% 的硫存在于胱氨酸和蛋氨酸等含硫氨基酸中。植物缺硫的外观症状与缺氮相似，叶片呈现淡绿或黄色，缺素最先发生在幼叶叶片上，一般表现为幼叶褪绿或黄化，茎细，分蘖或分枝少。蔬菜缺硫时全株叶片淡（黄）绿，幼枝症状明显，叶片细小向上卷，叶片硬脆易提早脱落，花果延迟结荚少。果树作物严重缺硫时，产生枯梢，果实小而畸形，皮厚、汁少。在通气不良的水田，硫过剩可发生水稻根系中毒、发黑。

当土壤中有效硫缺乏时，通过施用硫肥加以调控。施用的含硫化肥主要是过磷酸钙、硫酸铵等，许多复混肥也含有不同比例的硫。硫肥应该在生殖生长期之前施用，作为基肥施用较好，可以和氮磷钾等肥料混合施用。如在作物生长过程中发现缺硫，可以用硫酸铵等速效性硫肥作追肥或喷施。

第七节　土壤有效铁

土壤中铁的含量一般约为 1%～4%。土壤中铁的形态很复杂，在无机铁中有各种结晶状的氧化铁矿物，还有胶体状态的氢氧化铁。它们的可溶性和可还原性各不相同，对于植物的有效性也难以量化。除了固体状态的铁化合物外，无机形态中主要是交换态铁和溶液中的铁，这些形态的铁对植物是有效的。

一、土壤有效铁含量及其空间差异

对西南区 17 706 个耕地质量调查样点中耕地土壤有效铁含量情况进行统计，结果如表 4-71 所示。西南区耕地土壤有效铁平均含量为 121.42mg/kg，含量范围在 0.10～480.16mg/kg 之间。

表 4-71　西南区耕地土壤有效铁含量 （个，mg/kg，%）

区域	采样点数	最小值	最大值	平均含量	标准差	变异系数
西南区	17 706	0.10	480.16	121.42	120.24	99.03

（一）不同二级农业区耕地土壤有效铁含量差异

对不同二级农业区耕地土壤有效铁含量情况进行统计，结果如表 4-72 所示。川滇高原山地林农牧区耕地土壤有效铁平均含量最高，其值为 217.52mg/kg，含量范围在 1.35～480.16mg/kg 之间；秦岭大巴山林农区耕地土壤有效铁平均含量最低，其值仅有 34.72mg/

kg，含量范围在 3.10～452.76mg/kg 之间。其他各二级农业区耕地土壤有效铁平均含量由高到低的顺序依次为四川盆地农林区、渝鄂湘黔边境山地林农牧区和黔桂高原山地林农牧区，其值分别为 103.07mg/kg、92.02mg/kg 和 86.05mg/kg。

表 4-72　西南区各二级农业区耕地土壤有效铁含量（个，mg/kg,%）

二级农业区	样点数	最小值	最大值	平均含量	标准差	变异系数
川滇高原山地林农牧区	5 333	1.35	480.16	217.52	143.59	66.01
黔桂高原山地林农牧区	2 917	0.10	476.89	86.05	81.45	94.65
秦岭大巴山林农区	2 510	3.10	452.76	34.72	38.30	110.31
四川盆地农林区	1 137	0.69	476.00	103.07	98.04	95.12
渝鄂湘黔边境山地林农牧区	5 809	0.10	469.30	92.02	77.55	84.28

（二）不同评价区耕地土壤有效铁含量差异

对不同评价区耕地土壤有效铁含量情况进行统计，结果如表 4-73 所示。云南评价区耕地土壤有效铁平均含量最高，其值为 231.20mg/kg，含量范围在 2.04～480.16mg/kg 之间；甘肃评价区耕地土壤有效铁平均含量最低，其值仅为 9.46mg/kg，含量范围在 3.10～16.97mg/kg 之间。其他各评价区耕地土壤有效铁平均含量由高到低的顺序依次为湖南、广西、重庆、四川、贵州、陕西和湖北评价区，其值分别为 159.80mg/kg、121.63mg/kg、110.22mg/kg、95.55mg/kg、78.94mg/kg、76.14mg/kg 和 54.17mg/kg。

表 4-73　西南区各评价区耕地土壤有效铁含量（个，mg/kg,%）

评价区	样点数	最小值	最大值	平均含量	标准差	变异系数
甘肃评价区	861	3.10	16.97	9.46	4.32	45.67
广西评价区	601	3.15	464.78	121.63	96.89	79.66
贵州评价区	3 272	0.10	476.89	78.94	78.91	99.96
湖北评价区	4 813	5.77	198.40	54.17	36.28	66.97
湖南评价区	1 583	5.20	469.30	159.80	83.38	52.18
陕西评价区	187	5.17	452.76	76.14	74.56	97.92
四川评价区	1 106	0.69	456.00	95.55	97.97	102.53
云南评价区	4 914	2.04	480.16	231.20	140.14	60.61
重庆评价区	369	5.20	476.00	110.22	94.83	86.04

（三）不同评价区各市（州）耕地土壤有效铁含量差异

对不同评价区各市（州）耕地土壤有效铁含量情况进行统计，结果如表 4-74 所示。云南评价区普洱市耕地土壤有效铁平均含量最高，其值为 262.59mg/kg，含量范围在 17.50～476.77mg/kg；其次是云南评价区保山市，其耕地土壤有效铁平均含量为 258.75mg/kg，含量范围在 4.51～479.34mg/kg；甘肃评价区甘南藏族自治州耕地土壤有效铁平均含量最低，其值为 6.66mg/kg，含量范围在 3.50～12.40mg/kg。其余各市（州）耕地土壤有效铁平均含量介于 8.61～254.43mg/kg 之间。

表 4-74　西南区不同评价区各市（州）耕地土壤有效铁含量（个，mg/kg，%）

评价区	市（州）名称	样点数	最小值	最大值	平均含量	标准差	变异系数
甘肃评价区		861	3.10	16.97	9.46	4.32	45.67
	定西市	130	8.76	16.97	14.49	1.55	10.70
	甘南藏族自治州	14	3.50	12.40	6.66	2.75	41.29
	陇南市	717	3.10	16.96	8.61	4.05	47.04
广西评价区		601	3.15	464.78	121.63	96.89	79.66
	百色市	195	6.30	464.78	129.65	90.7	69.96
	河池市	337	3.15	464.00	120.14	103.18	85.88
	南宁市	69	10.80	419.00	106.28	79.52	74.82
贵州评价区		3 272	0.10	476.89	78.94	78.91	99.96
	安顺市	438	6.10	445.01	75.09	72.87	97.04
	毕节市	641	1.10	390.10	63.77	59.21	92.85
	贵阳市	200	1.80	413.71	63.58	66.98	105.35
	六盘水市	108	1.10	346.84	77.41	66.56	85.98
	黔东南苗族侗族自治州	207	5.23	466.01	192.47	110.11	57.21
	黔南布依族苗族自治州	413	2.70	476.89	90.31	76.5	84.71
	黔西南布依族苗族自治州	170	0.10	439.81	93.67	89.46	95.51
	铜仁市	364	0.10	370.31	63.8	76.19	119.42
	遵义市	731	1.20	430.27	64.53	62.76	97.26
湖北评价区		4 813	5.77	198.40	54.17	36.28	66.97
	恩施土家族苗族自治州	1 757	6.66	163.38	63.84	30.42	47.65
	神农架林区	100	25.36	47.25	37.81	3.9	10.31
	十堰市	701	5.77	137.32	42.28	31.07	73.49
	襄阳市	610	15.33	133.37	42.82	22.24	51.94
	宜昌市	1 645	6.43	198.40	54.1	45.21	83.57
湖南评价区		1 583	5.20	469.30	159.8	83.38	52.18
	常德市	100	14.20	450.40	136.89	79.65	58.19
	怀化市	728	5.20	464.50	162.98	85.9	52.71
	邵阳市	70	20.50	413.48	176.13	88.62	50.32
	湘西土家族苗族自治州	475	5.80	469.30	158.41	77.83	49.13
	张家界市	210	12.60	427.50	157.36	85.05	54.05
陕西评价区		187	5.17	452.76	76.14	74.56	97.92
	安康市	68	5.94	304.54	62.43	66.31	106.21
	宝鸡市	18	7.92	64.30	24.25	16.48	67.96
	汉中市	70	5.17	452.76	112.48	87.24	77.56
	商洛市	31	5.77	143.23	54.28	37.01	68.18
四川评价区		1 106	0.69	456.00	95.55	97.97	102.53
	巴中市	37	5.80	335.00	95.98	77.93	81.19
	成都市	118	2.26	456.00	138.13	120.22	87.03

（续）

评价区	市（州）名称	样点数	最小值	最大值	平均含量	标准差	变异系数
	达州市	43	1.00	337.00	68.93	62.88	91.22
	德阳市	70	4.80	393.00	97.04	106.85	110.11
	甘孜藏族自治州	1	223.00	223.00	223	—	—
	广安市	41	7.80	434.00	150.25	121.55	80.9
	广元市	54	3.90	425.30	94.03	98.16	104.39
	乐山市	30	8.80	375.00	156.7	110.99	70.83
	凉山彝族自治州	134	4.89	445.51	63.58	84.25	132.51
	泸州市	61	3.70	401.00	129.29	109.76	84.89
	眉山市	107	3.63	364.40	114.94	81.89	71.25
	绵阳市	121	0.69	392.90	90.57	87.81	96.95
	南充市	50	2.90	283.70	69.14	73.6	106.45
	内江市	30	4.90	402.00	71.44	94.27	131.96
	攀枝花市	27	1.35	379.00	76.41	97.82	128.02
	遂宁市	41	3.90	102.00	20.95	21.55	102.86
	雅安市	12	22.46	442.00	142.1	123.58	86.97
	宜宾市	58	4.00	360.00	107.39	91.3	85.02
	资阳市	43	5.01	91.07	23.49	21.39	91.06
	自贡市	28	5.80	332.00	99.34	93.01	93.63
云南评价区		4 914	2.04	480.16	231.2	140.14	60.61
	保山市	120	4.51	479.34	258.75	131.28	50.74
	楚雄彝族自治州	437	4.79	478.11	246.13	136.09	55.29
	大理白族自治州	443	3.25	479.75	238.17	141.25	59.31
	红河哈尼族彝族自治州	209	2.79	478.18	252.22	140.19	55.58
	昆明市	600	2.80	478.59	198.26	144.15	72.71
	丽江市	297	3.94	480.16	254.43	135.51	53.26
	怒江傈僳族自治州	79	5.60	478.77	234.34	131.24	56
	普洱市	115	17.50	476.77	262.59	127.72	48.64
	曲靖市	1 077	2.04	479.76	216.97	145.23	66.94
	文山壮族苗族自治州	418	3.79	476.53	239.83	130.89	54.58
	玉溪市	192	3.97	479.17	221.34	130.38	58.9
	昭通市	927	3.08	480.03	236.91	138.51	58.47
重庆评价区		369	5.20	476.00	110.22	94.83	86.04
	重庆市	369	5.20	476.00	110.22	94.83	86.04

二、土壤有效铁含量及其影响因素

（一）土壤类型与土壤有效铁含量

对西南区主要土壤类型的耕地土壤有效铁含量情况进行统计，结果如表 4-75 所示。寒冻土的土壤有效铁平均含量最高，其值为 244.05mg/kg，含量范围在 89.01~460.14mg/kg

之间；红黏土的土壤有效铁平均含量最低，其值仅为 7.52mg/kg，含量范围在 3.10～
13.38mg/kg 之间。其余各土类土壤有效铁平均含量介于 8.18～242.05mg/kg 之间，其中，
燥红土、赤红壤、火山灰土、红壤、沼泽土、暗棕壤、紫色土、棕壤、水稻土和黄壤的土壤
有效铁平均含量达到 100.00mg/kg 以上；土壤有效铁平均含量在 20.00～100.00mg/kg 之
间的有石灰（岩）土、新积土、黄棕壤、潮土、粗骨土、草甸土和黄褐土等土类；土壤有效
铁平均含量低于 20.00mg/kg 的土类由高到低依次为黑钙土、黑土、黄绵土、黑垆土、褐
土、灰褐土、山地草甸土和石质土等。水稻土上的调查样点数量最多，有 5 652 个，其土壤
有效铁平均含量为 132.13mg/kg，含量范围在 0.10～479.34mg/kg 之间。

表 4-75　西南区主要土壤类型耕地土壤有效铁含量（个，mg/kg，%）

土类	样点数	最小值	最大值	平均含量	标准差	变异系数
暗棕壤	13	9.87	473.16	155.72	158.02	101.48
草甸土	6	40.37	59.11	48.84	7.55	15.46
潮土	203	0.10	326.00	78.58	74.21	94.44
赤红壤	66	3.15	474.15	214.35	144.69	67.50
粗骨土	35	8.60	343.87	63.25	68.46	108.24
寒冻土	4	89.01	460.14	244.05	159.58	65.39
褐土	517	3.10	223.00	9.71	12.06	124.20
黑钙土	20	9.11	16.85	14.71	1.68	11.42
黑垆土	113	3.17	16.97	12.46	3.58	28.73
黑土	25	3.60	16.52	13.47	3.33	24.72
红壤	2 195	0.10	479.46	203.16	141.15	69.48
红黏土	23	3.10	13.38	7.52	3.20	42.55
黄褐土	90	5.17	304.54	40.89	42.80	104.67
黄绵土	22	6.15	39.40	12.90	6.51	50.47
黄壤	2 745	0.10	479.22	102.06	104.75	102.64
黄棕壤	2 456	1.60	480.03	81.17	94.95	116.98
灰褐土	17	3.50	16.92	8.76	4.93	56.28
火山灰土	4	122.02	290.66	205.58	69.64	33.87
山地草甸土	6	4.49	17.96	8.47	5.27	62.22
石灰（岩）土	1 270	0.10	479.06	89.63	105.79	118.03
石质土	5	3.17	10.75	8.18	3.06	37.41
水稻土	5 652	0.10	479.34	132.13	109.24	82.68
新积土	97	3.17	438.81	87.40	109.50	125.29
燥红土	71	9.35	476.14	242.05	140.91	58.22
沼泽土	5	21.00	471.83	174.43	189.18	108.46
紫色土	1 723	0.69	479.76	141.64	135.09	95.38
棕壤	323	2.80	480.16	140.63	141.24	100.43

对西南区主要土壤亚类耕地土壤有效铁含量情况进行统计，结果如表 4-76 所示。从表 4-76 中可以看出，寒冻土的土壤有效铁平均含量最高，其值为 244.05mg/kg；其次是褐红土和黄色赤红壤，其耕层土壤有效铁平均含量分别为 242.05mg/kg 和 238.80mg/kg；典型灰褐土的土壤有效铁平均含量最低，平均值为 3.50mg/kg。其余各亚类的土壤有效铁平均含量介于 6.57～215.00mg/kg 之间，其中，山原红壤、典型赤红壤、典型火山灰土、典型红壤、泥炭沼泽土、赤红壤性土、黄红壤、红壤性土、酸性紫色土、典型暗棕壤、典型棕壤、黑色石灰土、潴育水稻土、暗黄棕壤、中性紫色土、潜育水稻土、黄色石灰土、淹育水稻土、渗育水稻土、红色石灰土、漂洗水稻土、冲积土和典型黄壤等亚类的土壤有效铁平均含量达到 100.00mg/kg 以上；土壤有效铁平均含量在 20.00～100.00mg/kg 之间的土壤亚类，由高到低依次为黄壤性土、脱潜水稻土、典型潮土、灰潮土、酸性粗骨土、石灰性紫色土、腐泥沼泽土、漂洗黄壤、典型黄棕壤、钙质粗骨土、典型草甸土、黄棕壤性土、棕壤性土、棕色石灰土、棕红壤、典型黄褐土、湿潮土、黄褐土性土、褐土性土和典型新积土；土壤有效铁平均含量低于 20.00mg/kg 的土壤亚类由低到高依次为典型山地草甸土、积钙红黏土、石灰性灰褐土、中性石质土、典型褐土、典型黑垆土、石灰性褐土、黄绵土、黑麻土、典型黑土、淋溶褐土、典型黑钙土、淋溶灰褐土和山地灌丛草甸土。

表 4-76　西南区主要土壤亚类耕地土壤有效铁含量（个，mg/kg，%）

亚类	样点数	最小值	最大值	平均含量	标准差	变异系数
暗黄棕壤	840	1.60	480.03	138.03	137.70	99.76
赤红壤性土	2	56.30	345.95	201.13	204.81	101.83
冲积土	77	3.30	438.81	103.56	117.01	112.99
典型暗棕壤	13	9.87	473.16	155.72	158.02	101.48
典型草甸土	6	40.37	59.11	48.84	7.55	15.46
典型潮土	94	3.98	289.00	82.55	73.57	89.12
典型赤红壤	50	3.15	467.94	208.03	145.03	69.72
典型褐土	238	3.10	80.84	8.19	7.37	89.99
典型黑钙土	20	9.11	16.85	14.71	1.68	11.42
典型黑垆土	22	4.40	16.50	9.46	3.42	36.15
典型黑土	25	3.60	16.52	13.47	3.33	24.72
典型红壤	379	0.10	475.10	205.25	137.66	67.07
典型黄褐土	83	5.17	304.54	42.04	44.33	105.45
典型黄壤	2 472	0.10	479.22	103.42	106.00	102.49
典型黄棕壤	1 220	5.60	364.76	53.23	36.82	69.17
典型灰褐土	1	3.50	3.50	3.50	—	—
典型火山灰土	4	122.02	290.66	205.58	69.64	33.87
典型山地草甸土	5	4.49	10.80	6.57	2.77	42.16
典型新积土	20	3.17	98.20	25.20	26.07	103.45

（续）

亚类	样点数	最小值	最大值	平均含量	标准差	变异系数
典型棕壤	312	2.80	480.16	143.98	142.44	98.93
腐泥沼泽土	1	65.86	65.86	65.86	—	—
钙质粗骨土	10	9.44	188.60	51.29	56.28	109.73
寒冻土	4	89.01	460.14	244.05	159.58	65.39
褐红土	71	9.35	476.14	242.05	140.91	58.22
褐土性土	1	27.23	27.23	27.23	—	—
黑麻土	91	3.17	16.97	13.18	3.25	24.66
黑色石灰土	90	4.50	472.25	142.83	131.2	91.86
红壤性土	127	0.10	479.12	187.69	132.26	70.47
红色石灰土	108	0.10	479.06	109.87	115.68	105.29
黄褐土性土	7	19.60	42.90	27.24	8.31	30.51
黄红壤	786	2.50	479.46	198.94	138.10	69.42
黄绵土	22	6.15	39.40	12.90	6.51	50.47
黄壤性土	258	0.10	478.57	91.30	93.66	102.58
黄色赤红壤	14	49.84	474.15	238.80	146.12	61.19
黄色石灰土	514	1.80	475.79	125.03	127.75	102.18
黄棕壤性土	396	6.70	235.00	46.63	32.96	70.68
灰潮土	105	0.10	326.00	76.54	75.62	98.8
积钙红黏土	23	3.10	13.38	7.52	3.20	42.55
淋溶褐土	80	3.17	223.00	14.52	26.67	183.68
淋溶灰褐土	3	13.54	16.92	15.60	1.81	11.60
泥炭沼泽土	4	21.00	471.83	201.57	206.9	102.64
漂洗黄壤	15	1.40	158.61	61.68	47.31	76.70
漂洗水稻土	58	0.10	357.63	109.42	101.1	92.40
潜育水稻土	387	0.10	467.51	126.55	101.46	80.17
山地灌丛草甸土	1	17.96	17.96	17.96	—	—
山原红壤	867	3.48	478.59	215.00	145.06	67.47
渗育水稻土	778	0.10	456.00	115.90	96.50	83.26
湿潮土	4	10.76	107.43	39.15	45.93	117.32
石灰性褐土	198	3.17	16.96	9.51	4.10	43.11
石灰性灰褐土	13	3.80	15.90	7.59	4.05	53.36
石灰性紫色土	392	0.69	479.17	66.31	84.15	126.90
酸性粗骨土	25	8.60	343.87	68.03	73.27	107.70
酸性紫色土	834	2.04	479.76	181.34	144.01	79.41
脱潜水稻土	12	7.10	244.52	90.56	86.31	95.31
淹育水稻土	1 026	0.10	475.47	123.31	109.29	88.63

（续）

亚类	样点数	最小值	最大值	平均含量	标准差	变异系数
中性石质土	5	3.17	10.75	8.18	3.06	37.41
中性紫色土	497	3.70	479.75	134.42	125.52	93.38
潴育水稻土	3 391	0.10	479.34	139.69	112.33	80.41
棕红壤	36	12.28	159.24	42.59	40.42	94.90
棕壤性土	11	13.10	98.92	45.80	33.22	72.53
棕色石灰土	558	6.70	239.43	44.52	37.63	84.52

（二）地貌类型与土壤有效铁含量

西南区不同地貌类型土壤有效铁含量具有明显的差异，对不同地貌土壤有效铁含量情况进行统计，结果如表4-77所示。盆地地貌土壤有效铁平均含量最高，其值为213.66mg/kg；其次是平原、丘陵和高原，其土壤有效铁平均含量分别为114.21mg/kg、111.33mg/kg和82.11mg/kg；山地地貌土壤有效铁平均含量最低，其值为75.14mg/kg。

表 4-77　西南区不同地貌类型耕地土壤有效铁含量（个，mg/kg，%）

地貌类型	样点数	最小值	最大值	平均含量	标准差	变异系数
高原	125	25.60	158.64	82.11	26.08	31.76
盆地	4 898	1.35	480.03	213.66	139.98	65.52
平原	253	4.80	445.51	114.21	99.16	86.82
丘陵	3 600	0.10	476.53	111.33	98.54	88.51
山地	8 830	0.10	480.16	75.14	83.36	110.94

（三）成土母质与土壤有效铁含量

对西南区不同成土母质发育土壤的土壤有效铁含量情况进行统计，结果如表4-78所示。土壤有效铁平均含量最高的是结晶岩类风化物发育的土壤，其值为173.06mg/kg；其次是第四纪老冲积物和紫色岩类风化物发育的土壤，其土壤有效铁平均含量分别为161.54mg/kg和147.56mg/kg；黄土母质发育的土壤其土壤有效铁平均含量最低，其值为25.18mg/kg；其余各成土母质发育的土壤其土壤有效铁平均含量在49.35～135.72mg/kg之间。

表 4-78　西南区不同成土母质耕地土壤有效铁含量（个，mg/kg，%）

成土母质	样点数	最小值	最大值	平均含量	标准差	变异系数
第四纪老冲积物	1 723	0.10	479.34	161.54	148.17	91.72
第四纪黏土	679	5.91	146.43	49.35	27.06	54.83
河湖冲（沉）积物	1 514	0.10	477.72	135.72	121.63	89.62
红砂岩类风化物	383	6.62	427.50	92.39	71.11	76.97
黄土母质	401	3.17	402.00	25.18	48.86	194.04
结晶岩类风化物	1 201	1.60	479.46	173.06	141.49	81.76
泥质岩类风化物	3 564	0.10	480.03	128.92	119.1	92.38

（续）

成土母质	样点数	最小值	最大值	平均含量	标准差	变异系数
砂泥质岩类风化物	1 480	0.10	466.01	84.68	80.14	94.64
砂岩类风化物	344	0.10	179.50	68.33	38.14	55.82
碳酸盐类风化物	3 681	0.10	479.06	99.77	105.75	105.99
紫色岩类风化物	2 736	0.10	480.16	147.56	129.80	87.96

（四）土壤质地与土壤有效铁含量

对西南区不同质地类型的土壤有效铁含量情况进行统计，结果如表 4-79 所示。黏土质地类型的土壤有效铁平均含量最高，其值为 185.63mg/kg；其次是重壤、砂壤、轻壤和砂土，其土壤有效铁平均含量分别为 138.01mg/kg、137.55mg/kg、92.13mg/kg 和 83.43mg/kg；中壤质地类型的土壤有效铁平均含量最低，其值为 69.86mg/kg。

表 4-79　西南区不同土壤质地耕地土壤有效铁含量（个，mg/kg，%）

土壤质地	样点数	最小值	最大值	平均含量	标准差	变异系数
黏土	3 590	0.10	479.22	185.63	141.01	75.96
轻壤	2 703	0.10	475.79	92.13	95.58	103.74
砂壤	3 309	0.10	480.16	137.55	124.65	90.62
砂土	714	0.10	478.77	83.43	108.05	129.51
中壤	4 404	0.10	470.91	69.86	74.39	106.48
重壤	2 986	0.10	480.03	138.01	121.83	88.28

三、土壤有效铁调控

铁是作物叶绿素的重要组成部分，参与核酸和蛋白质代谢，以及作物呼吸作用，还与碳水化合物、有机酸和维生素的合成有关。当土壤中有效铁含量<4.5mg/kg 时，作物从土壤中吸收的铁不足，缺铁时作物顶端或幼叶失绿黄化，由脉间失绿发展到全叶淡黄白色。土壤供铁过量时，西南区水田或高湿土壤在酸性条件下使三价铁变为二价铁而发生铁的过量中毒，铁中毒伴随缺钾，表现症状是叶缘叶尖出现褐斑，叶色暗绿，根系灰黑，易烂，铁过量还影响根系对磷、锌、锰、铜的吸收和利用。调控土壤有效铁，一般采用施铁肥的方法。

当土壤中有效铁缺乏时，需要施用铁肥。补充铁肥时主要考虑土壤有效铁含量、肥料特点、施肥方法来确定施肥时期和施肥量。常用铁肥大都能溶于水且肥效较快，可用作基肥、叶面喷施和注射，基施时应与有机肥混合施用。生产上最常用的铁肥是硫酸亚铁（含铁19%，淡绿色结晶，易溶于水），多采用根外的追肥方法施用，也可进行叶面喷施，浓度为0.2%～0.5%，一般需多次进行喷施，溶液应现配现用。

第八节　土壤有效锰

土壤中的锰以二、三、四价并存，并保持平衡。不同形态锰的转化主要受氧化锰的水化和脱水、pH 及 Eh 的制约。各种形态锰的溶解度有很大的差别，并且视土壤条件而相互转化，最后影响其有效性。

一、西南区土壤有效锰含量及其空间差异

对西南区 17 236 个耕地质量调查样点中土壤有效锰含量情况进行统计，结果如表 4-80 所示。西南区耕地土壤有效锰平均含量为 30.69mg/kg，含量范围在 0.20～174.00mg/kg 之间。

表 4-80　西南区耕地土壤有效锰含量（个，mg/kg,%）

区域	采样点数	最小值	最大值	平均含量	标准差	变异系数
西南区	17 236	0.20	174.00	30.69	26.30	85.70

（一）不同二级农业区耕地土壤有效锰含量差异

对不同二级农业区的耕地土壤有效锰含量情况进行统计，结果如表 4-81 所示。黔桂高原山地林农牧区耕地土壤有效锰平均含量最高，其值为 39.00mg/kg，含量范围在 0.30～174.00mg/kg 之间；秦岭大巴山林农区耕地土壤有效锰平均含量最低，其值仅有 21.21mg/kg，含量范围在 1.22～101.13mg/kg 之间。其他各二级农业区土壤有效锰平均含量由高到低的顺序依次为川滇高原山地林农牧区、渝鄂湘黔边境山地林农牧区和四川盆地农林区，其值分别为 36.78mg/kg、27.30mg/kg 和 21.66mg/kg。

表 4-81　西南区各二级农业区耕地土壤有效锰含量（个，mg/kg,%）

二级农业区	样点数	最小值	最大值	平均含量	标准差	变异系数
川滇高原山地林农牧区	5 132	0.60	173.20	36.78	30.40	82.65
黔桂高原山地林农牧区	2 687	0.30	174.00	39.00	31.67	81.21
秦岭大巴山林农区	2 498	1.22	101.13	21.21	16.60	78.26
四川盆地农林区	1 137	0.40	173.00	21.66	21.74	100.37
渝鄂湘黔边境山地林农牧区	5 782	0.20	172.90	27.30	20.8	76.19

（二）不同评价区耕地土壤有效锰含量差异

对不同评价区耕地土壤有效锰含量进行统计，结果如表 4-82 所示。广西评价区耕地土壤有效锰平均含量最高，其值为 44.18mg/kg，含量范围在 0.80～174.00mg/kg 之间；甘肃评价区耕地土壤有效锰平均含量最低，其值仅为 8.42mg/kg，含量范围在 2.70～16.56mg/kg 之间。其他各评价区耕地土壤有效锰平均含量由高到低的顺序依次为云南、贵州、重庆、湖南、湖北、陕西和四川，其值分别为 37.37mg/kg、36.50mg/kg、28.39mg/kg、27.98mg/kg、26.42mg/kg、25.53mg/kg 和 20.38mg/kg。

表 4-82　西南区各评价区耕地土壤有效锰含量（个，mg/kg,%）

评价区	样点数	最小值	最大值	平均含量	标准差	变异系数
甘肃评价区	861	2.70	16.56	8.42	3.40	40.38
广西评价区	600	0.80	174.00	44.18	40.19	90.97

（续）

评价区	样点数	最小值	最大值	平均含量	标准差	变异系数
贵州评价区	2 818	0.20	172.90	36.50	30.79	84.36
湖北评价区	4 813	1.22	85.00	26.42	12.11	45.84
湖南评价区	1 583	5.00	172.80	27.98	27.03	96.60
陕西评价区	176	5.17	101.13	25.53	18.79	73.60
四川评价区	1 116	0.40	173.00	20.38	22.42	110.01
云南评价区	4 911	1.00	173.20	37.37	30.51	81.64
重庆评价区	358	5.00	131.68	28.39	20.22	71.22

（三）不同评价区各市（州）耕地土壤有效锰含量差异

对不同评价区各市（州）耕地土壤有效锰含量情况进行统计，结果如表 4-83 所示。广西评价区百色市耕地土壤有效锰平均含量最高，其值为 57.14mg/kg，含量范围在 1.87～172.00mg/kg；其次是云南评价区文山壮族苗族自治州，其耕地土壤有效锰平均含量为 56.58mg/kg，含量范围在 2.40～172.60mg/kg；四川评价区甘孜藏族自治州耕地土壤有效锰平均含量最低，其值为 4.05mg/kg。其余各市（州）耕地土壤有效锰平均含量介于 7.72～54.61mg/kg 之间。

表 4-83　西南区不同评价区各市（州）耕地土壤有效锰含量（个，mg/kg，%）

评价区	市（州）名称	样点数	最小值	最大值	平均含量	标准差	变异系数
甘肃评价区		861	2.70	16.56	8.42	3.40	40.38
	定西市	130	3.02	15.85	10.64	2.77	26.03
	甘南藏族自治州	14	5.30	13.20	7.72	2.80	36.27
	陇南市	717	2.70	16.56	8.04	3.37	41.92
广西评价区		600	0.80	174.00	44.18	40.19	90.97
	百色市	200	1.87	172.00	57.14	41.22	72.14
	河池市	332	0.80	172.31	38.40	37.72	98.23
	南宁市	68	1.50	174.00	34.26	40.03	116.84
贵州评价区		2 818	0.20	172.90	36.50	30.79	84.36
	安顺市	420	1.80	148.40	34.18	26.19	76.62
	毕节市	333	1.07	166.32	40.70	29.07	71.43
	贵阳市	169	2.10	164.55	37.42	30.34	81.08
	六盘水市	99	1.50	151.20	39.39	32.67	82.94
	黔东南苗族侗族自治州	217	2.05	140.88	18.06	20.19	111.79
	黔南布依族苗族自治州	393	1.30	156.91	40.96	29.50	72.02
	黔西南布依族苗族自治州	167	0.30	135.71	39.35	31.10	79.03
	铜仁市	373	0.20	172.90	34.89	42.72	122.44
	遵义市	647	2.10	132.19	38.83	27.20	70.05

（续）

评价区	市（州）名称	样点数	最小值	最大值	平均含量	标准差	变异系数
湖北评价区		4 813	1.22	85.00	26.42	12.11	45.84
	恩施土家族苗族自治州	1 757	5.61	61.89	28.61	10.55	36.88
	神农架林区	100	13.68	28.11	23.17	3.71	16.01
	十堰市	701	1.22	85.00	27.57	22.62	82.05
	襄阳市	610	13.62	50.68	29.77	5.52	18.54
	宜昌市	1 645	4.19	47.02	22.54	7.37	32.70
湖南评价区		1 583	5.00	172.80	27.98	27.03	96.60
	常德市	100	5.00	130.20	29.89	30.06	100.57
	怀化市	728	5.00	133.60	26.56	25.91	97.55
	邵阳市	70	5.50	112.20	36.30	32.38	89.20
	湘西土家族苗族自治州	475	5.00	172.80	28.12	26.70	94.95
	张家界市	210	5.00	148.70	28.92	27.81	96.16
陕西评价区		176	5.17	101.13	25.53	18.79	73.60
	安康市	61	5.62	68.45	22.12	14.91	67.41
	宝鸡市	17	6.22	61.97	23.13	13.92	60.18
	汉中市	67	5.17	81.08	24.45	16.96	69.37
	商洛市	31	5.64	101.13	35.90	27.16	75.65
四川评价区		1 116	0.40	173.00	20.38	22.42	110.01
	巴中市	37	2.70	61.90	15.83	15.25	96.34
	成都市	125	1.00	132.00	18.09	19.25	106.41
	达州市	43	1.80	110.05	28.06	24.42	87.03
	德阳市	71	0.40	173.00	20.47	35.17	171.81
	甘孜藏族自治州	1	4.05	4.05	4.05	—	—
	广安市	41	1.50	115.00	46.13	33.94	73.57
	广元市	53	1.40	73.60	21.63	15.89	73.46
	乐山市	30	3.30	74.00	27.27	19.03	69.78
	凉山彝族自治州	134	0.60	115.00	15.09	16.68	110.54
	泸州市	61	6.10	122.00	30.69	23.87	77.78
	眉山市	107	1.28	63.52	14.26	12.02	84.29
	绵阳市	121	1.35	78.47	15.34	14.59	95.11
	南充市	50	1.00	105.36	17.93	19.69	109.82
	内江市	30	3.40	143.00	24.52	26.79	109.26
	攀枝花市	27	3.65	169.00	41.83	34.84	83.29
	遂宁市	41	5.03	60.80	11.81	9.87	83.57
	雅安市	13	2.95	35.10	15.42	10.01	64.92
	宜宾市	60	1.30	134.00	21.49	25.81	120.10

（续）

评价区	市（州）名称	样点数	最小值	最大值	平均含量	标准差	变异系数
	资阳市	43	5.10	29.60	10.19	4.35	42.69
	自贡市	28	5.60	99.22	33.32	27.32	81.99
云南评价区		4 911	1.00	173.20	37.37	30.51	81.64
	保山市	122	2.20	60.90	17.35	13.89	80.06
	楚雄彝族自治州	434	3.60	170.70	45.91	32.99	71.86
	大理白族自治州	443	1.40	173.20	41.35	30.23	73.11
	红河哈尼族彝族自治州	210	1.60	118.90	27.27	24.53	89.95
	昆明市	601	1.00	121.00	27.71	22.46	81.05
	丽江市	299	1.70	137.50	23.54	19.43	82.54
	怒江傈僳族自治州	79	4.80	97.00	39.27	23.48	59.79
	普洱市	114	4.60	143.60	54.61	31.33	57.37
	曲靖市	1 083	1.00	165.60	41.92	33.72	80.44
	文山壮族苗族自治州	409	2.40	172.60	56.58	39.74	70.24
	玉溪市	191	2.70	164.90	29.69	25.21	84.91
	昭通市	926	1.60	168.55	32.64	23.71	72.64
重庆评价区		358	5.00	131.68	28.39	20.22	71.22
	重庆市	358	5.00	131.68	28.39	20.22	71.22

二、土壤有效锰含量及其影响因素

（一）土壤类型与土壤有效锰含量

对西南区主要土壤类型耕地土壤有效锰含量情况进行统计，结果如表 4-84 所示。寒冻土的土壤有效锰平均含量最高，其值为 48.98mg/kg，含量范围在 10.60～117.10mg/kg 之间；山地草甸土的土壤有效锰平均含量最低，其值为 5.73mg/kg，含量范围在 3.90～8.36mg/kg 之间。其余土类的土壤有效锰平均含量介于 7.21～46.47mg/kg 之间，其中，赤红壤、粗骨土、红壤、黄壤、石灰（岩）土、紫色土和燥红土的土壤有效锰平均含量达到 30.00mg/kg 以上；土壤有效锰平均含量在 15.00～30.00mg/kg 之间的有棕壤、水稻土、黄棕壤、潮土、草甸土、暗棕壤、黄褐土、新积土和沼泽土等土类；土壤有效锰平均含量低于 15.00mg/kg 的土类由高到低依次为火山灰土、黑钙土、黑土、黄绵土、石质土、灰褐土、褐土、黑垆土和红黏土等。水稻土上的调查样点数量最多，有 5 621 个，其土壤有效锰平均含量为 28.55mg/kg，含量范围在 0.20～173.20mg/kg 之间。

表 4-84　西南区主要土壤类型耕地土壤有效锰含量（个，mg/kg，%）

土类	样点数	最小值	最大值	平均含量	标准差	变异系数
暗棕壤	13	9.23	50.80	25.55	11.21	43.87
草甸土	6	20.75	34.28	27.46	4.67	17.01

（续）

土类	样点数	最小值	最大值	平均含量	标准差	变异系数
潮土	198	0.30	174.00	27.56	24.34	88.32
赤红壤	66	3.90	159.30	46.47	37.82	81.39
粗骨土	27	5.34	110.30	38.98	31.99	82.07
寒冻土	4	10.60	117.10	48.98	49.57	101.20
褐土	517	2.70	78.92	8.62	5.28	61.25
黑钙土	20	6.85	15.07	12.03	2.51	20.86
黑垆土	113	3.10	15.85	8.35	3.22	38.56
黑土	25	7.30	15.18	11.45	2.63	22.97
红壤	2 190	0.20	172.60	38.95	31.96	82.05
红黏土	23	2.70	15.24	7.21	2.82	39.11
黄褐土	85	5.62	81.08	22.80	16.09	70.57
黄绵土	21	3.90	39.00	10.25	7.72	75.32
黄壤	2 568	0.20	168.55	35.73	28.96	81.05
黄棕壤	2 333	1.22	165.60	28.09	18.16	64.65
灰褐土	17	5.30	15.34	8.64	3.54	40.97
火山灰土	4	2.20	37.30	14.3	15.65	109.44
山地草甸土	6	3.90	8.36	5.73	1.91	33.33
石灰（岩）土	1 213	0.30	164.20	32.39	25.65	79.19
石质土	5	6.75	10.30	8.79	1.41	16.04
水稻土	5 621	0.20	173.20	28.55	25.31	88.65
新积土	96	1.11	158.36	21.76	26.54	121.97
燥红土	71	3.90	119.00	31.19	25.42	81.50
沼泽土	4	17.80	25.22	20.06	3.47	17.30
紫色土	1 681	0.30	173.00	32.25	25.88	80.25
棕壤	309	1.51	155.00	29.90	24.40	81.61

对西南区主要土壤亚类耕地土壤有效锰含量情况进行统计，结果如表 4-85 所示。黄色赤红壤的土壤有效锰平均含量最高，其值为 57.57mg/kg；其次是寒冻土和钙质粗骨土，其土壤有效锰平均含量分别为 48.98mg/kg 和 46.77mg/kg；典型山地草甸土的土壤有效锰平均含量最低，其值为 5.21mg/kg。其余各亚类的土壤有效锰平均含量介于 5.62～44.86mg/kg 之间，其中，典型赤红壤、红壤性土、黄红壤、黄色石灰土、典型红壤、山原红壤、酸性紫色土、酸性粗骨土、典型黄壤、黑色石灰土、黄壤性土、脱潜水稻土、中性紫色土、褐红土、淹育水稻土、暗黄棕壤和典型棕壤等亚类的土壤有效锰平均含量达到 30.00mg/kg 以上；土壤有效锰平均含量在 15.00～30.00mg/kg 之间的土壤亚类由高到低依次为灰潮土、潜育水稻土、典型新积土、潴育水稻土、湿潮土、红色石灰土、典型黄棕壤、典型草甸土、棕色石灰土、漂洗黄壤、黄棕壤性土、典型暗棕壤、渗育水稻土、腐泥沼泽土、典型潮土、棕红壤、石灰性紫色土、棕壤性土、典型黄褐土、漂洗水稻土、冲积土、黄褐土性土和泥炭

沼泽土；土壤有效锰平均含量低于 15.00mg/kg 的土壤亚类由高到低依次为典型火山灰土、典型黑钙土、典型黑土、淋溶灰褐土、盐渍水稻土、黄绵土、褐土性土、石灰性褐土、赤红壤性土、黑麻土、中性石质土、山地灌丛草甸土、石灰性灰褐土、典型褐土、淋溶褐土、积钙红黏土、典型灰褐土和典型黑垆土。

表 4-85　西南区主要土壤亚类耕地土壤有效锰含量（个，mg/kg,%）

亚类	样点数	最小值	最大值	平均含量	标准差	变异系数
暗黄棕壤	721	1.60	165.60	30.13	23.62	78.39
赤红壤性土	2	8.80	9.40	9.10	0.42	4.62
冲积土	77	1.11	158.36	20.03	25.38	126.71
典型暗棕壤	13	9.23	50.80	25.55	11.21	43.87
典型草甸土	6	20.75	34.28	27.46	4.67	17.01
典型潮土	94	1.37	112.20	24.98	18.29	73.22
典型赤红壤	50	3.90	158.98	44.86	35.67	79.51
典型褐土	238	2.70	43.65	8.02	4.39	54.74
典型黑钙土	20	6.85	15.07	12.03	2.51	20.86
典型黑垆土	22	3.50	10.90	5.62	2.13	37.90
典型黑土	25	7.30	15.18	11.45	2.63	22.97
典型红壤	378	0.20	169.10	36.72	31.61	86.08
典型黄褐土	78	5.62	81.08	23.10	16.52	71.52
典型黄壤	2 309	0.20	168.55	35.94	28.75	79.99
典型黄棕壤	1 218	1.23	85.00	27.49	13.34	48.53
典型灰褐土	1	7.00	7.00	7.00	—	—
典型火山灰土	4	2.20	37.30	14.30	15.65	109.44
典型山地草甸土	5	3.90	6.99	5.21	1.57	30.13
典型新积土	19	3.80	92.50	28.78	30.53	106.08
典型棕壤	298	1.51	155.00	30.12	24.7	82.01
腐泥沼泽土	1	25.22	25.22	25.22	—	—
钙质粗骨土	7	5.34	110.30	46.77	43.81	93.67
寒冻土	4	10.60	117.10	48.98	49.57	101.20
褐红土	71	3.90	119.00	31.19	25.42	81.50
褐土性土	1	10.20	10.20	10.20	—	—
黑麻土	91	3.10	15.85	9.01	3.10	34.41
黑色石灰土	87	1.00	162.10	35.76	24.47	68.43
红壤性土	126	0.30	153.80	44.26	33.83	76.43
红色石灰土	107	0.30	112.20	27.72	25.63	92.46
黄褐土性土	7	7.20	30.91	19.49	10.31	52.90
黄红壤	780	2.30	172.60	42.58	35.64	83.70
黄绵土	21	3.90	39.00	10.25	7.72	75.32

（续）

亚类	样点数	最小值	最大值	平均含量	标准差	变异系数
黄壤性土	245	0.30	168.20	34.26	31.41	91.68
黄色赤红壤	14	11.50	159.30	57.57	44.71	77.66
黄色石灰土	478	1.30	164.20	38.41	30.02	78.16
黄棕壤性土	394	1.22	85.30	26.21	19.26	73.48
灰潮土	100	0.30	174.00	29.94	28.9	96.53
积钙红黏土	23	2.70	15.24	7.21	2.82	39.11
淋溶褐土	80	2.70	78.92	7.46	9.35	125.34
淋溶灰褐土	3	7.53	14.99	10.99	3.76	34.21
泥炭沼泽土	3	17.80	18.80	18.33	0.50	2.73
漂洗黄壤	14	5.00	59.70	26.71	14.52	54.36
漂洗水稻土	56	0.30	79.50	23.04	16.23	70.44
潜育水稻土	390	0.20	172.80	29.24	25.68	87.82
山地灌丛草甸土	1	8.36	8.36	8.36	—	—
山原红壤	870	1.00	169.00	36.48	28.31	77.60
渗育水稻土	768	0.20	172.90	25.54	25.10	98.28
湿潮土	4	6.54	61.97	28.62	23.65	82.63
石灰性褐土	198	2.90	16.51	9.80	3.52	35.92
石灰性灰褐土	13	5.30	15.34	8.22	3.54	43.07
石灰性紫色土	390	0.30	173.00	23.91	24.14	100.96
酸性粗骨土	20	9.00	107.30	36.26	27.65	76.25
酸性紫色土	802	0.30	172.31	36.33	27.42	75.47
脱潜水稻土	10	7.43	83.40	33.63	21.91	65.15
淹育水稻土	1 012	0.30	170.20	30.14	24.87	82.51
盐渍水稻土	1	10.90	10.90	10.90	—	—
中性石质土	5	6.75	10.30	8.79	1.41	16.04
中性紫色土	489	1.60	167.10	32.23	22.91	71.08
潴育水稻土	3 384	0.20	173.20	28.76	25.53	88.77
棕红壤	36	17.38	48.44	24.79	6.42	25.90
棕壤性土	11	11.65	56.93	23.86	13.44	56.33
棕色石灰土	541	1.30	156.0	27.46	19.85	72.29

（二）地貌类型与土壤有效锰含量

对西南区不同地貌类型土壤有效锰含量情况进行统计，结果如表 4-86 所示。高原地貌土壤有效锰平均含量最高，其值为 39.17mg/kg；其次是盆地、山地和丘陵，其土壤有效锰平均含量分别为 36.08mg/kg、29.14mg/kg 和 27.02mg/kg；平原地貌土壤有效锰平均含量最低，其值为 25.95mg/kg。

表 4-86　西南区不同地貌类型耕地土壤有效锰含量（个，mg/kg,%）

地貌类型	样点数	最小值	最大值	平均含量	标准差	变异系数
高原	125	25.09	54.35	39.17	6.90	17.62
盆地	4 894	1.00	173.20	36.08	29.44	81.60
平原	261	0.40	172.00	25.95	21.33	82.20
丘陵	3 600	0.20	174.00	27.02	25.67	95.00
山地	8 356	0.20	172.90	29.14	24.37	83.63

（三）成土母质与土壤有效锰含量

对西南区不同成土母质发育土壤的土壤有效锰含量情况进行统计，结果如表 4-87 所示。土壤有效锰平均含量最高的是砂泥质岩类风化物发育的土壤，其值为 37.88mg/kg；其次是结晶岩类风化物和泥质岩类风化物发育的土壤，其土壤有效锰平均含量分别为 34.38mg/kg 和 32.93mg/kg；黄土母质发育的土壤其土壤有效锰平均含量最低，其值为 11.84mg/kg；其余各成土母质发育的土壤其土壤有效锰平均含量在 25.20～31.61mg/kg 之间。

表 4-87　西南区不同成土母质耕地土壤有效锰含量（个，mg/kg,%）

成土母质	样点数	最小值	最大值	平均含量	标准差	变异系数
第四纪老冲积物	1 720	0.20	169.10	28.37	26.38	92.99
第四纪黏土	679	1.29	77.73	26.57	11.58	43.58
河湖冲（沉）积物	1 517	0.20	174.00	25.20	24.17	95.91
红砂岩类风化物	382	1.51	169.00	25.99	20.54	79.03
黄土母质	398	2.90	143.00	11.84	12.64	106.76
结晶岩类风化物	1 163	1.39	173.20	34.38	29.89	86.94
泥质岩类风化物	3 547	0.30	172.60	32.93	28.86	87.64
砂泥质岩类风化物	1 335	0.20	172.90	37.88	31.83	84.03
砂岩类风化物	343	0.30	144.90	31.61	16.53	52.29
碳酸盐类风化物	3 467	0.20	172.80	31.13	24.66	79.22
紫色岩类风化物	2 685	0.30	173.00	30.96	24.88	80.36

（四）土壤质地与土壤有效锰含量

对西南区不同质地类型的土壤有效锰含量情况进行统计，结果如表 4-88 所示。黏土质地类型的土壤有效锰平均含量最高，其值为 36.04mg/kg；其次是砂壤、重壤、轻壤和中壤，其土壤有效锰平均含量分别为 31.57mg/kg、31.07mg/kg、29.81mg/kg 和 26.84mg/kg；砂土质地类型的土壤有效锰平均含量最低，其值为 24.45mg/kg。

表 4-88　西南区不同土壤质地耕地土壤有效锰含量（个，mg/kg,%）

土壤质地	样点数	最小值	最大值	平均含量	标准差	变异系数
黏土	3 559	0.20	172.60	36.04	30.43	84.43
轻壤	2 604	0.30	164.20	29.81	22.39	75.11

（续）

土壤质地	样点数	最小值	最大值	平均含量	标准差	变异系数
砂壤	3 230	0.20	174.00	31.57	26.68	84.51
砂土	690	0.30	173.00	24.45	28.24	115.50
中壤	4 246	0.20	172.90	26.84	22.85	85.13
重壤	2 907	0.20	173.20	31.07	26.63	85.71

三、土壤有效锰调控

锰具有促进光合作用和氮素代谢、有利于作物生长发育、降低病害感染率等作用。当土壤中有效锰含量<10mg/kg 时，作物从土壤中吸收的锰不足，缺锰时作物幼叶叶肉变黄白，叶脉仍为绿色，脉纹清晰，主脉较远处先发黄，严重时叶片出现褐色斑点，并逐渐增大布遍叶面。土壤供锰过量会产生锰中毒，较老叶片上有失绿区域包围的棕色斑点，锰中毒阻碍作物对铁、钙、钼的吸收，经常出现缺钼症状，叶片出现褐色斑点，叶缘白化或变紫变烂。

调控土壤有效锰一般通过施用锰肥。锰肥品种有硫酸锰、碳酸锰、氯化锰、氧化锰等。硫酸锰是常用的锰肥，可作基肥、种肥或追肥，采用根外追肥和种子处理等方式效果更好。作基肥或追肥施用时，最好与有机肥、生理酸性肥料一起施用，每亩用 1～2kg，叶面喷施浓度 0.05%～0.2%，浸种浓度 0.05%～0.1%，拌种每千克种子 4～8g。

第九节　土壤有效硼

植物吸收的硼主要来自土壤，土壤的含硼量对植物至关重要。土壤含硼量多少与成土母质、土壤类型及气候条件等有密切的关系。土壤中的硼可简单分为全量硼和有效硼。土壤全量硼是指土壤中所存在的硼的总和，包括植物可利用的硼和不能利用的硼两部分。土壤有效硼是指植物可从土壤中吸收利用的硼，土壤有效硼除存在于土壤溶液中的水溶性硼外，还包括有机和无机胶体吸附的硼。

一、土壤有效硼含量及其空间差异

对西南区 16 950 个耕层质量调查样点中土壤有效硼含量情况进行统计，结果如表 4-89 所示。西南区耕地土壤有效硼平均含量为 0.47mg/kg，含量范围在 0.07～3.20mg/kg 之间。

表 4-89　西南区耕地土壤有效硼含量（个，mg/kg，%）

区域	采样点数	最小值	最大值	平均含量	标准差	变异系数
西南区	16 950	0.07	3.20	0.47	0.35	74.47

（一）不同二级农业区耕地土壤有效硼含量差异

对不同二级农业区的耕地土壤有效硼含量情况进行统计，结果如表 4-90 所示。渝鄂湘黔边境山地林农牧区耕地土壤有效硼平均含量最高，其值为 0.50mg/kg，含量范围在 0.07～3.20mg/kg 之间；四川盆地农林区耕地土壤有效硼平均含量最低，其值仅为 0.35mg/kg，含量范围在 0.07～3.11mg/kg 之间。其他各二级农业区耕地土壤有效硼平均含量由高到低的顺序依次为黔桂高原山地林农牧区、秦岭大巴山林农区和川滇高原山地林农牧区，其值分别为 0.49mg/kg、0.49mg/kg 和 0.43mg/kg。

表 4-90　西南区各二级农业区耕地土壤有效硼含量（个，mg/kg，%）

二级农业区	样点数	最小值	最大值	平均含量	标准差	变异系数
川滇高原山地林农牧区	5 171	0.07	1.54	0.43	0.25	58.14
黔桂高原山地林农牧区	2 433	0.07	3.20	0.49	0.42	85.71
秦岭大巴山林农区	2 509	0.07	2.11	0.49	0.26	53.06
四川盆地农林区	1 115	0.07	3.11	0.35	0.29	82.86
渝鄂湘黔边境山地林农牧区	5 722	0.07	3.20	0.50	0.42	84.00

（二）不同评价区耕地土壤有效硼含量差异

对不同评价区耕地土壤有效硼含量情况进行统计，结果如表 4-91 所示。甘肃评价区耕地土壤有效硼平均含量最高，其值为 0.59mg/kg，含量范围在 0.21~1.67mg/kg 之间；重庆评价区耕地土壤有效硼平均含量最低，其值仅为 0.23mg/kg，含量范围在 0.07~2.23mg/kg 之间。其他各评价区耕地土壤有效硼平均含量由高到低的顺序依次为湖北、陕西、贵州、云南、广西、四川和湖南评价区，其值分别为 0.57mg/kg、0.50mg/kg、0.49mg/kg、0.43mg/kg、0.37mg/kg、0.37mg/kg 和 0.29mg/kg。

表 4-91　西南区各评价区耕地土壤有效硼含量（个，mg/kg，%）

评价区	样点数	最小值	最大值	平均含量	标准差	变异系数
甘肃评价区	861	0.21	1.67	0.59	0.34	57.63
广西评价区	583	0.07	2.30	0.37	0.26	70.27
贵州评价区	2 533	0.07	3.20	0.49	0.42	85.71
湖北评价区	4 813	0.13	3.03	0.57	0.42	73.68
湖南评价区	1 574	0.07	1.19	0.29	0.12	41.38
陕西评价区	180	0.07	2.11	0.50	0.33	66.00
四川评价区	1 102	0.07	3.11	0.37	0.3	81.08
云南评价区	4 951	0.10	1.50	0.43	0.25	58.14
重庆评价区	353	0.07	2.23	0.23	0.17	73.91

（三）不同评价区各市（州）耕地土壤有效硼含量差异

对不同评价区各市（州）耕地土壤有效硼含量情况进行统计，结果如表 4-92 所示。贵州评价区黔南布依族苗族自治州和四川评价区甘孜藏族自治州耕地土壤有效硼平均含量最高，其值均为 0.92mg/kg，含量范围分别为 0.08~3.20mg/kg、0.92~0.92mg/kg；其次是甘肃评价区定西市，其耕地土壤有效硼平均含量为 0.90mg/kg，含量范围在 0.26~1.67mg/kg 之间；四川评价区广安市耕地土壤有效硼平均含量最低，其值为 0.21mg/kg，含量范围在 0.08~0.76mg/kg 之间。其余各市（州）耕地土壤有效硼平均含量介于 0.22~0.67mg/kg 之间。

表 4-92　西南区不同评价区各市（州）耕地土壤有效硼含量（个，mg/kg，%）

评价区	市（州）名称	样点数	最小值	最大值	平均含量	标准差	变异系数
甘肃评价区		861	0.21	1.67	0.59	0.34	57.63
	定西市	130	0.26	1.67	0.90	0.33	36.67
	甘南藏族自治州	14	0.43	0.60	0.50	0.07	14.00
	陇南市	717	0.21	1.60	0.54	0.31	57.41
广西评价区		583	0.07	2.30	0.37	0.26	70.27
	百色市	188	0.07	2.30	0.42	0.33	78.57
	河池市	327	0.07	1.61	0.32	0.20	62.50
	南宁市	68	0.12	1.12	0.48	0.22	45.83
贵州评价区		2 533	0.07	3.20	0.49	0.42	85.71
	安顺市	431	0.07	1.89	0.50	0.26	52.00
	毕节市	324	0.09	3.16	0.52	0.48	92.31
	贵阳市	161	0.07	1.15	0.37	0.20	54.05
	六盘水市	48	0.13	1.36	0.37	0.22	59.46
	黔东南苗族侗族自治州	214	0.08	3.20	0.32	0.33	103.13
	黔南布依族苗族自治州	296	0.08	3.20	0.92	0.80	86.96
	黔西南布依族苗族自治州	162	0.11	1.15	0.42	0.24	57.14
	铜仁市	288	0.09	2.58	0.39	0.27	69.23
	遵义市	609	0.07	1.91	0.41	0.20	48.78
湖北评价区		4 813	0.13	3.03	0.57	0.42	73.68
	恩施土家族苗族自治州	1 757	0.13	3.03	0.64	0.51	79.69
	神农架林区	100	0.15	0.43	0.25	0.07	28.00
	十堰市	701	0.18	0.96	0.42	0.14	33.33
	襄阳市	610	0.25	0.97	0.47	0.14	29.79
	宜昌市	1 645	0.16	2.46	0.62	0.43	69.35
湖南评价区		1 574	0.07	1.19	0.29	0.12	41.38
	常德市	99	0.08	0.70	0.29	0.12	41.38
	怀化市	725	0.07	1.19	0.29	0.13	44.83
	邵阳市	68	0.07	0.58	0.29	0.10	34.48
	湘西土家族苗族自治州	472	0.07	0.97	0.29	0.11	37.93
	张家界市	210	0.07	0.78	0.29	0.12	41.38
陕西评价区		180	0.07	2.11	0.50	0.33	66.00
	安康市	68	0.10	1.81	0.53	0.40	75.47
	宝鸡市	13	0.32	0.68	0.45	0.12	26.67
	汉中市	71	0.11	1.12	0.47	0.24	51.06
	商洛市	28	0.07	2.11	0.54	0.42	77.78

（续）

评价区	市（州）名称	样点数	最小值	最大值	平均含量	标准差	变异系数
四川评价区		1 102	0.07	3.11	0.37	0.30	81.08
	巴中市	36	0.09	0.67	0.36	0.17	47.22
	成都市	125	0.13	1.66	0.67	0.39	58.21
	达州市	60	0.10	1.14	0.48	0.19	39.58
	德阳市	71	0.07	0.85	0.25	0.20	80.00
	甘孜藏族自治州	1	0.92	0.92	0.92	—	—
	广安市	36	0.08	0.76	0.21	0.12	57.14
	广元市	54	0.12	1.48	0.41	0.28	68.29
	乐山市	30	0.08	0.99	0.39	0.22	56.41
	凉山彝族自治州	134	0.08	1.54	0.27	0.23	85.19
	泸州市	51	0.07	0.55	0.27	0.12	44.44
	眉山市	107	0.12	0.78	0.37	0.15	40.54
	绵阳市	116	0.09	3.11	0.39	0.45	115.38
	南充市	47	0.10	1.56	0.29	0.22	75.86
	内江市	30	0.11	0.87	0.22	0.17	77.27
	攀枝花市	26	0.07	1.12	0.25	0.25	100.00
	遂宁市	41	0.10	0.54	0.22	0.09	40.91
	雅安市	12	0.15	0.94	0.38	0.21	55.26
	宜宾市	57	0.09	1.21	0.36	0.24	66.67
	资阳市	42	0.15	0.69	0.31	0.13	41.94
	自贡市	26	0.09	2.47	0.38	0.54	142.11
云南评价区		4 951	0.10	1.50	0.43	0.25	58.14
	保山市	122	0.10	1.10	0.25	0.14	56.00
	楚雄彝族自治州	438	0.10	1.49	0.42	0.25	59.52
	大理白族自治州	447	0.10	1.43	0.60	0.32	53.33
	红河哈尼族彝族自治州	210	0.10	1.50	0.31	0.20	64.52
	昆明市	604	0.10	1.46	0.47	0.28	59.57
	丽江市	299	0.10	1.48	0.54	0.29	53.70
	怒江傈僳族自治州	79	0.10	1.45	0.54	0.30	55.56
	普洱市	115	0.10	1.34	0.33	0.20	60.61
	曲靖市	1 092	0.10	1.45	0.38	0.19	50.00
	文山壮族苗族自治州	422	0.10	1.09	0.31	0.15	48.39
	玉溪市	192	0.10	1.50	0.48	0.28	58.33
	昭通市	931	0.10	1.41	0.47	0.22	46.81
重庆评价区		353	0.07	2.23	0.23	0.17	73.91
	重庆市	353	0.07	2.23	0.23	0.17	73.91

二、土壤有效硼含量及其影响因素

(一)土壤类型与土壤有效硼含量

对西南区主要土壤类型耕地土壤有效硼含量情况进行统计,结果如表 4-93 所示。草甸土的土壤有效硼平均含量最高,其值为 1.26mg/kg,含量范围在 0.84～1.84mg/kg 之间;火山灰土的土壤有效硼平均含量最低,其值仅为 0.23mg/kg,含量范围在 0.12～0.46mg/kg 之间。其余各土类土壤有效硼平均含量介于 0.25～0.87mg/kg 之间,其中,黑垆土、黑钙土、黑土、黄绵土、暗棕壤、石质土、棕壤、新积土、灰褐土、褐土、黄棕壤和山地草甸土的土壤有效硼平均含量达到 0.50mg/kg 以上;土壤有效硼平均含量小于 0.50mg/kg 的土类有红黏土、黄壤、燥红土、紫色土、石灰(岩)土、水稻土、黄褐土、红壤、潮土、粗骨土、沼泽土、赤红壤和寒冻土等。水稻土上的调查样点数量最多,有 5 456 个,其土壤有效硼平均含量为 0.44mg/kg,含量范围在 0.07～3.20mg/kg 之间。

表 4-93　西南区主要土壤类型耕地土壤有效硼含量(个,mg/kg,%)

土类	样点数	最小值	最大值	平均含量	标准差	变异系数
暗棕壤	13	0.38	1.05	0.61	0.24	39.34
草甸土	6	0.84	1.84	1.26	0.39	30.95
潮土	198	0.08	1.73	0.39	0.23	58.97
赤红壤	65	0.10	1.34	0.33	0.21	63.64
粗骨土	31	0.21	0.88	0.39	0.16	41.03
寒冻土	4	0.16	0.35	0.25	0.08	32.00
褐土	516	0.20	1.60	0.52	0.32	61.54
黑钙土	20	0.37	1.32	0.80	0.24	30.00
黑垆土	113	0.26	1.67	0.87	0.36	41.38
黑土	25	0.50	1.28	0.80	0.21	26.25
红壤	2 199	0.07	2.35	0.40	0.25	62.50
红黏土	23	0.26	1.30	0.49	0.23	46.94
黄褐土	90	0.10	2.11	0.42	0.31	73.81
黄绵土	19	0.40	1.58	0.75	0.31	41.33
黄壤	2 452	0.07	3.20	0.49	0.38	77.55
黄棕壤	2 326	0.07	2.57	0.52	0.38	73.08
灰褐土	17	0.39	1.13	0.56	0.19	33.93
火山灰土	4	0.12	0.46	0.23	0.16	69.57
山地草甸土	6	0.25	1.30	0.52	0.39	75.00
石灰(岩)土	1 205	0.07	3.00	0.44	0.32	72.73
石质土	5	0.52	0.80	0.61	0.13	21.31
水稻土	5 456	0.07	3.20	0.44	0.34	77.27
新积土	94	0.10	1.60	0.57	0.32	56.14
燥红土	71	0.12	1.48	0.47	0.29	61.70

（续）

土类	样点数	最小值	最大值	平均含量	标准差	变异系数
沼泽土	4	0.16	0.55	0.36	0.17	47.22
紫色土	1 679	0.07	2.98	0.46	0.37	80.43
棕壤	309	0.10	2.40	0.60	0.39	65.00

对西南区主要土壤亚类耕地土壤有效硼含量情况进行统计，结果如表 4-94 所示。典型草甸土的土壤有效硼平均含量最高，其值为 1.26mg/kg；其次是黑麻土，土壤有效硼平均含量为 0.89mg/kg；腐泥沼泽土的土壤有效硼平均含量最低，其值为 0.16mg/kg。其余各亚类的土壤有效硼平均含量介于 0.21～0.80mg/kg 之间，其中，典型黑钙土、典型黑垆土、典型黑土、黄绵土、淋溶褐土、褐土性土、典型暗棕壤、典型棕壤、中性石质土、典型灰褐土、冲积土、典型山地草甸土、石灰性灰褐土、典型黄棕壤、黑色石灰土、黄棕壤性土、典型褐土、酸性紫色土、典型黄壤和典型新积土等亚类的土壤有效硼平均含量达到 0.50mg/kg 以上；土壤有效硼平均含量在 0.20～0.50mg/kg 之间的土壤亚类由高到低依次为暗黄棕壤、积钙红黏土、淋溶灰褐土、漂洗黄壤、褐红土、黄壤性土、渗育水稻土、棕壤性土、棕色石灰土、漂洗水稻土、石灰性褐土、淹育水稻土、潴育水稻土、典型黄褐土、红壤性土、泥炭沼泽土、石灰性紫色土、典型潮土、黄色石灰土、山原红壤、棕红壤、钙质粗骨土、潜育水稻土、中性紫色土、典型红壤、黄红壤、湿潮土、脱潜水稻土、红色石灰土、酸性粗骨土、赤红壤性土、灰潮土、典型赤红壤、盐渍水稻土、黄色赤红壤、寒冻土、山地灌丛草甸土、典型火山灰土和黄褐土性土。

表 4-94　西南区主要土壤亚类耕地土壤有效硼含量（个，mg/kg，%）

亚类	样点数	最小值	最大值	平均含量	标准差	变异系数
暗黄棕壤	709	0.09	2.49	0.49	0.34	69.39
赤红壤性土	2	0.22	0.52	0.37	0.21	56.76
冲积土	76	0.18	1.60	0.59	0.32	54.24
典型暗棕壤	13	0.38	1.05	0.61	0.24	39.34
典型草甸土	6	0.84	1.84	1.26	0.39	30.95
典型潮土	94	0.14	1.73	0.42	0.25	59.52
典型赤红壤	49	0.10	1.34	0.34	0.22	64.71
典型褐土	238	0.20	1.60	0.51	0.31	60.78
典型黑钙土	20	0.37	1.32	0.80	0.24	30.00
典型黑垆土	22	0.26	1.30	0.80	0.29	36.25
典型黑土	25	0.50	1.28	0.80	0.21	26.25
典型红壤	377	0.07	1.50	0.39	0.24	61.54
典型黄褐土	83	0.10	2.11	0.43	0.31	72.09
典型黄壤	2 198	0.07	3.20	0.50	0.39	78.00
典型黄棕壤	1 221	0.07	2.46	0.55	0.41	74.55
典型灰褐土	1	0.60	0.60	0.60	—	—

（续）

亚类	样点数	最小值	最大值	平均含量	标准差	变异系数
典型火山灰土	4	0.12	0.46	0.23	0.16	69.57
典型山地草甸土	5	0.31	1.30	0.57	0.41	71.93
典型新积土	18	0.10	1.04	0.50	0.29	58.00
典型棕壤	298	0.10	2.40	0.61	0.40	65.57
腐泥沼泽土	1	0.16	0.16	0.16	—	—
钙质粗骨土	9	0.27	0.88	0.41	0.19	46.34
寒冻土	4	0.16	0.35	0.25	0.08	32.00
褐红土	71	0.12	1.48	0.47	0.29	61.70
褐土性土	1	0.64	0.64	0.64	—	—
黑麻土	91	0.26	1.67	0.89	0.37	41.57
黑色石灰土	88	0.11	2.94	0.52	0.60	115.38
红壤性土	122	0.10	1.41	0.43	0.23	53.49
红色石灰土	104	0.09	1.06	0.38	0.23	60.53
黄褐土性土	7	0.12	0.39	0.21	0.09	42.86
黄红壤	788	0.07	2.35	0.39	0.28	71.79
黄绵土	19	0.40	1.58	0.75	0.31	41.33
黄壤性土	240	0.07	2.58	0.46	0.30	65.22
黄色赤红壤	14	0.14	0.73	0.28	0.16	57.14
黄色石灰土	471	0.07	3.00	0.42	0.29	69.05
黄棕壤性土	396	0.14	2.57	0.52	0.33	63.46
灰潮土	101	0.08	1.00	0.36	0.22	61.11
积钙红黏土	23	0.26	1.30	0.49	0.23	46.94
淋溶褐土	79	0.26	1.60	0.72	0.38	52.78
淋溶灰褐土	3	0.39	0.57	0.49	0.09	18.37
泥炭沼泽土	3	0.32	0.55	0.43	0.12	27.91
漂洗黄壤	14	0.11	0.83	0.49	0.23	46.94
漂洗水稻土	54	0.09	1.90	0.45	0.31	68.89
潜育水稻土	386	0.07	2.12	0.41	0.28	68.29
山地灌丛草甸土	1	0.25	0.25	0.25	—	—
山原红壤	876	0.08	1.45	0.42	0.23	54.76
渗育水稻土	715	0.07	3.20	0.46	0.38	82.61
湿潮土	3	0.37	0.44	0.39	0.04	10.26
石灰性褐土	198	0.21	1.42	0.44	0.25	56.82
石灰性灰褐土	13	0.43	1.13	0.57	0.21	36.84
石灰性紫色土	389	0.07	1.81	0.43	0.35	81.40
酸性粗骨土	22	0.21	0.87	0.38	0.15	39.47

（续）

亚类	样点数	最小值	最大值	平均含量	标准差	变异系数
酸性紫色土	807	0.07	2.98	0.51	0.38	74.51
脱潜水稻土	10	0.24	0.62	0.39	0.12	30.77
淹育水稻土	991	0.07	3.20	0.44	0.34	77.27
盐渍水稻土	1	0.29	0.29	0.29	—	—
中性石质土	5	0.52	0.80	0.61	0.13	21.31
中性紫色土	483	0.07	2.20	0.41	0.36	87.80
潴育水稻土	3 299	0.07	3.20	0.44	0.34	77.27
棕红壤	36	0.14	0.73	0.42	0.14	33.33
棕壤性土	11	0.11	1.30	0.46	0.31	67.39
棕色石灰土	542	0.07	2.15	0.46	0.29	63.04

（二）地貌类型与土壤有效硼含量

对西南区不同地貌类型土壤有效硼含量情况进行统计，结果如表 4-95 所示。高原地貌土壤有效硼平均含量最高，其值为 0.88mg/kg；其次是平原、山地和盆地，其土壤有效硼平均含量分别为 0.55g/kg、0.52mg/kg、0.43mg/kg；丘陵地貌土壤有效硼平均含量最低，其值为 0.36mg/kg。

表 4-95　西南区不同地貌类型耕地土壤有效硼含量（个，mg/kg,%）

地貌类型	样点数	最小值	最大值	平均含量	标准差	变异系数
高原	125	0.15	1.96	0.88	0.51	57.95
盆地	4 920	0.07	2.78	0.43	0.26	60.47
平原	254	0.07	1.66	0.55	0.33	60.00
丘陵	3 542	0.07	3.11	0.36	0.24	66.67
山地	8 109	0.07	3.20	0.52	0.41	78.85

（三）成土母质与土壤有效硼含量

对西南区不同成土母质发育土壤的土壤有效硼含量情况进行统计，结果如表 4-96 所示。土壤有效硼平均含量最高的是砂岩类风化物发育的土壤，其值为 0.67mg/kg；其次是黄土母质和第四纪黏土发育的土壤，其土壤有效硼平均含量分别为 0.64mg/kg 和 0.52mg/kg；紫色岩类风化物发育的土壤其土壤有效硼平均含量最低，其值为 0.40mg/kg；其余各成土母质发育的土壤其土壤有效硼平均含量在 0.44～0.46mg/kg 之间。

表 4-96　西南区不同成土母质耕地土壤有效硼含量（个，mg/kg,%）

成土母质	样点数	最小值	最大值	平均含量	标准差	变异系数
第四纪老冲积物	1 721	0.07	3.20	0.46	0.30	65.22
第四纪黏土	679	0.13	2.78	0.52	0.35	67.31
河湖冲（沉）积物	1 499	0.07	2.11	0.45	0.29	64.44

（续）

成土母质	样点数	最小值	最大值	平均含量	标准差	变异系数
红砂岩类风化物	382	0.07	1.80	0.40	0.23	57.50
黄土母质	396	0.10	1.67	0.64	0.35	54.69
结晶岩类风化物	1 165	0.07	2.76	0.44	0.28	63.64
泥质岩类风化物	3 496	0.07	3.20	0.45	0.36	80.00
砂泥质岩类风化物	1 173	0.07	3.20	0.46	0.34	73.91
砂岩类风化物	342	0.14	2.46	0.67	0.49	73.13
碳酸盐类风化物	3 422	0.07	3.20	0.46	0.36	78.26
紫色岩类风化物	2 675	0.07	3.11	0.46	0.37	80.43

（四）土壤质地与土壤有效硼含量

对西南区不同质地类型的土壤有效硼含量情况进行统计，结果如表 4-97 所示。砂土质地类型的土壤有效硼平均含量最高，其值为 0.57mg/kg；其次是中壤、轻壤、黏土和砂壤，其土壤有效硼平均含量分别为 0.49mg/kg、0.47mg/kg、0.46mg/kg 和 0.45mg/kg；重壤质地类型的土壤有效硼平均含量最低，其值为 0.42mg/kg。

表 4-97　西南区不同土壤质地耕地土壤有效硼含量（个，mg/kg，%）

质地	样点数	最小值	最大值	平均含量	标准差	变异系数
黏土	3 526	0.07	3.20	0.46	0.37	80.43
轻壤	2 540	0.07	3.10	0.47	0.34	72.34
砂壤	3 140	0.07	3.20	0.45	0.35	77.78
砂土	689	0.07	3.00	0.57	0.43	75.44
中壤	4 170	0.07	3.20	0.49	0.35	71.43
重壤	2 885	0.07	3.01	0.42	0.28	66.67

三、土壤有效硼调控

硼元素能促进作物分生组织的生长和核酸代谢，有利于根系的生长发育，促进碳水化合物的运输和代谢，与生殖器官的建成和发育有关，促进作物早熟、增强抗逆性。当土壤中有效硼含量<0.5mg/kg 时，作物从土壤中吸收的硼不足，缺硼时作物根尖、茎尖的生长点停止生长，严重时生长点萎缩而死亡，侧芽大量发生，植株生长畸形。缺硼还会造成开花结实不正常，花粉畸形，蕾、花和子房易脱落，果实种子不充实。叶片肥厚、粗糙、发皱卷曲。如油菜"花而不实"、花椰菜"褐心病"、萝卜"黑心病"等。硼在土壤中浓度稍高就会引起作物中毒，尤其是干旱土壤。硼过量导致缺钾，作物硼中毒时典型症状是"金边"，即叶缘最容易积累硼而出现失绿而呈黄色，重者焦枯坏死。

调控土壤有效硼一般通过施用硼肥。硼肥品种有硼砂、硼酸、硼镁肥等。硼砂、硼酸为常用硼肥，硼肥的施用方法有基施、浇施、叶面喷施和浸种伴种。基肥每亩施 0.5～0.75kg；浇施在播种时浇入播种穴内作为基肥；叶面喷施浓度 0.1%～0.3%。柑橘花前花后宜喷施 2～3 次，硼肥效果显著；浸种宜用硼砂或硼酸，用 0.01%～0.03% 的硼砂拌种，每千克种子用 0.2～0.5g。油菜移栽时，每亩用硼砂 500g 与有机肥均匀混合后施入移栽穴或沟内，或在移栽后每亩用硼砂 500g 加水淋根，或在苗期、结荚期各喷一次浓度为 0.2% 的硼砂溶液，可防止"花而不实"。

当过量施用硼肥时，可导致硼中毒。硼中毒时出现叶片提早脱落，枯梢等现象。如硼中毒严重，可视情况增施氮肥，也可采用撒石灰，提高土壤 pH，能缓解硼过量的危害。西南区一般不存在硼过量的问题，但有些种植户为了防止缺硼，多次施用和喷施硼肥，浓度用量过高，特别是柑橘，易造成硼害，使梢尖变黄，叶绿褐色，叶背有泡状突起。出现硼害后，应增施氮、磷肥，促进生长；也可施适量钙肥，叶面喷施 1%～2% 过磷酸钙浸出液和 0.5% 尿素液，能减轻症状。

第十节　土壤有效锌

土壤中的锌可分为水溶态锌、交换态锌、难溶态锌和有机态锌，通常土壤中有效锌的含量只有全锌含量的百分之一左右。除水溶态锌、交换态锌易被植物利用外，有机结合态锌和氧化锰结合态锌也较易被植物利用，但氧化铁结合态锌和原生矿物或次生矿物中的锌是难被植物利用的。碳酸盐结合态锌对植物是潜在有效的。在土壤 Eh 和 pH 较低的情况下，铁锰氧化物可能部分溶解，将其所包被的锌释放出来，成为植物可利用的形态。

一、土壤有效锌含量及其空间差异

对西南区 17 714 个耕地质量调查样点中土壤有效锌含量情况进行统计，结果如表 4-98 所示。西南区耕地土壤有效锌平均含量为 2.22mg/kg，含量范围在 0.05～22.17mg/kg 之间。

表 4-98 西南区耕地土壤有效锌含量（个，mg/kg，%）

区域	采样点数	最小值	最大值	平均含量	标准差	变异系数
西南区	17 714	0.05	22.17	2.22	2.16	97.30

（一）不同二级农业区耕地土壤有效锌含量差异

对不同二级农业区的耕地土壤有效锌含量情况进行统计，结果如表 4-99 所示。川滇高原山地林农牧区的耕地土壤有效锌平均含量最高，其值为 2.82mg/kg，含量范围在 0.10～22.17mg/kg 之间；秦岭大巴山林农区的耕地土壤有效锌平均含量最低，其值仅有 1.40mg/kg，含量范围在 0.10～9.52mg/kg 之间。其他各二级农业区耕地土壤有效锌平均含量由高到低的顺序依次为黔桂高原山地林农牧区、四川盆地农林区和渝鄂湘黔边境山地林农牧区，其值分别为 2.70mg/kg、1.86mg/kg 和 1.86mg/kg。

表 4-99　西南区各二级农业区耕地土壤有效锌含量（个，mg/kg，%）

二级农业区	样点数	最小值	最大值	平均含量	标准差	变异系数
川滇高原山地林农牧区	5 323	0.10	22.17	2.82	2.85	101.06
黔桂高原山地林农牧区	2 911	0.05	22.05	2.70	2.65	98.15

（续）

二级农业区	样点数	最小值	最大值	平均含量	标准差	变异系数
秦岭大巴山林农区	2 503	0.10	9.52	1.40	0.69	49.29
四川盆地农林区	1 146	0.11	22.03	1.86	2.08	111.83
渝鄂湘黔边境山地林农牧区	5 831	0.05	20.93	1.86	1.18	63.44

（二）不同评价区耕地土壤有效锌含量差异

对不同评价区耕地土壤有效锌含量情况进行统计，结果如表 4-100 所示。贵州评价区耕地土壤有效锌平均含量最高，其值为 2.92mg/kg，含量范围在 0.05~22.17mg/kg 之间；甘肃评价区耕地土壤有效锌平均含量最低，其值仅有 1.05mg/kg，含量范围在 0.22~2.64mg/kg 之间。其他各评价区耕地土壤有效锌平均含量由高到低的顺序依次为广西、云南、四川、湖南、湖北、重庆和陕西评价区，其值分别为 2.85mg/kg、2.56mg/kg、2.01mg/kg、1.87mg/kg、1.80mg/kg、1.48mg/kg 和 1.39mg/kg。

表 4-100　西南区各评价区耕地土壤有效锌含量（个，mg/kg,%）

评价区	样点数	最小值	最大值	平均含量	标准差	变异系数
甘肃评价区	861	0.22	2.64	1.05	0.63	60.00
广西评价区	617	0.17	17.20	2.85	2.42	84.91
贵州评价区	3 224	0.05	22.17	2.92	3.43	117.47
湖北评价区	4 813	0.34	3.71	1.80	0.62	34.44
湖南评价区	1 585	0.10	10.66	1.87	1.33	71.12
陕西评价区	180	0.10	6.89	1.39	0.99	71.22
四川评价区	1 113	0.11	22.03	2.01	2.32	115.42
云南评价区	4 951	0.10	14.97	2.56	2.24	87.50
重庆评价区	370	0.19	4.91	1.48	0.97	65.54

（三）不同评价区各市（州）耕地土壤有效锌含量差异

对不同评价区各市（州）耕地土壤有效锌含量情况进行统计，结果如表 4-101 所示。贵州评价区毕节市耕地土壤有效锌平均含量最高，其值为 6.42mg/kg，含量范围在 0.10~22.17mg/kg 之间；其次是四川评价区攀枝花市，其耕地土壤有效锌平均含量为 4.42mg/kg，含量范围在 0.19~20.40mg/kg 之间；甘肃评价区陇南市耕地土壤有效锌平均含量最低，其值为 0.92mg/kg，含量范围在 0.22~2.64mg/kg 之间。其余各市（州）耕地土壤有效锌平均含量介于 0.95~3.70mg/kg 之间。

表 4-101　西南区各市（州）耕地土壤有效锌含量（个，mg/kg,%）

评价区	市（州）名称	样点数	最小值	最大值	平均含量	标准差	变异系数
甘肃评价区		861	0.22	2.64	1.05	0.63	60.00
	定西市	130	0.60	2.63	1.75	0.55	31.43
	甘南藏族自治州	14	1.04	1.40	1.20	0.11	9.17
	陇南市	717	0.22	2.64	0.92	0.57	61.96

（续）

评价区	市（州）名称	样点数	最小值	最大值	平均含量	标准差	变异系数
广西评价区		617	0.17	17.20	2.85	2.42	84.91
	百色市	206	0.20	15.46	2.39	2.12	88.70
	河池市	342	0.17	17.20	3.24	2.60	80.25
	南宁市	69	0.45	13.01	2.27	1.95	85.90
贵州评价区		3 224	0.05	22.17	2.92	3.43	117.47
	安顺市	439	0.27	17.78	2.47	2.56	103.64
	毕节市	559	0.10	22.17	6.42	5.58	86.92
	贵阳市	203	0.24	18.08	2.84	2.92	102.82
	六盘水市	110	0.13	17.25	3.03	2.96	97.69
	黔东南苗族侗族自治州	219	0.25	16.79	2.85	2.72	95.44
	黔南布依族苗族自治州	417	0.16	15.18	2.59	1.77	68.34
	黔西南布依族苗族自治州	172	0.05	7.56	1.83	1.24	67.76
	铜仁市	377	0.05	20.93	1.18	2.04	172.88
	遵义市	728	0.10	11.46	1.86	1.28	68.82
湖北评价区		4 813	0.34	3.71	1.80	0.62	34.44
	恩施土家族苗族自治州	1 757	0.69	3.56	1.82	0.69	37.91
	神农架林区	100	1.30	2.45	1.89	0.26	13.76
	十堰市	701	0.34	3.17	1.51	0.62	41.06
	襄阳市	610	0.93	3.23	1.67	0.42	25.15
	宜昌市	1 645	0.64	3.71	1.93	0.58	30.05
湖南评价区		1 585	0.10	10.66	1.87	1.33	71.12
	常德市	100	0.26	4.89	1.74	0.91	52.30
	怀化市	730	0.10	10.66	1.98	1.50	75.76
	邵阳市	70	0.26	9.06	1.80	1.40	77.78
	湘西土家族苗族自治州	475	0.16	9.60	1.72	1.15	66.86
	张家界市	210	0.48	9.22	1.93	1.22	63.21
陕西评价区		180	0.10	6.89	1.39	0.99	71.22
	安康市	66	0.10	6.89	1.40	1.06	75.71
	宝鸡市	17	0.67	3.99	1.98	0.99	50.00
	汉中市	67	0.22	3.72	1.16	0.75	64.66
	商洛市	30	0.42	4.68	1.58	1.14	72.15
四川评价区		1 113	0.11	22.03	2.01	2.32	115.42
	巴中市	37	0.15	4.76	1.17	1.01	86.32
	成都市	124	0.24	15.20	2.90	3.09	106.55
	达州市	43	0.24	15.50	1.33	2.37	178.20
	德阳市	71	0.40	7.73	1.59	1.64	103.14
	甘孜藏族自治州	1	2.89	2.89	2.89	—	—
	广安市	41	0.50	4.11	1.62	0.84	51.85

（续）

评价区	市（州）名称	样点数	最小值	最大值	平均含量	标准差	变异系数
	广元市	54	0.43	9.52	1.69	1.59	94.08
	乐山市	30	1.05	8.82	3.52	1.91	54.26
	凉山彝族自治州	133	0.25	4.82	1.65	1.18	71.52
	泸州市	60	0.16	13.10	2.48	1.92	77.42
	眉山市	107	0.24	22.03	3.10	3.67	118.39
	绵阳市	121	0.16	7.28	1.25	1.34	107.20
	南充市	50	0.27	4.61	1.10	0.82	74.55
	内江市	30	0.12	9.05	1.50	1.66	110.67
	攀枝花市	26	0.19	20.40	4.42	4.97	112.44
	遂宁市	41	0.11	2.64	0.95	0.63	66.32
	雅安市	13	0.87	4.94	2.66	1.16	43.61
	宜宾市	60	0.33	13.06	2.76	2.63	95.29
	资阳市	43	0.40	2.51	1.01	0.56	55.45
	自贡市	28	0.65	5.04	1.76	1.19	67.61
云南评价区		4 951	0.10	14.97	2.56	2.24	87.50
	保山市	122	0.14	9.55	1.94	1.59	81.96
	楚雄彝族自治州	438	0.12	10.33	2.03	1.66	81.77
	大理白族自治州	447	0.10	14.48	2.42	2.29	94.63
	红河哈尼族彝族自治州	210	0.29	11.26	2.12	1.53	72.17
	昆明市	604	0.12	14.80	2.35	1.99	84.68
	丽江市	299	0.10	10.50	2.03	1.72	84.73
	怒江傈僳族自治州	79	0.31	14.97	3.42	4.12	120.47
	普洱市	115	0.10	7.00	1.43	1.16	81.12
	曲靖市	1 092	0.11	14.95	3.70	2.96	80.00
	文山壮族苗族自治州	422	0.21	13.90	1.95	1.59	81.54
	玉溪市	192	0.24	9.73	2.31	1.79	77.49
	昭通市	931	0.14	13.93	2.44	1.59	65.16
重庆评价区		370	0.19	4.91	1.48	0.97	65.54
	重庆市	370	0.19	4.91	1.48	0.97	65.54

二、土壤有效锌含量及其影响因素

（一）土壤类型与土壤有效锌含量

对西南区主要土壤类型耕地土壤有效锌含量情况进行统计，结果如表 4-102 所示。草甸土的土壤有效锌平均含量最高，其值为 2.72mg/kg，含量范围在 2.34～2.98mg/kg 之间；红黏土和山地草甸土的土壤有效锌平均含量最低，其值均为 0.38mg/kg，含量范围分别在 0.38～1.28mg/kg、0.26～1.61mg/kg 之间。其余各土类土壤有效锌平均含量介于 0.89～

2.61mg/kg 之间，其中，红壤、暗棕壤、棕壤、新积土、黄壤、黄棕壤、石灰（岩）土、燥红土、水稻土、赤红壤和紫色土的土壤有效锌平均含量达到 1.00mg/kg 以上；土壤有效锌平均含量在 1.00～2.00mg/kg 之间的有粗骨土、火山灰土、潮土、寒冻土、黑土、沼泽土、黄褐土、黑钙土、黑垆土、黄绵土和灰褐土等土类；土壤有效锌平均含量在 0.50～1.00mg/kg 之间的有褐土和石质土。水稻土上的调查样点数量最多，有 5 695 个，其土壤有效锌平均含量为 2.13mg/kg，在 0.05～20.93mg/kg 之间变动。

表 4-102　西南区主要土壤类型耕地土壤有效锌含量（个，mg/kg，%）

土类	样点数	最小值	最大值	平均含量	标准差	变异系数
暗棕壤	13	0.66	10.50	2.58	2.65	102.71
草甸土	6	2.34	2.98	2.72	0.27	9.93
潮土	203	0.06	8.82	1.71	1.14	66.67
赤红壤	65	0.10	15.37	2.12	2.7	127.36
粗骨土	35	0.47	7.06	1.92	1.54	80.21
寒冻土	4	0.75	2.55	1.66	0.75	45.18
褐土	517	0.22	4.41	0.94	0.61	64.89
黑钙土	20	0.62	2.62	1.54	0.59	38.31
黑垆土	113	0.26	2.63	1.51	0.72	47.68
黑土	25	0.36	2.47	1.59	0.65	40.88
红壤	2 218	0.06	14.8	2.61	2.26	86.59
红黏土	23	0.38	1.28	0.67	0.25	37.31
黄褐土	88	0.24	6.89	1.55	1.18	76.13
黄绵土	21	0.61	3.99	1.40	0.81	57.86
黄壤	2 720	0.05	21.67	2.49	2.42	97.19
黄棕壤	2 430	0.10	22.17	2.26	2.51	111.06
灰褐土	17	1.04	2.17	1.32	0.30	22.73
火山灰土	4	0.34	3.16	1.78	1.42	79.78
山地草甸土	6	0.26	1.61	0.67	0.49	73.13
石灰（岩）土	1 268	0.05	22.17	2.21	2.13	96.38
石质土	5	0.69	1.22	0.89	0.21	23.60
水稻土	5 695	0.05	20.93	2.13	1.91	89.67
新积土	97	0.40	14.30	2.53	2.84	112.25
燥红土	71	0.17	11.20	2.14	1.99	92.99
沼泽土	5	0.25	4.25	1.56	1.6	102.56
紫色土	1 721	0.10	22.17	2.11	2.06	97.63
棕壤	324	0.14	21.27	2.55	2.63	103.14

对西南区主要土壤亚类耕地土壤有效锌含量情况进行统计，结果如表 4-103 所示。暗黄棕壤的土壤有效锌平均含量最高，其值为 3.42mg/kg；其次是山原红壤，土壤有效锌平均含量为 3.19mg/kg；山地灌丛草甸土的土壤有效锌平均含量最低，其值为 0.52mg/kg。其余各亚类土壤有效锌平均含量介于 0.67～2.98mg/kg 之间，其中，盐渍水稻土、红壤性土、

冲积土、典型草甸土、钙质粗骨土、典型暗棕壤、典型黄壤、酸性紫色土、黑色石灰土、渗育水稻土、黄壤性土、典型赤红壤、黄红壤、黄色石灰土、棕色石灰土、潴育水稻土、褐红土、黄褐土性土、棕壤性土、漂洗黄壤、潜育水稻土、漂洗水稻土、典型红壤、淹育水稻土、中性紫色土、灰潮土、典型火山灰土、典型新积土、典型黄棕壤、黑麻土、石灰性紫色土、赤红壤性土、寒冻土、黄棕壤性土、泥炭沼泽土、典型潮土、酸性粗骨土、典型黑土、红色石灰土、脱潜水稻土、黄色赤红壤、典型黑钙土、典型黄褐土、湿潮土、黄绵土、淋溶灰褐土、棕红壤、石灰性灰褐土、典型灰褐土、腐泥沼泽土、褐土性土、石灰性褐土和淋溶褐土等亚类的土壤有效锌平均含量达到 1.00mg/kg 以上；土壤有效锌平均含量在 0.50～1.00mg/kg 之间的土壤亚类由高到低依次为中性石质土、典型褐土、典型黑垆土、典型山地草甸土和积钙红黏土。

表 4-103　西南区主要土壤亚类耕地土壤有效锌含量（个，mg/kg，%）

亚类	样点数	最小值	最大值	平均含量	标准差	变异系数
暗黄棕壤	816	0.10	22.17	3.42	3.99	116.67
赤红壤性土	2	1.39	1.92	1.66	0.37	22.29
冲积土	77	0.40	14.30	2.73	2.87	105.13
典型暗棕壤	13	0.66	10.50	2.58	2.65	102.71
典型草甸土	6	2.34	2.98	2.72	0.27	9.93
典型潮土	94	0.39	7.56	1.63	1.11	68.10
典型赤红壤	49	0.10	15.37	2.31	3.07	132.9
典型褐土	238	0.26	2.81	0.84	0.53	63.10
典型黑钙土	20	0.62	2.62	1.54	0.59	38.31
典型黑垆土	22	0.26	1.93	0.81	0.39	48.15
典型黑土	25	0.36	2.47	1.59	0.65	40.88
典型红壤	383	0.06	11.57	1.96	1.53	78.06
典型黄褐土	81	0.24	6.89	1.50	0.98	65.33
典型黄壤	2 454	0.05	21.67	2.51	2.49	99.20
典型黄棕壤	1 218	0.31	6.79	1.69	0.67	39.64
典型灰褐土	1	1.23	1.23	1.23	—	—
典型火山灰土	4	0.34	3.16	1.78	1.42	79.78
典型山地草甸土	5	0.26	1.61	0.70	0.54	77.14
典型新积土	20	0.42	12.10	1.78	2.65	148.88
典型棕壤	313	0.14	21.27	2.56	2.67	104.30
腐泥沼泽土	1	1.23	1.23	1.23	—	—
钙质粗骨土	10	0.47	7.06	2.66	2.33	87.59
寒冻土	4	0.75	2.55	1.66	0.75	45.18
褐红土	71	0.17	11.20	2.14	1.99	92.99
褐土性土	1	1.15	1.15	1.15	—	—
黑麻土	91	0.30	2.63	1.68	0.67	39.88
黑色石灰土	90	0.20	13.70	2.44	2.23	91.39

（续）

亚类	样点数	最小值	最大值	平均含量	标准差	变异系数
红壤性土	129	0.09	13.30	2.84	2.08	73.24
红色石灰土	109	0.06	4.79	1.58	1.03	65.19
黄褐土性土	7	0.51	6.63	2.10	2.61	124.29
黄红壤	795	0.14	14.76	2.30	2.01	87.39
黄绵土	21	0.61	3.99	1.40	0.81	57.86
黄壤性土	252	0.07	13.85	2.32	1.70	73.28
黄色赤红壤	14	0.52	3.00	1.56	0.70	44.87
黄色石灰土	514	0.05	22.05	2.29	2.27	99.13
黄棕壤性土	396	0.43	4.81	1.64	0.65	39.63
灰潮土	105	0.06	8.82	1.80	1.17	65.00
积钙红黏土	23	0.38	1.28	0.67	0.25	37.31
淋溶褐土	80	0.30	4.41	1.00	0.68	68.00
淋溶灰褐土	3	1.04	1.84	1.38	0.41	29.71
泥炭沼泽土	4	0.25	4.25	1.64	1.83	111.59
漂洗黄壤	14	0.56	5.17	2.06	1.46	70.87
漂洗水稻土	60	0.05	6.85	2.00	1.47	73.50
潜育水稻土	397	0.05	12.89	2.04	1.73	84.80
山地灌丛草甸土	1	0.52	0.52	0.52	—	—
山原红壤	875	0.12	14.8	3.19	2.64	82.76
渗育水稻土	780	0.06	20.93	2.35	2.62	111.49
湿潮土	4	1.12	2.20	1.48	0.49	33.11
石灰性褐土	198	0.22	2.64	1.04	0.65	62.50
石灰性灰褐土	13	1.04	2.17	1.32	0.29	21.97
石灰性紫色土	393	0.11	22.03	1.68	1.67	99.40
酸性粗骨土	25	0.47	4.58	1.62	1.01	62.35
酸性紫色土	829	0.10	22.17	2.48	2.31	93.15
脱潜水稻土	11	0.33	3.18	1.58	0.98	62.03
淹育水稻土	1 031	0.06	14.04	1.91	1.53	80.10
盐渍水稻土	1	2.98	2.98	2.98	—	—
中性石质土	5	0.69	1.22	0.89	0.21	23.60
中性紫色土	499	0.12	14.97	1.84	1.76	95.65
潴育水稻土	3 415	0.05	17.2	2.15	1.85	86.05
棕红壤	36	0.76	2.23	1.35	0.31	22.96
棕壤性土	11	1.11	3.30	2.08	0.58	27.88
棕色石灰土	555	0.55	22.17	2.22	2.11	95.05

（二）地貌类型与土壤有效锌含量

对西南区不同地貌类型土壤有效锌含量情况进行统计，结果如表 4-104 所示。盆地地貌土壤有效锌平均含量最高，其值为 2.55mg/kg；其次是平原、山地和丘陵，其土壤有效锌含量分别为 2.32mg/kg、2.20mg/kg、1.88mg/kg；高原地貌土壤有效锌平均含量最低，其值为 1.23mg/kg。

表 4-104　西南区不同地貌类型耕地土壤有效锌含量（个，mg/kg，%）

地貌类型	样点数	最小值	最大值	平均含量	标准差	变异系数
高原	125	0.78	2.99	1.23	0.41	33.33
盆地	4 934	0.10	20.40	2.55	2.26	88.63
平原	261	0.24	15.20	2.32	2.20	94.83
丘陵	3 621	0.05	22.03	1.88	1.67	88.83
山地	8 773	0.05	22.17	2.20	2.27	103.18

（三）成土母质与土壤有效锌含量

对西南区不同成土母质发育土壤的土壤有效锌含量情况进行统计，结果如表 4-105 所示。土壤有效锌平均含量最高的是结晶岩类风化物发育的土壤，其值为 2.82mg/kg；其次是砂泥质岩类风化物和碳酸盐类风化物发育的土壤，其土壤有效锌平均含量分别为 2.72mg/kg 和 2.36mg/kg；黄土母质发育的土壤其土壤有效锌平均含量最低，其值为 1.50mg/kg；其余各成土母质发育的土壤其土壤有效锌平均含量在 1.78~2.34mg/kg 之间。

表 4-105　西南区不同成土母质耕地土壤有效锌含量（个，mg/kg，%）

成土母质	样点数	最小值	最大值	平均含量	标准差	变异系数
第四纪老冲积物	1 733	0.08	15.37	2.34	2.30	98.29
第四纪黏土	679	0.37	3.53	1.78	0.65	36.52
河湖冲（沉）积物	1 523	0.05	20.93	2.09	1.91	91.39
红砂岩类风化物	382	0.25	20.40	1.98	1.57	79.29
黄土母质	399	0.24	14.76	1.50	1.47	98.00
结晶岩类风化物	1 200	0.10	21.48	2.82	2.80	99.29
泥质岩类风化物	3 584	0.05	20.92	2.05	1.59	77.56
砂泥质岩类风化物	1 468	0.05	21.67	2.72	2.92	107.35
砂岩类风化物	344	0.09	7.26	1.97	0.75	38.07
碳酸盐类风化物	3 665	0.05	22.17	2.36	2.52	106.78
紫色岩类风化物	2 737	0.10	22.17	2.03	1.93	95.07

（四）土壤质地与土壤有效锌含量

对西南区不同质地类型的土壤有效锌含量情况进行统计，结果如表 4-106 所示。黏土质地类型的土壤有效锌平均含量最高，其值为 2.46mg/kg；其次是砂壤、重壤、轻壤和中壤，其土壤有效锌平均含量分别为 2.30mg/kg、2.23mg/kg、2.13mg/kg 和 2.09mg/kg；砂土质地类型的土壤有效锌平均含量最低，其值为 1.84mg/kg。

表 4-106　西南区不同土壤质地耕地土壤有效锌含量（个，mg/kg，%）

质地	样点数	最小值	最大值	平均含量	标准差	变异系数
黏土	3 607	0.05	21.48	2.46	2.17	88.21
轻壤	2 698	0.05	22.17	2.13	2.16	101.41
砂壤	3 308	0.05	22.17	2.30	2.08	90.43
砂土	712	0.06	17.78	1.84	1.90	103.26
中壤	4 398	0.06	22.17	2.09	2.17	103.83
重壤	2 991	0.05	22.17	2.23	2.27	101.79

三、土壤有效锌调控

锌参与光合作用，作为多种酶的重要组成部分，参与碳氮代谢作用，有利于生长素的合成，促进蛋白质代谢，并促进生殖器官的发育，提高抗逆性（抗旱、抗热、抗冻）。当土壤中有效锌含量<0.5mg/kg 时，作物从土壤中吸收的锌不足，缺锌时作物植株矮小，叶长受阻，出现小叶病，叶子皱缩，叶脉间有死斑，中下部叶片脉间失绿或白化，节间短，生育期延迟，如水稻"矮缩病"、玉米"白苗病"、柑橘"小叶病"和"簇叶病"等。土壤供锌过量，出现作物锌中毒时，嫩绿组织会失绿变灰白，枝茎、叶柄和叶底面出现褐色斑点，根系短而稀少。

调控土壤有效锌一般通过施用锌肥。常用的锌肥是七水硫酸锌、一水硫酸锌和氧化锌，其次是氯化锌、含锌玻璃肥料、木质素磺酸锌、环烷酸锌乳剂和螯合锌，均可作为锌肥。锌肥施用的效果因作物种类和土壤条件而异，只有在缺锌的土壤和对缺锌反应敏感的作物上施用，效果才明显。锌肥施用在对锌敏感的作物，如玉米、水稻、花生、果树、番茄上效果均较好。在缺锌土壤上，锌肥可作基施、叶面喷施、浸种和拌种、注射，氧化锌可配成悬浮液用于水稻蘸秧根。锌肥作基肥时，根据土壤缺锌程度不同，一般每亩施硫酸锌 0.5～2kg；作追肥时，每亩施硫酸锌 0.75～1kg，掺适量细土撒施；根外喷施，每亩施硫酸锌 90g～180g，兑水 60kg 于晴天喷施。

第十一节　土壤有效铜

土壤中的铜常分成水溶态铜、交换态铜、络合态铜或专性吸附态铜、有机结合态铜和矿物态铜。其中水溶态铜、交换态铜和络合态铜对植物都是有效的铜，但在不同土壤中以何种形态为主及其影响条件仍不清楚。土壤有效态铜的主要形态随土壤性质的不同而有所不同。

一、土壤有效铜含量及其空间差异

对西南区17 731个耕地质量调查样点中土壤有效铜含量情况进行统计，结果如表 4-107 所示。西南区耕地土壤有效铜平均含量为 5.11mg/kg，含量范围在 0.04～33.16mg/kg 之间。

表 4-107　西南区耕地土壤有效铜含量（个，mg/kg，%）

区域	采样点数	最小值	最大值	平均含量	标准差	变异系数
西南区	17 731	0.04	33.16	5.11	5.83	114.09

（一）不同二级农业区耕地土壤有效铜含量差异

对不同二级农业区耕地土壤有效铜含量情况进行统计，结果如表 4-108 所示。川滇高原山地林农牧区耕地土壤有效铜平均含量最高，其值为 10.97mg/kg，含量范围在 0.09～33.16mg/kg 之间；秦岭大巴山林农区耕地土壤有效铜平均含量最低，其值仅有 1.65mg/kg，含量范围在 0.10～9.26mg/kg 之间。其他各二级农业区耕地土壤有效铜平均含量由高到低的顺序依次为黔桂高原山地林农牧区、渝鄂湘黔边境山地林农牧区和四川盆地农林区，其值分别为 3.46mg/kg、2.64mg/kg 和 2.52mg/kg。

表 4-108　西南区各二级农业区耕地土壤有效铜含量（个，mg/kg，%）

二级农业区	样点数	最小值	最大值	平均含量	标准差	变异系数
川滇高原山地林农牧区	5 283	0.09	33.16	10.97	7.39	67.37
黔桂高原山地林农牧区	2 961	0.04	28.36	3.46	2.92	84.39
秦岭大巴山林农区	2 513	0.10	9.26	1.65	1.07	64.85
四川盆地农林区	1 146	0.14	15.80	2.52	2.16	85.71
渝鄂湘黔边境山地林农牧区	5 828	0.04	17.48	2.64	1.75	66.29

（二）不同评价区耕地土壤有效铜含量差异

对不同评价区耕地土壤有效铜含量情况进行统计，结果如表 4-109 所示。云南评价区耕地土壤有效铜平均含量最高，其值为 11.68mg/kg，含量范围在 0.50～33.16mg/kg 之间；甘肃评价区耕地土壤有效铜平均含量最低，其值仅有 0.87mg/kg，含量范围在 0.23～2.68mg/kg 之间。其他各评价区耕地土壤有效铜平均含量由高到低的顺序依次为广西、湖南、贵州、四川、陕西、湖北和重庆评价区，其值分别为 4.14mg/kg、3.53mg/kg、3.04mg/kg、2.76mg/kg、2.32mg/kg、2.22mg/kg 和 1.56mg/kg。

表 4-109　西南区各评价区耕地土壤有效铜含量（个，mg/kg，%）

评价区	样点数	最小值	最大值	平均含量	标准差	变异系数
甘肃评价区	861	0.23	2.68	0.87	0.48	55.17
广西评价区	622	0.39	18.52	4.14	2.86	69.08
贵州评价区	3 311	0.04	31.78	3.04	2.81	92.43
湖北评价区	4 813	0.41	6.98	2.22	1.15	51.80
湖南评价区	1 585	0.15	17.48	3.53	2.09	59.21
陕西评价区	190	0.10	7.34	2.32	1.65	71.12
四川评价区	1 115	0.14	15.80	2.76	2.28	82.61
云南评价区	4 864	0.50	33.16	11.68	7.24	61.99
重庆评价区	370	0.20	6.99	1.56	1.14	73.08

（三）不同评价区各市（州）耕地土壤有效铜含量差异

对不同评价区各市（州）耕地土壤有效铜含量情况进行统计，结果如表 4-110 所示。云南评价区丽江市耕地土壤有效铜平均含量最高，其值为 12.62mg/kg，含量范围在 0.60～33.10mg/kg；其次是云南评价区怒江傈僳族自治州，土壤有效铜平均含量为 12.50mg/kg，含量范围为 0.55～31.59mg/kg；陕西评价区宝鸡市耕地土壤有效铜平均含量最低，其值为 0.63mg/kg，含量范围为 0.10～1.96mg/kg。其余各市（州）耕地土壤有效铜平均含量介于 0.84～12.34mg/kg 之间。

表 4-110 西南区不同评价区各市（州）耕地土壤有效铜含量（个，mg/kg，%）

评价区	市（州）名称	采样点数	最小值	最大值	平均含量	标准差	变异系数
甘肃评价区		861	0.23	2.68	0.87	0.48	55.17
	定西市	130	0.29	2.00	1.02	0.31	30.39
	甘南藏族自治州	14	0.58	1.23	0.84	0.18	21.43
	陇南市	717	0.23	2.68	0.84	0.51	60.71
广西评价区		622	0.39	18.52	4.14	2.86	69.08
	百色市	207	0.45	18.52	4.99	3.22	64.53
	河池市	346	0.48	17.79	3.81	2.61	68.50
	南宁市	69	0.39	10.10	3.25	2.30	70.77
贵州评价区		3 311	0.04	31.78	3.04	2.81	92.43
	安顺市	438	0.21	21.60	4.54	3.26	71.81
	毕节市	645	0.09	31.78	3.05	2.75	90.16
	贵阳市	202	0.11	22.19	2.55	3.30	129.41
	六盘水市	110	0.07	12.62	3.07	2.84	92.51
	黔东南苗族侗族自治州	220	0.37	16.65	3.64	2.42	66.48
	黔南布依族苗族自治州	417	0.06	13.12	2.53	1.96	77.47
	黔西南布依族苗族自治州	177	0.04	28.36	4.39	4.26	97.04
	铜仁市	373	0.04	11.10	1.62	2.01	124.07
	遵义市	729	0.05	16.00	2.79	2.23	79.93
湖北评价区		4 813	0.41	6.98	2.22	1.15	51.80
	恩施土家族苗族自治州	1 757	0.41	6.98	2.73	1.24	45.42
	神农架林区	100	1.40	3.01	2.07	0.34	16.43
	十堰市	701	0.47	4.58	2.08	0.88	42.31
	襄阳市	610	0.84	5.07	1.91	1.02	53.4
	宜昌市	1 645	0.41	5.27	1.86	1.02	54.84
湖南评价区		1 585	0.15	17.48	3.53	2.09	59.21
	常德市	100	0.23	11.96	3.29	2.29	69.60
	怀化市	730	0.15	17.48	3.65	2.21	60.55
	邵阳市	70	0.15	7.15	3.17	1.22	38.49
	湘西土家族苗族自治州	475	0.15	13.53	3.31	1.79	54.08
	张家界市	210	0.15	13.81	3.87	2.34	60.47
陕西评价区		190	0.10	7.34	2.32	1.65	71.12
	安康市	70	0.28	6.56	2.30	1.59	69.13

（续）

评价区	市（州）名称	采样点数	最小值	最大值	平均含量	标准差	变异系数
	宝鸡市	18	0.10	1.96	0.63	0.61	96.83
	汉中市	71	0.11	7.34	3.08	1.73	56.17
	商洛市	31	0.76	3.25	1.59	0.64	40.25
四川评价区		1 115	0.14	15.80	2.76	2.28	82.61
	巴中市	37	0.42	4.77	1.80	0.98	54.44
	成都市	125	0.49	15.80	5.10	2.95	57.84
	达州市	43	0.14	9.45	1.83	1.96	107.10
	德阳市	71	0.14	7.78	2.39	1.83	76.57
	甘孜藏族自治州	1	3.17	3.17	3.17	—	—
	广安市	41	0.25	3.24	1.61	0.61	37.89
	广元市	54	0.28	9.26	2.23	1.66	74.44
	乐山市	30	0.93	10.60	3.36	1.97	58.63
	凉山彝族自治州	134	0.17	7.80	2.04	1.66	81.37
	泸州市	60	0.25	13.96	3.17	3.13	98.74
	眉山市	107	0.43	11.57	3.67	2.21	60.22
	绵阳市	121	0.16	12.00	2.89	1.78	61.59
	南充市	50	0.34	4.62	1.90	1.02	53.68
	内江市	30	0.21	4.74	1.55	1.08	69.68
	攀枝花市	27	0.36	13.80	4.62	3.26	70.56
	遂宁市	41	0.26	3.38	1.40	0.87	62.14
	雅安市	13	1.42	6.14	3.45	1.69	48.99
	宜宾市	59	0.31	10.00	2.47	2.18	88.26
	资阳市	43	0.25	4.27	1.62	1.09	67.28
	自贡市	28	0.39	3.55	1.72	0.99	57.56
云南评价区		4 864	0.50	33.16	11.68	7.24	61.99
	保山市	119	0.84	31.41	10.57	6.35	60.08
	楚雄彝族自治州	429	0.50	33.13	12.27	7.20	58.68
	大理白族自治州	440	0.58	33.12	12.31	7.14	58.00
	红河哈尼族彝族自治州	203	0.60	32.98	12.18	7.37	60.51
	昆明市	599	0.50	32.27	10.26	7.30	71.15
	丽江市	291	0.60	33.10	12.62	7.23	57.29
	怒江傈僳族自治州	79	0.55	31.59	12.50	7.64	61.12
	普洱市	112	0.71	30.32	12.34	6.58	53.32
	曲靖市	1 074	0.52	32.92	11.22	7.46	66.49
	文山壮族苗族自治州	417	0.54	33.16	12.00	6.98	58.17

（续）

评价区	市（州）名称	采样点数	最小值	最大值	平均含量	标准差	变异系数
	玉溪市	190	0.50	33.00	11.03	7.23	65.55
	昭通市	911	0.53	33.07	12.13	7.09	58.45
重庆评价区		370	0.20	6.99	1.56	1.14	73.08
	重庆市	370	0.20	6.99	1.56	1.14	73.08

二、土壤有效铜含量及其影响因素

（一）土壤类型与土壤有效铜含量

对西南区主要土壤类型耕地土壤有效铜含量情况进行统计，结果如表 4-111 所示。燥红土的土壤有效铜平均含量最高，其值为 12.60mg/kg，含量范围在 0.52～28.67mg/kg 之间；山地草甸土的土壤有效铜平均含量最低，其值为 0.63mg/kg，含量范围在 0.33～1.02mg/kg 之间。其余各土类的土壤有效铜平均含量介于 0.74～12.51mg/kg 之间，其中，寒冻土、火山灰土、红壤、赤红壤、暗棕壤、棕壤、紫色土、沼泽土、新积土、水稻土、黄壤、石灰（岩）土、黄棕壤、粗骨土、草甸土和潮土的土壤有效铜平均含量达到 2.00mg/kg 以上；土壤有效铜平均含量在 1.00～2.00mg/kg 之间的有黄褐土和黑土；土壤有效铜平均含量低于 1.00mg/kg 的土类有黑钙土、黑垆土、灰褐土、褐土、红黏土、石质土和黄绵土等。水稻土上的调查样点数量最多，有 5 694 个，其土壤有效铜平均含量为 4.59mg/kg，含量范围在 0.04～33.12mg/kg 之间。

表 4-111 西南区主要土壤类型耕地土壤有效铜含量（个，mg/kg，%）

土类	样点数	最小值	最大值	平均含量	标准差	变异系数
暗棕壤	13	0.75	22.56	7.63	8.21	107.6
草甸土	6	1.90	3.55	2.75	0.56	20.36
潮土	204	0.08	12.73	2.23	1.69	75.78
赤红壤	64	0.72	30.32	9.16	6.10	66.59
粗骨土	34	0.09	9.39	2.83	2.26	79.86
寒冻土	4	1.91	26.15	12.51	11.08	88.57
褐土	517	0.10	3.17	0.85	0.50	58.82
黑钙土	20	0.64	1.45	0.95	0.27	28.42
黑垆土	113	0.23	2.00	0.86	0.41	47.67
黑土	25	0.66	1.67	1.01	0.30	29.70
红壤	2 189	0.05	33.16	9.86	7.48	75.86
红黏土	23	0.26	1.50	0.79	0.36	45.57
黄褐土	92	0.11	6.85	1.71	1.18	69.01
黄绵土	22	0.33	1.96	0.74	0.35	47.30
黄壤	2 743	0.04	32.92	4.41	5.21	118.14
黄棕壤	2 455	0.10	31.80	3.69	4.71	127.64

（续）

土类	样点数	最小值	最大值	平均含量	标准差	变异系数
灰褐土	17	0.58	1.25	0.86	0.18	20.93
火山灰土	4	3.43	16.41	10.1	6.43	63.66
山地草甸土	6	0.33	1.02	0.63	0.24	38.10
石灰（岩）土	1 279	0.04	33.08	4.28	5.44	127.10
石质土	5	0.70	0.95	0.77	0.10	12.99
水稻土	5 694	0.04	33.12	4.59	4.53	98.69
新积土	97	0.14	32.54	4.77	7.30	153.04
燥红土	68	0.52	28.67	12.60	6.76	53.65
沼泽土	4	2.36	13.01	5.38	5.10	94.8
紫色土	1 712	0.10	33.13	6.25	6.95	111.20
棕壤	321	0.25	33.07	6.55	7.60	116.03

对西南区主要土壤亚类耕地土壤有效铜含量情况进行统计，结果如表 4-112 所示。褐红土的土壤有效铜平均含量最高，其值为 12.60mg/kg；其次是寒冻土、山原红壤和典型火山灰土，其土壤有效铜平均含量分别为 12.51mg/kg、11.00mg/kg 和 10.10mg/kg；典型黑垆土的土壤有效铜平均含量最低，其值为 0.45mg/kg。其余各亚类的土壤有效铜平均含量介于 0.60~9.98mg/kg 之间，其中，黄色赤红壤、典型红壤、黄红壤、红壤性土、典型赤红壤、酸性紫色土、典型暗棕壤、赤红壤性土、暗黄棕壤、典型棕壤、黄色石灰土、黑色石灰土、泥炭沼泽土、冲积土、中性紫色土、潴育水稻土、淹育水稻土、红色石灰土、典型黄壤、脱潜水稻土、潜育水稻土、黄壤性土、漂洗水稻土、渗育水稻土、钙质粗骨土、漂洗黄壤、盐渍水稻土、典型草甸土、酸性粗骨土、石灰性紫色土、腐泥沼泽土、典型潮土、灰潮土、黄褐土性土和典型黄棕壤等亚类的土壤有效铜平均含量达到 2.00mg/kg 以上；土壤有效铜平均含量在 1.00~2.00mg/kg 之间的土壤亚类由高到低依次为棕壤性土、黄棕壤性土、棕色石灰土、棕红壤、典型黄褐土、褐土性土、典型新积土和典型黑土；土壤有效铜平均含量低于 1.00mg/kg 的土壤亚类由低到高依次为典型山地草甸土、湿潮土、淋溶褐土、黄绵土、山地灌丛草甸土、中性石质土、淋溶灰褐土、积钙红黏土、典型褐土、典型灰褐土、石灰性灰褐土、典型黑钙土、黑麻土和石灰性褐土。

表 4-112　西南区主要土壤亚类耕地土壤有效铜含量（个，mg/kg，%）

亚类	样点数	最小值	最大值	平均含量	标准差	变异系数
暗黄棕壤	838	0.10	31.80	6.81	6.94	101.91
赤红壤性土	2	4.44	10.33	7.39	4.16	56.29
冲积土	77	0.14	32.54	5.62	7.96	141.64
典型暗棕壤	13	0.75	22.56	7.63	8.21	107.6
典型草甸土	6	1.90	3.55	2.75	0.56	20.36
典型潮土	94	0.47	12.73	2.29	1.65	72.05

（续）

亚类	样点数	最小值	最大值	平均含量	标准差	变异系数
典型赤红壤	48	0.72	30.32	9.00	6.79	75.44
典型褐土	238	0.12	2.60	0.82	0.46	56.10
典型黑钙土	20	0.64	1.45	0.95	0.27	28.42
典型黑垆土	22	0.23	1.02	0.45	0.18	40.00
典型黑土	25	0.66	1.67	1.01	0.30	29.70
典型红壤	381	0.05	33.10	9.32	8.05	86.37
典型黄褐土	85	0.11	5.50	1.68	1.08	64.29
典型黄壤	2 469	0.04	32.92	4.50	5.27	117.11
典型黄棕壤	1 221	0.28	7.34	2.13	1.06	49.77
典型灰褐土	1	0.84	0.84	0.84	—	—
典型火山灰土	4	3.43	16.41	10.10	6.43	63.66
典型山地草甸土	5	0.33	1.02	0.60	0.26	43.33
典型新积土	20	0.15	4.61	1.48	1.20	81.08
典型棕壤	310	0.25	33.07	6.71	7.69	114.61
腐泥沼泽土	1	2.36	2.36	2.36	—	—
钙质粗骨土	10	0.09	6.33	3.11	2.48	79.74
寒冻土	4	1.91	26.15	12.51	11.08	88.57
褐红土	68	0.52	28.67	12.60	6.76	53.65
褐土性土	1	1.61	1.61	1.61	—	—
黑麻土	91	0.23	2.00	0.96	0.39	40.63
黑色石灰土	91	0.07	27.00	6.41	6.11	95.32
红壤性土	127	0.39	31.63	9.30	7.15	76.88
红色石灰土	109	0.04	24.29	4.60	5.12	111.30
黄褐土性土	7	0.56	6.85	2.18	2.15	98.62
黄红壤	779	0.25	33.16	9.31	7.24	77.77
黄绵土	22	0.33	1.96	0.74	0.35	47.30
黄壤性土	259	0.04	25.82	3.70	4.60	124.32
黄色赤红壤	14	3.20	15.85	9.98	3.33	33.37
黄色石灰土	519	0.06	33.08	6.46	6.89	106.66
黄棕壤性土	396	0.46	5.79	1.87	0.91	48.66
灰潮土	106	0.08	10.60	2.23	1.73	77.58
积钙红黏土	23	0.26	1.50	0.79	0.36	45.57
淋溶褐土	80	0.10	3.17	0.64	0.56	87.50
淋溶灰褐土	3	0.71	0.84	0.78	0.06	7.69
泥炭沼泽土	3	2.94	13.01	6.39	5.74	89.83
漂洗黄壤	15	0.19	5.43	3.09	1.88	60.84

（续）

亚类	样点数	最小值	最大值	平均含量	标准差	变异系数
漂洗水稻土	60	0.04	16.65	3.62	2.79	77.07
潜育水稻土	395	0.05	27.47	3.79	3.32	87.60
山地灌丛草甸土	1	0.76	0.76	0.76	—	—
山原红壤	866	0.24	33.00	11.00	7.35	66.82
渗育水稻土	789	0.04	19.87	3.46	2.58	74.57
湿潮土	4	0.15	1.59	0.63	0.67	106.35
石灰性褐土	198	0.23	2.67	0.97	0.49	50.52
石灰性灰褐土	13	0.58	1.25	0.88	0.20	22.73
石灰性紫色土	394	0.12	22.05	2.45	3.25	132.65
酸性粗骨土	24	0.42	9.39	2.71	2.20	81.18
酸性紫色土	821	0.10	32.87	8.58	7.36	85.78
脱潜水稻土	12	0.19	8.73	4.12	2.56	62.14
淹育水稻土	1 024	0.04	31.25	4.77	5.11	107.13
盐渍水稻土	1	2.92	2.92	2.92	—	—
中性石质土	5	0.70	0.95	0.77	0.10	12.99
中性紫色土	497	0.23	33.13	5.42	6.89	127.12
潴育水稻土	3 413	0.04	33.12	4.90	4.79	97.76
棕红壤	36	0.63	6.30	1.79	1.33	74.30
棕壤性土	11	0.86	2.86	1.98	0.66	33.33
棕色石灰土	560	0.34	12.24	1.85	1.20	64.86

（二）地貌类型与土壤有效铜含量

对西南区不同地貌类型土壤有效铜含量情况进行统计，结果如表 4-113 所示。盆地地貌土壤有效铜平均含量最高，其值为 10.49mg/kg；其次是平原、山地和丘陵，其土壤有效铜平均含量分别为 4.18mg/kg、3.09mg/kg 和 3.01mg/kg；高原地貌土壤有效铜平均含量最低，其值为 2.25mg/kg。

表 4-113　西南区不同地貌类型耕地土壤有效铜含量（个，mg/kg，%）

地貌类型	样点数	最小值	最大值	平均含量	标准差	变异系数
高原	125	1.30	6.99	2.25	0.60	26.67
盆地	4 859	0.36	33.13	10.49	7.37	70.26
平原	261	0.47	12.00	4.18	2.41	57.66
丘陵	3 627	0.04	32.13	3.01	2.88	95.68
山地	8 859	0.04	33.16	3.09	3.56	115.21

（三）成土母质与土壤有效铜含量

对西南区不同成土母质发育土壤的土壤有效铜含量情况进行统计，结果如表 4-114 所示。土壤有效铜平均含量最高的是结晶岩类风化物发育的土壤，其值为 8.46mg/kg；其次是第四纪老冲积物和紫色岩类风化物发育的土壤，其土壤有效铜平均含量分别为 7.81mg/kg 和 6.18mg/kg；黄土母质发育的土壤其土壤有效铜平均含量最低，其值为 1.19mg/kg；其余各成土母质发育的土壤其土壤有效铜平均含量在 2.56～5.26mg/kg 之间。

表 4-114 西南区不同成土母质耕地土壤有效铜含量（个，mg/kg，%）

成土母质	样点数	最小值	最大值	平均含量	标准差	变异系数
第四纪老冲积物	1 719	0.06	33.1	7.81	7.48	95.77
第四纪黏土	679	0.41	6.98	2.79	1.39	49.82
河湖冲（沉）积物	1 527	0.04	33.12	5.26	5.58	106.08
红砂岩类风化物	384	0.11	13.8	2.86	1.81	63.29
黄土母质	401	0.1	11.57	1.19	1.25	105.04
结晶岩类风化物	1 195	0.09	33.07	8.46	7.42	87.71
泥质岩类风化物	3 577	0.04	33.16	5.03	5.60	111.33
砂泥质岩类风化物	1 484	0.04	31.78	3.14	2.96	94.27
砂岩类风化物	343	0.42	18.01	2.56	1.50	58.59
碳酸盐类风化物	3 700	0.04	33.08	4.10	4.96	120.98
紫色岩类风化物	2 722	0.05	33.13	6.18	6.67	107.93

（四）土壤质地与土壤有效铜含量

对西南区不同质地类型的土壤有效铜含量情况进行统计，结果如表 4-115 所示。黏土质地类型的土壤有效铜平均含量最高，其值为 8.61mg/kg；其次是砂壤、重壤、轻壤和砂土，其土壤有效铜平均含量分别为 5.65mg/kg、5.64mg/kg、3.91mg/kg 和 3.52mg/kg；中壤质地类型的土壤有效铜平均含量最低，其值为 2.50mg/kg。

表 4-115 西南区不同土壤质地耕地土壤有效铜含量（个，mg/kg，%）

质地	样点数	最小值	最大值	平均含量	标准差	变异系数
黏土	3 581	0.05	33.16	8.61	7.37	85.60
轻壤	2 715	0.04	33.08	3.91	4.61	117.90
砂壤	3 313	0.04	33.12	5.65	6.09	107.79
砂土	712	0.05	33.07	3.52	5.31	150.85
中壤	4 427	0.04	28.36	2.50	2.09	83.60
重壤	2 983	0.04	33.13	5.64	5.99	106.21

三、土壤有效铜调控

铜参与酶的组成，影响花器官发育，能增强光合作用，有利于作物的生长发育，增强作物的抗病力，可提高作物抗寒抗旱性。当土壤中有效铜含量<0.5mg/kg 时，作物从土壤中吸收的铜不足。缺铜时作物顶端枯萎，节间缩短，叶尖发白，叶片出现失绿现象，叶片变窄变薄，扭曲，繁殖器官发育受阻，结实率低。土壤供铜过量会造成作物铜中毒，导致缺铁并

呈现缺铁症状，叶尖及边缘焦枯，直至植株枯死。

调控土壤有效铜一般通过施用铜肥。铜肥有硫酸铜、氧化亚铜、含铜矿渣等，以硫酸铜最为便宜和有效。在缺铜土壤上，可基施、叶面喷施、浸种和拌种。水溶性铜肥如硫酸铜可用作基肥、拌种、浸种，其他铜肥只适于作基肥。基肥亩用 0.5～1kg，施用时将铜肥均匀撒于地表，随翻耕入土。采用硫酸铜溶液叶面喷施，浓度在 0.02% 以下，浸种浓度为 0.01%～0.05% 左右，拌种时每千克种子可拌硫酸铜 2～4g。

第十二节　土壤有效钼

土壤中的钼来自含钼矿物，而主要含钼矿物是辉钼矿。含钼矿物经过风化后，钼则以钼酸根离子的形态进入土壤溶液。土壤中的水溶态钼和交换态钼对植物是有效的。有机态钼则需要经过微生物的分解后才能释出，而有机络合态钼的数量很少。

一、土壤有效钼含量及其空间差异

对西南区 10 401 个耕地质量调查样点中土壤有效钼含量情况进行统计，结果如表 4-116 所示。西南区耕地土壤有效钼平均含量为 0.67mg/kg，含量范围在 0.02～2.51mg/kg 之间。

表 4-116　西南区耕地土壤有效钼含量（个，mg/kg，%）

区域	采样点数	最小值	最大值	平均含量	标准差	变异系数
西南区	10 401	0.02	2.51	0.67	0.71	105.97

（一）不同二级农业区耕地土壤有效钼含量差异

对不同二级农业区耕地土壤有效钼含量情况进行统计，结果如表 4-117 所示。川滇高原山地林农牧区耕地土壤有效钼平均含量最高，其值为 1.09mg/kg，含量范围在 0.02～2.51mg/kg 之间；四川盆地农林区耕地土壤有效钼平均含量最低，其值仅有 0.19mg/kg，含量范围在 0.02～2.14mg/kg 之间。其他各二级农业区耕地土壤有效钼平均含量由高到低的顺序依次为渝鄂湘黔边境山地林农牧区、秦岭大巴山林农区和黔桂高原山地林农牧区，其值分别为 0.27mg/kg、0.26mg/kg 和 0.25mg/kg。

表 4-117　西南区各二级农业区耕地土壤有效钼含量（个，mg/kg，%）

二级农业区	样点数	最小值	最大值	平均含量	标准差	变异系数
川滇高原山地林农牧区	5 133	0.02	2.51	1.09	0.76	69.72
黔桂高原山地林农牧区	1 437	0.02	2.33	0.25	0.27	108.00
秦岭大巴山林农区	1 069	0.02	1.36	0.26	0.25	96.15
四川盆地农林区	879	0.02	2.14	0.19	0.21	110.53
渝鄂湘黔边境山地林农牧区	1 883	0.02	2.50	0.27	0.33	122.22

（二）不同评价区耕地土壤有效钼含量差异

对不同评价区耕地土壤有效钼含量情况进行统计，结果如表 4-118 所示。云南评价区耕地土壤有效钼平均含量最高，其值为 1.14mg/kg，含量范围在 0.09～2.51mg/kg 之间；四川评价区耕地土壤有效钼平均含量最低，其值仅有 0.18mg/kg，含量范围在 0.02～2.14mg/kg 之间。其他各评价区耕地土壤有效钼平均含量由高到低的顺序依次为贵州、甘肃、湖南、广西和陕西评价区，其值分别为 0.29mg/kg、0.27mg/kg、0.26mg/kg、0.22mg/kg 和 0.22mg/kg。另外，湖北和重庆评价区缺失土壤有效钼含量数据，未进行统计。

表 4-118　西南区各评价区耕地土壤有效钼含量（个，mg/kg，%）

评价区	样点数	最小值	最大值	平均含量	标准差	变异系数
甘肃评价区	859	0.02	1.08	0.27	0.27	100.00
广西评价区	600	0.02	1.89	0.22	0.28	127.27
贵州评价区	1 168	0.02	2.50	0.29	0.29	100.00
湖北评价区	—	—	—	—	—	—
湖南评价区	1 564	0.02	2.46	0.26	0.33	126.92
陕西评价区	175	0.03	0.86	0.22	0.12	54.55
四川评价区	1 120	0.02	2.14	0.18	0.20	111.11
云南评价区	4 915	0.09	2.51	1.14	0.75	65.79
重庆评价区	—	—	—	—	—	—

（三）不同评价区各市（州）耕地土壤有效钼含量分布

对不同评价区各市（州）耕地土壤有效钼含量情况进行统计，结果如表 4-119 所示。云南评价区昭通市耕地土壤有效钼平均含量最高，其值为 1.33mg/kg，含量范围在 0.10～2.51mg/kg；其次是云南省大理白族自治州，其耕地土壤有效钼平均含量为 1.28mg/kg，含量范围在 0.09～2.51mg/kg；四川评价区攀枝花市耕地土壤有效钼平均含量最低，其值为 0.07mg/kg。其余各市（州）耕地土壤有效钼平均含量介于 0.08～1.25mg/kg 之间。

表 4-119　西南区不同评价区各市（州）耕地土壤有效钼含量（个，mg/kg，%）

评价区	市（州）名称	样点数	最小值	最大值	平均含量	标准差	变异系数
甘肃评价区		859	0.02	1.08	0.27	0.27	100.00
	定西市	130	0.67	1.08	0.85	0.08	9.41
	甘南藏族自治州	14	0.11	0.52	0.29	0.12	41.38
	陇南市	715	0.02	0.92	0.16	0.11	68.75
广西评价区		600	0.02	1.89	0.22	0.28	127.27
	百色市	203	0.02	0.89	0.16	0.18	112.50
	河池市	329	0.02	1.89	0.23	0.33	143.48
	南宁市	68	0.09	1.15	0.36	0.24	66.67
贵州评价区		1 168	0.02	2.50	0.29	0.29	100.00
	安顺市	48	0.03	1.55	0.36	0.31	86.11
	毕节市	307	0.03	1.51	0.26	0.17	65.38
	贵阳市	65	0.05	1.30	0.35	0.23	65.71
	六盘水市	47	0.02	0.89	0.24	0.21	87.50

（续）

评价区	市（州）名称	样点数	最小值	最大值	平均含量	标准差	变异系数
	黔东南苗族侗族自治州	210	0.03	2.13	0.18	0.24	133.33
	黔南布依族苗族自治州	60	0.03	1.84	0.33	0.35	106.06
	黔西南布依族苗族自治州	155	0.04	2.33	0.33	0.34	103.03
	铜仁市	121	0.05	2.50	0.38	0.42	110.53
	遵义市	155	0.03	2.02	0.30	0.31	103.33
湖南评价区		1 564	0.02	2.46	0.26	0.33	126.92
	常德市	95	0.03	2.18	0.24	0.28	116.67
	怀化市	718	0.02	2.46	0.29	0.37	127.59
	邵阳市	70	0.04	2.00	0.29	0.31	106.9
	湘西土家族苗族自治州	475	0.03	2.46	0.24	0.26	108.33
	张家界市	206	0.03	2.25	0.22	0.34	154.55
陕西评价区		175	0.03	0.86	0.22	0.12	54.55
	安康市	66	0.03	0.46	0.24	0.10	41.67
	宝鸡市	13	0.09	0.27	0.15	0.05	33.33
	汉中市	70	0.03	0.86	0.23	0.15	65.22
	商洛市	26	0.04	0.29	0.14	0.07	50.00
四川评价区		1 120	0.02	2.14	0.18	0.20	111.11
	巴中市	36	0.03	0.39	0.12	0.08	66.67
	成都市	125	0.06	2.14	0.33	0.40	121.21
	达州市	59	0.02	0.65	0.11	0.09	81.82
	德阳市	71	0.09	0.67	0.28	0.12	42.86
	甘孜藏族自治州	1	0.23	0.23	0.23	—	—
	广安市	41	0.02	0.26	0.13	0.05	38.46
	广元市	52	0.02	1.36	0.19	0.23	121.05
	乐山市	30	0.04	0.38	0.15	0.09	60.00
	凉山彝族自治州	133	0.02	0.51	0.13	0.09	69.23
	泸州市	61	0.02	0.68	0.14	0.11	78.57
	眉山市	107	0.03	0.64	0.20	0.10	50.00
	绵阳市	121	0.03	1.43	0.16	0.22	137.50
	南充市	50	0.03	1.32	0.15	0.18	120.00
	内江市	30	0.07	0.50	0.19	0.12	63.16
	攀枝花市	25	0.02	0.18	0.07	0.04	57.14
	遂宁市	41	0.03	0.21	0.09	0.04	44.44
	雅安市	13	0.08	0.33	0.20	0.06	30.00
	宜宾市	60	0.04	0.65	0.21	0.15	71.43
	资阳市	37	0.02	0.21	0.08	0.05	62.50
	自贡市	27	0.03	0.39	0.15	0.10	66.67
云南评价区		4 915	0.09	2.51	1.14	0.75	65.79
	保山市	121	0.10	2.44	0.88	0.73	82.95

（续）

评价区	市（州）名称	样点数	最小值	最大值	平均含量	标准差	变异系数
	楚雄彝族自治州	438	0.09	2.51	1.21	0.72	59.50
	大理白族自治州	443	0.09	2.51	1.28	0.72	56.25
	红河哈尼族彝族自治州	210	0.11	2.49	1.18	0.72	61.02
	昆明市	598	0.09	2.51	1.13	0.75	66.37
	丽江市	298	0.09	2.46	0.35	0.46	131.43
	怒江傈僳族自治州	79	0.09	1.21	0.22	0.20	90.91
	普洱市	114	0.10	2.46	1.25	0.67	53.60
	曲靖市	1 085	0.09	2.51	1.15	0.76	66.09
	文山壮族苗族自治州	422	0.09	2.49	1.24	0.69	55.65
	玉溪市	191	0.09	2.51	1.08	0.70	64.81
	昭通市	916	0.10	2.51	1.33	0.68	51.13

二、土壤有效钼含量及其影响因素

（一）土壤类型与土壤有效钼含量

对西南区主要土壤类型耕地土壤有效钼含量情况进行统计，结果如表 4-120 所示。寒冻土的土壤有效钼平均含量最高，其值为 1.66mg/kg，含量范围在 0.75～2.28mg/kg 之间；粗骨土的土壤有效钼平均含量最低，其值仅为 0.12mg/kg，含量范围在 0.04～0.38mg/kg 之间。其余各土类的土壤有效钼平均含量介于 0.13～1.10mg/kg 之间，其中，火山灰土、红壤、燥红土、赤红壤、黄棕壤、黑钙土、暗棕壤、石灰（岩）土、紫色土、黑土、黄壤、棕壤、黑垆土、黄绵土、灰褐土、新积土、水稻土、石质土、红黏土和潮土的土壤有效钼平均含量达到 0.20mg/kg 以上；土壤有效钼平均含量在 0.10～0.20mg/kg 之间的有黄褐土、褐土、山地草甸土和沼泽土等土类。水稻土上的调查样点数量最多，有 3 571 个，其土壤有效钼平均含量为 0.42mg/kg，含量范围在 0.02～2.51mg/kg 之间。

表 4-120　西南区主要土壤类型耕地有效钼含量（个，mg/kg，%）

土类	样点数	最小值	最大值	平均含量	标准差	变异系数
暗棕壤	8	0.13	1.46	0.82	0.56	68.29
草甸土	—	—	—	—	—	—
潮土	88	0.03	1.33	0.24	0.26	108.33
赤红壤	66	0.03	2.40	0.92	0.67	72.83
粗骨土	8	0.04	0.38	0.12	0.11	91.67
寒冻土	4	0.75	2.28	1.66	0.72	43.37
褐土	515	0.02	0.88	0.15	0.10	66.67
黑钙土	20	0.67	1.02	0.86	0.08	9.30
黑垆土	113	0.08	1.08	0.58	0.36	62.07
黑土	25	0.12	0.98	0.78	0.19	24.36
红壤	2 023	0.02	2.51	1.02	0.75	73.53

（续）

土类	样点数	最小值	最大值	平均含量	标准差	变异系数
红黏土	22	0.10	0.79	0.28	0.23	82.14
黄褐土	56	0.03	0.37	0.19	0.08	42.11
黄绵土	19	0.09	1.02	0.48	0.35	72.92
黄壤	1 204	0.02	2.51	0.76	0.71	93.42
黄棕壤	531	0.03	2.51	0.89	0.79	88.76
灰褐土	17	0.19	0.87	0.46	0.26	56.52
火山灰土	4	0.45	1.69	1.10	0.51	46.36
山地草甸土	5	0.10	0.20	0.15	0.05	33.33
石灰（岩）土	534	0.02	2.51	0.81	0.72	88.89
石质土	5	0.24	0.62	0.36	0.16	44.44
水稻土	3 571	0.02	2.51	0.42	0.57	135.71
新积土	94	0.02	2.45	0.46	0.61	132.61
燥红土	71	0.10	2.39	0.99	0.78	78.79
沼泽土	3	0.10	0.20	0.13	0.06	46.15
紫色土	1 180	0.02	2.51	0.80	0.76	95.00
棕壤	215	0.03	2.50	0.76	0.75	98.68

对西南区主要土壤亚类耕地土壤有效钼含量情况进行统计，结果如表 4-121 所示。寒冻土的土壤有效钼平均含量最高，其值为 1.66mg/kg；其次是山原红壤和典型火山灰土，其土壤有效钼平均含量分别为 1.11mg/kg 和 1.10mg/kg；典型黑垆土和褐土性土的土壤有效钼平均含量最低，其值均为 0.004mg/kg。其余各亚类的土壤有效钼平均含量介于 0.11～1.06mg/kg 之间，其中，红壤性土、暗黄棕壤、酸性紫色土、黑色石灰土、黄色赤红壤、褐红土、黄红壤、黄色石灰土、典型赤红壤、典型红壤、典型黑钙土、典型暗棕壤、淋溶灰褐土、黄壤性土、典型黑土、典型棕壤、典型黄壤、黑麻土、中性紫色土、赤红壤性土、冲积土、红色石灰土、黄绵土、淹育水稻土、潴育水稻土、石灰性灰褐土、石灰性紫色土、中性石质土、棕色石灰土、潜育水稻土、脱潜水稻土、典型新积土、积钙红黏土、典型潮土、漂洗黄壤、漂洗水稻土、典型灰褐土、渗育水稻土和典型黄褐土等亚类的土壤有效钼平均含量达到 0.20mg/kg 以上；土壤有效钼平均含量在 0.10～0.20mg/kg 之间的土壤亚类由高到低依次为灰潮土、典型黄棕壤、湿潮土、盐渍水稻土、棕壤性土、典型褐土、黄棕壤性土、淋溶褐土、典型山地草甸土、黄褐土性土、石灰性褐土、泥炭沼泽土、酸性粗骨土和钙质粗骨土。

表 4-121　西南区主要土壤亚类耕地土壤有效钼含量情况（个，mg/kg，%）

亚类	样点数	最小值	最大值	平均含量	标准差	变异系数
暗黄棕壤	435	0.03	2.51	1.05	0.79	75.24
赤红壤性土	2	0.26	0.93	0.60	0.47	78.33
冲积土	75	0.05	2.45	0.51	0.65	127.45

（续）

亚类	样点数	最小值	最大值	平均含量	标准差	变异系数
典型暗棕壤	8	0.13	1.46	0.82	0.56	68.29
典型潮土	51	0.08	1.33	0.27	0.29	107.41
典型赤红壤	50	0.03	2.40	0.91	0.65	71.43
典型褐土	238	0.03	0.84	0.16	0.1	62.50
典型黑钙土	20	0.67	1.02	0.86	0.08	9.30
典型黑垆土	22	0.10	0.20	0.10	0.02	20.00
典型黑土	25	0.12	0.98	0.78	0.19	24.36
典型红壤	362	0.02	2.49	0.91	0.76	83.52
典型黄褐土	49	0.03	0.37	0.20	0.08	40.00
典型黄壤	1 108	0.02	2.51	0.76	0.72	94.74
典型黄棕壤	85	0.04	0.50	0.18	0.10	55.56
典型灰褐土	1	0.24	0.24	0.24	—	—
典型火山灰土	4	0.45	1.69	1.10	0.51	46.36
典型山地草甸土	5	0.10	0.20	0.15	0.05	33.33
典型新积土	19	0.02	1.79	0.28	0.43	153.57
典型棕壤	51	0.03	2.50	0.78	0.76	97.44
钙质粗骨土	2	0.05	0.17	0.11	0.08	72.73
寒冻土	4	0.75	2.28	1.66	0.72	43.37
褐红土	71	0.10	2.39	0.99	0.78	78.79
褐土性土	1	0.10	0.10	0.10	—	—
黑麻土	91	0.08	1.08	0.69	0.31	44.93
黑色石灰土	56	0.03	2.50	1.03	0.71	68.93
红壤性土	111	0.05	2.49	1.06	0.79	74.53
红色石灰土	83	0.04	2.46	0.49	0.60	122.45
黄褐土性土	7	0.05	0.27	0.14	0.07	50.00
黄红壤	683	0.02	2.49	0.97	0.78	80.41
黄绵土	19	0.09	1.02	0.48	0.35	72.92
黄壤性土	91	0.07	2.47	0.80	0.71	88.75
黄色赤红壤	14	0.13	2.10	1.01	0.75	74.26
黄色石灰土	322	0.02	2.51	0.97	0.74	76.29
黄棕壤性土	11	0.07	0.24	0.16	0.06	37.50
灰潮土	34	0.03	0.98	0.19	0.21	110.53
积钙红黏土	22	0.10	0.79	0.28	0.23	82.14
淋溶褐土	79	0.02	0.87	0.16	0.12	75.00
淋溶灰褐土	3	0.76	0.87	0.82	0.06	7.32
泥炭沼泽土	3	0.10	0.20	0.13	0.06	46.15

（续）

亚类	样点数	最小值	最大值	平均含量	标准差	变异系数
漂洗黄壤	5	0.06	0.57	0.26	0.20	76.92
漂洗水稻土	25	0.04	1.80	0.26	0.39	150.00
潜育水稻土	263	0.02	2.33	0.30	0.41	136.67
山原红壤	867	0.03	2.51	1.11	0.72	64.86
渗育水稻土	521	0.02	2.34	0.22	0.31	140.91
湿潮土	3	0.16	0.20	0.18	0.02	11.11
石灰性褐土	197	0.03	0.88	0.14	0.1	71.43
石灰性灰褐土	13	0.19	0.86	0.39	0.22	56.41
石灰性紫色土	255	0.02	2.51	0.36	0.56	155.56
酸性粗骨土	6	0.04	0.38	0.12	0.13	108.33
酸性紫色土	624	0.05	2.51	1.04	0.77	74.04
脱潜水稻土	7	0.05	0.67	0.29	0.22	75.86
淹育水稻土	581	0.02	2.47	0.48	0.62	129.17
盐渍水稻土	1	0.17	0.17	0.17	—	—
中性石质土	5	0.24	0.62	0.36	0.16	44.44
中性紫色土	301	0.03	2.48	0.69	0.72	104.35
潴育水稻土	2 173	0.02	2.51	0.47	0.61	129.79
棕壤性土	6	0.04	0.50	0.17	0.17	100.00
棕色石灰土	73	0.02	1.34	0.31	0.30	96.77

（二）地貌类型与土壤有效钼含量

对西南区不同地貌类型土壤有效钼含量情况进行统计，结果如表 4-122 所示。盆地地貌土壤有效钼平均含量最高，其值为 1.07mg/kg；其次是山地、平原和丘陵，其土壤有效钼平均含量分别为 0.42mg/kg、0.27mg/kg 和 0.26mg/kg；高原地貌土壤有效钼平均含量最低，其值为 0.11mg/kg。

表 4-122　西南区不同地貌类型耕地土壤有效钼含量情况（个，mg/kg，%）

地貌类型	样点数	最小值	最大值	平均含量	标准差	变异系数
高原	1	0.11	0.11	0.11	—	—
盆地	4 572	0.02	2.51	1.07	0.77	71.96
平原	158	0.02	2.18	0.27	0.31	114.81
丘陵	2 419	0.02	2.51	0.26	0.36	138.46
山地	3 251	0.02	2.51	0.42	0.51	121.43

（三）成土母质与土壤有效钼含量

对西南区不同成土母质发育土壤的土壤有效钼含量情况进行统计，结果如表 4-123 所示。土壤有效钼平均含量最高的是结晶岩类风化物发育的土壤，其值为 1.01mg/kg；其次是第四纪老冲积物和紫色岩类风化物发育的土壤，其土壤有效钼平均含量分别为 0.80mg/kg 和 0.72mg/kg；砂岩类风化物发育的土壤其土壤有效钼平均含量最低，其值为 0.20mg/kg；其余各成土母质发育的土壤其土壤有效钼平均含量在 0.27～0.66mg/kg 之间。

表 4-123　西南区不同成土母质耕地土壤有效钼含量（个，mg/kg，%）

成土母质	样点数	最小值	最大值	平均含量	标准差	变异系数
第四纪老冲积物	1 633	0.02	2.51	0.80	0.76	95.00
河湖冲（沉）积物	1 125	0.02	2.5	0.48	0.61	127.08
红砂岩类风化物	178	0.02	2.46	0.27	0.33	122.22
黄土母质	394	0.02	1.08	0.39	0.33	84.62
结晶岩类风化物	914	0.02	2.51	1.01	0.78	77.23
泥质岩类风化物	2 061	0.02	2.51	0.66	0.72	109.09
砂泥质岩类风化物	620	0.03	2.23	0.30	0.28	93.33
砂岩类风化物	1	0.20	0.20	0.20	—	—
碳酸盐类风化物	1 527	0.02	2.51	0.66	0.70	106.06
紫色岩类风化物	1 948	0.02	2.51	0.72	0.74	102.78

（四）土壤质地与土壤有效钼含量

对西南区不同质地类型的土壤有效钼含量情况进行统计，结果如表 4-124 所示。黏土质地类型的土壤有效钼平均含量最高，其值为 0.95mg/kg；其次是砂壤、重壤、轻壤和砂土，其土壤有效钼平均含量分别为 0.69mg/kg、0.65mg/kg、0.57mg/kg 和 0.39mg/kg；中壤质地类型的土壤有效钼平均含量最低，其值为 0.27mg/kg。

表 4-124　西南区不同土壤质地耕地土壤有效钼含量（个，mg/kg，%）

土壤质地	样点数	最小值	最大值	平均含量	标准差	变异系数
黏土	3 098	0.02	2.51	0.95	0.76	80.00
轻壤	964	0.02	2.50	0.57	0.65	114.04
砂壤	2 180	0.02	2.51	0.69	0.72	104.35
砂土	511	0.04	2.48	0.39	0.55	141.03
中壤	1 668	0.02	2.50	0.27	0.30	111.11
重壤	1 980	0.02	2.51	0.65	0.72	110.77

三、土壤有效钼调控

钼元素能增强光合作用、促进碳水化合物的转移，促进植物体内有机含磷化合物的合成，促进繁殖器官的迅速发育，增强抗病能力。当土壤中有效钼含量<0.15mg/kg 时，作物从土壤中吸收的钼不足，缺钼时作物叶片畸形、瘦长，螺旋状扭曲，生长不规则，老叶脉间淡绿发黄，有褐色斑点，变厚焦枯。土壤供钼过量，症状不易呈现，多表现为失绿，过量的钼会影响有效铁的吸收。钼与磷有相互促进的作用，磷能增强钼的效果。调控土壤有效钼一般通过施用钼肥。

常用钼肥为钼酸铵与钼酸钠。可作基施、叶面喷施、浸种和拌种。作基肥每亩 50～

150g，可拌细土 10kg，撒施耕翻、条施或穴施。钼酸铵因价格昂贵，加之用量少、不易施用均匀等原因，通常不作基肥。叶面喷肥，浓度一般为 0.01%～0.1%，喷溶液 50～75kg。钼在作物中移动性差，以苗期、初花期各喷一次为好，还可在盛花期加喷一次。浸种钼酸铵溶液（即 50kg 水加钼肥 25～50g）浓度 0.05%～0.1%，玉米等禾本科作物可浸泡 20h 左右，浸后晾干即可播种。拌种时每千克种子用 2～5g，施用时先将钼肥用少量热水溶解，再用冷水稀释到所需要的浓度，边喷边搅拌种子，溶液不宜过多，以免种皮起皱，造成烂种。

第十三节　土壤有效硅

土壤硅主要来源于原生矿物、次生铝硅酸盐和二氧化硅。土壤硅可分为水溶态硅、无定形硅、胶体态硅、结晶态硅和有机态硅。水溶态硅存在于土壤溶液中，是植物可以吸收利用的硅。

一、土壤有效硅含量及其空间差异

对西南区 14 988 个耕地质量调查样点中土壤有效硅含量情况进行统计，结果如表 4-125 所示。西南区耕地土壤有效硅平均含量为 205.71mg/kg，含量范围在 25.16～497.43mg/kg 之间。

表 4-125　西南区耕地土壤有效硅含量（个，mg/kg,%）

区域	采样点数	最小值	最大值	平均含量	标准差	变异系数
西南区	14 988	25.16	497.43	205.71	111.32	54.12

（一）不同二级农业区耕地土壤有效硅含量差异

对不同二级农业区耕地土壤有效硅含量情况进行统计，结果如表 4-126 所示。川滇高原山地林农牧区耕地土壤有效硅平均含量最高，其值为 279.95mg/kg，含量范围在 27.67～497.43mg/kg 之间；渝鄂湘黔边境山地林农牧区耕地土壤有效硅平均含量最低，其值为 158.84mg/kg，含量范围在 28.85～489.24mg/kg 之间。其他各二级农业区土壤有效硅平均含量由高到低的顺序依次为秦岭大巴山林农区、黔桂高原山地林农牧区和四川盆地农林区，其值分别为 187.25mg/kg、176.65mg/kg 和 168.45mg/kg。

表 4-126　西南区各二级农业区耕地土壤有效硅含量（个，mg/kg,%）

二级农业区	样点数	最小值	最大值	平均含量	标准差	变异系数
川滇高原山地林农牧区	4 970	27.67	497.43	279.95	130.37	46.57
黔桂高原山地林农牧区	1 357	25.16	495.66	176.65	112.59	63.74
秦岭大巴山林农区	2 398	26.44	404.06	187.25	84.73	45.25
四川盆地农林区	855	28.22	485.68	168.45	92.98	55.20
渝鄂湘黔边境山地林农牧区	5 408	28.85	489.24	158.84	56.19	35.38

（二）不同评价区耕地土壤有效硅含量差异

对不同评价区耕地土壤有效硅含量情况进行统计，结果如表 4-127 所示。云南评价区耕地土壤有效硅平均含量最高，其值为 281.40mg/kg，含量范围在 60.04～497.43mg/kg 之间；广西评价区耕地土壤有效硅平均含量最低，其值为 114.02mg/kg，含量范围在 25.16～495.66mg/kg 之间。其他各评价区土壤有效硅平均含量由高到低的顺序依次为贵州、湖北、四川、陕西、湖南和甘肃评价区，其值分别为 199.16mg/kg、180.12mg/kg、166.09mg/kg、161.37mg/kg、149.28mg/kg 和 139.67mg/kg。另外，因重庆评价区无土壤有效硅含量数据，未进行统计。

表 4-127　西南区各评价区耕地土壤有效硅含量（个，mg/kg，%）

评价区	样点数	最小值	最大值	平均含量	标准差	变异系数
甘肃评价区	861	54.59	276.68	139.67	69.78	49.96
广西评价区	534	25.16	495.66	114.02	80.12	70.27
贵州评价区	1 252	28.85	497.20	199.16	111.96	56.22
湖北评价区	4 813	41.77	404.38	180.12	67.01	37.20
湖南评价区	1 583	58.59	427.54	149.28	44.37	29.72
陕西评价区	103	26.44	403.70	161.37	92.77	57.49
四川评价区	964	25.53	485.68	166.09	93.54	56.32
云南评价区	4 878	60.04	497.43	281.40	129.86	46.15
重庆评价区	—	—	—	—	—	—

（三）不同评价区各市（州）耕地土壤有效硅含量差异

对不同评价区各市（州）耕地土壤有效硅含量情况进行统计，结果如表 4-128 所示。云南评价区怒江傈僳族自治州耕地土壤有效硅平均含量最高，其值为 298.64mg/kg，含量范围在 73.62～495.99mg/kg；其次是云南评价区文山壮族苗族自治州，其土壤有效硅平均含量为 296.50mg/kg，含量范围在 60.77～497.20mg/kg；甘肃评价区甘南藏族自治州耕地土壤有效硅平均含量最低，其值为 92.96mg/kg，含量范围在 77.00～160.00mg/kg。其余市（州）耕地土壤有效硅平均含量介于 107.78～288.87mg/kg 之间。

表 4-128　西南区各市（州）耕地土壤有效硅含量（个，mg/kg，%）

评价区	市（州）名称	样点数	最小值	最大值	平均含量	标准差	变异系数
甘肃评价区		861	54.59	276.68	139.67	69.78	49.96
	定西市	130	126.86	276.00	235.12	31.19	13.27
	甘南藏族自治州	14	77.00	160.00	92.96	21.56	23.19
	陇南市	717	54.59	276.68	123.27	60.81	49.33
广西评价区		534	25.16	495.66	114.02	80.12	70.27
	百色市	181	25.16	343.92	107.78	71.80	66.62
	河池市	284	25.24	495.66	116.83	90.31	77.30
	南宁市	69	48.85	265.95	118.81	50.74	42.71
贵州评价区		1 252	28.85	497.20	199.16	111.96	56.22
	安顺市	46	52.97	395.26	208.14	94.26	45.29

（续）

评价区	市（州）名称	样点数	最小值	最大值	平均含量	标准差	变异系数
	毕节市	296	65.21	497.20	268.33	108.97	40.61
	贵阳市	64	39.27	459.40	204.16	113.06	55.38
	六盘水市	45	69.90	491.24	275.16	110.45	40.14
	黔东南苗族侗族自治州	210	28.85	422.21	110.56	68.98	62.39
	黔南布依族苗族自治州	60	31.50	461.69	139.38	82.17	58.95
	黔西南布依族苗族自治州	148	46.41	493.68	230.27	106.24	46.14
	铜仁市	160	46.41	489.24	170.00	95.16	55.98
	遵义市	223	46.86	474.56	188.54	97.13	51.52
湖北评价区		4 813	41.77	404.38	180.12	67.01	37.20
	恩施土家族苗族自治州	1 757	68.32	404.38	150.01	53.53	35.68
	神农架林区	100	95.61	319.90	193.74	67.79	34.99
	十堰市	701	87.00	385.97	231.23	65.69	28.41
	襄阳市	610	78.46	404.06	208.68	89.67	42.97
	宜昌市	1 645	41.77	338.35	179.08	50.93	28.44
湖南评价区		1 583	58.59	427.54	149.28	44.37	29.72
	常德市	99	66.13	304.03	148.14	43.64	29.46
	怀化市	729	61.07	427.54	150.11	46.39	30.90
	邵阳市	70	66.38	292.89	155.00	45.52	29.37
	湘西土家族苗族自治州	475	58.59	402.50	149.31	42.99	28.79
	张家界市	210	62.16	287.99	144.96	40.07	27.64
陕西评价区		103	26.44	403.70	161.37	92.77	57.49
	安康市	31	26.44	403.70	189.66	122.96	64.83
	宝鸡市	6	122.71	232.25	170.01	37.77	22.22
	汉中市	37	42.66	278.20	123.05	58.74	47.74
	商洛市	29	53.11	386.00	178.22	85.58	48.02
四川评价区		964	25.53	485.68	166.09	93.54	56.32
	巴中市	37	51.21	191.41	118.70	32.65	27.51
	成都市	122	32.29	386.30	167.79	70.22	41.85
	达州市	60	42.23	439.03	149.29	77.71	52.05
	德阳市	67	55.02	485.68	233.33	106.92	45.82
	甘孜藏族自治州	—	—	—	—	—	—
	广安市	37	37.09	375.96	135.47	78.90	58.24
	广元市	40	28.22	459.27	190.55	131.30	68.91
	乐山市	30	36.59	474.94	216.12	130.65	60.45
	凉山彝族自治州	38	27.67	285.60	113.72	71.21	62.62
	泸州市	56	39.32	442.51	162.59	87.31	53.70

（续）

评价区	市（州）名称	样点数	最小值	最大值	平均含量	标准差	变异系数
	眉山市	107	47.06	470.00	136.53	75.16	55.05
	绵阳市	115	37.80	466.21	183.68	105.98	57.70
	南充市	50	48.22	428.00	173.68	93.10	53.60
	内江市	30	38.12	301.67	154.15	80.27	52.07
	攀枝花市	4	108.00	188.00	141.25	34.87	24.69
	遂宁市	41	75.80	460.39	176.16	81.43	46.23
	雅安市	13	40.80	231.00	127.57	65.88	51.64
	宜宾市	52	25.53	402.80	145.56	92.54	63.58
	资阳市	41	96.58	446.67	211.86	89.51	42.25
	自贡市	24	33.18	368.01	140.65	89.84	63.87
云南评价区		4 878	60.04	497.43	281.40	129.86	46.15
	保山市	119	63.01	490.40	272.46	125.86	46.19
	楚雄彝族自治州	432	60.11	496.62	276.74	130.65	47.21
	大理白族自治州	443	60.48	495.28	276.26	131.15	47.47
	红河哈尼族彝族自治州	207	60.45	497.19	285.17	136.32	47.80
	昆明市	596	60.04	496.35	273.39	125.43	45.88
	丽江市	295	61.65	493.47	265.48	132.88	50.05
	怒江傈僳族自治州	76	73.62	495.99	298.64	139.25	46.63
	普洱市	114	63.59	497.18	278.25	123.05	44.22
	曲靖市	1 077	60.40	497.43	288.87	130.55	45.19
	文山壮族苗族自治州	418	60.77	497.20	296.50	127.27	42.92
	玉溪市	189	63.89	495.82	283.02	130.82	46.22
	昭通市	912	60.21	497.29	279.69	129.33	46.24

二、土壤有效硅含量及其影响因素

（一）土壤类型与土壤有效硅含量

对西南区主要土壤类型耕地土壤有效硅含量情况进行统计，结果如表 4-129 所示。寒冻土的土壤有效硅平均含量最高，其值为 304.95mg/kg，含量范围在 104.62～391.38mg/kg 之间；山地草甸土的土壤有效硅平均含量最低，其值为 94.66mg/kg，含量范围在 69.10～127.00mg/kg 之间。其余各土类土壤有效硅平均含量介于 117.58～279.25mg/kg 之间，其中，燥红土、赤红壤和红壤的土壤有效硅平均含量达到 250mg/kg 以上；土壤有效硅平均含量在 100～250mg/kg 之间的有黄褐土、黑钙土、火山灰土、紫色土、石灰（岩）土、黑土、棕壤、暗棕壤、黄壤、黄棕壤、水稻土、粗骨土、黑垆土、新积土、潮土、沼泽土、黄绵土、草甸土、灰褐土、褐土、石质土和红黏土等土类。水稻土上的调查样点数量最多，有 4 678 个，其土壤有效硅平均含量为 181.00mg/kg，含量范围在 25.16～496.30mg/kg 之间。

表 4-129　西南区主要土壤类型耕地土壤有效硅含量（个，mg/kg，%）

土类	样点数	最小值	最大值	平均含量	标准差	变异系数
暗棕壤	12	72.12	488.86	216.14	149.35	69.10
草甸土	6	132.28	155.43	141.52	8.04	5.68
潮土	153	40.50	391.14	160.94	74.75	46.45
赤红壤	62	26.57	495.50	262.75	145.6	55.41
粗骨土	11	62.61	381.98	171.81	104.51	60.83
寒冻土	4	104.62	391.38	304.95	134.36	44.06
褐土	511	54.59	276.68	129.81	62.68	48.29
黑钙土	20	100.70	276.00	240.94	38.64	16.04
黑垆土	113	61.00	276.00	167.48	81.40	48.60
黑土	25	61.00	276.00	223.24	65.85	29.50
红壤	2 128	27.50	497.30	259.72	132.15	50.88
红黏土	23	61.00	241.00	117.58	46.14	39.24
黄褐土	65	77.90	387.50	242.16	82.62	34.12
黄绵土	19	61.00	273.00	154.18	71.72	46.52
黄壤	1 923	30.80	496.26	207.96	109.10	52.46
黄棕壤	2 272	26.44	497.19	197.33	88.25	44.72
灰褐土	17	77.00	253.0	134.73	74.15	55.04
火山灰土	4	203.51	283.12	240.38	34.88	14.51
山地草甸土	5	69.10	127.00	94.66	28.76	30.38
石灰（岩）土	1 022	25.36	497.20	228.00	110.89	48.64
石质土	5	85.00	158.40	120.10	26.29	21.89
水稻土	4 678	25.16	496.30	181.00	100.03	55.27
新积土	93	26.63	475.47	162.03	114.85	70.88
燥红土	69	60.52	496.34	279.25	131.94	47.25
沼泽土	4	107.97	269.78	156.64	76.06	48.56
紫色土	1 448	25.53	497.43	230.73	119.30	51.71
棕壤	296	27.67	491.14	218.23	117.29	53.75

对西南区主要土壤亚类耕地土壤有效硅含量情况进行统计，结果如表 4-130 所示。黄色赤红壤的土壤有效硅平均含量最高，其值为 334.73mg/kg；其次是寒冻土、赤红壤性土和黄色石灰土，其土壤有效硅平均含量分别为 304.95mg/kg、293.39mg/kg 和 291.37mg/kg；典型黑垆土的土壤有效硅平均含量最低，其值为 69.50mg/kg。其余各亚类的土壤有效硅平均含量介于 77.00～286.76mg/kg 之间，其中，山原红壤、钙质粗骨土、褐红土、黄褐土性土、红壤性土和褐土性土的土壤有效硅平均含量达到 250mg/kg 以上；土壤有效硅平均含量在 100～250mg/kg 之间的土壤亚类由高到低依次为淋溶灰褐土、酸性紫色土、黄红壤、典型黑钙土、典型火山灰土、典型赤红壤、典型黄褐土、典型红壤、黑色石灰土、暗黄棕壤、中性紫色土、盐渍水稻土、典型黑土、典型棕壤、典型暗棕壤、红色石灰土、典型黄壤、棕

红壤、石灰性紫色土、棕壤性土、黑麻土、棕色石灰土、脱潜水稻土、潴育水稻土、黄棕壤性土、黄壤性土、典型黄棕壤、淹育水稻土、灰潮土、冲积土、泥炭沼泽土、漂洗黄壤、潜育水稻土、漂洗水稻土、渗育水稻土、黄绵土、湿潮土、典型潮土、石灰性褐土、典型草甸土、酸性粗骨土、典型褐土、典型新积土、中性石质土、积钙红黏土、腐泥沼泽土和石灰性灰褐土；土壤有效硅平均含量低于100mg/kg的土壤亚类由低到高依次为典型灰褐土、淋溶褐土和典型山地草甸土。

表 4-130　西南区主要土壤亚类耕地土壤有效硅含量（个，mg/kg,%）

亚类	样点数	最小值	最大值	平均含量	标准差	变异系
暗黄棕壤	699	60.04	497.19	227.38	121.41	53.40
赤红壤性土	2	121.09	465.69	293.39	243.67	83.05
冲积土	74	61.00	475.47	171.31	120.01	70.05
典型暗棕壤	12	72.12	488.86	216.14	149.35	69.10
典型草甸土	6	132.28	155.43	141.52	8.04	5.68
典型潮土	94	50.84	326.30	149.24	52.40	35.11
典型赤红壤	46	26.57	488.52	239.51	146.90	61.33
典型褐土	236	61.00	276.00	127.42	54.17	42.51
典型黑钙土	20	100.7	276.00	240.94	38.64	16.04
典型黑垆土	22	61.00	83.80	69.50	7.27	10.46
典型黑土	25	61.00	276.00	223.24	65.85	29.50
典型红壤	359	36.92	495.28	234.75	129.25	55.06
典型黄褐土	59	77.90	387.50	238.85	80.24	33.59
典型黄壤	1 705	31.87	496.26	211.24	109.77	51.96
典型黄棕壤	1 182	47.06	404.08	182.71	61.83	33.84
典型灰褐土	1	77.00	77.00	77.00	—	—
典型火山灰土	4	203.51	283.12	240.38	34.88	14.51
典型山地草甸土	5	69.10	127.00	94.66	28.76	30.38
典型新积土	19	26.63	376.70	125.89	85.31	67.77
典型棕壤	285	27.67	491.14	219.08	118.86	54.25
腐泥沼泽土	1	117.12	117.12	117.12	—	—
钙质粗骨土	3	128.22	381.98	282.84	135.67	47.97
寒冻土	4	104.62	391.38	304.95	134.36	44.06
褐红土	69	60.52	496.34	279.25	131.94	47.25
褐土性土	1	261.10	261.10	261.1	—	—
黑麻土	91	61.00	276.00	191.17	72.93	38.15
黑色石灰土	77	27.45	493.12	233.27	136.59	58.55
红壤性土	114	36.67	497.30	261.99	152.44	58.19
红色石灰土	91	61.85	476.89	213.34	101.90	47.76
黄褐土性土	6	115.10	376.69	274.62	106.33	38.72
黄红壤	763	27.50	497.18	243.17	132.76	54.60

（续）

亚类	样点数	最小值	最大值	平均含量	标准差	变异系
黄绵土	19	61.00	273.00	154.18	71.72	46.52
黄壤性土	212	30.80	481.93	182.77	100.50	54.99
黄色赤红壤	14	80.45	495.50	334.73	112.11	33.49
黄色石灰土	325	50.48	497.20	291.37	122.75	42.13
黄棕壤性土	391	26.44	385.97	187.84	70.99	37.79
灰潮土	57	40.50	391.14	180.58	99.88	55.31
积钙红黏土	23	61.00	241.00	117.58	46.14	39.24
淋溶褐土	76	61.00	271.00	88.65	54.23	61.17
淋溶灰褐土	3	246.00	253.00	249.00	3.61	1.45
泥炭沼泽土	3	107.97	269.78	169.82	87.38	51.45
漂洗黄壤	6	56.72	276.87	163.63	98.48	60.18
漂洗水稻土	34	29.87	287.19	154.84	66.45	42.92
潜育水稻土	347	25.87	477.89	162.62	74.35	45.72
山原红壤	856	60.11	496.59	286.76	127.38	44.42
渗育水稻土	515	28.85	485.68	154.68	82.12	53.09
湿潮土	2	139.45	163.40	151.43	16.94	11.19
石灰性褐土	198	54.59	276.68	147.81	66.90	45.26
石灰性灰褐土	13	77.00	242.00	112.81	57.15	50.66
石灰性紫色土	344	42.60	480.90	207.84	95.89	46.14
酸性粗骨土	8	62.61	228.54	130.17	55.50	42.64
酸性紫色土	760	25.53	497.43	243.57	125.10	51.36
脱潜水稻土	4	75.06	474.56	188.51	191.44	101.55
淹育水稻土	818	25.16	493.77	180.82	102.18	56.51
盐渍水稻土	1	224.89	224.89	224.89	—	—
中性石质土	5	85.00	158.40	120.10	26.29	21.89
中性紫色土	344	31.90	497.29	225.26	123.69	54.91
潴育水稻土	2 959	25.24	496.30	188.05	103.99	55.30
棕红壤	36	78.72	261.76	209.48	49.81	23.78
棕壤性土	11	53.11	254.04	195.96	63.14	32.22
棕色石灰土	529	25.36	497.20	190.82	78.60	41.19

（二）地貌类型与土壤有效硅含量

对西南区不同地貌类型土壤有效硅含量情况进行统计，结果如表 4-131 所示。盆地地貌土壤有效硅平均含量最高，平均值为 264.28mg/kg；其次是平原、山地和丘陵，其土壤有效硅平均含量分别为190.96mg/kg、182.58mg/kg 和 167.74mg/kg；高原地貌土壤有效硅平均含量最低，其值为 158.33mg/kg。

表 4-131　西南区不同地貌类型耕地土壤有效硅含量（个，mg/kg,%）

地貌类型	样点数	最小值	最大值	平均含量	标准差	变异系数
高原	125	103.82	282.11	158.33	30.76	19.43
盆地	4 818	25.87	497.43	264.28	132.66	50.20
平原	247	27.46	474.64	190.96	78.48	41.10
丘陵	3 102	25.50	488.52	167.74	81.13	48.37
山地	6 696	25.16	497.20	182.58	89.80	49.18

（三）成土母质与土壤有效硅含量

对西南区不同成土母质发育土壤的土壤有效硅含量情况进行统计，结果如表 4-132 所示。土壤有效硅平均含量最高的是结晶岩类风化物发育的土壤，其值为 250.40mg/kg；其次是第四纪老冲积物和紫色岩类风化物发育的土壤，其土壤有效硅平均含量分别为 234.83mg/kg 和 220.02mg/kg；黄土母质发育的土壤其土壤有效硅平均含量最低，其值为 154.11mg/kg；其余各成土母质发育的土壤其土壤有效硅平均含量在 172.16～203.76mg/kg 之间。

表 4-132　西南区不同成土母质耕地土壤有效硅含量（个，mg/kg,%）

成土母质	样点数	最小值	最大值	平均含量	标准差	变异系数
第四纪老冲积物	1 622	26.54	496.59	234.83	132.59	56.46
第四纪黏土	679	48.69	378.85	175.68	71.73	40.83
河湖冲（沉）积物	1 319	25.24	496.30	188.60	109.93	58.29
红砂岩类风化物	328	36.38	383.57	183.25	78.95	43.08
黄土母质	375	38.12	474.94	154.11	83.24	54.01
结晶岩类风化物	1 131	26.44	496.34	250.40	122.81	49.05
泥质岩类风化物	3 335	25.16	497.30	194.33	106.30	54.70
砂泥质岩类风化物	644	28.85	492.95	194.69	108.41	55.68
砂岩类风化物	336	61.95	396.48	172.16	47.52	27.60
碳酸盐类风化物	2 862	25.36	497.20	203.76	104.06	51.07
紫色岩类风化物	2 357	25.53	497.43	220.02	116.52	52.96

（四）土壤质地与土壤有效硅含量

对西南区不同质地类型的土壤有效硅含量情况进行统计，结果如表 4-133 所示。黏土质地类型的土壤有效硅平均含量最高，其值为 246.18mg/kg；其次是砂壤、重壤、轻壤和中壤，其土壤有效硅平均含量分别为 211.72mg/kg、206.01mg/kg、199.53mg/kg 和 175.83mg/kg；砂土质地类型的土壤有效硅平均含量最低，其值为 154.79mg/kg。

表 4-133　西南区不同土壤质地耕地土壤有效硅含量（个，mg/kg,%）

土壤质地	样点数	最小值	最大值	平均含量	标准差	变异系数
黏土	3 288	27.20	497.30	246.18	128.51	52.20
轻壤	2 187	25.53	497.20	199.53	98.27	49.25

（续）

土壤质地	样点数	最小值	最大值	平均含量	标准差	变异系数
砂壤	2 767	26.11	497.43	211.72	115.33	54.47
砂土	574	31.90	491.24	154.79	109.21	70.55
中壤	3 607	25.16	488.80	175.83	79.81	45.39
重壤	2 565	25.24	497.29	206.01	114.22	55.44

三、土壤有效硅调控

硅元素对植物的生长有着至关重要的作用。硅有利于提高作物光合效率，提高叶绿素含量，促进作物根系发育，预防根系腐烂和早衰，增强作物的抗病、抗虫、抗旱、抗寒、抗逆等能力，抑制土壤病菌及减轻重金属污染，降低各种元素毒害作用，改善果实品质。当土壤中有效硅含量＜25mg/kg 时，作物从土壤中吸收的硅不足，缺硅时作物中部叶片弯曲肥厚。水稻缺硅时生长受抑，成熟叶片焦枯或整株枯萎。当甘蔗缺硅时，产量会剧降，成熟叶片出现典型的缺硅"叶雀斑症"。新生叶畸形，开花稀疏，授粉率差，严重时叶凋株枯。调控土壤有效硅一般通过施用硅肥。西南区的一些主要作物如水稻、玉米、甘蔗、香蕉、柑橘、荔枝、龙眼、芒果、石榴、杨梅、葡萄等都是喜硅作物，应根据土壤有效硅含量情况适当补硅。

硅肥有枸溶性硅肥、水溶性硅肥两大类。枸溶性硅肥多用炼钢厂的废钢渣、粉煤灰、矿石经高温煅烧工艺等加工而成，价格低，适合做基施，一般施用量每亩 25～50kg；水溶性硅肥是指溶于水可以被植物直接吸收的硅肥，主要成分是硅酸钠，农作物对其吸收利用率较高，成本较高，用量小，每亩约 5kg，一般作冲施和滴灌，具体用量可根据作物喜硅情况、当地土壤的缺硅情况以及硅肥的具体含量而定。硅肥应与有机肥配合施用，且注意氮、磷、钾、硅元素的科学搭配，但不能用硅肥代替氮、磷、钾肥。

第五章 其他指标

第一节 灌排能力

灌排能力包括灌溉能力和排涝能力，涉及灌排设施、灌排技术和灌排方式等。西南区地貌类型以山地、丘陵为主，灌排能力对于西南区耕地质量的影响非常明显。灌溉能力涉及灌溉水源、灌溉设施、灌溉技术和灌溉方式等，它能直接影响农作物的长势和产量，尤其对西南区分布面积较大的坡耕地影响更大。在湿润、半湿润地区，由于降雨量较多，排水能力也十分重要。灌排能力分为不满足、基本满足、满足和充分满足 4 个等级，受自然条件、农田基础设施等条件的影响。

一、灌排能力分布情况

对西南区不同灌溉能力和排水能力的耕地面积及比例进行统计，结果如图 5-1、图 5-2 和表 5-1 所示。从图 5-1、图 5-2 和表 5-1 中可以发现，西南区耕地的灌溉能力以不满足和基本满足为主，共占到西南区耕地的 71.72%；排水能力以基本满足和满足为主，共占到西南区耕地的 83.43%。灌溉和排能力为充分满足的耕地面积分别有 242.70 万 hm² 和 204.66

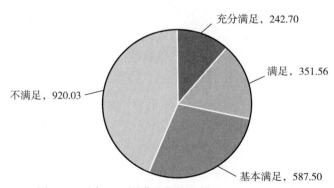

图 5-1　西南区不同灌溉能力的耕地面积（万 hm²）

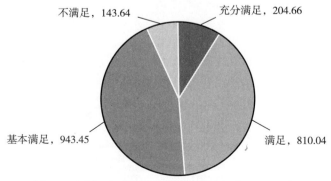

图 5-2　西南区不同排水能力的耕地面积（万 hm²）

万 hm²，分别占西南区耕地面积的 11.54% 和 9.74%；灌溉和排能力为满足的耕地面积分别有 351.56 万 hm² 和 810.04 万 hm²，分别占西南区耕地面积的 16.73% 和 38.54%；灌溉和排能力为基本满足的耕地面积分别有 587.50hm² 和 943.45 万 hm²，分别占西南区耕地面积的 27.95% 和 44.89%；灌溉和排能力为不满足的耕地面积分别有 920.03 万 hm² 和 143.64 万 hm²，分别占西南区耕地面积的 43.77% 和 6.83%。

表 5-1　西南区各二级农业区不同灌排能力耕地面积与比例（万 hm²，%）

二级农业区	面积和比例	灌溉能力				排水能力			
		充分满足	满足	基本满足	不满足	充分满足	满足	基本满足	不满足
川滇高原山地林农牧区	面积	180.15	40.14	68.42	187.37	96.9	174.56	167.99	36.63
	占同级面积比例	74.2	11.4	11.6	20.4	47.3	21.5	17.8	25.5
	占本二级区面积比例	37.84	8.43	14.37	39.35	20.35	36.67	35.29	7.69
黔桂高原山地林农牧区	面积	3.82	21.39	50.11	307.86	11.06	40.8	313.41	17.91
	占同级面积比例	1.6	6.1	8.5	33.5	5.4	5.0	33.2	12.5
	占本二级区面积比例	1.00	5.58	13.08	80.34	2.89	10.65	81.79	4.67
秦岭大巴山林农区	面积	4.18	31.87	48.42	161.6	20.35	101.53	95.01	29.18
	占同级面积	1.7	9.1	8.2	17.6	9.9	12.5	10.1	20.3
	占本二级区面积	1.70	12.95	19.68	65.67	8.27	41.26	38.61	11.86
四川盆地农林区	面积	38.07	213.63	309.53	118.37	49.21	368.1	226.26	36.03
	占同级面积比例	15.7	60.8	52.7	12.9	24.0	45.4	24.0	25.1
	占本二级区面积比例	5.60	31.43	45.55	17.42	7.24	54.16	33.29	5.30
渝鄂湘黔边境山地林农牧区	面积	16.49	44.54	111.03	144.83	27.14	125.06	140.79	23.9
	占同级面积比例	6.8	12.7	18.9	15.7	13.3	15.4	14.9	16.6
	占本二级区面积比例	5.20	14.06	35.04	45.70	8.56	39.46	44.43	7.54
西南区	面积	242.71	351.57	587.51	920.03	204.66	810.05	943.46	143.65
	占西南区面积比例	11.54	16.73	27.95	43.77	9.74	38.54	44.89	6.83

（一）不同二级农业区耕地灌排能力

对西南区各二级农业区不同灌排能力耕地面积及比例进行统计，结果如表 5-1 所示。从表 5-1 中可以看出，灌溉能力为充分满足的耕地在川滇高原山地林农牧区分布最多，面积为 180.15 万 hm²，占西南区该级耕地面积的 74.20%；灌溉能力为不满足的耕地在黔桂高原山地林农牧区分布最多，面积为 307.86 万 hm²，占西南区该级耕地面积的 33.50%。排水能力为充分满足的耕地在川滇高原山地林农牧区分布最多，面积为 96.90 万 hm²，占西南区该级耕地面积的 47.30%；排水能力为不满足的耕地在川滇高原山地林农牧区和四川盆地农林区分布较多，面积共有 72.66 万 hm²，分别占西南区该级耕地面积的 25.50% 和 25.10%。总体上，西南区各个二级农业区灌排能力差异较大。

从各二级农业区上不同灌排能力耕地的分布状况看，川滇高原山地林农牧区中灌溉和排能力为充分满足的耕地面积分别为 180.15 万 hm²、96.90 万 hm²，分别占该二级农业区耕地面积的 37.84% 和 20.35%，各占西南区该级耕地面积的 74.2%、47.30%。灌溉和排能力为满足的耕地分别有 40.14 万 hm²、174.56 万 hm²，分别占该二级农业区耕地面积的

8.43%和36.67%，各占西南区该级耕地面积的11.42%和21.50%。灌溉和排能力为基本满足的耕地分别有68.42万hm²、167.99万hm²，分别占该二级农业区耕地面积的14.37%和35.29%，各占西南区该级耕地面积的11.60%和17.80%。灌溉和排能力为不满足的耕地面积分别有187.37万hm²和36.63万hm²，分别占该二级农业区耕地面积的39.36%和7.69%，各占西南区该级耕地面积的20.37%和25.50%。可见川滇高原山地林农牧区灌溉能力差异很大，近4成耕地灌溉能力为不满足，但排水能力很强。

黔桂高原山地林农牧区中灌溉和排能力为充分满足的耕地面积分别为3.82万hm²和11.06万hm²，分别占该二级农业区耕地面积的1.00%和2.89%，各占西南区该级耕地面积的1.60%和5.40%。灌溉和排能力为满足的耕地面积分别为21.39万hm²和40.80万hm²，分别占该二级农业区耕地面积的5.58%和10.65%，各占西南区该级耕地面积的6.10%和5.00%。灌溉和排能力为基本满足的耕地面积分别为50.11万hm²和313.41万hm²，分别占该二级农业区耕地面积的13.08%和81.79%，各占西南区该级耕地面积的8.50%和33.20%。灌溉和排能力为不满足的耕地面积分别为307.86万hm²和17.91万hm²，分别占该二级农业区耕地面积的80.34%和4.67%，各占西南区该级耕地面积的33.50%和12.50%。黔桂高原山地林农牧区耕地灌溉能力较差，而该区耕地的排水能力基本能满足。

秦岭大巴山林农区中灌溉和排能力为充分满足的耕地面积分别为4.18万hm²和20.35万hm²，分别占该二级农业区耕地面积的1.70%和8.27%，各占西南区该级耕地面积的1.70%和9.90%。灌溉和排能力为满足的耕地面积分别为31.87万hm²和101.53万hm²，分别占该二级农业区耕地面积的12.95%和41.26%，各占西南区该级耕地面积的9.10%和12.50%。灌溉和排能力为基本满足的耕地面积分别为48.42万hm²和95.01万hm²，分别占该二级农业区耕地面积的19.68%和38.61%，各占西南区该级耕地面积的8.20%和10.10%。灌溉和排能力为不满足的耕地面积分别为161.60万hm²和29.18万hm²，分别占该二级农业区耕地面积的65.67%和11.86%，各占西南区该级耕地面积的17.60%和20.30%。秦岭大巴山林农区耕地灌溉能力不足，而排水能力较好。

四川盆地农林区中灌溉和排能力为充分满足的耕地面积分别为38.07万hm²和49.21万hm²，分别占该二级农业区耕地面积的5.60%和7.24%，各占西南区该级耕地面积的15.70%和24.00%。灌溉和排能力为满足的耕地面积分别为213.63万hm²和368.10万hm²，分别占该二级农业区耕地面积的31.43%和54.16%，各占西南区该级耕地面积的60.80%和45.40%。灌溉和排能力为基本满足的耕地面积分别为309.53万hm²和226.26万hm²，分别占西南区该等级的45.55%和33.29%，各占西南区该级耕地面积的52.70%和24.0%。灌溉和排能力为不满足的耕地面积分别为118.37万hm²和36.03万hm²，分别占该二级农业区耕地面积的17.42%和5.30%，各占西南区该级耕地面积的12.90%和25.10%。四川盆地农林区耕地灌溉能力和排水能力均较好。

渝鄂湘黔边境山地林农牧区中灌溉和排能力为充分满足的耕地面积分别为16.49万hm²和27.14万hm²，分别占该二级农业区耕地面积的5.20%和8.56%，各占西南区该级耕地面积的6.80%、13.30%。灌溉和排能力为满足的耕地面积分别为44.54万hm²和125.06万hm²，分别占该二级农业区耕地面积的14.06%和39.46%，各占西南区该级耕地面积的12.70%和15.40%。灌溉和排能力为基本满足的耕地面积分别为111.03万hm²和140.79万hm²，分别占该二级农业区耕地面积的35.04%和44.43%，各占西南区该级耕地面积的18.90%和14.90%。灌溉和排能力为不满足的耕地面积分别为144.83万 hm² 和23.90万 hm²，分别占该二级农业区耕地面积的45.70%和7.54%，各占西南区该级耕地面积的15.70%和16.60%。渝鄂湘黔边境山地林农牧区耕地灌溉能力较差的耕地面积较大，排水能力较好。

综上所述，西南区各二级农业区的灌溉和排水能力差异较大，有数量较多的耕地无法满足灌溉，而大部分耕地排水能力较好。

（二）不同评价区耕地灌排能力

1. 不同评价区耕地灌溉能力　对各评价区不同灌排能力耕地的面积及比例进行统计，结果如表5-2所示。从表5-2中可以看出，西南区灌溉能力为充分满足的主要分布在云南评价区、四川评价区和湖南评价区，面积共有230.14万 hm²，占西南区灌溉能力为充分满足的耕地面积的94.82%。其中，云南评价区灌溉能力为充分满足的耕地面积有172.39万 hm²，占该评价区耕地面积的47.26%，占西南区该级耕地面积的71.03%；四川评价区有45.60万 hm²，占该评价区耕地面积的6.97%，占西南区该级耕地面积的18.79%；湖南评价区有12.15万 hm²，占该评价区耕地面积的16.00%，占西南区该级耕地面积的5.01%；贵州评价区有3.52万 hm²，占该评价区耕地面积的0.78%，占西南区该级耕地面积的1.45%；陕西评价区有3.25万 hm²，占该评价区耕地面积的3.47%，占西南区该级耕地面积的1.34%；湖北评价区有2.28万 hm²，占该评价区耕地面积的2.10%，占西南区该级耕地面积的0.94%；重庆评价区有2.64万 hm²，占该评价区耕地面积的1.09%，占西南区该级耕地面积的1.09%。广西评价区有0.87万 hm²，占该评价区耕地面积的2.11%，占西南区该级耕地面积的0.36%。甘肃评价区无灌溉能力为充分满足的耕地分布。

西南区灌溉能力为满足的耕地面积共351.57万 hm²，占西南区耕地面积的16.73%，以四川评价区最多，面积230.53万 hm²，占西南区灌溉能力为满足的耕地面积65.58%，占该评价区耕地面积的35.23%。云南评价区灌溉能力为满足的耕地面积有24.07万 hm²，占该评价区耕地面积的6.60%，占西南区该级耕地面积的6.85%；湖南评价区有26.24万 hm²，占该评价区耕地面积的34.55%，占西南区该级耕地面积的7.46%；贵州评价区有20.14万 hm²，占该评价区耕地面积的4.44%，占西南区该级耕地面积的5.73%；陕西评价区有17.31万 hm²，占该评价区耕地面积的18.48%，占西南区该级耕地面积的4.92%；湖北评价区有11.25万 hm²，占该评价区耕地面积的10.38%，占西南区该级耕地面积的3.20%；重庆评价区有18.40万 hm²，占该评价区耕地面积的7.57%，占西南区该级耕地面积的5.23%。广西评价区有2.48万 hm²，占该评价区耕地面积的6.02%，占西南区该级耕地面积的0.71%。甘肃评价区有1.13万 hm²，占该评价区耕地面积的1.69%，占西南区该级耕地面积的0.32%。

表5-2　西南区各评价区不同灌排能力耕地面积与比例（万 hm²，%）

评价区	面积和比例	灌溉能力				排水能力			
		充分满足	满足	基本满足	不满足	充分满足	满足	基本满足	不满足
甘肃评价区	面积	0.00	1.13	5.63	60.27	11.93	21.31	30.32	3.47
	占同级面积比例	0.00	0.32	0.96	6.55	5.83	2.63	3.21	2.42
	占本评价区面积比例	0.00	1.69	8.40	89.91	17.80	31.79	45.23	5.18

（续）

评价区	面积和比例	灌溉能力				排水能力			
		充分满足	满足	基本满足	不满足	充分满足	满足	基本满足	不满足
广西评价区	面积	0.87	2.48	22.25	15.63	8.17	8.86	18.73	5.47
	占同级面积比例	0.36	0.71	3.79	1.70	3.99	1.09	1.99	3.81
	占本评价区面积比例	2.11	6.02	53.97	37.91	19.82	21.49	45.43	13.27
贵州评价区	面积	3.52	20.14	29.21	400.54	2.04	27.24	414.38	9.75
	占同级面积比例	1.45	5.73	4.97	43.54	1.00	3.36	43.92	6.79
	占本评价区面积比例	0.78	4.44	6.44	88.34	0.45	6.01	91.39	2.15
湖北评价区	面积	2.28	11.25	30.58	64.28	10.70	46.55	43.32	7.81
	占同级面积比例	0.94	3.20	5.21	6.99	5.23	5.75	4.59	5.44
	占本评价区面积比例	2.10	10.38	28.21	59.30	9.87	42.95	39.97	7.21
湖南评价区	面积	12.15	26.24	33.18	4.38	13.57	30.23	12.56	19.59
	占同级面积比例	5.01	7.46	5.65	0.48	6.63	3.73	1.33	13.64
	占本评价区面积比例	16.00	34.55	43.69	5.77	17.87	39.80	16.54	25.79
陕西评价区	面积	3.25	17.31	9.86	63.24	5.49	42.56	29.96	15.64
	占级面积比例	1.34	4.92	1.68	6.87	2.68	5.25	3.18	10.89
	占本评价区面积比例	3.47	18.48	10.53	67.52	5.86	45.44	31.99	16.70
四川评价区	面积	45.60	230.53	241.07	137.13	51.11	302.14	232.69	68.39
	占同级面积比例	18.79	65.58	41.03	14.90	24.97	37.30	24.66	47.62
	占本评价区面积比例	6.97	35.23	36.84	20.96	7.81	46.18	35.56	10.45
云南评价区	面积	172.39	24.07	33.53	134.75	89.24	145.23	117.51	12.74
	占同级面积比例	71.03	6.85	5.71	14.65	43.61	17.93	12.46	8.87
	占本评价区面积比例	47.26	6.60	9.19	36.94	24.47	39.82	32.22	3.49
重庆评价区	面积	2.64	18.40	182.20	39.81	12.40	185.91	43.97	0.77
	占同级面积比例	1.09	5.23	31.01	4.33	6.06	22.95	4.66	0.54
	占本评价区面积比例	1.09	7.57	74.96	16.38	5.10	76.49	18.09	0.32

西南区灌溉能力为基本满足的耕地面积 587.51 万 hm²，占西南区耕地面积的 27.95％，主要分布在四川评价区和重庆评价，面积共有 423.27 万 hm²，占西南区灌溉能力为基本满足耕地面积的 72.04％。云南评价区灌溉能力为基本满足的耕地面积有 33.53 万 hm²，占该评价区耕地面积的 9.19％，占西南区该级耕地面积的 5.71％；四川评价区有 241.07 万 hm²，占该评价区耕地面积的 36.84％，占西南区该级耕地面积的 41.03％；湖南评价区有 33.18 万 hm²，占该评价区耕地面积的 43.69％，占西南区该级耕地面积的 5.65％；贵州评价区有 29.21 万 hm²，占该评价区耕地面积的 6.44％，占西南区该级耕地面积的 4.97％；陕西评价区有 9.86 万 hm²，占该评价区耕地面积的 10.53％，占西南区该级耕地面积的 1.68％；湖北评价区有 30.58 万 hm²，占该评价区耕地面积的 28.21％，占西南区该级耕地面积的 5.21％；重庆评价区有 182.20 万 hm²，占该评价区耕地面积的 74.96％，占西南区该级耕地面积的 31.01％。广西评价区有 22.25 万 hm²，占该评价区耕地面积的 53.97％，

占西南区该级耕地面积的 3.79%。甘肃评价区有 5.63 万 hm²，占该评价区耕地面积的 8.40%，占西南区该级耕地面积的 0.96%。

西南区灌溉能力为不满足的耕地面积共 920.03 万 hm²，占西南区耕地面积的 43.77%，主要分布在贵州评价区、四川评价区和云南评价区，面积共有 672.42 万 hm²，占西南区灌溉能力为不满足的耕地面积的 73.09%，由此可见，西南区不满足灌溉条件的耕地面积比较大，农田基础设施较为薄弱。云南评价区灌溉能力为不满足的耕地面积有 134.75 万 hm²，占该评价区耕地面积的 36.94%，占西南区该级耕地面积的 14.65%；四川评价区有 137.13 万 hm²，占该评价区耕地面积的 20.96%，占西南区该级耕地面积的 14.90%；湖南评价区有 4.38 万 hm²，占该评价区耕地面积的 5.77%，占西南区该级耕地面积的 0.48%；贵州评价区有 400.54 万 hm²，占该评价区耕地面积的 88.34%，占西南区该级耕地面积的 43.54%；陕西评价区有 63.24 万 hm²，占该评价区耕地面积的 67.52%，占西南区该级耕地面积的 6.87%；湖北评价区有 64.28 万 hm²，占该评价区耕地面积的 59.30%，占西南区该级耕地面积的 6.99%；重庆评价区有 39.81 万 hm²，占该评价区耕地面积的 16.38%，占西南区该级耕地面积的 4.33%。广西评价区有 15.63 万 hm²，占该评价区耕地面积的 37.91%，占西南区该级耕地面积的 1.70%。甘肃评价区有 60.27 万 hm²，占该评价区耕地面积的 89.91%，占西南区该级耕地面积的 6.55%。

2. 不同评价区耕地排水能力　从表 5-2 中可见，西南区排水能力为充分满足的耕地面积 204.65 万 hm²，占西南区耕地面积的 9.74%，主要分布在云南评价区和四川评价区，面积共有 140.35 万 hm²，占西南区排水能力为充分满足耕地面积的 68.58%。甘肃评价区排水能力为充分满足的耕地有 11.93 万 hm²，占该评价区耕地面积的 17.80%，占西南区该级耕地面积的 5.83%；广西评价区有 8.17 万 hm²，占该评价区耕地面积的 19.82%，占西南区该级耕地面积的 3.99%；贵州评价区有 2.04 万 hm²，占该评价区耕地面积的 0.45%，占西南区该级耕地面积的 1.00%；湖北评价区有 10.7 万 hm²，占该评价区耕地面积的 9.87%，占西南区该级耕地面积的 5.23%；湖南评价区有 9.87 万 hm²，占该评价区耕地面积的 13.57%，占西南区该级耕地面积的 6.63%；陕西评价区有 5.49 万 hm²，占该评价区耕地面积的 5.86%，占西南区该级耕地面积的 2.68%；四川评价区有 51.11 万 hm²，占该评价区耕地面积的 7.81%，占西南区该级耕地面积的 24.97%；云南评价区有 89.24 万 hm²，占该评价区耕地面积的 24.47%，占西南区该级耕地面积的 43.61%；重庆评价区有 12.40 万 hm²，占该评价区耕地面积的 5.10%，占西南区该级耕地面积的 6.06%。

西南区排水能力为满足的耕地面积共 810.05 万 hm²，占西南区耕地面积的 38.54%，主要分布在四川评价区、重庆评价区和云南评价区，面积共有 633.28 万 hm²，占西南区排水能力满足耕地面积的 78.18%。甘肃评价区排水能力为满足的耕地面积有 21.31 万 hm²，占该评价区耕地面积的 31.79%，占西南区该级耕地面积的 2.63%；广西评价区排水能力为满足的耕地面积有 8.86 万 hm²，占该评价区耕地面积的 21.49%，占西南区该级耕地面积的 1.09%；贵州评价区排水能力为满足的耕地面积有 27.24 万 hm²，占该评价区耕地面积的 6.01%，占西南区该级耕地面积的 3.36%；湖北评价区排水能力为满足的耕地面积有 46.55 万 hm²，占该评价区耕地面积的 42.95%，占西南区该级耕地面积的 5.75%；湖南评价区排水能力为满足的耕地面积有 30.23 万 hm²，占该评价区耕地面积的 39.80%，占西南区该级耕地面积的 3.73%；陕西评价区排水能力为满足的耕地面积有 42.56 万 hm²，占该评价区耕地面积的 45.44%，占西南区该级耕地面积的 5.25%；四川评价区排水能力为满足的耕地面积有 302.14 万 hm²，占该评价区耕地面积的 46.18%，占西南区该级耕地面积的 37.30%；云南评价区排水能力为满足的耕地面积共有 145.23 万 hm²，占该评价区耕地面积的 39.82%，占西南区该级耕地面积的 17.93%；重庆评价区排水能力满足耕地面积共有 185.91 万 hm²，占该评价区耕地面积的 76.49%，占西南区该级耕地面积的 22.95%。

西南区排水能力为基本满足的耕地面积 943.44 万 hm²，占西南区耕地面积的 44.89%，主要分布在贵州评价、四川评价和云南评价区，面积共有 764.58 万 hm²，占西南区排水能力为基本满足的耕地面积的 81.04%。表明西南区绝大多数的耕地排水条件较好，基本上满足农田排水要求。甘肃评价区排水能力为基本满足的耕地面积有 30.32 万 hm²，占该评价区耕地面积的 45.23%，占西南区该级耕地面积的 3.21%；广西评价区排水能力为基本满足的耕地面积有 18.73 万 hm²，占该评价区耕地面积的 45.43%，占西南区该级耕地面积的 1.99%；贵州评价区排水能力为基本满足的耕地面积有 414.38 万 hm²，占该评价区耕地面积的 91.39%，占西南区该级耕地面积的 43.92%；湖北评价区排水能力为基本满足的耕地面积有 43.32 万 hm²，占该评价区耕地面积的 39.97%，占西南区该级耕地面积的 4.59%；湖南评价区排水能力为基本满足的耕地面积有 12.56 万 hm²，占该评价区耕地面积的 16.54%，占西南区该级耕地面积的 1.33%；陕西评价区排水能力为基本满足的耕地面积有 29.96 万 hm²，占该评价区耕地面积的 31.99%，占西南区该级耕地面积的 3.18%；四川评价区排水能力为基本满足的耕地面积有 232.69 万 hm²，占该评价区耕地面积的 35.56%，占西南区该级耕地面积的 24.66%；云南评价区排水能力为基本满足的耕地面积有 117.51 万 hm²，占该评价区耕地面积的 32.22%，占西南区该级耕地面积的 12.46%；重庆评价区排水能力为基本满足的耕地面积有 43.97 万 hm²，占该评价区耕地面积的 18.09%，占西南区该级耕地面积的 4.66%。

西南区排水能力为不满足的耕地面积有 143.63 万 hm²，占西南区耕地面积的 6.83%，主要分布在四川评价区和湖南评价区，面积 87.98 万 hm²，占西南区排水能力为不满足的耕地面积的 61.25%。甘肃评价区排水能力为不满足的耕地面积有 3.47 万 hm²，占该评价区耕地面积的 5.18%，占西南区该级耕地面积的 2.42%；广西评价区排水能力为不满足的耕地面积有 5.47 万 hm²，占该评价区耕地面积的 13.27%，占西南区该级耕地面积的 3.81%；贵州评价区排水能力为不满足的耕地面积有 9.75 万 hm²，占该评价区耕地面积的 2.15%，占西南区该级耕地面积的 6.79%；湖北评价区排水能力为不满足的耕地面积有 7.81 万 hm²，占该评价区耕地面积的 7.21%，占西南区该级耕地面积的 5.44%；湖南评价区排水能力为不满足的耕地面积有 19.59 万 hm²，占该评价区耕地面积的 25.79%，占西南区该级耕地面积的 13.64%；陕西评价区排水能力为不满足的耕地面积有 15.64 万 hm²，占该评价区耕地面积的 16.70%，占西南区该级耕地面积的 10.89%；四川评价区排水能力为不满足的耕地面积有 68.39 万 hm²，占该评价区耕地面积的 10.45%，占西南区该级耕地面积的 47.62%；云南评价区排水能力为不满足的耕地面积有 12.74 万 hm²，占该评价区耕地面积的 3.49%，占西南区该级耕地面积的 8.87%；重庆评价区排水能力为不满足的耕地面积有 0.77 万 hm²，占该评价区耕地面积的 0.32%，占西南区该级耕地面积的 0.54%。

（三）不同评价区各市（州）耕地灌排能力

1. 不同评价区各市（州）耕地灌溉能力　从表 5-3 中可以看出，甘肃评价区灌溉能力为不满足的耕地占比较大，占甘肃评价区耕地面积的 89.91%。灌溉能力为不满足的耕地主要分布在陇南市，面积为 50.15 万 hm²，其次是定西市，面积 8.70 万 hm²，共占甘肃评价区该级耕地面积的 97.64%。广西评价区灌溉能力为充分满足、满足及基本满足的耕地面积比例共有 62.10%，大部分耕地的灌溉可以满足耕种需要，主要分布在百色市和河池市，面积共 22.59 万 hm²，共占该评价区该级耕地面积的 88.24%，贵州评价区灌溉能力为不满足的耕地占比也较大，比例达 88.34%，主要分布在黔东南苗族侗族自治州、黔南布依族苗族自治州、铜仁市、六盘水市、毕节市、黔西南布依族苗族自治州和遵义市等，面积 354.46 万 hm²，占该评价区该级耕地面积的 88.50%。湖北评价区灌溉能力为不满足的耕地面积为 64.28 万 hm²，占该区耕地面积的 59.30%，主要分布在十堰市、恩施土家族苗族自治州、襄阳市和宜昌市等地区，面积 63.54 万 hm²，占该评价区本级耕地面积的 98.85%。湖南评价区灌溉能力为基本满足的耕地占比最大，比例达 43.69%，其次是灌溉能力为满足的耕地，其占比为 34.55%，主要分布在怀化市、湘西土家族苗族自治州和张家界市，面积为 23.35 万 hm²。陕西评价区灌溉能力为不满足的耕地面积 63.24 万 hm²，占该评价区面积的 67.52%，主要分布在安康市、汉中市和商洛市。四川评价区灌溉能力为基本满足和满足的耕地面积较大，共有 471.6 万 hm²，共占该评价区耕地面积的 72.07%，主要分布在成都市、达州市、德阳市、巴中市、广安市、凉山彝族自治州、眉山市、绵阳市、内江市、遂宁市和宜宾市。云南评价区灌溉能力为充分满足的耕地面积 172.39 万 hm²，占该评价区耕地面积的 47.26%，主要分布在楚雄州、大理白族自治州、红河州、昆明市、曲靖市、文山市和昭通市等。重庆市评价区灌溉能力为基本满足的耕地面积最大，为 182.20 万 hm²，占该评价区耕地面积的 74.96%。

2. 不同评价区各市（州）耕地排水能力　从表 5-3 中可以看出，甘肃评价区排水能力为充分满足、满足和基本满足的耕地面积共有 63.56 万 hm²，共占该评价区耕地面积的 94.82%。主要分布在陇南市，面积为 52.80 万 hm²，占该评价区耕地面积的 94.71%。广西评价区排水能为基本满足的耕地面积 18.73 万 hm²，占该评价区的 45.43%，主要分布在河池市和南宁市。贵州评价区排水能力为基本满足的耕地面积为 414.38 万 hm²，占该评价区耕地面积的 91.39%，主要分布在毕节市、黔东南苗族侗族自治州、铜仁市、遵义市和黔南布依族苗族自治州等。湖北评价区排水能力为满足、基本满足的耕地面积共有 89.87 万 hm²，共占该评价区耕地面积的 82.92%，主要分布在恩施土家族苗族自治州、宜昌和十堰市等地区。湖南评价区排水能力为满足的耕地面积 30.23 万 hm²，占该评价区耕地面积的 39.80%。陕西评价区排水能力为满足的耕地面积 42.56 万 hm²，占该评价区耕地面积的 45.44%，主要分布在汉中市和安康市。四川评价区排水能力为满足和基本满足的耕地面积 534.83 万 hm²，共占该评价区耕地面积的 81.74%，主要分布在成都市、达州市、资阳市、巴中市、广安市、广元市、凉山彝族自治州泸州市、眉山市、南充市、内江市、遂宁市、宜宾市和自贡市等地区。云南评价区排水能力为充分满足、满足、基本满足的耕地面积共 351.89 万 hm²，共占该评价区耕地面积的 96.50%，其主要分布在楚雄州、大理白族自治州、昆明市、保山市、丽江市、怒江州、普洱市、曲靖市、文山壮族苗族自治州、玉溪市和昭通市等地区。重庆评价区排水能力为满足的耕地面积 185.90 万 hm²，占该评价区耕地面积的 76.49%。

表5-3 西南区评价区各市（州）不同灌排能力耕地面积与比例（万hm²，%）

评价区	市（州）名称	灌溉能力								排水能力							
		充分满足		满足		基本满足		不满足		充分满足		满足		基本满足		不满足	
		面积	比例	面积	比例	面积	比例	面积	比例	面积	比例	面积	比例	面积	比例	面积	比例
甘肃评价区	定西市	0.00	0.00	0.00	0.00	0.00	0.00	8.70	100.00	0.00	0.00	7.61	87.47	0.57	6.55	0.51	5.86
	甘南藏族自治州	0.00	0.00	0.00	0.00	1.17	45.17	1.42	54.83	1.17	45.17	0.01	0.39	1.41	54.44	0.00	0.00
	陇南市	0.00	0.00	1.13	2.00	4.46	8.00	50.15	90.00	10.76	19.30	13.69	24.56	28.35	50.85	2.95	5.29
广西评价区	百色市	0.50	3.68	1.32	9.71	5.92	43.53	5.86	43.09	5.88	43.24	4.55	33.46	2.01	14.78	1.16	8.53
	河池市	0.37	1.61	1.16	5.04	13.32	57.84	8.18	35.52	2.29	9.94	4.31	18.71	12.35	53.63	4.08	17.72
	南宁市	0.00	0.00	0.00	0.00	3.01	65.43	1.60	34.78	0.00	0.00	0.00	0.00	4.37	95.00	0.23	5.00
贵州评价区	安顺市	0.06	0.20	1.69	5.75	3.52	11.98	24.12	82.10	0.14	0.48	1.32	4.49	27.44	93.40	0.47	1.60
	毕节市	0.02	0.02	1.13	1.14	0.62	0.62	97.51	98.21	0.20	0.20	2.26	2.28	94.63	95.31	2.20	2.22
	贵阳市	0.74	2.76	0.73	2.72	3.39	12.64	21.97	81.89	0.08	0.30	1.63	6.08	24.96	93.03	0.15	0.56
	六盘水市	0.00	0.00	0.10	0.32	0.66	2.14	30.16	97.57	0.00	0.00	0.18	0.58	26.89	86.99	3.85	12.46
	黔东南苗族侗族自治州	1.16	2.74	5.09	12.02	4.71	11.13	31.37	74.11	0.28	0.66	5.77	13.63	35.54	83.96	0.74	1.75
	黔南布依族苗族自治州	1.08	2.26	7.26	15.18	3.53	7.38	35.96	75.18	1.29	2.70	6.55	13.69	39.43	82.44	0.55	1.15
	黔西南布依族苗族自治州	0.02	0.04	0.66	1.48	2.31	5.19	41.49	93.26	0.01	0.02	1.10	2.47	42.74	96.07	0.64	1.44
	铜仁市	0.34	0.70	3.17	6.57	3.02	6.26	41.76	86.50	0.03	0.06	3.46	7.17	44.47	92.11	0.33	0.68
	遵义市	0.09	0.11	0.31	0.37	7.45	8.86	76.21	90.66	0.01	0.01	4.97	5.91	78.26	93.10	0.82	0.98
湖北评价区	恩施土家族苗族自治州	1.52	3.36	3.79	8.37	6.29	13.90	33.66	74.37	6.39	14.12	18.85	41.65	18.41	40.68	1.61	3.56
	神农架林区	0.00	0.00	0.00	0.00	0.00	0.00	0.74	100.00	0.28	37.84	0.44	59.46	0.01	1.35	0.00	0.00
	十堰市	0.30	1.25	4.57	19.04	7.43	30.96	11.70	48.75	1.39	5.79	14.09	58.71	7.25	30.21	1.26	5.25
	襄阳市	0.02	0.12	0.01	0.06	9.35	56.02	7.31	43.80	1.01	6.05	5.76	34.51	6.48	38.83	3.44	20.61
	宜昌市	0.44	2.03	2.88	13.28	7.51	34.62	10.87	50.12	1.62	7.47	7.42	34.21	11.16	51.45	1.49	6.87
湖南评价区	常德市	1.69	34.85	1.22	25.15	1.31	27.01	0.63	12.99	0.71	14.64	2.93	60.41	0.29	5.98	0.91	18.76
	怀化市	6.14	17.93	12.64	36.92	14.61	42.67	0.85	2.48	5.94	17.35	14.04	41.00	5.06	14.78	9.19	26.84

（续）

评价区	市(州)名称	灌溉能力								排水能力							
		充分满足		满足		基本满足		不满足		充分满足		满足		基本满足		不满足	
		面积	比例	面积	比例	面积	比例	面积	比例	面积	比例	面积	比例	面积	比例	面积	比例
	邵阳市	0.50	10.06	1.67	33.60	2.76	55.53	0.04	0.80	0.96	19.32	1.63	32.80	1.42	28.57	0.95	19.11
	湘西土家族苗族自治州	3.11	15.57	5.78	28.93	9.19	46.00	1.90	9.51	3.82	19.12	7.49	37.49	3.04	15.22	5.63	28.18
	张家界市	0.73	6.12	4.93	41.36	5.31	44.55	0.95	7.97	2.14	17.95	4.13	34.65	2.74	22.99	2.91	24.41
陕西评价区	安康市	0.40	1.05	6.09	16.03	1.49	3.92	30.00	78.99	5.41	14.24	17.39	45.79	10.00	26.33	5.18	13.64
	宝鸡市	0.00	0.00	0.00	0.00	0.28	14.41	1.66	85.45	0.00	0.00	0.34	17.50	0.40	1.18	1.21	62.29
	汉中市	2.85	8.39	11.02	32.43	5.61	16.51	14.49	42.64	0.08	0.24	19.87	58.48	9.48	27.90	4.56	13.42
	商洛市	0.00	0.00	0.20	1.01	2.48	12.56	17.08	86.48	0.00	0.00	4.97	25.16	10.09	51.08	4.69	23.74
四川评价区	巴中市	1.87	5.75	7.54	23.19	16.15	49.68	6.95	21.38	0.45	1.38	15.73	48.39	14.23	43.77	2.10	6.46
	成都市	6.66	15.77	25.00	59.18	7.85	18.58	2.73	6.46	10.75	25.45	25.27	59.82	6.13	14.51	0.09	0.21
	达州市	4.91	8.92	22.44	40.78	9.82	17.85	17.85	32.44	2.27	4.13	40.47	73.55	8.64	15.70	3.64	6.61
	德阳市	7.60	30.38	10.17	40.65	4.91	19.63	2.34	9.35	6.14	24.54	13.01	52.01	3.55	14.19	2.32	9.27
	甘孜藏族自治州	0.00	0.00	0.30	56.21	0.13	24.36	0.10	18.74	0.00	0.00	0.32	59.96	0.11	20.61	0.10	18.74
	广安市	0.12	0.39	13.08	42.46	14.66	47.58	2.95	9.58	0.07	0.23	15.89	51.58	14.35	46.58	0.50	1.62
	广元市	1.65	4.67	9.57	27.08	16.46	46.58	7.67	21.70	9.97	28.21	8.69	24.59	14.94	42.28	1.73	4.90
	乐山市	0.4	1.46	9.6	35.14	12.56	45.97	4.76	17.42	1.39	5.09	14.19	51.94	4.6	16.84	7.14	26.13
	凉山彝族自治州	6.35	11.26	12.21	21.65	22.85	40.51	15	26.59	7.1	12.59	23.09	40.94	12.55	22.25	13.66	24.22
	泸州市	1.56	3.80	9.7	23.61	19.29	46.95	10.54	25.65	2.43	5.91	23.75	57.80	12.76	31.05	2.15	5.23
	眉山市	0.3	1.24	22.63	93.40	1.12	4.62	0.17	0.70	0.01	0.04	6.54	26.99	12.87	53.12	4.81	19.85
	绵阳市	4.85	10.90	23.82	53.52	9.96	22.38	5.88	13.21	3.89	8.74	22.33	50.17	17.23	38.72	1.05	2.36
	南充市	0.58	1.08	8.49	15.86	24.79	46.32	19.65	36.72	1.95	3.64	27.48	51.35	19.6	36.62	4.48	8.37
	内江市	0.9	3.28	17.77	64.71	7.85	28.59	0.94	3.42	0.07	0.25	4.89	17.81	21.59	78.62	0.92	3.35
	攀枝花市	0.79	10.53	3.44	45.86	2.48	33.06	0.78	10.40	0.11	1.47	2.77	36.93	1.81	24.13	2.81	37.46

（续）

评价区	市（州）名称	灌溉能力								排水能力							
		充分满足		满足		基本满足		不满足		充分满足		满足		基本满足		不满足	
		面积	比例	面积	比例	面积	比例	面积	比例	面积	比例	面积	比例	面积	比例	面积	比例
	遂宁市	0.02	0.07	10.69	39.41	9.47	34.91	6.94	25.59	0.01	0.04	16.27	59.98	10.24	37.75	0.61	2.25
	雅安市	0.59	5.82	1.95	19.24	4.55	44.89	3.05	30.09	0.07	0.69	1.72	16.97	2.99	29.50	5.36	52.88
	宜宾市	4.03	8.26	11.09	22.72	18.00	36.87	15.69	32.14	3.04	6.23	22.72	46.54	15.31	31.36	7.75	15.88
	资阳市	0.05	0.12	3.14	7.29	28.48	66.12	11.40	26.47	0.04	0.09	10.13	23.52	28.22	65.52	4.68	10.87
	自贡市	2.38	10.98	7.91	36.48	9.67	44.60	1.72	7.93	1.34	6.18	6.87	31.68	10.98	50.64	2.49	11.48
	保山市	5.42	68.85	1.92	24.39	0.18	2.29	0.35	4.45	0.39	4.95	0.69	8.76	6.67	84.72	0.11	1.40
	楚雄州	22.12	60.36	1.59	4.34	2.16	5.89	10.77	29.39	9.22	25.16	16.63	45.38	10.28	28.05	0.51	1.39
	大理白族自治州	21.08	56.89	1.70	4.59	2.16	5.83	12.12	32.71	6.64	17.92	14.37	38.78	15.95	43.04	0.10	0.27
	红河州	10.00	60.68	0.30	1.82	1.97	11.95	4.21	25.55	0.54	3.28	5.66	34.35	7.60	46.12	2.68	16.26
	昆明市	23.21	54.29	2.64	6.17	4.44	10.39	12.47	29.17	9.87	23.09	13.48	31.53	16.92	39.58	2.49	5.82
	丽江市	8.43	41.36	2.75	13.49	2.46	12.07	6.74	33.07	4.76	23.36	10.05	49.31	5.24	25.71	0.34	1.67
云南评价区	怒江州	2.10	38.10	0.09	1.63	0.74	13.43	2.58	46.81	3.87	70.21	1.52	27.58	0.12	2.18	0.00	0.00
	普洱市	1.96	35.40	0.00	0.00	0.46	8.31	3.12	56.35	4.23	76.40	1.07	19.32	0.08	1.44	0.16	2.89
	曲靖市	32.87	39.77	6.11	7.39	12.19	14.75	31.48	38.09	9.83	11.89	32.44	39.25	37.66	45.56	2.72	3.29
	文山壮族苗族自治州	18.24	55.12	2.94	8.89	2.35	7.10	9.56	28.89	10.04	30.34	15.66	47.33	6.54	19.76	0.85	2.57
	玉溪市	9.86	64.44	1.10	7.19	0.51	3.33	3.82	24.97	3.32	21.70	6.77	44.24	3.95	25.81	1.25	8.17
	昭通市	17.10	27.83	2.92	4.75	3.90	6.35	37.54	61.09	26.53	43.17	26.88	43.74	6.50	10.58	1.53	2.49
重庆评价区	重庆市	2.64	1.09	18.40	7.57	182.20	74.96	39.81	16.38	12.40	5.10	185.91	76.49	43.97	18.09	0.77	0.32

二、不同地貌类型的灌排能力

对西南区各地貌类型不同灌排能力耕地的面积及比例进行统计，结果如表5-4所示。从表5-4中可以看出，从耕地所处地貌类型来看，西南区86.29%的耕地分布在山地和丘陵地貌上，其耕地面积共有1813.64万hm²，说明西南区耕地所处大部分区域的地形起伏较大，耕作条件相对较差。西南区只有2.68%的耕地分布在平原地貌上，其耕地面积56.28万hm²；全区有11.03%的耕地分布在盆地地貌上，其耕地面积231.87万hm²。

从各地貌类型上不同灌溉能力耕地分布的数量上看，灌溉能力为充分满足的耕地主要分布在山地和盆地地貌上，面积有195.64万hm²，占西南区该级耕地面积的80.61%；灌溉能力为满足的耕地也主要分布在山地和盆地地貌上，面积共有285.68万hm²，占西南区该级耕地面积的81.26%；灌溉能力为基本满足的耕地主要分布在丘陵和山地地貌上，面积共有527.37万hm²，占西南区该级耕地面积的89.77%；灌溉能力为不满足的耕地主要分布在山地和丘陵地貌上，面积共有858.13万hm²，占西南区该级耕地面积的93.27%。从各地貌类型上不同灌溉能力耕地的占比来看，平原地貌上耕地的灌溉能力主要以满足和充分满足为主，面积共有45.53万hm²，占平原地貌耕地总面积的80.89%，其中灌溉能力为充分满足、满足、基本满足、不满足的耕地占平原区耕地面积的比例分别为25.69%、55.20%、17.30%和1.81%；丘陵地貌上耕地的灌溉能力主要以基本满足、不满足和满足为主，面积共有590.69万hm²，占丘陵地貌上耕地总面积的94.77%，其中灌溉能力为充分满足、满足、基本满足、不满足的耕地占丘陵地貌耕地总面积的比例分别为5.23%、25.85%、42.88%和26.04%；山地地貌上耕地的灌溉能力主要以不满足为主，面积695.80万hm²，占山地地貌耕地总面积的58.45%，其中灌溉能力为充分满足、满足、基本满足、不满足的耕地占山地地貌上耕地总面积的比例分别为9.23%、10.46%、21.86%和58.45%；盆地地貌上耕地的灌溉能力主要以充分满足和不满足为主，两极分化较严重，面积共有146.66万hm²，占盆地地貌上耕地总面积的63.26%，其中灌溉能力为充分满足、满足、基本满足、不满足的耕地占盆地地貌上耕地总面积的比例分别为37%、15.02%、21.72%和26.26%。

从各地貌类型上不同排水能力耕地分布的数量上看，排水能力为充分满足的耕地主要分布在山地地貌上，面积有113.28万hm²，占西南区该级耕地面积的55.34%；排水能力为满足的耕地主要分布在丘陵和山地地貌上，面积共有692.36万hm²，占西南区该级耕地面积的85.47%；排水能力为基本满足的耕地也主要分布在丘陵和山地地貌上，面积共有840.52万hm²，占西南区该级耕地面积的89.09%；排水能力为不满足的耕地主要分布在山地地貌上，面积为81.78万hm²，占西南区该级耕地面积的56.93%。从各地貌类型上不同排水能力耕地的占比来看，平原地貌上耕地排水能力主要以充分满足和满足为主，面积为45.67万hm²，占平原地貌上耕地总面积的81.14%，其中排水能力为充分满足、满足、基本满足、不满足的耕地占平原地貌上耕地总面积的比例分别为28.00%、53.14%、15.90%和2.96%；丘陵地貌上耕地的排水能力主要以满足和基本满足为主，面积共有537.59万hm²，占丘陵地貌上耕地总面积的86.25%，其中排水能力处于充分满足、满足、基本满足、不满足状态的耕地面积占丘陵地貌上耕地总面积比例分别为6.25%、43.44%、42.81%和7.50%；山地地貌上耕地的排水能力主要以满足和基本满足为主，面积共有995.29万hm²，占山地地貌上耕地总面积的83.62%，其中山地地貌上排水能力为充分满足、满足、基本满足、不满足的耕地面积占该地貌类型耕地总面积比例分别为 9.52%、35.42%、48.20% 和 6.86%；盆地地貌上耕地的排水能力主要以满足和基本满足为主，面积共有 181.77 万 hm²，占盆地地貌上耕地总面积的 78.39%，盆地地貌上排水能力为充分满足、满足、基本满足、不满足的耕地面积占该地貌类型耕地总面积比例分别为 15.81%、37.86%、40.53% 和 5.80%。

表 5-4　西南区各地貌类型不同灌排能力耕地面积与比例（万 hm²，%）

地貌类型	灌溉能力								排水能力							
	充分满足		满足		基本满足		不满足		充分满足		满足		基本满足		不满足	
	面积	比例	面积	比例	面积	比例	面积	比例	面积	比例	面积	比例	面积	比例	面积	比例
平原	14.46	25.69	31.06	55.20	9.74	17.30	1.02	1.81	15.76	28.00	29.91	53.14	8.95	15.90	1.66	2.96
丘陵	32.60	5.23	161.15	25.85	267.21	42.88	162.33	26.04	38.97	6.25	270.77	43.44	266.82	42.81	46.75	7.50
山地	109.86	9.23	124.53	10.46	260.16	21.86	695.80	58.45	113.28	9.52	421.59	35.42	573.70	48.20	81.78	6.86
盆地	85.78	37.00	34.82	15.02	50.39	21.72	60.88	26.26	36.65	15.81	87.78	37.86	93.99	40.53	13.45	5.80

第二节　有效土层厚度

有效土层厚度是指能够为作物连续提供生长条件的具有一定肥力特征的土壤层厚度，是能生长植物的实际土层厚度。一般厚度在 15～200cm 之间，大于耕层厚度。它在农业生产中有着重要的作用，影响土壤水分、养分库的容量和农作物根系的伸长，对作物生长发育、水分和养分吸收、产量和品质等均具有显著影响。土壤有效土层厚度取决于人为耕作施肥，在有效土层厚度许可的情况下，主要受人为耕作施肥的影响。因此，有效土层厚度的调控主要通过人为耕作和施肥措施来实现。

一、有效土层厚度分布情况

（一）不同二级农业区耕地土壤有效土层厚度

对 2017 年西南区耕地质量调查点的有效土层厚度情况进行统计，结果如表 5-5 所示。从表 5-5 中可以看出，西南区耕地有效土层厚度均值为（68.19±26.72）cm，范围变化于 10～185cm 之间，变异系数为 39.59%，空间差异性较大。从各二级农业区上看，川滇高原山地林农牧区的耕地有效土层厚度均值为（74.97±26.97）cm，在 5 个二级农业区中最厚，高于西南区均值，该二级农业区有 6 344 个调查点，占西南区调查点总数的 17.96%，变异系数为 35.97%，调查点空间差异性较大；渝鄂湘黔边境山地林农牧区的耕地有效土层厚度均值略低于西南区均值，平均为（71.21±27.45）cm，该二级农业区有 8 148 个调查点，占西南区调查点总数的 23.06%，变异系数为 38.54%；黔桂高原山地林农牧区耕地有效土层厚度均值略高于西南区均值，平均为（72.15±23.61）cm，该二级农业区有 5 735 个调查点，占西南区调查点总数的 16.23%，变异系数为 32.72%；秦岭大巴山林农区耕地有效土层厚度均值远低于西南区均值，平均为（59.98±28.41）cm，该二级农业区有 3 943 个调查点，占西南区调查点总数的 11.16%，变异系数为 47.36%；四川盆地农林区耕地有效土层厚度均值低于西南区均值，平均为（62.67±27.18）cm，该二级农业区有 11 158 个调查点，占西南区调查点总数的 31.59%，变异系数为 31.58%。

表 5-5　西南区各二级农业区有效土层厚度分布状况（cm）

二级农业区	样点数（个）	最小值	最大值	平均值	标准差
川滇高原山地林农牧区	6 344	20	156	74.97	26.97
黔桂高原山地林农牧区	5 733	10	160	72.15	23.61
秦岭大巴山林农区	3 938	10	180	59.98	28.41
四川盆地农林区	11 158	15	185	62.67	27.18
渝鄂湘黔边境山地林农牧区	8 148	15	169	71.21	27.45
西南区合计	35 325	10	185	68.19	26.72

注：有效土层厚度的有效样点数据为35 325个。

（二）不同评价区耕地土壤有效土层厚度

对不同评价区耕地有效土层厚度情况进行统计，结果如表 5-6 所示。从表 5-6 中可以看出，湖南评价区耕地土壤有效土层厚度最厚，达（87.81±28.77）cm，该评价区共有1 585个调查点，占西南区调查点总数的 4.48%，各调查点有效土层厚度变化范围介于 20～169cm，变异系数为 32.76%，样本有一定空间差异性；甘肃评价区有 861 个调查点，各调查点有效土层厚度变化范围介于 10～150cm，占西南区调查点总数的 2.43%，其有效土层厚度最薄，平均为（41.93±24.62）cm，变异系数为 58.71%，空间分布有一定的差异性；四川评价区调查点为8 803个，占西南区调查点总数的 24.91%，有效土层厚度值变化范围最广，介于 15～185cm，平均为（64.51±28.25）cm，变异系数为 43.79%；广西评价区调查点最少，只有 622 个，占西南区调查点总数的 1.76%，有效土层厚度值变化范围介于 10～100cm，平均为（54.75±35.53）cm，变异系数为 64.89%；贵州评价区调查点为6 835个，占西南区调查点总数的 19.34%，有效土层厚度值变化范围介于 40～160cm，平均为（75.40±20.54）cm，变异系数为 27.24%，湖北评价区调查点为4 813个，占西南区调查点总数的 13.67%，有效土层厚度值变化范围介于 15～100cm，平均为（69.55±24.98）cm，变异系数为 35.91%，陕西评价区调查点为1 014个，占西南区调查点总数的 2.86%，有效土层厚度值变化范围介于 12～100cm，平均为（52.09±24.69）cm，变异系数为 47.39%，云南评价区调查点为4 951个，占西南区调查点总数的 14.01%，有效土层厚度值变化范围介于 21～100cm，平均为（78.16±27.52）cm，变异系数为 35.2%，重庆评价区调查点为5 848个，占西南区调查点总数的 16.55%，有效土层厚度值变化范围介于 20～180cm，平均为（57.88±24.02）cm，变异系数为 41.49%。由此可见，湖南评价区的平均有效土层厚度最厚，甘肃评价区的平均有效土层厚度最薄；四川评价区有效土层厚度变化范围最大；贵州评价区标准差最小，变异系数最小。

表 5-6　西南区各评价区有效土层厚度分布状况（cm）

评价区	样点数（个）	最大值（cm）	最小值（cm）	平均值（cm）	标准差（cm）
甘肃评价区	861	150	10	41.93	24.62
广西评价区	622	100	10	54.75	35.53

（续）

评价区	样点数（个）	最大值（cm）	最小值（cm）	平均值（cm）	标准差（cm）
贵州评价区	6 835	160	40	75.40	20.54
湖北评价区	4 813	100	15	69.55	24.98
湖南评价区	1 585	169	20	87.81	28.77
陕西评价区	1 014	100	12	52.09	24.69
四川评价区	8 803	185	15	64.51	28.25
云南评价区	4 951	100	21	78.16	27.52
重庆评价区	5 848	180	20	57.88	24.02

（三）不同评价区各市（州）耕地土壤有效土层厚度

对西南区评价区各市（州）耕地土壤有效土层厚度情况进行统计，结果如表 5-7 所示。从表 5-7 可以看出，湖北评价区神农架林区有效土层厚度最厚，有效土层厚度均值为 100cm；四川评价区甘孜藏族自治州有效土层厚度最薄，有效土层厚度均值为 37.5cm；四川评价区攀枝花市的有效土层厚度标准差最大，其值为 54.55cm；湖北评价区神农架林区有效土层厚度标准差为 0cm。甘肃评价区甘南藏族自治州的耕地有效土层厚度均值高于西南区均值（68.10cm），其他地级市（州）的耕地有效土层厚度均值低于西南区均值；广西评价区南宁市的耕地有效土层厚度均值高于西南区均值，其他地级市（州）的耕地有效土层厚度均值低于西南区均值；贵州评价区六盘水市、毕节市的耕地有效土层厚度均值低于西南区均值，其他地级市（州）的耕地有效土层厚度均值均高于西南区均值；湖北评价区十堰市、宜昌市的耕地有效土层厚度均值低于西南区均值，其他地级市（州）的耕地有效土层厚度均值均高于西南区均值；湖南评价区所有地级市（州）的耕地有效土层厚度均值均高于西南区均值；陕西评价区所有地级市（州）的耕地有效土层厚度均值均低于西南区均值；四川评价区巴中市、德阳市、攀枝花市、成都市、眉山市、绵阳市、遂宁市等地级市的耕地有效土层厚度均值均高于西南区均值，其他地级市（州）的耕地有效土层厚度均值均低于西南区均值；云南评价区普洱市的耕地有效土层厚度均值低于西南区均值，其他地级市（州）的耕地有效土层厚度均值均高于西南区均值；重庆评价区的耕地有效土层厚度均值低于西南区均值。

表 5-7　西南区评价区各市（州）有效土层厚度分布状况（cm）

评价区	市（州）名称	样点数（个）	最小值	最大值	平均值	标准差
甘肃评价区	定西市	130	10	50	39.48	14.95
	甘南藏族自治州	14	40	140	82.14	24.54
	陇南市	717	10	150	41.59	25.38
广西评价区	百色市	207	10	100	42.54	31.14
	河池市	346	10	100	54.66	35.05
	南宁市	69	30	100	91.88	22.58
贵州评价区	安顺市	444	40	148.7	76.51	16.74
	毕节市	1 498	40	110.8	67.08	14.68
	贵阳市	397	45	120	92.02	17.96

（续）

评价区	市（州）名称	样点数（个）	最小值	最大值	平均值	标准差
	六盘水市	467	40	127.06	67.62	16.32
	黔东南苗族侗族自治州	638	40	150	71.55	18.51
	黔南布依族苗族自治州	721	40	140	81.41	22.15
	黔西南布依族苗族自治州	671	40	160	70.45	20.10
	铜仁市	728	40	130	83.52	21.84
	遵义市	1 271	40	148	78.95	22.40
	恩施土家族苗族自治州	1 757	25	100	74.52	25.17
	神农架林区	100	100	100	100.00	0.00
湖北评价区	十堰市	701	30	100	59.60	11.76
	襄阳市	610	20	100	82.62	23.83
	宜昌市	1 645	15	100	61.77	25.13
	常德市	100	35	126	81.31	20.18
	怀化市	730	20	169	91.63	31.98
湖南评价区	邵阳市	70	60	150	99.80	26.19
	湘西土家族苗族自治州	475	27	162.4	83.96	26.27
	张家界市	210	32	145	82.32	23.18
	安康市	342	20	100	48.16	18.18
陕西评价区	宝鸡市	65	30	100	49.00	23.62
	汉中市	328	14	100	57.73	30.10
	商洛市	279	12	100	51.00	23.67
	巴中市	396	40	180	88.77	38.93
	成都市	721	20	185	80.17	31.52
	达州市	805	15	150	57.65	22.66
	德阳市	392	20	185	87.63	29.34
	甘孜藏族自治州	6	25	45	37.50	6.89
	广安市	501	20	92	47.36	3.73
	广元市	468	20	150	58.23	25.90
	乐山市	316	18	100	61.91	20.67
四川评价区	凉山彝族自治州	610	20	130	56.25	19.20
	泸州市	577	25	105	56.07	15.09
	眉山市	416	25	185	82.26	44.74
	绵阳市	551	35	100	78.00	15.09
	南充市	573	20	102	57.03	23.18
	内江市	283	20	70	45.43	11.89
	攀枝花市	53	30	156	85.42	54.55
	遂宁市	409	25	110	68.45	19.45

（续）

评价区	市（州）名称	样点数（个）	最小值	最大值	平均值	标准差
	雅安市	214	20	100	52.07	20.33
	宜宾市	737	20	140	60.10	24.49
	资阳市	463	20	127	66.16	30.51
	自贡市	312	20	100	47.98	15.37
	保山市	122	22	100	78.70	26.37
	楚雄州	438	21	100	70.71	25.64
	大理白族自治州	447	21	100	79.35	24.43
	红河州	210	21	100	76.07	28.19
	昆明市	604	21	100	80.58	25.57
云南评价区	丽江市	299	21	100	71.49	28.99
	怒江州	79	22	100	91.20	20.03
	普洱市	115	22	100	65.43	29.74
	曲靖市	1 092	21	100	76.77	28.86
	文山壮族苗族自治州	422	22	100	89.17	21.98
	玉溪市	192	21	100	82.30	23.07
	昭通市	931	22	100	78.34	29.76
重庆评价区	重庆市	5 848	20	180	57.88	24.02

二、主要土壤类型的有效土层厚度

（一）主要土壤类型有效土层厚度

对西南区耕地主要土壤类型的有效土层厚度情况进行统计，结果如表5-8所示。从表5-8可以看出，西南区耕地主要土壤中火山灰土的有效土层厚度最厚，其平均值为100cm；山地草甸土的有效土层厚度最薄，其平均值为36.67cm。黄绵土的有效土层厚度标准差最大，为40.24cm；寒冻土和火山灰土的有效土层厚度标准差均为0cm。西南区有14种土类的有效土层厚度均值高于西南区均值（68.10cm），分别为暗棕壤、草甸土、赤红壤、红壤、黄绵土、黄壤、黄棕壤、火山灰土、石灰（岩）土、石质土、水稻土、燥红土、沼泽土、棕壤；其他土类的有效土层厚度均值低于西南区均值。

表5-8 西南区主要土壤类型有效土层厚度分布状况（cm）

土类	样点数（个）	最小值	最大值	平均值	标准差
暗棕壤	16	39	100	72.50	23.90
草甸土	7	51	100	75.14	23.40
潮土	466	10	152	64.91	29.33
赤红壤	66	23	145	73.98	32.09
粗骨土	73	40	75	62.40	12.28
寒冻土	4	42	42	42.00	0.00

（续）

土类	样点数（个）	最小值	最大值	平均值	标准差
褐土	561	10	150	41.68	24.26
黑钙土	20	15	130	44.55	24.12
黑垆土	113	10	50	39.50	12.56
黑土	25	14	50	45.36	11.01
红壤	2 410	11	155.3	81.60	24.76
红黏土	23	15	150	57.83	45.47
黄褐土	358	12	100	51.73	25.76
黄绵土	25	14	150	75.12	40.24
黄壤	5 629	10	180	68.63	24.96
黄棕壤	3 036	10	180	69.60	24.70
灰褐土	17	25	100	66.76	26.56
火山灰土	4	100	100	100.00	0.00
山地草甸土	6	30	40	36.67	5.16
石灰（岩）土	2 111	10	180	72.67	25.25
石质土	5	40	150	94.80	38.89
水稻土	12 794	10	185	70.87	28.73
新积土	270	10	180	55.04	28.96
燥红土	79	50	100	88.19	14.01
沼泽土	9	25	100	79.67	23.12
紫色土	6 803	14	185	59.63	24.70
棕壤	395	10	100	69.98	27.18

从不同土类上看，水稻土的调查点数量最多，达12 794个，占西南区调查点总数的37.42%，有效土层厚度均值为（70.87±28.73）cm，高于西南区平均水平，变异系数为40.56%，空间差异性较为明显。紫色土的调查点数量居第二，有6 803个，占西南区调查点总数的19.90%，有效土层厚度均值为（59.63±24.70）cm，略低于西南区平均水平，变异系数为41.42%，空间差异性较为明显。黄壤的调查点数量居第三，有5 629个，占西南区调查点总数的16.46%，有效土层厚度均值为（68.63±24.96）cm，略高于西南区平均水平，变异系数为36.37%，空间差异性也较为明显。黄棕壤的调查点数量居第四，有3 036个，占西南区调查点总数的8.88%，有效土层厚度均值为（69.60±24.70）cm，略高于西南区平均水平，变异系数为35.49%，空间差异性较为明显。

（二）主要土壤亚类有效土层厚度

对西南区耕地主要土壤亚类的有效土层厚度情况进行统计，结果如表5-9所示。从表5-9可以看出，不同亚类土壤中，典型火山灰土的有效土层厚度最厚，其平均值为100cm；赤红壤性土的有效土层厚度最薄，其平均值为23cm。积钙红黏土的有效土层厚度标准差最大，其平均值为45.47cm。西南区有24个土壤亚类的有效土层厚度均值高于西南区均值（68.10cm），分别为典型火山灰土、中性石质土、山原红壤、褐红土、黄褐土性土、泥炭沼泽土、典型赤红壤、典型红壤、暗黄棕壤、脱潜水稻土、黄红壤、漂洗黄壤、典型草甸土、黄绵土、石灰性灰褐土、黄色石灰土、潴育水稻土、棕色石灰土、典型暗棕壤、潜育水稻土、典型黄壤、典型棕壤和典型灰褐土、渗育水稻土；其他土壤亚类的有效土层厚度均值低于西南区均值。

表 5-9　西南区主要土壤亚类有效土层厚度分布状况（cm）

亚类	样点数（个）	最小值	最大值	平均值	标准差
暗黄棕壤	1 084	25	140	80.84	21.34
赤红壤性土	2	23	23	23.00	0.00
冲积土	222	10	180	57.34	29.62
典型暗棕壤	16	39	100	72.50	23.90
典型草甸土	7	51	100	75.14	23.40
典型潮土	148	10	152	65.15	34.14
典型赤红壤	50	30	145	86.10	25.62
典型褐土	255	10	140	42.18	20.32
典型黑钙土	20	15	130	44.55	24.12
典型黑垆土	22	15	40	38.18	6.08
典型黑土	25	14	50	45.36	11.01
典型红壤	441	14	120	81.65	20.90
典型黄褐土	329	12	100	48.61	23.61
典型黄壤	4 865	10	180	70.63	24.79
典型黄棕壤	1 478	10	180	65.45	25.86
典型灰褐土	1	70	70	70.00	0.00
典型火山灰土	4	100	100	100.00	0.00
典型山地草甸土	5	30	40	38.00	4.47
典型新积土	48	10	100	44.38	23.11
典型棕壤	369	10	100	70.62	26.88
腐泥沼泽土	1	25	25	25.00	0.00
钙质粗骨土	28	45	75	62.78	11.96
寒冻土	4	42	42	42.00	0.00
褐红土	79	50	100	88.19	14.01
褐土性土	12	35	92	44.17	21.20
黑麻土	91	10	50	39.82	13.68
黑色石灰土	119	25	160	67.51	21.91
红壤性土	153	13	100	55.74	18.53
红色石灰土	151	27	156	64.93	22.42
黄褐土性土	29	20	100	87.14	22.77
黄红壤	868	11	155.3	77.28	29.43

（续）

亚类	样点数（个）	最小值	最大值	平均值	标准差
黄绵土	25	14	150	75.12	40.24
黄壤性土	735	20	180	55.12	21.29
黄色赤红壤	14	31	80	38.00	17.79
黄色石灰土	1 235	15	180	74.17	25.35
黄棕壤性土	474	14	120	56.87	16.67
灰潮土	299	15	151	66.38	26.88
积钙红黏土	23	15	150	57.83	45.47
淋溶褐土	101	10	100	43.17	20.13
淋溶灰褐土	3	25	50	33.33	14.43
泥炭沼泽土	8	75	100	86.50	11.44
漂洗黄壤	29	30	180	75.83	32.02
漂洗水稻土	151	10	150	61.02	26.68
潜育水稻土	621	10	180	72.48	35.67
山地灌丛草甸土	1	30	30	30.00	0.00
山原红壤	913	25	150	90.69	17.17
渗育水稻土	3 807	16	185	69.38	27.60
湿潮土	19	20	50	40.00	7.26
石灰性褐土	198	10	150	40.08	30.48
石灰性灰褐土	13	25	100	74.23	23.77
石灰性紫色土	2 376	14	185	61.55	24.14
酸性粗骨土	45	40	75	62.16	12.61
酸性紫色土	1 314	15	160	63.46	23.62
脱潜水稻土	49	43	128	80.14	22.68
淹育水稻土	2 164	10	185	66.86	25.83
盐渍水稻土	2	40	60	50.00	14.14
中性石质土	5	40	150	94.80	38.89
中性紫色土	3 113	15	153.6	56.54	25.21
潴育水稻土	6 001	11	185	73.26	29.44
棕红壤	36	30	80	64.22	16.15
棕壤性土	26	14	100	60.96	30.24
棕色石灰土	606	10	102	72.54	25.90

（三）不同土壤类型有效土层厚度

对西南区耕地不同土壤有效土层厚度的耕地面积及比例进行统计，结果如图 5-3 所示。从图 5-3 中可以看出，西南区有效土层厚度小于 40cm 的耕地面积 157.79 万 hm²，占西南区耕地面积的 7.51%。有效土层厚度 40～60cm 的耕地面积为 617.48 万 hm²，占西南区耕地面积的 29.38%。有效土层厚度 60～80cm 的耕地面积为 789.91 万 hm²，占西南区耕地面积的 37.58%。有效土层厚度 80～100cm 的耕地面积为 484.45 万 hm²，占西南区耕地面积的 23.05%。有效土层厚度大于 100cm 的耕地面积为 52.17 万 hm²，占西南区耕地面积的 2.48%。

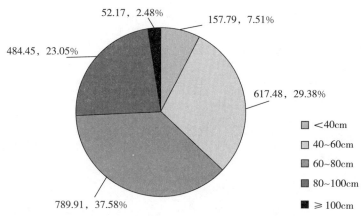

图 5-3　西南区耕地不同有效土层厚度耕地面积与比例（万 hm²）

对西南区各土壤类型不同有效土层厚度的耕地面积及比例进行统计，结果如表 5-10 所示。由表 5-10 中可知，土壤有效土层厚处在＜40cm 区间中紫色土的面积最大，其面积为 46.47 万 hm²，黑钙土、火山灰土和沼泽土的面积最小，其面积均不足 0.01 万 hm²。耕地土壤有效土层厚在 40～60cm 区间中也是紫色土的面积最大，其面积为 216.42 万 hm²，黄绵土的面积最小，其面积为 0.04 万 hm²。耕地土壤有效土层厚在 60～80cm 区间中同样是紫色土的面积最大，其面积为 198.32 万 hm²，黑垆土的面积最小，其面积不足 0.01 万 hm²。耕地土壤有效土层厚在 80～100cm 区间中水稻土的面积最大，面积达到 106.37 万 hm²，黑垆土和草甸土的面积最小，其面积均为 0.01 万 hm²。耕地土壤有效土层厚在≥ 100cm 区间中也是水稻土的面积最大，草甸土、黑钙土、黑垆土、红黏土、黄绵土、灰褐土、火山灰土、山地草甸土、燥红土面积均为 0.01 万 hm²。

表 5-10　西南区各土壤类型不同有效土层厚度的耕地面积与比例（万 hm²，%）

土类	＜40cm		40～60cm		60～80cm		80～100cm		≥100cm	
	面积	比例	面积	比例	面积	比例	面积	比例	面积	比例
暗棕壤	0.76	18.35	1.59	38.30	1.07	25.89	0.70	16.98	0.02	0.49
草甸土	0.02	7.90	0.16	72.74	0.04	19.36	0.00	0.00	0.00	0.00
潮土	0.66	9.66	1.67	24.28	2.57	37.46	1.19	17.28	0.78	11.31
赤红壤	0.24	6.50	0.75	19.83	1.80	47.87	0.97	25.63	0.01	0.17
粗骨土	2.43	7.28	8.15	24.40	14.08	42.12	8.33	24.93	0.43	1.27
褐土	12.62	38.70	13.18	40.42	3.72	11.42	2.49	7.65	0.59	1.82
黑钙土	0.00	0.00	0.22	24.45	0.24	26.77	0.43	48.78	0.00	0.00
黑垆土	0.17	9.85	1.60	90.15	0.00	0.00	0.00	0.00	0.00	0.00
黑土	0.23	7.72	1.01	33.52	1.00	33.04	0.74	24.66	0.03	1.06
红壤	8.01	4.20	29.61	15.51	62.62	32.80	89.01	46.63	1.63	0.86

（续）

土类	<40cm		40～60cm		60～80cm		80～100cm		≥100cm	
	面积	比例	面积	比例	面积	比例	面积	比例	面积	比例
红黏土	0.75	77.05	0.18	18.56	0.03	3.08	0.01	1.32	0.00	0.00
黄褐土	1.43	10.00	6.74	47.09	2.47	17.25	2.72	19.02	0.95	6.65
黄绵土	0.01	4.59	0.04	14.32	0.11	37.92	0.13	43.18	0.00	0.00
黄壤	15.81	5.04	63.32	20.18	151.28	48.22	74.03	23.59	9.31	2.97
黄棕壤	18.78	10.05	55.46	29.68	67.93	36.35	41.69	22.31	3.02	1.62
灰褐土	8.26	51.70	5.91	36.97	0.86	5.37	0.95	5.95	0.00	0.02
火山灰土	0.00	0.00	0.05	16.34	0.13	45.20	0.11	38.45	0.00	0.00
山地草甸土	0.61	23.85	1.70	66.85	0.20	7.87	0.04	1.43	0.00	0.00
石灰（岩）土	11.76	6.07	33.14	17.12	80.38	41.52	59.80	30.89	8.52	4.40
石质土	0.07	1.83	0.19	4.63	2.01	49.66	1.19	29.46	0.58	14.41
水稻土	21.88	4.45	158.35	32.24	183.00	37.26	106.37	21.66	21.55	4.39
新积土	0.67	9.00	2.88	38.96	2.28	30.84	1.38	18.66	0.19	2.54
燥红土	0.16	2.26	0.59	8.18	3.23	44.81	3.23	44.75	0.00	0.00
沼泽土	0.00	0.26	0.02	2.58	0.53	61.57	0.30	34.32	0.01	1.27
紫色土	46.47	8.62	216.42	40.16	198.32	36.80	73.61	13.66	4.12	0.76
棕壤	4.87	11.67	12.92	30.99	9.45	22.65	14.11	33.84	0.36	0.85

三、不同地貌类型的有效土层厚度

对西南区不同地貌类型耕地的有效土层厚度情况进行统计,结果如表5-11所示。从表 5-11 可以看出，山地地貌上调查点最多，达16 369个，占西南区调查点总数的 46.32%，有效土层厚度值变化范围介于 10～180cm，均值为（70.00±25.27）cm，略低于西南区平均水平，变异系数为 36.10%，样本值存在空间差异性。丘陵地貌上的调查点量居第二，有12 720个，占西南区调查点总数的 36.00%，有效土层厚度值变化范围介于 10～185cm，均值为（66.13±28.23）cm，略低于西南区平均水平，变异系数为 42.69%，样本值空间差异性较为明显。盆地地貌上的调查点处于第三水平，有5 237个，占西南区调查点总数的 14.82%，有效土层厚度值变化范围介于 10～180cm，均值为（75.73±28.87）cm，略高于西南区平均水平，变异系数为 38.12%，样本值空间差异性较为明显。高原地貌上的调查点量最少，只有143 个，占西南区调查点总数的 0.40%，有效土层厚度值变化范围介于 30～100cm，均值为（84.62±17.72）cm，高于西南区平均水平，变异系数为 20.94%，样本值空间差异性较为明显。

可见,不同地貌类型中丘陵地貌上耕地的有效土层厚度最薄,其平均值为 66.13cm;平原、丘陵、盆地地貌上耕地的有效土层厚度标准差大,高原地貌上耕地的有效土层厚度标准差小。

表 5-11　西南区不同地貌类型耕地的有效土层厚度分布状况（cm）

地貌类型	样点数（个）	最大值	最小值	平均值	标准差
盆地	5 237	180	10	75.73	28.87

（续）

地貌类型	样点数（个）	最大值	最小值	平均值	标准差
平原	868	185	11	79.42	32.22
丘陵	12 720	185	10	66.13	28.23
山地	16 369	180	10	70.00	25.27
高原	143	100	30	84.62	17.72

对西南区各地貌类型上不同有效土层厚度的耕地面积及比例进行统计，结果如表 5-12 所示。由表 5-12 可知，西南区不同地貌类型中，有效土层厚度以 60～80cm 区间的耕地面积比例最大，面积为 789.91 万 hm²，占西南区耕地总面积的 37.58%，其次是有效土层厚度为 40～60cm 和 80～100cm 区间的耕地，面积分别为 617.48 万 hm² 和 484.45 万 hm²，分别占 29.38% 和 23.05%，有效土层厚度<40cm 和≥100cm 两个区间的耕地比例较小，面积分别为 157.79 万 hm² 和 52.17 万 hm²，分别占 7.51% 和 2.48%。在有效土层厚度<40cm 区间内的耕地，分布在山地地貌上的面积最大，有 106.54 万 hm²，占西南区该区间耕地总面积的 67.52%，其次是丘陵地貌，面积有 38.13 万 hm²，占西南区该区间耕地总面积的 24.17%，分布在盆地和平原地貌上的在该区间的耕地很少，面积分别为 12.17 万 hm² 和 0.94 万 hm²，分别占该区间耕地总面积的 7.71% 和 0.60%；在有效土层厚度 40～60cm 区间内，也是分布在山地地貌上的耕地面积最大，有 357.83 万 hm²，占西南区该区间耕地总面积的 57.95%，其次是丘陵地貌，面积有 203.31 万 hm²，占西南区该区间耕地总面积的 32.93%，分布在盆地和平原地貌上的在该区间的耕地较少，面积分别为 45.57 万 hm² 和 10.77 万 hm²，分别占该区间耕地总面积的 7.38% 和 1.74%；有效土层厚度 60～80cm 区间内的耕地，分布最多的在山地地貌上，面积有 449.61 万 hm²，占西南区该区间耕地总面积的 56.92%，其次是丘陵地貌，面积有 244.58 万 hm²，占西南区该区间耕地总面积的 30.96%，分布在盆地和平原地貌上的在该区间的耕地较少，面积分别为 75.05 万 hm² 和 20.68 万 hm²，分别占该区间耕地总面积的 9.50% 和 2.62%；有效土层厚度 80～100cm 区间内的耕地，分布最多的也是在山地地貌上，面积有 253.07 万 hm²，占西南区该区间耕地总面积的 52.24%，其次是丘陵地貌，面积有 122.10 万 hm²，占西南区该区间耕地总面积的 25.20%，再次为盆地地貌，面积有 96.30 万 hm²，占西南区该区间耕地总面积的 19.88%，分布在平原地貌上的在该区间的耕地较少，面积为 12.97 万 hm²，占西南区该区间耕地总面积的 2.68%；有效土层厚度≥100cm 区间内的耕地，分布最多的同样是在山地地貌上，面积有 23.30 万 hm²，占西南区该区间耕地总面积的 44.66%，其次是丘陵地貌，面积有 15.18 万 hm²，占西南区该区间耕地总面积的 29.10%，再次为平原地貌，面积有 10.92 万 hm²，占西南区该区间耕地总面积的 20.93%，分布在盆地上的在该区间的耕地较少，面积为 2.78 万 hm²，占西南区该区间耕地总面积的 5.33%。

从不同地貌类型内耕地的有效土层厚度分布情况看，盆地地貌上耕地的有效土层厚度以 80～100cm 和 60～80cm 区间的比例最大，分别为 41.53% 和 32.37%，40～60cm 区间的耕地占 19.65%，<40cm 和≥100cm 两个区间的比例较小，分别为 5.25% 和 1.20%；平原地貌上耕地的有效土层厚度以 60～80cm 的比例最大，占到 36.75%，80～100cm、≥100cm 和 40～60cm 区间内的比例相差不大，依次为 23.05%、19.39% 和 19.13%，<40cm 区间

的比例最小，仅占 1.68%；丘陵地貌上耕地的有效土层厚度以 60~80cm 和 40~60cm 区间的比例较大，分别占 39.24% 和 32.62%，其次是 80~100cm 区间，占 19.59%，<40cm 和≥100cm 两个区间的比例较小，分别为 6.12% 和 2.43%；山地地貌上耕地的有效土层厚度以 60~80cm 和 40~60cm 区间的占比较大，分别为 37.77% 和 30.60%，其次是 80~100cm 区间，占 21.26%，<40cm 和≥100cm 两个区间的比例较小，分别占 8.95% 和 1.96%。

表 5-12　西南区各地貌类型不同有效土层厚度的耕地面积和比例（万 hm²,%）

地貌类型	面积和比例	有效土层厚度（cm）				
		<40	40~60	60~80	80~100	≥100
盆地	面积	12.17	45.57	75.05	96.30	2.78
	占同级面积比例	7.71	7.38	9.50	19.88	5.33
	占本地貌区面积比例	5.25	19.65	32.37	41.53	1.20
平原	面积	0.94	10.77	20.68	12.97	10.92
	占同级面积比例	0.60	1.74	2.62	2.68	20.93
	占本地貌区面积比例	1.68	19.13	36.75	23.05	19.39
丘陵	面积	38.13	203.31	244.58	122.10	15.18
	占同级面积比例	24.17	32.93	30.96	25.20	29.10
	占本地貌区面积比例	6.12	32.62	39.24	19.59	2.43
山地	面积	106.54	357.83	449.61	253.07	23.30
	占同级面积比例	67.52	57.95	56.92	52.24	44.66
	占本地貌区面积比例	8.95	30.06	37.77	21.26	1.96
合计	面积	157.79	617.48	789.91	484.45	52.17
	占西南区面积比例	7.51	29.38	37.58	23.05	2.48

注：调查点中的地貌有高原，因高原耕地面积小而零散，故耕地面积统计表中无高原地貌。

第三节　土壤质地

土壤质地是指土壤中各粒级占土壤重量的百分比组合。它是土壤的最基本物理性质之一，对土壤的各种性状，如土壤的通透性、保肥蓄水性、耕性以及养分含量等都有很大的影响，是评价土壤肥力和作物适宜性的重要依据。不同的土壤质地往往具有明显不同的农业生产性状，了解土壤的质地类型，对农业生产具有指导价值。

一、土壤质地分布情况

（一）不同二级农业区耕地土壤质地

西南区耕地土壤质地分为 6 种，对 6 种土壤质地类型的耕地面积及比例进行统计，结果如图 5-4 所示。由图 5-4 可知，西南区耕地土壤质地以中壤质地类型的耕地面积最大，面积 672.31 万 hm²，占西南区耕地面积的 31.99%。其次是黏土质地类型的耕地，面积共 397.94 万 hm²，占西南区耕地面积的 18.93%。砂壤和重壤质地类型的耕地面积比较接近，面积分别为 337.88 万 hm² 和 336.09 万 hm²，分别占西南区耕地面积的 16.08% 和 15.99%。

轻壤质地类型的耕地面积在全区共有 245.93 万 hm²，占西南区耕地面积的 11.70%，砂土质地类型的耕地面积最少，共 111.64 万 hm²，占西南区耕地面积的 5.31%。

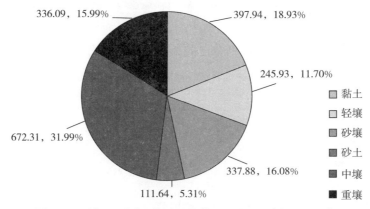

图 5-4　西南区不同土壤质地的耕地面积及比例（万 hm²）

对各二级农业区不同土壤质地类型的耕地面积及比例进行统计，结果如表 5-13 所示。从表 5-13 中可以看出，黏土质地类型的耕地在川滇高原山地林农牧区耕地分布最多，占西南区该质地类型耕地总面积的 49.47%，其次是四川盆地农林区，占西南区该质地类型耕地总面积的 19.32%，黔桂高原山地林农牧区黏土质地类型的耕地面积占西南区该质地类型耕地总面积的 12.62%，渝鄂湘黔边境山地林农牧区黏土质地类型的耕地面积占西南区该质地类型耕地总面积的 13.21%，秦岭大巴山林农区黏土质地类型的耕地面积占西南区该质地类型耕地总面积的 5.38%。轻壤质地类型的耕地在四川盆地农林区和黔桂高原山地林农牧区分布最多，分别占西南区该质地类型耕地总面积的 30.11% 和 28.38%，其次是川滇高原山地林农牧区，占西南区该质地类型耕地总面积的 17.18%，渝鄂湘黔边境山地林农牧区轻壤质地类型的耕地面积占西南区该质地类型耕地总面积的 13.26%，秦岭大巴山林农区轻壤质地类型的耕地分布最少，占西南区该质地类型耕地总面积的 11.07%。砂壤质地类型的耕地在各二级农业区的分布情况为川滇高原山地林农牧区占 26.83%，黔桂高原山地林农牧区占 24.44%，四川盆地农林区占 21.57%，渝鄂湘黔边境山地林农牧区占 14.29%，秦岭大巴山林农区占 12.87%。砂土质地类型的耕地在渝鄂湘黔边境山地林农牧区分布最多，占西南区该质地类型耕地总面积的 27.88%，其次是黔桂高原山地林农牧区，占西南区该质地类型耕地总面积的 22.01%，秦岭大巴山林农区砂土质地类型的耕地占西南区该质地类型耕地总面积的 20.14%，四川盆地农林区和川滇高原山地林农牧区砂土质地类型的耕地分别占西南区该质地类型耕地面积的 16.34% 和 13.64%。中壤质地类型的耕地在四川盆地农林区分布最多，占西南区该质地类型耕地总面积的 46.74%，其次是黔桂高原山地林农牧区，占西南区该质地类型耕地总面积的 15.94%，渝鄂湘黔边境山地林农牧区中壤质地类型的耕地占西南区该质地类型耕地总面积的 15.23%，秦岭大巴山林农区中壤质地类型的耕地占西南区该质地类型耕地总面积的 15.10%，川滇高原山地林农牧区中壤质地类型的耕地分布最少，占西南区该质地类型耕地总面积的 7.00%。重壤质地类型的耕地在四川盆地农林区分布最多，占西南区该质地类型耕地总面积的 36.68%，其次是川滇高原山地林农牧区，占西南区该质地类型耕地总面积的 25.02%，渝鄂湘黔边境山地林农牧区重壤质地类型的耕地占西南区该质地类型耕地总面积的 14.85%，黔桂高原山地林农牧区重壤质地类型的耕地占西南区该质地类型耕地总面积的 14.54%，秦岭大巴山林农区重壤质地类型的耕地分布最少，占西南区该质地类型耕地总面积的 8.91%。

表 5-13 西南区各二级农业区不同土壤质地的耕地面积与比例（万 hm²,%）

二级农业区	面积和比例	黏土	轻壤	砂壤	砂土	中壤	重壤
川滇高原山地林农牧区	面积	196.85	42.26	90.64	15.23	47.03	84.08
	占同类型面积比例	49.47	17.18	26.83	13.64	7.00	25.02
	占本二级区面积比例	41.35	8.88	19.04	3.20	9.88	17.66
黔桂高原山地林农牧区	面积	50.22	69.79	82.57	24.57	107.16	48.86
	占同类型面积比例	12.62	28.38	24.44	22.01	15.94	14.54
	占本二级区面积比例	13.11	18.21	21.55	6.41	27.97	12.75
秦岭大巴山林农区	面积	21.42	27.23	43.49	22.48	101.51	29.93
	占同类型面积比例	5.38	11.07	12.87	20.14	15.10	8.91
	占本二级区面积比例	8.71	11.07	17.67	9.14	41.25	12.16
四川盆地农林区	面积	76.88	74.04	72.89	18.24	314.26	123.29
	占同类型面积比例	19.32	30.11	21.57	16.34	46.74	36.68
	占本二级区面积比例	11.31	10.90	10.73	2.68	46.24	18.14
渝鄂湘黔边境山地林农牧区	面积	52.58	32.60	48.29	31.12	102.36	49.92
	占同类型面积比例	13.21	13.26	14.29	27.88	15.23	14.85
	占本二级区面积比例	16.59	10.29	15.24	9.82	32.30	15.75
西南区	面积	397.94	245.93	337.88	111.64	672.31	336.09
	占西南区面积比例	18.93	11.70	16.08	5.31	31.99	15.99

从各二级农业区上看，川滇高原山地林农牧区的耕地土壤质地以黏土最多，面积 196.85 万 hm²，占川滇高原山地林农牧区耕地面积的 41.35%。黔桂高原山地林农牧区的耕地土壤质地以中壤和砂壤为主，面积共有 189.73 万 hm²，占黔桂高原山地林农牧区耕地面积的 49.52%。秦岭大巴山林农区的耕地土壤质地以中壤为主，面积 101.51 万 hm²，占秦岭大巴山林农区耕地面积的 46.24%。四川盆地农林区的耕地土壤质地以中壤为主，面积 314.26 万 hm²，占四川盆地农林区耕地面积的 70.77%。渝鄂湘黔边境山地林农牧区的耕地土壤质地以中壤为主，面积 102.36 万 hm²，占渝鄂湘黔边境山地林农牧区耕地面积的 32.30%。由此可见，西南区耕地土壤质地主要以中壤为主，其他质地类型的耕地均有一定数量的分布。

（二）不同评价区耕地土壤质地

对西南区各评价区不同土壤质地的耕地面积及比例进行统计，结果如表 5-14 所示。从表 5-14 可以看出，西南区质地类型为黏土的耕地主要分布在云南、贵州、四川、重庆 4 个评价区，其占比分别为 47.94%、14.02%、12.79% 和 13.48%，这 4 个评价区分布的质地类型为黏土的耕地共占到西南区该类型耕地面积的 88.24%。质地类型为轻壤的耕地主要分布在四川、贵州、湖北和云南 4 个评价区，其占比分别为 38.53%、30.13%、12.13% 和 10.24%，这 4 个评价区分布的质地类型为轻壤的耕地共占西南区该质地类型耕地面积的 91.03%。质地类型为砂壤的耕地主要分布在贵州、四川、云南 3 个评价区，其占比分别为

29.00%、26.46%和22.28%，这3个评价区分布的质地类型为砂壤的耕地共占西南区该质地类型耕地面积的77.74%。质地类型为砂土的耕地主要分布在贵州、重庆、甘肃和四川4个评价区，其占比分别为27.20%、23.68%、16.71%和12.69%，这4个评价区分布的质地为砂土的耕地共占西南区该质地类型耕地面积的80.28%。质地类型为中壤的耕地主要分布在四川、贵州、重庆3个评价区，其占比分别为40.56%、19.89%和19.41%，这3个评价区分布的质地类型为中壤的耕地共占西南区该质地类型耕地面积的79.86%。质地类型为重壤的耕地主要分布在四川、云南和贵州3个评价区，其占比分别为39.41%、18.78%和18.29%，这3个评价区分布的质地为重壤的耕地共占西南区该质地类型耕地面积的76.48%。

从各评价区不同质地类型的耕地分布情况看，甘肃评价区耕地的土壤质地以中壤和砂土为主，这两种质地类型的耕地占该评价区耕地面积的71.48%。广西评价区耕地的土壤质地以中壤和重壤最多，这两种质地类型的耕地共占该评价区耕地面积的56.10%。贵州评价区耕地的土壤质地以砂壤和和中壤为主，这两种质地类型的耕地共占该评价区耕地面积的51.10%。湖北评价区耕地的土壤质地以轻壤和中壤为主，这两种质地类型的耕地共占该评价区耕地面积的66.77%。湖南评价区耕地的土壤质地以黏土、砂壤和重壤为主，这3种质地类型的耕地共占该评价区耕地面积的71.33%。陕西评价区耕地的土壤质地以砂壤和中壤为主，这两种质地类型的耕地共占该评价区耕地面积的73.47%。四川评价区耕地的土壤质地以中壤和重壤为主，这两种质地类型的耕地共占该评价区耕地面积的61.91%。云南评价区耕地的土壤质地以黏土和砂壤为主，这两种质地类型的耕地共占该评价区耕地面积的72.95%。重庆评价区耕地的土壤质地以黏土和中壤为主，这两种质地类型的耕地共占该评价区耕地面积的75.75%。

表5-14 西南区各评价区不同土壤质地耕地面积与比例（万 hm², %）

评价区	面积和比例	黏土	轻壤	砂壤	砂土	中壤	重壤
甘肃评价区	面积	6.09	2.75	4.74	18.65	29.26	5.54
	占同类型面积比例	1.53	1.12	1.40	16.71	4.35	1.65
	占本评价区面积比例	9.08	4.10	7.07	27.83	43.65	8.27
广西评价区	面积	3.45	5.73	8.47	0.45	13.48	9.65
	占同类型面积比例	0.87	2.33	2.51	0.40	2.01	2.87
	占本评价区面积	8.37	13.89	20.55	1.08	32.69	23.41
贵州评价区	面积	55.80	74.11	97.98	30.36	133.69	61.46
	占同类型面积比例	14.02	30.13	29.00	27.20	19.89	18.29
	占本评价区面积比例	12.31	16.35	21.61	6.70	29.49	13.55
湖北评价区	面积	5.28	29.83	14.79	1.18	42.55	14.76
	占同类型面积比例	1.33	12.13	4.38	1.06	6.33	4.39
	占本评价区面积比例	4.87	27.52	13.64	1.09	39.25	13.62
湖南评价区	面积	23.94	4.47	15.02	9.67	7.63	15.21
	占同类型面积比例	6.02	1.82	4.45	8.66	1.13	4.53
	占本评价区面积比例	31.52	5.88	19.78	12.73	10.05	20.03

（续）

评价区	面积和比例	黏土	轻壤	砂壤	砂土	中壤	重壤
陕西评价区	面积	8.04	4.81	28.30	2.41	40.52	9.58
	占同类型面积比例	2.02	1.96	8.38	2.16	6.03	2.85
	占本评价区面积比例	8.59	5.14	30.21	2.58	43.26	10.22
四川评价区	面积	50.90	94.75	89.39	14.17	272.66	132.46
	占同类型面积比例	12.79	38.53	26.46	12.69	40.56	39.41
	占本评价区面积比例	7.78	14.48	13.66	2.17	41.67	20.24
云南评价区	面积	190.79	25.19	75.29	8.30	2.04	63.12
	占同类型面积比例	47.94	10.24	22.28	7.43	0.30	18.78
	占本评价区面积比例	52.31	6.91	20.64	2.28	0.56	17.30
重庆评价区	面积	53.65	4.29	3.91	26.43	130.48	24.30
	占同类型面积比例	13.48	1.74	1.16	23.68	19.41	7.23
	占本评价区面积比例	22.07	1.77	1.61	10.88	53.68	10.00
	总计	397.94	245.93	337.88	111.64	672.31	336.09

（三）不同评价区各市（州）耕地土壤质地

对西南区评价区各市（州）不同土壤质地的耕地面积及比例进行统计，结果如表5-15所示。从表5-15可以看出，土壤质地为黏土的耕地主要分布在云南评价区楚雄州、大理白族自治州、红河州、昆明市、丽江市、曲靖市、文山壮族苗族自治州、玉溪市、昭通市，四川评价区的成都市、达州市、德阳市、宜宾市，湖南评价区的怀化市、湘西土家族苗族自治州，贵州评价区的遵义市、铜仁市、黔西南布依族苗族自治州、黔南布依族苗族自治州、黔东南苗族侗族自治州、贵阳市和重庆评价区的重庆市，这些市（州）分布的质地类型为黏土的耕地面积共有317.35万hm^2，占西南区该质地类型耕地总面积的79.75%，尤其是重庆评价区，质地类型为黏土的耕地面积为56.11万hm^2，占西南区该质地类型耕地总面积的比例为14.10%。土壤质地为轻壤的耕地主要分布在贵州评价区安顺市、毕节市、六盘水市、铜仁市、遵义市，湖北评价区的十堰市、恩施土家族苗族自治州，四川评价区的巴中市、成都市、凉山彝族自治州、泸州市、南充市、宜宾市、资阳市，云南评价区文山壮族苗族自治州和昭通市等，这些市（州）分布的质地类型为轻壤的耕地面积共有158.75万hm^2，占西南区该质地类型耕地总面积的64.55%。土壤质地为砂壤的耕地主要分布在贵州评价区的毕节市、黔东南苗族侗族自治州、黔南布依族苗族自治州、六盘水市、铜仁市、遵义市，陕西评价区的汉中市，四川评价区的达州市、凉山彝族自治州、泸州市，云南评价区楚雄州、大理白族自治州和昭通市等，这些市（州）分布的质地类型为砂壤的耕地面积共有142.70万hm^2，占西南区该质地类型耕地总面积的42.23%。土壤质地为砂土的耕地主要分布在甘肃评价区的陇南市，贵州评价区的毕节市、遵义市和重庆评价区的重庆市等，这些市分布的质地类型为砂土的耕地面积共有58.69万hm^2，占西南区该质地类型耕地总面积的52.58%，其中重庆市分布的质地类型为砂土的耕地最多，面积为26.43万hm^2，占西南区该质地类型耕地总面积的23.68%。土壤质地为中壤的耕地主要分布在四川评价区的巴中市、成都市、达州市、广安市、广元市、凉山彝族自治州、泸州市、眉山市、绵阳市、南充市、内江市、遂宁市、宜宾市、资阳市，湖北评价区的恩施土家族苗族自治州，贵州评价区的毕节市、遵义市、铜仁市、黔西南布依族苗族自治州、黔南布依族苗族自治州、黔东南苗族侗族自治州，甘肃评价区的陇南市和重庆评价区的重庆市，这些市（州）分布的质地类型为中壤的耕地面积共有 549.17 万 hm^2，占西南区该质地类型耕地总面积的 81.68%，其中重庆市分布的质地类型为中壤的耕地最多，面积为 130.48 万 hm^2，占西南区该质地类型耕地总面积的 19.41%。土壤质地为重壤的耕地主要分布在贵州评价区的毕节市、铜仁市，四川评价区的广安市、凉山彝族自治州、绵阳市、宜宾市、资阳市，云南评价区的楚雄州、昭通市及重庆评价区的重庆市等，这些市（州）分布的质地类型为重壤的耕地面积共有 148.35 万 hm^2，占西南区该质地类型耕地总面积的 44.14%，其中重庆市分布的质地类型为重壤的耕地最多，面积为 24.30 万 hm^2，占西南区该质地类型耕地总面积的 7.23%。

表 5-15　西南区评价区各市（州）不同土壤质地耕地面积与比例（万 hm^2，%）

评价区	市（州）名称	黏土		轻壤		砂壤		砂土		中壤		重壤	
		面积	比例	面积	比例	面积	比例	面积	比例	面积	比例	面积	比例
甘肃评价区	定西市	1.16	13.28	0.00	0.00	0.00	0.00	0.15	1.77	7.39	84.95	0.00	0.00
	甘南藏族自治州	0.71	27.27	0.00	0.00	0.00	0.00	0.54	20.87	0.49	18.94	0.85	32.91
	陇南市	4.23	7.58	2.75	4.93	4.74	8.50	17.96	32.22	21.38	38.35	4.69	8.42
广西评价区	百色市	0.28	2.08	1.21	8.87	1.36	9.97	0.00	0.00	5.31	39.01	5.45	40.06
	河池市	3.09	13.41	4.05	17.59	5.15	22.36	0.45	1.94	6.65	28.89	3.64	15.82
	南宁市	0.08	1.75	0.47	10.23	1.97	42.76	0.00	0.00	1.52	33.04	0.56	12.22
贵州评价区	安顺市	1.15	3.90	6.38	21.72	6.39	21.76	3.51	11.96	7.90	26.90	4.04	13.75
	毕节市	3.83	3.86	21.03	21.18	22.81	22.97	8.62	8.68	31.91	32.14	11.10	11.18
	贵阳市	7.82	29.15	3.34	12.45	3.99	14.87	1.13	4.20	8.85	33.00	1.70	6.33
	六盘水市	1.43	4.61	8.84	28.60	7.03	22.76	3.91	12.66	7.14	23.11	2.55	8.26
	黔东南苗	7.98	18.85	3.08	7.28	12.36	29.19	0.48	1.14	12.16	28.73	6.27	14.80
	黔南布依族苗族自治州	12.39	25.91	4.82	10.07	11.88	24.84	4.82	10.08	10.58	22.13	3.33	6.97
	黔西南布依族苗族自治州	7.90	17.76	7.10	15.96	8.89	19.99	1.89	4.24	13.05	29.33	5.66	12.71
	铜仁市	5.05	10.46	6.51	13.48	12.04	24.95	0.32	0.66	14.12	29.25	10.24	21.21
	遵义市	8.26	9.82	13.01	15.48	12.58	14.96	5.68	6.76	27.97	33.27	16.57	19.71
湖北评价区	恩施土家族苗族自治州	3.98	8.80	13.62	30.08	4.73	10.44	0.30	0.66	16.62	36.72	6.02	13.30
	省直辖	0.00	0.00	0.23	31.64	0.45	61.53	0.04	5.01	0.01	1.82	0.00	0.00
	十堰市	0.17	0.70	10.05	41.89	3.34	13.93	0.30	1.25	7.85	32.69	2.29	9.54
	襄阳市	0.55	3.31	1.71	10.27	2.82	16.92	0.18	1.10	6.99	41.87	4.43	26.53
	宜昌市	0.57	2.64	4.21	19.42	3.44	15.86	0.36	1.65	11.08	51.07	2.03	9.34
湖南评价区	常德市	0.94	19.30	0.24	4.87	1.54	31.79	0.83	17.02	0.57	11.73	0.74	15.29
	怀化市	11.09	32.39	2.25	6.56	7.20	21.02	3.74	10.92	2.47	7.20	7.50	21.91
	邵阳市	2.19	44.03	0.22	4.41	0.96	19.40	0.74	14.98	0.20	3.97	0.66	13.22
	湘西土家族苗族自治州	6.65	33.29	1.34	6.69	2.94	14.73	2.22	11.13	2.76	13.84	4.06	20.33
	张家界市	3.08	25.82	0.43	3.60	2.38	19.97	2.14	17.97	1.64	13.75	2.25	18.89

（续）

评价区	市（州）名称	黏土		轻壤		砂壤		砂土		中壤		重壤	
		面积	比例	面积	比例	面积	比例	面积	比例	面积	比例	面积	比例
陕西评价区	安康市	3.24	8.53	1.62	4.26	9.88	26.00	1.20	3.16	19.66	51.77	2.39	6.29
	宝鸡市	0.00	0.00	0.12	5.94	0.01	0.42	0.00	0.00	1.38	71.06	0.44	22.59
	汉中市	1.48	4.35	1.76	5.17	10.67	31.39	0.29	0.84	13.86	40.78	5.94	17.47
	商洛市	3.32	16.82	1.32	6.71	7.75	39.21	0.93	4.71	5.62	28.45	0.81	4.11
四川评价区	巴中市	0.87	2.66	7.96	24.48	5.38	16.54	0.37	1.13	10.42	32.05	7.53	23.15
	成都市	5.64	13.36	10.12	23.95	2.42	5.72	0.27	0.63	18.71	44.28	5.09	12.05
	达州市	7.36	13.38	4.65	8.45	11.26	20.46	2.23	4.05	22.27	40.47	7.26	13.19
	德阳市	6.10	24.40	1.10	4.40	4.61	18.41	1.03	4.13	7.78	31.11	4.39	17.55
	甘孜藏族自治州	0.00	0.00	0.00	0.00	0.51	95.96	0.00	0.00	0.02	4.04	0.00	0.00
	广安市	1.61	5.24	4.16	13.50	1.40	4.54	1.41	4.58	10.95	35.54	11.28	36.60
	广元市	0.60	1.69	5.40	15.28	4.10	11.61	0.01	0.02	17.21	48.70	8.02	22.70
	乐山市	2.86	10.49	3.78	13.82	4.24	15.50	0.90	3.28	9.90	36.23	5.65	20.68
	凉山彝族自治州	2.42	4.29	9.07	16.08	9.29	16.46	1.61	2.86	21.80	38.65	12.22	21.66
	泸州市	2.66	6.48	9.50	23.11	11.18	27.20	0.23	0.56	12.19	29.67	5.33	12.98
	眉山市	1.18	4.87	1.28	5.26	0.26	1.06	0.02	0.09	18.48	76.26	3.02	12.45
	绵阳市	3.96	8.90	3.32	7.46	2.82	6.34	0.44	0.99	19.86	44.63	14.10	31.67
	南充市	0.65	1.21	11.27	21.06	7.15	13.37	0.30	0.56	25.83	48.27	8.31	15.53
	内江市	3.57	13.01	1.80	6.55	4.51	16.44	0.29	1.07	11.11	40.44	6.18	22.49
	攀枝花市	0.96	12.79	1.60	21.34	0.58	7.74	1.17	15.55	3.09	41.25	0.10	1.32
	遂宁市	0.04	0.15	4.52	16.67	1.12	4.14	0.29	1.06	18.21	67.13	2.94	10.86
	雅安市	1.28	12.58	0.44	4.35	1.28	12.67	0.11	1.05	5.90	58.21	1.13	11.14
	宜宾市	7.43	15.23	5.74	11.76	6.21	12.71	1.34	2.74	12.08	24.75	16.02	32.81
	资阳市	0.87	2.02	5.79	13.44	6.16	14.30	0.12	0.29	18.26	42.39	11.87	27.56
	自贡市	0.83	3.83	3.27	15.08	4.91	22.65	2.04	9.42	8.60	39.65	2.04	9.39
云南评价区	保山市	1.96	24.86	0.40	5.06	2.07	26.34	0.57	7.29	0.00	0.00	2.87	36.44
	楚雄州	11.77	32.11	0.27	0.74	13.16	35.91	1.25	3.40	0.00	0.00	10.20	27.85
	大理白族自治州	14.00	37.78	4.45	12.02	10.29	27.78	1.48	4.00	0.08	0.21	6.75	18.21
	红河州	10.13	61.48	0.87	5.28	4.17	25.32	0.16	0.99	0.00	0.00	1.14	6.93
	昆明市	29.10	68.06	0.34	0.79	5.75	13.45	0.46	1.07	0.91	2.14	6.20	14.50
	丽江市	6.44	31.61	3.72	18.23	2.25	11.03	1.73	8.49	0.00	0.00	6.25	30.64
	怒江州	2.59	46.92	0.13	2.30	0.37	6.76	0.37	6.75	0.00	0.00	2.05	37.27
	普洱市	2.22	40.05	0.48	8.61	1.52	27.53	0.00	0.00	0.00	0.00	1.32	23.81
	曲靖市	56.11	67.89	2.74	3.32	12.78	15.47	1.00	1.21	0.28	0.33	9.74	11.78
	文山壮族苗族自治州	17.70	53.50	5.82	17.59	4.34	13.11	0.19	0.57	0.00	0.00	5.04	15.24
	玉溪市	10.50	68.64	0.78	5.11	2.72	17.80	0.18	1.20	0.01	0.04	1.11	7.23
	昭通市	28.28	46.03	5.20	8.46	15.85	25.79	0.90	1.47	0.76	1.24	10.45	17.01
重庆评价区	重庆市	53.65	22.07	4.29	1.77	3.91	1.61	26.43	10.88	130.48	53.68	24.30	10.00

二、主要土壤类型的土壤质地

对西南区各土壤类型不同土壤质地的耕地面积及比例进行统计，结果如表 5-16 所示。从表 5-16 可以看出，土壤质地为黏土的耕地主要分布在紫色土、水稻土、黄壤、石灰（岩）土、红壤、黄棕壤、棕壤、褐土和粗骨土等土类，这 9 种土类上分布的质地类型为黏土的耕地面积共有 386.39 万 hm²，占西南区该质地类型耕地总面积的 97.10%，其中，水稻土和红壤两种土类上分布的质地类型为黏土的耕地最多，面积分别为 94.67 万 hm² 和 97.07 万 hm²，面积共有 191.74 万 hm²，占西南区该质地类型耕地总面积的 48.18%。土壤质地为轻壤的耕地主要分布在紫色土、水稻土、黄壤、石灰（岩）土和黄棕壤 5 种土类上，这 5 种土类上分布的质地类型为轻壤的耕地面积共有 215.94 万 hm²，占西南区该质地类型耕地总面积的 87.82%，其中在紫色土上分布的质地类型为轻壤的耕地最多，面积为 59.46 万 hm²，占西南区该质地类型耕地总面积的 24.18%。土壤质地为砂壤的耕地主要分布在紫色土、水稻土、黄壤、石灰（岩）土、红壤和黄棕壤 6 种土类上，这 6 种土类上分布的质地类型为砂壤的耕地面积共有 309.98 万 hm²，占西南区该质地类型耕地总面积的 91.75%，也是在紫色土上分布的质地类型为砂壤的耕地最多，面积为 88.07 万 hm²，占西南区该质地类型耕地总面积的 26.07%。土壤质地为砂土的耕地主要分布在紫色土、水稻土、黄壤、石灰（岩）土和粗骨土 5 种，这 5 种土类上分布的质地类型为砂土的耕地面积共有 79.30 万 hm²，占西南区该质地类型耕地总面积的 71.04%，其中在水稻土上分布的质地类型为砂土的耕地最多，面积为 22.46 万 hm²，占西南区该质地类型耕地总面积的 20.12%。土壤质地为中壤的耕地主要分布在紫色土、水稻土、黄壤、石灰（岩）土、红壤、黄棕壤和粗骨土 7 种土类上，这 7 种土类上分布的质地类型为中壤的耕地面积共有 622.91 万 hm²，占西南区该质地类型耕地总面积的 92.65%，其中在紫色土、水稻土两种土类上分布的质地类型为中壤的耕地较多，面积分别为 204.00 万 hm² 和 171.50 万 hm²，共占到西南区该质地类型耕地总面积的 55.85%。土壤质地为重壤的耕地主要分布在紫色土、水稻土、黄壤、石灰（岩）土、红壤和黄棕壤 6 种土类上，这 6 种土类上分布的质地类型为重壤的耕地面积共有 312.56 万 hm²，占西南区该质地类型耕地总面积的 93.00%，其中在紫色土上分布的质地类型为重壤的耕地最多，面积为 104.1 万 hm²，占西南区该质地类型耕地总面积的 30.98%。

从不同耕地主要土壤类型来看，紫色土、水稻土、黄壤、石灰（岩）土、黄棕壤 5 种土类的质地类型均以中壤较多，面积分别为 204.00 万 hm²、171.50 万 hm²、94.66 万 hm²、58.33 万 hm² 和 63.36 万 hm²，分别占该土类耕地面积的 37.85%、34.92%、30.17%、30.13% 和 33.91%；红壤的质地类型以黏土为主，面积 97.07 万 hm²，占该土类耕地面积的 50.85%。

表 5-16 西南区各土类不同土壤质地的耕地面积与比例（万 hm²，%）

土类	黏土		轻壤		砂壤		砂土		中壤		重壤	
	面积	比例	面积	比例	面积	比例	面积	比例	面积	比例	面积	比例
暗棕壤	0.52	12.63	0.23	5.62	0.32	7.76	0.79	18.99	1.74	41.87	0.55	13.14
草甸土	0.05	21.62	0.00	0.00	0.01	6.02	0.00	1.33	0.04	17.31	0.12	53.72

（续）

土类	黏土		轻壤		砂壤		砂土		中壤		重壤	
	面积	比例	面积	比例	面积	比例	面积	比例	面积	比例	面积	比例
潮土	0.50	7.29	0.49	7.19	1.10	16.01	0.35	5.12	3.13	45.50	1.30	18.89
赤红壤	1.47	38.98	0.58	15.33	0.76	20.20	0.22	5.85	0.13	3.41	0.61	16.24
粗骨土	3.07	9.20	2.29	6.85	6.17	18.47	11.27	33.73	8.22	24.60	2.39	7.16
褐土	3.04	9.31	0.91	2.78	3.78	11.60	9.71	29.78	11.93	36.58	3.25	9.95
黑钙土	0.01	0.97	0.00	0.00	0.00	0.00	0.00	0.00	0.62	69.88	0.26	29.15
黑垆土	0.63	35.31	0.00	0.00	0.00	0.00	0.37	21.14	0.77	43.55	0.00	0.00
黑土	0.25	8.27	0.00	0.00	0.01	0.39	0.14	4.50	2.25	74.49	0.37	12.36
红壤	97.07	50.85	15.40	8.07	24.95	13.07	4.50	2.36	19.13	10.02	29.83	15.63
红黏土	0.24	24.64	0.02	2.48	0.20	20.92	0.14	13.85	0.32	32.61	0.05	5.51
黄褐土	0.95	6.64	2.40	16.74	2.30	16.09	0.15	1.06	6.92	48.30	1.60	11.17
黄绵土	0.00	0.00	0.00	0.00	0.00	0.65	0.00	0.00	0.26	86.89	0.04	12.45
黄壤	56.99	18.17	46.07	14.68	59.58	18.99	15.34	4.89	94.66	30.17	41.09	13.10
黄棕壤	26.90	14.39	27.07	14.49	34.09	18.24	5.25	2.81	63.36	33.91	30.20	16.16
灰褐土	1.39	8.69	1.02	6.39	1.10	6.92	2.68	16.80	9.00	56.32	0.78	4.88
火山灰土	0.04	13.10	0.00	0.00	0.14	47.33	0.00	0.00	0.00	0.00	0.11	39.57
山地草甸土	0.10	4.01	0.12	4.57	0.01	0.51	0.55	21.66	1.74	68.31	0.02	0.95
石灰（岩）土	34.15	17.64	32.38	16.73	33.33	17.22	10.11	5.22	58.33	30.13	25.29	13.06
石质土	0.22	5.51	0.86	21.20	0.90	22.19	0.08	1.93	1.56	38.68	0.42	10.49
水稻土	94.67	19.27	50.51	10.28	69.96	14.24	22.46	4.57	171.50	34.92	82.05	16.71
新积土	1.78	24.02	0.96	13.00	1.31	17.66	0.25	3.41	2.39	32.30	0.71	9.61
燥红土	2.76	38.25	0.66	9.21	0.64	8.83	0.67	9.23	0.31	4.29	2.18	30.19
沼泽土	0.18	20.83	0.04	4.91	0.00	0.38	0.00	0.00	0.04	4.59	0.60	69.28
紫色土	63.19	11.73	59.46	11.03	88.07	16.34	20.12	3.73	204.00	37.85	104.10	19.32
棕壤	7.31	17.53	3.67	8.80	8.53	20.46	6.48	15.54	8.87	21.26	6.84	16.40

三、不同耕地利用类型的土壤质地

对西南区不同耕地利用类型的土壤质地的耕地面积及比例进行统计，结果如表 5-17 所示。从表 5-17 可以看出，土壤质地为黏土的耕地利用类型主要为旱地和水田，面积共有 395.6 万 hm^2，占西南区该质地类型耕地总面积的 99.41%。其中，旱地占 68.80%，水田占 30.61%。土壤质地为轻壤的耕地利用类型也主要为旱地和水田，面积共有 244.44 万 hm^2，占西南区该质地类型耕地总面积的 99.39%。其中，旱地占 64.24%，水田占 35.15%。土壤质地为砂壤的耕地利用类型同样主要为旱地和水田，合计面积 335.42 万 hm^2，占西南区该质地类型耕地总面积的 99.27%。其中，旱地占 66.28%，水田占 32.99%。土壤质地为砂土的耕地利用类型主要为旱地和水田，面积共有 111.15 万 hm^2，占西南区该质地类型耕地总面积的 99.56%。其中，旱地占 74.48%，水田占 25.08%。土壤质地为中壤的耕地利用类型主要为旱地和水田，面积共有 669.47 万 hm²，占西南区该质地类型耕地总面积的 99.58%。其中，旱地占 60.21%，水田占 39.37%。土壤质地为重壤的耕地利用类型主要为旱地和水田，面积共有 334.89 万 hm²，占西南区该质地类型耕地总面积的 99.64%。其中，旱地占 60.56%，水田占 39.08%。

表 5-17　西南区各耕地利用类型不同土壤质地的面积与比例（万 hm²，%）

利用类型	面积和比例	黏土	轻壤	砂壤	砂土	中壤	重壤
旱地	面积	273.78	157.99	223.94	83.15	404.80	203.53
	占同类型面积比例	68.80	64.24	66.28	74.48	60.21	60.56
	占旱地面积比例	20.32	11.73	16.62	6.17	30.05	15.11
水浇地	面积	2.34	1.48	2.47	0.49	2.84	1.20
	占同类型面积比例	0.59	0.60	0.73	0.44	0.42	0.36
	占水浇地面积比例	21.65	13.70	22.78	4.53	26.28	11.06
水田	面积	121.82	86.45	111.48	28.00	264.67	131.36
	占同类型面积比例	30.61	35.15	32.99	25.08	39.37	39.08
	占水田面积比例	16.38	11.62	14.99	3.77	35.58	17.66

四、不同地貌类型的土壤质地

对西南区不同地貌类型的土壤质地的耕地面积及比例进行统计，结果如表 5-18 所示。从表 5-18 中可知，平原地貌上的耕地中，质地类型为中壤的耕地最多，面积为 30.42 万 hm²，占西南区该地貌类型耕地总面积的 54.06%，质地类型为砂土的耕地最少，面积为 0.91 万 hm²，占西南区该地貌类型耕地总面积的 1.62%。丘陵地貌上的耕地中，也是质地类型为中壤的耕地最多，面积为 247.65 万 hm²，占西南区该地貌类型耕地总面积的 39.73%，质地类型为砂土的耕地最少，为 24 万 hm²，占西南区该地貌类型耕地总面积的 3.85%。山地地貌上的耕地中，仍然是质地类型为中壤的耕地最多，面积为 352.45 万 hm²，占西南区该地貌类型耕地总面积的 29.61%，质地类型为砂土的耕地最少，面积为 80.86 万 hm²，占西南区该地貌类型耕地总面积的 6.79%。盆地地貌上的耕地中，质地类型为黏土的耕地最多，面积为 84.71 万 hm²，占西南区该地貌类型耕地总面积的 36.53%，质地类型为砂土的耕地最少，面积为 5.87 万 hm²，占西南区该地貌类型耕地总面积的 2.53%。

表 5-18　西南区各地貌类型不同土壤质地的面积与比例（万 hm²，%）

地貌类型	黏土		轻壤		砂壤		砂土		中壤		重壤	
	面积	比例	面积	比例	面积	比例	面积	比例	面积	比例	面积	比例
平原	3.59	6.38	7.74	13.75	5.92	10.51	0.91	1.62	30.42	54.06	7.70	13.67
丘陵	85.57	13.73	61.21	9.82	87.55	14.05	24.00	3.85	247.65	39.73	117.31	18.82
山地	224.08	18.82	153.44	12.89	210.12	17.65	80.86	6.79	352.45	29.61	169.41	14.23
盆地	84.71	36.53	23.53	10.15	34.29	14.79	5.87	2.53	41.79	18.03	41.67	17.97

第四节　质地构型

质地构型是指土壤剖面中不同质地层次有规律的组合、有序的排列状况，也称为土壤剖面构型，是土壤剖面最重要的特征。质地构型对土壤水、肥、气、热等土壤肥力要素以及养分运移具有非常重要的调节作用。

一、质地构型分布情况

（一）不同二级农业区土壤质地构型分布状况

西南区耕地土壤的质地构型分为 7 种，对西南区不同质地构型的耕地面积及比例进行统计，结果如图 5-5 所示。由图 5-5 可知，质地构型为紧实型的耕地分布最多，面积为 616.07 万 hm²，占西南区耕地面积的 29.31%。其次是质地构型为上松下紧型的耕地，面积为 565.96 万 hm²，占西南区耕地面积的 26.93%。第三是质地构型为松散型的耕地，面积为 357.77 万 hm²，占西南区耕地面积的 17.02%。质地构型为薄层型、夹层型和上紧下松型的耕地面积比较接近，面积分别为 142.20 万 hm²、183.40 万 hm² 和 163.79 万 hm²，分别占西南区耕地面积的 6.77%、8.73% 和 7.79%。质地构型为海绵型的耕地分布最少，面积为 72.59 万 hm²，占西南区耕地面积的 3.45%。

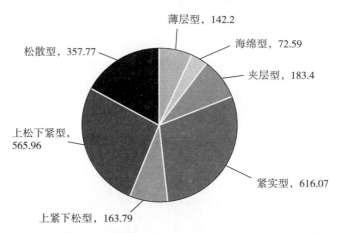

图 5-5　西南区不同质地构型的耕地面积与比例（万 hm²,%）

对西南区各二级农业区不同质地构型的耕地面积及比例进行统计，结果如表 5-19 所示。从表 5-19 中可以看出，从不同质地构型耕地在各二级农业区的分布情况上看，质地构型为薄层型的耕地共有 142.21 万 hm²，占西南区耕地面积的 6.77%，其中，在川滇高原山地林农牧区分布最多，占西南区该质地构型耕地面积的 52.84%，在黔桂高原山地林农牧区分布最少，占西南区该质地构型耕地面积的 15.48%，另外，质地构型为薄层型的耕地在秦岭大巴山林农区、四川盆地农林区和渝鄂湘黔边境山地林农牧区 3 个二级农业区的占比分别为 7.87%、15.42% 和 8.40%。质地构型为海绵型的耕地面积 72.59 万 hm²，占西南区耕地面积的 3.45%，其中，在川滇高原山地林农牧区分布最少，占西南区该质地构型耕地面积的 5.25%，在黔桂高原山地林农牧区、秦岭大巴山林农区、四川盆地农林区和渝鄂湘黔边境山地林农牧区的占比依次为 31.46%、28.76%、26.22% 和 8.31%。质地构型为夹层型的耕地有 183.40 万 hm²，占西南区耕地面积的 8.73%，其中，在黔桂高原山地林农牧区分布最多，占西南区该质地构型耕地总面积的 42.80%，在秦岭大巴山林农区分布最少，仅占西南区该质地构型耕地总面积的 7.74%，在渝鄂湘黔边境山地林农牧区、川滇高原山地林农牧区和四川盆地农林区的占比分别为 23.55%、14.95% 和 10.96%。质地构型为紧实型的耕地有 616.07 万 hm²，占西南区耕地面积的 29.31%，其中，在四川盆地农林区分布最多，占西南区该质地构型耕地面积的 40.93%，在秦岭大巴山林农区分布最少，占西南区该质地构型耕地面积的 8.29%，在川滇高原山地林农牧区、黔桂高原山地林农牧区和渝鄂湘黔边境山地林农牧区的占比依次为 21.32%、16.54% 和 12.92%。质地构型为上紧下松型的耕地面积 163.79 万 hm²，占西南区耕地面积的 7.79%，其中，在川滇高原山地林农牧区分布最多，占西南区该质地构型耕地面积的 71.95%，在黔桂高原山地林农牧区和秦岭大巴山林农区的分布较少，分别只占西南区该质地构型耕地面积的 3.97% 和 3.54%，在四川盆地农林区和渝鄂湘黔边境山地林农牧区分布的相对较多，各占西南区该质地构型耕地面积的 11.01%、9.53%。质地构型为上松下紧型的耕地有 565.96 万 hm²，占西南区耕地面积的 26.93%，其中，在四川盆地农林区分布最多，占西南区该质地构型耕地面积的 40.43%，在川滇高原山地林农牧区分布最少，占西南区该质地构型耕地面积的 6.60%，在渝鄂湘黔边境山地林农牧区、黔桂高原山地林农牧区和秦岭大巴山林农区的占比依次为 19.17%、17.46% 和 16.34%。质地构型为松散型的耕地面积 357.77 万 hm²，占西南区耕地面积的 17.02%，其中，在四川盆地农林区和川滇高原山地林农牧区分布较多，各占西南区该质地构型耕地面积的 33.41%、23.24%，在黔桂高原山地林农牧区、渝鄂湘黔边境山地林农牧区和秦岭大巴山林农区的占比相差不大，其值分别为 14.70%、14.55% 和 14.10%。

表 5-19　西南区各二级农业区不同质地构型耕地面积与比例（万 hm²，%）

二级农业区	面积和比例	薄层型	海绵型	夹层型	紧实型	上紧下松型	上松下紧型	松散型
川滇高原山地林农牧区	面积	75.14	3.81	27.42	131.34	117.85	37.36	83.15
	占同构型面积比例	52.84	5.25	14.95	21.32	71.95	6.60	23.24
	占本二级区面积比例	15.78	0.80	5.76	27.59	24.75	7.85	17.47
黔桂高原山地林农牧区	面积	22.01	22.83	78.49	101.92	6.5	98.81	52.59
	占同构型面积比例	15.48	31.46	42.80	16.54	3.97	17.46	14.70
	占本二级区面积比例	5.74	5.96	20.49	26.60	1.70	25.79	13.73
秦岭大巴山林农区	面积	11.19	20.88	14.2	51.08	5.8	92.49	50.43
	占同构型面积比例	7.87	28.76	7.74	8.29	3.54	16.34	14.10
	占本二级区面积比例	4.55	8.49	5.77	20.76	2.36	37.59	20.49
四川盆地农林区	面积	21.93	19.04	20.1	252.16	18.03	228.81	119.54
	占同构型面积比例	15.42	26.22	10.96	40.93	11.01	40.43	33.41
	占本二级区面积比例	3.23	2.80	2.96	37.10	2.65	33.67	17.59
渝鄂湘黔边境山地林农牧区	面积	11.94	6.03	43.18	79.57	15.61	108.50	52.05
	占同构型面积比例	8.40	8.31	23.55	12.92	9.53	19.17	14.55
	占本二级区面积比例	3.77	1.90	13.63	25.11	4.93	34.24	16.43

（续）

二级农业区	面积和比例	薄层型	海绵型	夹层型	紧实型	上紧下松型	上松下紧型	松散型
西南区	面积	142.20	72.59	183.40	616.07	163.79	565.96	357.77
	占西南区面积比例	6.77	3.45	8.73	29.31	7.79	26.93	17.02

　　从各二级农业区上看，川滇高原山地林农牧区耕地土壤的质地构型以紧实型和上松下紧型为主，面积共有 249.20 万 hm²，占川滇高原山地林农牧区耕地面积的 52.34%。黔桂高原山地林农牧区耕地土壤的质地构型以夹层型、紧实型和上松下紧型为主，面积共有 279.23 万 hm²，共占黔桂高原山地林农牧区耕地面积的 72.87%。秦岭大巴山林农区耕地土壤的质地构型以紧实型、上松下紧型和松散型为主，面积共有 194.00 万 hm²，共占秦岭大巴山林农区耕地面积的 78.84%。四川盆地农林区耕地土壤的质地构型以紧实型和上松下紧型为主，面积共有 480.97 万 hm²，占四川盆地农林区耕地面积的 70.77%。渝鄂湘黔边境山地林农牧区耕地土壤的质地构型以紧实型和上松下紧型为主，面积共有 188.07 万 hm²，占渝鄂湘黔边境山地林农牧区耕地面积的 59.35%。由此可见，西南区耕地土壤质地构型以紧实型和上松下紧型为主。

（二）不同评价区土壤质地构型分布状况

　　对西南区各评价区不同质地构型的耕地面积及比例进行统计，结果如表 5-20 所示。从表 5-20 可以看出，质地构型为薄层型的耕地主要分布在云南、贵州、四川及重庆 4 个评价区，其占比分别为 46.05%、19.18%、13.99% 和 6.91%，共占西南区该质地构型耕地面积的 86.14%。质地构型为海绵型的耕地主要分布在四川、贵州、湖北、甘肃、陕西 5 个评价区，其占比分别为 40.63%、34.90%、14.74%、7.40% 和 2.33%，其他评价区无质地构型为海绵型的耕地分布。质地构型为夹层型的耕地主要分布在贵州、四川、湖南、陕西 4 个评价区，其占比分别为 66.95%、15.15%、5.59% 和 9.47%，共占西南区该质地构型耕地面积的 97.16%。质地构型为紧实型的耕地主要分布在四川、贵州、云南、重庆 4 个评价区，其占比分别为 42.04%、19.90%、16.65% 和 9.88%，共占西南区该质地构型耕地面积的 88.48%。质地构型为上紧下松型的耕地主要分布在云南、贵州、四川、陕西 4 个评价区，其占比分别为 68.32%、5.56%、15.03% 和 3.46%，共占西南区该质地构型耕地面积的 92.37%。质地构型为上松下紧型的耕地主要分布在四川、重庆、贵州 3 个评价区，其占比分别为 29.23%、24.36% 和 15.95%，共占西南区该质地构型耕地面积的 69.53%，其他各评价区均只有少量分布。质地构型为松散型的耕地主要分布在四川、云南、贵州及重庆 4 个评价区，其占比分别为 35.81%、17.75%、15.66% 和 9.62%，共占西南区该质地构型耕地面积的 69.53%，其他各评价区均只有少量分布。

表 5-20　西南区各评价区不同质地构型耕地面积与比例（万 hm²，%）

评价区	面积和比例	薄层型	海绵型	夹层型	紧实型	上紧下松型	上松下紧型	松散型
甘肃评价区	面积	5.44	5.37	3.02	6.98	0.12	27.62	18.48
	占同构型面积比例	3.83	7.4	1.65	1.13	0.07	4.88	5.17
	占本评价区面积比例	8.12	8.01	4.51	10.41	0.18	41.21	27.57

（续）

评价区	面积和比例	薄层型	海绵型	夹层型	紧实型	上紧下松型	上松下紧型	松散型
广西评价区	面积	3.46	0.00	2.04	6.67	0.4	25.5	3.17
	占同构型面积比例	2.44	0.00	1.11	1.09	0.25	4.51	0.89
	占本评价区面积比例	8.39	0.00	4.95	16.17	0.97	61.83	7.69
贵州评价区	面积	27.28	25.33	122.78	122.61	9.11	90.26	56.04
	占同构型面积比例	19.18	34.9	66.95	19.9	5.56	15.95	15.66
	占本评价区面积比例	6.02	5.59	27.08	27.04	2	19.91	12.36
湖北评价区	面积	3.61	10.7	0.15	18.58	1.28	44.06	30
	占同构型面积比例	2.54	14.74	0.08	3.02	0.78	7.79	8.39
	占本评价区面积比例	3.33	9.87	0.15	17.14	1.18	40.65	27.68
湖南评价区	面积	3.96	0.00	17.37	20.79	10.61	16.29	6.93
	占同构型面积比例	2.78	0.00	9.47	3.37	6.48	2.86	1.92
	占本评价区面积比例	5.22	0.00	22.87	27.37	13.97	21.45	9.12
陕西评价区	面积	3.24	1.69	10.26	17.97	5.67	37.7	17.13
	占同构型面积比例	2.28	2.33	5.59	2.92	3.46	6.66	4.79
	占本评价区面积比例	3.46	1.81	10.95	19.19	6.05	40.25	18.29
四川评价区	面积	19.89	29.49	27.78	259.01	24.62	165.41	128.13
	占同构型面积比例	13.99	40.63	15.15	42.04	15.03	29.23	35.81
	占本评价区面积比例	3.04	4.51	4.25	39.58	3.76	25.28	19.58
云南评价区	面积	65.49	0.00	0.00	102.59	111.9	21.26	63.49
	占同构型面积比例	46.05	0.00	0.00	16.65	68.32	3.76	17.75
	占本评价区面积比例	17.96	0.00	0.00	28.13	30.68	5.82	17.41
重庆评价区	面积	9.83	0.00	0.00	60.87	0.09	137.86	34.4
	占同构型面积比例	6.91	0.00	0.00	9.88	0.05	24.36	9.62
	占本评价区面积比例	4.04	0.00	0.00	25.04	0.05	56.72	14.15
西南区	面积	142.2	72.58	183.4	616.07	163.8	565.96	357.77
	占西南区面积比例	6.77	3.45	8.73	29.31	7.79	26.93	17.02

（三）不同评价区各市（州）土壤质地构型分布状况

对西南区评价区各市（州）不同质地构型的耕地面积及比例进行统计，结果如表 5-21 所示。从表 5-21 可以看出，质地构型为薄层型的耕地主要分布在云南评价区的昭通市、曲靖市、怒江市、大理白族自治州，四川评价区的南充市、凉山彝族自治州，贵州评价区的毕节市、六盘水市、遵义市及甘肃评价区的陇南市，这些市（州）分布的质地构型为薄层型的耕地面积共有 90.83 万 hm^2，占西南区该质地构型耕地面积的 63.87%，其中在云南评价区昭通市分布的质地构型为薄层型的耕地最多，面积为 30.37 万 hm^2，占西南区该质地构型耕地面积的 21.36%。质地构型为海绵型的耕地主要分布在甘肃评价区的陇南市，贵州评价区的安顺市、毕节市、黔西南布依族苗族自治、铜仁市、遵义市，四川评价区的巴中市、眉山市、绵阳市、南充市和遂宁市等，这些市（州）分布的质地构型为海绵型的耕地面积共有

表 5-21 西南区评价区各市（州）不同质地构型耕地面积与比例（万 hm², %）

评价区	市（州）名称	薄层型		海绵型		夹层型		紧实型		上紧下松型		上松下紧型		松散型	
		面积	比例	面积	比例	面积	比例	面积	比例	面积	比例	面积	比例	面积	比例
甘肃评价区	定西市	0.23	2.65	0.18	2.07	0.27	3.11	0.06	0.69	0.00	0.00	7.95	91.48	0.00	0.00
	甘南藏族自治州	0.06	2.31	0.41	15.83	0.00	0.00	0.29	11.20	0.00	0.00	1.83	70.66	0.00	0.00
	陇南市	5.15	9.24	4.78	8.57	2.75	4.93	6.63	11.89	0.12	0.22	17.84	32.00	18.48	33.15
广西评价区	百色市	2.36	15.56	0.00	0.00	2.04	13.45	2.82	18.59	0.40	2.63	5.66	37.31	1.89	12.46
	河池市	1.10	5.01	0.00	0.00	0.48	2.19	3.85	17.54	0.00	0.00	15.37	70.02	1.15	5.24
	南宁市	0.00	0.00	0.00	0.00	1.56	25.32	0.00	0.00	0.00	0.00	4.47	72.56	0.13	2.12
贵州评价区	安顺市	2.23	7.59	3.72	12.66	7.90	26.88	5.83	19.84	0.17	0.57	6.48	22.05	3.06	10.41
	毕节市	10.45	10.53	5.41	5.45	41.27	41.57	19.96	20.10	1.02	1.02	17.66	17.79	3.51	3.54
	贵阳市	1.02	3.80	1.30	4.85	5.33	19.87	10.32	38.46	1.32	4.92	7.03	26.20	0.51	1.90
	六盘水市	3.64	11.78	0.34	1.10	9.98	32.29	9.67	31.28	0.28	0.91	2.22	7.18	4.78	15.46
	黔东南苗族侗族自治州	0.97	2.29	0.78	1.84	9.70	22.92	15.46	36.52	1.00	2.36	9.35	22.09	5.07	11.98
	黔南布依族苗族自治州	2.96	6.19	1.86	3.89	13.50	28.23	10.19	21.31	1.49	3.12	6.63	13.86	11.19	23.40
	黔西南布依族苗族自治州	1.99	4.47	3.24	7.28	5.29	11.89	16.84	37.84	1.06	2.39	7.22	16.22	8.86	19.91
	铜仁市	0.69	1.44	4.01	8.30	11.96	24.77	16.84	34.87	1.62	3.35	6.63	13.73	6.54	13.54
	遵义市	3.33	3.96	4.67	5.56	17.85	21.23	17.49	20.81	1.15	1.37	27.05	32.18	12.52	14.89
湖北评价区	恩施土家族苗族自治州	0.54	1.19	0.00	0.00	0.01	0.02	8.00	17.68	1.23	2.72	24.83	54.86	10.65	23.53
	省直辖	0.01	1.37	0.00	0.00	0.00	0.00	0.00	0.00	0.00	0.00	0.48	65.75	0.24	32.88
	十堰市	0.07	0.29	2.48	10.34	0.14	0.58	2.19	9.13	0.00	0.00	11.58	48.27	7.53	31.39
	襄阳市	2.11	12.64	7.50	44.94	0.00	0.00	4.69	28.10	0.00	0.00	0.34	2.04	2.05	12.28
	宜昌市	0.89	4.10	0.72	3.32	0.00	0.00	3.70	17.04	0.05	0.23	6.83	31.46	9.52	43.85
湖南评价区	常德市	0.34	7.02	0.00	0.00	1.24	25.62	0.90	18.60	0.38	7.85	1.65	34.09	0.33	6.82
	怀化市	0.00	0.00	0.00	0.00	8.27	24.15	10.12	29.55	5.83	17.02	7.15	20.88	2.88	8.40

（续）

评价区	市（州）名称	薄层型		海绵型		夹层型		紧实型		上紧下松型		上松下紧型		松散型	
		面积	比例	面积	比例	面积	比例	面积	比例	面积	比例	面积	比例	面积	比例
	邵阳市	0.00	0.00	0.00	0.00	1.01	20.28	1.33	26.71	0.65	13.05	1.38	27.71	0.61	12.25
	湘西土家族苗族自治州	2.59	12.96	0.00	0.00	4.27	21.36	5.26	26.31	2.45	12.26	3.72	18.61	1.70	8.50
	张家界市	1.03	8.65	0.00	0.00	2.58	21.66	3.18	26.70	1.31	11.00	2.40	20.15	1.41	11.84
陕西评价区	安康市	1.52	4.00	1.38	3.63	5.34	14.06	3.01	7.92	1.33	3.51	21.09	55.51	4.32	11.37
	宝鸡市	0.00	0.00	0.00	0.00	0.16	8.25	0.39	20.10	0.00	0.00	0.66	34.02	0.73	37.63
	汉中市	0.64	1.88	0.31	0.92	0.63	1.85	8.83	25.99	3.90	11.48	14.12	41.55	5.55	16.33
	商洛市	1.08	5.47	0.00	0.00	4.13	20.91	5.73	29.01	0.44	2.23	1.83	9.27	6.54	33.11
	巴中市	1.15	3.54	3.35	10.30	0.22	0.68	9.97	30.66	0.10	0.30	13.00	39.98	4.73	14.54
	成都市	0.23	0.54	0.05	0.12	2.13	5.04	13.32	31.53	0.56	1.33	20.77	49.18	5.18	12.26
	达州市	0.67	1.22	0.52	0.95	5.08	9.23	17.88	32.50	1.29	2.34	16.89	30.70	12.69	23.06
	德阳市	0.05	0.20	0.00	0.00	0.09	0.36	8.65	34.57	0.22	0.88	6.88	27.50	9.13	36.49
	甘孜藏族自治州	0.00	0.00	0.00	0.00	0.00	0.00	0.00	0.00	0.00	0.00	0.02	3.77	0.51	96.23
	广安市	0.73	2.37	0.00	0.00	5.86	19.03	10.37	33.67	0.02	0.06	5.11	16.59	8.71	28.28
	广元市	0.58	1.64	0.18	0.51	0.64	1.81	18.48	52.31	0.00	0.00	10.84	30.68	4.61	13.05
四川评价区	乐山市	1.03	3.77	0.00	0.00	0.18	0.65	7.46	27.31	0.32	1.17	14.17	51.87	4.16	15.23
	凉山彝族自治州	3.42	6.06	2.42	4.29	6.64	11.77	19.67	34.88	5.34	9.47	5.96	10.57	12.95	22.96
	泸州市	2.77	6.74	0.00	0.00	0.23	0.56	18.57	45.21	1.02	2.48	8.53	20.76	9.96	24.25
	眉山市	0.71	2.93	3.31	13.67	1.42	5.86	13.69	56.53	0.02	0.08	1.12	4.62	3.95	16.31
	绵阳市	0.69	1.55	4.50	10.11	0.61	1.37	16.20	36.40	5.81	13.05	13.31	29.90	3.39	7.62
	南充市	3.12	5.83	4.12	7.70	0.56	1.03	20.09	37.54	0.79	1.48	17.97	33.58	6.87	12.84
	内江市	0.08	0.29	1.53	5.57	2.81	10.23	9.14	33.28	0.73	2.66	0.33	1.20	12.84	46.77
	攀枝花市	0.28	3.73	0.25	3.33	0.00	0.00	3.71	49.48	0.00	0.00	1.03	13.73	2.23	29.73

（续）

评价区	市（州）名称	薄层型		海绵型		夹层型		紧实型		上紧下松型		上松下紧型		松散型	
		面积	比例	面积	比例	面积	比例	面积	比例	面积	比例	面积	比例	面积	比例
	遂宁市	0.04	0.15	5.13	18.92	0.00	0.00	8.66	31.94	2.12	7.82	8.89	32.80	2.27	8.37
	雅安市	0.02	0.20	1.09	10.75	0.40	3.94	4.06	40.04	0.00	0.00	2.59	25.54	1.98	19.53
	宜宾市	2.75	5.63	2.87	5.88	0.06	0.12	24.68	50.58	0.88	1.80	6.22	12.74	11.35	23.25
	资阳市	0.59	1.37	0.00	0.00	0.05	0.12	21.17	49.16	5.39	12.51	10.79	25.05	5.08	11.79
	自贡市	0.98	4.52	0.17	0.78	0.79	3.64	13.23	61.04	0.00	0.00	0.97	4.47	5.54	25.55
	保山市	0.66	8.39	0.00	0.00	0.00	0.00	1.21	15.37	3.24	41.17	0.31	3.94	2.45	31.13
	楚雄州	2.64	7.20	0.00	0.00	0.00	0.00	12.61	34.42	8.21	22.41	2.92	7.97	10.26	28.00
	大理白族自治州	3.39	9.15	0.00	0.00	0.00	0.00	17.69	47.75	12.03	32.47	1.56	4.21	2.38	6.42
	红河州	0.17	1.03	0.00	0.00	0.00	0.00	5.93	35.98	5.11	31.01	0.92	5.58	4.35	26.40
	昆明市	0.33	0.77	0.00	0.00	0.00	0.00	21.21	49.61	13.33	31.17	3.36	7.86	4.53	10.59
云南评价区	丽江市	1.98	9.71	0.00	0.00	0.00	0.00	8.25	40.46	7.04	34.53	1.50	7.35	1.62	7.95
	怒江州	3.99	72.28	0.00	0.00	0.00	0.00	1.05	19.02	0.35	6.34	0.00	0.00	0.13	2.36
	普洱市	0.03	0.54	0.00	0.00	0.00	0.00	1.02	18.41	3.79	68.42	0.27	4.87	0.43	7.76
	曲靖市	13.60	16.45	0.00	0.00	0.00	0.00	16.44	19.89	32.20	38.96	7.81	9.45	12.60	15.25
	文山壮族苗族自治州	7.57	22.88	0.00	0.00	0.00	0.00	5.23	15.80	10.90	32.94	0.00	0.00	9.39	28.38
	玉溪市	0.76	4.97	0.00	0.00	0.00	0.00	5.73	37.45	5.81	37.98	0.40	2.61	2.60	16.99
	昭通市	30.37	49.42	0.00	0.00	0.00	0.00	6.20	10.09	9.92	16.14	2.21	3.60	12.75	20.75
重庆评价区	重庆市	9.83	4.04	0.00	0.00	0.00	0.00	60.87	25.04	0.09	0.04	137.86	56.73	34.40	14.15

46.24 万 hm²，占西南区该质地构型耕地面积的 63.71%，其中在贵州评价区毕节市和四川评价区遂宁市分布的质地构型为海绵型的耕地最多，面积分别为 5.41 万 hm² 和 5.13 万 hm²，共占西南区该质地构型耕地面积的 14.52%。质地构型为夹层型的耕地主要分布在贵州评价区各市（州），湖南评价区的怀化市，陕西评价区的安康市，四川评价区的达州市、广安市、凉山彝族自治州等，这些市（州）分布的质地构型为夹层型的耕地面积共有 153.97 万 hm²，占西南区该质地构型耕地面积的 83.95%，其中在贵州评价区毕节市分布的质地构型为夹层型的耕地最多，面积为 41.28 万 hm²，占西南区该质地构型耕地面积 22.50%。质地构型为紧实型的耕地主要分布在贵州评价区各市（州），湖南评价区的怀化市，四川评价区的成都市、达州市、广安市、广元市、凉山彝族自治州、泸州市、眉山市、绵阳市、宜宾市、资阳市、自贡市，云南评价区的楚雄州、大理白族自治州、昆明市、曲靖市和重庆评价区的重庆市等，这些市（州）分布的质地构型为紧实型的耕地面积共有 423.96 万 hm²，占西南区该质地构型耕地面积的 68.82%，其中在重庆市分布的质地构型为紧实型的耕地最多，面积为 60.87 万 hm²，占西南区该质地构型耕地面积 9.88%。质地构型为上紧下松型的耕地主要分布在湖南评价区的怀化市、四川评价区的凉山彝族自治州、绵阳市、资阳市，云南评价区的楚雄州、大理白族自治州、红河州、昆明市、丽江市、曲靖市、玉溪市、昭通市和文山壮族苗族自治州等，这些市（州）分布的质地构型为上紧下松型的耕地面积共有 126.92 万 hm²，占西南区该质地构型耕地面积的 77.48%，其中在云南评价区曲靖市分布的质地构型为上紧下松型的耕地最多，面积为 32.20 万 hm²，占西南区该质地构型耕地面积的 19.66%。质地构型为上松下紧型的耕地主要分布在甘肃评价区的陇南市，贵州评价区的毕节市、遵义市，湖北评价区的恩施土家族苗族自治州，陕西评价区的安康市、汉中市，四川评价区的成都市、达州市、广元市、乐山市、绵阳市、南充市、资阳市及重庆评价区的重庆市等，这些市（州）分布的质地构型为上松下紧型的耕地面积共有 376.77 万 hm²，占西南区该质地构型耕地面积的 66.57%，其中在重庆市分布的质地构型为上松下紧型的耕地最多，面积为 137.86 万 hm²，占西南区该质地构型耕地面积的 24.36%。质地构型为松散型的耕地主要分布在贵州评价区的黔南布依族苗族自治州、遵义市，湖北评价区的恩施土家族苗族自治州，四川评价区的达州市、凉山彝族自治州、内江市、宜宾市，云南评价区的楚雄州、曲靖市、昭通市和重庆评价区的重庆市等，这些市（州）分布的质地构型为松散型的耕地面积共有 154.2 万 hm²，占西南区该质地构型耕地面积的 43.10%，其中在重庆市分布的质地构型为松散型的耕地最多，面积为 34.40 万 hm²，占西南区该质地构型耕地面积的 9.62%。

二、不同土壤类型的质地构型

对西南区各土类不同质地构型的耕地面积及比例进行统计，结果如表 5-22 所示。从表 5-22 可以看出，质地构型为薄层型的耕地主要分布在紫色土、水稻土、黄壤、石灰（岩）土、红壤、黄棕壤和粗骨土 7 种土类上，面积共有 124.93 万 hm²，占西南区该质地构型耕地面积的 87.84%，其中在黄壤上分布的质地构型为薄层型的耕地最多，面积为 24.23 万 hm²，占西南区该质地构型耕地的 19.64%。质地构型为海绵型的耕地主要分布在紫色土、水稻土、黄壤、石灰（岩）土和黄棕壤 5 种土类上，面积共有 62.35 万 hm²，占西南区该质地构型耕地面积的 85.93%，其中在紫色土上分布的质地构型为海绵型的耕地最多，面积为

20.17 万 hm²，占西南区该质地构型耕地面积的 27.80%。质地构型为夹层型的耕地主要分布在紫色土、水稻土、黄壤、石灰（岩）土和黄棕壤 5 种土类上，面积共有 169.82 万 hm²，占西南区该质地构型耕地面积的 92.60%，其中在黄壤上分布的质地构型为夹层型的耕地最多，面积为 60.10 万 hm²，占西南区该质地构型耕地面积的 32.77%。质地构型为紧实型的耕地主要分布在紫色土、水稻土、黄壤、石灰（岩）土、红壤和黄棕壤 6 种土类上，面积共有 590.21 万 hm²，占西南区该质地构型耕地面积的 95.80%，其中在紫色土上分布的质地构型为紧实型的耕地最多，面积为 187.19 万 hm²，占西南区该质地构型耕地面积的 30.38%。质地构型为上紧下松型的耕地主要分布在紫色土、水稻土、黄壤、石灰（岩）土、红壤、棕壤和黄棕壤 7 种土类上，面积共有 156.60 万 hm²，占西南区该质地构型耕地面积的 95.62%，其中在红壤上分布的质地构型为上紧下松型的耕地最多，面积为 52.82 万 hm²，占西南区该质地构型耕地面积的 32.25%。质地构型为上松下紧型的耕地主要分布在紫色土、水稻土、黄壤、石灰（岩）土、红壤、棕壤、粗骨土、褐土、灰褐土、黄褐土和黄棕壤 11 种土类上，面积共有 549.86 万 hm²，占西南区该质地构型耕地面积的 97.16%，其中在紫色土、水稻土上分布的质地构型为上松下紧型的耕地较多，面积分别为 160.10 万 hm² 和 159.35 万 hm²，共占到西南区该质地构型耕地面积的 56.44%。质地构型为松散型的耕地主要分布在水稻土、黄壤、石灰（岩）土、红壤、棕壤、褐土和黄棕壤 7 种土类上，面积共有 342.01 万 hm²，占西南区该质地构型耕地面积的 95.60%，其中在紫色土上分布的质地构型为松散型的耕地最多，面积为 98.33 万 hm²，占西南区该质地构型耕地面积的 27.48%。

　　从各土类的质地构型来看，紫色土的质地构型以紧实型、上松下紧型和松散型为主，面积共有 445.62 万 hm²，共占该土类耕地面积的 82.68%；水稻土的质地构型以紧实型和上松下紧型为主，面积共有 168.78 万 hm²，共占该土类耕地面积的 65.95%；黄壤的质地构型以紧实型为主，面积 105.6 万 hm²，占该土类耕地面积的 33.66%；石灰（岩）土的质地构型以上松下紧型为主，面积 62.96 万 hm²，占该土类耕地面积的 32.56%；红壤的质地构型以紧实型和上紧下松型为主，面积共有 111.5 万 hm²，共占该土类耕地面积的 58.41%；黄棕壤的质地构型以上松下紧型为主，面积 52.82 万 hm²，占该土类耕地面积的 28.45%；棕壤的质地构型以上松下紧型和松散型为主，面积共有 22.33 万 hm²，共占该类土壤耕地面积的 53.54%；粗骨土的质地构型以薄层型和上松下紧型为主，面积共有 22.63 万 hm²，共占该类土壤耕地面积的 67.71%。褐土的质地构型以上松下紧型和松散型为主，面积共有 21.41 万 hm²，共占该类土壤耕地面积的 65.65%。灰褐土的质地构型以上松下紧型为主，面积为 7.41 万 hm²，占该类土壤耕地面积的 46.40%。其他土类因本身的耕地面积分布较小，这里就不一一进行赘述。

表 5-22　西南区各土类不同质地构型耕地面积与比例（万 hm²，%）

土类	薄层型		海绵型		夹层型		紧实型		上紧下松型		上松下紧型		松散型	
	面积	比例	面积	比例	面积	比例	面积	比例	面积	比例	面积	比例	面积	比例
暗棕壤	0.49	11.76	0.04	0.86	0.07	1.79	0.50	11.96	0.39	9.40	1.95	47.10	0.71	17.12
草甸土	0.01	3.42	0.00	0.00	0.00	0.00	0.05	21.62	0.00	0.00	0.16	73.63	0.00	1.33
潮土	0.11	1.53	0.48	7.02	0.16	2.32	1.80	26.23	0.06	0.83	2.96	43.04	1.31	19.03
赤红壤	0.28	7.37		0.00		0.00	0.25	6.60	1.72	45.76	0.79	21.06	0.72	19.20

（续）

土类	薄层型		海绵型		夹层型		紧实型		上紧下松型		上松下紧型		松散型	
	面积	比例	面积	比例	面积	比例	面积	比例	面积	比例	面积	比例	面积	比例
粗骨土	10.89	32.58	0.48	1.44	1.59	4.77	4.42	13.23	0.98	2.94	11.74	35.12	3.32	9.93
褐土	1.30	3.97	2.74	8.41	2.42	7.43	4.68	14.36	0.06	0.19	10.65	32.65	10.76	32.98
黑钙土	0.00	0.00	0.15	17.22	0.48	54.50	0.04	4.22	0.00	0.00	0.21	24.07	0.00	0.00
黑垆土	0.00	0.00	0.00	0.00	0.00	0.00	0.00	0.00	0.00	0.00	1.38	77.81	0.39	22.19
黑土	0.39	13.09	0.03	0.88	0.83	27.41	0.03	1.10	0.00	0.00	1.72	57.14	0.01	0.39
红壤	18.62	9.75	1.60	0.84	3.98	2.08	58.68	30.74	52.82	27.67	27.49	14.40	27.70	14.51
红黏土	0.00	0.00	0.03	3.57	0.01	0.69	0.30	30.22	0.00	0.00	0.36	37.01	0.28	28.51
黄褐土	0.21	1.45	2.02	14.10	0.67	4.68	3.58	25.04	0.32	2.23	5.70	39.82	1.82	12.68
黄绵土	0.00	0.65	0.00	0.00	0.02	6.34	0.04	12.45	0.00	0.00	0.21	71.30	0.03	9.25
黄壤	27.93	8.90	12.81	4.08	60.10	19.16	105.60	33.66	14.68	4.68	41.09	13.10	51.53	16.42
黄棕壤	17.12	9.16	5.34	2.86	30.40	16.27	32.15	17.21	15.50	8.30	53.17	28.45	33.19	17.76
灰褐土	2.60	16.30	1.39	8.71	0.28	1.74	1.50	9.39	0.10	0.61	7.41	46.39	2.69	16.87
火山灰土	0.00	0.00	0.00	0.00	0.00	0.00	0.02	7.99	0.00	0.00	0.00	0.00	0.26	92.01
山地草甸土	0.14	5.46	0.41	16.20	0.16	6.47	0.16	6.29	0.09	3.37	0.85	33.42	0.73	28.80
石灰（岩）土	13.73	7.09	6.99	3.61	23.40	12.09	42.03	21.71	4.97	2.57	62.96	32.52	39.52	20.41
石质土	3.30	81.74	0.00	0.00	0.02	0.38	0.21	5.22	0.18	4.57	0.18	4.50	0.15	3.59
水稻土	12.41	2.53	17.04	3.47	36.99	7.53	164.56	33.50	31.94	6.50	159.35	32.44	68.85	14.02
新积土	0.26	3.50	0.08	1.11	0.90	12.21	1.89	25.55	1.04	14.12	1.56	21.07	1.66	22.44
燥红土	1.77	24.47	0.07	0.93	0.14	1.88	1.84	25.48	1.82	25.19	0.53	7.30	1.07	14.76
沼泽土	0.00	0.20			0.49	56.40	0.12	13.76	0.18	20.34			0.08	9.13
紫色土	24.23	4.50	20.17	3.74	18.93	3.51	187.19	34.73	29.99	5.56	160.10	29.71	98.33	18.25
棕壤	6.40	15.35	0.69	1.66	1.35	3.24	4.24	10.16	6.70	16.06	10.20	24.46	12.13	29.08

第五节　土壤容重

　　田间自然垒结状态下单位容积土体（包括土粒和孔隙）的质量或重量与同容积水重比值（同容积水的质量与此时的土壤体积在数值上相同），称为土壤容重。土壤容重的变化，对土壤的多孔性质产生较大的影响，并影响植物的根系生长和生物量的积累。同一含水量条件下，随着土壤容重的增加水分扩散率降低，因为土壤容重的增加，提高了土壤间的紧密度，大孔隙减少，毛管孔隙增加，所以水分子流经的路径变窄，降低了水分的传导速率，影响了土壤水分和养分向根表的传导，进而降低了根系对其吸收的速率，阻碍了作物的生长。所以土壤容重也是影响土壤质量的一个非常重要的因素。

一、土壤容重分布情况

（一）不同二级农业区耕地土壤容重

　　对 2017 年西南区耕地质量调查点的耕地土壤容重情况进行统计，结果如表 5-23 所示。从表 5-23 中可以看出，西南区耕地土壤容重范围变化于 $0.8 \sim 1.8 \mathrm{g/cm^3}$ 之间，平均值为

1.31g/cm^3。从各二级农业区上看，秦岭大巴山林农区有调查点3 943个，占西南区调查点总数的 11.16%，耕地土壤容重均值为 1.36g/cm^3，在 5 个二级农业区中最高，变异系数为 8.09%。渝鄂湘黔边境山地林农牧区有8 148个样点，占西南区调查点总数的 23.06%，耕地土壤容重均值略高于西南区均值，为 1.31g/cm^3，变异系数为 9.16%；黔桂高原山地林农牧区有调查点5 735个，占西南区调查点总数的 16.23%，耕地土壤容重均值低于与西南区均值，平均值为 1.26g/cm^3，变异系数为 7.94%；川滇高原山地林农牧区有调查点6 344个，占西南区调查点总数的 17.96%，耕地土壤容重均值为 1.28g/cm^3，变异系数为 10.16%；四川盆地农林区有调查点11 158个，占西南区调查点总数的 31.58%，耕地土壤容重均值为 1.32g/cm^3，变异系数为 6.82%。川滇高原山地林农牧区的耕地土壤容重变异最大，四川盆地农林区的土壤容重变异最小。

表 5-23　西南区及各二级农业区耕地土壤容重分布状况（g/cm^3）

区域	样点数（个）	最大值	最小值	平均值（g/cm^3）	标准差（g/cm^3）	变异系数%
西南区	35 328	1.80	0.80	1.31	0.11	8.43
川滇高原山地林农牧区	6 344	1.79	0.81	1.28	0.13	10.16
黔桂高原山地林农牧区	5 735	1.68	0.89	1.26	0.10	7.94
秦岭大巴山林农区	3 943	1.57	0.92	1.36	0.11	8.09
四川盆地农林区	11 158	1.80	0.80	1.32	0.09	6.82
渝鄂湘黔边境山地林农牧区	8 148	1.65	0.89	1.31	0.12	9.16

（二）不同评价区耕地土壤容重

对西南区各评价区耕地土壤容重情况进行统计，结果如表 5-24 所示。从表 5-24 中可以看出，湖北评价区耕地土壤容重均值最高，达到 1.43g/cm^3，共有4 813个调查点数，占西南区调查点总数的 13.67%，变异系数为 15.38%。其次是四川评价区和重庆评价区，耕地土壤容重均值均为 1.32g/cm^3，调查点数分别为8 803和5 848个，分别占西南区调查点总数的 24.91% 和 16.55%，变异系数分别为 12.12% 和 10.61%。陕西评价区耕地土壤容重均值为 1.31g/cm^3，调查点为1 014个，占西南区调查点总数的 2.86%，变异系数为 9.92%。甘肃评价区耕地土壤容重均值为 1.27g/cm^3，有 861 个调查点，变异系数为 7.87%。云南评价区耕地土壤容重均值为 1.26g/cm^3，变异系数为 11.9%，调查点为4 951个，占西南区调查点总数的 14.01%。贵州评价区耕地土壤容重均值为 1.25g/cm^3，变异系数为 15.2%，调查点数为6 835个，占西南区调查点总数的 19.34%。湖南评价区耕地土壤容重均值为 1.24g/cm^3，变异系数为 10.48%，调查点数为1 585个，占西南区调查点总数的 4.48%。广西评价区耕地土壤容重均值最小，平均值为 1.21g/cm^3，共有调查点 622 个，占西南区调查点总数的 1.76%，变异系数为 12.4%。由此可见，湖北评价区的耕地土壤容重均值最高，广西评价区耕地土壤容重均值最低；甘肃评价区耕地土壤容重空间变异最小，而湖北评价区耕地土壤容重变异最大。

表 5-24　西南区各评价区耕地土壤容重分布状况（g/cm^3）

评价区	样点数（个）	最大值	最小值	平均值	标准差	变异系数（%）
甘肃评价区	861	1.66	1.01	1.27	0.1	7.87

（续）

评价区	样点数（个）	最大值	最小值	平均值	标准差	变异系数（%）
广西评价区	622	1.58	0.92	1.21	0.15	12.4
贵州评价区	6 835	1.79	0.8	1.25	0.19	15.2
湖北评价区	4 813	1.78	0.81	1.43	0.22	15.38
湖南评价区	1 585	1.59	0.88	1.24	0.13	10.48
陕西评价区	1 014	1.73	1	1.31	0.13	9.92
四川评价区	8 803	1.8	0.8	1.32	0.16	12.12
云南评价区	4 951	1.51	1.06	1.26	0.15	11.9
重庆评价区	5 848	1.8	0.81	1.32	0.14	10.61

（三）不同评价区各市（州）耕地土壤容重

对西南区评价区各市（州）耕地土壤容重情况进行统计，结果如表 5-25 所示。从表 5-25 可以看出，四川评价区攀枝花市耕地土壤容重均值最高，耕地土壤容重均值为 1.57g/cm³；广西壮族自治区百色市耕地土壤容重均值最低，为 1.17g/cm³。贵州评价区六盘水市和湖北评价区恩施土家族苗族自治州的耕地土壤容重均值标准差最大，为 0.27g/cm³；湖北评价区襄阳市和宜昌市耕地土壤容重均值标准差最小，为 0.03g/cm³。甘肃评价区定西市、甘南藏族自治州和陇南市耕地土壤容重均值略低于西南区平均值；广西评价区河池市耕地土壤容重均值为 1.21g/cm³，低于西南区均值，南宁市高于西南区均值；贵州评价区黔东南苗、黔南布依族苗族自治州、铜仁市、遵义市、毕节市和贵阳市耕地土壤容重均值低于西南区均值，其他地级市（州）耕地土壤容重均值均高于西南区均值；湖北评价区十堰市、神农架林区耕地土壤容重均值高于西南区均值；湖南评价区所有的地级市（州）耕地土壤容重均值均低于西南区均值；陕西评价区只有汉中市耕地土壤容重均值低于西南区土壤容重均值，其他地级市土壤容重均值均高于西南区土壤容重均值；四川评价区甘孜藏族自治州、乐山市、泸州市耕地土壤容重均值低于西南区耕地土壤容重均值，其他地级市（州）耕地土壤容重均值均高于西南区均值；云南评价区楚雄市、丽江市、怒江州、普洱市、昭通市耕地土壤容重均值高于西南区土壤容重均值，其他地级市（州）耕地土壤容重均值均低于西南区土壤容重均值；重庆评价区耕地土壤容重均值高于西南区土壤容重均值。

从西南区耕地土壤容重均值空间差异性来看，变异系数达 15% 以上，则说明样点值空间差异显著。甘肃评价区所有的地级市（州）耕地土壤容重均值变异系数均小于 10%，空间差异性较小；广西评价区所有的地级市耕地土壤容重均值变异系数均小于 15%，空间差异性较小；贵州评价区除毕节市所有的地级市（州）耕地土壤容重均值变异系数均小于 15%，空间差异性较小；湖北评价区恩施土家族苗族自治州土壤容重均值变异系数大于 15%，空间差异性较大，其他地级市耕地土壤容重均值变异系数均小于 15%，空间差异性显著；湖南评价区所有的地级市（州）耕地土壤容重均值变异系数均小于 15%，空间差异性较小；陕西评价区所有的地级市耕地土壤容重均值变异系数均小于 15%，空间差异性较小；四川评价区所有地级市（州）耕地土壤容重均值变异系数小于 15%，空间差异性较小；云南评价区所有的地级市（州）耕地土壤容重均值变异系数均小于 15%，空间差异性较小；重庆评价区所有的地级县（区）耕地土壤容重均值厚度值变异系数均小于 15%，空间差异性较小。

表 5-25　西南区评价区各市（州）耕地土壤容重分布状况（g/cm³）

评价区	市（州）名称	样点数（个）	最大值	最小值	平均值	标准差	变异系数（%）
甘肃评价区	定西市	130	1.39	1.21	1.29	0.04	3.10
	甘南藏族自治州	14	1.41	1.07	1.22	0.10	8.20
	陇南市	717	1.66	1.01	1.27	0.11	8.66
广西评价区	百色市	207	1.56	0.92	1.17	0.17	14.53
	河池市	346	1.58	0.94	1.21	0.13	10.74
	南宁市	69	1.55	1.05	1.31	0.15	11.45
贵州评价区	安顺市	444	1.72	0.90	1.31	0.15	11.45
	毕节市	1 498	1.7	0.80	1.15	0.18	15.65
	贵阳市	397	1.7	0.90	1.25	0.14	11.20
	六盘水市	467	1.79	0.80	1.37	0.27	19.71
	黔东南苗	638	1.7	0.80	1.23	0.19	15.45
	黔南布依族苗族自治州	721	1.76	0.83	1.28	0.17	13.28
	黔西南布依族苗族自治	671	1.72	0.88	1.33	0.16	12.03
	铜仁市	728	1.73	0.84	1.28	0.19	14.84
	遵义市	1 271	1.68	0.90	1.25	0.14	11.20
湖北评价区	恩施土家族苗族自治州	1 757	1.78	0.81	1.26	0.27	21.43
	神农架林区	100	1.6	1.30	1.38	0.07	5.07
	十堰市	701	1.62	0.85	1.49	0.11	7.38
	襄阳市	610	1.63	1.48	1.55	0.03	1.94
	宜昌市	1 645	1.63	1.46	1.55	0.03	1.94
湖南评价区	常德市	100	1.41	0.98	1.25	0.10	8.00
	怀化市	730	1.59	0.88	1.20	0.14	11.67
	邵阳市	70	1.41	0.94	1.22	0.10	8.20
	湘西土家族苗族自治州	475	1.55	0.80	1.27	0.10	7.87
	张家界市	210	1.58	0.91	1.28	0.14	10.94
陕西评价区	安康市	342	1.7	1.03	1.31	0.14	10.69
	宝鸡市	65	1.71	1.11	1.34	0.10	7.46
	汉中市	328	1.73	1.00	1.26	0.14	11.11
	商洛市	279	1.52	1.00	1.30	0.10	7.69
四川评价区	巴中市	396	1.76	0.90	1.37	0.16	11.68
	成都市	721	1.67	0.81	1.31	0.14	10.69
	达州市	805	1.75	0.80	1.31	0.12	9.16
	德阳市	392	1.77	0.92	1.40	0.15	10.71
	甘孜藏族自治州	6	1.37	0.98	1.24	0.14	11.29
	广安市	501	1.68	0.90	1.33	0.10	7.52

（续）

评价区	市（州）名称	样点数（个）	最大值	最小值	平均值	标准差	变异系数（%）
	广元市	468	1.78	0.84	1.33	0.15	11.28
	乐山市	316	1.7	0.80	1.24	0.14	11.29
	凉山彝族自治州	610	1.79	0.81	1.31	0.17	12.98
	泸州市	577	1.74	0.84	1.26	0.14	11.11
	眉山市	416	1.7	0.89	1.31	0.18	13.74
	绵阳市	551	1.77	0.96	1.36	0.13	9.56
	南充市	573	1.8	0.81	1.36	0.18	13.24
	内江市	283	1.8	0.82	1.34	0.19	14.18
	攀枝花市	53	1.67	1.35	1.57	0.09	5.73
	遂宁市	409	1.8	1.12	1.45	0.13	8.97
	雅安市	214	1.49	0.80	1.20	0.16	13.33
	宜宾市	737	1.79	0.90	1.29	0.14	10.85
	资阳市	463	1.71	0.83	1.24	0.14	10.48
	自贡市	312	1.74	0.82	1.24	0.17	13.71
	保山市	122	1.51	1.10	1.22	0.12	9.84
	楚雄州	438	1.51	1.10	1.31	0.13	9.92
	大理白族自治州	447	1.51	1.10	1.24	0.13	10.48
	红河州	210	1.51	1.10	1.19	0.13	10.92
	昆明市	604	1.51	1.06	1.19	0.14	11.76
	丽江市	299	1.51	1.06	1.31	0.18	13.74
云南评价区	怒江州	79	1.51	1.10	1.34	0.18	13.43
	普洱市	115	1.51	1.10	1.32	0.15	11.36
	曲靖市	1 092	1.51	1.06	1.21	0.15	12.40
	文山壮族苗族自治州	422	1.51	1.10	1.22	0.16	13.11
	玉溪市	192	1.51	1.10	1.19	0.12	10.08
	昭通市	931	1.51	1.06	1.36	0.11	8.09
重庆评价区	重庆市	5 848	1.8	0.81	1.32	0.14	10.61

二、主要土壤类型的土壤容重

对西南区各土类的耕地土壤容重情况进行统计，结果如表 5-26 所示。从表 5-26 可以看出，西南区土壤类型中以暗棕壤和火山灰土的耕地土壤容重均值最大，其耕地土壤容重均值为 1.45g/cm³，赤红壤、燥红土耕地土壤容重均值也较大，其耕地土壤容重均值分别为 1.44g/cm³ 和 1.43g/cm³；草甸土的耕地土壤容重均值最小，其均值为 1.02g/cm³，沼泽土土壤容重均值也较小，其均值为 1.06g/cm³；西南区耕地土壤容重的平均值为 1.31g/cm³，红壤、灰褐土、粗骨土、褐土、水稻土等的耕地土壤容重均值低于西南区平均水平；黄壤、棕壤、紫色土、石灰（岩）土、黄褐土、黄棕壤和红黏土等的耕地土壤容重均值高于西南区平均水平。

表 5-26　西南区主要土类耕地土壤容重分布状况（g/cm³）

土类	样点数（个）	最大值	最小值	平均值	标准差	变异系数（%）
暗棕壤	16	1.56	1.15	1.45	0.13	9.23
草甸土	7	1.21	0.95	1.02	0.62	60.79
潮土	466	1.73	0.89	1.31	0.16	12.02
赤红壤	66	1.64	1.14	1.44	0.08	5.65
粗骨土	73	1.50	0.96	1.27	0.14	10.72
褐土	566	1.71	0.98	1.28	0.11	8.65
黑钙土	20	1.35	1.24	1.30	0.03	2.64
黑垆土	113	1.35	1.17	1.25	0.07	5.25
黑土	25	1.39	1.21	1.29	0.05	3.50
红壤	2 411	1.78	0.89	1.16	0.13	11.23
红黏土	23	1.66	1.05	1.33	0.18	13.31
黄褐土	358	1.73	1.00	1.39	0.13	9.47
黄绵土	25	1.39	1.17	1.25	0.06	5.19
黄壤	5 629	1.80	0.80	1.31	0.19	14.48
黄棕壤	3 036	1.79	0.80	1.39	0.20	14.12
灰褐土	17	1.41	0.70	1.24	0.10	7.72
火山灰土	4	1.45	1.45	1.45	0.00	0.00
山地草甸土	6	1.40	1.02	1.21	0.14	11.17
石灰（岩）土	2 111	1.76	0.85	1.36	0.17	12.21
石质土	5	1.33	1.21	1.27	0.04	3.45
水稻土	12 795	1.78	0.80	1.28	0.17	13.05
新积土	270	1.68	1.06	1.26	0.14	10.94
燥红土	79	1.73	1.23	1.43	0.06	4.07
沼泽土	9	1.31	0.85	1.06	0.12	11.52
紫色土	6 803	1.80	0.83	1.35	0.15	11.29
棕壤	395	1.73	0.80	1.34	0.25	18.70

　　从不同土类上看，水稻土的调查点数量最多，达12 795个，占西南区调查点总数的 37.42%，耕地土壤容重均值为（1.28±0.17）g/cm³，低于西南区平均水平，变异系数为 13.28%，样本值空间差异性较为明显。紫色土的调查点数量居第二，为6 803个，占西南区调查点总数的 19.90%，耕地土壤容重均值为（1.35±0.15）g/cm³，高于西南区平均水平，变异系数为 11.11%，样点值空间差异性较为明显。黄壤的调查点数量居第三，为5 629个，占西南区调查点的 16.46%，耕地土壤容重均值为（1.31±0.19）g/cm³，略高于西南区平均水平，变异系数为 14.50%，样本值空间差异性较为明显。黄棕壤的调查点数量居第四，

为 3 036 个,占西南区调查点的 8.88%,耕地土壤容重均值为(1.39±0.20)g/cm³,高于西南区平均水平,变异系数为 14.39%,样本值空间差异性较为明显。褐土样点数 566 个,耕地土壤容重值介于 0.98~1.71g/cm³,变异系数为 8.59%,空间差异性不显著;黄褐土样点数 358 个,耕地土壤容重值介于 1.00~1.73g/cm³,变异系数为 9.35%,空间差异不显著;灰褐土样点数 17 个,耕地土壤容重值介于 0.70~1.41g/cm³,变异系数为 8.06%,空间差异不显著。

三、不同地貌类型的土壤容重

对西南区各地貌类型上耕地的耕地土壤容重情况进行统计,结果如表 5-27 所示。从表 5-27 可以出看,盆地地貌上耕地土壤容重大部分在 1.20~1.60g/cm³ 之间,其中耕地土壤容重介于 1.4~1.6g/cm³ 之间的耕地面积为 134.05 万 hm²,占西南区该地貌类型耕地面积的 57.81%;耕地土壤容重介于 1.2~1.4g/cm³ 之间的耕地面积为 76.35 万 hm²,占西南区该地貌类型耕地面积的 32.93%。平原地貌上耕地土壤容重主要分布在 1.4~1.6g/cm³ 之间,面积为 41.18 万 hm²,占西南区该地貌类型耕地面积的 73.17%;耕地土壤容重在 1.2~1.4g/cm³ 之间的耕地面积为 7.02 万 hm²,占西南区该地貌类型耕地面积的 12.47%;耕地土壤容重在 1.6g/cm³ 以上的耕地面积为 7.47 万 hm²,占西南区该地貌类型耕地面积的 13.28%。丘陵地貌上耕地土壤容重主要分布在 1.4~1.6g/cm³ 之间,面积为 440.60 万 hm²,占西南区该地貌类型耕地面积的 70.69%;耕地土壤容重在 1.2~1.4g/cm³ 之间的耕地面积为 74.94 万 hm²,占西南区区该地貌类型耕地面积的 12.02%;耕地土壤容重在 1.6g/cm³ 以上的耕地面积为 106.15 万 hm²,占西南区该地貌类型耕地面积的 17.03%。山地地貌上耕地土壤容重主要分布在 1.4~1.6g/cm³ 之间,面积为 771.65 万 hm²,占西南区该地貌类型耕地面积的 64.83%;耕地土壤容重在 1.2~1.4g/cm³ 之间的耕地面积为 229.47 万 hm²,占西南区该地貌类型耕地面积的 19.28%;耕地土壤容重在 1.6g/cm³ 以上的耕地面积为 169.26 万 hm²,占西南区该地貌类型耕地面积的 14.22%。整个西南区耕地容重小于 1.2g/cm³ 的耕地面积分布很小。

表 5-27　西南区各地貌类型不同耕地土壤容重分级的耕地面积与比例(万 hm²,%)

地貌类型	0.80~1.0g/cm³		1.0~1.2g/cm³		1.2~1.4g/cm³		1.4~1.6g/cm³		>1.6g/cm³	
	面积	比例	面积	比例	面积	比例	面积	比例	面积	比例
盆地	0.02	0.01	0.63	0.27	76.35	32.93	134.05	57.81	20.82	8.98
平原	0.47	0.83	0.14	0.26	7.02	12.47	41.18	73.17	7.47	13.28
丘陵	0.75	0.12	0.86	0.14	74.94	12.02	440.60	70.69	106.15	17.03
山地	14.90	1.25	5.06	0.42	229.47	19.28	771.65	64.83	169.26	14.22

第六节　土壤障碍因素

土壤障碍因子是指在土壤中阻碍植物或作物正常生长发育的性质或形态特征,这些性质或形态特征可能是某类土壤或某个区域土壤所共有的,也可能是由气候条件、成土母质,或者是由人为耕作活动所引起,如施肥、灌水、连作、设施栽培等。西南区耕地土壤障碍因子主要有瘠薄、酸化、渍潜和障碍层次等。土壤障碍因子的存在是导致作物生长不良、产量较低甚至绝收等的重要原因。改良土壤障碍因子、提高土壤生产力，是农业增产的重要措施。

一、主要障碍因素及其分布情况

（一）不同二级农业区耕地障碍因素

对西南区不同障碍因素的耕地面积及比例进行统计，结果如图 5-6 所示。由图 5-6 可知，影响制约西南区耕地质量的障碍因素主要有瘠薄、酸化、渍潜和障碍层次等，这几种障碍因素的耕地面积有 486.77 万 hm^2，占西南区耕地总面积的 23.16%。其中，障碍因素为瘠薄、酸化、障碍层次、渍潜的耕地面积依次为 129.39 万 hm^2、79.70 万 hm^2、251.17 万 hm^2 和 26.51 万 hm^2，占西南区存在障碍因素耕地总面积的 26.58%、16.37%、51.60% 和 5.45%。由此可见，西南区耕地分布面积较大的主要障碍因素为障碍层次、瘠薄和酸化，面积共有 460.26 万 hm^2，占西南区存在障碍因素耕地总面积的 94.55%。

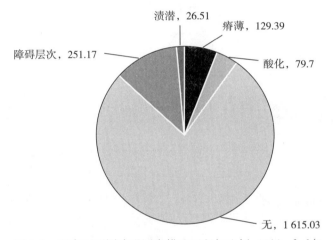

图 5-6　西南区不同障碍因素耕地面积与比例（万 hm^2，%）

对西南区各二级农业区不同障碍因素的耕地面积及比例进行统计，结果如表 5-28 所示。从表 5-28 中可以看出。从各障碍因素耕地的空间分布而言，障碍因素为瘠薄的耕地主要分布在川滇高原山地林农牧区和秦岭大巴山林农区，分别占西南区该障碍因素耕地面积的 39.09% 和 29.65%。障碍因素为酸化的耕地面积占西南区耕地面积的 3.79%，主要分布于川滇高原山地林农牧区、四川盆地农林区和渝鄂湘黔边境山地林农牧区等，面积共有 77.65 万 hm^2，占西南区该障碍因素耕地面积的 97.43%。障碍因素为障碍层次的耕地面积占西南区耕地面积的 11.95%，主要分布于川滇高原山地林农牧区、黔桂高原山地林农牧区和渝鄂湘黔边境山地林农牧区，面积共有 220.34 万 hm^2，占西南区该障碍因素耕地面积的 87.73%。障碍因素为渍潜的耕地面积占西南区耕地面积的 1.26%，主要分布于黔桂高原山地林农牧区和渝鄂湘黔边境山地林农牧区，面积共有 17.38 万 hm^2，占西南区该障碍因素耕地面积的 65.56%。

不同二级农业区中存在的主要障碍因素也不一样。川滇高原山地林农牧区耕地主要障碍因素是障碍层次和瘠薄，面积共有 153.29 万 hm^2，占该二级农业区耕地面积的 32.20%，障碍层次和瘠薄耕地面积分别占该二级农业区耕地面积的 21.57% 和 10.62%。黔桂高原山地林农牧区耕地主要障碍因素是障碍层次，面积57.73万 hm²，占该二级农业区耕地面积的15.07%，瘠薄、酸化和渍潜的耕地面积分别占该二级农业区耕地面积的4.07%、0.46%和2.80%。秦岭大巴山林农区耕地主要障碍因素是瘠薄和障碍层次，面积共有56.77万 hm²，占该二级农业区耕地面积的23.07%，瘠薄和障碍层次的耕地面积分别占该二级农业区耕地面积的15.59%和7.48%。四川盆地农林区耕地主要障碍因素是酸化、瘠薄和障碍层次，面积共有60.8万 hm²，占该二级农业区耕地面积的8.95%，瘠薄、酸化、障碍层次和渍潜的耕地面积分别占该二级农业区耕地面积的2.34%、4.78%、1.83%和0.68%。渝鄂湘黔边境山地林农牧区耕地主要障碍因素是酸化、障碍层次，面积共有81.49万 hm²，占该二级农业区耕地面积的25.71%，瘠薄、酸化、障碍层次和渍潜的耕地面积分别占该二级农业区耕地面积的2.83%、6.81%、18.90%和2.10%。

表 5-28　西南区各二级农业区不同障碍因素耕地面积与比例（万 hm²，%）

二级农业区	面积和比例	瘠薄	酸化	障碍层次	渍潜
川滇高原山地林农牧区	面积	50.58	23.55	102.71	2.59
	占同类型面积比例	39.09	29.55	40.89	9.77
	占本二级区面积比例	10.62	4.95	21.57	0.54
黔桂高原山地林农牧区	面积	15.59	1.76	57.73	10.74
	占同类型面积比例	12.05	2.21	22.98	40.51
	占本二级区面积比例	4.07	0.46	15.07	2.80
秦岭大巴山林农区	面积	38.36	0.29	18.41	1.89
	占同类型面积比例	29.65	0.36	7.33	7.13
	占本二级区面积比例	15.59	0.12	7.48	0.77
四川盆地农林区	面积	15.88	32.51	12.41	4.65
	占同类型面积比例	12.27	40.79	4.94	17.54
	占本二级区区面积比例	2.34	4.78	1.83	0.68
渝鄂湘黔边境山地林农牧区	面积	8.98	21.59	59.90	6.64
	占同类型面积比例	6.94	27.09	23.85	25.05
	占本二级区面积比例	2.83	6.81	18.90	2.10
西南区	面积	129.39	79.70	251.17	26.51
	占西南区面积比例（%）	6.16	3.79	11.95	1.26

（二）不同评价区耕地障碍因素

对西南区各评价区不同障碍因素的耕地面积及比例进行统计，结果如表5-29所示。从表5-29中可以看出，甘肃评价区耕地主要障碍因素是瘠薄和障碍层次，面积共有13.96万 hm²，占甘肃评价区耕地面积的20.83%，瘠薄、障碍层次、渍潜的耕地分别占甘肃评价区耕地面积的12.93%、7.89%和1.28%，甘肃评价区无酸化土壤分布。广西评价区耕地主要障碍因素是瘠薄、障碍层次和渍潜等，面积共有20.59万 hm²，占广西评价区耕地面积的49.93%，瘠薄、酸化、障碍层次和渍潜的耕地面积分别占广西评价区耕地面积的14.0%、0.53%、18.84%、16.69%。贵州评价区耕地主要障碍因素是障碍层次等，面积共有68.98

万 hm², 占贵州评价区耕地面积的 15.21％, 瘠薄、酸化、障碍层次、渍潜的耕地面积分别占贵州评价区耕地面积的 1.84％、0.58％、15.21％和 1.05％。湖北评价区耕地主要障碍因素是酸化、障碍层次和渍潜等, 面积共有 26.6 万 hm², 占湖北评价区耕地面积的 24.54％, 瘠薄、酸化、障碍层次和渍潜的耕地面积分别占湖北评价区耕地面积的 4.97％、12.75％、6.81％和 0.44％。湖南评价区耕地主要障碍因素是障碍层次, 面积共有 44.72 万 hm², 占湖南评价区耕地面积的 58.88％, 瘠薄、酸化、障碍层次和渍潜的耕地面积分别占湖南评价区耕地面积的 4.17％、7.63％、58.88％和 7.24％。陕西评价区耕地主要障碍因素是瘠薄和障碍层次, 面积共有 32.38 万 hm², 占陕西评价区耕地面积的 34.57％, 瘠薄、障碍层次和渍潜的耕地面积分别占陕西评价区耕地面积的 25.53％、9.04％和 0.11％, 陕西评价区无酸化土壤耕地分布。四川评价区耕地主要障碍因素是障碍层次、酸化和瘠薄, 面积共有 85.34 万 hm², 占四川评价区区耕地面积的 13.04％, 瘠薄、酸化、障碍层次和渍潜的耕地面积分别占四川评价区区耕地面积的 4.10％、5.59％、3.36％和 0.77％。云南评价区耕地主要障碍因素是障碍层次和瘠薄, 面积共有 130.58 万 hm², 占云南评价区区耕地面积的 35.80％, 瘠薄、酸化、障碍层次和渍潜的耕地面积分别占云南评价区区耕地面积的 12.18％、5.24％、23.62％和 0.59％。重庆评价区耕地主要障碍因素是瘠薄和酸化, 面积共有 4.31 万 hm², 占重庆评价区耕地面积的 1.77％, 瘠薄、酸化、障碍层次和渍潜的耕地面积分别占重庆评价区耕地面积的 1.12％、0.65％、0.18％和 0.30％。

从不同障碍因素耕地在各评价区评价区的分布来看, 障碍因素为瘠薄的耕地主要分布在云南、四川及陕西 3 个评价区评价区, 面积共有 95.15 万 hm², 占西南区该障碍因素耕地面积的 73.55％。障碍因素为酸化的耕地主要分布在四川、云南和湖北 3 个评价区评价区, 面积共有 69.49 万 hm², 占西南区该障碍因素耕地面积的 87.18％。障碍因素为障碍层次的耕地主要分布在云南、贵州和湖南 3 个评价区评价区, 面积共有 199.85 万 hm², 占西南区该障碍因素耕地面积的 79.56％。

表 5-29　西南区各评价区不同障碍因素耕地面积与比例（万 hm², ％）

评价区	面积和比例	瘠薄	酸化	障碍层次	渍潜
甘肃评价区	面积	8.67	0.00	5.29	0.86
	占同类型面积比例	6.70	0.00	2.11	3.24
	占本评价区面积比例	12.93	0.00	7.89	1.28
广西评价区	面积	5.94	0.22	7.77	6.88
	占同类型面积比例	4.59	0.28	3.09	25.94
	占本评价区面积比例	14.40	0.53	18.84	16.69
贵州评价区	面积	8.34	2.61	68.98	4.78
	占同类型面积比例	6.45	3.27	27.46	18.02
	占本评价区面积比例	1.84	0.58	15.21	1.05
湖北评价区	面积	5.39	13.82	7.39	0.48
	占同类型面积比例	4.17	17.34	2.94	1.81
	占本评价区面积比例	4.97	12.75	6.81	0.44

（续）

评价区	面积和比例	瘠薄	酸化	障碍层次	渍潜
湖南评价区	面积	3.16	5.80	44.72	5.50
	占同类型面积比例	2.44	7.28	17.80	20.74
	占本评价区面积比例	4.17	7.63	58.88	7.24
陕西评价区	面积	23.91	0.00	8.47	0.11
	占同类型面积	18.48	0.00	3.37	0.41
	占本评价区面积比例	25.53	0.00	9.04	0.11
四川评价区	面积	26.81	36.56	21.97	5.03
	占同类型面积比例	20.72	45.87	8.75	18.97
	占本评价区面积比例	4.10	5.59	3.36	0.77
云南评价区	面积	44.43	19.11	86.15	2.15
	占同类型面积	34.34	23.97	34.30	8.11
	占本评价区面积比例	12.18	5.24	23.62	0.59
重庆评价区	面积	2.72	1.59	0.44	0.73
	占同类型面积比例	2.10	1.99	0.18	2.75
	占本评价区面积比例	1.12	0.65	0.18	0.30
	总计	129.39	79.70	251.17	26.51

（三）不同评价区各市（州）耕地障碍因素

对西南区评价区各市（州）不同障碍因素的耕地面积及比例进行统计，结果如表 5-30 所示。从表 5-30 中可以看出，从各障碍因素耕地的空间分布而言，障碍因素为瘠薄的耕地主要位于甘肃评价区的陇南市，广西评价区的河池市、百色市，贵州评价区的遵义市，陕西评价区的安康市、汉中市、商洛市，四川评价区的达州市、凉山彝族自治州、泸州市、南充市、宜宾市，云南评价区的楚雄州、大理白族自治州、怒江州、曲靖市、文山壮族苗族自治州、昭通市和重庆评价区的重庆市，面积共有 98.65 万 hm^2，占西南区该障碍因素耕地面积的 76.25%。其中，云南评价区的文山壮族苗族自治州分布的障碍因素为瘠薄的耕地最多，面积为 14.07 万 hm^2，占西南区该障碍因素耕地面积的 10.88%。障碍因素为酸化的耕地主要分布于湖南评价区的怀化市，四川评价区的达州市、广安市、乐山市、凉山彝族自治州、泸州市、眉山市、宜宾市，云南评价区的保山市、大理白族自治州、昆明市和曲靖市等市（州），面积共有 43.03 万 hm^2，占西南区该障碍因素耕地面积的 53.98%；其中，四川评价区的宜宾市和达州市分布的障碍因素为酸化的耕地最多，面积为 12.73 万 hm^2，占西南区该障碍因素耕地面积的 15.97%。障碍因素为障碍层次的耕地主要分布于广西评价区的河池市，贵州评价区的安顺市、毕节市、六盘水市、黔南布依族苗族自治州、黔西南布依族苗族自治、铜仁市、遵义市，湖南评价区的怀化市、湘西土家族苗族自治州、张家界市，陕西评价区的安康市，云南评价区的楚雄州、大理白族自治州、红河州、昆明市、丽江市、曲靖市和昭通市，面积共有 187.61 万 hm^2，占西南区该障碍因素耕地面积的 74.69%；其中，云南评价区的曲靖市分布的障碍因素为障碍层次的耕地最多，面积为 19.12 万 hm^2，占西南区该障碍因素耕地面积的 7.61%。障碍因素为渍潜的耕地主要分布于广西评价区的百色市，贵州评价区的六盘水市，湖南评价区的怀化市，四川评价区的宜宾市等，面积共有 12.2 万 hm²，占西南区该障碍因素耕地面积的 46.00%；其中，广西评价区的百色市分布的障碍因素为渍潜的耕地最多，面积为 4.26 万 hm²，占西南区该障碍因素耕地面积的 16.06%。

表 5-30　西南区评价区各市（州）不同障碍因素耕地面积与比例（万 hm²，%）

评价区	面积和比例	瘠薄		酸化		无		障碍层次		渍潜	
		面积	比例	面积	比例	面积	比例	面积	比例	面积	比例
甘肃评价区	定西市	0.84	9.61	0.00	0.00	6.88	79.13	0.98	11.26	0.00	0.00
	甘南藏族自治州	0.43	16.43	0.00	0.00	2.16	83.57	0.00	0.00	0.00	0.00
	陇南市	7.41	13.29	0.00	0.00	43.17	77.44	4.31	7.73	0.86	1.54
广西评价区	百色市	2.69	19.81	0.03	0.21	6.54	48.12	2.35	17.30	1.98	14.56
	河池市	3.24	14.08	0.19	0.82	10.14	44.03	5.20	22.56	4.26	18.51
	南宁市	0.00	0.00	0.00	0.00	3.75	81.40	0.22	4.76	0.64	13.84
贵州评价区	安顺市	0.05	0.18	0.03	0.09	22.13	75.34	7.11	24.19	0.06	0.19
	毕节市	1.50	1.51	0.20	0.20	68.84	69.34	28.28	28.48	0.46	0.47
	贵阳市	0.28	1.04	0.18	0.69	24.81	92.47	1.48	5.53	0.08	0.28
	六盘水市	1.88	6.07	0.00	0.00	19.63	63.50	5.95	19.26	3.45	11.16
	黔东南苗族侗族自治州	0.36	0.84	1.27	3.01	39.25	92.72	1.21	2.86	0.24	0.57
	黔南布依族苗族自治州	0.92	1.92	0.25	0.53	41.18	86.10	5.46	11.43	0.01	0.02
	黔西南布依族苗族自治州	0.73	1.64	0.00	0.00	36.77	82.65	6.99	15.71	0.00	0.00
	铜仁市	0.17	0.36	0.41	0.85	42.38	87.77	5.16	10.68	0.17	0.34
	遵义市	2.45	2.92	0.26	0.31	73.70	87.67	7.34	8.73	0.32	0.38
湖北评价区	恩施土家族苗族自治州	2.00	4.42	13.62	30.10	26.63	58.82	2.54	5.62	0.47	1.04
	神农架林区	0.00	0.00	0.00	0.00	0.04	4.90	0.70	95.10	0.00	0.00
	十堰市	1.64	6.82	0.01	0.03	22.18	92.43	0.17	0.73	0.00	0.00
	襄阳市	1.27	7.61	0.00	0.00	14.18	84.98	1.24	7.41	0.00	0.00
	宜昌市	0.48	2.23	0.19	0.86	18.29	84.29	2.73	12.60	0.003	0.02
湖南评价区	常德市	0.29	5.98	0.22	4.53	2.15	44.44	2.00	41.26	0.18	3.79
	怀化市	0.56	1.63	3.30	9.63	7.91	23.09	20.25	59.15	2.23	6.50
	邵阳市	0.06	1.25	0.20	4.05	1.47	29.54	2.81	56.54	0.43	8.62
	湘西土家族苗族自治州	1.41	7.07	0.62	3.10	3.34	16.73	13.08	65.46	1.53	7.65
	张家界市	0.84	7.07	1.46	12.23	1.90	15.97	6.58	55.20	1.13	9.52
陕西评价区	安康市	7.28	19.17	0.00	0.00	24.37	64.16	6.33	16.67	0.00	0.00
	宝鸡市	0.00	0.00	0.00	0.00	1.69	86.90	0.25	13.10	0.00	0.00
	汉中市	9.14	26.91	0.00	0.00	24.60	72.40	0.24	0.70	0.00	0.00
	商洛市	7.49	37.91	0.00	0.00	10.51	53.22	1.65	8.33	0.11	0.54
四川评价区	巴中市	1.20	3.69	0.00	0.00	31.28	96.21	0.00	0.00	0.03	0.10
	成都市	0.05	0.13	1.85	4.38	36.21	85.73	4.11	9.73	0.02	0.04
	达州市	2.86	5.20	6.15	11.18	43.59	79.22	1.73	3.15	0.69	1.25
	德阳市	0.04	0.16	0.00	0.00	23.43	93.65	0.08	0.33	1.47	5.86

（续）

评价区	面积和比例	瘠薄		酸化		无		障碍层次		渍潜	
		面积	比例	面积	比例	面积	比例	面积	比例	面积	比例
	甘孜藏族自治州	0.00	0.00	0.00	0.00	0.41	77.47	0.12	22.53	0.00	0.00
	广安市	0.46	1.48	3.29	10.69	27.05	87.81	0.00	0.00	0.005	0.02
	广元市	1.13	3.19	0.00	0.00	33.50	94.79	0.49	1.38	0.22	0.64
	乐山市	1.30	4.75	4.79	17.52	20.40	74.67	0.84	3.06	0.00	0.00
	凉山彝族自治州	3.64	6.45	2.18	3.86	44.58	79.04	6.00	10.65	0.00	0.00
	泸州市	5.64	13.72	5.61	13.64	29.10	70.83	0.72	1.74	0.03	0.06
	眉山市	0.39	1.61	2.47	10.20	21.34	88.08	0.03	0.12	0.00	0.00
	绵阳市	0.89	1.99	0.00	0.00	41.58	93.42	1.89	4.26	0.15	0.34
	南充市	2.61	4.87	0.00	0.00	50.80	94.92	0.01	0.02	0.11	0.20
	内江市	0.69	2.51	0.46	1.69	24.52	89.29	1.79	6.51	0.00	0.00
	攀枝花市	1.10	14.65	0.19	2.47	5.68	75.69	0.54	7.19	0.00	0.00
	遂宁市	0.08	0.29	0.00	0.00	27.04	99.71	0.00	0.00	0.00	0.00
	雅安市	0.03	0.26	1.85	18.24	8.26	81.51	0.00	0.00	0.00	0.00
	宜宾市	3.12	6.40	6.58	13.48	33.60	68.83	3.26	6.67	2.26	4.62
	资阳市	0.64	1.48	0.00	0.00	42.37	98.36	0.06	0.14	0.01	0.01
	自贡市	0.97	4.46	1.15	5.29	19.22	88.62	0.30	1.40	0.05	0.23
云南评价区	保山市	1.07	13.63	2.05	26.09	2.56	32.46	2.19	27.82	0.00	0.00
	楚雄州	5.54	15.11	1.94	5.29	15.57	42.48	13.57	37.03	0.03	0.09
	大理白族自治州	3.34	9.03	1.51	4.08	23.98	64.72	6.81	18.38	1.40	3.78
	红河州	0.58	3.52	1.06	6.46	9.40	57.04	5.44	32.98	0.00	0.00
	昆明市	1.06	2.47	3.78	8.84	30.24	70.73	7.30	17.08	0.37	0.88
	丽江市	1.62	7.93	0.17	0.85	12.58	61.73	5.80	28.45	0.21	1.05
	怒江州	2.01	36.41	0.04	0.81	3.04	55.21	0.42	7.57	0.00	0.00
	普洱市	0.92	16.71	0.86	15.61	1.15	20.80	2.60	46.88	0.00	0.00
	曲靖市	5.51	6.67	2.83	3.43	55.10	66.67	19.12	23.13	0.08	0.10
	文山壮族苗族自治州	14.07	42.54	1.73	5.22	14.63	44.20	2.66	8.04	0.00	0.00
	玉溪市	0.81	5.29	1.25	8.18	9.99	65.29	3.21	20.98	0.04	0.26
	昭通市	7.89	12.85	1.87	3.05	34.64	56.38	17.04	27.73	0.00	0.00
重庆评价区	重庆市	2.72	1.12	1.59	0.65	237.59	97.75	0.44	0.18	0.73	0.30

二、主要土壤类型的障碍因素

对西南区各土壤类型不同障碍因素的耕地面积及比例进行统计，结果如表 5-31 所示。从表 5-31 中可以看出，从各土壤障碍因素在耕地主要土壤类型的分布上看，障碍因素为瘠薄的耕地主要分布在红壤、紫色土和黄棕壤 3 种土类上，面积共有 69.62 万 hm^2，占西南区该障碍因素耕地面积的 53.81%。障碍因素为酸化的耕地主要分布在水稻土和紫色土 2 种土类上，面积共有 46.64 万 hm²，占西南区该障碍因素耕地面积的 58.51%。障碍因素为障碍层次的耕地主要分布在水稻土、紫色土、黄壤、红壤、黄棕壤和石灰（岩）土 6 种土类上，面积共有 231.59 万 hm²，占西南区该障碍因素耕地面积的 92.20%；其中水稻土上障碍因素为障碍层次的耕地最多，面积 71.45 万 hm²，占西南区该障碍因素耕地面积的 28.45%。障碍因素为渍潜的耕地主要分布在水稻土上，面积 9.26 万 hm²，占西南区该障碍因素耕地面积的 34.92%。

从不同土类的障碍因素来看，西南区存在障碍因素的耕地土类主要有水稻土、紫色土、黄壤、红壤、黄棕壤、石灰（岩）土等，面积 441.54 万 hm²，占西南区存在障碍因素耕地总面积的 90.72%。其中，水稻土存在障碍因素的耕地面积最大，面积 118.45 万 hm²，占西南区存在障碍因素耕地总面积的 24.34%，障碍因素主要以障碍层次为主。紫色土存在障碍因素的耕地面积 84.79 万 hm²，占西南区存在障碍因素耕地总面积的 17.42%，障碍因素主要以障碍层次为主。黄壤存在障碍因素的耕地面积为 76.56 万 hm²，占西南区存在障碍因素耕地总面积的 15.73%，障碍因素主要以障碍层次为主。红壤存在障碍因素的耕地面积为 118.45 万 hm²，占西南区存在障碍因素耕地总面积的 14.23%，障碍因素主要以障碍层次和瘠薄为主。黄棕壤存在障碍因素的耕地面积为 53.53 万 hm²，占西南区存在障碍因素耕地总面积的 11.00%，障碍因素主要以瘠薄和障碍层次为主。石灰（岩）土存在障碍因素耕地面积为 38.93 万 hm²，占西南区存在障碍因素耕地总面积的 8%，障碍因素主要以瘠薄为主。

表 5-31　西南区各土壤类型不同障碍因素耕地面积与比例（万 hm²，%）

土类	瘠薄		酸化		无		障碍层次		渍潜	
	面积	比例	面积	比例	面积	比例	面积	比例	面积	比例
暗棕壤	0.43	10.44	0.05	1.13	3.56	85.71	0.11	2.72	0.00	0.00
草甸土	0.00	1.88	0.00	0.00	0.22	98.12	0.00	0.00	0.00	0.00
潮土	0.14	2.06	0.16	2.31	6.31	91.88	0.26	3.75	0.00	0.00
赤红壤	0.64	17.08	0.14	3.64	1.35	35.96	1.61	42.84	0.02	0.48
粗骨土	3.68	11.00	0.26	0.79	24.77	74.10	4.28	12.81	0.43	1.29
褐土	5.80	17.77	0.00	0.00	24.21	74.21	2.30	7.06	0.31	0.96
黑钙土	0.00	0.00	0.00	0.00	0.87	98.41	0.01	1.59	0.00	0.00
黑垆土	0.00	0.00	0.00	0.00	1.69	95.37	0.08	4.63	0.00	0.00
黑土	0.19	6.26	0.00	0.00	2.73	90.62	0.09	3.11	0.00	0.00
红壤	24.87	13.03	9.97	5.22	121.60	63.70	30.67	16.07	3.77	1.98
红黏土	0.15	15.60	0.00	0.00	0.73	74.44	0.08	8.27	0.02	1.70
黄褐土	1.55	10.85	0.00	0.00	11.89	83.07	0.79	5.54	0.08	0.54
黄绵土	0.00	0.00	0.00	0.00	0.26	89.31	0.03	10.69	0.00	0.00
黄壤	15.90	5.07	10.68	3.40	237.18	75.60	46.54	14.83	3.44	1.10
黄棕壤	21.74	11.63	7.72	4.13	133.35	71.36	22.43	12.00	1.64	0.88
灰褐土	1.93	12.08	0.00	0.00	11.51	72.05	2.17	13.56	0.37	2.31
火山灰土	0.00	0.00	0.07	22.81	0.07	23.74	0.15	53.44	0.00	0.00
山地草甸土	0.17	6.71	0.01	0.31	2.19	85.88	0.10	3.79	0.08	3.31

（续）

土类	瘠薄		酸化		无		障碍层次		渍潜	
	面积	比例	面积	比例	面积	比例	面积	比例	面积	比例
石灰（岩）土	10.93	5.65	1.69	0.87	154.67	79.89	24.00	12.39	2.31	1.19
石质土	0.13	3.22	0.00	0.00	3.01	74.65	0.77	19.08	0.12	3.05
水稻土	12.70	2.59	25.04	5.10	372.70	75.88	71.45	14.55	9.26	1.88
新积土	0.93	12.60	0.37	5.01	5.34	72.21	0.68	9.24	0.07	0.95
燥红土	0.50	6.91	0.12	1.65	5.14	71.15	1.43	19.82	0.03	0.48
沼泽土	0.00	0.00	0.00	0.00	0.37	43.25	0.01	0.80	0.48	55.95
紫色土	23.01	4.27	21.60	4.01	454.15	84.27	36.50	6.77	3.68	0.68
棕壤	3.97	9.53	1.79	4.28	31.86	76.38	4.03	9.66	0.06	0.15

三、不同耕地利用类型的障碍因素

对西南区耕地各利用类型不同障碍因素的面积及比例进行统计，结果如表表 5-32 所示。从表 5-32 中可以看出，旱地中存在障碍因素的面积为 308.96 万 hm^2，占西南区存在障碍因素耕地总面积的 63.47%，占西南区旱地总面积的 22.94%；旱地主要障碍因素是障碍层次和瘠薄，面积共有 257.75 万 hm^2，分别占西南区旱地总面积的 11.8% 和 7.34%，共占西南区旱地存在障碍因素耕地面积的 83.43%；瘠薄、酸化、障碍层次和渍潜等障碍因素的旱地面积分别占西南区旱地存在障碍因素耕地面积的 31.98%、12.60%、51.44% 和 3.97%。水浇地存在障碍因素的面积为 2.21 万 hm^2，占西南区存在障碍因素耕地总面积的 0.45%，占西南区水浇地面积的 20.43%；水浇地主要障碍因素是酸化，面积为 1.16 万 hm^2，占西南区水浇地耕地面积的 10.77%，占西南区水浇地存在障碍因素耕地面积的 52.49%；瘠薄、障碍层次、渍潜的水浇地面积分别占西南区水浇地面积的 2.38%、6.57% 和 0.72%，占西南区水浇地存在障碍因素的耕地面积 11.76%、32.13% 和 3.62%。水田存在障碍因素的耕地面积为 175.59 万 hm^2，占西南区存在障碍因素耕地面积的 36.07%，占西南区水田总面积的 23.61%；水田主要障碍因素是酸化、瘠薄和障碍层次，面积共有 161.44 万 hm^2，占西南区水田存在障碍因素耕地面积的 91.94%；瘠薄、酸化、障碍层次、渍潜的水田面积分别占西南区水田总面积的 4.07%、5.33%、12.31% 和 1.90%，占西南区水田存在障碍因素耕地面积的 17.26%、22.56%、52.13%、8.06%。

从不同障碍因素耕地的利用类型看，障碍因素为瘠薄的耕地主要是旱地，面积 98.82 万 hm^2，占西南区存在该障碍因素耕地面积的 76.38%，其次是水田，面积为 30.3 万 hm^2，占西南区存在该障碍因素耕地面积的 23.42%。障碍因素为酸化的耕地主要是旱地和水田，面积 78.54 万 hm^2，占西南区该存在障碍因素耕地面积的 98.54%，其中是水田面积为 39.61 万 hm^2，占西南区存在该障碍因素耕地面积的 49.70%，旱地面积为 38.93 万 hm^2，占西南区存在该障碍因素耕地面积的 48.85%。障碍因素为障碍层次的耕地主要为旱地和水田，面积依次为 158.93 万 hm^2 和 91.53 万 hm^2，分别占西南区存在该障碍因素耕地面积的 63.28% 和 36.44%。障碍因素为渍潜的耕地主要是旱地和水田，面积共有 26.43 万 hm^2，占西南区存在该障碍因素耕地面积的 99.70%；其中水田、旱地障碍因素为渍潜的耕地面积分别为 14.45 万 hm² 和 12.28 万 hm²，分别占西南区存在该障碍因素耕地面积的 53.38% 和 46.32%。

表 5-32　西南区耕地各利用类型不同障碍因素的面积与比例（万 hm²，%）

利用类型	面积和比例	瘠薄	酸化	障碍层次	渍潜
旱地	面积	98.82	38.93	158.93	12.28
	占同类面积比例	76.38	48.85	63.28	46.32
	占旱地面积比例	7.34	2.89	11.80	0.91
水浇地	面积	0.26	1.16	0.71	0.08
	占同类面积比例	0.20	1.46	0.28	0.30
	占水浇地面积比例	2.38	10.77	6.57	0.72
水田	面积	30.30	39.61	91.53	14.15
	占同类面积比例	23.42	49.70	36.44	53.38
	占水田面积比例	4.07	5.33	12.31	1.90
合计	面积	129.39	79.70	251.17	26.51
	占有障碍因素耕地面积比例	26.58	16.37	51.60	5.45

四、不同地貌类型的障碍因素

对西南区各地貌类型上有无障碍因素及不同障碍因素的耕地面积及比例进行统计，结果如表 5-33、表 5-34 所示。从各障碍因素耕地所处的地貌类型来看，西南区存在障碍因素的耕地有 60.46% 分布在山地地貌上，21.79% 分布于丘陵地貌上，16.77% 分布于盆地地貌上，4.78% 分布于平原地貌上。山地地貌上存在障碍因素的耕地面积共有 294.30 万 hm²，占西南区该地貌类型耕地面积的 24.72%，主要障碍因素是瘠薄和障碍层次，面积共有 246.39 万 hm²，占西南区该地貌类型存在障碍因素耕地面积的 83.72%；其中，瘠薄、酸化、障碍层次、渍潜的耕地面积分别占西南区该地貌类型存在障碍因素耕地面积的 29.35%、12.55%、54.37% 和 3.73%。丘陵地貌上存在障碍因素的耕地面积 106.06 万 hm²，占西南区该地貌类型耕地面积的 17.02%，主要障碍因素是瘠薄和障碍层次，面积共有 95.42 万 hm²，占西南区该地貌类型存在障碍因素耕地面积的 89.97%；其中，瘠薄、酸化、障碍层次、渍潜的耕地面积分别占西南区该地貌类型存在障碍因素耕地面积的 21.89%、23.57%、44.50%、10.03%。盆地地貌上存在障碍因素的耕地面积共有 81.61 万 hm²，占西南区该地貌类型耕地面积的比例最高，达 35.20%，主要障碍因素是障碍层次，面积为 42.46 万 hm²，占西南区该地貌类型存在障碍因素耕地面积的 52.03%；其中，瘠薄、酸化、障碍层次、渍潜耕地面积分别占西南区该地貌类型存在障碍因素耕地面积的 23.78%、18.54%、52.03% 和 5.65%。平原地貌上存在障碍因素的耕地面积共有 4.78 万 hm²，占西南区该地貌类型耕地面积的 8.49%，主要障碍因素是酸化，面积 2.65 万 hm²，占西南区该地貌类型存在障碍因素耕地面积的 55.44%；其中，瘠薄、酸化、障碍层次、渍潜耕地面积分别占西南区该地貌类型存在障碍因素耕地面积的 8.16%、55.44%、30.96% 和 5.44%。

从不同障碍因素耕地分布的地貌类型上看，障碍因素为瘠薄的耕地主要分布在山地地貌上，面积 86.37 万 hm²，占西南区存有该障碍因素耕地面积的 66.75%，其次是丘陵地貌上，面积为 23.22 万 hm²，占西南区存有该障碍因素耕地面积的 23.22%。障碍因素为酸化的耕地主要分布在山地和丘陵地貌上，面积共有 61.92 万 hm²，占西南区存有该障碍因素耕地面积的 77.69%，以山地地貌上耕地的酸化面积最大。障碍因素为障碍层次的耕地主要分布在山地、丘陵和盆地地貌上，面积共有 249.68 万 hm²，占西南区存有该障碍因素耕地面积的 99.41%，山地地貌上障碍因素为障碍层次的耕地面积明显高于其他地貌区。障碍因素为渍潜的耕地主要分布在山地和丘陵地貌上，面积 21.63 万 hm²，占西南区存有该障碍因素耕地面积的 81.62%。

表 5-33　西南区各地貌类型有无障碍因素耕地面积与比例（万 hm²，%）

地貌类型	面积和比例	无障碍因素	有障碍因素
盆地	面积	150.26	81.61
	占同类面积比例	9.30	16.77
	占盆地区面积比例	64.80	35.20
平原	面积	51.50	4.78
	占同类面积比例	3.19	0.98
	占平原区面积比例	91.51	8.49
丘陵	面积	517.23	106.06
	占同类面积比例	32.03	21.79
	占丘陵区面积比例	82.98	17.02
山地	面积	896.04	294.30
	占同类面积比例	55.48	60.46
	占山地区面积比例	75.28	24.72
合计	面积	1 615.03	486.75
	占西南区面积比例	76.84	23.16

表 5-34　西南区各地貌类型不同障碍因素耕地面积与比例（万 hm²，%）

地貌类型	面积和比例	瘠薄	酸化	障碍层次	渍潜
盆地	面积	19.41	15.13	42.46	4.61
	占同类面积比例	15.00	18.98	16.91	17.40
	占盆地区有障碍因素面积比例	23.78	18.54	52.03	5.65
平原	面积	0.39	2.65	1.48	0.26
	占同类面积比例	0.30	3.32	0.59	0.98
	占平原区有障碍因素面积比例	8.16	55.44	30.96	5.44
丘陵	面积	23.22	25	47.2	10.64
	占同类面积比例	17.95	31.37	18.79	40.15
	占丘陵区有障碍因素面积比例	21.89	23.57	44.50	10.03

（续）

地貌类型	面积和比例	瘠薄	酸化	障碍层次	渍潜
山地	面积	86.37	36.92	160.02	10.99
	占同类面积比例	66.75	46.32	63.71	41.47
	占山地区有障碍因素面积比例	29.35	12.55	54.37	3.73
合计	面积	129.39	79.7	251.16	26.5
	占有障碍因素的耕地面积比例	26.58	16.37	51.60	5.44

第六章　西南区耕地土壤酸碱度及酸化特征

　　土壤酸碱度是土壤的重要性质，是土壤形成过程和熟化培肥过程的一个指标，通常以pH表示。土壤酸碱度是影响土壤养分有效性的重要因素之一，对土壤中养分存在的形态和有效性、土壤的理化性质、微生物活动以及植物生长发育都有很大影响。适宜的土壤pH是作物及其共生土壤微生物正常生长的前提条件，土壤酸性过强会严重干扰作物营养物质相关的土壤生化过程，影响土壤对作物营养元素的足量供应，降低作物产量和品质。

　　土壤酸化是指在自然或人为条件下土壤接受了一定数量的交换性氢离子或铝离子，氢离子与土壤胶体表面上吸附的盐基性离子进行交换反应而被吸附在土粒表面，被交换下来的盐基性离子随渗漏水淋失。土粒表面的氢离子又自发的与矿物晶格表面的铝反应，迅速转化成交换性铝，这就是土壤酸化的实质。土壤酸化本身是一个非常缓慢的自然过程，但人为活动加剧了土壤酸化的进程。土壤酸化可以引起土壤一系列物理、化学和生物学性质的变化，对土壤化学性质的影响尤为明显，可以导致营养元素淋溶和固定以及提高土壤重金属的溶出量和生物有效性，促进作物的重金属吸收和积累，通过食物链威胁人类健康。随着工业的迅猛发展，燃煤用量的急剧增加导致大量含硫和氮的氧化物以酸沉降的形式降落至土壤。同时，由于人口数量剧增，为提高粮食产量，从20世纪80年代早期，我国农业就已经开始高度集约化发展，即在有限的土地上通过化肥和其他资源的高投入，以满足粮食和经济作物的高产出，进一步加剧了土壤酸化的趋势。在我国南方，土壤酸碱度已经成为限制农业生产和影响环境质量的主要因素之一。因此，了解耕地土壤的酸化趋势，并采取有效的对策措施来防治土壤酸化显得十分必要。

　　本书收集整理了2017年35 332个西南区耕地质量调查点的土壤pH等相关数据，对其进行处理和挖掘，分析西南区土壤酸碱度的空间分布特征，探讨西南区土壤酸化的影响因素，研究西南区耕地土壤酸化的空间分布情况及特征，为农业生产、教学科研和耕地管理提供参考。因西南区气候类型多样，成土母质复杂，土壤pH变化较大，一般根据土壤pH将土壤酸碱性划分为6个等级，即：pH<4.5为强酸性，pH4.5～5.5为酸性，pH5.5～6.5为微酸性，pH6.5～7.5为中性，pH7.5～8.5为微碱性，pH≥8.5为碱性。

第一节　土壤pH分布状况

　　土壤酸碱性是土壤的重要性质，它制约着土壤矿质元素的释放、固定、迁移及其有效性等，对土壤肥力、植物吸收养分及其生长发育均具有显著影响。

一、不同二级农业区耕地土壤pH分布

　　对西南区35 332个耕地质量调查点中的pH统计分析，如表6-1所示。从表6-1中可以看出，西南区耕地土壤pH在3.5～9.0之间，中位值为6.33，标准差为1.15，变异系数为18%，具有中等程度的空间变异性。5个二级农业区中，渝鄂湘黔边境山地林农牧区的酸性

土壤较多，pH 中位值为 5.80。秦岭大巴山林农区酸性土壤较少，pH 中位值为 7.00。

表 6-1 西南区不同二级农业区耕地土壤 pH 分布

区域	样点数（个）	最小值	最大值	中位值	标准差
合计	35 332	3.53	8.96	6.33	1.15
川滇高原山地林农牧区	6 412	3.60	8.70	6.30	1.01
黔桂高原山地林农牧区	5 756	3.89	8.61	6.00	1.04
秦岭大巴山林农区	4 027	4.16	8.71	7.00	0.98
四川盆地农林区	10 986	3.53	8.88	6.66	1.28
渝鄂湘黔边境山地林农牧区	8 151	3.70	8.96	5.80	1.04

二、不同评价区耕地土壤 pH 分布

根据不同评价区耕地土壤 pH 统计分析，如表 6-2 所示。从表 6-2 中可以看出，贵州评价区、云南评价区、湖北评价区和湖南评价区的土壤 pH 中位值相对较低，依次分别为 6.16、6.23、6.25 和 6.25，土壤 pH 范围依次分别为 3.89～8.61、3.60～8.70、3.70～8.96、4.04～8.45，土壤酸化情况不容乐观。而广西评价区、四川评价区、重庆评价区、陕西评价区和甘肃评价区的土壤 pH 中位值相对要高一些，土壤 pH 中位值依次分别为 6.31、6.39、6.43、6.67 和 7.84，土壤 pH 范围依次为 4.00～8.50、3.53～8.88、4.00～8.90、4.17～8.60、5.36～8.71。

表 6-2　西南区各评价区耕地土壤 pH 分布

评价区	样点数（个）	最小值	最大值	中位值	标准差
甘肃评价区	861	5.36	8.71	7.84	0.49
广西评价区	622	4.00	8.50	6.31	0.93
贵州评价区	6 835	3.89	8.61	6.16	1.04
湖北评价区	4 813	3.70	8.96	6.25	1.01
湖南评价区	1 585	4.04	8.45	6.25	0.86
陕西评价区	1 014	4.17	8.60	6.67	0.83
四川评价区	8 803	3.53	8.88	6.39	1.24
云南评价区	4 951	3.60	8.70	6.23	0.96
重庆评价区	5 848	4.00	8.90	6.43	1.21

三、不同评价区各市（州）耕地土壤 pH 分布

对不同评价区各市（州）耕地土壤 pH 情况进行统计，如表 6-3 所示。从表 6-3 中可以看出，六盘水市、普洱市、贵阳市和保山市的土壤 pH 中位值最低，值得进一步关注，土壤 pH 中位值依次分别为 6.01、6.03、6.10 和 6.10，土壤 pH 范围依次分别为 4.09～8.52、4.60～7.90、4.00～8.13、4.10～7.10。土壤 pH 中位值最高的市（州）集中在甘肃评价区，包括定西市、陇南市和甘南藏族自治州，土壤 pH 中位值依次分别为 8.04、7.81 和

7.54，土壤 pH 范围依次分别为 7.13～8.71、5.36～8.66、6.21～7.80。湘西自治州、泸州市、神农架林区、乐山市、眉山市和河池市土壤 pH 中位值与西南区土壤 pH 中位值 6.33 最为接近，依次分别为 6.31、6.31、6.32、6.33、6.33 和 6.35，土壤 pH 范围依次分别为 4.17～8.45、3.86～8.43、5.29～8.53、4.10～8.49、3.77～8.58、4.00～8.40。

表 6-3　西南区评价区各市（州）耕地土壤 pH 分布

评价区	市（州）名称	样点数（个）	最小值	最大值	中位值	标准差
甘肃评价区		861	5.36	8.71	7.84	0.49
	定西市	130	7.13	8.71	8.04	0.27
	甘南藏族自治州	14	6.21	7.80	7.54	0.56
	陇南市	717	5.36	8.66	7.81	0.50
广西评价区		622	4.00	8.50	6.31	0.93
	百色市	207	4.10	8.50	6.18	0.86
	河池市	346	4.00	8.40	6.35	0.96
	南宁市	69	4.40	8.00	6.47	0.72
贵州评价区		6 835	3.89	8.61	6.16	1.04
	安顺市	444	4.16	8.36	6.14	1.00
	毕节市	1 498	4.00	8.60	6.17	1.08
	贵阳市	397	4.00	8.13	6.10	0.86
	六盘水市	467	4.09	8.52	6.01	1.07
	黔东南州	638	4.09	8.31	6.18	0.84
	黔南州	721	4.04	8.58	6.16	1.02
	黔西南州	671	3.89	8.61	6.16	1.07
	铜仁市	728	4.27	8.48	6.15	1.02
	遵义市	1 271	4.12	8.51	6.21	1.04
湖北评价区		4 813	3.70	8.96	6.25	1.01
	恩施土家族苗族自治州	1 757	4.00	8.35	6.17	0.88
	神农架林区	100	5.29	8.53	6.32	0.71
	十堰市	701	4.49	8.44	6.24	0.84
	襄阳市	610	5.08	8.10	6.39	0.57
	宜昌市	1 645	3.70	8.96	6.28	1.08
湖南评价区		1 585	4.04	8.45	6.25	0.86
	常德市	100	4.30	8.40	6.25	0.83
	怀化市	730	4.04	8.40	6.23	0.82
	邵阳市	70	4.81	7.88	6.19	0.56
	湘西自治州	475	4.17	8.45	6.31	0.89
	张家界市	210	4.48	8.33	6.22	0.80
陕西评价区		1 014	4.17	8.60	6.67	0.83
	安康市	342	4.79	8.47	6.49	0.80

（续）

评价区	市（州）名称	样点数（个）	最小值	最大值	中位值	标准差
	宝鸡市	65	5.33	8.00	7.50	0.73
	汉中市	328	4.17	8.60	6.46	0.82
	商洛市	279	4.47	8.19	6.95	0.85
四川评价区		8 803	3.53	8.88	6.39	1.24
	巴中市	396	4.80	8.80	6.43	1.13
	成都市	721	3.53	8.81	6.36	1.18
	达州市	805	3.90	8.50	6.40	1.07
	德阳市	392	4.14	8.50	6.42	1.04
	甘孜藏族自治州	6	5.54	7.06	7.25	0.55
	广安市	501	4.20	8.48	6.36	1.04
	广元市	468	3.97	8.50	6.43	1.07
	乐山市	316	4.10	8.49	6.33	1.21
	凉山彝族自治州	610	4.32	8.64	6.25	1.13
	泸州市	577	3.86	8.43	6.31	1.11
	眉山市	416	3.77	8.58	6.33	1.33
	绵阳市	551	4.64	8.72	6.37	0.88
	南充市	573	4.74	8.63	6.47	0.76
	内江市	283	4.19	8.56	6.45	1.24
	攀枝花市	53	5.30	8.41	6.22	0.78
	遂宁市	409	3.81	8.88	6.61	0.61
	雅安市	214	3.69	8.63	6.24	1.39
	宜宾市	737	3.77	8.58	6.37	1.30
	资阳市	463	5.40	8.69	6.50	0.49
	自贡市	312	3.90	8.76	6.48	1.31
云南评价区		4 951	3.60	8.70	6.23	0.96
	保山市	122	4.10	7.10	6.10	0.39
	楚雄州	438	4.20	8.70	6.48	1.07
	大理白族自治州	447	4.10	8.60	6.29	0.94
	红河州	210	4.70	8.30	6.19	0.93
	昆明市	604	4.28	8.51	6.15	0.96
	丽江市	299	4.70	8.70	6.25	0.91
	怒江州	79	4.60	8.20	6.16	0.90
	普洱市	115	4.60	7.90	6.03	0.58
	曲靖市	1 092	4.00	8.30	6.16	0.94
	文山壮族苗族自治州	422	4.10	8.20	6.44	0.84
	玉溪市	192	4.40	8.60	6.16	0.96

（续）

评价区	市（州）名称	样点数（个）	最小值	最大值	中位值	标准差
	昭通市	931	3.60	8.60	6.21	0.90
重庆评价区		5 848	4.00	8.90	6.43	1.21
	重庆市	5 848	4.00	8.90	6.43	1.21

四、不同土类耕地土壤 pH 分布

根据不同土类的耕地土壤 pH 统计分析，如表 6-4 所示。从表 6-4 中可以看出，水稻土调查点数量最多，其次为紫色土、黄壤和黄棕壤。中位值最低的土壤为火山灰土、粗骨土和黄壤，分别为 5.15、5.72 和 5.76，其中，黄壤覆盖面较广且酸化明显。地带性土壤，如燥红土、红壤、黄壤、黄棕壤、棕壤、暗棕壤等的 pH 最大值超过 7.9，与这些地带性土壤的酸性特点不一致；而石灰（岩）土的 pH 最小值仅为 4.0，也与一般石灰（岩）土的 pH 不一致，这可能与近 30 年来人为耕作及施肥对土壤 pH 产生较大影响有关。

表 6-4　西南区不同土类耕地土壤 pH 分布

土类	样点数（个）	最小值	最大值	中位值	标准差
暗棕壤	16	5.20	8.08	6.35	0.85
草甸土	7	4.79	6.39	5.78	0.54
潮土	466	4.27	8.65	6.86	1.17
赤红壤	66	4.40	7.85	5.80	0.82
粗骨土	73	4.46	8.30	5.72	1.20
寒冻土	4	5.40	6.10	5.90	0.30
褐土	566	4.81	8.66	8.10	0.64
黑钙土	20	7.33	8.40	8.06	0.24
黑垆土	113	7.13	8.71	8.10	0.23
黑土	25	7.63	8.41	8.02	0.22
红壤	2 411	4.00	8.70	6.00	0.97
红黏土	23	8.10	8.48	8.30	0.12
黄褐土	358	3.87	8.60	7.04	0.84
黄绵土	25	7.50	8.64	8.10	0.32
黄壤	5 629	3.67	8.83	5.76	1.00
黄棕壤	3 036	3.60	8.88	6.04	0.93
灰褐土	17	6.21	8.09	7.45	0.63
火山灰土	4	4.80	5.30	5.15	0.24
山地草甸土	6	6.83	8.10	7.96	0.52
石灰（岩）土	2 111	4.00	8.96	7.40	0.98

（续）

土类	样点数（个）	最小值	最大值	中位值	标准差
石质土	5	7.80	8.30	8.30	0.22
水稻土	12 795	3.53	8.84	6.21	1.08
新积土	270	4.13	8.69	7.28	1.12
燥红土	79	5.00	8.70	7.50	1.01
沼泽土	9	5.06	8.10	5.92	1.11
紫色土	6 803	3.83	8.88	6.73	1.29
棕壤	395	4.40	8.52	5.97	1.01

五、不同亚类耕地土壤 pH 分布

根据不同亚类的耕地土壤 pH 统计分析，如表 6-5 所示。从表 6-5 中可以看出，漂洗水稻土、酸性紫色土和典型黄壤是具有一定覆盖面（调查点数量都在 100 个以上）且酸化明显的土壤，土壤 pH 中位值分别依次为 5.52、5.65、5.76。pH 中位值最高且具有一定覆盖面的土壤（调查点数量在 100 个以上）分别为中性石质土、积钙红黏土和典型褐土，中位值依次分别为 8.30、8.30 和 8.17，虽然酸化风险较低，但有土壤盐碱化风险。

表 6-5　西南区不同亚类耕地土壤 pH 分布

亚类	样点数（个）	最小值	最大值	中位值	标准差
暗黄棕壤	1 084	3.60	8.53	6.00	0.94
赤红壤性土	2	7.00	7.30	7.15	0.21
冲积土	222	4.13	8.49	7.32	1.12
典型暗棕壤	16	5.20	8.08	6.35	0.85
典型草甸土	7	4.79	6.39	5.78	0.54
典型潮土	148	4.27	8.51	6.38	1.17
典型赤红壤	50	4.40	7.85	5.80	0.86
典型褐土	255	5.78	8.66	8.17	0.53
典型黑钙土	20	7.33	8.40	8.06	0.24
典型黑垆土	22	8.10	8.10	8.10	0.00
典型黑土	25	7.63	8.41	8.02	0.22
典型红壤	441	4.17	8.30	5.93	0.96
典型黄褐土	329	4.74	8.60	7.02	0.80
典型黄壤	4 865	3.67	8.83	5.76	0.99
典型黄棕壤	1 478	4.06	8.88	6.02	0.93
典型灰褐土	1	6.53	6.53	6.53	—
典型火山灰土	4	4.80	5.30	5.15	0.24
典型山地草甸土	5	6.83	8.10	8.10	0.55

（续）

亚类	样点数（个）	最小值	最大值	中位值	标准差
典型新积土	48	4.70	8.69	7.14	1.11
典型棕壤	369	4.40	8.52	5.95	1.01
腐泥沼泽土	1	5.58	5.58	5.58	—
钙质粗骨土	28	6.70	8.30	7.62	0.47
寒冻土	4	5.40	6.10	5.90	0.30
褐红土	79	5.00	8.70	7.50	1.01
褐土性土	12	5.56	7.85	7.24	0.71
黑麻土	91	7.13	8.71	8.10	0.26
黑色石灰土	119	4.50	8.65	6.97	0.99
红壤性土	153	4.57	8.00	5.80	0.87
红色石灰土	151	4.67	8.73	7.60	0.98
黄褐土性土	29	3.87	8.44	7.26	1.18
黄红壤	868	4.00	8.70	5.84	1.01
黄绵土	25	7.50	8.64	8.10	0.32
黄壤性土	735	4.10	8.43	5.78	1.05
黄色赤红壤	14	5.10	7.20	5.70	0.62
黄色石灰土	1 235	4.00	8.90	7.47	1.00
黄棕壤性土	474	4.22	8.63	6.20	0.88
灰潮土	299	4.27	8.65	7.21	1.19
积钙红黏土	23	8.10	8.48	8.30	0.12
淋溶褐土	101	4.81	8.61	8.10	0.91
淋溶灰褐土	3	7.96	8.09	8.03	0.07
泥炭沼泽土	8	5.06	8.10	6.31	1.13
漂洗黄壤	29	4.32	7.90	5.60	0.96
漂洗水稻土	151	3.89	8.24	5.52	1.04
潜育水稻土	621	4.14	8.60	6.15	1.03
山地灌丛草甸土	1	7.36	7.36	7.36	—
山原红壤	913	4.00	8.50	6.20	0.94
渗育水稻土	3 807	3.69	8.80	6.39	1.16
湿潮土	19	5.20	7.83	6.30	0.69
石灰性褐土	198	6.15	8.65	8.04	0.51
石灰性灰褐土	13	6.21	7.80	7.42	0.57
石灰性紫色土	2 376	3.97	8.88	7.97	0.98
酸性粗骨土	45	4.46	7.70	5.35	0.58
酸性紫色土	1 314	3.83	8.70	5.65	1.01
脱潜水稻土	49	3.81	8.20	6.30	0.86

（续）

亚类	样点数（个）	最小值	最大值	中位值	标准差
淹育水稻土	2 164	4.00	8.55	6.10	1.08
盐渍水稻土	2	5.05	5.60	5.33	0.39
中性石质土	5	7.80	8.30	8.30	0.22
中性紫色土	3 113	3.90	8.80	6.19	1.19
潴育水稻土	6 001	3.53	8.84	6.20	1.03
棕红壤	36	4.50	7.54	5.80	0.89
棕壤性土	26	4.54	8.00	6.36	0.93
棕色石灰土	606	4.40	8.96	7.30	0.92

注：标准差为"—"表示只有1个样点。

第二节　耕地土壤 pH 分级与区域空间分布

根据西南区耕地土壤 pH 状况，参照第二次土壤普查的分级标准，为便于土壤酸化治理，将全区土壤 pH 分为 6 级，其中微酸性、酸性和强酸性 3 级表征为西南区的酸化土壤。

一、耕地土壤 pH 分布概况

根据不同土壤 pH 分级统计分析，如表 6-6 所示。从表 6-6 中可以看出，在 2017 年西南区 35 332 个耕地质量调查点中，土壤 pH 呈微酸性及其以下（pH＜6.5）的样点数共有 19 446 个，占到调查点总数的 55.0%，即一半以上的调查点其土壤 pH 呈酸性。对西南区不同土壤 pH 的耕地面积及比例进行统计，土壤 pH 呈碱性、微碱性、中性、微酸性、酸性、强酸性的耕地面积占西南区耕地总面积的比例分别为 0.13%、12.43%、31.04%、49.99%、6.41%、0.00%，其中共有 1 185.42 万 hm² 的耕地土壤 pH 呈微酸性及其以下，占到西南区耕地总面积的 56.4%。

表 6-6　西南区不同土壤 pH 的样点数量与耕地面积（万 hm²，%）

土壤酸碱性	pH	样点数（个）	占调查点总数比例	面积	占西南区耕地面积比例
强酸性	＜4.5	609	1.7	0.02	0.00
酸性	4.5～5.5	8 753	24.8	134.77	6.41
微酸性	5.5～6.5	10 084	28.5	1 050.63	49.99
中性	6.5～7.5	7 268	20.6	652.35	31.04
微碱性	7.5～8.5	8 254	23.4	261.26	12.43
碱性	≥8.5	364	1	2.77	0.13
合计	—	35 332	100	2 101.8	100

注：每个 pH 区间包含下限，不包含上限。

二、不同二级农业区耕地土壤 pH 空间分布

不同二级农业区耕地土壤 pH 空间分布总体呈现"南低北高、东低西高"的趋势。对西南区不同二级农业区不同土壤 pH 的耕地面积及比例进行统计，结果如表 6-7 所示。从表 6-7 中可知，川滇高原山地林农牧区、黔桂高原山地林农牧区和渝鄂湘黔边境山地林农牧区的土壤 pH 低于 6.5 的耕地比例较高，在本区的占比依次分别为 58.86%、74.84% 和 82.31%。pH5.5～6.5 的微酸性耕地土壤在黔桂高原山地林农牧区、川滇高原山地林农牧区、四川盆地农林区和渝鄂湘黔边境山地林农牧区分布较多，分别占西南区微酸性耕地土壤面积的 25.86%、25.06%、23.90% 和 18.30%；pH4.5～5.5 的酸性耕地土壤以渝鄂湘黔边境山地林农牧区和四川盆地农林区最为集中，分别占西南区酸性耕地土壤面积的 21.62% 和 5.02%，秦岭大巴山林农区仅南部有零星分布；pH 低于 4.5 的强酸性耕地集中分布在渝鄂湘黔边境山地林农牧区，其余二级农业区 pH 低于 4.5 的耕地土壤只有零星分布。

表 6-7　西南区各二级农业区不同土壤 pH 的耕地面积与比例（万 hm²，%）

二级农业区	面积和比例	碱性 (pH≥8.5)	微碱性 (pH7.5～8.5)	中性 (pH6.5～7.5)	微酸性 (pH5.5～6.5)	酸性 (pH4.5～5.5)	强酸性 (pH<4.5)
川滇高原山地林农牧区	面积	0.00	9.50	186.36	263.30	16.92	0.00
	占同类面积比例	0.00	3.64	28.57	25.06	12.55	0.00
	占本二级区面积比例	0.00	2.00	39.14	55.31	3.55	0.00
黔桂高原山地林农牧区	面积	0.00	0.80	95.60	271.63	15.13	0.00
	占同类面积比例	0.00	0.31	14.65	25.86	11.23	0.00
	占本二级区面积比例	0.00	0.21	24.95	70.89	3.95	0.00
秦岭大巴山林农区	面积	2.65	66.72	104.28	72.29	0.11	0.00
	占同类面积比例	95.91	25.54	15.99	6.88	0.09	0.00
	占本二级区面积比例	1.08	27.12	42.38	29.38	0.05	0.00
四川盆地农林区	面积	0.11	178.17	216.12	251.10	34.09	0.00
	占同类面积比例	4.09	68.20	33.13	23.90	25.30	0.00
	占本二级区面积比例	0.02	26.22	31.80	36.95	5.02	0.00
渝鄂湘黔边境山地林农牧区	面积	0.00	6.06	49.99	192.30	68.51	0.02
	占同类面积比例	0.00	2.32	7.66	18.30	50.83	100
	占本二级区面积比例	0.00	1.91	15.78	60.68	21.62	0.01
西南区	面积	2.77	261.26	652.35	1 050.63	134.77	0.02
	占西南区面积比例	0.13	12.43	31.04	49.99	6.41	0.00

注：每个 pH 区间包含下限，不包含上限。

（一）川滇高原山地林农牧区耕地土壤 pH 分布

川滇高原山地林农牧区耕地土壤 pH 低于 4.5 的强酸性土壤仅在在云南省保山市、西双版纳市、昆明市，贵州省毕节市、六盘水，四川省宜宾等地区有零星分布；pH4.5～5.5 的酸性土壤主要分布在云南省西南部、南部和东部，贵州省毕节市、六盘水、黔西南，四川省宜宾等地区以及广西壮族自治区百色等地区；pH5.5～6.5 的微酸性土壤在本区域内均有

分布。

（二）黔桂高原山地林农牧区耕地土壤 pH 分布

黔桂高原山地林农牧区耕地土壤 pH 低于 4.5 的强酸性土壤呈片块状分布在贵州省毕节市、遵义市、贵阳市、黔东南州、黔南州、黔西南州，广西壮族自治区桂林市、百色市等地区；pH4.5～5.5 的酸性土壤主要分布在本区极强酸性土壤的周边地区，其分布面积比较大而连片；pH5.5～6.5 的微酸性土壤则分布在本区域内的前述土壤之间。总体上酸性土壤在本二级农业区的南部广西壮族自治区的分布较少。

（三）秦岭大巴山林农区耕地土壤 pH 分布

秦岭大巴山林农区耕地土壤 pH 低于 4.5 的强酸性土壤很少，呈点状分布在四川省绵阳市、广元市、巴中市、达州市，重庆市的巫溪市的南部；pH4.5～5.5 的酸性土壤呈斑点、块状分布在四川省绵阳市、广元市、巴中市、达州市，重庆市的巫溪市，湖北省襄阳市、十堰市，陕西省的汉中市、安康市和商洛市；pH5.5～6.5 的微酸性土壤则分布在本区域内的前述土壤之间，其分布面积比较大而连片。总体上酸性土壤在本二级农业区的西北部甘肃省的甘南藏族自治州、陇南市的分布较少。

（四）四川盆地农林区耕地土壤 pH 分布

四川盆地农林区耕地土壤 pH 低于 4.5 的强酸性土壤和 pH4.5～5.5 的酸性土壤呈斑块状、条带状分布在四川盆地周边的西南部、南部和东部山地土壤区；pH5.5～6.5 的微酸性土壤则分布在盆地的四周边缘。总体上酸性土壤在本二级农业区的中部的四川盆地分布较少。

（五）渝鄂湘黔边境山地林农牧区耕地土壤 pH 分布

渝鄂湘黔边境山地林农牧区耕地土壤 pH 低于 4.5 的强酸性土壤和 pH4.5～5.5 的酸性土壤呈碎片状、窄条带状分布在贵州省黔南州、黔东南州、铜仁市，重庆市和湖南省的部分地区；pH5.5～6.5 的微酸性土壤则呈片状和班块状分布在本二级农业区的西部、中部和东部，而南部和北部的酸性土壤分布较少。

三、不同评价区耕地土壤 pH 空间分布

根据各评价区不同土壤 pH 的调查点统计分析，如表 6-8 所示。从表 6-8 中可以看出，贵州评价区酸性土壤样点数量最多，占西南区酸性土壤样点总数的 23.6%；甘肃评价区酸性土壤样点数量最少，占西南区酸性土壤样点总数的 0.1%。西南区各评价区土壤酸碱度的差异明显，湖南评价区 pH 低于 6.5 的样点数量最多，占该评价区土壤样点总数的 71.2%，其次为广西评价区和贵州评价区，分别占各评价区土壤样点的 66.9% 和 66.2%；甘肃评价区 pH 低于 6.5 的样点数量占该评价区土壤样点总数的比例最低，仅为 2.0%。

表 6-8　西南区各评价区酸性土壤样点分布（个，%）

评价区	样点数		酸性土壤样点		
	数量	比例	数量	占西南区酸性土壤总样点比例	占评价区土壤样点比例
评价区	4 951	14.0	2 746	14.3	55.5
贵州评价区	6 835	19.3	4 524	23.6	66.2

（续）

评价区	样点数		酸性土壤样点		
	数量	比例	数量	占西南区酸性土壤总样点比例	占评价区土壤样点比例
四川评价区	8 803	24.9	3 594	18.8	40.8
重庆评价区	5 848	16.6	3 421	17.9	58.5
广西评价区	622	1.8	416	2.2	66.9
湖南评价区	1 585	4.5	1 129	5.9	71.2
湖北评价区	4 813	13.6	2 885	15.1	59.9
陕西评价区	1 014	2.9	418	2.2	41.2
甘肃评价区	861	2.4	17	0.1	2.0
总计	35 332	100.0	19 150	100.0	54.2

　　根据不同评价区不同土壤 pH 的耕地面积及比例统计分析，如表 6-9 所示。从表 6-9 中可以看出，西南区土壤 pH 呈强酸性的耕地面积 0.02 万 hm² 均出现在湖北评价区。土壤 pH 呈酸性的耕地面积 134.77 万 hm²，占西南区耕地总面积的 6.41%，主要集中在贵州、四川和湖南评价区，共占西南区酸性耕地总面积的 69.17%，而且贵州、四川评价区同样是微酸性耕地土壤的主要分布区域，共占微酸性耕地总面积的 52.36%；同时，云南评价区也是微酸性耕地的主要分布区域，占微酸性耕地总面积的 18.88%。此外，四川、云南、贵州评价区还是中性耕地的主要分布区域，分别占中性耕地总面积的 36.48%、22.72%、13.45%。西南区土壤 pH 呈碱性的耕地面积 2.77 万 hm²，其中的 95.91% 集中在甘肃评价区。

表 6-9　西南区评价区不同土壤 pH 的耕地面积与比例（万 hm²，%）

评价区	面积和比例	≥8.5	7.5~8.5	6.5~7.5	5.5~6.5	4.5~5.5	<4.5
甘肃评价区	面积	2.65	58.78	5.46	0.14	0.00	0.00
	占同类面积比例	95.91	22.50	0.84	0.01	0.00	0.00
	占本评价区面积比例	3.96	87.69	8.14	0.21	0.00	0.00
广西评价区	面积	0.00	0.00	9.29	28.84	3.10	0.00
	占同类面积比例	0.00	0.00	1.42	2.75	2.30	0.00
	占本评价区面积比例	0.00	0.00	22.53	69.94	7.52	0.00
贵州评价区	面积	0.00	0.90	87.74	327.28	37.48	0.00
	占同类面积比例	0.00	0.35	13.45	31.15	27.81	0.00
	占本评价区面积比例	0.00	0.20	19.35	72.18	8.27	0.00
湖北评价区	面积	0.00	2.82	40.65	54.51	10.38	0.02
	占同类面积比例	0.00	1.08	6.23	5.19	7.70	100.00
	占本评价区面积比例	0.00	2.60	37.51	50.30	9.58	0.02
湖南评价区	面积	0.00	0.63	3.52	42.34	29.45	0.00
	占同类面积比例	0.00	0.24	0.54	4.03	21.85	0.00
	占本评价区面积比例	0.00	0.83	4.64	55.75	38.78	0.00

（续）

评价区	面积和比例	≥8.5	7.5～8.5	6.5～7.5	5.5～6.5	4.5～5.5	<4.5
陕西评价区	面积	0.00	3.85	53.99	35.81	0.02	0.00
	占同类面积比例	0.00	1.47	8.28	3.41	0.01	0.00
	占本评价区面积比例	0.00	4.11	57.64	38.23	0.02	0.00
四川评价区	面积	0.11	167.05	238.01	222.88	26.29	0.00
	占同类面积比例	4.09	63.94	36.48	21.21	19.51	0.00
	占本评价区面积比例	0.02	25.53	36.37	34.06	4.02	0.00
云南评价区	面积	0.00	5.54	148.22	198.39	12.58	0.00
	占同类面积比例	0.00	2.12	22.72	18.88	9.34	0.00
	占本评价区面积比例	0.00	1.52	40.64	54.39	3.45	0.00
重庆评价区	面积	0.00	21.69	65.47	140.43	15.46	0.00
	占同类面积比例	0.00	8.30	10.04	13.37	11.47	0.00
	占本评价区面积比例	0.00	8.92	26.94	57.78	6.36	0.00
总计	面积	2.77	261.26	652.35	1 050.63	134.77	0.02
	占西南区面积比例	0.13	12.43	31.04	49.99	6.41	0.00

四、不同评价区各市（州）耕地土壤 pH 空间分布

根据不同评价区各市（州）的酸性土壤调查点统计分析，如表6-10所示。从表6-10中可以看出，42%市（州）的耕地土壤 pH 低于 6.5 的样点比例超过 60%，云南评价区保山市、普洱市和湖南评价区邵阳市的土壤 pH 低于 6.5 的样点比例超过 90%，分别为 99.2%、90.4% 和 95.7%。甘肃评价区定西市、四川评价区资阳市、甘肃评价区陇南市、四川评价区遂宁市的土壤 pH 低于 6.5 的样点比例低于 5%，分别为 0、2.20%、2.20% 和 2.70%。西南区不同市（州）之间土壤 pH 差异较大。云南评价区 12 个市（州）的土壤 pH 低于 6.5 的样点比例为 33.8%～99.2%，贵州评价区 8 个市（州）的土壤 pH 低于 6.5 的样点比例为 60.1%～85.1%，四川评价区 20 个市（州）的土壤 pH 低于 6.5 的样点比例为 2.2%～66.7%，重庆评价区的土壤 pH 低于 6.5 的样点比例为 58.5%，广西评价区 3 个市的土壤 pH 低于 6.5 的样点比例为 58.5%～88.4%，湖南评价区 5 个市（州）的土壤 pH 低于 6.5 的样点比例为 56.0%～95.7%，湖北评价区 4 个市（州）的土壤 pH 低于 6.5 的样点比例为 15.0%～55.5%，陕西评价区 3 个市的土壤 pH 低于 6.5 的样点比例为 24.6%～43.3%，甘肃评价区 3 个市（州）的土壤 pH 低于 6.5 的样点比例为 0%～7.1%。

表 6-10　西南区评价区不同市（州）酸性土壤样点分布情况（个，%）

评价区	市（州）名称	样点数量	酸性土壤样点数量	酸性土壤样点数量比例
云南评价区	保山市	122	121	99.2
	普洱市	115	104	90.4
	昆明市	604	382	63.2

评价区	市（州）名称	样点数量	酸性土壤样点数量	酸性土壤样点数量比例
	文山壮族苗族自治州	422	264	62.6
	怒江州	79	47	59.5
	大理白族自治州	447	261	58.4
	楚雄州	438	246	56.2
	曲靖市	1 092	598	54.8
	玉溪市	192	93	48.4
	昭通市	931	436	46.8
	丽江市	299	123	41.1
	红河州	210	71	33.8
贵州评价区	黔东南州	638	543	85.1
	六盘水市	467	337	72.2
	铜仁市	728	477	65.5
	安顺市	444	288	64.9
	毕节市	1 498	971	64.8
	黔南州	721	466	64.6
	遵义市	1 271	800	62.9
	贵阳市	397	239	60.2
	黔西南州	671	403	60.1
四川评价区	甘孜州	6	4	66.7
	达州市	805	520	64.6
	泸州市	577	364	63.1
	宜宾市	737	456	61.9
	乐山市	316	194	61.4
	广安市	501	306	61.1
	雅安市	214	126	58.9
	宜昌市	1 645	947	57.6
	攀枝花市	53	29	54.7
	汉中市	328	169	51.5
	凉山州	610	288	47.2
	巴中市	396	180	45.5
	自贡市	312	131	42.0
	眉山市	416	171	41.1
	成都市	721	281	39.0
	内江市	283	106	37.5

（续）

评价区	市（州）名称	样点数量	酸性土壤样点数量	酸性土壤样点数量比例
	广元市	468	139	29.7
	德阳市	392	109	27.8
	绵阳市	551	99	18.0
	南充市	573	70	12.2
	遂宁市	409	11	2.70
	资阳市	463	10	2.20
重庆评价区	重庆市	5 848	3 421	58.5
广西评价区	南宁市	69	61	88.4
	河池市	346	234	67.6
	百色市	207	121	58.5
湖南评价区	邵阳市	70	67	95.7
	怀化市	730	584	80.0
	常德市	100	73	73.0
	张家界市	210	139	66.2
	湘西土家族苗族自治州	475	266	56.0
湖北评价区	恩施土家族苗族自治州	1 757	1 389	79.1
	十堰市	701	389	55.5
	襄阳市	610	145	23.8
	神农架林区	100	15	15.0
陕西评价区	安康市	342	148	43.3
	商洛市	279	85	30.5
	宝鸡市	65	16	24.6
甘肃评价区	甘南藏族自治州	14	1	7.10
	陇南市	717	16	2.20
	定西市	130	0.00	0.00
总计		35 332	19 150	54.2

注：酸性土壤为 pH<6.5。

　　根据西南区评价区各市（州）不同土壤 pH 的耕地面积及比例统计分析，如表 6-11 所示。从面积来看，西南区土壤 pH 呈强酸性的 0.02 万 hm² 耕地均来自湖北评价区恩施州。土壤 pH 呈酸性的耕地面积达到 10 万 hm² 以上的市（州）有贵州评价区黔东南州、重庆评价区、湖南评价区怀化市、陕西评价区宝鸡市，其土壤 pH 呈酸性的耕地总面积分别为 22.11 万 hm²、15.46 万 hm²、14.25 万 hm² 和 14.25 万 hm²。此外，湖北评价区恩施州、云南评价区保山市、湖南评价区湘西州、陕西评价区商洛市、四川评价区宜宾市、湖南评价区张家界市、四川评价区达州市的土壤 pH 呈酸性的耕地面积也较大，介于 5～10 万 hm² 之间。土壤 pH 呈微酸性的耕地总面积达到 30 万 hm² 的市（州）有重庆评价区、云南评价区曲靖市、贵州评价区遵义市、毕节市、铜仁市、黔南布依族苗族自治州、四川评价区达州市、宜宾市、湖北评价区恩施土家族苗族自治州，其面积分别有 140.43 万 hm²、49.19 万 hm²、64.64 万 hm²、80.12 万 hm²、39.06 万 hm²、34.07 万 hm²、33.07 万 hm²、32.80 万 hm²、31.37 万 hm²。土壤 pH 呈弱碱性的耕地面积较大的市（州）有甘肃评价区陇南市、四川评价区资阳市、南充市、遂宁市、绵阳市、重庆评价区，面积均在 20 万 hm² 以上，分别为 48.44 万 hm²、41.19 万 hm²、33.56 万 hm²、25.94 万 hm²、20.78 万 hm²、21.69 万 hm²。分布有土壤 pH 呈碱性的市（州）有 3 个，为甘肃评价区陇南市、四川评价区遂宁市和甘肃评价区定西市，面积分别为 2.62 万 hm²、0.11 万 hm² 和 0.03 万 hm²。

从空间分布来看，西南区除甘肃评价区定西市以外的其余 60 个市（州）均有 pH<6.5 的样点出现。甘肃评价区土壤 pH<6.5 的样点主要分布在陇南市东部。陕西评价区土壤 pH<6.5 的样点主要分布于汉中市中部和安康市西部。湖北评价区土壤 pH<6.5 的样点主要分布于恩施土家族苗族自治州南部、十堰市南部、襄阳市东部和宜昌市东南部。湖南评价区土壤 pH<6.5 的样点主要分布于湘西土家族苗族自治州南部和怀化市中部。重庆评价区土壤 pH<6.5 的样点主要分布于渝东北与渝西地区的长江沿线地区。四川评价区土壤 pH<6.5 的样点主要分布于南充市、广安市、泸州市、自贡市、内江市、乐山市、眉山市、成都市、德阳市等四川盆地东、南、西部边缘地区。贵州评价区土壤 pH<6.5 的样点主要分布于安顺市、贵阳市、遵义市一线以西的贵州评价区西部和西北部地区。云南评价区土壤 pH<6.5 的样点主要分布于滇东部的文山壮族苗族自治州、曲靖市、昆明市，滇南地区的普洱市西南部，滇西地区的德宏州大部。广西评价区土壤 pH<6.5 的样点主要分布于河池市东北部、南宁市西北部。

表 6-11　西南区评价区不同市（州）不同土壤 pH 的耕地面积与比例（万 hm²，%）

评价区	市（州）名称	≥8.5		7.5~8.5		6.5~7.5		5.5~6.5		4.5~5.5		<4.5	
		面积	比例	面积	比例	面积	比例	面积	比例	面积	比例	面积	比例
甘肃评价区	定西市	0.03	0.39	8.66	99.61	0.00	0.00	0.00	0.00	0.00	0.00	0.00	0.00
	甘南藏族自治州	0.00	0.00	1.68	64.83	0.91	35.17	0.00	0.00	0.00	0.00	0.00	0.00
	陇南市	2.62	4.70	48.44	86.89	4.55	8.16	0.14	0.26	0.00	0.00	0.00	0.00
广西评价区	百色市	0.00	0.00	0.00	0.00	4.75	34.93	7.80	57.36	1.05	7.71		
	河池市	0.00	0.00	0.00	0.00	4.48	19.46	17.61	76.45	0.94	4.09		
	南宁市	0.00	0.00	0.00	0.00	0.06	1.27	3.43	74.57	1.11	24.16	0.00	0.00
贵州评价区	安顺市	0.00	0.00	0.23	0.77	6.03	20.53	22.22	75.62	0.90	3.08		
	毕节市	0.00	0.00	0.24	0.24	15.65	15.76	80.12	80.69	3.28	3.31		
	贵阳市	0.00	0.00	0.00	0.01	5.76	21.45	20.73	77.25	0.35	1.29		
	六盘水市	0.00	0.00	0.00	0.00	4.82	15.59	22.40	72.47	3.69	11.94	0.00	0.00
	黔东南苗族侗族自治州	0.00	0.00	0.00	0.00	1.42	3.36	18.80	44.40	22.11	52.24		
	黔南布依族苗族自治州	0.00	0.00	0.16	0.34	11.85	24.78	34.07	71.24	1.74	3.64	0.00	0.00
	黔西南布依族苗族自治州	0.00	0.00	0.02	0.04	16.50	37.08	25.24	56.74	2.73	6.14		
	铜仁市	0.00	0.00	0.04	0.08	8.31	17.21	39.06	80.89	0.88	1.81	0.00	0.00
	遵义市	0.00	0.00	0.21	0.26	17.40	20.70	64.64	76.90	1.80	2.14	0.00	0.00

（续）

评价区	市（州）名称	≥8.5		7.5～8.5		6.5～7.5		5.5～6.5		4.5～5.5		<4.5	
		面积	比例	面积	比例	面积	比例	面积	比例	面积	比例	面积	比例
湖北评价区	恩施土家族苗族自治州	0.00	0.00	0.00	0.00	4.83	10.67	31.37	69.31	9.04	19.98	0.02	0.05
	神农架林区	0.00	0.00	0.13	17.12	0.57	77.99	0.04	4.89	0.00	0.00	0.00	0.00
	十堰市	0.00	0.00	2.45	10.20	8.75	36.47	12.79	53.27	0.01	0.05	0.00	0.00
	襄阳市	0.00	0.00	0.01	0.08	16.01	95.91	0.67	4.01	0.00	0.00	0.00	0.00
	宜昌市	0.00	0.00	0.23	1.05	10.49	48.35	9.65	44.48	1.33	6.12	0.00	0.00
湖南评价区	常德市	0.00	0.00	0.11	2.24	0.29	5.89	3.26	67.31	1.19	24.56	0.00	0.00
	怀化市	0.00	0.00	0.31	0.90	1.56	4.55	18.13	52.94	14.25	41.61	0.00	0.00
	邵阳市	0.00	0.00	0.10	1.96	0.89	17.87	2.42	48.66	1.57	31.51	0.00	0.00
	湘西土家族苗族自治州	0.00	0.00	0.08	0.38	0.60	2.98	12.23	61.23	7.07	35.41	0.00	0.00
	张家界市	0.00	0.00	0.04	0.36	0.20	1.65	6.30	52.89	5.37	45.09	0.00	0.00
陕西评价区	安康市	0.00	0.00	0.11	2.24	0.29	5.89	3.26	67.31	1.19	24.56	0.00	0.00
	宝鸡市	0.00	0.00	0.31	0.90	1.56	4.55	18.13	52.94	14.25	41.61	0.00	0.00
	汉中市	0.00	0.00	0.10	1.96	0.89	17.87	2.42	48.66	1.57	31.51	0.00	0.00
	商洛市	0.00	0.00	0.08	0.38	0.60	2.98	12.23	61.23	7.07	35.41	0.00	0.00
四川评价区	巴中市	0.00	0.00	2.89	8.90	17.22	52.98	12.39	38.12	0.00	0.00	0.00	0.00
	成都市	0.00	0.00	5.62	13.31	14.17	33.54	20.58	48.71	1.88	4.44	0.00	0.00
	达州市	0.00	0.00	0.06	0.10	16.56	30.09	33.07	60.10	5.34	9.71	0.00	0.00
	德阳市	0.00	0.00	9.00	35.99	9.99	39.94	6.02	24.07	0.00	0.00	0.00	0.00
	甘孜藏族自治州	0.00	0.00	0.00	0.00	0.24	45.28	0.29	54.72	0.00	0.00	0.00	0.00
	广安市	0.00	0.00	0.09	0.29	14.03	45.53	14.74	47.86	1.95	6.33	0.00	0.00
	广元市	0.00	0.00	7.78	22.01	23.55	66.63	4.02	11.36	0.00	0.00	0.00	0.00
	乐山市	0.00	0.00	0.01	0.03	9.78	35.81	13.58	49.72	3.95	14.44	0.00	0.00
	凉山彝族自治州	0.00	0.00	3.81	6.75	26.58	47.13	25.51	45.23	0.50	0.89	0.00	0.00
	泸州市	0.00	0.00	0.06	0.15	10.90	26.53	27.51	66.94	2.62	6.38	0.00	0.00
	眉山市	0.00	0.00	7.17	29.59	7.25	29.91	8.19	33.80	1.62	6.70	0.00	0.00
	绵阳市	0.00	0.00	20.78	46.69	20.66	46.41	3.07	6.89	0.00	0.00	0.00	0.00
	南充市	0.00	0.00	33.56	62.71	19.93	37.24	0.03	0.05	0.00	0.00	0.00	0.00
	内江市	0.00	0.00	7.49	27.26	12.16	44.30	7.59	27.65	0.22	0.79	0.00	0.00
	攀枝花市	0.00	0.00	0.00	0.01	4.62	61.58	2.88	38.41	0.00	0.00	0.00	0.00
	遂宁市	0.11	0.42	25.94	95.64	1.06	3.91	0.01	0.02	0.00	0.00	0.00	0.00
	雅安市	0.00	0.00	0.05	0.53	4.11	40.50	4.38	43.17	1.60	15.79	0.00	0.00
	宜宾市	0.00	0.00	0.05	0.11	10.39	21.29	32.80	67.19	5.57	11.41	0.00	0.00
	资阳市	0.00	0.00	41.19	95.64	1.88	4.36	0.00	0.00	0.00	0.00	0.00	0.00
	自贡市	0.00	0.00	1.49	6.86	12.93	59.63	6.22	28.69	1.05	4.83	0.00	0.00

(续)

评价区	市（州）名称	≥8.5		7.5～8.5		6.5～7.5		5.5～6.5		4.5～5.5		<4.5	
		面积	比例	面积	比例	面积	比例	面积	比例	面积	比例	面积	比例
云南评价区	保山市	0.00	0.00	0.00	0.00	0.00	0.00	0.17	2.12	7.71	97.88	0.00	0.00
	楚雄州	0.00	0.00	1.46	3.99	14.01	38.24	20.52	56.00	0.65	1.77	0.00	0.00
	大理白族自治州	0.00	0.00	0.89	2.42	13.83	37.32	21.31	57.50	1.02	2.76	0.00	0.00
	红河州	0.00	0.00	0.15	0.93	12.60	76.48	3.72	22.59	0.00	0.00	0.00	0.00
	昆明市	0.00	0.00	0.31	0.72	12.00	28.08	29.84	69.79	0.60	1.41	0.00	0.00
	丽江市	0.00	0.00	1.88	9.21	12.82	62.93	5.68	27.87	0.00	0.00	0.00	0.00
	怒江州	0.00	0.00	0.00	0.00	2.26	41.00	3.19	57.94	0.06	1.06	0.00	0.00
	普洱市	0.00	0.00	0.00	0.00	0.01	0.25	5.07	91.57	0.45	8.18	0.00	0.00
	曲靖市	0.00	0.00	0.26	0.32	31.99	38.70	49.19	59.52	1.21	1.46	0.00	0.00
	文山壮族苗族自治州	0.00	0.00	0.00	0.00	7.36	22.26	25.65	77.51	0.08	0.24	0.00	0.00
	玉溪市	0.00	0.00	0.00	0.00	6.27	41.01	9.03	58.99	0.00	0.00	0.00	0.00
	昭通市	0.00	0.00	0.58	0.94	35.04	57.03	25.03	40.73	0.80	1.31	0.00	0.00
重庆评价区	重庆市	0.00	0.00	21.69	8.92	65.47	26.94	140.43	57.78	15.46	6.36	0.00	0.00

五、不同土类耕地土壤 pH 空间分布

根据不同土类不同土壤 pH 的耕地面积及比例进行统计，结果如表 6-12 所示。从面积来看，强酸性土壤出现在黄壤、黄棕壤、红壤 3 个土类上，面积分别为 0.01 万 hm²、0.01 万 hm²、0.001 万 hm²。酸性土壤主要分布在水稻土、黄壤、紫色土、红壤、黄棕壤、石灰（岩）土和粗骨土，面积分别有 54.42 万 hm²、30.89 万 hm²、22.54 万 hm²、9.02 万 hm²、8.23 万 hm²、5.89 万 hm²、1.83 万 hm²，其余类型土壤的酸性耕地面积均低于 1.00 万 hm²。微酸性土壤分布的土类与酸性土壤基本一致，包括水稻土、黄壤、紫色土、红壤、石灰（岩）土、黄棕壤、粗骨土、棕壤，但其面积相对更大，分别为 250.09 万 hm²、201.95 万 hm²、201.50 万 hm²、122.84 万 hm²、110.32 万 hm²、103.32 万 hm²、20.05 万 hm²、19.44 万 hm²，其余类型土壤的微酸性耕地面积均低于 5.00 万 hm²。中性土壤分布的土类主要有紫色土、水稻土、黄壤、石灰（岩）土、黄棕壤、红壤、棕壤、粗骨土、黄褐土，面积分别为 180.15 万 hm²、138.79 万 hm²、78.3 万 hm²、72.08 万 hm²、71.19 万 hm²、57.51 万 hm²、14.09 万 hm²、10.52 万 hm²、8.73 万 hm²，其余类型土壤的微酸性耕地面积均低于 5.00 万 hm²。微碱性土壤分布的土类主要包括紫色土、水稻土、褐土、灰褐土、棕壤、石灰（岩）土，面积分别为 134.74 万 hm²、47.75 万 hm²、25.78 万 hm²、13.83 万 hm²、7.23 万 hm²、5.30 万 hm²，其余类型土壤的微酸性耕地面积均低于 5.00 万 hm²。碱性土壤分布的土类包括褐土、灰褐土、红黏土、棕壤、水稻土、紫色土、黑垆土，面积分别为 1.67 万 hm²、0.50 万 hm²、0.26 万 hm²、0.22 万 hm²、0.10 万 hm²、0.01 万 hm²、0.01 万 hm²。

六、不同亚类耕地土壤 pH 空间分布

根据不同亚类土壤 pH 的耕地面积及比例统计分析，如表 6-13 所示。土壤 pH 呈强酸性的

表6-12　西南区不同土类土壤pH的耕地面积与比例（万hm²，%）

土类	≥8.5 面积	≥8.5 占同级面积比例	≥8.5 占土类面积比例	7.5~8.5 面积	7.5~8.5 占同级面积比例	7.5~8.5 占土类面积比例	6.5~7.5 面积	6.5~7.5 占同级面积比例	6.5~7.5 占土类面积比例	5.5~6.5 面积	5.5~6.5 占同级面积比例	5.5~6.5 占土类面积比例	4.5~5.5 面积	4.5~5.5 占同级面积比例	4.5~5.5 占土类面积比例	<4.5 面积	<4.5 占同级面积比例	<4.5 占土类面积比例
暗棕壤	0.00	0.00	0.00	2.41	0.92	58.16	0.92	0.14	22.15	0.80	0.08	19.29	0.02	0.01	0.39	0.00	0.00	0.00
草甸土	0.00	0.00	0.00	0.00	0.00	0.00	0.04	0.01	18.97	0.18	0.02	81.03	0.00	0.00	0.00	0.00	0.00	0.00
草毡土	0.00	0.00	0.00	0.00	0.00	0.00	0.03	0.00	73.73	0.01	0.00	26.27	0.00	0.00	0.00	0.00	0.00	0.00
潮土	0.00	0.00	0.00	1.53	0.59	22.28	2.78	0.43	40.47	2.45	0.23	35.73	0.10	0.08	1.52	0.00	0.00	0.00
赤红壤	0.00	0.00	0.00	0.00	0.00	0.00	1.18	0.18	31.38	2.36	0.22	62.53	0.23	0.17	6.09	0.00	0.00	0.00
粗骨土	0.00	0.00	0.00	1.03	0.40	3.09	10.52	1.61	31.47	20.05	1.91	59.98	1.83	1.35	5.46	0.00	0.00	0.00
褐土	1.67	60.27	5.11	25.78	9.87	79.04	3.50	0.54	10.72	1.66	0.16	5.09	0.01	0.01	0.03	0.00	0.00	0.00
黑钙土	0.00	0.00	0.00	0.88	0.34	100	0.00	0.00	0.00	0.00	0.00	0.00	0.00	0.00	0.00	0.00	0.00	0.00
黑垆土	0.01	0.53	0.83	1.74	0.67	98.12	0.02	0.00	1.05	0.00	0.00	0.00	0.00	0.00	0.00	0.00	0.00	0.00
黑土	0.00	0.00	0.00	3.01	1.15	100	0.00	0.00	0.00	0.00	0.00	0.00	0.00	0.00	0.00	0.00	0.00	0.00
黑毡土	0.00	0.00	0.00	0.02	0.01	2.56	0.10	0.02	12.64	0.62	0.06	79.92	0.04	0.03	4.88	0.00	0.00	0.00
红壤	0.00	0.00	0.00	1.52	0.58	0.79	57.51	8.82	30.13	122.84	11.69	64.35	9.02	6.69	4.73	0.001	4.79	0.00
红黏土	0.26	9.27	26.18	0.61	0.23	62.19	0.11	0.02	10.78	0.01	0.00	0.85	0.00	0.00	0.00	0.00	0.00	0.00
黄褐土	0.00	0.00	0.00	1.29	0.49	8.99	8.73	1.34	61.00	4.30	0.41	30.01	0.00	0.00	0.00	0.00	0.00	0.00
黄壤	0.00	0.00	0.00	2.60	0.99	0.83	78.30	12.00	24.96	201.95	19.22	64.37	30.89	22.92	9.85	0.01	38.61	0.00
黄棕壤	0.00	0.00	0.00	4.13	1.58	2.21	71.19	10.91	38.09	103.32	9.83	55.29	8.23	6.10	4.40	0.01	56.61	0.01
灰褐土	0.50	17.91	3.10	13.83	5.29	86.55	1.59	0.24	9.97	0.06	0.01	0.38	0.00	0.00	0.00	0.00	0.00	0.00
泥炭土	0.00	0.00	0.00	0.00	0.00	0.00	0.01	0.00	6.27	0.13	0.01	93.73	0.00	0.00	0.00	0.00	0.00	0.00
山地草甸土	0.00	0.00	0.00	2.16	0.83	84.94	0.12	0.02	4.87	0.26	0.02	10.19	0.00	0.00	0.00	0.00	0.00	0.00
石灰（岩）土	0.00	0.00	0.00	5.30	2.03	2.74	72.08	11.05	37.23	110.32	10.50	56.99	5.89	4.37	3.04	0.00	0.00	0.00
石质土	0.10	3.74	2.37	0.10	0.04	2.37	1.12	0.17	27.65	2.67	0.25	66.11	0.16	0.12	3.87	0.00	0.00	0.00
水稻土	0.00	0.00	0.00	47.75	18.28	9.72	138.79	21.28	28.26	250.09	23.80	50.92	54.42	40.38	11.08	0.00	0.00	0.00
新积土	0.00	0.00	0.00	1.31	0.50	17.64	3.65	0.56	49.29	2.35	0.22	31.75	0.10	0.07	1.31	0.00	0.00	0.00
燥红土	0.00	0.00	0.00	2.07	0.79	28.69	4.30	0.66	59.55	0.84	0.08	11.63	0.01	0.01	0.13	0.00	0.00	0.00
沼泽土	0.00	0.00	0.00	0.00	0.00	0.26	0.49	0.08	57.16	0.37	0.04	42.58	0.00	0.00	0.00	0.00	0.00	0.00
砖红壤	0.00	0.00	0.00	0.00	0.00	0.00	0.93	0.14	29.68	1.92	0.18	61.44	0.28	0.21	8.88	0.00	0.00	0.00
紫色土	0.01	0.35	0.00	134.74	51.57	25.00	180.15	27.62	33.43	201.50	19.18	37.39	22.54	16.72	4.18	0.00	0.00	0.00
棕壤	0.22	7.94	0.53	7.23	2.77	17.33	14.09	2.16	33.78	19.44	1.85	46.61	0.73	0.54	1.74	0.00	0.00	0.00
棕色针叶林土	0.00	0.00	0.00	0.00	0.00	0.00	0.04	0.01	23.49	0.12	0.01	76.51	0.00	0.00	0.00	0.00	0.00	0.00

表6-13　西南区不同亚类土壤 pH 的耕地面积与比例（万 hm²，%）

亚类	≥8.5			7.5~8.5			6.5~7.5			5.5~6.5			4.5~5.5			<4.5		
	面积	占同级面积比例	占土类面积比例	面积	占同级面积比例	占土类面积比例	面积	占同级面积比例	占土类面积比例	面积	占同级面积比例	占土类面积比例	面积	占同级面积比例	占土类面积比例	面积	占同级面积比例	占土类面积比例
暗黄棕壤	0.00	0.00	0.00	0.60	0.23	0.95	9.26	1.42	14.78	46.97	4.47	74.98	5.81	4.31	9.27	0.01	56.61	0.02
白浆化棕壤	0.00	0.00	0.00	0.01	0.00	2.98	0.21	0.03	49.29	0.20	0.02	47.73	0.00	0.00	0.00	0.00	0.00	0.00
薄草毡土	0.00	0.00	0.00	0.09	0.03	94.19	0.01	0.00	5.81	0.00	0.00	0.00	0.00	0.00	0.00	0.00	0.00	0.00
草甸暗棕壤	0.00	0.00	0.00	0.01	0.00	0.13	0.45	0.07	10.47	3.52	0.34	81.25	0.35	0.26	8.15	0.00	0.00	0.00
潮棕壤	0.00	0.00	0.00	0.00	0.00	0.00	0.14	0.02	71.46	0.06	0.01	28.54	0.00	0.00	0.00	0.00	0.00	0.00
赤红壤性土	0.00	0.00	0.00	1.07	0.41	15.10	3.59	0.55	50.81	2.33	0.22	32.92	0.08	0.06	1.17	0.00	0.00	0.00
冲积土	0.00	0.00	0.00	0.46	0.18	100	0.00	0.00	0.00	0.00	0.00	0.00	0.00	0.00	0.00	0.00	0.00	0.00
淡黑钙土	0.00	0.00	0.00	0.00	0.00	0.00	0.01	0.00	6.27	0.13	0.01	93.73	0.00	0.00	0.00	0.00	0.00	0.00
低位泥炭土	0.00	0.00	0.00	1.86	0.71	52.35	0.91	0.14	25.46	0.77	0.07	21.74	0.02	0.01	0.46	0.00	0.00	0.00
典型暗棕壤	0.00	0.00	0.00	0.00	0.00	0.00	0.04	0.01	18.97	0.18	0.02	81.03	0.00	0.00	0.00	0.00	0.00	0.00
典型草甸土	0.00	0.00	0.00	0.00	0.00	0.00	0.03	0.00	72.75	0.01	0.00	27.25	0.00	0.00	0.00	0.00	0.00	0.00
典型草毡土	0.00	0.00	0.00	0.45	0.17	43.10	0.23	0.03	21.77	0.34	0.03	32.39	0.03	0.02	2.74	0.00	0.00	0.00
典型潮土	0.00	0.00	0.00	0.00	0.00	0.00	0.84	0.13	31.43	1.77	0.17	66.38	0.06	0.04	2.19	0.00	0.00	0.00
典型赤红壤	0.00	0.00	0.00	0.00	0.00	0.00	0.20	0.03	31.43	0.42	0.04	66.38	0.01	0.01	2.19	0.00	0.00	0.00
典型褐土	0.71	25.75	7.12	7.70	2.95	76.90	1.45	0.22	14.45	0.15	0.04	1.53	0.00	0.00	0.00	0.00	0.00	0.00
典型黑土	0.00	0.00	0.00	3.00	1.15	100	0.00	0.00	0.00	0.00	0.00	0.00	0.00	0.00	0.00	0.00	0.00	0.00
典型黑毡土	0.00	0.00	0.00	0.01	0.00	1.83	0.09	0.01	12.72	0.55	0.05	79.92	0.04	0.03	5.53	0.00	0.00	0.00
典型红壤	0.00	0.00	0.00	0.29	0.11	0.89	11.71	1.80	36.53	18.54	1.76	57.83	1.52	1.13	4.76	0.00	0.00	0.00
典型红黏土	0.26	9.27	26.22	0.61	0.23	62.29	0.10	0.02	10.64	0.01	0.00	0.85	0.00	0.00	0.00	0.00	0.00	0.00
典型黄褐土	0.00	0.00	0.00	0.32	0.12	3.83	6.32	0.97	76.10	1.67	0.16	20.07	0.00	0.00	0.00	0.00	0.00	0.00
典型黄壤	0.00	0.00	0.00	2.44	0.93	0.87	67.64	10.37	24.21	181.17	17.24	64.83	28.18	20.91	10.09	0.01	38.61	0.00
典型黄棕壤	0.00	0.00	0.00	1.69	0.65	1.89	45.60	6.99	51.26	39.73	3.78	44.67	1.93	1.44	2.17	0.00	0.00	0.00
典型山地草甸	0.00	0.00	0.00	1.18	0.45	75.88	0.12	0.02	7.59	0.26	0.02	16.52	0.00	0.00	0.00	0.00	0.00	0.00
典型新积土	0.00	0.00	0.00	0.24	0.09	71.73	0.06	0.01	17.03	0.02	0.01	6.93	0.01	0.01	4.32	0.00	0.00	0.00

（续）

亚类	≥8.5 面积	≥8.5 占同级面积比例	≥8.5 占土类面积比例	7.5~8.5 面积	7.5~8.5 占同级面积比例	7.5~8.5 占土类面积比例	6.5~7.5 面积	6.5~7.5 占同级面积比例	6.5~7.5 占土类面积比例	5.5~6.5 面积	5.5~6.5 占同级面积比例	5.5~6.5 占土类面积比例	4.5~5.5 面积	4.5~5.5 占同级面积比例	4.5~5.5 占土类面积比例	<4.5 面积	<4.5 占同级面积比例	<4.5 占土类面积比例
典型沼泽土	0.00	0.00	0.00	0.00	0.00	0.00	0.37	0.06	69.67	0.16	0.02	30.33	0.00	0.00	0.00	0.00	0.00	0.00
典型砖红壤	0.00	0.00	0.00	0.00	0.00	0.00	0.93	0.14	29.68	1.92	0.18	61.44	0.28	0.21	8.88	0.00	0.00	0.00
典型棕壤	0.22	7.94	0.66	6.66	2.55	20.10	11.44	1.75	34.51	14.49	1.38	43.74	0.33	0.24	0.99	0.00	0.00	0.00
典型棕色针叶	0.00	0.00	0.00	0.00	0.00	0.00	0.04	0.01	26.31	0.10	0.01	73.69	0.00	0.00	0.00	0.00	0.00	0.00
钙质粗骨土	0.00	0.00	0.00	0.56	0.22	8.65	2.98	0.46	45.79	2.93	0.28	45.00	0.04	0.03	0.57	0.00	0.00	0.00
钙质石质土	0.00	0.00	0.00	0.00	0.00	0.00	0.08	0.01	30.16	0.18	0.02	69.84	0.00	0.00	0.00	0.00	0.00	0.00
硅质岩粗骨土	0.00	0.00	0.00	0.00	0.00	0.00	0.28	0.04	8.83	2.14	0.20	66.76	0.78	0.58	24.41	0.00	0.00	0.00
褐红土	0.00	0.00	0.00	2.07	0.79	28.69	4.30	0.66	59.55	0.84	0.08	11.63	0.01	0.01	0.13	0.00	0.00	0.00
褐土性土	0.47	16.98	4.69	7.64	2.92	76.24	1.17	0.18	11.70	0.73	0.07	7.26	0.01	0.01	0.11	0.00	0.00	0.00
黑麻土	0.01	0.53	0.84	1.74	0.67	99.16	0.00	0.00	0.00	0.00	0.00	0.00	0.00	0.00	0.00	0.00	0.00	0.00
黑色石灰土	0.00	0.00	0.00	0.02	0.01	0.05	10.26	1.57	32.07	20.58	1.96	64.30	1.15	0.85	3.58	0.00	0.00	0.00
红壤性土	0.00	0.00	0.00	0.02	0.01	0.24	3.75	0.58	45.92	4.32	0.41	52.87	0.08	0.06	0.97	0.00	0.00	0.00
红色石灰土	0.00	0.00	0.00	0.70	0.27	5.79	5.34	0.82	44.08	4.03	0.38	33.22	2.05	1.52	16.91	0.00	0.00	0.00
黄褐土性土	0.00	0.00	0.00	0.97	0.37	16.12	2.41	0.37	40.13	2.63	0.25	43.75	0.00	0.00	0.00	0.00	0.00	0.00
黄红壤	0.00	0.00	0.00	0.78	0.30	1.11	15.35	2.35	21.77	47.90	4.56	67.95	6.47	4.80	9.17	0.001	4.79	0.00
黄绵土	0.00	0.00	0.00	0.22	0.08	75.34	0.07	0.01	23.10	0.00	0.00	1.56	0.00	0.00	0.00	0.00	0.00	0.00
黄壤性土	0.00	0.00	0.00	0.11	0.04	0.34	10.43	1.60	31.65	19.73	1.88	59.86	2.69	1.99	8.15	0.00	0.00	0.00
黄色赤红壤	0.00	0.00	0.00	0.00	0.00	0.00	0.20	0.03	22.21	0.52	0.05	58.68	0.17	0.13	19.12	0.00	0.00	0.00
黄色石灰土	0.00	0.00	0.00	3.43	1.31	2.85	39.02	5.98	32.49	75.23	7.16	62.64	2.41	1.79	2.01	0.00	0.00	0.00
黄棕壤性土	0.00	0.00	0.00	1.85	0.71	5.23	16.34	2.50	46.30	16.62	1.58	47.09	0.49	0.36	1.38	0.00	0.00	0.00
灰潮土	0.00	0.00	0.00	0.91	0.35	16.98	2.30	0.35	42.99	2.06	0.20	38.61	0.08	0.06	1.42	0.00	0.00	0.00
淋溶褐土	0.00	0.00	0.00	1.77	0.68	59.85	0.63	0.10	21.46	0.55	0.05	18.70	0.00	0.00	0.00	0.00	0.00	0.00
淋溶灰褐土	0.00	0.00	0.00	1.67	0.64	100	0.00	0.00	0.00	0.00	0.00	0.00	0.00	0.00	0.00	0.00	0.00	0.00
泥炭沼泽土	0.00	0.00	0.00	0.00	0.00	0.00	0.12	0.02	39.51	0.18	0.02	60.49	0.00	0.00	0.00	0.00	0.00	0.00

(续)

亚类	≥8.5			7.5~8.5			6.5~7.5			5.5~6.5			4.5~5.5			<4.5		
	面积	占同级面积比例	占土类面积比例	面积	占同级面积比例	占土类面积比例	面积	占同级面积比例	占土类面积比例	面积	占同级面积比例	占土类面积比例	面积	占同级面积比例	占土类面积比例	面积	占同级面积比例	占土类面积比例
漂洗黄壤	0.00	0.00	0.00	0.05	0.02	3.73	0.23	0.04	17.25	1.04	0.10	77.67	0.02	0.01	1.35	0.00	0.00	0.00
漂洗水稻土	0.00	0.00	0.00	0.00	0.00	0.00	0.68	0.10	20.99	1.42	0.14	43.70	1.15	0.85	35.31	0.00	0.00	0.00
潜育水稻土	0.00	0.00	0.00	1.24	0.47	7.69	5.43	0.83	33.70	6.80	0.65	42.15	2.66	1.97	16.47	0.00	0.00	0.00
山地草原草甸	0.00	0.00	0.00	0.98	0.38	100	0.00	0.00	0.00	0.00	0.00	0.00	0.00	0.00	0.00	0.00	0.00	0.00
山原红壤	0.00	0.00	0.00	0.43	0.16	0.54	26.70	4.09	33.30	52.08	4.96	64.97	0.95	0.71	1.19	0.00	0.00	0.00
渗育水稻土	0.10	3.74	0.06	27.79	10.64	16.65	50.58	7.75	30.30	78.74	7.49	47.17	9.72	7.21	5.82	0.00	0.00	0.00
湿潮土	0.00	0.00	0.00	0.07	0.03	19.13	0.26	0.04	66.69	0.05	0.01	14.19	0.00	0.00	0.00	0.00	0.00	0.00
石灰性褐土	0.49	17.54	5.05	8.68	3.32	90.35	0.24	0.04	2.50	0.20	0.02	2.10	0.00	0.00	0.00	0.00	0.00	0.00
石灰性灰褐土	0.50	17.91	3.57	11.73	4.49	84.51	1.59	0.24	11.48	0.06	0.01	0.44	0.00	0.00	0.00	0.00	0.00	0.00
石灰性紫色土	0.01	0.35	0.00	121.50	46.50	53.73	76.56	11.74	33.86	25.85	2.46	11.43	2.21	1.64	0.98	0.00	0.00	0.00
酸性粗骨土	0.00	0.00	0.00	0.06	0.02	0.33	3.75	0.57	20.80	13.20	1.26	73.28	1.01	0.75	5.59	0.00	0.00	0.00
酸性石质土	0.00	0.00	0.00	0.05	0.02	1.68	0.60	0.09	19.71	2.23	0.21	73.46	0.16	0.12	5.15	0.00	0.00	0.00
酸性紫色土	0.00	0.00	0.00	1.51	0.58	1.23	33.63	5.16	27.49	78.57	7.48	64.22	8.64	6.41	7.06	0.00	0.00	0.00
脱潮土	0.00	0.00	0.00	0.10	0.04	100	0.00	0.00	0.00	0.00	0.00	0.00	0.00	0.00	0.00	0.00	0.00	0.00
脱潜水稻土	0.00	0.00	0.00	0.73	0.28	18.26	0.91	0.14	22.80	1.69	0.16	42.63	0.65	0.48	16.31	0.00	0.00	0.00
淹育水稻土	0.00	0.00	0.00	13.35	5.11	11.90	31.51	4.83	28.07	59.86	5.70	53.34	7.51	5.57	6.69	0.00	0.00	0.00
中性粗骨土	0.00	0.00	0.00	0.41	0.16	7.20	3.51	0.54	61.54	1.78	0.17	31.26	0.00	0.00	0.00	0.00	0.00	0.00
中性石质土	0.00	0.00	0.00	0.04	0.02	6.06	0.44	0.07	59.72	0.25	0.02	34.22	0.00	0.00	0.00	0.00	0.00	0.00
中性紫色土	0.00	0.00	0.00	11.73	4.49	6.16	69.97	10.73	36.74	97.08	9.24	50.97	11.69	8.67	6.14	0.00	0.00	0.00
潴育水稻土	0.00	0.00	0.00	4.65	1.78	2.46	49.68	7.62	26.34	101.58	9.67	53.85	32.74	24.29	17.35	0.00	0.00	0.00
棕黑钙土	0.00	0.00	0.00	0.01	0.00	7.99	0.01	0.00	12.09	0.07	0.01	79.92	0.00	0.00	0.00	0.00	0.00	0.00
棕壤性土	0.00	0.00	0.00	0.55	0.21	14.43	1.99	0.31	52.29	1.22	0.12	32.10	0.05	0.03	1.19	0.00	0.00	0.00
棕色石灰土	0.00	0.00	0.00	1.15	0.44	3.93	17.45	2.68	59.38	10.49	1.00	35.71	0.29	0.21	0.98	0.00	0.00	0.00

土壤分布在暗黄棕壤、典型黄壤、黄红壤 4 个亚类上，面积分别有 0.01 万 hm²、0.01 万 hm²、0.001 万 hm²。土壤 pH 呈酸性的亚类主要有潴育水稻土、典型黄壤、中性紫色土、渗育水稻土、酸性紫色土、淹育水稻土、黄红壤、暗黄棕壤、黄壤性土潴育水稻土、黄色石灰土、石灰性紫色土、红色石灰土，面积分别为 32.74 万 hm²、28.18 万 hm²、11.69 万 hm²、9.72 万 hm²、8.64 万 hm²、7.51 万 hm²、6.47 万 hm²、5.81 万 hm²、2.69 万 hm²、2.66 万 hm²、2.41 万 hm²、2.21 万 hm²、2.05 万 hm²，其余亚类土壤 pH 呈酸性的面积均低于 2.00 万 hm²。土壤 pH 呈微酸性的亚类主要有典型黄壤、潴育水稻土、中性紫色土、渗育水稻土、酸性紫色土、黄色石灰土、淹育水稻土、山原红壤，面积分别为 181.17 万 hm²、101.58 万 hm²、97.08 万 hm²、78.74 万 hm²、78.57 万 hm²、75.23 万 hm²、59.86 万 hm²、52.08 万 hm²，其余亚类土壤呈微酸性的面积均低于 50.00 万 hm²。土壤 pH 呈中性的亚类主要包括石灰性紫色土、中性紫色土、典型黄壤、渗育水稻土、潴育水稻土、典型黄棕壤、黄色石灰土、酸性紫色土、淹育水稻土，面积分别为 76.56 万 hm²、69.97 万 hm²、67.64 万 hm²、50.58 万 hm²、49.68 万 hm²、45.60 万 hm²、39.02 万 hm²、33.63 万 hm²、31.51 万 hm²，其余亚类土壤呈中性的面积均低于 30.00 万 hm²。土壤 pH 呈微碱性的亚类主要包括石灰性紫色土、渗育水稻土、淹育水稻土、中性紫色土、石灰性灰褐土、石灰性褐土、典型褐土、褐土性土、典型棕壤，面积分别为 121.50 万 hm²、27.79 万 hm²、13.35 万 hm²、11.73 万 hm²、11.73 万 hm²、8.68 万 hm²、7.70 万 hm²、7.64 万 hm²、6.66 万 hm²，其余亚类土壤 pH 呈微碱性的面积均低于 5.00 万 hm²。土壤 pH 呈碱性的亚类包括典型褐土、石灰性灰褐土、石灰性褐土、褐土性土、典型红黏土、典型棕壤、渗育水稻土、石灰性紫色土、黑麻土，面积分别为 0.71 万 hm²、0.50 万 hm²、0.49 万 hm²、0.47 万 hm²、0.26 万 hm²、0.22 万 hm²、0.10 万 hm²、0.01 万 hm²、0.01 万 hm²。

第三节　土壤酸化的影响因素

土壤酸化受成土过程与降雨等的影响，这类影响的时间和空间尺度较大，但与人类活动密切相关的施肥、作物制度等的影响往往更剧烈，这类影响的时间和空间尺度较小。强酸输入、土壤酸类物质的生成、氮输入与转化、离子的生物摄入等都是加速土壤酸化的成因。具体而言，酸沉降、某些作物生长、人为活动都可能加剧土壤酸化。

一、降水与土壤 pH

气候条件是影响土壤形成的重要因素，地带性土壤的形成尤其受气候因素（降水、蒸发等）制约。西南区土壤 pH 随纬度的降低而降低，3.53 万个土壤样品的 pH 与纬度呈显著负相关（$R=0.233$，$P=0.000$），随着纬度的升高，降雨量随之降低。这是因为降水导致土壤 K^+、Na^+、Ca^{2+}、Mg^{2+} 等盐基离子淋溶损失，土壤胶体上的盐基离子被土壤 Al^{3+} 和 H^+ 等阳离子替代，从而加剧土壤酸化；部分地区空气中硫氧化物和氮氧化物随着降水（酸雨）进入土壤进一步加剧土壤酸化。根据西南区 2.7 万个样点土壤 pH 与降雨量的统计分析表明，西南区土壤 pH 随年均降雨量的升高而降低（$R=-0.518$，$P=0.000$），如图 6-1 所示。可见，西南区的降水量是影响土壤 pH 的主要因素之一。

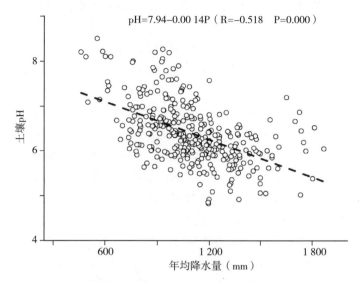

图 6-1　西南区土壤 pH 与年均降水量的相关性分析

注：分析采用县域的土壤 pH 平均值和年均降水量；因为只收集到 452 个县（市、区）中 344 个县（市、区）的降雨数据，故仅采用 2.7 万个土壤样品的 pH 进行分析。

二、成土母质与土壤 pH

　　成土母质的属性影响土壤的理化性质。成土母质是原生基岩经过风化、搬运、堆积等过程于地表形成的疏松矿物质层，它是形成土壤的物质基础，是土壤的前身。土壤的酸化进程很大程度上受土壤母质、自身性质等多因素的影响，即使是同一土类，母质不同或土壤矿物组成不同，土壤表现出来的酸缓冲能力也不一样。成土母质中的 Fe、Al 往往导致土壤 pH 降低，K、Ca、Na、Mg 一般促进土壤 pH 升高。石灰岩发育的土壤的 pH 往往高于砂石和页岩发育的土壤。数据分析表明，西南区土壤 pH 因成土母质而显著差异。将西南区 35 332 个耕地土壤样品按成土母质分为砂泥质岩类风化物、砂岩类风化物和第四纪黏土等 11 类，11 类成土母质对应 6 个土壤 pH 水平，如表 6-14 所示。

　　对于成土母质相同的土壤，pH 也呈现出较大的差异，变异系数从 14％到 19％不等，表明土壤 pH 还受到其他因素的影响。实际上，同一成土母质的土壤 pH 也会存在差异，以石灰（岩）土为例，虽然都发育于亚热带热带地区的碳酸盐类风化物，但其 4 个亚类土壤的 pH 也有所差异。其中，红色石灰土一般呈中性，土体无石灰反应；黑色石灰土一般呈微碱性，土体有石灰反应；棕色石灰土一般呈中性或弱碱性，土体无或有弱石灰反应；黄色石灰土一般呈中性，土体无或有弱石灰反应。

表 6-14　西南区不同成土母质发育土壤的 pH

成土母质	样品数量	平均 pH	标准差	变异系数（％）
砂泥质岩类风化物	3 079	5.68[a]	0.80	14
砂岩类风化物	348	5.87[b]	0.84	14
第四纪黏土	679	6.09[c]	1.00	16

（续）

成土母质	样品数量	平均pH	标准差	变异系数（%）
红砂岩类风化物	703	6.10c	1.08	18
泥质岩类风化物	5 451	6.19c	1.08	17
结晶岩类风化物	1 456	6.22c	0.99	16
第四纪老冲积物	2 629	6.50d	1.12	17
碳酸盐类风化物	6 455	6.52d	1.11	17
河湖冲（沉）积物	3 157	6.53d	1.06	16
紫色岩类风化物	10 654	6.63e	1.23	19
黄土母质	721	7.23f	1.20	17

注：a～f表示显著性差异（P<0.05）。

西南喀斯特山区不同母质（岩）发育的耕地土壤主要理化性质差异性分析表明（董玲玲等，2008），不同母质（岩）发育土壤pH存在较大差异。从表6-15可以看出，土壤pH对母岩有较大继承性，各种土壤母质（岩）形成的土壤pH平均值从高到低依次是：白云岩（7.85）、钙质紫色砂页岩（7.82）、石灰岩（7.69）、河流冲积物（7.44）、红色黏土（6.25）、砂页岩（5.93）、老风化壳（5.87）、砂岩（5.44）、页岩（5.32）。由于石灰岩、白云岩和钙质紫色砂页岩上发育的土壤中富含$CaCO_3$，且盐基丰富。因此，这3种母质（岩）上发育的土壤pH较高；而老风化壳、红色黏土、砂页岩、砂岩、页岩发育的土壤经历了较完全的风化成土过程，盐基成分大量流失，多形成地带性的黄壤。另外，经开垦后为水稻土和旱地黄壤，由于其正处于脱硅富铝化阶段，大部分盐基淋失殆尽，导致土壤pH较低，呈现酸、黏、瘦的特点。河流冲积物为多种地表物质的混合沉积物，又受喀斯特地区水分的复盐基作用的影响，因此其上发育的土壤pH呈中性。

由此可见，成土母质也是影响土壤pH的关键因子之一。

表6-15　西南喀斯特山区不同母岩（质）发育土壤的pH

母岩（质）	土样数（n）	平均$pH_{(H2O)}$	标准差	变异系数（%）
石灰岩	102	7.69	0.37	4.8
白云岩	27	7.85	0.7	8.9
钙质紫色砂页岩	7	7.82	0.21	2.7
砂页岩	347	5.93	0.95	16.0
页岩	63	5.32	0.77	14.5
砂岩	35	5.44	1.07	19.7
老风化壳	163	5.87	0.96	16.4
红色黏土	10	6.25	0.72	11.5
河流冲积物	9	7.44	0.48	6.5

三、地形地貌与土壤 pH

地形对成土过程的物质和能量起着重新分配的作用，进而影响土壤酸碱度。部分地区地形坡度大，降水量大，容易形成地表径流、壤中流和地下淋溶，土壤中的盐基离子容易随雨水和灌溉用水流失，土壤中因盐基离子流失空出的正电位点被 H^+、土壤中溶出的 Al^{3+}、Fe^{3+} 等离子替代，促进土壤酸化。一般来说，相同气候和母质条件下，山坡顶部或上部土壤 pH 较下部或山麓的土壤 pH 低，譬如四川盆地土壤的酸性较四川盆地中部的土壤酸性强，此外，对西南区不同地貌类型土壤 pH 的耕地面积及比例进行统计，如表 6-16 所示。微酸性、酸性、强酸性土壤的耕地面积均表现出山地＞丘陵＞盆地＞平原的趋势。

四、土地利用与土壤 pH

作为碳循环的一部分，农产品收获并从地上移走（包括籽粒和秸秆）也能发生酸化。植物在生长过程中，体内累积有机阴离子（碱），当作物从土壤上移走时，这些碱性物质也随之带走，为了维持土壤—植物体系的离子平衡，植物根系向土壤释放出 H^+，致使土壤发生酸化。可见，作物的种植过程也是一个土壤酸化的过程，且酸化速度和速度可能因作物制度而有所差异。西南区 3.1 万个土壤样品 pH 分析结果表明，相对于矮秆作物和高—矮秆作物轮作，园地和高秆作物种植会显著促进土壤酸化，而且园地的促进作用尤为显著，如图 6-2 所示，这可能与不同作物种植制度下的作物种类、施肥状况、作物收获情况和耕作层生物化学过程等有关，如园地长期种植茶叶、蓝莓等，则容易引起土壤酸化。上述数据分析结果同样表明，优化种植制度能起到缓解土壤酸化的作用。土地利用类型的变化可能对土壤酸化有所影响，对西南区不同耕地利用类型土壤 pH 的耕地面积及比例进行统计，结果如表 6-17 所示。从表 6-17 中可以看出，水田相对于旱地和水浇地 pH 低于 6.5 的耕地占所属土地利用类型总面积的比例较高，该比例呈现出水田＞旱地＞水浇地的总体趋势，依次分别为 59.34%、54.89% 和 41.36%。

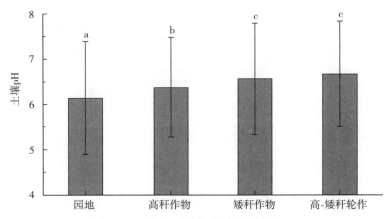

图 6-2　西南区不同作物制度土壤的 pH

注：从 3.5 万个土壤样品中筛选土壤样品数量大于 50 的作物制度，获得茶树、小麦、马铃薯、玉米—马铃薯轮作等 50 种作物制度的土壤样品 3.1 万个，进一步归类为园地、高秆作物、矮秆作物、高—矮秆轮作 4 种作物制度；a～c 表示显著性差异（P<0.05）。

表 6-16　西南区不同地貌类型土壤 pH 分级面积与比例（万 hm²，%）

地貌类型	≥8.5 面积	占同级面积比例	占同地貌面积比例	7.5~8.5 面积	占同级面积比例	占同地貌面积比例	6.5~7.5 面积	占同级面积比例	占同地貌面积比例	5.5~6.5 面积	占同级面积比例	占同地貌面积比例	4.5~5.5 面积	占同级面积比例	占同地貌面积比例	<4.5 面积	占同级面积比例	占同地貌面积比例
盆地	0.00	0.00	0.00	10.39	3.98	4.48	77.36	11.86	33.36	131.65	12.53	56.78	12.46	9.25	5.37	0.00	0.00	0.00
平原	0.00	0.00	0.00	1.22	0.47	2.17	21.25	3.26	37.76	31.44	2.99	55.85	2.37	1.76	4.22	0.00	0.00	0.00
丘陵	0.11	4.09	0.02	140.93	53.94	22.61	168.36	25.81	27.01	259.49	24.70	41.63	54.40	40.37	8.73	0.00	0.00	0.00
山地	2.65	95.91	0.22	108.71	41.61	9.13	385.38	59.08	32.38	628.05	59.78	52.76	65.53	48.63	5.51	0.02	100	0.00
合计	2.77	100	—	261.26	100	—	652.35	100	—	1 050.63	100	—	134.77	100	—	0.02	100	—

表 6-17　西南区不同耕地利用类型土壤 pH 分级面积和比例（万 hm²，%）

利用类型	≥8.5 面积	占同级面积比例	占同类型面积比例	7.5~8.5 面积	占同级面积比例	占同类型面积比例	6.5~7.5 面积	占同级面积比例	占同类型面积比例	5.5~6.5 面积	占同级面积比例	占同类型面积比例	4.5~5.5 面积	占同级面积比例	占同类型面积比例	<4.5 面积	占同级面积比例	占同类型面积比例
旱地	2.73	98.61	0.20	192.68	73.75	14.30	412.24	63.19	30.60	676.46	64.39	50.21	63.08	46.80	4.68	0.01	29.27	0.00
水浇地	0.01	0.50	0.13	2.70	1.03	24.92	3.63	0.56	33.59	3.22	0.31	29.75	1.26	0.93	11.61	0.00	0.00	0.00
水田	0.02	0.88	0.00	65.88	25.22	8.86	236.48	36.25	31.79	370.94	35.31	49.87	70.43	52.26	9.47	0.02	70.73	0.00
合计	2.77	100	—	261.26	100	—	652.35	100	—	1 050.63	100	—	134.77	100	—	0.02	100	—

五、施肥与土壤酸化

作物种植过程中化肥和有机肥的施用同样会加剧土壤酸化。相对降雨、成土过程、作物等，施肥能迅速而显著地改变土壤的 pH。有机肥或者无机肥所含的大量元素和微量元素进入土壤，在"土壤—作物"之间循环，并对土壤 pH 产生直接影响，可能导致土壤酸化。总体而言，因为大量元素的施用量往往远远大于微量元素，因此大量元素（N、P、S）对土壤 pH 的影响大于微量元素。

（一）氮肥与土壤酸化

常用氮肥有尿素 $[CO(NH_2)_2]$、碳酸氢铵（NH_4HCO_3）、氯化铵（NH_4Cl）、硝酸铵（NH_4NO_3）、硫酸铵 $[(NH_4)_2SO_4]$、磷酸铵类肥料 $[NH_4H_2PO_4$ 和 $(NH_4)_2HPO_4]$ 和多聚磷酸铵 $[(NH_4PO_3)_n]$ 等。肥料氮素进入土壤后，在 $CO(NH_2)_2$、NH_4^+、NO_3^- 等形态之间转化，会经历氨化作用、硝化作用、植物摄入和氮淋溶等过程，并伴随着土壤 H^+ 的生成与消耗，影响土壤酸碱度的变化。总体上，长期施用化学氮肥即生理酸性肥料可引起土壤酸化，导致土壤 pH 降低。

具体而言，相对于其他形式的氮肥，铵态氮肥酸化土壤的能力较强。这是因为，$1mol/L\ CO(NH_2)_2$ 或 NH_3 转化为 NH_4^+ 会消耗 $1mol/L\ H^+$，NO_3^- 对土壤酸碱度无直接影响，而 $1mol/L\ NH_4^+$ 的硝化却要释放 $2mol/L\ H^+$。土壤酸化可能由于植物对 NO_3^- 的摄入而缓解，因为 $1mol/L\ NO_3^-$ 的摄入会消耗 $1mol/L\ H^+$ 或生成 $1mol/L\ OH^-$。研究发现，植物摄入 NO_3^- 会使土壤 pH 升高（Smiley and Cook，1973）。

（二）磷肥与土壤酸化

常用的磷肥主要有普通过磷酸钙、重过磷酸钙、钙镁磷肥、$NH_4H_2PO_4$ 等。土壤磷酸氢根的转化过程既可释放 H^+ 又可吸收 H^+，所以磷肥会影响土壤 pH。在 pH 低于 6.2 的酸性土壤中，$1mol/L\ H_3PO_4$ 会释放 $1mol/L\ H^+$，引起土壤酸化；在 pH 高于 8.2 的碱性土壤中会释放 $2mol/L\ H^+$，进而降低土壤 pH。磷肥 $NH_4H_2PO_4$、$Ca(H_2PO_4)_2$ 和 $Ca(H_2PO_4)_2 \cdot H_2O$ 施入土壤后，有效成分 $H_2PO_4^-$ 能酸化 pH 大于 7.2 的碱性土壤，但对酸性土壤没有酸化作用。磷肥 $(NH_4)_2HPO_4$ 的有效成分 HPO_4^{2-} 会降低 pH 小于 7.2 的土壤的酸度，但对 pH 大于 7.2 的土壤没有影响。多磷酸铵的 P 从 $P_2O_7^{4-}$ 转化为 HPO_4^{2-} 不会导致 pH 变化，其施入土壤的效果与 HPO_4^{2-} 相似。$H_2PO_4^-$ 在 pH 大于 7.2 的土壤会释放 H^+ 促进土壤酸化。由于作物对 P 摄入量较少，因此对土壤酸碱度基本没有影响。目前，暂时还没有研究发现不同形态磷酸盐影响土壤 pH 的显著变化。

（三）硫肥与土壤酸化

常用硫肥主要有元素硫（即硫黄）、石膏、硫铵、硫酸钾、过磷酸钙以及多硫化铵和硫磺包膜尿素等含硫肥料。硫肥（硫元素 S 和硫代硫酸铵主要成分 $S_2O_3^{2-}$）施入耕地土壤后会释放 H^+ 导致土壤酸化，但硫肥的施用量和作物摄入量都低于氮肥，对土壤酸化的影响相对有限。$1mol/L\ S^0$ 施入土壤后会释放 $2mol/L\ H^+$，但土壤酸化会被作物的 H^+ 吸收或 OH^- 的分泌缓解或抵消。此外，作物为保持自身生物质的碱性，会在体内合成功能性阴离子（OH^-），同样有利于土壤 pH 酸化的缓解。因此，在施用硫肥（S 和 $S_2O_3^{2-}$）并收割作物后，土壤会发生净酸化。

(四) 有机肥料、有机无机复（混）肥与土壤酸化

常用有机肥包括人粪尿、厩肥、堆肥、绿肥、饼肥、沼气肥等。施用有机肥料一般有利于缓冲土壤酸碱度的变化。譬如，黄壤旱地连续 4 年施用垃圾复混肥后，土壤 pH 从 7.32 上升到 7.60；茶园施用猪粪堆肥、沼渣，使土壤 pH 从 5.17 分别提高到 5.51 和 5.26（陈默涵等，2018）；研究表明（曾庆庆等，2019），随着施用猪粪肥年限的增加而呈现出不同的变化，表现为先上升后下降的一个过程，可能是为了防止猪粪发酵过程产生大量气泡，添加了生石灰，当施肥达到 8 年时，土壤 pH 集中在 5.00～6.00，但是并没有出现土壤酸化的现象，如图 6-3 所示。

有机—无机复混肥是一种既含有机质又含适量化肥的复混肥。它是对粪便、草炭等有机物料，通过微生物发酵进行无害化和有效化处理，并添加适量化肥、腐殖酸、氨基酸或有益微生物菌，经过造粒或直接掺混而制得的商品肥料。这类肥料施入土壤后，由于自身具有多种成分，养分和盐基离子丰富，一般不会引起土壤 pH 的急剧变化。

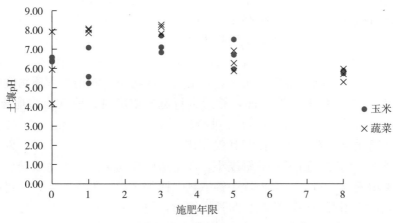

图 6-3　猪粪肥各施用年限土壤 pH 的变化

第四节　土壤酸化的治理措施与对策

西南区酸性土壤呈现出分布广、面积大，酸化程度较高等特点。从 2017 年西南区 35 332 个耕地质量调查点中反映出来土壤 pH 呈微酸性、酸性和强酸性的调查点分别有 10 084 个、8 753 个和 609 个，各占到调查点总数的 28.5%、24.8% 和 1.7%，共占西南区调查点总数的 55.04%，也就是说全区有一半以上的调查点其土壤 pH 呈酸性特征。面积上看，全区土壤 pH 呈微酸性的耕地面积 1 050.63 万 hm²，占西南区近一半的耕地面积；土壤 pH 呈酸性的耕地面积 134.77 万 hm²，占西南区耕地总面积的 6.41%；土壤 pH 呈强酸性的耕地在西南区分区很少。土壤酸化将会导致土壤重金属离子活度增加，土壤肥力降低，土壤结构变差，进而影响作物的生长发育，同时也会带来一系列环境问题，现已成为影响国家粮食安全及农业可持续发展的主要障碍因素之一。针对西南区以微酸性为主的土壤酸化现状，提出以下对策及建议，以期为西南区耕地土壤酸化的改良与治理提供参考。

一、土壤改良剂的施用

（一）农用石灰质物质

一般而言，大多数作物适宜生长的土壤 pH 在 5.5～7.5，而当土壤 pH 低于 5.5 时，应施用土壤酸度调节剂加以改良。施用农用石灰质物质是改良酸性土壤的方法之一，它不仅能够中和酸度、调节土壤 pH，还能够改善土壤结构。改良酸性土壤的农用石灰质物质有生石灰（粉）、熟石灰（粉）、白云石（粉）和石灰石（粉）。有研究表明，熟石灰的增产效果（100%）要优于生石灰（32%）和石灰石粉（64%）（曾廷廷，2017）。利用农用石灰质物质改良酸性土壤的关键因素是农用石灰质物质的质量及其相应的用量。改良酸性土壤的农用石灰质物质质量要求可按《石灰质改良酸化土壤技术规范》（NY/T 3443—2019）进行，需注意其钙镁氧化物含量及重金属含量。农用石灰质物质用量的确定不仅取决于土壤现有 pH 和修复目标 pH，还取决于土壤酸碱缓冲容量。因此，应根据耕地类型和种植制度的需要合理确定土壤目标 pH 后，再根据土壤起始 pH 和目标 pH 确定不同土壤性状下不同石灰质物质的施用量。不同有机质、质地土壤提高 1 个 pH 单位值的耕地土壤（0～20cm）农用石灰质物质施用量可参考《石灰质改良酸化土壤技术规范》（NY/T 3443—2019）。当土壤 pH 调节值大于或小于 1 个 pH 单位值时，农用石灰质物质施用量应当按比例调整。而对需要维持现有酸碱性、防止酸化的土壤，也可施用一定量的石灰质物质。农用石灰质物质应在播种或移栽前 3d 将其均匀撒施在耕地土壤表面，然后进行翻耕或旋耕，使其与耕地土壤充分混合，也可利用拖拉机等农机具，通过加挂漏斗进行机械化施用或与秸秆还田等农艺措施配合施用。施用石灰质物质所存在的缺陷在于其仅作用于表层（0～20cm）土壤，对 20cm 以下土壤的改良效果较差。同时，由于其溶解度小，在土壤中移动缓慢，大量或长期施用石灰质物质不但会造成土壤板结，还会引起土壤中钾、钙、镁等元素的平衡失调，最终影响作物的产量与品质。因此，施用石灰质物质改良酸性土壤时，应着重注意以下几个方面：

1. 确定合理施用量 确定土壤农用石灰质物质施用量通常可按两种方法进行，一是根据土壤起始 pH 和目标 pH 确定不同土壤性状下的施用量；二是按 1mol/L 氯化钾溶液提取的土壤交换性铝含量来确定。两者相比较，后者更为合理。施用量太少往往达不到改良酸性土壤的效果，而施用量过高，则会造成资料浪费，同时还会引起作物减产。农用石灰质物质施用时应注意选用适宜的肥料品种，当有其他碱性物质，如钙镁磷肥、硅钙肥、草木灰等施用到土壤时，应注意减少石灰质物质的用量。此外，施用农用石灰质物质改良土壤后，应根据石灰质物质施用量的多少和土壤酸度的变化，每隔一定的时间再施用一次，以防止土壤复酸。

2. 与化肥配合使用 施用农用石灰质物质后，随着土壤 pH 升高，土壤养分如磷、铁、锌、锰等的状态会随之发生变化。因此，应注意选用适宜的肥料品种，合理调整土壤养分，以满足植物生长需要。如单施石灰石（粉），对于严重缺磷的酸性红壤来说，往往会加重磷素的缺乏程度，但如果把石灰石（粉）与钙镁磷肥等化肥配合施用，不仅可以减少石灰石（粉）和化肥的用量，还可以起到供磷和降酸的双重作用，从而明显提高土壤有效磷含量和大豆等旱作作物的产量（罗质超，1998）。有研究表明，长期（11 年）施用尿素和氯化钾，会导致土壤 pH 下降到 4.9。如果要使土壤 pH 升高到 5.5 以上，交换性铝含量降低到 0.5cmol/kg 以下，若单施用石灰石（粉），其施用量在 6 000kg/hm² 以上，而混合施用钙镁磷肥和石灰石（粉）时，石灰石（粉）用量可降至 3 000kg/hm² 左右（王敬华，1992）。

3. 与有机肥配合使用　酸性土壤改良时，适量施用农用石灰质物质以及钙镁磷肥等化肥，不仅可以中和土壤酸度，还可以增加土壤养分，以提高农产品的产量和质量。若同时增施有机肥，则效果更佳，能有效防止土壤板结。例如，在酸性土壤上单独施用石灰石（粉）时，花生的产量为 655.2kg/hm²；施用化肥和石灰石（粉）时，花生的产量达到 660.3kg/hm²；而当化肥、石灰石（粉）和有机肥配合施用时，花生的产量可增至 746.1kg/hm²（孟赐福，1999）。

（二）有机肥

在施肥管理环节中，可全面增施有机肥，以改良土壤结构、提高土壤缓冲能力、防止土壤板结等，进而防治土壤酸化。增施有机肥的主要方式是种植绿肥还田、施用腐熟农家肥等。部分厩肥、堆肥和土杂肥等有机肥，一般都呈中性或弱碱性，能中和土壤中的游离酸。同时，有机肥中含有较丰富的钙、镁、钠、钾等元素，可以补充土壤的盐基离子，具有缓解土壤酸化的作用。此外，有机肥经微生物分解后合成的腐殖质可与土壤中矿质胶体结合，形成有机—无机复合胶体，其含有的各种有机酸及其盐基离子具有较强的缓冲能力。大量研究表明，在酸性土壤上施用有机肥可以有效提高土壤 pH、降低铝毒、改善土壤养分，有机肥可作为石灰性材料用以改良酸性土壤（张晋科，2006；吴鹏飞，2011；陈印军，2011）。也有研究表明，石灰配施绿肥可改善酸性土壤的理化特性，提高土壤 pH，有利于酸性土壤改良（李玉辉，2018）。生物有机肥能增加土壤有机质和微生物量，加速土壤中有益微生物的繁殖，增强微生物对外源有机碳的分解，从而形成氨基酸、腐殖酸等小分子有机物，促进土壤团聚体的形成。

（三）生物质炭

生物质炭是生物质在厌氧或者无氧条件下热解而成的含碳丰富的固体物质。生物质炭含有大量作物所需要的营养元素，且一般呈碱性，因此施用生物质炭不仅可以降低土壤的酸度，还能减少有毒元素（如铝和重金属）对作物的毒性。另外，生物质炭因本身具有良好的孔隙结构和吸附能力，也可以为土壤微生物的生存提供附着位点和较大的空间。其中，秸秆类生物质炭受秸秆本身性质的影响较大，豆科类秸秆生成的生物质炭对酸性土壤的改良效果往往超过对应的秸秆，且豆科类生物质炭的改良效果要优于非豆科类，其原因在于豆科类生物质炭的阳离子交换量是土壤阳离子交换量的 10~20 倍。生物质炭对砂质酸性土壤的改良效果往往优于壤质酸性土壤。

（四）矿物和工业废弃物

随着人们对酸性土壤改良重视程度的提高，其他化学类改良剂也逐渐应用到酸性土壤的发育中，如磷石膏、粉煤灰、磷矿粉、碱渣和一些工业废弃物等，这些物质均能够中和土壤中的酸性物质，起到改良酸性土壤的效果。磷石膏是磷化工行业的副产物，其质量和组成与所用的磷矿和工艺流程有关，其主要成分是硫酸钙，同时还有一定量的 PO_4^{3-}、F^-、Fe^{3+}、Al^{3+} 和未分解的磷矿粉等，因此磷石膏不但可以用来改良盐碱地，还可以作为一种酸性土壤的改良剂。磷矿粉也是一种磷化工行业的副产品，在酸性土壤上直接施用磷矿粉，不仅能够提高土壤 pH、降低交换性铝含量，还能够增加土壤有效磷和交换性钙含量，从而提高农作物产量。粉煤灰是火力发电厂的煤过高温燃烧后产生的残留物，多呈粒状结构，其中玻璃球体占 30% 左右，蜂窝状颗粒占 70% 左右。一般而言，粉煤灰对酸性土壤的改良效果在旱地中要优于水田，而且其改良效果是长效的。转炉钢渣中含有较高的钙、镁，因而也可作为酸性土壤改良剂，可以取得比施用石灰进行改良酸性土壤更好的效果（李灿华，2016）。以上矿物和工业废弃物改良剂对酸性土壤具有一定的改良效果，但这些工业副产品中大多含有一定量的重金属，如磷石膏中含有少量的铅、镉、汞、砷和铬等重金属，粉煤灰中也含有少量的铅、镉、砷以及铬等重金属。不同改良剂中重金属含量存在差异，虽然有的改良剂中重金属含量尚未达到危害作物生长的程度，但长期施用将会增加污染环境的风险。

（五）新型改良剂

近年来许多高科技产品也逐渐应用到土壤酸化的改良中，其中一些高分子聚合物（如聚丙烯酰胺和纳米羟基磷灰石等）对酸性土壤的改良效果明显。研究表明，在酸性土壤中施用聚丙烯酰胺，不仅能够降低土壤酸度，还可以增加酸性土壤中大团聚体数量、提高土壤孔隙度，从而促进作物生长（陈世军，2012）。此外，土壤酸化将会导致部分重金属的活化，而某些纳米材料可作为重金属的吸附剂，用于修复重金属污染的土壤。如纳米羟基磷灰石能够持续吸附土壤溶液中的铜离子和锌离子（崔红标，2011）。

二、优化农业管理措施

（一）筛选耐酸（铝）作物品种

不同作物的耐酸（铝）能力不一样，如甘薯和花生的耐酸（铝）能力较棉花和小麦强。不仅不同作物的耐酸（铝）能力不同，即使是同一作物的不同品种，其耐酸（铝）能力也存在差异。因此，筛选耐酸（铝）作物品种以防治土壤酸化也是一条行之有效的重要途径。

1. 作物耐酸（铝）性能的快速评估 为了筛选耐酸（铝）作物品种，首先要有一个快速评估作物耐酸（铝）性能的方法。目前主要有两种方法，第一种方法是水培试验法，即在实验室条件下用 pH4 或 pH5、含不同浓度（0～20mg/L）铝离子的一系列营养液培养萌芽的种子，观察铝离子对根系和芽生长的抑制作用。在 4～5d 后，根据其根、芽生长情况对不同作物品种的耐酸（铝）性能做出快速评估；第二种方法是土培试验法，即通过在酸性土壤上对萌发的种子进行加钙和不加钙两种土培试验，观察两者之间的根长比（不加钙处理的根长，加钙处理的根长），并以此值为指标，评估作物的耐酸（铝）性能，其比值愈大，作物的耐酸（铝）性能愈强。

2. 耐酸（铝）性能作物的选择 不同的作物及不同的品种对土壤酸度的适应范围均有所差异，在酸性较强的土壤或酸化趋势较明显的地区中，可以种植耐酸（铝）性能较强的品种。例如，在受酸雨影响较大，在土壤酸化严重的区域中，可以考虑选育耐酸（铝）水稻品种，并大面积的推广种植。此外，豆科植物在生长过程中，会通过根系向土壤中释放 H^+，加速土壤酸化。豆科植物的固氮作用、有机氮的矿化作用以及随后的硝化作用也是加速土壤酸化的重要原因（黄国勤，2004）。因此，对酸缓冲能力弱且具有潜在酸化趋势的土壤，应尽量减少豆科植物的种植。

3. 不同耐酸（铝）性能作物的合理布局 作物品种的耐酸（铝）性能差异也表现在作物对土壤中难溶性磷的利用能力方面。将不同品种的作物混作往往可以提高耐酸（铝）性能较弱品种的耐酸（铝）能力，并增强其对土壤难溶性磷的利用能力。例如，将两种耐酸（铝）性能不同的大麦品种进行混作时，耐酸（铝）性能较弱的大麦品种吸收土壤难溶性磷的能力，不仅比单独种植该品种大麦时大，而且还比耐酸（铝）性能较强的大麦品种吸收土壤难溶性磷的能力大（黄国勤，2004）。由此可见，应当充分利用作物及其品种间耐酸（铝）能力的差异，来进行合理布局，从而提高整个土壤生态系统的耐酸（铝）能力。

（二）控制化肥施用量

长期大量施用氮肥会导致土壤 pH 显著下降，土壤中过量的 NH_4^+ 或 $R-NH_2$ 态氮被氧化成为 NO_3^-，分别产生 2mol（硝化作用）和 1mol（氨化作用和硝化作用）H^+，而且带负电荷的 NO_3^- 与交换性盐基离子（Ca^{2+}、Mg^{2+}、K^+、Na^+）一起淋失，盈余的 H^+ 将留在土壤中，从而导致土壤逐渐酸化。同时不同化肥的酸化速率存在明显差异，化肥的酸化速率可以用酸化当量来表示。酸化当量是中和每单位化肥产生的酸所需要碳酸钙的数量。酸化当量仅仅是"经验法则"值，产酸的最终数量还取决于化肥氮、磷、硫的用量。硝酸盐和硫酸盐具有负的酸化当量，表示这些化肥具有缓冲效应（石灰效应）。因此，选择酸化当量较低或者为负值的化肥则有利于减缓土壤酸化。此外，在酸性土壤中，应该施用碱性的磷、钾化肥。如果在其中施用过磷酸钙、硫酸钾或氯化钾，则会引起土壤酸性阴离子（如硫酸根和磷酸氢根）的积累，从而加剧土壤酸化；而施用钙、镁碱基含量较高的钙镁磷肥，则可显著减缓土壤的酸化进程。此外，深施氮肥能够减轻其对土壤酸化的影响，且合理的施肥时间也能够使氮肥尽可能的被作物吸收利用。因此，在酸化土壤中，应推广科学施肥技术，改进施肥方式，尽量深施生理碱性肥料，以及根据作物生长规律确定施肥时间。

（三）提高肥料利用率

提高作物对肥料的利用效率是减缓土壤酸化的主要途径之一。氮肥利用效率受土壤、作物和肥料类型以及人为管理等因素的影响。2013 年，农业部发布的《中国三大粮食作物肥料利用效率研究报告》表明，我国水稻、玉米和小麦三大粮食作物的氮肥、磷肥和钾肥的当季平均利用效率分别为 33％、24％和 42％，与 20 世纪 80 年代相比呈下降趋势。采用测土配方施肥技术、施用缓控释肥料、肥料分次施用、根区施肥以及选择良好根系构型的作物，都可以提高作物对肥料的利用效率。然而，确定适宜的氮肥施用量和合理的施肥时间是当前提高氮肥利用效率的重点和核心。

（四）减少养分淋失

在氮素循环过程中，NO_3^- 的淋失是诱导土壤酸化的主要因素之一。同时，硝酸盐的淋失也会造成土壤盐基离子的损失。氮肥施入土壤后，NH_4^+ 在硝化细菌作用下氧化成为 NO_3^-，硝化抑制剂则能够有效抑制 NH_4^+ 向 NO_3^- 转化，从而减少 NO_3^- 的淋失。此外，添加 C/N 比值较高的作物秸秆能够加速土壤氮素的固定，降低 NO_3^- 的淋失，从而减缓土壤酸化。此外，合理的水分管理能够有效减少土壤养分的淋溶和流失。在雨季，加强田间排水，可防治淹水和土壤淋溶；在旱季，加强灌溉，可促进作物根系对土壤养分的吸收，从而减缓土壤硝酸盐过度积累所导致的土壤酸化。

（五）秸秆还田

秸秆还田不仅能改善土壤环境，而且还能减少碱性物质的流失，对减缓土壤酸化是有利的。作物残留物的移除，带走了有机阴离子和过多的阳离子，从而加速了土壤酸化。有研究表明，有机阴离子的积累是提高土壤潜性碱的主要原因，如果有机阴离子被土壤微生物分解则可提高土壤 pH。作物秸秆对土壤 pH 的提升幅度与作物本身性质有关，豆科类植物秸秆对土壤 pH 的提升幅度最为显著，可以作为改良酸性土壤的优先选择。灰分碱度高且含氮量低的豆科植物秸秆（如花生、蚕豆等）对酸性土壤的改良效果较好，而含氮量高的豆科植物秸秆对酸性土壤的改良效果则相对较差。

（六）根系的调控

根际是根系主导的土壤和植物根系相互作用的重要界面。根系对于环境的变化具有高度的可塑性。铵态氮和磷的局部供应可促进作物根系形态的改变，包括根长、侧根密度和细根比例的增加；而硝态氮和磷的局部供应则会明显促进作物一级和二级侧根的伸长和密度。在作物播种前，可利用深松根际调控技术来减少土壤机械阻力，从而促进根系在苗期下扎生长，并在生长后期增加了深层土壤中的根系分布，最终截获随水下移到深层土壤的硝酸盐。研究表明，在玉米拔节期进行机械化深施追肥，不仅可以促进表土层中侧根的生长，还可以降低土壤中盐基离子的淋失，从而有效地减缓了土壤酸化进程（陈新平，2011）。